Jacobi, Carl Gustav Jacob

Gesammelte Werke

Tome 7

Reiner

Berlin 1882 - 1891

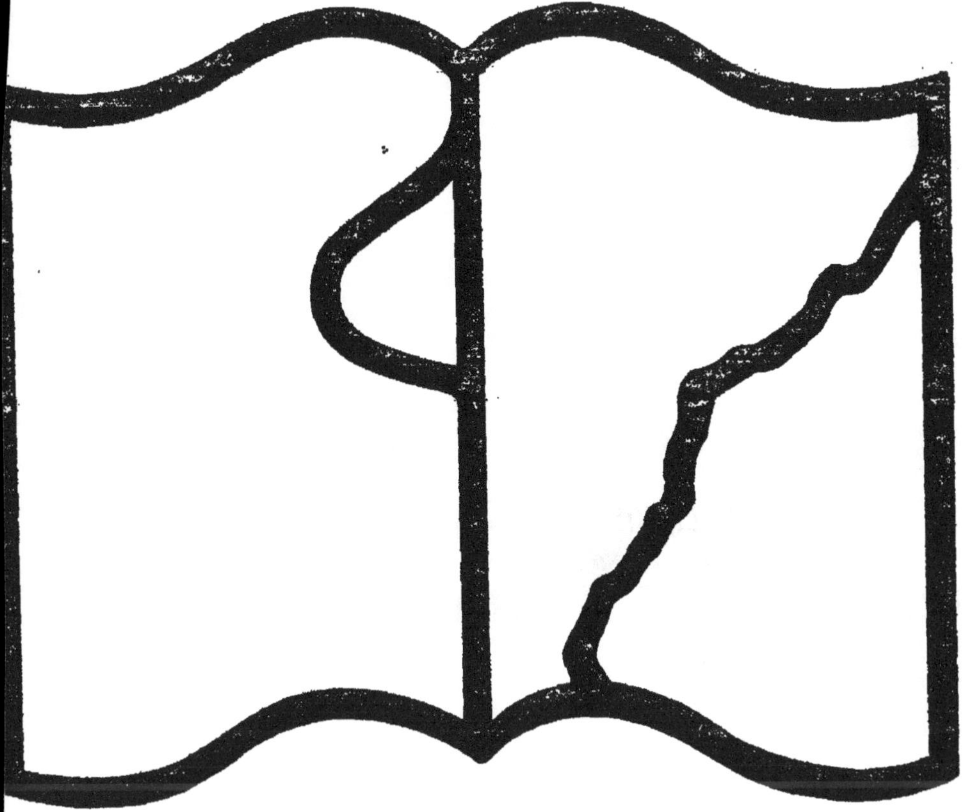

Symbole applicable
pour tout, ou partie
des documents microfilmés

Texte détérioré — reliure défectueuse

NF Z 43-120-11

C. G. J. JACOBI'S

GESAMMELTE WERKE.

SIEBENTER BAND.

C. G. J. JACOBI'S

GESAMMELTE WERKE.

HERAUSGEGEBEN AUF VERANLASSUNG DER KÖNIGLICH
PREUSSISCHEN AKADEMIE DER WISSENSCHAFTEN.

SIEBENTER BAND.

HERAUSGEGEBEN

VON

K. WEIERSTRASS.

BERLIN.
DRUCK UND VERLAG VON GEORG REIMER.
1891.

Vorwort.

Mit dem Erscheinen des vorliegenden siebenten Bandes ist nunmehr das bereits im Jahre 1878 für die Herausgabe der Jacobischen Werke entworfene und in der Vorrede zum ersten Bande mitgetheilte Programm vollständig zur Ausführung gelangt*), und ich habe nur noch die willkommene Pflicht zu erfüllen, meinen Mitarbeitern an dem ohne Zweifel von allen Mathematikern freudig begrüssten, aber mühsamen Unternehmen, insbesondere aber Herrn Hettner, der mir die Sorge für die Herausgabe der beiden letzten, die meisten Schwierigkeiten darbietenden Bände abgenommen hat, meinen aufrichtigen Dank auszusprechen.

Berlin, im October 1891.

Weierstrass.

*) In Betreff des vorläufig noch zurückgestellten „Canon arithmeticus" verweise ich auf das in den Anmerkungen zum sechsten Bande, S. 433, Gesagte.

Winkel, welche die Tangente, α_1, β_1, γ_1 die Winkel, welche der Krümmungshalbmesser, α_2, β_2, γ_2 die Winkel, welche die Krümmungs-Axe, α_3, β_3, γ_3 die Winkel, welche der Halbmesser der Schmiegungskugel mit den Coordinaten-Axen bildet. Es sei der Kürze halber

$$y'z''-z'y''=A,\quad z'x''-x'z''=B,\quad x'y''-y'x''=C,$$

woraus die Gleichungen folgen

$$x'A+y'B+z'C=0,\quad x''A+y''B+z''C=0,$$

und durch Differentiation

$$y'z'''-z'y'''=A',\quad z'x'''-x'z'''=B',\quad x'y'''-y'x'''=C'.$$

woraus

$$x'A'+y'B'+z'C'=0,\quad x'''A'+y'''B'+z'''C'=0.$$

Es sei ferner

$$\begin{aligned}\Delta &= x'(y''z'''-z''y''')+y'(z''x'''-x''z''')+z'(x''y'''-y''x''')\\ &= -(x''A'+y''B'+z''C')=x'''A+y'''B+z'''C,\end{aligned}$$

woraus durch Differentiation

$$\Delta'=x^{\mathrm{IV}}A+y^{\mathrm{IV}}B+z^{\mathrm{IV}}C.$$

Endlich sei

$$\begin{aligned}D &= x'(y'''z^{\mathrm{IV}}-z'''y^{\mathrm{IV}})+y'(z'''x^{\mathrm{IV}}-x'''z^{\mathrm{IV}})+z'(x'''y^{\mathrm{IV}}-y'''x^{\mathrm{IV}})\\ &= A'x^{\mathrm{IV}}+B'y^{\mathrm{IV}}+C'z^{\mathrm{IV}}=-(A''x'''+B''y'''+C''z''').\end{aligned}$$

Nach diesen Bezeichnungen hat man den Krümmungshalbmesser

$$\begin{aligned}PC=r=\frac{1}{\sqrt{x''x''+y''y''+z''z''}}&=\frac{1}{\sqrt{AA+BB+CC}}\\ &=\frac{1}{\sqrt{-(x'x'''+y'y'''+z'z''')}},\end{aligned}$$

die Coordinaten des Mittelpunktes des Krümmungskreises

$$a=x+r^2x'',\quad b=y+r^2y'',\quad c=z+r^2z'',$$

die Cosinus der Winkel, die der Krümmungshalbmesser mit den Coordinaten-Axen bildet,

$$\cos\alpha_1=rx'',\quad \cos\beta_1=ry'',\quad \cos\gamma_1=rz'',$$

die Cosinus der Winkel, die die Tangente und die Krümmungs-Axe mit den Coordinaten-Axen bilden,

$$\begin{aligned}\cos\alpha&=x',\quad &\cos\beta&=y',\quad &\cos\gamma&=z',\\ \cos\alpha_2&=rA,\quad &\cos\beta_2&=rB,\quad &\cos\gamma_2&=rC,\end{aligned}$$

mit einander und zieht das Product der beiden Gleichungen

$$(m-y')y''+(n-z')z'' = -[y'y''+z'z''],$$
$$m'y' + \quad n'z' \quad = 0$$

davon ab, so erhält man

$$[(m-y')n'-(n-z')m'][y'z''-z'y''] = [1+y'^2+z'^2][my'''+nz'''];$$

oder, da vermittelst der Bedingungsgleichung der Ausdruck links verschwindet,

$$my'''+nz''' = 0,$$

oder, nach Substitution der Werthe von m und n,

$$z''y'''-y''z''' = 0,$$

welches die Bedingungsgleichung in ihrer wahren und einfachsten Form ist. Durch Integration derselben, wenn man ihr die Form

$$\frac{y'''}{y''}-\frac{z'''}{z''} = 0$$

gegeben hat, erhält man aber sogleich

$$\log z'' = \log y''+\log \alpha, \quad \text{oder} \quad z'' = \alpha y'',$$

wo α eine Constante, und durch zwei neue Integrationen

$$z' = \alpha y'+\beta, \quad z = \alpha y+\beta x+\gamma,$$

wo β, γ zwei neue Constanten sind. Die Curve ist also immer eben. Zugleich erhält man für m und n die Werthe

$$m = \frac{\alpha}{\beta}, \quad n = -\frac{1}{\beta};$$

die Grössen m und n sind also immer constant.

Ich will bei dieser Gelegenheit, zu anderweitigem Gebrauch, die hauptsächlichsten bei diesen Untersuchungen vorkommenden Formeln zusammenstellen, wobei ich jedoch nicht, wie Lagrange in den angeführten Formeln, nach x, sondern nach dem Bogen s differentiiren werde, so dass

$$s' = \sqrt{x'x'+y'y'+z'z'} = 1$$

gesetzt wird, woraus

$$x'x''+y'y''+z'z'' = 0, \quad x'x'''+y'y'''+z'z''' = -(x''x''+y''y''+z''z'')$$

folgt. Man nenne r den Krümmungshalbmesser, R den Halbmesser der Schmiegungskugel; a, b, c die Coordinaten des Mittelpunktes des Schmiegungskreises; a_1, b_1, c_1 die Coordinaten des Mittelpunktes der Schmiegungskugel; α, β, γ die *entspricht der Geraden g eine Ellipse G oder eine Hyperbel G, je nachdem die durch den Mittelpunkt der Hyperbel k mit g parallel gezogene Gerade g_1 im inneren oder äusseren Asymptoten-Winkel dieser Hyperbel liegt; ist g insbesondere mit einer Asymptote der Hyperbel k parallel, so ist G eine Parabel; ebenso giebt es zwei bestimmte Richtungen für die Gerade g, wo ihr immer eine gleichseitige Hyperbel G entspricht.“*

d) „Steht g auf der Hauptaxe ab senkrecht, so entspricht ihr allemal eine Gerade G (eigentlich zwei vereinigte Gerade), welche zu der Axe AB rechtwinkelig ist; u. s. w.“

e) „Ist g (statt einer Geraden) eine Curve vom n^{ten} Grade, so entspricht ihr eine Curve G vom $2n^{ten}$ Grade; u. s. w.“

Aehnliche Resultate folgen aus dem ersten Satze (5). Im Strahlbüschel im Raume, oder auf der Kugelfläche, findet ein Satz statt, welcher dem vorstehenden (6) analog ist, und zwar findet er da, nach dem Principe der Reciprocität, in doppelter Gestalt statt. Uebrigens lassen sich auf diese Weise auch noch andere Beziehungssysteme aufstellen, wenn man statt der obigen einfachen Grundbedingungen, (5) und (6), andere annimmt.

Der Ivorysche Satz zeigt ferner, dass die Curve von doppelter Krümmung, in welcher zwei Flächen zweiten Grades einander schneiden, auch räumliche Brennpunkte haben kann, und dass es also z. B. für jede Krümmungscurve des Ellipsoids zwei bestimmte feste Punkte giebt, die leicht zu construiren sind, von der Beschaffenheit, dass die Summe ihrer Distanzen von jedem Punkte der Curve constant ist, worauf sich eine leichte organische Erzeugung der Krümmungscurve gründen lässt; u. s. w.

werden in Rücksicht auf diese Fundamentalpunkte andere entsprechende Punkte x, X so bestimmt, dass ihre Abstände von jenen respective gleich sind, d. h. dass $xa = XA$, $xb = XB$, $xc = XC$, so hat man ein Correlationssystem, worin der Punkt X irgend eine Fläche zweiten Grades beschreibt, wenn der Punkt x sich in einer Ebene bewegt; und auch umgekehrt.“

6. *„Werden in zwei verschiedenen Ebenen (oder auch in einer Ebene) zwei Paar feste oder Hauptpunkte a und b, A und B angenommen, und werden sofort die übrigen Punkte der Ebenen dergestalt auf einander bezogen, dass je zwei entsprechende Punkte x und X von den respectiven Hauptpunkten gleiche Abstände haben, so dass $ax = AX$ und $bx = BX$, so hat man ein Beziehungssystem, wobei jeder Geraden in der einen Ebene ein Kegelschnitt in der anderen Ebene entspricht, d. h. bewegt sich z. B. der Punkt x in irgend einer Geraden g, so beschreibt der entsprechende Punkt X einen Kegelschnitt G.“*

Diese Sätze, (5) und (6), scheinen mir zu vielen Untersuchungen Anlass zu geben, wozu ich jedoch vor der Hand nicht kommen werde. Eine nähere Discussion des letzten Satzes (6) giebt z. B. sogleich folgende Resultate:

7. *a) „Bewegt sich der Punkt x in der Fundamentalaxe ab selbst, so beschreibt X einen Kegelschnitt, der die Hauptpunkte A, B zu Brennpunkten hat, und dessen erste Axe der Geraden ab gleich ist“*; welches der bekannte Satz über die Brennpunkte der Kegelschnitte ist.

b) „Die eine oder andere Axe des Kegelschnitts G, welcher einer beliebigen Geraden g entspricht (6), liegt in der Fundamentalaxe AB.“

c) „Man denke sich in der ersten Ebene denjenigen Kegelschnitt k, welcher der Hauptaxe AB entspricht, und mithin die Hauptpunkte a, b zu Brennpunkten hat (a):

α) Ist die Gerade AB grösser als ab, so ist k eine Ellipse, und dann entspricht der Geraden g eine Hyperbel G, deren erste oder zweite Axe in der Fundamentalaxe AB liegt, je nachdem die Gerade g den Kegelschnitt k schneidet, oder nicht; berührt sie ihn, dann besteht der Kegelschnitt G aus zwei Geraden, die sich in irgend einem Punkte der Hauptaxe AB schneiden und mit dieser gleiche Winkel bilden; ist $2(ab)^2 > (AB)^2$, so giebt es zwei bestimmte Richtungen für die Gerade g, wo ihr gleichseitige Hyperbeln G entsprechen, und zwar sind die Asymptoten aller dieser gleichseitigen Hyperbeln einander parallel, oder diese Hyperbeln haben zwei unendlich entfernte gemeinschaftliche Punkte.

β) Ist die Axe AB kleiner als ab, so ist k eine Hyperbel, und alsdann *in eine, oder die Brennlinien fallen zusammen, und der Kegel wird gerade*", welches Dein Satz ist.

Der entgegenstehende oder reciproke Satz heisst:

„*Wenn irgend eine Fläche zweiten Grades, F, und irgend ein Punkt, M, gegeben sind, so giebt es, im Allgemeinen, eine Schaar gerader Kegelflächen (zweiten Grades), deren Scheitel im Punkte M liegen, und welche die Fläche F in ebenen Curven (Kegelschnitten) schneiden; die Ebenen aller dieser Curven schneiden einander in irgend einem Punkte N und umhüllen irgend eine Kegelfläche zweiten Grades, (N).*"

„*Legt man durch den Punkt N eine beliebige Ebene, welche die Fläche F in einem Kegelschnitte k und die Kegelfläche (N) in zwei Strahlen a, b schneidet, so hat die Kegelfläche (Mk), die durch k geht und deren Scheitel in M liegt, die Ebenen (Ma), (Mb), welche der Punkt M mit den Strahlen a, b bestimmt, zu Kreis-Ebenen, d. h. jede andere Ebene, welche mit einer derselben parallel ist, schneidet die Kegelfläche (Mk) in einem Kreise.*"

Der Satz, den Du ehemals bei Deinen Untersuchungen über einander berührende Kugeln gefunden hast, und der später von französischen Mathematikern bekannt gemacht worden ist, nämlich der Satz:

4. „*Dass, wenn von zwei Kegelschnitten (einer Ellipse und einer Hyperbel) jeder die Brennpunkte des anderen zu Scheiteln hat und ihre Ebenen zu einander senkrecht stehen, dass dann jeder der Ort der Scheitel aller geraden Kegel ist, welche den anderen zur Basis haben, und dass jede zwei Punkte des einen räumliche Brennpunkte des anderen sind: d. h. nimmt man in der Hyperbel irgend zwei Punkte an, so ist die Summe oder die Differenz ihrer Entfernungen von jedem Punkte der Ellipse constant, je nachdem sie in verschiedenen oder in demselben Zweige der Hyperbel liegen; und umgekehrt sind je zwei Punkte der Ellipse so beschaffen, dass die Differenz ihrer Abstände von jedem Punkte der Hyperbel constant ist, u. s. w.*"

folgt leicht aus dem Ivoryschen Satze über Flächen zweiten Grades, deren Hauptschnitte confocal sind. Auch folgen aus dem Ivoryschen Satze noch andere Sätze über Erzeugung der Flächen und Linien zweiten Grades, welche einander analog sind, und welche die Eigenschaften der Brennpunkte, in einer Hinsicht, als besondere Fälle in sich schliessen, nämlich nachstehende Sätze:

5. „*Werden im Raume irgend drei feste Punkte a, b, c und irgend drei andere, jenen beziehlich entsprechende, feste Punkte A, B, C angenommen, und*

[AU]SZUG EINES SCHREIBENS VON C. G. J. JACOBI AN J. STEINER.

Crelle Journal für die reine und angewandte Mathematik, Bd. 12 p. 137—140.

Ein Satz, den ich Dir früher mittheilte, heisst in seiner Vollständigkeit:

1. *„Sind zwei Flächen zweiten Grades, ein Ellipsoid und ein einfaches [Hy]perboloid, confocal, d. h. haben ihre Hauptschnitte gemeinschaftliche Brenn[pu]nkte, und legt man aus irgend einem Punkte K des Hyperboloids einen Be[rüh]rungskegel (K) an das Ellipsoid, so sind die durch denselben Punkt gehenden [zw]ei Strahlen des Hyperboloids die Brennlinien dieses Kegels (K).“*

Dieser Satz scheint mir nicht ganz unwichtig zu sein. Er lässt sich [no]ch allgemeiner auffassen und dann mit einem reciproken Satze zusammen[st]ellen. Auch gestattet er viele Folgerungen für interessante specielle Fälle. [Z.] B. ein Corollar ist:

2. *„Dass die aus irgend einem Punkte K an eine Schaar confocaler [F]lächen zweiten Grades gelegten Berührungskegel dieselben Brennlinien und die[se]lben Axen haben.“*

Ein besonderer Fall, den ich erwähnen will, heisst:

3. *„Wenn man aus einem Punkte K der Ebene derjenigen Hyperbel h, [we]lche nach Deinem Satze der Ort der Scheitel aller geraden Kegel ist, die sich [ein]em Ellipsoid umschreiben lassen*), an das Ellipsoid E einen Berührungs[ke]gel legt, so sind die aus dem Punkte K an die Hyperbel h gelegten Tangenten [di]e Brennlinien des Kegels.“*

„Liegt der Punkt K auf der Hyperbel h, so vereinigen sich die Tangenten

*) Siehe Bd. I, S. 47 des Crelleschen Journals.

THÉORÈME DE GÉOMÉTRIE.

Crelle Journal für die reine und angewandte Mathematik, Bd. 6 p. 213.

Supposons qu'un angle mobile et de grandeur donnée touche constamment une même courbe donnée; soit P un des points de la courbe décrite par le sommet de l'angle et soient A, B les points de contact de la courbe donnée qui répondent à ce point: la normale menée au point P à la courbe décrite par le sommet de l'angle mobile passera par le centre du cercle circonscrit au triangle PAB.

Si l'angle mobile est droit, la normale passera par le milieu de la corde de contact AB. On en tire aisément le théorème connu, que la courbe décrite par le sommet d'un angle mobile droit, dont les cotés touchent constamment une conique, est un cercle concentrique à cette courbe.

Notentur adhuc relationes sequentes:

$$\alpha+\beta'+\gamma'' = 1+2\cos\varphi,$$

quam formulam ex elegantissimis esse censeo,

$$\begin{aligned}
\alpha'-\beta &= 2\sin\varphi\cos c, & \alpha'+\beta &= 2\cos a\cos b(1-\cos\varphi),\\
\beta''-\gamma' &= 2\sin\varphi\cos a, & \beta''+\gamma' &= 2\cos b\cos c(1-\cos\varphi),\\
\gamma-\alpha'' &= 2\sin\varphi\cos b, & \gamma+\alpha'' &= 2\cos c\cos a(1-\cos\varphi),
\end{aligned}$$

$$\alpha'\alpha'-\beta\beta = \beta''\beta''-\gamma'\gamma' = \gamma\gamma-\alpha''\alpha'' = 4\cos a\cos b\cos c\sin\varphi(1-\cos\varphi),$$

$$\frac{(\alpha'-\beta)(\beta''-\gamma')}{\gamma+\alpha''} = \frac{(\beta''-\gamma')(\gamma-\alpha'')}{\alpha'+\beta} = \frac{(\gamma-\alpha'')(\alpha'-\beta)}{\beta''+\gamma'}$$

$$= 2(1+\cos\varphi) = 1+\alpha+\beta'+\gamma''$$

etc. etc.

Demonstrationes, quas illi VV. Cll. dederunt, hodie elegantiores reddi possunt. Hic tamen rem tantummodo indicatam volo, atque iuvat, formulas maxime memorabiles oblivioni eripuisse.

Regiom., Junii 1827.

$$\operatorname{tg}\zeta = -\frac{\Delta}{\cos(\eta'-\eta'')}, \quad \operatorname{tg}\zeta' = -\frac{\Delta}{\cos(\eta''-\eta)}, \quad \operatorname{tg}\zeta'' = -\frac{\Delta}{\cos(\eta-\eta')},$$

fieri etiam

$$\sin\zeta = -\sqrt{\operatorname{cotg}(\eta''-\eta)\operatorname{cotg}(\eta-\eta')},$$
$$\sin\zeta' = -\sqrt{\operatorname{cotg}(\eta-\eta')\operatorname{cotg}(\eta'-\eta'')},$$
$$\sin\zeta'' = -\sqrt{\operatorname{cotg}(\eta'-\eta'')\operatorname{cotg}(\eta''-\eta)}.$$

2. In eadem commentatione Eulerus demonstrat, semper dari axem, qui et ipse per initium commune transit, circa quem ita rotari possit alterum systema, ut in situm alterius perveniat. Neque tamen in illa commentatione formulas huc pertinentes exhibere valet, sed rem in alia commentatione inscripta: *Nova methodus motum corporum rigidorum determinandi* retractat; invitaverat etiam ad suscipiendum negotium ingeniosum eius amicum Lexell, qui de eadem re agit in commentatione inscripta: *Theoremata nonnulla generalia de translatione corporum rigidorum.* Utraque commentatio in eodem tomo XX legitur. Sit angulus gyrationis φ; axis, circa quem gyratio fit, cum axibus coordinatarum x, y, z resp. formet angulos a, b, c, unde

$$\cos a \cos a + \cos b \cos b + \cos c \cos c = 1.$$

Gyratione transacta, axem τῶν x ad axem τῶν p, axem τῶν y ad axem τῶν q, axem τῶν z ad axem τῶν r pervenisse supponitur, ita ut axis gyrationis cum axibus coordinatarum p, q, r eosdem formet angulos a, b, c. Nec non ubi per axem gyrationis duo ducantur plana, quae per axes τῶν x et τῶν p transeunt, duo, quae per axes τῶν y et τῶν q, duo, quae per axes τῶν z et τῶν r transeunt, bina eiusmodi plana formabunt eundem angulum φ.

Uterque invenit post calculos satis prolixos formulas sequentes:

$$\begin{aligned}
\alpha &= \cos\varphi \sin^2 a + \cos^2 a,\\
\alpha' &= \sin\varphi \cos c + \cos a \cos b (1-\cos\varphi),\\
\alpha'' &= -\sin\varphi \cos b + \cos a \cos c (1-\cos\varphi),\\
\beta' &= \cos\varphi \sin^2 b + \cos^2 b,\\
\beta'' &= \sin\varphi \cos a + \cos b \cos c (1-\cos\varphi),\\
\beta &= -\sin\varphi \cos c + \cos b \cos a (1-\cos\varphi),\\
\gamma'' &= \cos\varphi \sin^2 c + \cos^2 c,\\
\gamma &= \sin\varphi \cos b + \cos c \cos a (1-\cos\varphi),\\
\gamma' &= -\sin\varphi \cos a + \cos c \cos b (i-\cos\varphi).
\end{aligned}$$

EULERI FORMULAE DE TRANSFORMATIONE COORDINATARUM.

Crelle Journal für die reine und angewandte Mathematik, Bd. 2 p. 188—189.

1. Cum nuper animi causa plurima commentariorum Academiae Petro-olitanae volumina perlustrarem, incidi in commentationem Eulerianam in-riptam: *Formulae generales pro translatione quacunque corporum rigidorum,* uae in tom. XX nov. comm. a. 1775 legitur. Quas ibi exhibet ille de trans-rmatione coordinatarum formulas, cum nec inelegantes sint et minus cognitae se videantur, hoc loco referam.

Duo coordinatarum systemata rectangularia esse supponuntur, quae initio audent communi; vocentur alterius coordinatae x, y, z, alterius p, q, r; atque sit

$$x = \alpha p + \beta q + \gamma r,$$
$$y = \alpha' p + \beta' q + \gamma' r,$$
$$z = \alpha'' p + \beta'' q + \gamma'' r.$$

Notum est, inter novem coëfficientes α, β etc. sex intercedere relationes, a ut per quantitates tres exprimere liceat omnes. Eulerus in commentatione emorata novem illas quantitates hunc in modum a tribus angulis η, η', η'' endere docet. Ponit ille

$$\alpha = \sin\zeta, \qquad \alpha' = \cos\zeta \, \sin\eta, \qquad \alpha'' = \cos\zeta \, \cos\eta,$$
$$\beta = \sin\zeta', \qquad \beta' = \cos\zeta' \sin\eta', \qquad \beta'' = \cos\zeta' \cos\eta',$$
$$\gamma = \sin\zeta'', \qquad \gamma' = \cos\zeta'' \sin\eta'', \qquad \gamma'' = \cos\zeta'' \cos\eta''.$$

osito

$$\cos(\eta - \eta')\cos(\eta' - \eta'')\cos(\eta'' - \eta) = -\Delta\Delta,$$

robat, fieri

GEOMETRISCHE ABHANDLUNGEN.

NACHLASS.

ABHANDLUNGEN HISTORISCHEN INHALTS.

NACHLASS.

INHALTSVERZEICHNISS DES SIEBENTEN BANDES.

GEOMETRISCHE ABHANDLUNGEN.

NACHLASS.

ASTRONOMISCHE ABHANDLUNGEN.

die Länge der Krümmungs-Axe CK

$$CK = \frac{r'}{r^2\Delta} = -\frac{r}{\Delta}(x''x'''+y''y'''+z''z'''),$$

wo r' der Differentialquotient des Krümmungshalbmessers ist; den Halbmesser der Schmiegungskugel

$$KP = R = \frac{\sqrt{A'A'+B'B'+C'C'}}{\Delta} = \sqrt{r^2+\frac{r'r'}{r^4\Delta^2}}$$
$$= \frac{1}{\Delta}\sqrt{x'''x'''+y'''y'''+z'''z'''-\frac{1}{r^4}},$$

die Coordinaten ihres Mittelpunktes

$$a_1 = a+\frac{r'A}{r\Delta} = x-\frac{A'}{\Delta}, \quad b_1 = b+\frac{r'B}{r\Delta} = y-\frac{B'}{\Delta},$$
$$c_1 = c+\frac{r'C}{r\Delta} = z-\frac{C'}{\Delta},$$

die Cosinus der Winkel, die ihr nach dem Punkte der Curve gezogener Halbmesser KP mit den Coordinaten-Axen bildet,

$$\cos\alpha_3 = -\frac{A'}{R\Delta}, \quad \cos\beta_3 = -\frac{B'}{R\Delta}, \quad \cos\gamma_3 = -\frac{C'}{R\Delta}.$$

Ich bemerke noch die Gleichungen

$$r'A+rA' = -x''.r^3\Delta, \quad r'B+rB' = -y''.r^3\Delta, \quad r'C+rC' = -z''.r^3\Delta,$$
$$BC'-CB' = x'\Delta, \quad CA'-AC' = y'\Delta, \quad AB'-BA' = z'\Delta,$$
$$a_1' = \frac{A}{\Delta}\left(-\frac{1}{r^2}+\frac{D}{\Delta}\right), \quad b_1' = \frac{B}{\Delta}\left(-\frac{1}{r^2}+\frac{D}{\Delta}\right), \quad c_1' = \frac{C}{\Delta}\left(-\frac{1}{r^2}+\frac{D}{\Delta}\right),$$

aus welchen letzteren Formeln das Bogen-Element der Curve der Mittelpunkte der Schmiegungskugeln folgt,

$$\sqrt{a_1'a_1'+b_1'b_1'+c_1'c_1'}\,ds = \frac{1}{r\Delta}\left(-\frac{1}{r^2}+\frac{D}{\Delta}\right)ds.$$

Die drei Winkel, welche zwei auf einander folgende Tangenten, Schmiegungs-Ebenen, Krümmungshalbmesser mit einander bilden, sind

$$\frac{1}{r}\,ds, \quad r^2\Delta ds, \quad \sqrt{\frac{1}{r^2}+r^4\Delta^2}\,ds;$$

die Tangente des Neigungswinkels, welchen der Halbmesser der Schmiegungskugel mit der Schmiegungs-Ebene bildet, ist

$$\tang KPC = \frac{r'}{r^3\Delta}; \quad \text{auch} \quad \cos KPC = \frac{r}{R}, \quad \sin KPC = \frac{r'}{r^3\Delta . R},$$

das Bogen-Element der Curve der Krümmungsmittelpunkte

$$CC' = \sqrt{r^6\Delta^2 + r'r'}\, ds = R.r^3\Delta\, ds;$$

der Cosinus des Winkels, den dasselbe mit dem Halbmesser der Schmiegungskugel bildet,

$$\frac{2r^3r'\Delta}{r^6\Delta^2 + r'r'} = \frac{2r'}{r\Delta . R^2} = \sin 2KPC,$$

oder gleich dem Sinus des doppelten Neigungswinkels des Halbmessers der Schmiegungskugel zur Schmiegungs-Ebene; der Cosinus des Winkels, den das Element mit dem Krümmungshalbmesser bildet,

$$\frac{r'}{\sqrt{r^6\Delta^2 + r'r'}} = \sin KPC,$$

oder gleich dem Sinus des einfachen Neigungswinkels.

Wenn der Krümmungshalbmesser die Curve der Krümmungsmittelpunkte berührt, oder der Winkel, den das Element dieser Curve mit dem Krümmungshalbmesser bildet, verschwindet, dann hat man

$$\Delta = 0,$$

oder

$$x'(y''z''' - z''y''') + y'(z''x''' - x''z''') + z'(x''y''' - y''x''') = 0.$$

Man sieht nicht sogleich, wie man ein Integral dieser Gleichung erhalten kann, was keine Schwierigkeit hatte, wenn man statt s', mit Lagrange, x' als constant setzt, in welchem Falle sich die Gleichung in die einfachere

$$y''z''' - z''y''' = 0$$

verwandelt, deren Integration keine Schwierigkeit machte. Aber nach den oben bemerkten Formeln erhält man, wenn man Δ mit $-r^3x''$, $-r^3y''$, $-r^3z''$ multiplicirt, die genauen Differentialquotienten von rA, rB, rC, so dass man, nach geschehener Multiplication und Integration, die drei ersten Integrale hat

$$rA = \alpha, \quad rB = \beta, \quad rC = \gamma,$$

wo α, β, γ die willkürlichen Constanten sind. Aus diesen drei Gleichungen folgt aber die Gleichung

$$\alpha x' + \beta y' + \gamma z' = 0,$$

welche, noch einmal integrirt, die Gleichung

$$\alpha x + \beta y + \gamma z = \delta,$$

oder die Gleichung einer Ebene giebt. Da $r^2 \Delta ds$ der Winkel zweier auf einander folgenden Schmiegungs-Ebenen ist, so kann man die geometrische Bedeutung der Gleichung $\Delta = 0$ auch so aussprechen, dass der Winkel zweier auf einander folgenden Schmiegungs-Ebenen verschwindet. Dann wird aber die Curve eben so eben, wie sie eine gerade Linie wird, wenn der Winkel zweier auf einander folgenden Tangenten verschwindet.

19. Dec. 1834.

OBSERVATIONES GEOMETRICAE.

Crelle Journal für die reine und angewandte Mathematik, Bd. 15 p. 309—312.

Designantibus x, y, z atque p, q, r coordinatas orthogonales, ad duo diversa coordinatarum systemata relatas, aliae per alias exprimuntur formulis notissimis

$$(1)\qquad \begin{aligned} x &= f+\alpha p+\beta q+\gamma r,\\ y &= g+\alpha' p+\beta' q+\gamma' r,\\ z &= h+\alpha'' p+\beta'' q+\gamma'' r, \end{aligned}$$

quibus in aequationibus coëfficientes novem α, β, cet. satisfaciunt relationibus viginti duabus

$$(2)\qquad \begin{aligned} &\alpha\alpha+\beta\beta+\gamma\gamma=1, && \alpha\alpha+\alpha'\alpha'+\alpha''\alpha''=1,\\ &\alpha'\alpha'+\beta'\beta'+\gamma'\gamma'=1, && \beta\beta+\beta'\beta'+\beta''\beta''=1,\\ &\alpha''\alpha''+\beta''\beta''+\gamma''\gamma''=1, && \gamma\gamma+\gamma'\gamma'+\gamma''\gamma''=1,\\ &\alpha'\alpha''+\beta'\beta''+\gamma'\gamma''=0, && \beta\gamma+\beta'\gamma'+\beta''\gamma''=0,\\ &\alpha''\alpha+\beta''\beta+\gamma''\gamma=0, && \gamma\alpha+\gamma'\alpha'+\gamma''\alpha''=0,\\ &\alpha\alpha'+\beta\beta'+\gamma\gamma'=0, && \alpha\beta+\alpha'\beta'+\alpha''\beta''=0, \end{aligned}$$

$$\begin{aligned} &\beta'\gamma''-\beta''\gamma'=\varepsilon\alpha, && \gamma'\alpha''-\gamma''\alpha'=\varepsilon\beta, && \alpha'\beta''-\alpha''\beta'=\varepsilon\gamma,\\ &\beta''\gamma-\beta\gamma''=\varepsilon\alpha', && \gamma''\alpha-\gamma\alpha''=\varepsilon\beta', && \alpha''\beta-\alpha\beta''=\varepsilon\gamma',\\ &\beta\gamma'-\beta'\gamma=\varepsilon\alpha'', && \gamma\alpha'-\gamma'\alpha=\varepsilon\beta'', && \alpha\beta'-\alpha'\beta=\varepsilon\gamma'', \end{aligned}$$

$$\alpha(\beta'\gamma''-\beta''\gamma')+\beta(\gamma'\alpha''-\gamma''\alpha')+\gamma(\alpha'\beta''-\alpha''\beta')=\varepsilon,$$

designante ε aut $+1$ aut -1. Sed multum interest, sive hic sive ille valor ipsi ε conveniat.

Si idem corpus in duabus positionibus diversis consideramus, quod exempli gratia in theoria motus corporum rigidorum fit, notum est, constantes aequationum (1) ita semper determinari posse, ut, si punctum corporis in altera positione collocati coordinatas habeat x, y, z, corpore in altera positione collocato, eiusdem eius puncti coordinatae fiant p, q, r. Sed vice versa, si singula puncta duorum corporum ita sibi respondeant, ut, designantibus x, y, z coordinatas puncti alterius corporis, punctum alterius corporis ei respondens coordinatas habeat p, q, r, generaliter dici non potest, corpora eadem esse sive congruentia; sed siquidem $\varepsilon = +1$, erunt duo corpora *congruentia*, si vero $\varepsilon = -1$, erunt *symmetrica*.

Quoties alterum coordinatarum systema in positionem alterius traducere licet, ita ut axes coordinatarum x, y, z respective cum axibus coordinatarum p, q, r coincidant, semper erit $\varepsilon = +1$. Quod est videre in formulis Eulerianis (v. *Diar. Crell.* Vol. II pag. 188; cfr. hujus vol. pag. 3)

$$(3)\qquad \begin{aligned} x &= (\cos\varphi\sin^2 a+\cos^2 a)p+(\sin\varphi\cos c+\cos a\cos b(1-\cos\varphi))q \\ &\qquad +(-\sin\varphi\cos b+\cos a\cos c(1-\cos\varphi))r, \\ y &= (-\sin\varphi\cos c+\cos b\cos a(1-\cos\varphi))p+(\cos\varphi\sin^2 b+\cos^2 b)q \\ &\qquad +(\sin\varphi\cos a+\cos b\cos c(1-\cos\varphi))r, \\ z &= (\sin\varphi\cos b+\cos c\cos a(1-\cos\varphi))p+(-\sin\varphi\cos a+\cos c\cos b(1-\cos\varphi))q \\ &\qquad +(\cos\varphi\sin^2 c+\cos^2 c)r,^{*)} \end{aligned}$$

in quibus a, b, c designant angulos, quos cum axibus coordinatarum format axis, circa quem rotare debet alterum systema, ut axes coordinatarum p, q, r respective in positionem axium coordinatarum x, y, z perveniant, et φ angulum rotationis.

Dato corpore, formatur symmetricum, si pro omnibus eius punctis aut uni coordinatae aut omnibus tribus valores oppositi tribuuntur, sive etiam si binarum coordinatarum valores inter se permutantur. Contra habetur congruens, si duabus coordinatis valores oppositi tribuuntur, vel si valores ipsarum x, y, z respective cum valoribus ipsarum y, z, x sive cum valoribus ipsarum z, x, y commutantur.

Notum est, posito mx, my, mz loco x, y, z, haberi corpus simile; sed

*) Formulas illas etiam hoc modo repraesentare licet:

$$\begin{aligned} x &= \cos\varphi\,.\,p+(1-\cos\varphi)(\cos a\,.\,p+\cos b\,.\,q+\cos c\,.\,r)\cos a+\sin\varphi(\cos c\,.\,q-\cos b\,.\,r), \\ y &= \cos\varphi\,.\,q+(1-\cos\varphi)(\cos a\,.\,p+\cos b\,.\,q+\cos c\,.\,r)\cos b+\sin\varphi(\cos a\,.\,r-\cos c\,.\,p), \\ z &= \cos\varphi\,.\,r+(1-\cos\varphi)(\cos a\,.\,p+\cos b\,.\,q+\cos c\,.\,r)\cos c+\sin\varphi(\cos b\,.\,p-\cos a\,.\,q). \end{aligned}$$

hic non licet, quod in figura plana, ut ipsi m valores etiam negativi tribuantur; tum enim prodiret corpus symmetrici simile.

Demonstravit olim Eulerus in commentatione „*de centro similitudinis*“, propositis duobus corporibus similibus, semper dari punctum utrique commune seu sibi ipsum respondens, quod centrum similitudinis vocavit, et quod adnotavit ea gaudere proprietate, ut duo corpora ex eo visa aspectum similem offerant; porro dari lineam et planum ei perpendiculare, per punctum illud transeuntia, quae et ipsa perinde ad utrumque corpus pertineant. Ut, proposito corpore, formetur alterum eius simile in positione quacunque, cuilibet puncto corporis propositi, cuius coordinatae sunt x, y, z, punctum alterius respondere debet, cuius coordinatae sunt p, q, r, aliis coordinatis per alias determinatis ope aequationum

$$(4)\qquad \begin{aligned} mx &= f+\alpha p+\beta q+\gamma r, \\ my &= g+\alpha' p+\beta' q+\gamma' r, \\ mz &= h+\alpha'' p+\beta'' q+\gamma'' r, \end{aligned}$$

in quibus novem coëfficientes α, β, cet. satisfacere debent aequationibus (2). Si A, B, C sunt coordinatae centri similitudinis, fieri debet

$$(5)\qquad \begin{aligned} mA &= f+\alpha A+\beta B+\gamma C, \\ mB &= g+\alpha' A+\beta' B+\gamma' C, \\ mC &= h+\alpha'' A+\beta'' B+\gamma'' C \end{aligned}$$

sive

$$\begin{aligned} -f &= (\alpha-m)A+\beta B+\gamma C, \\ -g &= \alpha' A+(\beta'-m)B+\gamma' C, \\ -h &= \alpha'' A+\beta'' B+(\gamma''-m)C, \end{aligned}$$

quarum aequationum resolutione prodit

$$(6)\qquad \begin{aligned} A &= -\frac{[\alpha-m(\beta'+\gamma'')+m^2]f+(\alpha'+\beta m)g+(\alpha''+\gamma m)h}{(1-m)[1-m(\alpha+\beta'+\gamma''-1)+m^2]}, \\ B &= -\frac{(\beta+\alpha' m)f+[\beta'-m(\gamma''+\alpha)+m^2]g+(\beta''+\gamma' m)h}{(1-m)[1-m(\alpha+\beta'+\gamma''-1)+m^2]}, \\ C &= -\frac{(\gamma+\alpha'' m)f+(\gamma'+\beta'' m)g+[\gamma''-m(\alpha+\beta')+m^2]h}{(1-m)[1-m(\alpha+\beta'+\gamma''-1)+m^2]}, \end{aligned}$$

quae formulae facile probantur ope aequationum (2), in quibus, siquidem m quantitas positiva, ponendum est $\varepsilon = +1$. Denominator expressionibus inventis communis, si ipsas α, β, cet. per a, b, c, φ, uti in (3), exhibemus, hanc formam induit:

$$(7)\qquad [1-m(\alpha+\beta'+\gamma''-1)+m^2](1-m) = (1-2m\cos\varphi+m^2)(1-m),$$

quem videmus evanescere non posse, nisi sit $m = 1$, quo casu corpora fiunt congruentia. Quoties autem denominator ille evanescit, aequationibus (6) generaliter satisfieri nequit, unde videmus, *corpora duo congruentia generaliter nullum habere punctum commune sive quod perinde ad utrumque pertineat*, eumque unicum esse casum, quo duo corpora similia eiusmodi puncto destituta sint.

Si aequationum linearium inter totidem incognitas una e reliquis sponte fluit, et denominator valoribus incognitarum communis evanescit, et habetur aequatio conditionalis inter terminos aequationum constantes, qua fit, ut etiam omnes simul numeratores fractionum, quibus incognitae exhibentur, evanescant. Quae aequatio conditionalis, si statuitur $m = 1$, atque α, β, cet. rursus per a, b, c, φ exprimuntur, in aequationibus (5) fit

$$\cos a . f + \cos b . g + \cos c . h = 0. \tag{8}$$

Quae si locum habet simul cum $m = 1$, tres aequationes (5) duarum tantum locum tenent, cum tertia e duabus reliquis sponte sequatur. Quo igitur casu puncta duobus corporibus congruentibus communia infinita dantur, in linea recta posita, quam facile patet cum axibus coordinatarum ipsos angulos a, b, c formare. Quae omnia etiam per considerationes faciles geometricas patent.

Si $m = -1$, per formulas (4) duo habentur corpora symmetrica. Quae igitur omnibus casibus punctum habent utrique commune sive quod perinde ad utrumque pertinet. Cuius coordinatae e (6), (3) fiunt

$$(9) \qquad \begin{aligned} A &= -\tfrac{1}{2}\left[f + \tang\frac{\varphi}{2}(\cos b . h - \cos c . g)\right], \\ B &= -\tfrac{1}{2}\left[g + \tang\frac{\varphi}{2}(\cos c . f - \cos a . h)\right], \\ C &= -\tfrac{1}{2}\left[h + \tang\frac{\varphi}{2}(\cos a . g - \cos b . f)\right]. \end{aligned}$$

Antecedentia adnotatu digna videbantur, quippe quae in libris elementaribus, quantum scio, desiderantur.

Regiom. 14. Oct. 1835.

NOTA DE ERRORIBUS QUIBUSDAM GEOMETRICIS, QUI IN THEORIA FUNCTIONUM LEGUNTUR.

Crelle Journal für die reine und angewandte Mathematik, Bd. 16 p. 342—343.

Demonstravi in alia commentatione, praeter curvas planas exstare nullas, quarum radii osculi curvam centrorum curvaturae tangant, sive superficiem evolubilem forment. Secus putabat ill. Lagrange, qui in *Theoria functionum* pag. 229 etc. (*Nouvelle édition,* 1813) No. 35 conditionem analyticam exhibet, quae ad hoc locum habere debeat, neque videt, ter eam integratam in plani aequationem abire. Sed vir ill. mox adeo ipsas lineas dupliciter curvas assignat, quae illa proprietate gaudeant, scilicet lineas curvaturae in data superficie; legimus enim pag. 248:

„*D'où il suit que les lignes suivant lesquelles le rayon de courbure sera tangent de la courbe des centres, sont les mêmes que celles de la plus grande ou de la moindre courbure*".

et mox pag. 249:

„*Il n'y aura, sur une surface quelconque, que ces lignes (les lignes de courbure) qui puissent avoir une développée formée par les rayons de courbure.*"

Scilicet nescio, quo factum est, ut vir ill. normales superficiei putaverit esse linearum curvaturae radios osculi. Sane normales ad superficiem, in punctis lineae curvaturae ductae, formant superficiem evolubilem, sed eae non sunt lineae curvaturae radii osculi. Novimus enim, radios osculi curvae, in superficie data descriptae, simul superficiei normales non nisi in lineis superficiei brevissimis esse.

Sequitur ex antecedentibus, *in data superficie lineam curvaturae simul lineam brevissimam esse non posse, nisi sit curva plana.* Nam normales ad superficiem in punctis lineae curvaturae ductae formant superficiem evolubilem, ideoque, cum in lineis brevissimis normales superficiei sint curvae radii osculi, radii osculi lineae curvaturae, quae simul linea brevissima est, superficiem evolubilem formant; unde sequitur, curvam esse planam. Nam in alia commentatione Diarii Crelliani T. XIV (cfr. hujus vol. p. 11) *Zur Theorie der Curven*, sicuti supra adnotavi, demonstratum est, radios osculi formare superficiem evolubilem non nisi in curvis planis. Exemplum habes in meridianis superficierum rotundarum, quae sunt curvae planae, simulque et lineae brevissimae et lineae curvaturae.

Regiomontii 28. Juli 1836.

DEMONSTRATIO ET AMPLIFICATIO NOVA THEOREMATIS GAUSSIANI DE CURVATURA INTEGRA TRIANGULI IN DATA SUPERFICIE E LINEIS BREVISSIMIS FORMATI.

Crelle Journal für die reine und angewandte Mathematik. Bd. 16 p. 344—350.

Data superficie quacunque, fingatur superficies sphaerica radio $= 1$, quarum superficierum puncta singula ita sibi respondeant, ut radius e centro sphaerae ad punctum superficiei eius ductus sit parallelus normali datae superficiei in puncto respondente. Ita delineata in data superficie figura quacunque, alia ei in superficie sphaerica respondebit figura, cuius aream ill. Gauss appellavit figurae in data superficie descriptae *curvaturam integram*. De qua hanc praeclaram propositionem demonstravit:

Theorema Gaussianum.

Triangulo in data superficie e lineis brevissimis formato, curvatura eius integra aequalis est excessui summae trium eius angulorum super duos angulos rectos.

Lineae brevissimae in superficie vocantur, quarum radii osculi sunt superficiei normales. Unde in quoque trianguli e lineis brevissimis formati angulo duobus eius lateribus se in illo intersecantibus eadem erit radii osculi directio. Curvam autem quamcunque considerare licet ut certae cuiusdam superficiei lineam brevissimam; neque enim aliud ad hoc flagitatur, nisi quod plana, radiis osculi curvae orthogonalia, superficiem tangant. Hinc sine negotio e propositione Gaussiana hanc generaliorem colligis:

Theorema I.

Formetur in spatio triangulum e tribus curvis quibuscunque, quae binae in angulo, quo sibi occurrunt, eandem radii osculi directionem habeant; ducantur porro e centro sphaerae, cuius radius = 1, radii ad superficiem eius, radiis osculi curvarum paralleli; qui radii in superficie sphaerica alias tres delineabunt lineas dupliciter curvas triangulum formantes, cuius area aequalis erit excessui summae trium angulorum trianguli propositi super duos angulos rectos.

Theorema antecedens sub formis diversis exhibere licet, quibus genuina eius indoles melius perspicitur. Quod fit per considerationes sequentes.

Antemittimus propositiones notas de reciprocitate polari figurarum sphaericarum. Quae ea est reciprocitas, ut puncto respondeat circulus maximus, cuius illud polus est, et vice versa; arcui circuli maximi angulus sphaericus illius supplemento aequalis, et vice versa; curvae alia curva, cuius puncta illius tangentium poli sunt seu cuius tangentes in illa poles habent. Quibus statutis, consideremus dua polygona sphaerica n laterum inter se polaria: alterius area e notis praeceptis sphaericis aequivalet excessui summae angulorum eius super $2n-4$ angulos rectos; alterius circumferentia propter reciprocitatis modum indicatum aequivalet excessui $2n$ angulorum rectorum super eandem summam, cum latus alterius polygoni alterius anguli supplementum sit. Quod suggerit notam propositionem:

„Propositis duobus polygonis sphaericis inter se polaribus cuiuslibet numeri laterum, summam areae alterius et circumferentiae alterius aequivalere quatuor angulis rectis."

Quae propositio pro numero laterum infinito de curvis sphaericis habetur.

Sit iam abc triangulum nostrum in superficie sphaerica, e tribus curvis bc, ca, ab formatum. Cuius trianguli figura polaris erit hexagramma $AA_1BB_1CC_1$, formatum ex arcu circuli maximi AA_1 angulo a polari, curva A_1B curvae ab polari, arcu circuli maximi BB_1 angulo b polari, curva B_1C curvae bc polari, arcu circuli maximi CC_1 angulo c polari, curva C_1A curvae ca polari. Pro his figuris propositio antecedens hanc aequationem suggerit:

$$\text{area } abc + \text{circumferentia } AA_1BB_1CC_1 = 360^\circ.$$

Sit porro $\alpha\beta\gamma$ triangulum propositum, in spatio e tribus curvis $\beta\gamma$, $\gamma\alpha$, $\alpha\beta$ formatum, quarum radii osculi paralleli sunt radiis sphaerae, e centro ad puncta circumferentiae abc ductis. Erit e theoremate I

$$\text{area}\, abc = \alpha+\beta+\gamma-180^\circ$$

sive e formula praecedente

$$\alpha+\beta+\gamma+\text{circumferentia}\, AA_1BB_1CC_1 = 540^\circ.$$

Est autem propter reciprocitatem polarem

$$AA_1 = 180^\circ-a, \quad BB_1 = 180^\circ-b, \quad CC_1 = 180^\circ-c,$$

unde theorema I in hanc formulam abit:

$$A_1B+B_1C+C_1A = a+b+c-(\alpha+\beta+\gamma).$$

Vocemus *planum radiorum osculi* planum parallelum duobus radiis osculi se proxime insequentibus; plana radiorum osculi curvarum $\beta\gamma$, $\gamma\alpha$, $\alpha\beta$ parallela erunt respective planis circulorum maximorum curvas bc, ca, ab tangentium. Unde facile demonstratur, data curva $\beta\gamma$, construi in superficie sphaerica curvam B_1C per radios e centro sphaerae ductos, planis radiorum osculi curvae $\beta\gamma$ orthogonales; eodemque modo e curvis datis $\gamma\alpha$, $\alpha\beta$ determinantur in superficie sphaerica curvae C_1A, A_1B. Differentias $a-\alpha$, $b-\beta$, $c-\gamma$ hoc modo construo.

Est α angulus inter tangentes curvarum $\alpha\beta$ et $\alpha\gamma$ in puncto intersectionis α, quae curvae in puncto illo *ex hypothesi* eandem directionem radii osculi habent; quae directio cum utrique tangenti orthogonalis sit, atque planum osculi per tangentem et radium osculi transeat, angulum α etiam designare possumus ut angulum inter plana osculi curvarum $\alpha\beta$ et $\alpha\gamma$ in puncto intersectionis α. Angulus a aequalis est angulo inter plana radiorum osculi earundem curvarum in eodem puncto. Hinc per directionem radii osculi, curvis $\alpha\beta$ et $\alpha\gamma$ in α communem, ducere possumus quatuor plana, curvarum $\alpha\beta$ et $\alpha\gamma$ duo plana osculi et duo plana radiorum osculi, quorum illa formant angulum α, haec angulum a. Quorum igitur angulorum differentia $a-\alpha$ aequivalebit etiam differentiae anguli inter planum osculi et planum radiorum osculi curvae $\alpha\beta$ in puncto α et anguli inter planum osculi et planum radiorum osculi curvae $\alpha\gamma$ in eodem puncto α. Eadem cum de duabus quoque reliquis differentiis $b-\beta$, $c-\gamma$ valeant, sequitur, designantibus respective α', β', γ' angulos, quos plana osculi et plana radiorum osculi curvarum $\beta\gamma$, $\gamma\alpha$, $\alpha\beta$ in punctis β, γ, α inter se formant, atque α'', β'', γ'' angulos, quos respective plana osculi et plana radiorum osculi curvarum $\beta\gamma$, $\gamma\alpha$, $\alpha\beta$ in punctis γ, α, β inter se formant, fieri

$$a-\alpha=\gamma'-\beta'',\quad b-\beta=\alpha'-\gamma'',\quad c-\gamma=\beta'-\alpha''.$$

Unde theorema I iam hanc novam formam induit:

$$B_1C+C_1A+A_1B=\alpha'-\alpha''+\beta'-\beta''+\gamma'-\gamma''.$$

Curva B_1C nec non anguli α', α'' per solam curvam $\beta\gamma$ determinata sunt, curva C_1A et anguli β', β'' per solam curvam $\gamma\alpha$, curva A_1B et anguli γ', γ'' per solam curvam $\alpha\beta$. Unde ex una aequatione antecedente facili divinatione colligis tres sequentes:

$$B_1C=\alpha'-\alpha'',\quad C_1A=\beta'-\beta'',\quad A_1B=\gamma'-\gamma''.$$

Quo facto devenimus ad verum fontem theorematis I simulque theorematis Gaussiani, videlicet ad propositionem sequentem:

Theorema II.

Proposita curva quacunque $\alpha\beta$, ducantur e centro sphaerae, cuius radius $=1$, lineae planis radiorum osculi curvae $\alpha\beta$ orthogonales; quae in superficie sphaerica depingent aliam curvam ab, *cuius longitudo* ab *aequivalebit differentiae angulorum, quos in extremitatibus α et β curvae propositae planum radiorum osculi cum plano osculi format.*

Cuius novi theorematis haec est demonstratio simplex et elementaris.

Demonstratio (cfr. Fig. 2).

Cum hic tantum de directionibus rectarum et planorum agatur, repraesentemus omnes per puncta et circulos maximos in superficie sphaerica descripta. Ducantur igitur e centro sphaerae O radii Op, Oq, Or, Os curvae $\alpha\beta$ tangentibus se proxime insequentibus primae, secundae, tertiae, quartae paralleli; erunt plana Opq, Oqr, Ors planis osculi primo, secundo, tertio parallela, cum planum osculi per duas tangentes se proxime insequentes transeat. Prolongetur arcus pq usque ad P, arcus qr usque ad Q, arcus rs usque ad R, ita ut.

Fig. 2.

$$pP=qQ=rR=90^\circ,$$

erunt OP, OQ, OR radiis osculi primo,

secundo, tertio paralleli: ideoque plana OPQ, OQR parallela planis radiorum osculi primo et secundo.

His praemissis, observo, theorema II demonstratum esse, ubi probatum sit, elementum curvae ab aequale esse differentiali anguli, quem in puncto respondente curvae propositae $\alpha\beta$ planum radiorum osculi cum plano osculi facit. Integrationibus enim factis, iisque ab altero limite curvarum $\alpha\beta$, ab ad alterum extensis, theorema propositum provenit. Est autem elementum curvae ab aequale angulo inter duo plana radiorum osculi curvae $\alpha\beta$ se proxime insequentia, sive in figura nostra supplemento anguli PQR vel, si arcus PQ ultra Q usque ad Q' prolongatur, angulo RQQ'. Porro angulus inter planum radii osculi et planum osculi est in eadem figura qPQ, eiusque differentiale $qQR-qPQ$. Unde formula demonstranda est

$$RQQ' = qQR-qPQ$$

sive

$$qPQ = qQR-Q'QR = qQQ' = 180^\circ-qQP.$$

Hoc est, demonstrari debet, si arcus pq, qr, rs sunt quantitates infinite parvae primi ordinis, fore differentiam $qPQ-qQQ'$ quantitatem infinite parvam ordinis secundi. Quod sponte patet. Habetur enim in triangulo sphaerico qPQ

$$\sin qPQ:\sin qQP = \sin qPQ:\sin qQQ' = \sin qQ:\sin qP$$

sive

$$\sin qPQ:\sin qQQ' = 1:\cos pq,$$

unde

$$\sin qPQ:\sin qPQ-\sin qQQ' = 1:2\sin^2\tfrac{1}{2}pq.$$

Qua formula patet, si pq est ordinis primi, fieri $\sin qPQ-\sin qQQ'$, ideoque etiam $qPQ-qQQ'$ ordinis secundi, Q. D. E.

Demonstrato theoremate II, ex eo per ratiocinia supra tradita theorema I deducis, cuius casus particularis theorema Gaussianum est, e quo tamen ad generalius transitum facillime patere vidimus. Docet insuper theorema I, theorema Gaussianum etiam valere, si latera trianguli sunt curvae quaecunque, quae in binis angulis, per quos transeunt, lineas brevissimas osculantur; quae adeo iacere possunt in superficiebus diversis, quae binae in angulo trianguli sese tangunt. Nec non de theoremate II facile deducis generaliorem propositionem, qua loco trianguli polygonum n laterum, simulque loco excessus super duos angulos rectos ponitur excessus super $2n-4$ angulos rectos.

Si theorema II, quod facili constructione geometrica patebat, per formulas analyticas demonstrare cupis, in calculos complicatiores incidis. Qui adeo, si, quod vulgo fit, y et z ut functiones ipsius x consideras, atque differentiale dx constans ponis, tam molesti fiunt, ut facile ab iis abhorreas. Concinniores evadunt et symmetria commendati, si curvae elementum ds constans ponis. Statuto

$$x^{(n)} = \frac{d^n x}{ds^n}, \quad y^{(n)} = \frac{d^n y}{ds^n}, \quad z^{(n)} = \frac{d^n z}{ds^n},$$

erit

$$\begin{aligned} x'x' + y'y' + z'z' &= 1, \\ x'x'' + y'y'' + z'z'' &= 0, \\ x''x'' + y''y'' + z''z'' &= -[x'x''' + y'y''' + z'z'''], \\ 3[x''x''' + y''y''' + z''z'''] &= -[x'x^{\mathrm{IV}} + y'y^{\mathrm{IV}} + z'z^{\mathrm{IV}}]. \end{aligned}$$

Posito porro

$$y'z'' - z'y'' = a, \quad z'x'' - x'z'' = b, \quad x'y'' - y'x'' = c,$$

invenis

$$\begin{aligned} &aa+bb+cc \\ &= (x'x' + y'y' + z'z')(x''x'' + y''y'' + z''z'') - (x'x'' + y'y'' + z'z'')^2 \end{aligned}$$

sive

$$aa+bb+cc = x''x'' + y''y'' + z''z''.$$

Porro posito

$$\begin{aligned} (y''z''' - z''y''')^2 + (z''x''' - x''z''')^2 + (x''y''' - y''x''')^2 &= N, \\ x'(y''z''' - z''y''') + y'(z''x''' - x''z''') + z'(x''y''' - y''x''') &= \Delta, \end{aligned}$$

cum sit

$$\begin{aligned} z'(z''x''' - x''z''') - y'(x''y''' - y''x''') &= x'''(y'y'' + z'z'') - x''(y'y''' + z'z''') \\ &= -x''(x'x''' + y'y''' + z'z'''), \\ x'(x''y''' - y''x''') - z'(y''z''' - z''y''') &= y'''(z'z'' + x'x'') - y''(z'z''' + x'x''') \\ &= -y''(x'x''' + y'y''' + z'z'''), \\ y'(y''z''' - z''y''') - x'(z''x''' - x''z''') &= z'''(x'x'' + y'y'') - z''(x'x''' + y'y''') \\ &= -z''(x'x''' + y'y''' + z'z'''), \end{aligned}$$

invenitur

$$\Delta\Delta = (x'x' + y'y' + z'z')N - (x''x'' + y''y'' + z''z'')(x'x''' + y'y''' + z'z''')^2$$

sive

$$N = \Delta^2 + (x''x'' + y''y'' + z''z'')^3.$$

His praemissis, observo, designante ϱ radium osculi, haberi

$$\frac{1}{\varrho^2} = x''x''+y''y''+z''z'' = aa+bb+cc = -[x'x'''+y'y'''+z'z'''];$$

porro cosinus angulorum, quos *radius osculi* cum axibus coordinatarum facit,

$$\varrho x'', \quad \varrho y'', \quad \varrho z'';$$

cosinus angulorum, quos cum planis coordinatarum facit *planum osculi*,

$$\varrho a, \quad \varrho b, \quad \varrho c.$$

Unde cosinus angulorum, quos cum planis coordinatarum facit planum per duos radios osculi se proxime insequentes ductum, sive *planum radiorum osculi*, fiunt

$$\frac{y''z'''-z''y'''}{\sqrt{N}}, \quad \frac{z''x'''-x''z'''}{\sqrt{N}}, \quad \frac{x''y'''-y''x'''}{\sqrt{N}}.$$

Hinc, si ponitur

$$\Gamma = x''(y'''z^{\text{IV}}-z'''y^{\text{IV}})+y''(z'''x^{\text{IV}}-x'''z^{\text{IV}})+z''(x'''y^{\text{IV}}-y'''x^{\text{IV}}),$$

fit *angulus inter duo plana radiorum osculi se proxime insequentia*

$$\frac{\Gamma ds}{\varrho N},$$

porro *sinus anguli inter planum osculi et planum radiorum osculi*

$$\frac{\Delta}{\sqrt{N}},$$

unde, cum sit

$$N = \Delta^2+\frac{1}{\varrho^6},$$

eiusdem anguli cosinus, tangens

$$\frac{1}{\varrho^3\sqrt{N}}, \quad \varrho^3\Delta,$$

ideoque *anguli inter planum osculi et planum radiorum osculi differentiale*

$$\frac{d(\varrho^3\Delta)}{1+\varrho^6\Delta^2} = \frac{d(\varrho^3\Delta)}{\varrho^6 N}.$$

His expressionibus inventis, *theorema II continetur formula demonstranda*

$$\frac{d(\varrho^3\Delta)}{\varrho^6 N} = \frac{\Gamma ds}{\varrho N}$$

sive

$$d(\varrho^3\Delta) = \varrho^5\Gamma ds.$$

Habetur autem

$$d(\varrho^3\Delta) = [3\varrho^2\varrho'\Delta + \varrho^3\Delta']ds,$$

porro

$$\frac{3\varrho'}{\varrho^3} = -3[x''x''' + y''y''' + z''z'''] = x'x^{\mathrm{IV}} + y'y^{\mathrm{IV}} + z'z^{\mathrm{IV}},$$

$$\Delta' = x'(y''z^{\mathrm{IV}} - z''y^{\mathrm{IV}}) + y'(z''x^{\mathrm{IV}} - x''z^{\mathrm{IV}}) + z'(x''y^{\mathrm{IV}} - y''x^{\mathrm{IV}}),$$

unde

$$\frac{d(\varrho^3\Delta)}{\varrho^5 ds} = (x'x^{\mathrm{IV}} + y'y^{\mathrm{IV}} + z'z^{\mathrm{IV}})(x'''a + y'''b + z'''c)$$
$$-(x'x''' + y'y''' + z'z''')(x^{\mathrm{IV}}a + y^{\mathrm{IV}}b + z^{\mathrm{IV}}c).$$

Quae expressio, cum sit

$$y'c - z'b = -x''(x'x' + y'y' + z'z') + x'(x'x'' + y'y'' + z'z'') = -x'',$$
$$z'a - x'c = -y''(x'x' + y'y' + z'z') + y'(x'x'' + y'y'' + z'z'') = -y'',$$
$$x'b - y'a = -z''(x'x' + y'y' + z'z') + z'(x'x'' + y'y'' + z'z'') = -z'',$$

in hanc abit:

$$\frac{d(\varrho^3\Delta)}{\varrho^5 ds} = x''(y'''z^{\mathrm{IV}} - z'''y^{\mathrm{IV}}) + y''(z'''x^{\mathrm{IV}} - x'''z^{\mathrm{IV}}) + z''(x'''y^{\mathrm{IV}} - y'''x^{\mathrm{IV}}) = \Gamma.$$

Q. D. E.

Regiomontii 27. Jul. 1836.

ÜBER EINIGE MERKWÜRDIGE CURVENTHEOREME.

Schumacher Astronomische Nachrichten, Bd. 20 No. 463 p. 115—120, December 1842.

In No. 457 der Astronomischen Nachrichten hat Herr Clausen einige unbegründete Zweifel über die Richtigkeit eines von mir im 16. Bande des Crelleschen Journals (siehe oben pag. 26) bewiesenen Theorems geäussert, von welchem ein berühmter Gaussscher Satz ein besonderer Fall ist. Der dort gegebene rein synthetische Beweis lässt sich aber noch vereinfachen, wodurch das Theorem zu grösserer Anschaulichkeit gebracht wird. Ich will hier diesen einfachen Beweis mittheilen, zumal er auf einem an sich sehr bemerkenswerthen Satze der Curvenlehre beruht.

Es sei eine räumliche Curve gegeben und eine Kugelfläche, deren Halbmesser gleich 1. Aus ihrem Mittelpunkte K ziehe man mit den auf einander folgenden Tangenten der Curve Parallelen, welche die Fläche in p, q, r, s etc. treffen. Man verlängere die unendlich kleinen Bogen grösster Kreise pq, qr, rs etc. über q, r, s hinaus, bis $pP = qQ = rR$ etc. Quadranten werden. Die Ebenen dieser grössten Kreise sind den auf einander folgenden Schmiegungsebenen und die Radien KP, KQ, KR etc. den auf einander folgenden Krümmungshalbmessern der gegebenen Curve parallel. Man verlängere (Fig. 3) qP, rQ, sR unendlich wenig bis qa, rb, sc Quadranten werden, so werden die von je zwei auf einander folgenden Tangenten der Curve $pqrs\ldots$ gebildeten unendlich kleinen Winkel q, r, s in aller Strenge den Dreiecken qaQ, rbR, scS gleich, da q, r, s die Pole von aQ, bR, cS sind. Vernachlässigt man die Dreiecke PaQ, QbR, RcS etc., welche unendlich kleine Grössen der zweiten Ordnung sind, so sieht man, *dass die Summe der unendlich kleinen Tangenten-*

winkel der Curve pqrs...z gleich ist dem zwischen ihr und der Curve PQRS...Z enthaltenen Raume, wenn man denselben durch die Quadranten pP und zZ begrenzt, welche die Curve pqrs...z in ihren Endpunkten berühren. Die Ebenen dieser grössten Kreise pP und zZ sind den an den Endpunkten der im Raum gegebenen Curve gelegten Schmiegungsebenen parallel.

Fig. 3.

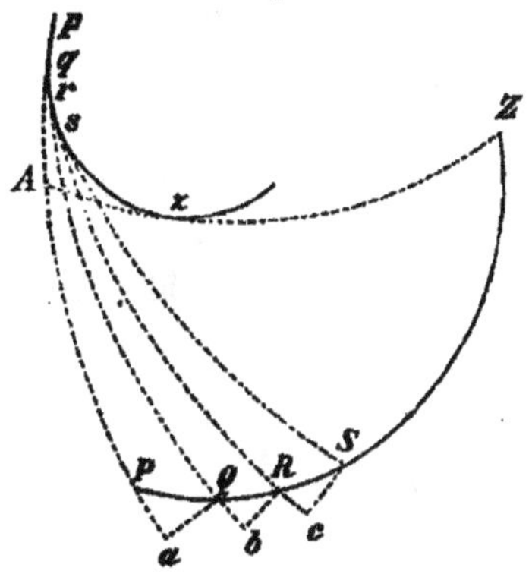

Man verlängere Zz über z hinaus, bis es pP in einem Punkte A schneidet. Der betrachtete Raum setzt sich dann aus den beiden qAz und AZP zusammen, es ist also, wenn man die Summe der Tangentenwinkel der Curve $pqrs...z$ mit T bezeichnet,

$$qAz + ZAP = T.$$

Der Raum qAz, welcher von der Curve $qrs...z$ und den Bogen grösster Kreise qA und Az begrenzt wird, ist nach den über den Inhalt sphärischer Figuren bekannten Sätzen gleich $\angle qAZ + T - 180^0$, da die Winkel bei q und z unendlich klein sind, weil die Curve $pqrs...z$ von qA und zA berührt wird. Substituirt man die Formel

$$qAz = \angle qAZ + T - 180^\circ$$

in die obige Gleichung

$$qAz + ZAP = T,$$

so erhält man

$$ZAP = 180^\circ - \angle qAZ = \angle ZAP.$$

Diese Formel giebt folgendes Theorem:

Theorem I.

„*Aus dem Mittelpunkte einer Kugel ziehe man mit den Krümmungshalbmessern einer im Raum gegebenen Curve πζ parallele Linien, welche die Kugelfläche in den Punkten der Curve PZ schneiden, und gleichzeitig mit den* *an π und ζ gelegten Schmiegungsebenen der gegebenen Curve parallele Ebenen, welche die Kugelfläche in den grössten Kreisen PA und ZA schneiden, so ist der sphärische Inhalt des von der Curve PZ und den Bogen grösster Kreise PA und ZA gebildeten Dreiecks PAZ gleich dem der Curve PZ gegenüberliegenden Winkel PAZ oder dem Supplement des Winkels der an π und ζ gelegten Schmiegungsebenen.*"

Wenn z. B. die Curve $\pi\zeta$ eben ist, so verschwinden der Raum und der Winkel. Ist die Curve $\pi\zeta$ so beschaffen, dass alle ihre Tangenten mit einer festen Ebene einen constanten Winkel bilden, oder eine kürzeste Linie auf einer cylindrischen Fläche, so sind die Krümmungshalbmesser der Curve alle der festen Ebene parallel. Man kann daher den Winkel einer Tangente mit der festen Ebene auch als den Neigungswinkel der Schmiegungsebene zu derselben bezeichnen, oder es bilden auch alle Schmiegungsebenen der Curve $\pi\zeta$ mit der festen Ebene einen constanten Winkel. Für diesen Fall wird die Curve $pqrs\ldots z$ ein kleiner, die Curve $PQRS\ldots Z$ ein grosser Kreis der Kugel, die Winkel APZ und AZP werden Supplemente zu einander, und daher der Inhalt des sphärischen Dreiecks PAZ gleich dem Winkel PAZ.

Aus dem Theorem I ergiebt sich unmittelbar der von mir im 16. Bande des Crelleschen Journals aufgestellte Satz. Es sei ABC ein räumliches Dreieck, von beliebigen Curven gebildet, welche nur der Bedingung unterworfen sind, dass in jeder Ecke die Krümmungshalbmesser der beiden dort zusammenstossenden Curven dieselbe Richtung haben. Mit den Krümmungshalbmessern der drei Curven BC, CA, AB ziehe man wieder aus dem Mittelpunkte der Kugel Parallelen, welche die Kugelfläche in den Punkten der Curven bc, ca, ab treffen mögen. Ferner ziehe man aus dem Mittelpunkte der Kugel mit den an den Endpunkten der drei Curven BC, CA, AB gelegten Schmiegungsebenen parallele Ebenen, welche die Kugelfläche in den grössten Kreisen $b\alpha$, $c\alpha$; $c\beta$, $a\beta$; $a\gamma$, $b\gamma$ schneiden, so dass z. B. die Ebene des grössten Kreises $b\alpha$ parallel der an B gelegten Schmiegungsebene der Curve BC ist. Nach dem Theorem I hat man die drei Gleichungen

$$bac = \angle bac; \quad c\beta a = \angle c\beta a; \quad a\gamma b = \angle a\gamma b.$$

Es mögen sich (Fig. 4) die Kreise $b\gamma$ und $c\alpha$ in dem Punkte e, die Kreise $c\alpha$ und $a\beta$ in dem Punkte f, die Kreise $a\beta$ und $b\gamma$ in dem Punkte g schneiden, so wird, wie aus der beigefügten Figur erhellt, wenn man die sich gegenseitig aufhebenden Räume fortlässt,

$$bac+c\beta a+a\gamma b-abc = bae+c\beta f+a\gamma g-efg.$$

Fig. 4.

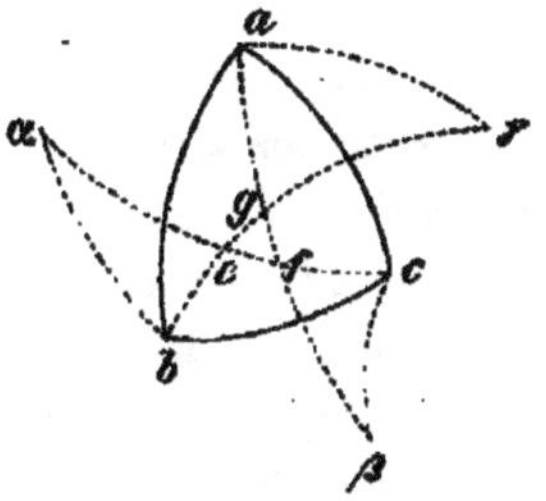

Setzt man für den Inhalt der vier sphärischen Dreiecke bae, $c\beta f$, $a\gamma g$, efg ihre durch die Winkel derselben ausgedrückten Werthe, so wird der Ausdruck rechts vom Gleichheitszeichen, wenn man die Winkel bei e, f, g als sich aufhebend fortlässt,

$$\angle bac+\angle c\beta a+\angle a\gamma b$$
$$+\angle ab\gamma+\angle \beta ca+\angle \gamma a\beta-360^\circ.$$

Das Theorem I gab aber für den Ausdruck links vom Gleichheitszeichen

$$\angle bac+\angle c\beta a+\angle a\gamma b-abc.$$

Die Vergleichung beider Ausdrücke ergiebt für den Inhalt des von den Curven bc, ca, ab umschlossenen Theiles der Kugelfläche die einfache Formel

$$abc = 360^\circ-\angle ab\gamma-\angle \beta ca-\angle \gamma a\beta.$$

In dieser Formel sind $\angle ab\gamma$, $\angle \beta ca$, $\angle \gamma a\beta$ gleich den Supplementen der Winkel, welche an jeder Ecke des gegebenen Curvendreiecks ABC die Schmiegungsebenen der beiden in derselben zusammenstossenden Curven mit einander bilden. Solche zwei Schmiegungsebenen schneiden sich in dem den beiden Curven gemeinschaftlichen Krümmungshalbmesser; ihr Neigungswinkel ist daher dem Winkel gleich, welchen die Curven selbst mit einander bilden. Die vorstehende Formel, welche man so schreiben kann:

$$abc = 180^\circ-\angle \beta a\gamma+180^\circ-\angle \gamma ba+180^\circ-\angle ac\beta-180^\circ,$$

giebt daher das folgende Theorem:

Theorem II.

„Es sei ein räumliches Dreieck gegeben, von beliebigen Curven gebildet, welche nur der Bedingung unterworfen sind, dass in jeder Ecke die Krümmungshalbmesser der beiden dort zusammenstossenden Curven dieselbe Richtung haben; aus dem Mittelpunkte einer Kugel, deren Halbmesser gleich 1, *ziehe man mit den Krümmungshalbmessern der drei Curven Parallelen, welche die Kugelfläche in den Punkten dreier anderen Curven treffen werden, so ist der von diesen Curven umschlossene Raum der Kugelfläche gleich dem Ueber-*

schusse der Summe der drei Winkel des gegebenen räumlichen Curvendreiecks über zwei Rechten.“

Dieses ist das im 16. Bande des Crelleschen Journals von mir auf anderem Wege bewiesene Theorem.

Wenn die drei gegebenen Curven kürzeste Linien derselben Fläche sind, so wird die Bedingung erfüllt, dass in jeder Ecke die Krümmungshalbmesser der beiden daselbst zusammentreffenden Curven dieselbe Richtung haben, da die Krümmungshalbmesser der kürzesten Linien einer Fläche zugleich ihre Normalen sind. Man erhält auf diese Weise das bekannte Gausssche Theorem. Das Theorem II ist aber allgemeiner, weil, wie Herr Clausen in Nr. 457 der Astronomischen Nachrichten gezeigt hat, nicht durch jede zwei in einem Punkte zusammenstossende Curven, in welchem ihre Krümmungshalbmesser dieselbe Richtung haben, sich eine Fläche legen lässt, auf welcher die beiden Curven kürzeste Linien sind.

Man kann das Theorem II noch wesentlich erweitern, indem man auch die in den Ecken des gegebenen Curvendreiecks stattfindende Bedingung fortlässt und ein ganz beliebiges Curvendreieck ABC betrachtet. In der That giebt das Theorem I sogleich auch das folgende Theorem:

Theorem III.

„Es sei ein räumliches Dreieck ABC gegeben, von beliebigen Curven BC, CA, AB gebildet; aus dem Mittelpunkte einer Kugel, deren Halbmesser gleich 1, ziehe man mit den Krümmungshalbmessern dieser drei Curven Parallelen, welche die Kugelfläche in drei anderen Curven bc', ca', ab' schneiden; an den beiden Endpunkten jeder dieser Curven lege man grösste Kreise, $b\beta$ und $c'\gamma$, $c\gamma$ und $a'\alpha$, $a\alpha$ und $b'\beta$, deren Ebenen mit den Schmiegungsebenen parallel sind, welche an den Endpunkten B und C, C und A, A und B der gegebenen Curven BC, CA, AB gelegt werden, so dass z. B. die Ebene von $b\beta$ parallel der an BC in B gelegten Schmiegungsebene ist, so ist der sphärische Inhalt des auf der Kugeloberfläche gebildeten Neunecks $ab'\beta bc'\gamma ca'\alpha a$, dessen drei Seiten bc', ca', ab' im Allgemeinen Curven doppelter Krümmung, die sechs anderen αa, $a'\alpha$, $b\beta$, $b'\beta$, $c\gamma$, $c'\gamma$ Bogen grösster Kreise sind, gleich dem Ueberschusse der Summe der Winkel, welche in den Ecken des Dreiecks ABC die Schmiegungsebenen mit einander bilden, über 180° oder gleich der Grösse

$$\angle a\alpha a' + \angle b\beta b' + \angle c\gamma c' - 180^\circ.\text{“}$$

Sind die drei gegebenen Curven eben (ohne in derselben Ebene zu liegen), so fallen die Schmiegungsebenen jeder von ihnen in einer Ebene zusammen, in welcher auch alle ihre Krümmungshalbmesser liegen, die Curven bc', ca', ab' werden dann ebenfalls Bogen grösster Kreise, und zwar werden immer drei Bogen

$$\beta b,\quad bc',\quad c'\gamma;\quad \gamma c,\quad ca',\quad a'\alpha;\quad \alpha a,\quad ab',\quad b'\beta$$

denselben grössten Kreisen angehören, oder es wird das Neuneck sich in das sphärische Dreieck $\alpha\beta\gamma$ verwandeln. Das Theorem III giebt dann den bekannten Ausdruck des Inhalts eines sphärischen Dreiecks.

Untersuchungen über die hier behandelten Gegenstände hat vor einigen Jahren Herr Professor Steiner der Berliner Akademie vorgelegt*). Als eine der fruchtbarsten Quellen muss hierbei das Theorem I erscheinen. So ergiebt sich z. B. aus demselben unmittelbar auch folgender schöne Satz:

„Wenn eine beliebige stetig gekrümmte und in sich zurücklaufende Curve im Raume gegeben ist, und man aus dem Mittelpunkte einer Kugel mit den Krümmungshalbmessern dieser Curve parallele Radien zieht, so bilden ihre Endpunkte immer eine Curve, welche die Kugelfläche in zwei gleiche Theile theilt."

*) Monatsbericht der Berliner Akademie 1839, 25. April: „Sodann wendet sich die Betrachtung zu dem berühmten Gaussschen Satze über das Dreieck, welches auf einer krummen Oberfläche durch drei kürzeste Linien gebildet wird. Den Beweis dieses Satzes hat Jacobi (im Crelleschen Journal Bd. 16) bereits bedeutend vereinfacht und ihn auf ein anderes Theorem zurückgeführt, das der geometrischen Betrachtung anheimfällt. Hier wird eine noch weitere Vereinfachung gegeben, wodurch die Beweisgründe aus einer fast unmittelbaren geometrischen Anschauung hervorgehen."

Königsberg, den 16. October 1842.

REGEL ZUR BESTIMMUNG DES INHALTS DER STERNPOLYGONE.

(Bruchstück aus den hinterlassenen Papieren C. G. J. Jacobi's mitgetheilt durch O. Hermes.)

Borchardt Journal für die reine und angewandte Mathematik, Bd. 65 p. 173—174.

Wenn die Seiten eines Vielecks sich schneiden, in welchem Falle ein sogenanntes Sternpolygon entsteht, so hat man nicht mehr einen einzigen von einem Contoure umschlossenen Raum, sondern mehrere geschlossene Räume, die entweder durch eine gemeinschaftliche Ecke oder durch eine gemeinschaftliche Seite mit einander zusammenhängen. Die gewöhnlichen Entwickelungen über den Inhalt ebener Figuren hören für solche Vielecke auf ihre Gültigkeit zu haben. Man kann aber gleichwohl fragen, welches die geometrische Bedeutung des algebraischen Ausdruckes

$$\tfrac{1}{2}(x_1y_2-y_1x_2+x_2y_3-y_2x_3+\cdots+x_ny_1-y_nx_1)$$

für solche Sternpolygone sei, und der Gleichmässigkeit wegen die diesem Ausdrucke gleiche geometrische Grösse den *Inhalt des Sternpolygons* nennen. Dieser Inhalt ist keineswegs der Summe der einzelnen durch das Polygon gebildeten Räume gleich. Denn man wird bei näherer Betrachtung finden, dass von diesen Räumen einige einfach, andere doppelt oder mehrfach, einige mit dem positiven, andere mit dem negativen Zeichen zu nehmen sind. Die Entscheidung hierüber ist bei einer etwas complicirten Sternfigur ziemlich beschwerlich. Ich will daher eine Regel angeben, nach welcher der Inhalt des Sternpolygons so leicht, wie es möglich scheint, jedesmal gefunden werden kann, wobei ich jedoch voraussetze, dass niemals durch einen Punkt mehr als zwei Seiten gehen.

Man bezeichne alle durch die Durchschnittspunkte der Seiten sowohl an den Ecken als auf den Seiten selbst gebildeten Punkte mit Zahlen in der Ordnung, wie sie im Sinne des Umfanges auf einander folgen, indem man von 1 anfängt. Es wird auf diese Weise jeder Punkt, welcher der Durchschnitt zweier nicht auf einander folgenden Seiten oder kein Eckpunkt ist, mit *zwei* verschiedenen Zahlen bezeichnet, da man, wenn man im Sinne des Umfanges herumgeht, durch einen solchen Punkt zweimal, durch jede Ecke einmal kommt. Von einer beliebigen Zahl an bilde man eine Reihe Zahlen, indem man auf jede diejenige folgen lässt, welche sich bei demselben Punkte befindet, bei welchem die nächst grössere Zahl steht, oder die nächst grössere Zahl selbst, wenn sie allein steht. Dieses thue man so lange, bis man wieder auf die Zahl kommt, von welcher man ausgegangen ist, wobei man auf die grösste der die Punkte bezeichnenden Zahlen wieder 1 folgen lassen muss. Man kann leicht einsehen, dass man nie bei diesem Verfahren auf dieselbe Zahl zweimal kommt. Durch die angegebene Regel ist nämlich für jede gegebene Zahl der Reihe auch die unmittelbar vorhergehende bestimmt, da sie die nächst kleinere sein muss, als die bei demselben Punkte mit der gegebenen befindliche Zahl, oder als die gegebene selbst, wenn diese allein steht. Wären daher die m^{te} und $(m+m')^{te}$ Zahl dieselben, so müssten auch dieselben Zahlen ihnen vorhergehen und also die $(m'+1)^{te}$ mit der ersten übereinkommen, was gegen die Voraussetzung ist, da man die Reihe abzubrechen hat, sowie man wieder auf die erste zurückkommt. Schwieriger ist es, allgemein zu zeigen, *dass in der auf die angegebene Weise gebildeten Zahlenreihe niemals zwei demselben Punkte zugehörige Zahlen vorkommen können.*

GEOMETRISCHE THEOREME.

(Bruchstücke aus den hinterlassenen Papieren C. G. J. Jacobi's mitgetheilt durch O. Hermes.)

Borchardt Journal für die reine und angewandte Mathematik, Bd. 73 p. 179—206.

ERSTES BRUCHSTÜCK.

Wenn man über einer festen Basis Dreiecke errichtet, deren beide Schenkel eine constante Summe oder eine constante Differenz haben, so ist der Ort der Spitzen dieser Dreiecke ein Kegelschnitt. Man kann diesen Satz auch so aussprechen:

Wenn man über zwei festen Basen AB und CD mit denselben Schenkelpaaren $AP = CQ$, $BP = DQ$ Dreiecke errichtet, und die einen Dreiecke CDQ verschwinden, so ist der Ort der Spitzen P der anderen Dreiecke ABP ein Kegelschnitt.

Denn wenn ein Dreieck verschwindet, so fällt die Spitze in die Grundlinie, und es wird die Summe oder die Differenz der Schenkel gleich der Grundlinie selbst, also constant. Während bei der gewöhnlichen Art, den angeführten Elementarsatz auszudrücken, sich nicht absehen liess, wie er auf *Flächen zweiter Ordnung* ausgedehnt werden kann, so bietet diese neue Art, ihn auszusprechen, den Vortheil dar, die verlangte Verallgemeinerung unmittelbar und auf die natürlichste Weise zu geben. Man hat nämlich den ganz analogen Satz für den Raum:

Wenn man über zwei festen Dreiecken ABC und DEF als Basen mit denselben Schenkeln $AP = DQ$, $BP = EQ$, $CP = FQ$ Pyramiden errichtet, und die über der einen Basis DEF errichteten Pyramiden $DEFQ$ verschwinden, so ist der Ort der Spitzen P der über der anderen Basis errichteten Pyramiden $ABCP$ eine Fläche zweiter Ordnung.

Wenn die Pyramide $DEFQ$ verschwindet, so fällt die Spitze Q in die Ebene der Basis DEF. Man hat aber auch die allgemeineren Sätze, dass der Ort der Spitzen P eine Curve oder Fläche zweiter Ordnung ist, wenn Q in einer *beliebig* gegebenen geraden Linie oder Ebene liegt.

Ich habe diese Sätze zuerst im 12. Bande (1834) des Crelleschen Journals (siehe oben p. 7—10) in einem Briefe an Steiner mitgetheilt. Da sie eine Lücke in der Theorie der Flächen zweiter Ordnung auszufüllen scheinen, so will ich sie hier näher erörtern. Ich werde zuerst zeigen, wie sie eine unmittelbare Folge des für die Geometrie noch nicht genug ausgebeuteten Theorems Ivory's sind, *dass die Verbindungslinie beliebiger zwei in confocalen Ellipsen oder Ellipsoiden liegender Punkte gleich der Verbindungslinie der beiden ihnen in denselben Ellipsen oder Ellipsoiden conjugirten Punkte ist.*

Hierauf werde ich in eine genauere Discussion der erzeugten Curven oder Flächen eingehen. Ich beginne mit den Kegelschnitten.

Es sei die Gleichung einer gegebenen Ellipse, auf ihre Hauptaxen bezogen,

$$\frac{xx}{mm}+\frac{yy}{nn}=1$$

und die Gleichung einer ihr confocalen Ellipse

$$\frac{xx}{mm+\varrho}+\frac{yy}{nn+\varrho}=1,$$

wo $n<m$ sein mag. Zwei Punkte dieser Ellipsen, P und Q, deren Coordinaten

$$x=m\alpha,\quad y=n\beta$$

und

$$x=\sqrt{mm+\varrho}\,.\alpha,\quad y=\sqrt{nn+\varrho}\,.\beta$$

sind, wo

$$\alpha\alpha+\beta\beta=1,$$

heissen einander conjugirt. Hat man zwei andere conjugirte Punkte P' und Q', deren Coordinaten

$$x=m\alpha',\quad y=n\beta'$$

und

$$x=\sqrt{mm+\varrho}\,.\alpha',\quad y=\sqrt{nn+\varrho}\,.\beta'$$

sind, wo wieder

$$\alpha'\alpha'+\beta'\beta'=1,$$

so wird

$$PQ'^2 = (ma-\sqrt{mm+\varrho}.a')^2+(n\beta-\sqrt{nn+\varrho}.\beta')^2,$$
$$P'Q^2 = (\sqrt{mm+\varrho}.a-ma')^2+(\sqrt{nn+\varrho}.\beta-n\beta')^2,$$

und daher

$$PQ'^2-P'Q^2 = \varrho(a'a'+\beta'\beta'-aa-\beta\beta) = 0,$$

oder

$$PQ' = P'Q,$$

welches der Ivorysche Satz für Ellipsen ist. Setzt man gleichzeitig $n\sqrt{-1}$ und $\beta\sqrt{-1}$ für n und β, so erhält man denselben Satz für confocale Hyperbeln.

Lässt man ϱ bis zu dem Werthe $-nn$ abnehmen, also $nn+\varrho$ und y gleichzeitig verschwinden, so hat man für die Punkte der zweiten Ellipse

$$x = \sqrt{mm-nn}.a, \quad y = 0.$$

Dieselbe reducirt sich daher, da a immer zwischen -1 und $+1$ liegt, auf das zwischen den beiden Brennpunkten gelegene Stück der grossen Axe, welches ich die *Grenzellipse* nennen werde. Es seien (vgl. Fig. 5) O, F, F' der Mittelpunkt und die Brennpunkte der gegebenen Ellipse, A und A' die Endpunkte ihrer grossen, B und B' die Endpunkte ihrer kleinen Axe. Setzt man $a = 0$, $\beta = \pm 1$, so erhält man als die conjugirten Punkte den Punkt O der Grenzellipse und die Punkte B oder B' der gegebenen Ellipse. Setzt man dagegen $a = \pm 1$, $\beta = 0$, so sieht man, dass den Punkten F und F' der Grenzellipse die Punkte A und A' der gegebenen conjugirt sind. Sind daher allgemein P und Q zwei beliebige conjugirte Punkte der gegebenen Ellipse und der Grenzellipse, so hat man nach dem Ivoryschen Theorem

Fig. 5.

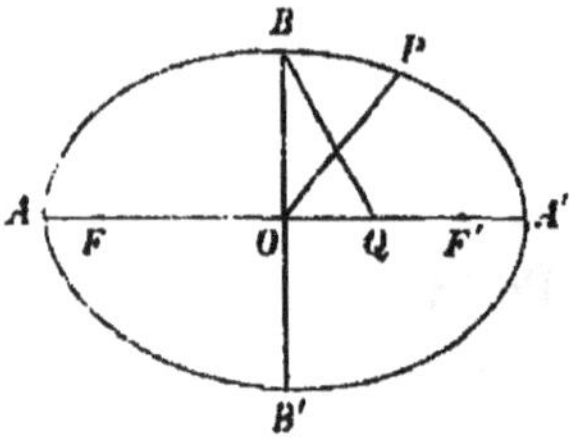

$$PF = QA, \quad PF' = QA', \quad PO = QB = QB',$$

und daher

$$PF+PF' = AA',$$

d. h. *die Summe der von den beiden Brennpunkten einer Ellipse F und F' nach einem ihrer Punkte P gezogenen Radii vectores ist immer der grossen Axe AA' gleich, und wenn man auf dieser die den beiden Radii vectores gleichen Stücke AQ = FP, QA' = PF' abträgt, so wird die Entfernung des Punktes Q von den Endpunkten der kleinen Axe gleich der Entfernung des Punktes P vom Mittelpunkt der Ellipse.*

Wenn durch die Gleichung

$$\frac{xx}{mm} - \frac{yy}{nn} = 1$$

eine Hyperbel gegeben ist, deren Mittelpunkt, Brennpunkte und Endpunkte der grossen (d. h. reellen) Axe wieder O, F und F', und A und A' heissen mögen, so sind die ihr confocalen Hyperbeln in der Gleichung

$$\frac{xx}{mm+\varrho} - \frac{yy}{nn-\varrho} = 1$$

enthalten. Zwei conjugirte Punkte P und Q der gegebenen und einer ihr confocalen Hyperbel haben zu Coordinaten

$$x = m\alpha, \quad y = n\beta,$$

$$x = \sqrt{mm+\varrho}\,.\alpha, \quad y = \sqrt{nn-\varrho}\,.\beta,$$

wo

$$\alpha\alpha - \beta\beta = 1.$$

Eine Grenze der confocalen Hyperbeln entspricht dem Werthe $\varrho = nn$. Lässt man y und $nn-\varrho$ gleichzeitig verschwinden, so wird für die Punkte dieser Grenzhyperbel

$$x = \sqrt{mm+nn}\,.\alpha, \quad y = 0.$$

Es reducirt sich daher diese Hyperbel, da $\alpha > 1$, auf die über F und F' hinaus nach beiden Seiten in's Unendliche gehende Verlängerung der Linie FF'.

Setzt man $\alpha = \pm 1$, so sieht man, dass den Punkten F und F' der Grenzhyperbel die Scheitel A und A' der gegebenen Hyperbel conjugirt werden. Wenn der Punkt Q, von F oder F' an, die unendliche Verlängerung von FF' über F oder F' hinaus durchläuft, bewegt sich P auf der einen Hälfte des einen Zweiges der Hyperbel, und in jedem Augenblicke hat man

$$PF = QA, \quad PF' = QA',$$

also

$$PF' - PF = QA' - QA = AA',$$

welches der bekannte Satz für die Hyperbel ist.

Man erhält für die confocalen Hyperbeln eine *zweite* Grenze, welche dem Werthe $\varrho = -mm$ entspricht. Lässt man nämlich x und $mm+\varrho$ gleichzeitig verschwinden, so wird für die Punkte dieser Grenzhyperbel

$$x = 0, \quad y = \sqrt{mm + nn}\,.\beta,$$

und da β keiner Begrenzung unterworfen ist, so reducirt sie sich auf die ganze Länge der kleinen (d. h. imaginären) Axe. Setzt man $\beta = 0$, so sieht man, dass dem Punkte O dieser Grenzhyperbel die Scheitel (Endpunkte der grossen Axe) der gegebenen Hyperbel entsprechen*).

Fig. 6.

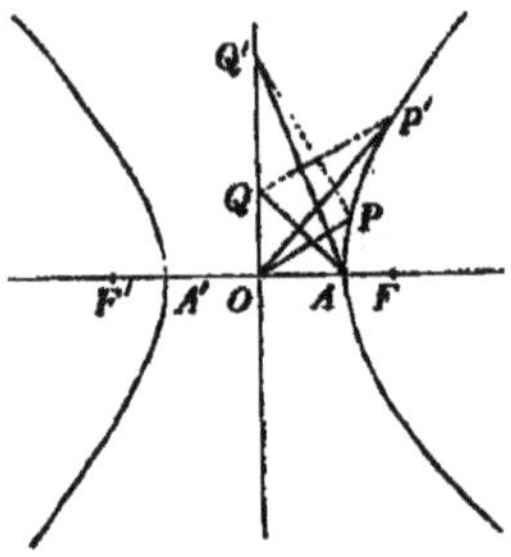

Hat man daher auf der gegebenen Hyperbel (vgl. Fig. 6) den Punkt P und auf der kleinen Axe den conjugirten Punkt Q der zweiten Grenzhyperbel, so wird $AQ = OP$, wodurch man leicht Q findet, wenn P gegeben ist, und umgekehrt. Man wird deshalb aus dem Ivoryschen Theorem folgenden Satz ableiten können:

Wenn man aus dem Mittelpunkte O und dem Scheitel A einer Hyperbel respective nach der Hyperbel und der kleinen Axe die gleichen Linien

$$OP = AQ, \quad OP' = AQ'$$

zieht, so hat man auch $PQ' = P'Q$.

Das Ivorysche Theorem führt aber mit derselben Leichtigkeit auf einen allgemeineren Satz, welcher eine Eigenschaft der beiden Linien angiebt, die man aus den Punkten eines Kegelschnitts, z. B. der Ellipse Fig. 7, nach zwei *beliebigen* festen Punkten der grossen Axe zieht. Es seien nämlich f und f' zwei beliebige feste Punkte der Linie FF', die Punkte g und g' ihnen auf der Ellipse conjugirt, so hat man für jeden Punkt Q der Linie und den ihm conjugirten P der Ellipse

Fig. 7.

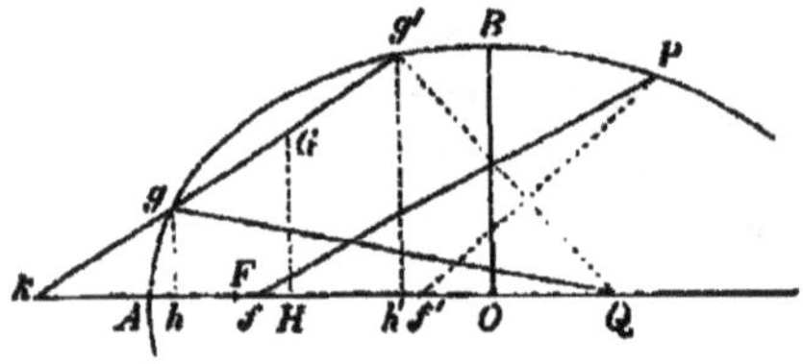

$$Pf = Qg, \quad Pf' = Qg',$$

und daher folgenden Satz:

*) Man könnte auch so die beiden Axen und mithin jede zwei zu einander rechtwinkelige Linien auf einander beziehen und immer zwei Punkte auf ihnen als conjugirte betrachten, wenn die Quadrate ihrer Abstände vom Schnittpunkte eine constante Differenz haben. J.

Satz I.

Die beiden Linien, die man von zwei auf der grossen Axe zwischen den Brennpunkten beliebig liegenden festen Punkten nach den verschiedenen Punkten einer Ellipse zieht, können zu Schenkeln eines über einer anderen festen Basis beschriebenen Dreiecks genommen werden, dessen Spitze eine gerade Linie durchläuft.

Man kann diesen Satz auch so darstellen, wie ich ihn am angeführten Orte (Crelle's Journal Bd. 12; siehe oben p. 9) ausgesprochen habe:

Satz II.

Wenn man über zwei festen Basen gg' und ff' mit denselben Schenkeln $Qg = Pf$, $Qg' = Pf'$ Dreiecke beschreibt, und die Spitze Q des einen Dreiecks eine beliebig gegebene gerade Linie durchläuft, so beschreibt die Spitze P des anderen Dreiecks einen Kegelschnitt.

Wenn die gegebene gerade Linie die Basis gg' selbst ist, so werden f, f' die Brennpunkte des Kegelschnitts. Aber man hat auch den allgemeineren Satz, dass, *wenn die gerade Linie durch den einen Endpunkt g der Basis geht, der entsprechende Endpunkt f der anderen Basis der eine Brennpunkt des Kegelschnitts wird.* Denn, wenn der Punkt g des Kegelschnitts in die gerade Linie ff', die grosse Axe, zu liegen kommt, so fällt g mit dem Endpunkt der grossen Axe A zusammen und der conjugirte Punkt f mit dem Brennpunkt F.

Ich will jetzt den nach Satz II erzeugten Kegelschnitt näher bestimmen, wobei ich der besseren Unterscheidung wegen die Linien gg' und ff' die *erste* und *zweite* Basis nennen werde. Es sei in der ursprünglichen Figur 7, welche dem Satz I zu Grunde liegt,

$$Of = \sqrt{mm-nn}.a, \quad Of' = \sqrt{mm-nn}.a',$$

so wird die zweite Basis

$$ff' = \sqrt{mm-nn}.(a-a').$$

Die den Punkten f und f' conjugirten Punkte des Kegelschnitts, g und g', haben die Coordinaten

$$m\alpha,\quad n\beta \quad \text{und} \quad m\alpha',\quad n\beta',$$

wo

$$\alpha\alpha+\beta\beta = \alpha'\alpha'+\beta'\beta' = 1.$$

Sind h und h' die Fusspunkte der von g und g' auf die gerade Linie gefällten Perpendikel, so sind $Oh = m\alpha$, $Oh' = m\alpha'$ gegeben, und es ist, wenn H die Mitte von h und h' ist,

$$2OH = m(\alpha+\alpha');$$

ferner ist die Projection der ersten Basis auf diese Linie

$$hh' = m(\alpha-\alpha'),$$

und daher

$$\frac{\sqrt{mm-nn}}{m} = \frac{ff'}{hh'}, \quad \frac{n}{m} = \frac{\sqrt{hh'^2-ff'^2}}{hh'}.$$

Ueberdies hat man

$$gh = n\beta, \quad g'h' = n\beta',$$

und daher

$$\frac{hh'^2(g'h'^2-gh^2)}{hh'^2-ff'^2} = m^2(\beta'^2-\beta^2) = m^2(\alpha^2-\alpha'^2) = m(\alpha+\alpha').hh',$$

woraus

$$2OH = Oh+Oh' = \frac{hh'(g'h'^2-gh^2)}{hh'^2-ff'^2}.$$

Diese Gleichung bestimmt die Lage des Mittelpunktes O des Kegelschnitts. Hat man O gefunden, so zeigen die Gleichungen

$$Of = \frac{ff'}{hh'} \cdot Oh, \quad Of' = \frac{ff'}{hh'} \cdot Oh',$$

wo man die Punkte f und f' in der gegebenen geraden Linie anzunehmen hat, damit die ursprüngliche, dem Satz I zu Grunde liegende Figur 7 erzeugt wird, in welcher der erzeugte Kegelschnitt die gegebene gerade Linie zur grossen Axe hat und durch die festen Punkte g und g' geht, die den Punkten f und f' conjugirt werden.

Man kann den für OH gefundenen Ausdruck etwas einfacher darstellen, wenn man den Schneidungspunkt k der nöthigenfalls verlängerten ersten Basis gg' mit der gegebenen geraden Linie zu Hülfe nimmt. Man hat nämlich

$$kh : kh' = gh : g'h',$$

und daher

$$kh'+kh : hh' = g'h'+gh : g'h'-gh.$$

Da

$$kh'+kh = 2kH,$$

so folgt hieraus

$$OH = kH \cdot \frac{(g'h'-gh)^2}{hh'^2-ff'^2} = kH \cdot \frac{gg'^2-hh'^2}{hh'^2-ff'^2},$$

$$kO = kH \cdot \frac{gg'^2-ff'^2}{hh'^2-ff'^2}.$$

Man findet ferner nach einiger Rechnung, wenn G der Mittelpunkt der ersten Basis gg' ist, das Quadrat der halben kleinen Axe

$$n^2 = \frac{(gg'^2 - ff'^2)(Gh^2 - \frac{1}{4}ff'^2)}{hh'^2 - ff'^2}.$$

oder

$$n^2 = \frac{kO}{kH}\cdot(Gh^2 - \tfrac{1}{4}ff'^2).$$

Aus den gefundenen Formeln leitet man folgende Resultate ab:

I. Wenn die zweite Basis ff' sich auf einen Punkt reducirt, so wird der Kegelschnitt ein um diesen Punkt als Centrum beschriebener Kreis. Die Bedingung, dass der Kegelschnitt eine *Ellipse* sei, ist

$$ff' < hh'.$$

Der Mittelpunkt O der Ellipse liegt auf der Verlängerung von kH über H hinaus, und zwar liegen, wenn, wie in Figur 7, $g'h' > gh$ ist, h und h' auf derselben Seite oder auf verschiedenen Seiten von O, je nachdem

$$g'h'^2 - gh^2 > hh'^2 - ff'^2 \quad \text{oder} \quad g'h'^2 - gh^2 < hh'^2 - ff'^2,$$

d. h. je nachdem

$$g'h'^2 + ff'^2 > gh'^2 \qquad \text{oder} \qquad g'h'^2 + ff'^2 < gh'^2.$$

II. Wenn $ff' = hh'$ oder die zweite Basis gleich der Projection der ersten Basis auf die gegebene gerade Linie, so wird der Kegelschnitt eine *Parabel*.

III. Ist $ff' > hh'$, so wird der Kegelschnitt eine *Hyperbel*. Aus den Gleichungen

$$n^2 = \frac{(gg'^2 - ff'^2)(Gh^2 - \frac{1}{4}ff'^2)}{hh'^2 - ff'^2},$$

$$m^2 = \frac{hh'^2(gg'^2 - ff'^2)(Gh^2 - \frac{1}{4}ff'^2)}{(hh'^2 - ff'^2)^2}$$

folgt, dass n^2 negativ, m^2 positiv, oder dass die gegebene Linie die grosse Axe der Hyperbel ist, wenn ff' gleichzeitig kleiner oder grösser ist als die beiden Linien gg' und $2Gh$; ferner dass n^2 positiv, m^2 negativ, oder dass die gegebene Linie die kleine Axe der Hyperbel ist, wenn ff' zwischen gg' und $2Gh$ enthalten ist. Es ist übrigens

$$gg'^2 = hh'^2 + (g'h' - gh)^2,$$

$$4Gh^2 = hh'^2 + (g'h' + gh)^2,$$

und daher $gg' < 2Gh$ oder $gg' > 2Gh$, je nachdem die Punkte g und g' auf derselben oder auf verschiedenen Seiten der gegebenen Linie liegen.

ZWEITES BRUCHSTÜCK.

Um zwei beliebige Dreiecke ABC und $A'B'C'$ Kegelschnitte zu beschreiben, welche gleiche Excentricität haben, und in welchen A und A', B und B', C und C' conjugirte Punkte sind.

Wenn in zwei ebenen Figuren sich je zwei Punkte so entsprechen, dass ihre Abscissen sich wie $m:m'$ und ihre Ordinaten wie $n:n'$ verhalten, so verhält sich der Inhalt eines zwischen drei Punkten der einen Figur beschriebenen Dreiecks zum Inhalt des zwischen den entsprechenden Punkten der anderen Figur beschriebenen Dreiecks wie $mn:m'n'$. Sind daher die auf die Hauptaxen bezogenen Gleichungen der beiden gesuchten Kegelschnitte

$$\frac{x^2}{mm}+\frac{y^2}{nn}=1, \qquad \frac{x^2}{m'm'}+\frac{y^2}{n'n'}=1,$$

so hat man

$$ABC:A'B'C'=mn:m'n'.$$

Aus demselben Grunde hat man, wenn man O und O' die Mittelpunkte der beiden Kegelschnitte nennt,

$$\frac{O'B'C'}{OBC}=\frac{O'C'A'}{OCA}=\frac{O'A'B'}{OAB}=\frac{m'n'}{mn},$$

und daher

$$OBC:OCA:OAB=O'B'C':O'C'A':O'A'B'.$$

Der Punkt O wird der Schwerpunkt der Punkte A, B, C, wenn man an diesen den Dreiecken OBC, OCA, OAB proportionale Gewichte anbringt. Ebenso wird O' der Schwerpunkt der Punkte A', B', C', wenn man an ihnen den Dreiecken $O'B'C'$, $O'C'A'$, $O'A'B'$ proportionale Gewichte anbringt. *Die Gewichte, welche man an A, B, C anzubringen hat, um den Punkt O zum Schwerpunkt zu erhalten, können daher den Gewichten gleich gesetzt werden, welche man an A', B', C' anzubringen hat, um den Punkt O' zu ihrem Schwerpunkt zu erhalten.*

Die an A, B, C angebrachten Gewichte mögen α, β, γ heissen und ihre Summe μ, so wird die Entfernung eines beliebigen Punktes P vom Schwerpunkt O durch die bekannte Formel

$$\mu . PO^2 = \alpha . PA^2 + \beta . PB^2 + \gamma . PC^2 - \frac{1}{\mu} \{\beta\gamma . BC^2 + \gamma\alpha . CA^2 + \alpha\beta . AB^2\}$$

gegeben.

Ebenso wird die Entfernung eines Punktes P' von O' durch die Formel

$$\mu . P'O'^2 = \alpha . P'A'^2 + \beta . P'B'^2 + \gamma . P'C'^2 - \frac{1}{\mu} \{\beta\gamma . B'C'^2 + \gamma\alpha . C'A'^2 + \alpha\beta . A'B'^2\}$$

gegeben. Sind P und P' zwei conjugirte Punkte, und ist

$$p^2 = m^2 - m'^2 = n^2 - n'^2,$$

so hat man auch

$$p^2 = PO^2 - P'O'^2,$$

und daher, wenn man die angegebenen Werthe von $\mu . PO^2$ und $\mu . P'O'^2$ substituirt und der Kürze halber

$$BC^2 - B'C'^2 = u, \quad CA^2 - C'A'^2 = v, \quad AB^2 - A'B'^2 = w$$

setzt,

$$\mu p^2 = \alpha(PA^2 - P'A'^2) + \beta(PB^2 - P'B'^2) + \gamma(PC^2 - P'C'^2) - \frac{1}{\mu} \{\beta\gamma . u + \gamma\alpha . v + \alpha\beta . w\}.$$

Lässt man P nach und nach mit A, B, C und gleichzeitig P' mit A', B', C' zusammenfallen, so giebt diese Formel die Gleichungen

$$\mu p^2 + \frac{1}{\mu}(\beta\gamma . u + \gamma\alpha . v + \alpha\beta . w) = \beta w + \gamma v = \gamma u + \alpha w = \alpha v + \beta u.$$

Aus diesen Gleichungen folgt, dass die Gewichte α, β, γ den Grössen $u(v+w-u)$, $v(w+u-v)$, $w(u+v-w)$ proportional sind. Setzt man sie diesen Grössen *gleich*, so folgen aus den Werthen

$$u(v+w-u) = \alpha, \quad v(w+u-v) = \beta, \quad w(u+v-w) = \gamma$$

die Gleichungen

$$\mu = 2(vw + wu + uv) - u^2 - v^2 - w^2,$$

$$\mu p^2 + \frac{1}{\mu}(\beta\gamma . u + \gamma\alpha . v + \alpha\beta . w) = 2uvw;$$

ferner

$$\beta\gamma . u + \gamma\alpha . v + \alpha\beta . w = uvw[u^2 + v^2 + w^2 - (v-w)^2 - (w-u)^2 - (u-v)^2] = uvw\mu,$$

und hieraus

$$p^2 = \frac{uvw}{\mu}.$$

Wir haben daher den Satz:

Wenn zwei den beliebig gegebenen Dreiecken ABC und $A'B'C'$ umschriebene Kegelschnitte gleiche Excentricität haben, und in ihnen A und A', B und B', C und C' conjugirte Punkte sind, so erhält man ihre Mittelpunkte O und O' als die Schwerpunkte von A, B, C und von A', B', C', wenn man in diesen drei Punkten respective die Gewichte

$$u(v+w-u), \quad v(w+u-v), \quad w(u+v-w)$$

anbringt, wo

$$u=BC^2-B'C'^2, \quad v=CA^2-C'A'^2, \quad w=AB^2-A'B'^2$$

ist, und es wird die Differenz der Quadrate der halben grossen oder der halben kleinen Axen der Kegelschnitte gleich

$$\frac{uvw}{2(vw+wu+uv)-u^2-v^2-w^2}.$$

Nimmt man in jedem der beiden Kegelschnitte die beiden Hauptaxen zu Coordinatenaxen und setzt die Coordinaten von B und C gleich

$$m\cos\eta, \quad n\sin\eta \quad \text{und} \quad m\cos\vartheta, \quad n\sin\vartheta,$$

so werden die Coordinaten von B' und C'

$$m'\cos\eta, \quad n'\sin\eta \quad \text{und} \quad m'\cos\vartheta, \quad n'\sin\vartheta;$$

hieraus folgt, da

$$m^2-m'^2=n^2-n'^2=p^2,$$

$$u=BC^2-B'C'^2=p^2((\cos\eta-\cos\vartheta)^2+(\sin\eta-\sin\vartheta)^2)$$

$$=2p^2[1-\cos(\eta-\vartheta)]=4p^2\sin^2\frac{\eta-\vartheta}{2}.$$

Nennt man $\triangle$ den Inhalt des gegebenen Dreiecks ABC, so wird der Inhalt des Dreiecks OBC gleich $\frac{\alpha\triangle}{\mu}$. Andererseits wird der Inhalt desselben Dreiecks

$$\pm\tfrac{1}{2}mn\sin(\eta-\vartheta),$$

und daher

$$\frac{\alpha^2\triangle^2}{m^2n^2\mu^2}=\tfrac{1}{4}\sin^2(\eta-\vartheta);$$

dividirt man diese Gleichung durch

$$\frac{u}{4p^2}=\sin^2\frac{\eta-\vartheta}{2},$$

so erhält man

$$\frac{4p^2\triangle^2\alpha^2}{m^2n^2\mu^2u}=\cos^2\frac{\eta-\vartheta}{2},$$

und daher

$$\frac{4p^2\Delta^2 a^2}{m^2 n^2 \mu^2 u} = 1 - \frac{u}{4p^2}.$$

Quadrirt man den Werth von $a = u(v+w-u)$ und vergleicht den für μ gefundenen Werth, so ergiebt sich

$$a^2 = u^2(4vw-\mu) = 4u^2vw\left(1-\frac{u}{4p^2}\right).$$

Die vorstehende Gleichung verwandelt sich daher nach Division durch $1-\frac{u}{4p^2}$ in die folgende:

$$\frac{16p^2\Delta^2 uvw}{m^2n^2\mu^2} = \frac{16\Delta^2 u^2v^2w^2}{m^2n^2\mu^3} = 1\,^{*)}.$$

Nennt man Δ' den Inhalt des Dreiecks $A'B'C'$, so erhält man eine ganz analoge Gleichung. Aus den beiden so gefundenen Gleichungen

$$m^2n^2 = \frac{16u^2v^2w^2}{\mu^3}\Delta^2 = \frac{16p^4}{\mu}\Delta^2,$$

$$m'^2n'^2 = \frac{16u^2v^2w^2}{\mu^3}\Delta'^2 = \frac{16p^4}{\mu}\Delta'^2$$

folgt, wenn man abzieht und durch p^2 dividirt,

$$m^2+n^2-p^2 = \frac{16p^2}{\mu}(\Delta^2-\Delta'^2),$$

und daher

$$m^2+n^2 = \frac{16p^2}{\mu}\left(\Delta^2-\Delta'^2+\frac{\mu}{16}\right).$$

Hieraus folgt die vierte Potenz der halben Excentricität beider Kegelschnitte

$$(m^2-n^2)^2 = \frac{256p^4}{\mu^2}(\Delta^2-\Delta'^2)^2 - \frac{32p^4}{\mu}(\Delta^2+\Delta'^2)+p^4,$$

oder

$$\frac{\mu^2(m^2-n^2)^2}{p^4} = [16(\Delta^2+\Delta'^2)-\mu]^2 - 1024\Delta^2\Delta'^2$$
$$= [16(\Delta+\Delta')^2-\mu][16(\Delta-\Delta')^2-\mu].$$

Man erhält aber auch einen merkwürdigen Ausdruck, wenn man die vorstehende Grösse durch die unmittelbar gegebenen Seiten der Dreiecke ABC und

---

*) Die Herleitung dieser Gleichung wäre nur dann unstatthaft, wenn $u = v = w = 4p^2$. Wenn $u = v = w$, wird aber $\mu = 3u^2$, $p^2 = \frac{1}{3}u$, es müsste also $u = v = w = 0$ sein, oder beide Dreiecke müssten congruent werden, in welchem Falle die ganze Aufgabe unstatthaft ist. J.

$A'B'C'$ darstellt. Es sei

$$BC = a, \quad CA = b, \quad AB = c,$$
$$B'C' = a', \quad C'A' = b', \quad A'B' = c',$$

so wird

$$16\Delta^2 = 2(b^2c^2 + c^2a^2 + a^2b^2) - a^4 - b^4 - c^4,$$
$$16\Delta'^2 = 2(b'^2c'^2 + c'^2a'^2 + a'^2b'^2) - a'^4 - b'^4 - c'^4,$$
$$\mu = 2\{(b^2-b'^2)(c^2-c'^2) + (c^2-c'^2)(a^2-a'^2) + (a^2-a'^2)(b^2-b'^2)\}$$
$$-(a^2-a'^2)^2 - (b^2-b'^2)^2 - (c^2-c'^2)^2,$$

und daher

$$16\left(\Delta^2 + \Delta'^2 - \frac{\mu}{16}\right) = 2\{a'^2(b^2+c^2-a^2) + b'^2(c^2+a^2-b^2) + c'^2(a^2+b^2-c^2)\}.$$

Bemerkt man die Formeln

$$(b^2+c^2-a^2)^2 = 4b^2c^2 - 16\Delta^2,$$
$$(c^2+a^2-b^2)(a^2+b^2-c^2) = a^4 - b^4 - c^4 + 2b^2c^2 = 16\Delta^2 - 2a^2(b^2+c^2-a^2)$$

und die ähnlichen, so erhält man

$$256\left(\Delta^2 + \Delta'^2 - \frac{\mu}{16}\right)^2 - 1024\Delta^2\Delta'^2$$
$$= 16(a'^4b^2c^2 + b'^4c^2a^2 + c'^4a^2b^2)$$
$$-16\{b'^2c'^2a^2(b^2+c^2-a^2) + c'^2a'^2b^2(c^2+a^2-b^2) + a'^2b'^2c^2(a^2+b^2-c^2)\}.$$

Setzt man der Kürze halber

$$b^2c'^2 - c^2b'^2 = \mathfrak{A}, \quad c^2a'^2 - a^2c'^2 = \mathfrak{B}, \quad a^2b'^2 - b^2a'^2 = \mathfrak{C},$$

so kann man dem vorstehenden Ausdruck folgende elegante Form geben:

$$\mu^4 \frac{(m^2-n^2)^2}{u^2v^2w^2} = -16(\mathfrak{B}\mathfrak{C} + \mathfrak{C}\mathfrak{A} + \mathfrak{A}\mathfrak{B}).$$

Aus der ganzen Natur der Aufgabe geht hervor, dass die vorstehende Grösse positiv ist. Man sieht es aber nicht so leicht aus der Art, wie dieselbe zusammengesetzt ist, daher ich dies kurz beweisen will.

Man setze

$$\frac{b^2}{b'^2} - \frac{c^2}{c'^2} = d, \quad \frac{c^2}{c'^2} - \frac{a^2}{a'^2} = d', \quad \frac{a^2}{a'^2} - \frac{b^2}{b'^2} = d'',$$

so hat man

$$d + d' + d'' = 0,$$

ferner

$$\mathfrak{A} = b'^2c'^2d, \quad \mathfrak{B} = c'^2a'^2d', \quad \mathfrak{C} = a'^2b'^2d'',$$

und daher

$$\mathfrak{B}\mathfrak{C}+\mathfrak{C}\mathfrak{A}+\mathfrak{A}\mathfrak{B} = a'^2b'^2c'^2(a'^2d'd''+b'^2d''d+c'^2dd').$$

Es ist daher zu beweisen, dass der in Klammern eingeschlossene Ausdruck immer negativ ist. Da $d+d'+d''=0$, so müssen zwei der Grössen dasselbe Zeichen haben, während die dritte Grösse das entgegengesetzte Zeichen hat. Haben z. B. d' und d'' dasselbe Zeichen, so sieht man, dass die in Klammern eingeschlossene Grösse negativ wird, wenn man ihr die Form giebt

$$d'd''(a'^2-b'^2-c'^2)-b'^2d''^2-c'^2d'^2 = -d'd''[(b'+c')^2-a'^2]-(b'd''-c'd')^2,$$

da immer von den drei Seiten des Dreiecks $A'B'C''$ die Summe $b'+c'$ von zweien grösser als die dritte a', also $(b'+c')^2-a'^2$ positiv ist.

Wenn $m^2-n^2=m'^2-n'^2=0$, so muss man $\mathfrak{A}=\mathfrak{B}=\mathfrak{C}=0$ haben, oder: *sollen die Kegelschnitte Kreise werden, so müssen die Dreiecke ABC und $A'B'C''$ einander ähnlich sein.*

Aus den Gleichungen

$$16\left(\Delta^2+\Delta'^2-\frac{\mu}{16}\right) = 2\{a'^2(b^2+c^2-a^2)+b'^2(c^2+a^2-b^2)+c'^2(a^2+b^2-c^2)\}$$
$$= 2\{a^2(b'^2+c'^2-a'^2)+b^2(c'^2+a'^2-b'^2)+c^2(a'^2+b'^2-c'^2)\},$$
$$16\,\Delta^2 = a^2(b^2+c^2-a^2)+b^2(c^2+a^2-b^2)+c^2(a^2+b^2-c^2),$$
$$16\,\Delta'^2 = a'^2(b'^2+c'^2-a'^2)+b'^2(c'^2+a'^2-b'^2)+c'^2(a'^2+b'^2-c'^2)$$

folgt

$$\mu\frac{(m^2+n^2)}{2p^2} = 8\left(\Delta^2-\Delta'^2+\frac{\mu}{16}\right)$$
$$= u(b^2+c^2-a^2)+v(c^2+a^2-b^2)+w(a^2+b^2-c^2),$$
$$\mu\frac{(m'^2+n'^2)}{2p^2} = 8\left(\Delta^2-\Delta'^2-\frac{\mu}{16}\right)$$
$$= u(b'^2+c'^2-a'^2)+v(c'^2+a'^2-b'^2)+w(a'^2+b'^2-c'^2).$$

Wenn μ und u, v, w positiv sind, müssen diese beiden Ausdrücke ebenfalls positiv werden, was von dem ersten zu beweisen hinreicht. Wenn die drei Grössen $b^2+c^2-a^2$, $c^2+a^2-b^2$, $a^2+b^2-c^2$ positiv sind, erhellt dies von selbst. Es kann aber eine der drei Grössen, z. B. $b^2+c^2-a^2$, negativ werden. In diesem Falle stelle man den Ausdruck so dar:

$$u(b^2+c^2-a^2)+v(c^2+a^2-b^2)+w(a^2+b^2-c^2) = 2(vc^2+wb^2)-(a^2-b^2-c^2)(u-v-w),$$

wodurch man sieht, dass er positiv ist, wenn $u<v+w$. Ist $u>v+w$, so hat man doch $u-v-w<2\sqrt{vw}$; denn damit

$$\mu = (\sqrt{u}+\sqrt{v}+\sqrt{w})(\sqrt{v}+\sqrt{w}-\sqrt{u})(\sqrt{w}+\sqrt{u}-\sqrt{v})(\sqrt{u}+\sqrt{v}-\sqrt{w})$$

positiv sei, muss von den drei Grössen $\sqrt{u}$, $\sqrt{v}$, $\sqrt{w}$ eine immer kleiner als die Summe der beiden anderen sein. Ebenso hat man, wenn $a^2 > b^2 + c^2$, doch $a^2 - b^2 - c^2 < 2bc$ und daher $(a^2 - b^2 - c^2)(u - v - w) < 4bc\sqrt{vw}$. Da nun $2(vc^2 + wb^2) > 4bc\sqrt{vw}$, so wird der vorgelegte Ausdruck immer positiv. Man leitet hieraus leicht die Folgerung ab, dass die Grössen m^2 und n^2 nie zugleich negativ werden können.

Wenn μ positiv ist, so müssen die Seiten des Dreiecks ABC alle grösser oder alle kleiner sein als die entsprechenden Seiten des Dreiecks $A'B'C'$. Ferner müssen die Differenzen der Quadrate der entsprechenden Seiten beider Dreiecke, oder die Grössen u, v, w, so beschaffen sein, dass man $\sqrt{\pm u}$, $\sqrt{\pm v}$, $\sqrt{\pm w}$ zu Seiten eines Dreiecks nehmen könne, welches ich $A''B''C''$ nennen und dessen Inhalt ich mit Δ'' bezeichnen will. Man kann mit Hülfe dieses Dreiecks mehrere der angegebenen Formeln elegant construiren. Zuerst wird

$$\mu = 16\Delta''\Delta''.$$

ferner, da $p = \frac{\sqrt{uvw}}{4\Delta''}$, *so wird p gleich dem Radius des dem Dreieck $A''B''C''$ umschriebenen Kreises. Die Gewichte α, β, γ* verhalten sich ferner, wie die Sinus der doppelten Winkel des Dreiecks $A''B''C''$, oder *verhalten sich wie die Gewichte an den Ecken des Dreiecks $A''B''C''$, deren Schwerpunkt der Mittelpunkt des diesem umschriebenen Kreises ist.*

Man hat ferner

$$\frac{p^2}{\Delta''} = \frac{mn}{\Delta} = \frac{m'n'}{\Delta'},$$

$$\frac{\Delta''^4(m^2-n^2)^2}{p^4} = (\Delta+\Delta'+\Delta'')(\Delta+\Delta'-\Delta'')(\Delta-\Delta'+\Delta'')(\Delta-\Delta'-\Delta'').$$

Diese letzte Formel lehrt, *dass unter den Dreiecken Δ, Δ', Δ'' eins grösser als die Summe der beiden anderen sein muss.* Die Combination beider Formeln führt auf die Gleichung

$$p^4(m^2-n^2)^2 = (mn+m'n'+pp)(mn+m'n'-pp)(mn-m'n'+pp)(mn-m'n'-pp),$$

welche durch die Substitution der Werthe $m'^2 = m^2 - p^2$, $n'^2 = n^2 - p^2$ identisch wird.

Aus den Gleichungen

$$m^2n^2 = \frac{16u^2v^2w^2\Delta^2}{\mu^3}, \quad m'^2n'^2 = \frac{16u^2v^2w^2\Delta'^2}{\mu^3}$$

folgt, *dass die beiden Kegelschnitte Ellipsen oder Hyperbeln sind, je nachdem*

μ positiv oder negativ ist. Denn es tritt das eine oder das andere ein, je nachdem $m^2 n^2$ positiv oder negativ ist. Die vorstehenden Constructionen gelten daher für den Fall, dass die Kegelschnitte Ellipsen sind, und umgekehrt: *es werden die Kegelschnitte Ellipsen, wenn das Hülfsdreieck $A''B''C''$ reell wird.*

Ich will das im Vorstehenden für die Beschaffenheit der Kegelschnitte gefundene Kennzeichen noch auf eine andere Art beweisen, und zwar vermittelst eines schönen Satzes, welchen Steiner im 99ten Bande des in Rom erscheinenden *Giornale Arcadico* bekannt gemacht hat*). Wenn man nämlich um ein Dreieck ABC einen Kegelschnitt beschreibt, dessen Mittelpunkt ein gegebener Punkt O ist, und das Dreieck $MM'M''$, dessen Ecken die Mitten der Seiten des Dreiecks ABC sind, construirt, so wird zufolge dieses Satzes der Kegelschnitt eine Ellipse, wenn O im Innern des Dreiecks $MM'M''$ liegt oder in einem der drei unendlichen Räume, die an einer der Ecken des Dreiecks $MM'M''$ von den Verlängerungen seiner zwei dort zusammenstossenden Seiten eingeschlossen werden; wenn dagegen der Mittelpunkt O in einem der drei unendlichen Räume liegt, welche von einer der Seiten des Dreiecks und den Verlängerungen der beiden anderen umschlossen werden, so wird der Kegelschnitt eine Hyperbel. Ist O als Schwerpunkt der drei Punkte A, B, C gegeben, wenn man in ihnen die Gewichte α, β, γ anbringt, und sind M, M', M'' die Mitten der Seiten BC, CA, AB, so wird O auch der Schwerpunkt der Punkte M, M', M'', wenn man in ihnen die Gewichte

$$\alpha' = \beta+\gamma-\alpha, \quad \beta' = \gamma+\alpha-\beta, \quad \gamma' = \alpha+\beta-\gamma$$

anbringt. Haben diese drei Gewichte α', β', γ' dasselbe Zeichen, so fällt ihr Schwerpunkt O in das Innere des Dreiecks $MM'M''$. Haben zwei Gewichte, z. B. β' und γ', dasselbe Zeichen, aber das dritte Gewicht α' das entgegengesetzte, so fällt O entweder in den bei M oder in den über $M'M''$ gebildeten unendlichen Raum, je nachdem $\alpha'+\beta'+\gamma'$ dasselbe Zeichen wie α' oder wie β' und γ' hat. Man kann daher sagen, dass der Kegelschnitt eine Ellipse oder Hyperbel wird, je nachdem $\alpha'+\beta'+\gamma'$ dasselbe oder das entgegengesetzte Zeichen wie $\alpha'\beta'\gamma'$ hat, oder man hat den Satz:

Wenn ein Kegelschnitt durch drei mit den Gewichten α, β, γ behaftete Punkte geht und ihren Schwerpunkt zum Mittelpunkt hat, so wird der Kegel-

*) Wieder abgedruckt im 30ten Bande von Crelle's Journal p. 97.

schnitt eine Ellipse oder Hyperbel, je nachdem die Grösse

$$(\alpha+\beta+\gamma)(\beta+\gamma-\alpha)(\gamma+\alpha-\beta)(\alpha+\beta-\gamma)$$

positiv oder negativ ist.

Für die oben (S. 51) angegebenen Werthe von α, β, γ wird

$$\alpha' = \beta+\gamma-\alpha = (u+v-w)(u-v+w) = \frac{\beta\gamma}{vw},$$

$$\beta' = \gamma+\alpha-\beta = (v+w-u)(v-w+u) = \frac{\gamma\alpha}{wu},$$

$$\gamma' = \alpha+\beta-\gamma = (w+u-v)(w-u+v) = \frac{\alpha\beta}{uv}.$$

Da das Product dieser drei Grössen immer positiv ist, so hat das Product der vier Grössen in dem eben bewiesenen Satze dasselbe Zeichen wie $\alpha+\beta+\gamma=\mu$, und es wird daher der Kegelschnitt eine Ellipse oder Hyperbel, je nachdem μ positiv oder negativ ist. Man kann noch bemerken, dass der Punkt O nie in die Seiten des Dreiecks $MM'M''$ oder in ihre Verlängerungen fallen kann, wenn er nicht einer der Punkte M, M', M'' selbst wird: denn es müsste in jenem Falle eins der Gewichte in den Punkten M, M', M'' verschwinden, welches aber zufolge der Beschaffenheit der Werthe dieser Gewichte nicht möglich ist, ohne dass noch ein anderes Gewicht verschwindet, in welchem Falle der Schwerpunkt mit dem dritten Punkte zusammenfällt. Wird z. B. $v+w-u=0$, so verschwinden β', γ', α; es wird ferner $\beta=\gamma=2vw$, $\mu=4vw$,

$$p^2 = \tfrac{1}{4}u, \quad m^2+n^2 = \tfrac{1}{4}u\left(\frac{c^2}{w}+\frac{b^2}{v}\right), \quad m^2n^2 = \frac{u^2\Delta^2}{4vw}.$$

Die Kegelschnitte bleiben in diesem Falle bei unserer Aufgabe vollkommen bestimmt, obgleich im Allgemeinen die Aufgabe, einen Kegelschnitt mit gegebenem Mittelpunkt einem gegebenen Dreieck zu umschreiben, *unbestimmt* wird, wenn der gegebene Mittelpunkt in die Mitte einer der Seiten des Dreiecks fällt. Der hier betrachtete Fall tritt ein, *wenn das Hülfsdreieck $A''B''C''$ rechtwinklig ist.*

Setzt man wieder, wie oben, die Coordinaten der Punkte B und C gleich

$$m\cos\eta, \quad n\sin\eta \qquad \text{und} \qquad m\cos\vartheta, \quad n\sin\vartheta,$$

so wird die Tangente des Winkels, welchen BC mit der grossen Axe bildet,

$$\frac{n(\sin\eta-\sin\vartheta)}{m(\cos\eta-\cos\vartheta)} = \frac{n}{m}\,\frac{\sin\left(\frac{\eta+\vartheta}{2}+90^\circ\right)}{\cos\left(\frac{\eta+\vartheta}{2}+90^\circ\right)}.$$

Der Punkt D, in welchem der mit BC parallele Durchmesser den Kegelschnitt trifft, hat daher die Coordinaten

$$m\cos\left(\frac{\eta+\vartheta}{2}+90^\circ\right),\quad n\sin\left(\frac{\eta+\vartheta}{2}+90^\circ\right),$$

und es wird

$$OD^2 = m^2\sin^2\frac{\eta+\vartheta}{2}+n^2\cos^2\frac{\eta+\vartheta}{2} = \frac{BC^2}{4\sin^2\frac{\eta-\vartheta}{2}} = \frac{a^2}{4\sin^2\frac{\eta-\vartheta}{2}}.$$

Substituirt man hierin den Werth $\sin^2\frac{\eta-\vartheta}{2} = \frac{u}{4p^2} = \frac{\mu}{4vw}$ und bildet die beiden anderen ähnlichen Formeln, so findet man für die Quadrate der den Seiten BC, CA, AB parallelen halben Durchmesser die Werthe

$$\frac{vwa^2}{\mu},\quad \frac{wub^2}{\mu},\quad \frac{uvc^2}{\mu}.$$

Ebenso werden die Quadrate der den Seiten $B'C'$, $C'A'$, $A'B'$ parallelen halben Durchmesser

$$\frac{vwa'^2}{\mu},\quad \frac{wub'^2}{\mu},\quad \frac{uvc'^2}{\mu},$$

und die Differenz je zweier entsprechenden Grössen wird

$$\frac{uvw}{\mu} = p^2. —$$

Die beiden Kegelschnitte sind im Allgemeinen schon durch drei ihrer Punkte A, B, C; A', B', C' und durch ihre Mittelpunkte O und O' vollkommen bestimmt. Legt man ihre Mittelpunkte und grossen Axen in einander, so erhält man diejenige Lage, in welcher ihre beiden Brennpunkte zusammenfallen, auf welche sich unsere ursprüngliche Betrachtung bezog. In dieser Lage wird nach dem Ivoryschen Theorem

$$BC' = CB',\quad CA' = AC',\quad AB' = BA'.$$

Es ist also durch die angestellten Untersuchungen auch die Aufgabe gelöst:

Zwei beliebige Dreiecke ABC und $A'B'C'$ in solche gegenseitige Lage zu bringen, dass $BC' = CB'$, $CA' = AC'$, $AB' = BA'$ wird.

Setzt man nämlich, wie oben,

$$BC^2 - B'C'^2 = u,\quad CA^2 - C'A'^2 = v,\quad AB^2 - A'B'^2 = w$$

und bringt in A, B, C und ebenso in A', B', C' die Gewichte

$$u(v+w-u),\quad v(w+u-v),\quad w(u+v-w)$$

an, deren Schwerpunkte O und O' seien, so suche man die grossen Axen der beiden Kegelschnitte, die den Dreiecken ABC, $A'B'C''$ umschrieben sind und respective O und O' zu Mittelpunkten haben. Denkt man sich die Punkte O und O' und diese grossen Axen in den Dreiecken fest und legt sie auf einander, so erhalten die Dreiecke die verlangte Lage. —

Eine besondere Betrachtung macht der Fall nothwendig, wenn zwei correspondirende Seiten der beiden Basisdreiecke einander gleich sind. Denn die Analysis, durch welche oben die Gewichte α, β, γ und der Werth von p^2 gefunden wurden, setzt voraus, dass keine der Grössen u, v, w verschwinde. Es sei z. B. $BC = B'C''$, also $u = 0$, so geben die gefundenen Formeln

$$u = 0, \quad \alpha = 0, \quad p^2 = 0,$$
$$\beta = -v(v-w), \quad \gamma = w(v-w), \quad \mu = -(v-w)^2.$$

Die Verhältnisse von m^2, n^2, p^2 bleiben endlich. Die Punkte O und O' kommen in die Linien BC und $B'C''$ selbst zu liegen. Lässt man B mit B', C mit C'' zusammenfallen, so fällt auch O in O'. Man findet dann diesen Punkt durch eine leichte Construction, indem man auf AA' in der Mitte von AA' ein Perpendikel errichtet, dessen Durchschnitt mit der Linie $B'C''$ den Punkt O giebt. Die beiden Kegelschnitte verwandeln sich in die Systeme zweier geraden Linien, von denen die eine $B'C''$, die beiden anderen OA und OA' sind. Die Oberfläche wird ein Kegel, dessen Spitze O' und dessen Focallinien $O'A'$ und $B'C''$ sind. Dreht man das System der Linien OA, OB mit unverändertem Winkel um O nach OA' zu um den halben Winkel AOA', so erhält man die beiden Linien, in denen der Kegel von der Hauptebene $A'B'C''$ geschnitten wird, durch welche nebst den Brennlinien der Kegel bestimmt ist.

Wenn gleichzeitig $u = 0$, $v = w$, erhält man

$$\beta + \gamma = \alpha, \quad p^2 = \tfrac{1}{4} v.$$

Eine der Grössen m^2 und n^2 wird unendlich, während die andere endlich bleibt. Nimmt man an, dass m unendlich wird, so giebt die aus den oben allgemein gefundenen Werthen folgende Gleichung

$$\frac{m^2 n^2}{m^2 + n^2 - p^2} = \frac{p^2 \Delta^2}{\Delta^2 - \Delta'^2}$$

für den besonderen Fall

$$n^2 = \frac{p^2 \Delta^2}{\Delta^2 - \Delta'^2} = \frac{1}{4} \frac{v \Delta^2}{\Delta^2 - \Delta'^2}.$$

Lässt man wieder B und C in B' und C' fallen, so ist AA' senkrecht auf $B'C'$; trifft AA' die Linie $B'C'$ in H', so hat man

$$v = AH'^2 - A'H'^2,$$

$$\frac{\Delta^2}{\Delta^2 - \Delta'^2} = \frac{AH'^2}{v},$$

und daher

$$n^2 = \tfrac{1}{4} AH'^2.$$

Die Fläche ist ein Cylinder, dessen Axe durch den Punkt N', die Mitte von $A'H'$, geht und mit $B'C'$ parallel ist. Die Basis des Cylinders wird ein Kegelschnitt, dessen Gleichung

$$\frac{4y^2}{AH'^2} + \frac{4z^2}{AH'^2 - A'H'^2} = 1,$$

wo die Axe der y senkrecht auf $B'C'$ steht und immer die *grosse* Axe der Basis des Cylinders wird, die eine Ellipse oder Hyperbel ist, je nachdem A mehr oder weniger als A' von der Linie $B'C'$ entfernt ist. Die Punkte N' und A', H' werden der Mittelpunkt und die Brennpunkte dieser Basis. —

Die Fläche wird ein *Ellipsoid*, wenn m^2, n^2, p^2 positiv werden, also wenn μ, u, v, w positiv sind. Sie wird ein *continuirliches Hyperboloid*, wenn eine der Grössen m^2, n^2, p^2 negativ wird, während die anderen positiv bleiben; also

a) wenn m^2 und n^2 positiv sind, also auch μ positiv ist, und wenn p^2 negativ ist, also u, v, w negativ sind;

b) wenn $m^2 n^2$ negativ ist, also μ negativ, und p^2 positiv, also eine der Grössen u, v, w negativ ist, während die beiden anderen positiv sind, oder alle drei u, v, w negativ sind, und von den Grössen $\sqrt{-u}$, $\sqrt{-v}$, $\sqrt{-w}$ eine grösser als die Summe der beiden anderen ist.

Die Fläche wird ein *Hyperboloid mit zwei Flächen*, wenn eine der Grössen m^2, n^2, p^2 positiv ist, und die beiden anderen negativ werden; also wenn $m^2 n^2$ und p^2 negativ werden, da m^2 und n^2, wie wir gesehen haben, nicht gleichzeitig negativ werden können. Dies erfordert die Bedingungen μ negativ und uvw positiv, also eine von ihnen positiv, die beiden anderen negativ, oder es müssen alle drei positiv sein und eine der Grössen $\sqrt{u}$, $\sqrt{v}$, $\sqrt{w}$ grösser als die Summe der beiden anderen.

Als Grenze des Ellipsoids und zweiflächigen Hyperboloids erhält man das *elliptische Paraboloid*, wenn u, v, w positiv sind und $\mu = 0$.

Als Grenze des continuirlichen Hyperboloids erhält man das *hyperbolische Paraboloid*, wenn u, v, w negativ sind und $\mu = 0$.

Man kann dies in folgenden Satz zusammenfassen:

Satz.

„Es seien zwei Dreiecke ABC und $A'B'C'$ gegeben, in der Ebene von ABC nehme man einen beliebigen Punkt Q und construire über der Basis $A'B'C'$ mit den Kanten $A'P = AQ$, $B'P = BQ$, $C'P = CQ$ eine Pyramide; wenn der Punkt Q sich in der Ebene des Dreiecks ABC fortbewegt, beschreibt der Punkt P eine Fläche der zweiten Ordnung, deren eine Hauptebene die Ebene der Basis $A'B'C'$ ist, und deren eine Focalcurve dem Dreieck $A'B'C'$ umschrieben ist.

Diese Fläche ist

1) Ein *Ellipsoid*, wenn alle Seiten des Dreiecks ABC grösser als die entsprechenden Seiten des Dreiecks $A'B'C'$ sind, und man mit den Seiten

$$\sqrt{BC^2 - B'C'^2}, \quad \sqrt{CA^2 - C'A'^2}, \quad \sqrt{AB^2 - A'B'^2}$$

ein Dreieck beschreiben kann.

2) Ein *einfächiges Hyperboloid*, wenn nur eine Seite des Dreiecks ABC oder alle drei kleiner als die entsprechenden Seiten des Dreiecks $A'B'C'$ sind.

3) Ein *zweiflächiges Hyperboloid*,

a) wenn eine Seite des Dreiecks ABC grösser, die beiden anderen kleiner als die entsprechenden Seiten des Dreiecks $A'B'C'$ sind;

b) wenn alle Seiten des Dreiecks ABC grösser als die entsprechenden Seiten des Dreiecks $A'B'C'$ sind, man aber mit den Seiten

$$\sqrt{BC^2 - B'C'^2}, \quad \sqrt{CA^2 - C'A'^2}, \quad \sqrt{AB^2 - A'B'^2}$$

kein Dreieck construiren kann.

4) Ein *elliptisches* oder *hyperbolisches Paraboloid*, wenn die Seiten des Dreiecks ABC alle grösser oder alle kleiner sind als die entsprechenden des Dreiecks $A'B'C'$ und von den Quadratwurzeln der Differenzen der Quadrate der entsprechenden Seiten die eine gleich der Summe der beiden anderen ist.

5) Eine *Umdrehungsfläche*, wenn die beiden Dreiecke ABC und $A'B'C'$ einander ähnlich sind, und zwar ist die Ebene der Basis $A'B'C'$ selbst immer die Hauptebene, welche Kreisschnitte giebt.

6) Ein *Kegel*, wenn zwei entsprechende Seiten der Basen gleich sind.

7) Ein *Cylinder*, wenn ausserdem noch die Differenz der Quadrate der beiden anderen Seiten gleich ist.“

Ich will jetzt den allgemeineren Fall behandeln, wo die Spitze der über der einen festen Basis errichteten Pyramide sich in einer beliebig gegebenen Ebene bewegt. Es sei ABC die Projection dieser Basis auf die gegebene Ebene, und h, i, k seien die Quadrate der Höhen ihrer Ecken über dieser Ebene. Denkt man sich die beiden Basen in solcher Lage, dass ihre Ecken drei Paare conjugirter Punkte zweier Ellipsoide sind, deren Gleichungen

$$\frac{xx}{mm}+\frac{yy}{nn}+\frac{zz}{pp}=1, \quad \frac{xx}{m'm'}+\frac{yy}{n'n'}+\frac{zz}{p'p'}=1$$

sind, so werden ABC und die andere Basis $A'B'C'$ in einer Hauptebene, der Ebene der x und y, liegen und wieder die x-Coordinaten der entsprechenden Punkte der Dreiecke ABC und $A'B'C'$ sich wie $m:m'$, die y-Coordinaten wie $n:n'$ verhalten, woraus, wenn O der Mittelpunkt der Fläche ist, wieder folgt, dass die Dreiecke OBC, OCA, OAB sich wie die Dreiecke $OB'C'$, $OC'A'$, $OA'B'$ verhalten. Hieraus folgt ebenso wie oben, dass, um O als Schwerpunkt sowohl von den Punkten A, B, C wie von den Punkten A', B', C' zu erhalten, man in ihnen dieselben Gewichte anbringen muss. Nennt man diese Gewichte und ihre Summe wieder α, β, γ, μ und Δ, Δ' den Inhalt der Dreiecke ABC und $A'B'C'$, so hat man wieder, ganz wie oben,

$$OBC=\frac{\alpha}{\mu}\Delta, \quad OCA=\frac{\beta}{\mu}\Delta, \quad OAB=\frac{\gamma}{\mu}\Delta,$$

$$OB'C'=\frac{\alpha}{\mu}\Delta', \quad OC'A'=\frac{\beta}{\mu}\Delta', \quad OA'B'=\frac{\gamma}{\mu}\Delta'.$$

Es wird ferner

$$OA^2+h-OA'^2=OB^2+i-OB'^2=OC^2+k-OC'^2=p^2.$$

Nennt man wieder

$$BC^2-B'C'^2=u, \quad CA^2-C'A'^2=v, \quad AB^2-A'B'^2=w,$$

so hat man statt der früheren Gleichung folgende:

$$\mu p^2+\frac{1}{\mu}(\beta\gamma.u+\gamma\alpha.v+\alpha\beta.w)=\beta w+\gamma v+\mu h=\gamma u+\alpha w+\mu i=\alpha v+\beta u+\mu k.$$

Setzt man den ersten Ausdruck gleich U, so geben die drei Gleichungen

$$\begin{aligned}\alpha h\quad&+\beta(w+h)+\gamma(v+h)=U,\\ \alpha(w+i)+&\quad\beta i\quad+\gamma(u+i)=U,\\ \alpha(v+k)+&\beta(u+k)+\quad\gamma k\quad=U\end{aligned}$$

die Werthe der drei Gewichte und ihrer Summe

$$\alpha = u(v+w-u)+(2h-i-k)u-(i-k)(v-w).$$
$$\beta = v(w+u-v)+(2i-k-h)v-(k-h)(w-u),$$
$$\gamma = w(u+v-w)+(2k-h-i)w-(h-i)(u-v),$$
$$\mu = 2(vw+wu+uv)-u^2-v^2-w^2$$

und überdies

$$U = 2uvw+hu(v+w-u)+iv(w+u-v)+kw(u+v-w).$$

Aus den Werthen von α, β, γ folgt

$$\alpha\beta w+\gamma\alpha v = \alpha(U-\mu h),$$
$$\beta\gamma u+\alpha\beta w = \beta(U-\mu i),$$
$$\gamma\alpha v+\beta\gamma u = \gamma(U-\mu k)$$

und daraus

$$2(\beta\gamma u+\gamma\alpha v+\alpha\beta w) = \mu\{U-(\alpha h+\beta i+\gamma k)\}.$$

Es ist aber ursprünglich U dem Ausdruck

$$\mu p^2+\frac{1}{\mu}(\beta\gamma u+\gamma\alpha v+\alpha\beta w)$$

gleich gesetzt worden, man hat daher die Gleichung

$$2(U-\mu p^2) = U-(\alpha h+\beta i+\gamma k),$$

woraus

$$2\mu p^2 = U+h\alpha+i\beta+k\gamma,$$

und daher, wenn man die obigen Werthe von α, β, γ substituirt,

$$\begin{aligned}\mu p^2 = uvw&+hu(v+w-u)+(h-i)(h-k)u\\ &+iv(w+u-v)+(i-k)(i-h)v\\ &+kw(u+v-w)+(k-h)(k-i)w.\end{aligned}$$

Man kann diesen Ausdruck auf merkwürdige Art transformiren. Man hat nämlich

$$\begin{aligned}\mu p^2 &= uvw+vw(i+k)+wu(k+h)+uv(h+i)\\ &\quad -hu^2-iv^2-kw^2+(h-i)(h-k)u+(i-k)(i-h)v+(k-h)(k-i)w\\ &= (u+i+k)(v+k+h)(w+h+i)-hu^2-iv^2-kw^2\\ &\quad -2h(i+k)u-2i(k+h)v-2k(h+i)w-(i+k)(k+h)(h+i)\\ &= (u+i+k)(v+k+h)(w+h+i)\\ &\quad -h(u+i+k)^2-i(v+k+h)^2-k(w+h+i)^2+4hik.\end{aligned}$$

Setzt man jetzt

$$u+i+k = u'+2\sqrt{ik},\quad v+k+h = v'+2\sqrt{kh},\quad w+h+i = w'+2\sqrt{hi},$$

so wird

$$\mu p^2 = (u^0+2\sqrt{ik})(v^0+2\sqrt{kh})(w^0+2\sqrt{hi})$$
$$-h(u^0+2\sqrt{ik})^2-i(v^0+2\sqrt{kh})^2-k(w^0+2\sqrt{hi})^2+4hik$$
$$= u^0v^0w^0+2(\sqrt{ik}.v^0w^0+\sqrt{kh}.w^0u^0+\sqrt{hi}.u^0v^0)-hu^{02}-iv^{02}-kw^{02}.$$

Die Grössen u^0, v^0, w^0 werden durch die Gleichungen

$$u^0 = u+(\sqrt{i}-\sqrt{k})^2 = B^0C^{02}-B'C'^2,$$
$$v^0 = v+(\sqrt{k}-\sqrt{h})^2 = C^0A^{02}-C'A'^2,$$
$$w^0 = w+(\sqrt{h}-\sqrt{i})^2 = A^0B^{02}-A'B'^2$$

gegeben. Wenn A^0 ein Punkt des Ellipsoids ist, dessen Gleichung

$$\frac{x^2}{m^2}+\frac{y^2}{n^2}+\frac{z^2}{p^2} = 1,$$

und man mit dem Halbmesser p eine concentrische Kugel beschreibt, so soll D^0 ein dem Punkte A^0 entsprechender Punkt der Kugel heissen, wenn die Coordinaten von A^0 aus den Coordinaten von D^0 dadurch erhalten werden, dass man sie mit $\frac{m}{p}$, $\frac{n}{p}$, 1 multiplicirt. Sind D^0, E^0, F^0 auf der Kugel den Punkten A^0, B^0, C^0 des Ellipsoids entsprechend, so hat man

$$u^0 = B^0C^{02}-B'C'^2 = E^0F^{02},$$
$$v^0 = C^0A^{02}-C'A'^2 = F^0D^{02},$$
$$w^0 = A^0B^{02}-A'B'^2 = D^0E^{02}.$$

Da die z-Coordinaten entsprechender Punkte des Ellipsoids und der Kugel gleich sind, so sind h, i, k auch die Quadrate der Höhen von D^0, E^0, F^0 über der xy-Ebene. Nennt man ferner D, E, F die Projectionen von D^0, E^0, F^0 auf die xy-Ebene, so wird

$$u = BC^2-B'C'^2 = EF^2,$$
$$v = CA^2-C'A'^2 = FD^2,$$
$$w = AB^2-A'B'^2 = DE^2.$$

Nennt man r^0 den Radius des dem Dreieck $D^0E^0F^0$ umschriebenen Kreises, so wird

$$16r^{02}.D^0E^0F^{02} = u^0v^0w^0;$$

es ist ferner

$$\mu = 16\,DEF^2 = 16\,D^0E^0F^{02}\cos^2\lambda,$$

wenn λ der Winkel ist, welchen die Ebenen der Dreiecke $D^0E^0F^0$ und DEF

mit einander bilden. Man hat daher

$$p^2\mu - u^0 v^0 w^0 = 16\, D^0 E^0 F^{0 2}(p^2 \cos^2\lambda - r^{0 2}),$$

oder, wenn man H das Quadrat des Perpendikels vom Mittelpunkte der Kugel auf die Ebene des Dreiecks $D^0 E^0 F^0$ nennt,

$$\begin{aligned} p^2\mu - u^0 v^0 w^0 &= 16\, D^0 E^0 F^{0 2}(H \cos^2\lambda - r^{0 2} \sin^2\lambda) \\ &= 2(\sqrt{ik}\,.\,v^0 w^0 + \sqrt{kh}\,.\,w^0 u^0 + \sqrt{hi}\,.\,u^0 v^0) - (h u^{0 2} + i v^{0 2} + k w^{0 2}). \end{aligned}$$

Nennt man h^0, i^0, k^0, $\mathfrak{H}$ die Quadrate der Perpendikel, die von D^0, E^0, F^0 und vom Mittelpunkte des dem Dreieck $D^0 E^0 F^0$ umschriebenen Kreises auf die Schneidelinie beider Ebenen gefällt werden, so wird

$$\mathfrak{H} = H \operatorname{cotg}^2\lambda, \quad h^0 = \frac{h}{\sin^2\lambda}, \quad i^0 = \frac{i}{\sin^2\lambda}, \quad k^0 = \frac{k}{\sin^2\lambda};$$

wenn man daher die vorhergehende Gleichung durch $\sin^2\lambda$ dividirt, erhält man

$$\begin{aligned} 16\, D^0 E^0 F^{0 2}(\mathfrak{H} - r^{0 2}) &= 16\, D^0 E^0 F^{0 2}.\mathfrak{H} - u^0 v^0 w^0 \\ &= 2(\sqrt{i^0 k^0}\,.\,v^0 w^0 + \sqrt{k^0 h^0}\,.\,w^0 u^0 + \sqrt{h^0 i^0}\,.\,u^0 v^0) \\ &\quad - h^0 u^{0 2} - i^0 v^{0 2} - k^0 w^{0 2}. \end{aligned}$$

Auf diese Weise lässt sich der für μp^2 gefundene Ausdruck auf eine Formel der algebraischen Geometrie zurückführen, indem in der vorstehenden Formel $\sqrt{u^0}$, $\sqrt{v^0}$, $\sqrt{w^0}$, $\sqrt{h^0}$, $\sqrt{i^0}$, $\sqrt{k^0}$, $\sqrt{\mathfrak{H}}$ die Seiten und die aus den Ecken und dem Mittelpunkte des umschriebenen Kreises auf eine beliebige Linie gefällten Perpendikel bedeuten. Die Grösse $\mathfrak{H} - r^{0 2}$ ist das Quadrat der Tangente, die man an den Kreis vom Fusspunkte des Perpendikels $\sqrt{\mathfrak{H}}$ zieht. Man sieht leicht, dass man in der Formel $\sqrt{\mathfrak{H}}$, $\sqrt{h^0}$, $\sqrt{i^0}$, $\sqrt{k^0}$ um dieselbe Grösse ändern kann, was darauf hinaus kommt, dass man die gerade Linie parallel mit sich verrückt. Man hat nämlich

$$16\, D^0 E^0 F^{0 2} = 2(v^0 w^0 + w^0 u^0 + u^0 v^0) - u^{0 2} - v^{0 2} - w^{0 2}$$

und nach einem bekannten Satze vom Schwerpunkt

$$16\, D^0 E^0 F^{0 2}.\sqrt{\mathfrak{H}} = u^0(v^0 + w^0 - u^0)\sqrt{h^0} + v^0(w^0 + u^0 - v^0)\sqrt{i^0} + w^0(u^0 + v^0 - w^0)\sqrt{k^0},$$

da der Mittelpunkt des umschriebenen Kreises der Schwerpunkt der Punkte D^0, E^0, F^0 ist, wenn man in ihnen die Coefficienten von $\sqrt{h^0}$, $\sqrt{i^0}$, $\sqrt{k^0}$ als Gewichte anbringt, und die Summe dieser Gewichte gleich $16\, D^0 E^0 F^{0 2}$ ist. Wenn man die erste Gleichung mit $(\sqrt{\mathfrak{H}} - r^0)^2$, die zweite mit $-2(\sqrt{\mathfrak{H}} - r^0)$ multiplicirt zu der gefundenen Formel hinzufügt und

$$\sqrt{h^0}-\sqrt{\mathfrak{H}}+r^0=\sqrt{h'},\quad \sqrt{i^0}-\sqrt{\mathfrak{H}}+r^0=\sqrt{i'},\quad \sqrt{k^0}-\sqrt{\mathfrak{H}}+r^0=\sqrt{k'}$$

setzt, so erhält man

$$0=2(\sqrt{i'k'}.v^0w^0+\sqrt{k'h'}.w^0u^0+\sqrt{h'i'}.u^0v^0)-h'u^{02}-i'v^{02}-k'w^{02},$$

wo $\sqrt{h'}$, $\sqrt{i'}$, $\sqrt{k'}$ die auf eine Tangente des dem Dreieck $D^0E^0F^0$ umschriebenen Kreises aus D^0, E^0, F^0 gefällten Perpendikel bedeuten. Aus der vorstehenden Gleichung folgt, *dass von den Quadratwurzeln aus den drei Grössen* $u^0\sqrt{h'}$, $v^0\sqrt{i'}$, $w^0\sqrt{k'}$, *oder von den drei Grössen* $E^0F^0\sqrt[4]{h'}$, $F^0D^0\sqrt[4]{i'}$, $D^0E^0\sqrt[4]{k'}$ *eine die Summe der beiden anderen ist.* Man kann die Grössen $\sqrt[4]{h'}$, $\sqrt[4]{i'}$, $\sqrt[4]{k'}$ leicht construiren. Nennt man nämlich T den Berührungspunkt, so wird nach bekannten Sätzen der Elementargeometrie

$$\sqrt{2r^0\sqrt{h'}}=D^0T,\quad \sqrt{2r^0\sqrt{i'}}=E^0T,\quad \sqrt{2r^0\sqrt{k'}}=F^0T,$$

so dass die drei Grössen

$$E^0F^0.\sqrt{2r^0\sqrt{h'}},\quad F^0D^0.\sqrt{2r^0\sqrt{i'}},\quad D^0E^0.\sqrt{2r^0\sqrt{k'}}$$

die drei Producte der gegenüberstehenden Seiten und Diagonalen in dem dem Kreise eingeschriebenen Viereck $D^0E^0F^0T$ sind, von denen bekannt ist, dass die Summe von zweien dem dritten gleich ist. Unsere Formel für p^2 wird so auf den sogenannten Ptolemäischen Lehrsatz zurückgeführt, welcher andererseits in dieser Form ausgesprochen durch das Vorstehende eine grosse Ausdehnung erhält.

Wie in dem früheren Falle findet man m und n aus den beiden Gleichungen

$$\frac{mn}{p^2}=\frac{ABC}{DEF}=\frac{4\Delta}{\sqrt{\mu}},$$

$$\frac{m'n'}{p^2}=\frac{A'B'C'}{DEF}=\frac{4\Delta'}{\sqrt{\mu}}.$$

Man sieht aus diesen Gleichungen, dass m^2n^2 und $m'^2n'^2$ dasselbe Zeichen wie μ haben, dass also der xy-Schnitt eine Ellipse oder Hyperbel ist, je nachdem μ positiv oder negativ ist. Die Fläche wird nur dann ein einflächiges Hyperboloid, wenn $m^2n^2p^2$ negativ ist, also wenn μ und p^2 verschiedene Zeichen haben. Die Werthe $\frac{m}{p}$, $\frac{n}{p}$ werden ganz ebenso, wie in dem einfacheren Falle, durch die Seiten der Dreiecke ABC und $A'B'C'$ ausgedrückt, und nur p^2 wird verschieden. Mit Hülfe des früheren Hülfsdreiecks DEF kann man die Grösse p^2 so construiren: Man errichte in den Punkten D, E, F die Perpendikel $\sqrt{h}$, $\sqrt{i}$, $\sqrt{k}$, deren Endpunkte D^0, E^0, F^0 seien, ferner errichte man in dem Mittelpunkte des dem Dreieck $D^0E^0F^0$ umschriebenen Kreises ein Perpendikel auf der Ebene $D^0E^0F^0$ und bestimme den Punkt, in welchem dies Perpendikel die Ebene DEF durchschneidet, dann wird p die Entfernung dieses Punktes von jedem der Eckpunkte D^0, E^0, F^0 (oder, was dasselbe ist, p wird der Radius derjenigen dem Dreiecke $D^0E^0F^0$ umschriebenen Kugel, deren Mittelpunkt in der Ebene DEF liegt).

GEOMETRISCHE CONSTRUCTION ZWEIER GEODÄTISCHEN FORMELN BESSEL'S.*)

(Aus den hinterlassenen Papieren C. G. J. Jacobi's mitgetheilt durch H. Kortum.)

Ich schicke folgende Sätze voraus, welche für sphärische Dreiecke, bei denen ein Winkel und die gegenüberstehende Seite unendlich kleine Grössen sind, bekannt sind und häufige Anwendung finden.

Erster Satz.

Wenn in einem sphärischen Dreiecke die Grundlinie und der ihr gegenüberstehende Winkel unendlich kleine Grössen sind, so ist die Differenz der beiden anderen Seiten gleich der unendlich kleinen Grundlinie multiplicirt in den Cosinus eines der ihr anliegenden Winkel; ferner ist die Differenz zwischen dem einen der beiden Winkel an der Grundlinie und dem Nebenwinkel des anderen gleich dem unendlich kleinen Winkel des Dreiecks multiplicirt in den Cosinus einer der ihn einschliessenden Seiten.

Hieraus ergiebt sich in speciellen Fällen folgender Satz:

Zweiter Satz.

Wenn in einem sphärischen Dreiecke, in welchem die Grundlinie und der ihr gegenüberstehende Winkel unendlich kleine Grössen sind, ein Winkel ein rechter oder eine Seite ein Quadrant ist, so sind im ersten Falle die beiden Seiten einander gleich, im zweiten ist die Summe der Winkel an der Grundlinie gleich zwei Rechten.

*) Diese kleine Arbeit Jacobi's bezieht sich auf die Gleichungen (7) in Bessel's Abhandlung: „*Über den Einfluss der Unregelmässigkeiten der Figur der Erde auf geodätische Arbeiten und ihre Vergleichung mit den astronomischen Bestimmungen*", Schumacher, Astronomische Nachrichten, Bd. 14 No. 329 p. 277, 1837.

Die Richtung der Linien, welche sich auf die durch einen Punkt der Erdoberfläche gelegte geodätische Linie beziehen, will ich durch diejenigen Punkte einer Kugeloberfläche vom Radius 1 repräsentiren, in denen die Normalen jenen Linien parallel sind. Repräsentiren (Fig. 8) auf der Kugeloberfläche a, a' die in zwei unendlich nahen Punkten der geodätischen Linie an die Erdoberfläche gelegten Normalen, t, t' die in ihnen an die geodätische Linie gezogenen Tangenten, so müssen die Bogen at, $a't'$ Quadranten sein, ferner die drei Punkte a, t, t' in *einem* grössten Kreise liegen, weil es die Eigenschaft der geodätischen Linie ist, dass in jedem ihrer Punkte die Schmiegungs-Ebene durch die Normale an der Oberfläche geht, oder dass die zweite Tangente ebenfalls in der durch die Normale an der Oberfläche und die erste Tangente gelegten Ebene liegt. Es ist ferner der Winkel zweier auf einander folgenden Tangenten einer Curve gleich dem Curvenelement dividirt durch den Krümmungshalbmesser, oder

Fig. 8.

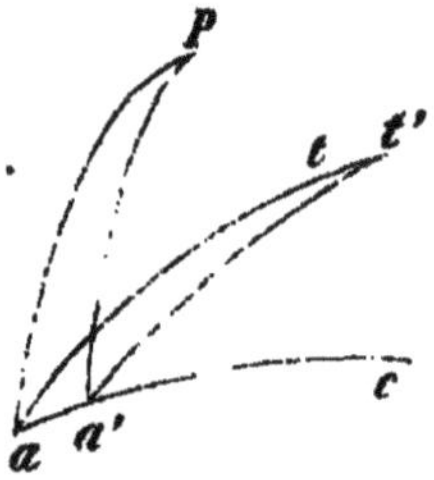

$$tt' = \frac{ds}{\varrho}.$$

Wenn der Punkt P auf der Kugel die Erdaxe repräsentirt, so wird der Winkel aPa' die Differenz der geographischen Längen beider Punkte des Erdsphäroids, oder

$$aPa' = d\omega.$$

Es sind Pat, $Pa't'$ die beiden Azimute, oder

$$Pat' = \alpha, \quad Pa't' = \alpha + d\alpha.$$

Man hat aber nach dem zweiten Satze, da in dem Dreiecke $aa't'$ die eine Seite $a't'$ ein Quadrant ist, wenn man aa' über a' hinaus bis zu einem Punkte c verlängert,

$$t'ac = t'a'c,$$

und daher

$$d\alpha = Pa't' - Pat' = \{Pa'c - t'a'c\} - \{Pac - t'ac\}$$
$$= Pa'c - Pac.$$

Zufolge des ersten Satzes ist aber im Dreiecke Paa', wenn

$$\varphi = 90^0 - Pa$$

die Polhöhe von a bedeutet,

$$d\alpha = Pa'c - Pac = aPa' . \cos Pa = \sin\varphi\, d\omega,$$

welches die eine der beiden zu beweisenden Formeln ist. Um die andere zu beweisen, bemerke ich, dass

$$at = a't' = 90^0$$

ist, und daher

$$tt' = at' - at = at' - a't',$$

also vermittelst des ersten Satzes

$$tt' = at' - a't' = aa' \cos t'aa'.$$

Es ist aber

$$\begin{aligned} aa' \cos t'aa' &= aa' \cos(Paa' - Pat') \\ &= aa' \cos(Paa' - \alpha) \\ &= \cos\alpha . aa' \cos Paa' + \sin\alpha . aa' \sin Paa'. \end{aligned}$$

Nach dem ersten Satze ist im Dreiecke Paa'

$$aa' \cos Paa' = Pa - Pa' = \{90^0 - \varphi\} - \{90^0 - \varphi - d\varphi\} = d\varphi,$$

ferner ist in demselben Dreiecke

$$aa' \sin Paa' = aPa' . \sin Pa' = \cos\varphi \, d\omega,$$

und daher

$$\begin{aligned} \frac{ds}{\varrho} &= tt' = aa' \cos t'aa' \\ &= \cos\alpha . aa' \cos Paa' + \sin\alpha . aa' \sin Paa' \\ &= \cos\alpha \, d\varphi + \sin\alpha \cos\varphi \, d\omega, \end{aligned}$$

welches die zweite der Besselschen Formeln ist.

Pillau, den 12. August 1837.

ÜBER
DIE CURVE, WELCHE ALLE VON EINEM PUNKTE AUSGEHENDEN GEODÄTISCHEN LINIEN EINES ROTATIONSELLIPSOIDES BERÜHRT.

(Aus den hinterlassenen Papieren C. G. J. Jacobi's mitgetheilt durch A. Wangerin.)

Die sogenannten kürzesten Linien auf einer Oberfläche, welche man für das Erdsphäroid auch *geodätische Linien* nennt, haben die Eigenschaft, zwischen je zweien ihrer Endpunkte den kürzesten Weg auf der Oberfläche anzugeben, nicht für die ganze Länge ihrer Ausdehnung, wenn die Oberfläche, auf der sie sich befinden, geschlossen ist, so dass sie sich spiralförmig um dieselbe herumwinden. Dieses ist nicht bloss in Bezug auf das absolute Minimum zu verstehen, sondern es gilt ebenso auch für das relative, d. h. es wird in den Fällen, in welchen eine kürzeste Linie nicht mehr die kürzeste zwischen ihren Endpunkten ist, nicht bloss *überhaupt* andere kürzere geben, sondern es werden sich auch solche darunter befinden, die der Curve während des ganzen Laufes unendlich nahe bleiben.

Auf der Kugel z. B. ist der grösste Kugelkreis wirklich kürzeste Linie, wenn die Länge des Bogens nicht 180° erreicht. Beträgt der Bogen gerade 180°, so lassen sich zwischen seinen Endpunkten unendlich viele gleich grosse Bogen ziehen, welche den unendlich vielen grössten Kugelkreisen angehören, die man durch die Endpunkte eines Durchmessers legen kann. Beträgt aber der Bogen mehr als 180°, so wird man einen kürzeren Weg erhalten, wenn man von seinen Endpunkten nach irgend einem Punkte der Kugeloberfläche zwei Bogen grösster Kreise zieht, die kleiner als 180° sind. Es sei nämlich

(Fig. 9) $A\alpha BC$ ein Bogen eines grössten Kreises und $A\alpha B = 180^\circ$; zieht man durch irgend einen Punkt D die Bogen grösster Kreise $ADB = 180^\circ$ und CD, so ist in dem sphärischen Dreieck BCD die eine Seite CD kleiner als die Summe $BC+BD$ der beiden anderen, und daher

$$AD+CD < AD+DB+BC,$$

oder, da

$$AD+DB+BC = 180^\circ + BC = A\alpha BC$$

ist,

$$AD+CD < A\alpha BC.$$

Fig. 9.

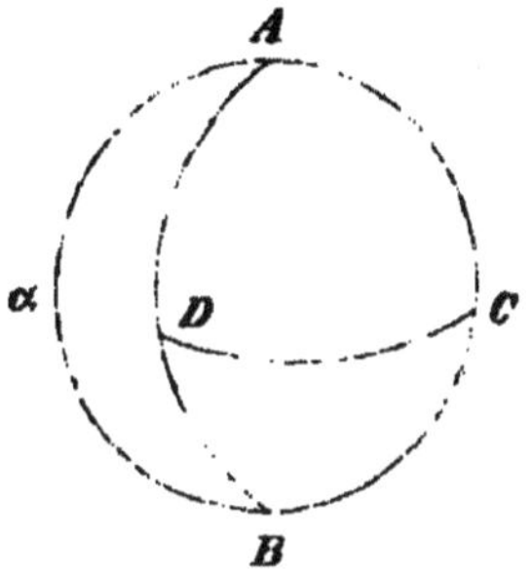

Da man den Punkt D unendlich nahe bei dem Bogen $A\alpha BC$ annehmen kann, so sieht man, dass der Bogen $A\alpha BC$ auch unter den ihm unendlich nahen Wegen, die man zwischen seinen Endpunkten A und C auf der Kugeloberfläche angeben kann, kein Minimum ist, und also weder ein absolutes, noch ein relatives Minimum angiebt. Dass er andererseits nicht ein Maximum genannt werden kann, erhellt daraus, dass man jeden Weg durch grössere oder kleinere, auch unendlich kleine Ausbiegungen zur Rechten und Linken immer noch grösser machen kann; der Bogen $A\alpha BC$ wird also weder ein Maximum noch ein Minimum sein.

Diese einfache geometrische Betrachtung führt auf einen sehr merkwürdigen, von Lagrange in der Functionentheorie gegebenen analytischen Satz. Auf einer Kugel vom Radius 1 seien zwei Punkte gegeben; man nehme den Mittelpunkt der Kugel zum Anfangspunkt der rechtwinkligen Coordinaten x, y, z und lege die yz-Ebene durch die gegebenen Punkte. Ferner werde für einen Punkt der Kugeloberfläche

$$x = \cos\varphi, \quad y = \sin\varphi\cos\psi, \quad z = \sin\varphi\sin\psi$$

gesetzt. Für die gegebenen Endpunkte, für welche man $\varphi = \frac{1}{2}\pi$ hat, erhalte ψ die Werthe ψ_0 und ψ_1, so wird die Länge einer zwischen diesen Endpunkten auf der Kugeloberfläche gezogenen Curve

$$\int_{\psi_0}^{\psi_1} \sqrt{\left(\frac{d\varphi}{d\psi}\right)^2 + \sin^2\varphi}\; d\psi,$$

in welche Formel man für φ eine Function von ψ zu setzen hat, welche die Natur der Curve bestimmt. Für den grössten Kreis, welcher durch die beiden Endpunkte geht, hat man $\varphi = \frac{1}{2}\pi$; für eine unendlich nahe Curve wird demnach $\varphi = \frac{1}{2}\pi + \alpha\omega$, wo α eine unendlich kleine Constante bedeutet und ω eine beliebige Function von ψ, welche nur den Bedingungen unterworfen ist, dass sie für $\psi = \psi_0$ und für $\psi = \psi_1$ verschwindet und innerhalb dieser Grenzen nicht unendlich wird. Die angegebene Integralformel wird für diesen Ausdruck von φ

$$\int_{\psi_0}^{\psi_1} \sqrt{\alpha^2 \left(\frac{d\omega}{d\psi}\right)^2 + \cos^2 \alpha\omega}\, d\psi = \int_{\psi_0}^{\psi_1} \sqrt{1 + \alpha^2 \left\{\left(\frac{d\omega}{d\psi}\right)^2 - \omega^2\right\}}\, d\psi,$$

oder

$$\psi_1 - \psi_0 + \tfrac{1}{2}\alpha^2 \int_{\psi_0}^{\psi_1} \left\{\left(\frac{d\omega}{d\psi}\right)^2 - \omega^2\right\} d\psi.$$

Die obigen geometrischen Betrachtungen lehren nun, dass das Integral

$$\int_{\psi_0}^{\psi_1} \left\{\left(\frac{d\omega}{d\psi}\right)^2 - \omega^2\right\} d\psi,$$

wenn $\psi_1 - \psi_0 < \pi$ ist, immer einen positiven Werth erhält, was man auch für eine Function von ψ für ω setzt, wofern diese nur die Bedingung erfüllt, an den Grenzen zu verschwinden und zwischen denselben nicht unendlich zu werden; dass aber, falls $\psi_1 - \psi_0 > \pi$ ist, das Integral, auch wenn die Function ω die angegebene Bedingung erfüllt, einen negativen Werth erhalten kann.

Auf der Kugeloberfläche schneiden sich alle kürzesten Linien, die von demselben Punkte ausgehen, noch in dem anderen Endpunkte des durch ihn gezogenen Durchmessers. Für eine andere geschlossene Oberfläche berühren diese Linien im Allgemeinen eine Curve. Es scheint hierbei eine Schwierigkeit stattzufinden. Denn wenn, wie es den Anschein hat, die kürzesten Linien in diesen Raum, den sie umhüllen, nicht eindringen können, so kann man zwischen dem gemeinschaftlichen Ausgangspunkte und einem in diesem Raume befindlichen Punkte gar keine kürzeste Linie ziehen; es giebt aber auf einer Oberfläche immer eine kürzeste Linie zwischen je zweien ihrer Punkte. Um diesen scheinbaren Widerspruch zu heben, will ich die Curve für das Erdsphäroid näher untersuchen, wobei ich die Excentricität als eine sehr kleine Grösse ansehen und ihre höheren Potenzen vernachlässigen werde. Diese Curve erhält noch ein besonderes Interesse dadurch, dass, wie aus den allgemeinen Principien des Grössten und Kleinsten, welche ich an einem anderen Orte näher entwickeln werde, hervorgeht, die kürzesten Linien nur von dem gemeinschaftlichen Ausgangspunkte bis zu ihrem Berührungspunkte mit dieser Curve wirklich Minima sind.

Durch den Punkt A des Sphäroids, von welchem die geodätischen Linien ausgehen sollen, denke man sich einen Meridian und wähle diesen zur Ebene der x, y, so dass die mit x bezeichneten Coordinaten der Umdrehungsaxe parallel sind. Setzt man den Halbmesser des Aequators gleich 1 und nennt e die Excentricität, so können die rechtwinkligen Coordinaten x, y, z der Punkte der Oberfläche des Sphäroids durch die beiden Winkel φ und ψ folgendermassen ausgedrückt werden:

$$(1) \qquad x = \sqrt{1-e^2}\cos\varphi, \quad y = \sin\varphi\cos\psi, \quad z = \sin\varphi\sin\psi.$$

Der Winkel φ werde immer zwischen 0 und 180°, der Winkel ψ dagegen als unbegrenzt wachsend angenommen. Dem Punkte A, für welchen $\psi = 0$ ist, entspreche der Werth $\varphi = \varphi_0$, wobei $\varphi_0 < \frac{1}{2}\pi$ angenommen werde, so wird man für den entgegengesetzten Endpunkt B des durch A gehenden Durchmessers $\varphi = \pi - \varphi_0$, $\psi = \pi$ haben. Wenn e eine kleine Grösse ist, so werden alle von A ausgehenden geodätischen Linien nahe an dem Punkte B vorbeigehen, wenn sie nicht durch diesen Punkt selbst gehen, und durch ihre auf einander folgenden Intersectionen eine Curve bilden, welche um diesen Punkt herum einen kleinen Raum einschliesst, der sich für die Kugel, d. h. wenn $e = 0$ ist, auf den Punkt B selbst reducirt. Da wir, um diese Curve näher kennen zu lernen, die von A ausgehenden geodätischen Linien in der Nähe des Punktes B betrachten müssen, so will ich den Anfangspunkt des Coordinatensystems in diesen Punkt selbst verlegen und in der Ebene des Meridians AB die an B gezogene Tangente und Normale als Axen neuer Coordinaten q und p annehmen, während die mit z bezeichneten Coordinaten unverändert bleiben. Wenn man die Richtung der positiven p und q so annimmt, dass sie respective mit der Richtung der x und y einen spitzen Winkel α bilden, wie in Fig. 10, so ergeben die bekannten Formeln für die Transformation rechtwinkliger Coordinaten in der Ebene

Fig. 10.

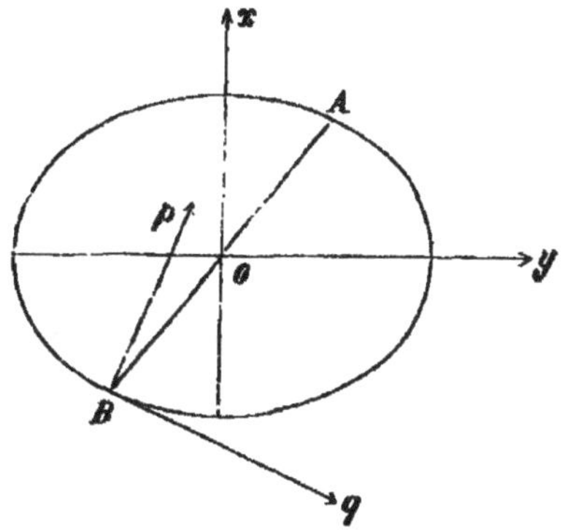

$$p = \cos\alpha(x+\sqrt{1-e^2}\cos\varphi_0)+\sin\alpha(y+\sin\varphi_0),$$
$$q = -\sin\alpha(x+\sqrt{1-e^2}\cos\varphi_0)+\cos\alpha(y+\sin\varphi_0).$$

Setzt man in diesen Formeln für $\cos\alpha$ und $\sin\alpha$ ihre Werthe

$$\sin\alpha = \frac{\sqrt{1-e^2}\sin\varphi_0}{\sqrt{1-e^2\sin^2\varphi_0}}, \quad \cos\alpha = \frac{\cos\varphi_0}{\sqrt{1-e^2\sin^2\varphi_0}}$$

und zugleich für x, y, z die oben gegebenen Ausdrücke, so erhält man

$$p = \frac{\sqrt{1-e^2}}{\sqrt{1-e^2\sin^2\varphi_0}}\{\cos\varphi_0\cos\varphi+\sin\varphi_0\sin\varphi\cos\psi+1\},$$

$$q = \frac{1}{\sqrt{1-e^2\sin^2\varphi_0}}\{-(1-e^2)\sin\varphi_0\cos\varphi+\cos\varphi_0\sin\varphi\cos\psi+e^2\sin\varphi_0\cos\varphi_0\},$$

$$z = \sin\varphi\sin\psi.$$

Für die Punkte in der Nähe von B wird

$$(2) \qquad \psi = \pi-\psi^0, \quad \varphi = \pi-\varphi_0+\varphi^0,$$

wo φ^0 und ψ^0 kleine Winkel bedeuten. Wenn man diese Werthe substituirt, so verwandeln sich die vorstehenden Formeln in folgende:

$$p = \frac{2\sqrt{1-e^2}}{\sqrt{1-e^2\sin^2\varphi_0}}\{\cos^2\tfrac{1}{2}\psi^0\sin^2\tfrac{1}{2}\varphi^0+\sin^2(\varphi_0-\tfrac{1}{2}\varphi^0)\sin^2\tfrac{1}{2}\psi^0\},$$

$$q = \frac{1}{\sqrt{1-e^2\sin^2\varphi_0}}\{\cos^2\tfrac{1}{2}\psi^0\sin\varphi^0+\sin(2\varphi_0-\varphi^0)\sin^2\tfrac{1}{2}\psi^0-2e^2\sin\varphi_0\sin\tfrac{1}{2}\varphi^0\sin(\varphi_0-\tfrac{1}{2}\varphi^0)\},$$

$$z = \sin(\varphi_0-\varphi^0)\sin\psi^0.$$

Wenn man die Winkel φ^0 und ψ^0 sowie die Excentricität e als kleine Grössen betrachtet, so erhält man hieraus die folgenden, für Punkte in der Nähe von B geltenden Näherungsformeln:

$$(3) \qquad \begin{aligned} p &= \tfrac{1}{2}\{\varphi^0\varphi^0+\sin^2\varphi_0 . \psi^0\psi^0\}, \\ q &= \varphi^0, \\ z &= \sin\varphi_0 . \psi^0. \end{aligned}$$

Ich will jetzt die gegenseitige Abhängigkeit der Winkel φ und ψ aufsuchen, wie sie für die von A ausgehenden geodätischen Linien stattfindet. Setzt man für x, y, z die oben angegebenen Werthe (1), so erhält man

$$dx^2+dy^2+dz^2 = (1-e^2\sin^2\varphi)d\varphi^2+\sin^2\varphi\, d\psi^2,$$

und es muss daher für die kürzeste Linie das Integral

$$(4) \qquad \int\sqrt{1-e^2\sin^2\varphi+\sin^2\varphi . \psi'^2}\, d\varphi,$$

wo $\psi' = \frac{d\psi}{d\varphi}$ gesetzt ist, ein Minimum werden. Es folgt hieraus nach den bekannten Regeln

$$d\left(\frac{\sin^2\varphi . \psi'}{\sqrt{1-e^2\sin^2\varphi+\sin^2\varphi . \psi'^2}}\right) = 0,$$

und daher

$$(5) \qquad \frac{\sin^2\varphi . \psi'}{\sqrt{1-e^2\sin^2\varphi+\sin^2\varphi . \psi'^2}} = a,$$

wo a eine willkürliche Constante bedeutet. Aus dieser Gleichung folgt

$$d\psi = \psi' d\varphi = \frac{a\sqrt{1-e^2\sin^2\varphi}\, d\varphi}{\sin\varphi\sqrt{\sin^2\varphi-a^2}},$$

und daher

$$(6) \qquad \psi = \int_{\varphi_0}^{\varphi} \frac{a\sqrt{1-e^2\sin^2\varphi}\, d\varphi}{\sin\varphi\sqrt{\sin^2\varphi-a^2}} = \int_{\varphi_0}^{\varphi} \frac{a\sqrt{1-e^2\sin^2\varphi}\, d\varphi}{\sin\varphi\sqrt{1-a^2-\cos^2\varphi}}.$$

Transformirt man diesen Ausdruck durch die für einen grössten Kreis auf der Kugel stattfindende Substitution*)

$$(7) \qquad \cos(\omega+\omega_0) = \frac{a}{\sqrt{1-a^2}} \operatorname{cotg}\varphi,$$

wo

$$(8) \qquad \cos\omega_0 = \frac{a}{\sqrt{1-a^2}} \operatorname{cotg}\varphi_0$$

st, und setzt zugleich

$$(9) \qquad \psi = \omega - \Psi,$$

so erhält man

$$\omega - \Psi = \int_0^{\omega} \sqrt{1-e^2\sin^2\varphi}\, d\omega,$$

und daher

$$(10) \qquad \Psi = e^2 \int_0^{\omega} \frac{\sin^2\varphi\, d\omega}{1+\sqrt{1-e^2\sin^2\varphi}}.$$

*) Für $e=0$ folgt aus (6)

$$\psi = \arccos \frac{a \operatorname{cotg}\varphi}{\sqrt{1-a^2}} - \arccos \frac{a \operatorname{cotg}\varphi_0}{\sqrt{1-a^2}}.$$

Setzt man hierin

$$\psi = \omega, \quad \arccos \frac{a \operatorname{cotg}\varphi_0}{\sqrt{1-a^2}} = \omega_0,$$

so hat man die für die Kugel geltende Gleichung (7).

Setzt man

$$(11)\qquad \omega = \pi - \omega^0$$

und wieder nach (2)

$$\varphi = \pi - \varphi_0 + \varphi^0, \quad \psi = \pi - \psi^0,$$

wo für die Punkte in der Nähe von B die Winkel ω^0, φ^0, ψ^0 kleine Grössen sind, so erhält man aus der Gleichung

$$\operatorname{cotg}\varphi_0 \cos(\omega + \omega_0) = \cos\omega_0 \operatorname{cotg}\varphi$$

die Gleichung

$$\operatorname{cotg}\varphi_0 \cos(\omega_0 - \omega^0) = \cos\omega_0 \operatorname{cotg}(\varphi_0 - \varphi^0),$$

woraus folgt

$$\frac{\operatorname{cotg}\varphi_0}{\operatorname{cotg}(\varphi_0 - \varphi^0)} = \frac{\cos\omega_0}{\cos(\omega_0 - \omega^0)},$$

$$\frac{\operatorname{cotg}(\varphi_0 - \varphi^0) - \operatorname{cotg}\varphi_0}{\operatorname{cotg}(\varphi_0 - \varphi^0) + \operatorname{cotg}\varphi_0} = \frac{\cos(\omega_0 - \omega^0) - \cos\omega_0}{\cos(\omega_0 - \omega^0) + \cos\omega_0},$$

oder

$$\frac{\sin\varphi^0}{\sin(2\varphi_0 - \varphi^0)} = \operatorname{tg}(\omega_0 - \tfrac{1}{2}\omega^0)\operatorname{tg}\tfrac{1}{2}\omega^0,$$

so dass sich für die dem B benachbarten Punkte die Näherungsformel ergiebt

$$\frac{\varphi^0}{\sin 2\varphi_0} = \tfrac{1}{2}\operatorname{tg}\omega_0 . \omega^0,$$

oder

$$(12)\qquad \varphi^0 = \sin\varphi_0 \cos\varphi_0 \operatorname{tg}\omega_0 . \omega^0.$$

Man erhält endlich

$$\Psi = \omega - \psi = \psi^0 - \omega^0 = \int_0^\pi \frac{e^2 \sin^2\varphi\, d\omega}{1 + \sqrt{1 - e^2\sin^2\varphi}} - \int_{\pi-\omega^0}^\pi \frac{e^2\sin^2\varphi\, d\omega}{1 + \sqrt{1 - e^2\sin^2\varphi}}.$$

Für kleine e und kleine φ^0 oder ω^0 kann man das zweite Integral gegen das erste vernachlässigen; vernachlässigt man ferner auch im ersten Integral die höheren Potenzen von e^2, so erhält man

$$\Psi = \tfrac{1}{2}e^2 \int_0^\pi \sin^2\varphi\, d\omega.$$

Da

$$\cos\omega_0 \operatorname{cotg}\varphi = \operatorname{cotg}\varphi_0 \cos(\omega + \omega_0),$$

$$\frac{\cos^2\omega_0}{\sin^2\varphi} = \cos^2\omega_0 + \operatorname{cotg}^2\varphi_0 \cos^2(\omega + \omega_0),$$

so erhält man

$$\sin^2\varphi = \frac{\cos^2\omega_0}{\cos^2\omega_0 + \operatorname{cotg}^2\varphi_0 \cos^2(\omega+\omega_0)}$$
$$= \frac{\cos^2\omega_0}{(\cos^2\omega_0 + \operatorname{cotg}^2\varphi_0)\cos^2(\omega+\omega_0) + \cos^2\omega_0 \sin^2(\omega+\omega_0)},$$

nd wenn man diesen Werth in das vorstehende Integral substituirt und zwischen en angegebenen Grenzen integrirt,

(13) $$\Psi = \psi^0 - \omega^0 = \tfrac{1}{2}\pi e^2 \frac{\cos\omega_0}{\sqrt{\cos^2\omega_0 + \operatorname{cotg}^2\varphi_0}},$$

dass also die an ψ wegen der Excentricität anzubringende Correction Ψ sich r die dem B benachbarten Punkte auf eine Constante reducirt.

Drückt man vermittelst der angegebenen Näherungsformeln, (12) und 3), φ^0 durch ψ^0 aus, so erhält man

$$\varphi^0 = \sin\varphi_0 \cos\varphi_0 \operatorname{tg}\omega_0 . \psi^0 - \tfrac{1}{2}\pi e^2 \frac{\sin\varphi_0 \cos\varphi_0 \sin\omega_0}{\sqrt{\cos^2\omega_0 + \operatorname{cotg}^2\varphi_0}}$$

nd hieraus nach (3)

$$q = \cos\varphi_0 \operatorname{tg}\omega_0 . z - \tfrac{1}{2}\pi e^2 \frac{\sin\varphi_0 \cos\varphi_0 \sin\omega_0}{\sqrt{\cos^2\omega_0 + \operatorname{cotg}^2\varphi_0}}$$
$$= \cos\varphi_0 \operatorname{tg}\omega_0 . z - \tfrac{1}{2}\pi e^2 \frac{\sin^2\varphi_0 \cos\varphi_0 \operatorname{tg}\omega_0}{\sqrt{1 + \cos^2\varphi_0 \operatorname{tg}^2\omega_0}}.$$

tzt man

(14) $$\cos\varphi_0 \operatorname{tg}\omega_0 = \operatorname{cotg} A,$$

wird diese Gleichung einfacher

(15) $$q = \operatorname{cotg} A . z - \tfrac{1}{2}\pi e^2 \cos A \sin^2\varphi_0.$$

r Winkel A ist das Azimut der geodätischen Linie im Ausgangspunkte A, e sich folgendermassen ergiebt. In der Gleichung (5) ist der Nenner der ken Seite gleich $\frac{ds}{d\varphi}$, falls ds das Bogenelement der geodätischen Linie bechnet. Jene Gleichung kann daher auch so geschrieben werden:

$$\sin\varphi \frac{\sin\varphi\, d\psi}{ds} = a.$$

$\sin\varphi\, d\psi$ das Bogenelement eines Parallelkreises ist, so hat man

$$\frac{\sin\varphi\, d\psi}{ds} = \sin i,$$

i den Winkel darstellt, welchen die geodätische Linie in dem betrachteten nkte mit dem Meridian bildet. Es ist also

$$\sin\varphi \sin i = a.$$

Für den Ausgangspunkt A ist aber

$$\varphi = \varphi_0, \quad i = A,$$

mithin

(14ª) $$\sin\varphi_0 \sin A = a,$$

und daher nach (8)

$$\cos\omega_0 = \frac{a}{\sqrt{1-a^2}} \operatorname{cotg}\varphi_0 = \frac{\cos\varphi_0 \sin A}{\sqrt{1-\sin^2\varphi_0 \sin^2 A}},$$

oder

$$\operatorname{tg}\omega_0 = \frac{\operatorname{cotg} A}{\cos\varphi_0},$$

d. i. die Gleichung (14).

(Ende des Jacobischen Manuscriptes).

ERGÄNZUNG DES VORSTEHENDEN JACOBISCHEN MANUSCRIPTES DURCH DESSEN HERAUSGEBER A. WANGERIN.

Für alle Linien (15) hat das zwischen den Coordinatenaxen liegende Stück dieselbe Länge, die einhüllende Curve jener Linien ist daher

(16) $$q^{\frac{2}{3}} + z^{\frac{2}{3}} = c^{\frac{2}{3}},$$

wobei

(17) $$\tfrac{1}{4}\pi e^2 \sin^2\varphi_0 = c$$

die constante Länge ist. *Die von einem Punkte A eines Rotationsellipsoides mit kleiner Excentricität ausgehenden geodätischen Linien umhüllen demnach eine Curve, deren Normalprojection auf die Tangentialebene des zu A entgegengesetzten Punktes B eine Hypocycloide mit vier Spitzen (sogenannte Asteroide) ist.*

Je nach dem Azimut A haben die geodätischen Linien in der Nähe des Punktes B, wo sie durch ihre Normalprojection auf die Tangentialebene von B ersetzt werden können, folgenden Verlauf:

Ist $0 < A < \frac{1}{2}\pi$, so tritt die geodätische Linie vom ersten Quadranten her in den von der Einhüllenden (16) begrenzten Flächentheil, schneidet die positive z-Axe, berührt dann die Enveloppe im zweiten Quadranten und tritt nachher in den dritten Quadranten ein (Linie $EGQF$ der Figur 11). Für $\frac{1}{2}\pi < A < \pi$ kommt die geodätische Linie aus dem zweiten Quadranten und berührt die Enveloppe im ersten (Linie $E'GQ'F'$ der Figur 11); ist $\pi < A < \frac{3}{2}\pi$, so kommt die geodätische Linie aus dem dritten Quadranten und hat ihren Berührungspunkt im vierten; für $\frac{3}{2}\pi < A < 2\pi$ endlich kommt jene Linie aus dem vierten und berührt die Enveloppe im dritten Quadranten. Die geodätische Linie $A = 0$ hat die Richtung CBC_1, ihr Berührungspunkt mit der Enveloppe ist C_1. Die geodätische Linie $A = \pi$ verläuft von C_1 über B nach C und berührt die Enveloppe in C. Die geodätische Linie $A = \frac{1}{2}\pi$ hat die Richtung DB, ihr Berührungspunkt ist D; während endlich die geodätische Linie $A = \frac{3}{2}\pi$ von D_1 nach B hin gerichtet ist und die Enveloppe in D_1 berührt.

Fig. 11.

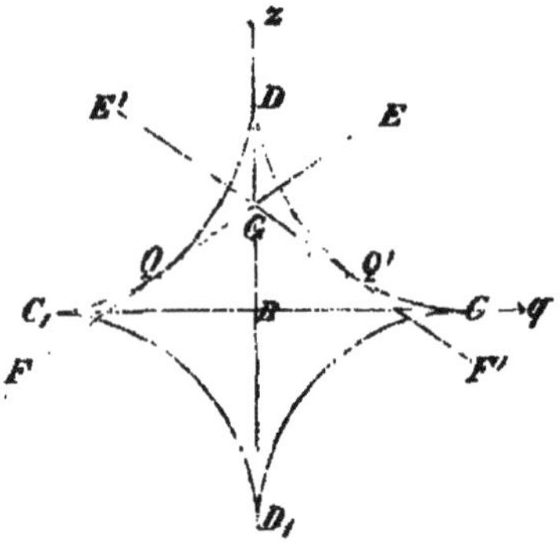

Da ferner alle von A ausgehenden geodätischen Linien

n das Innere der von der Enveloppe eingeschlossenen Fläche treten, so gehen durch jeden Punkt P *innerhalb* dieser Fläche *vier* jener Linien, nämlich die vier von P an die Enveloppe gezogenen Tangenten, durch jeden ›unkt P *ausserhalb* der Fläche *zwei*, durch jeden Punkt auf der Enveloppe selbst aber *drei* geodätische ,inien. Was die Azimute der durch einen gegebenen Punkt P gehenden geodätischen Linien betrifft, so rgiebt die Discussion der Gleichung (15) oder

$$(15^a) \qquad f(A) = \frac{z}{\sin A} - \frac{q}{\cos A} - c = 0$$

'olgendes:

Die Coordinaten q, z von P seien beide positiv und von Null verschieden: ferner liege P innerhalb der Enveloppe, so dass

$$q^{\frac{2}{3}} + z^{\frac{2}{3}} < c^{\frac{2}{3}}$$

st, dann hat die Gleichung $f(A) = 0$ eine zwischen $A = 0$ und $A = \frac{1}{2}\pi$ liegende Wurzel, ferner zwei Vurzeln zwischen $A = \frac{1}{2}\pi$ und $A = \pi$, endlich eine vierte Wurzel zwischen $A = \pi$ und $A = \frac{3}{2}\pi$, während wischen $A = \frac{3}{2}\pi$ und $A = 2\pi$ keine Wurzel liegt. Die Wurzeln von $f(A) = 0$ mögen der Reihe nach mit

$$\alpha_1, \quad \pi - \alpha_2, \quad \pi - \alpha_3, \quad \pi + \alpha_4$$

ezeichnet werden, so dass α_1, α_2, α_3, α_4 positive spitze Winkel sind, von denen $\alpha_2 > \alpha_3$ sei. Dann ist

$$(18) \qquad \begin{cases} \sin\alpha_1 < \frac{z}{c}, & \cos\alpha_1 > \left(\frac{q}{c}\right)^{\frac{1}{3}}, \\ \sin\alpha_2 > \left(\frac{z}{c}\right)^{\frac{1}{3}}, & \left(\frac{q}{c}\right)^{\frac{1}{3}} > \cos\alpha_2 > \frac{q}{c}, \\ \left(\frac{z}{c}\right)^{\frac{1}{3}} > \sin\alpha_3 > \frac{z}{c}, & \cos\alpha_3 > \left(\frac{q}{c}\right)^{\frac{1}{3}}, \\ \sin\alpha_4 > \left(\frac{z}{c}\right)^{\frac{1}{3}}, & \cos\alpha_4 < \frac{q}{c}. \end{cases}$$

s ist also

$$\alpha_4 > \alpha_2 > \alpha_3 > \alpha_1.$$

on den vier durch den Punkt P gehenden geodätischen Linien berührt daher die erste PQ_1 die Enveloppe zweiten Quadranten (Fig. 12), die zweite und dritte, PQ_2 und Q_3, haben ihre Berührungspunkte Q_2, Q_3 im ersten Quadran-n: endlich liegt der Berührungspunkt Q_4 der vierten Linie Q_4 im vierten Quadranten. Die erste und dritte Linie treffen n Punkt P, ehe sie die Enveloppe berühren, während die eite und vierte durch P gehen, nachdem sie die Enveloppe rührt haben.

Fig. 12.

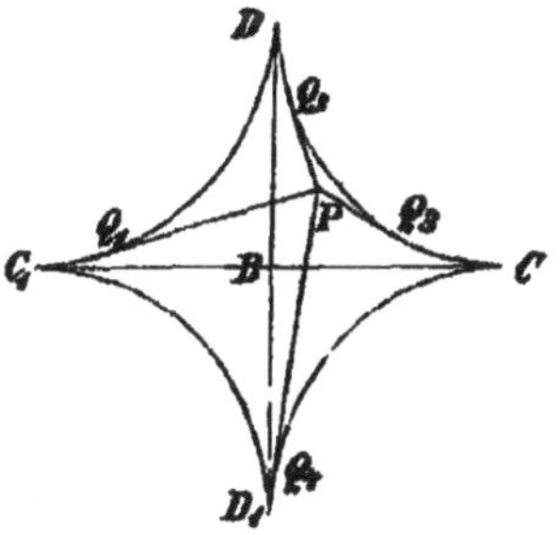

Es folgt dies für die erste und vierte Linie unmittelbar aus m, was oben über den Verlauf der geodätischen Linien für verschiedenen Azimute bemerkt ist, während das in Betreff zweiten und dritten Linie Gesagte sich folgendermassen erebt. Die Berührungspunkte Q_2, Q_3 der zweiten und dritten nie mögen die Coordinaten q_2, z_2, resp. q_3, z_3 haben, so ist

$$\sin\alpha_2 = \left(\frac{z_2}{c}\right)^{\frac{1}{3}}, \quad \cos\alpha_2 = \left(\frac{q_2}{c}\right)^{\frac{1}{3}},$$

$$\sin\alpha_3 = \left(\frac{z_3}{c}\right)^{\frac{1}{3}}, \quad \cos\alpha_3 = \left(\frac{q_3}{c}\right)^{\frac{1}{3}}.$$

thin ist

$$z_2 > z > z_3,$$
$$q_2 < q < q_3.$$

Da die zweite und dritte Linie beide vom zweiten Quadranten her in die von der Enveloppe begrenzte Fläche treten, so nimmt beim Fortschreiten auf beiden z ab, während q wächst. Der Punkt (q_2, z_2) liegt also *vor* dem Punkte (q, z), der Punkt (q_3, z_3) dagegen *hinter* dem Punkte (q, z).

Liegt P auf der Enveloppe selbst, so fallen PQ_2 und PQ_3 zusammen, und es ist dann

$$\sin\alpha_2 = \sin\alpha_3 = \left(\frac{z}{c}\right)^{\frac{1}{3}}.$$

Liegt dagegen P ausserhalb der von der Enveloppe umschlossenen Fläche, so wird die zweite und dritte Wurzel der Gleichung $f(A) = 0$ imaginär, durch P gehen dann nur zwei geodätische Linien PQ_1 und PQ_4.

Analog gestalten sich die Resultate, wenn P statt im ersten in einem der drei anderen Quadranten liegt.

Für Punkte auf den Axen q, z gilt Folgendes:

Liegt P auf der positiven q-Axe in der Entfernung q von B, so wird, falls $q < c$ ist,

$$(18^a) \qquad \alpha_1 = 0, \quad \alpha_4 = 0, \quad \cos\alpha_2 = \cos\alpha_3 = \frac{q}{c}:$$

für $q = c$ ist

$$\alpha_1 = \alpha_2 = \alpha_3 = \alpha_4 = 0;$$

während für $q > c$ $\alpha_1 = \alpha_4 = 0$ ist und α_2 und α_3 imaginär werden.

Liegt P auf der positiven z-Axe, so ist, falls $z < c$,

$$(18^b) \qquad \sin\alpha_1 = \sin\alpha_3 = \frac{z}{c}, \quad \alpha_2 = \alpha_4 = \tfrac{1}{2}\pi:$$

für $z = c$ ist

$$\alpha_1 = \alpha_2 = \alpha_3 = \alpha_4 = \tfrac{1}{2}\pi;$$

für $z > c$ endlich wird α_2 und α_3 imaginär, $\alpha_1 = \alpha_4 = \frac{1}{2}\pi$.

Für den Punkt B selbst ist

$$\alpha_1 = \alpha_3 = 0, \quad \alpha_2 = \alpha_4 = \tfrac{1}{2}\pi.$$

Auch für die zuletzt betrachteten speciellen Lagen bleibt das obige Resultat bestehen, dass die zu den Azimuten α_1 und $\pi - \alpha_3$ gehörigen geodätischen Linien erst, nachdem sie durch P gegangen, die Enveloppe berühren, während die beiden anderen, zu den Azimuten $\pi - \alpha_2$ und $\pi + \alpha_4$ gehörigen, die Enveloppe berühren, ehe sie P treffen.

Nachdem der Verlauf der geodätischen Linien in der Nähe des Punktes B betrachtet ist, bleibt zu untersuchen, wie weit diese Linien kürzeste Wege darstellen. Zu dem Zwecke ist die Länge einer geodätischen Linie, die von A aus zu einem Punkte P in der Nähe von B hinführt, durch die Coordinaten von P auszudrücken. Aus (4), (5) und (7) folgt, wenn mit s die Länge der geodätischen Linie von A bis P bezeichnet wird,

$$s = \int_{\varphi_0}^{\varphi} \sin\varphi \frac{\sqrt{1 - e^2\sin^2\varphi}}{\sqrt{\sin^2\varphi - a^2}}\, d\varphi = \int_0^{\omega} \frac{\sin^2\varphi}{a} \sqrt{1 - e^2\sin^2\varphi}\, d\omega.$$

Wird wieder nach (11) und (12)

$$\omega = \pi - \omega^0, \quad \varphi = \pi - \varphi_0 + \varphi^0$$

gesetzt und beachtet, dass nach (14^a)

$$a = \sin\varphi_0 \sin A$$

ist, so wird bei derselben Näherung wie oben

$$(19) \qquad s = \frac{1}{\sin\varphi_0 \sin A}\left\{\int_0^{\pi} \sin^2\varphi\, d\omega - \tfrac{1}{2}e^2 \int_0^{\pi} \sin^4\varphi\, d\omega - \int_{\pi-\omega^0}^{\pi} \sin^2\varphi\, d\omega\right\}.$$

Das erste dieser drei Integrale ist schon oben ausgeführt und ergiebt

$$\int_0^{\pi} \sin^2\varphi\, d\omega = \frac{\pi\cos\omega_0}{\sqrt{\cos^2\omega_0 + \operatorname{cotg}^2\varphi_0}} = \pi \sin\varphi_0 \sin A.$$

Ferner ist

$$\int_0^{\pi} \sin^4\varphi\, d\omega = \int_0^{\pi} \frac{\cos^4\omega_0\, d\omega}{[(\cos^2\omega_0+\operatorname{cotg}^2\varphi_0)\cos^2(\omega+\omega_0)+\cos^2\omega_0\sin^2(\omega+\omega_0)]^2}$$

$$= \tfrac{1}{2}\frac{\pi\cos\omega_0}{\sqrt{\cos^2\omega_0+\operatorname{cotg}^2\varphi_0}}\left\{1+\frac{\cos^2\omega_0}{\cos^2\omega_0+\operatorname{cotg}^2\varphi_0}\right\}$$

$$= \tfrac{1}{2}\pi\sin\varphi_0\sin A(1+\sin^2\varphi_0\sin^2 A)$$

und

$$\int_{\pi-\omega^0}^{\pi} \sin^2\varphi\, d\omega = \omega^0[\sin^2\varphi]_{\omega=\pi} = \omega^0\sin^2\varphi_0.$$

Somit wird

(20) $$s = \pi - \tfrac{1}{4}\pi e^2(1+\sin^2\varphi_0\sin^2 A) - \frac{\omega^0\sin\varphi_0}{\sin A}.$$

Nach (13) und (14) ist aber

$$\omega^0 = \psi^0 - \tfrac{1}{2}\pi e^2\sin\varphi_0\sin A,$$

also

$$s = \pi(1-\tfrac{1}{4}e^2)+\tfrac{1}{4}\pi e^2\sin^2\varphi_0[1-\tfrac{1}{2}\sin^2 A]-\frac{\psi^0\sin\varphi_0}{\sin A},$$

oder mit Benutzung von (3) sowie der Bezeichnung (17)

(21) $$s = \pi(1-\tfrac{1}{4}e^2) - \frac{z}{\sin A} + c(1-\tfrac{1}{2}\sin^2 A).$$

Für alle Punkte einer geodätischen Linie in der Nähe von B ist aber nach (15)

$$\frac{z}{\sin A} - c = \frac{q}{\cos A}.$$

Man kann daher die Gleichung (21) auch durch folgende ersetzen:

(21ᵃ) $$s = \pi(1-\tfrac{1}{4}e^2) - \frac{q}{\cos A} - \tfrac{1}{2}c\sin^2 A.$$

Wir wenden diese Formel auf die vier geodätischen Linien an, welche durch einen gegebenen Punkt P innerhalb der von der Enveloppe (16) begrenzten Fläche gehen. Dabei soll, wie oben, die Betrachtung auf Punkte im ersten Quadranten eingeschränkt werden. Der Untersuchung für beliebige Lagen von P möge die für specielle Lagen jenes Punktes vorangeschickt werden.

a) Durch den Punkt B gehen die vier geodätischen Linien

$$A = 0,\quad A = \tfrac{1}{2}\pi,\quad A = \pi,\quad A = \tfrac{3}{2}\pi.$$

Für die erste und dritte wird

(22) $$s_1 = s_3 = \pi(1-\tfrac{1}{4}e^2),$$

d. i. gleich dem halben Umfang der Meridianellipse, während für die zweite und vierte

(22ᵃ) $$s_2 = s_4 = \pi(1-\tfrac{1}{4}e^2)+\tfrac{1}{2}c$$

ist. s_1 und s_3, die an Länge gleich, sind somit allein wirkliche Minima.

b) Durch einen Punkt P auf der positiven Axe q gehen, falls $q < c$, die geodätischen Linien

$$A = 0,\quad A = \pi-\alpha_2,\quad A = \pi,\quad A = \pi+\alpha_2,$$

wobei nach (18ᵃ)

$$\cos\alpha_2 = \frac{q}{c}$$

ist. Die Längen dieser vier Linien von A bis P sind respective

$$
(23)\qquad
\begin{aligned}
s_1 &= \pi(1-\tfrac{1}{4}e^2)-q,\\
s_3 &= \pi(1-\tfrac{1}{4}e^2)+q,\\
s_2 = s_4 &= \pi(1-\tfrac{1}{4}e^2)+\frac{c^2+q^2}{2c};
\end{aligned}
$$

es ist also $s_1 < s_3 < s_2 = s_4$.

Fällt P in die Spitze der Curve, so wird $s_2 = s_3 = s_4$, während für $q > c$ nur die beiden geodätischen Linien $A = 0$ und $A = \pi$ existiren, deren Längen durch die Ausdrücke s_1 und s_3 (23) dargestellt werden. In allen Fällen stellt nur s_1 ein wirkliches Minimum dar. *Für alle Punkte auf der positiven Seite der Axe q giebt somit allein die geodätische Linie $A = 0$ den kürzesten Weg von A nach P.*

c) P liege auf der positiven z-Axe, und es sei $z < c$, so gehen durch P die geodätischen Linien

$$A = \alpha_1, \quad A = \tfrac{1}{2}\pi, \quad A = \pi-\alpha_1, \quad A = \tfrac{3}{2}\pi,$$

wobei nach (18^b)

$$\sin\alpha_1 = \frac{z}{c}$$

ist. Die Längen dieser vier Linien sind respective

$$
(24)\qquad
\begin{aligned}
s_1 = s_3 &= \pi(1-\tfrac{1}{4}e^2)-\frac{z^2}{2c},\\
s_2 &= \pi(1-\tfrac{1}{4}e^2)+\tfrac{1}{2}c-z,\\
s_4 &= \pi(1-\tfrac{1}{4}e^2)+\tfrac{1}{2}c+z.
\end{aligned}
$$

Da

$$s_2 - s_1 = \tfrac{1}{2}c\left(1-\frac{z}{c}\right)^2,$$

so ergeben von diesen Linien nur s_1 und s_3, die an Länge gleich sind, ein Minimum.

Für $z = c$ wird

$$
(24^a)\qquad
\begin{aligned}
s_1 = s_2 = s_3 &= \pi(1-\tfrac{1}{4}e^2)-\tfrac{1}{2}c,\\
s_4 &= \pi(1-\tfrac{1}{4}e^2)+\tfrac{3}{2}c.
\end{aligned}
$$

Ist $z > c$, so existiren nur die geodätischen Linien $A = \frac{1}{2}\pi$ und $A = \frac{3}{2}\pi$, deren Längen durch die Ausdrücke s_2 und s_4 (24) dargestellt werden, von denen daher die Linie $A = \frac{1}{2}\pi$ den kürzesten Weg ergiebt. *Verfolgt man daher die geodätische Linie $A = \frac{1}{2}\pi$ von ihrem Ausgangspunkte A an, so ist dieselbe für alle auf ihr liegenden Punkte ein Minimum bis zu dem Punkte D* (Fig. 11 und 12) *hin, in dem sie in den von der Enveloppe eingeschlossenen Flächentheil tritt. In ihrem weiteren Verlaufe bis B ist diese Linie nicht mehr eine kürzeste. Doch gehen zwischen D und B durch jeden Punkt der Linie noch zwei andere geodätische, an Länge einander gleiche Linien, und diese sind für den betreffenden Punkt kürzeste Wege.*

d) P habe nun eine beliebige Lage innerhalb der Enveloppe, seine Coordinaten q, z seien positiv und von Null verschieden. Nach dem oben Bemerkten haben die vier durch P gehenden geodätischen Linien die Azimute

$$A = \alpha_1, \quad A = \pi-\alpha_2, \quad A = \pi-\alpha_3, \quad A = \pi+\alpha_4,$$

wo α_1, α_2, α_3, α_4 spitze Winkel sind und

$$\alpha_4 > \alpha_2 > \alpha_3 > \alpha_1$$

ist. Ihre Längen von A bis P sind

$$
(25)\qquad
\begin{aligned}
s_1 &= \pi(1-\tfrac{1}{4}e^2)+c-\frac{z}{\sin\alpha_1}-\tfrac{1}{2}c\sin^2\alpha_1,\\
s_2 &= \pi(1-\tfrac{1}{4}e^2)+c-\frac{z}{\sin\alpha_2}-\tfrac{1}{2}c\sin^2\alpha_2,\\
s_3 &= \pi(1-\tfrac{1}{4}e^2)+c-\frac{z}{\sin\alpha_3}-\tfrac{1}{2}c\sin^2\alpha_3,\\
s_4 &= \pi(1-\tfrac{1}{4}e^2)+c+\frac{z}{\sin\alpha_4}-\tfrac{1}{2}c\sin^2\alpha_4.
\end{aligned}
$$

Hiernach wird

$$s_3-s_1 = (\sin\alpha_3-\sin\alpha_1)\left\{\frac{z}{\sin\alpha_1\sin\alpha_3}-\tfrac{1}{2}c(\sin\alpha_1+\sin\alpha_3)\right\}.$$

Da $\sin\alpha_1 < \frac{z}{c}$, so ist $\frac{z}{\sin\alpha_1\sin\alpha_3} > c$. Ausserdem ist $\frac{1}{2}c(\sin\alpha_1+\sin\alpha_3) < c$ und $\sin\alpha_3 > \sin\alpha_1$; beide Factoren von s_3-s_1 sind somit positiv und daher $s_3 > s_1$.

Ferner ist

$$s_2-s_3 = (\sin\alpha_2-\sin\alpha_3)\left\{\frac{z}{\sin\alpha_2\sin\alpha_3}-\frac{c}{2}(\sin\alpha_2+\sin\alpha_3)\right\}.$$

Der erste Factor von s_2-s_3 ist nach (18) positiv. Um das Vorzeichen des zweiten zu finden, eliminire man q aus den beiden Gleichungen (15^a)

$$\frac{z}{\sin\alpha_2}+\frac{q}{\cos\alpha_2}-c=0,\qquad \frac{z}{\sin\alpha_3}+\frac{q}{\cos\alpha_3}-c=0,$$

dann ergiebt sich

$$z(\operatorname{cotg}\alpha_3-\operatorname{cotg}\alpha_2) = c(\cos\alpha_3-\cos\alpha_2),$$

oder

$$\frac{z}{\sin\alpha_2\sin\alpha_3} = c\,\frac{\cos\alpha_3-\cos\alpha_2}{\sin(\alpha_2-\alpha_3)} = c\,\frac{\sin\frac{\alpha_2+\alpha_3}{2}}{\cos\frac{\alpha_2-\alpha_3}{2}};$$

und da

$$\tfrac{1}{2}c(\sin\alpha_2+\sin\alpha_3) = c\sin\frac{\alpha_2+\alpha_3}{2}\cos\frac{\alpha_2-\alpha_3}{2}$$

ist, so folgt

$$\frac{z}{\sin\alpha_2\sin\alpha_3}-\frac{c}{2}(\sin\alpha_2+\sin\alpha_3) = c\sin\frac{\alpha_2+\alpha_3}{2}\left\{\frac{1}{\cos\frac{\alpha_2-\alpha_3}{2}}-\cos\frac{\alpha_2-\alpha_3}{2}\right\}.$$

Der Ausdruck auf der linken Seite, d. h. der zweite Factor von s_2-s_3, ist daher positiv, mithin wird $s_2 > s_3$.

Ebenso erkennt man, dass

$$s_4-s_2 = (\sin\alpha_4+\sin\alpha_2)\left\{\frac{z}{\sin\alpha_2\sin\alpha_4}-\frac{c}{2}(\sin\alpha_4-\sin\alpha_2)\right\}$$

$$= (\sin\alpha_4+\sin\alpha_2)c\sin\frac{\alpha_4-\alpha_2}{2}\left\{\frac{1}{\cos\frac{\alpha_4+\alpha_2}{2}}-\cos\frac{\alpha_4+\alpha_2}{2}\right\}$$

positiv ist. Wir sind somit zu dem Resultate gelangt, dass *von den vier geodätischen Linien, die durch einen gegebenen Punkt P innerhalb der Enveloppe im ersten Quadranten gehen,*

(26) $$s_1 < s_3 < s_2 < s_4$$

ist.

Für jeden Punkt des ersten Quadranten giebt also nur diejenige durch ihn hindurchgehende geodätische Linie ein *absolutes Minimum*, deren Azimut kleiner als $\frac{1}{2}\pi$ ist. Ebenso giebt für Punkte im zweiten Quadranten nur die Linie ein absolutes *Minimum*, deren Azimut zwischen $\frac{1}{2}\pi$ und π liegt. Je zwei Linien, deren Azimute supplementär sind, treffen sich nach dem oben Gesagten in einem Punkte der positiven y-Axe innerhalb der von der Enveloppe (16) umschlossenen Fläche, d. h. in einem Punkte der geodätischen Linie mit dem Azimut $\frac{1}{2}\pi$; und bis zu diesem Punkte hin sind beide gleich lang. Ueber diesen Punkt hinaus verlieren sie die Eigenschaft, absolute Minima zu sein. Die Linie $A=\frac{1}{2}\pi$ selbst ist ein Minimum nur so lange, als sie von keiner anderen geodätischen Linie getroffen wird. Die Linien $A=0$ und $A=\pi$ behalten die Eigenschaft, absolute Minima zu sein, bis zu dem dem Ausgangspunkte A entgegengesetzten Punkte B.

Es bleibt noch zu untersuchen, ob von den durch einen Punkt P gehenden geodätischen Linien, von denen nur eine s_1 den kürzesten Weg AP giebt, die anderen etwa relative Minima ergeben gegenüber den unendlich nahen Linien. Durch den Punkt P, dessen Coordinaten q, z positiv sind, gehen ausser der absolut kürzesten, deren Azimut kleiner als $\frac{1}{2}\pi$ ist, zwei geodätische Linien, deren Azimute zwischen $\frac{1}{2}\pi$ und π liegen. Eine beliebige von diesen beiden habe das Azimut $\pi-\alpha$; sie schneide die positive z-Axe in G (Fig. 13), und es sei $GB = z_0$. Nach (18[b]) ist dann

Fig. 13.

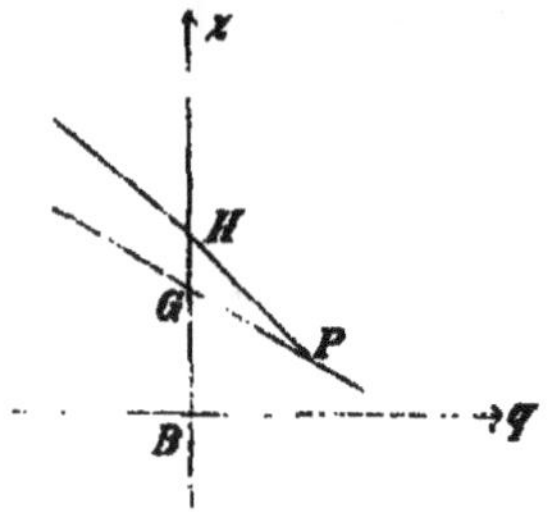

$$\sin\alpha = \frac{z_0}{c}. \tag{27}$$

Aus der Gleichung (15) oder (15[a]) der geodätischen Linie ergiebt sich ferner, dass der Winkel $BGP = \frac{1}{2}\pi - \alpha$ und daher, wenn die Länge GP mit l bezeichnet wird,

$$q = l\cos\alpha, \quad z_0 - z = l\sin\alpha$$

ist. Eine zweite geodätische Linie, die ebenfalls von dem Punkte A ausgeht und der eben betrachteten unendlich nahe liegt, treffe die Axe z in H, und es sei $BH = z_0 + h$. Man verbinde nun H mit P und vergleiche die beiden Wege AGP und AHP. Nach (24) ist

$$AG = \pi(1-\tfrac{1}{4}e^2) - \frac{z_0^2}{2c}, \quad AH = \pi(1-\tfrac{1}{4}e^2) - \frac{(z_0+h)^2}{2c};$$

ferner

$$GP = l, \quad HP = \sqrt{l^2+h^2+2hl\sin\alpha},$$

mithin

$$AGP = \pi(1-\tfrac{1}{4}e^2) - \frac{z_0^2}{2c} + l,$$

$$AHP = \pi(1-\tfrac{1}{4}e^2) - \frac{(z_0+h)^2}{2c} + \sqrt{l^2+h^2+2hl\sin\alpha}.$$

Entwickelt man nach Potenzen der kleinen Grösse h, so folgt

$$AHP - AGP = h\left(\sin\alpha - \frac{z_0}{c}\right) + \frac{h^2}{2}\left\{-\frac{1}{c} + \frac{1}{l} - \frac{\sin^2\alpha}{l}\right\} + \cdots$$

Der Coefficient von h verschwindet wegen der Beziehung (27). Die beiden Wege AHP und AGP unterscheiden sich also nur um Glieder zweiter Ordnung von h; und ihre Differenz wird, wenn man noch beachtet, dass $q = l\cos\alpha$ ist,

$$AHP - AGP = \frac{h^2}{2}\left(\frac{\cos^3\alpha}{q} - \frac{1}{c}\right) + \cdots \tag{28}$$

Der Ausdruck rechts ist *positiv*, wenn $\cos\alpha > \left(\frac{q}{c}\right)^{\frac{1}{3}}$, dagegen *negativ*, wenn $\cos\alpha < \left(\frac{q}{c}\right)^{\frac{1}{3}}$ ist. Nach (18) tritt der *erste* Fall ein, wenn $\alpha = \alpha_1$, der *zweite*, wenn $\alpha = \alpha_2$ ist. Von den beiden geodätischen Linien, die durch P gehen und deren Azimute zwischen $\frac{1}{2}\pi$ und π liegen, ist daher die Linie, deren Azimut oben mit $\pi-\alpha_2$ bezeichnet war, kein Minimum mehr, auch nicht ein relatives. Denn es lassen sich unendlich nahe Wege angeben, die kürzer sind, als wenn man jene geodätische Linie verfolgt. Die Linie mit dem Azimut $\pi-\alpha_1$ dagegen ist zwar nicht mehr ein absolutes Minimum, wohl aber ein relatives den unendlich nahen Wegen gegenüber. Da nun die Linie $\pi-\alpha_2$ erst, nachdem sie die Enveloppe berührt hat, durch P geht, während die Linie $\pi-\alpha_1$ den Punkt P trifft, ehe sie die Enveloppe berührt, so folgt, dass eine geodätische Linie die Eigenschaft, ein *relatives* Minimum zu sein, verliert, sobald sie die Enveloppe berührt. Man kann dies auch daraus schliessen, dass, wenn der Punkt P auf der Enveloppe selbst liegt, in (28) der Factor von h^2 verschwindet. Für die geodätische Linie mit dem Azimut $\pi+\alpha_1$ gilt, wie sich leicht ergiebt, dasselbe, was für die Linie $\pi-\alpha_2$ abgeleitet ist.

Von den vier von A ausgehenden geodätischen Linien, die durch einen Punkt P innerhalb der Enveloppe gehen, ist also die mit dem Azimut α_1 ein *absolutes*, die mit dem Azimut $\pi-\alpha_3$ ein *relatives* Minimum, die beiden anderen $\pi-\alpha_2$ und $\pi+\alpha_4$ sind weder Minima noch Maxima. Nur falls P auf der z-Axe liegt, sind das absolute und das relative Minimum gleich. Liegt P auf der Enveloppe, so ist nur ein absolutes Minimum vorhanden; die beiden ausserdem durch P gehenden geodätischen Linien sind weder Minima noch Maxima. Für Punkte P endlich, die ausserhalb der Enveloppe liegen, existiren nur zwei geodätische Linien, von denen *eine* ein Minimum giebt, die andere nicht.

Dem oben (S. 75, Z. 1, vergl. auch Jacobi's Vorlesungen über Dynamik, 6. Vorlesung) von Jacobi ausgesprochenen Resultate, dass die kürzesten Linien nur von dem gemeinschaftlichen Ausgangspunkte bis zu ihrem Berührungspunkte mit der Enveloppe wirklich Minima sind, ist hinzuzufügen, dass es sich um *relative* Minima handelt. Dass Jacobi nur solche im Sinne gehabt hat, geht übrigens aus einer Stelle der Abhandlung „Zur Theorie der Variationsrechnung und der Differerentialgleichungen" (Bd. IV dieser Ausgabe, S. 50, Z. 2) hervor. Die Eigenschaft, absolute Minima der Entfernung darzustellen, verlieren die geodätischen Linien nach dem oben Bemerkten schon, ehe sie die Enveloppe berühren, nämlich schon dort, wo sich zwei solche Linien mit supplementärem Azimut schneiden.

ASTRONOMISCHE ABHANDLUNGEN.

ÜBER DIE BESTIMMUNG DER RECTASCENSION UND DECLINATION EINES STERNS AUS DEN GEMESSENEN DISTANZEN DESSELBEN VON ZWEI BEKANNTEN STERNEN.

Crelle Journal für die reine und angewandte Mathematik, Bd. 2 p. 345—346.

Die Bestimmung des Ortes eines Sterns aus seinen Distanzen von zwei bekannten Sternörtern ist ein Problem, das trotz scheinbarer Einfachheit kaum eine elegante, für die Berechnung bequeme Auflösung zuzulassen scheint. Es kommt dieses Problem, wie leicht zu sehen ist, mit demjenigen überein, wo man die Polhöhe eines Ortes aus den gemessenen Höhen zweier bekannten Sterne sucht, welches Krafft im 13ten Bande der Petersburger *Nova Acta* pag. 477 sqq. und Gauss in einer besonders gedruckten Abhandlung vom Jahre 1808 behandelt haben. Ich werde hier das Endresultat geben, aus dessen Complication man die Schwierigkeiten ermessen kann, die dem Auffinden einer eleganten Methode der Berechnung im Wege stehen.

Es seien α, α', α'' die Rectascensionen dreier Sterne S, S', S'', δ, δ', δ'' ihre Declinationen; es sei D die Distanz von S' und S'', D' die gemessene Distanz von S'' und S, D'' von S und S'. Setzt man nun der Kürze wegen

$$4\sin\left(\frac{D+D'+D''}{2}\right)\sin\left(\frac{D+D'-D''}{2}\right)\sin\left(\frac{D+D''-D'}{2}\right)\sin\left(\frac{D'+D''-D}{2}\right)=\Delta\Delta,$$

$$\cos D''-\cos D\cos D' = \Delta',$$

$$\cos D'-\cos D\cos D'' = \Delta'',$$

so finde ich

$$(1)\qquad \sin^2 D\cos\delta\sin\left(\alpha-\frac{\alpha'+\alpha''}{2}\right)$$
$$=\sin(\delta''-\delta')\cos\left(\frac{\alpha''-\alpha'}{2}\right)\Delta+\sin\left(\frac{\alpha''-\alpha'}{2}\right)(-\cos\delta'\,\Delta'+\cos\delta''\,\Delta''),$$
$$(2)\qquad \sin^2 D\cos\delta\cos\left(\alpha-\frac{\alpha'+\alpha''}{2}\right)$$
$$=\sin(\delta''+\delta')\sin\left(\frac{\alpha''-\alpha'}{2}\right)\Delta+\cos\left(\frac{\alpha''-\alpha'}{2}\right)(\cos\delta'\,\Delta'+\cos\delta''\,\Delta''),$$
$$(3)\qquad \sin^2 D\sin\delta$$
$$=-\cos\delta'\cos\delta''\sin(\alpha''-\alpha')\Delta+\sin\delta'\,\Delta'+\sin\delta''\,\Delta''.$$

Da Δ hier positiv oder negativ genommen werden kann, so enthalten diese Formeln, von denen zwei die dritte mit sich führen, die beiden möglichen Auflösungen der Aufgabe.

Zu diesen Formeln kann man auf folgendem kurzen und directen Wege ohne Beihülfe der sphärischen Trigonometrie gelangen.

Man nenne x, y, z die rechtwinkligen Coordinaten von S; x', y', z' von S'; x'', y'', z'' von S'', ferner R, R', R'' die Entfernungen von S, S', S'' vom Anfangspunkte der Coordinaten, so hat man die drei bekannten Gleichungen der analytischen Geometrie

$$x(y'z''-y''z')+y(z'x''-z''x')+z(x'y''-x''y') = RR'R''\Delta,$$
$$xx'+yy'+zz' = RR'\cos D'',$$
$$xx''+yy''+zz'' = RR''\cos D'.$$

Bemerkt man noch die beiden bekannten Formeln

$$(x'y''-x''y')^2+(y'z''-y''z')^2+(z'x''-z''x')^2 = R'^2R''^2\sin^2 D,$$
$$x'x''+y'y''+z'z'' = R'R''\cos D,$$

so folgt durch Auflösung dieser drei Gleichungen nach einigen Reductionen

$$\sin^2 D\,\frac{x}{R} = \left(\frac{y'z''-y''z'}{R'R''}\right)\Delta+\frac{x'\Delta'}{R'}+\frac{x''\Delta''}{R''},$$
$$\sin^2 D\,\frac{y}{R} = \left(\frac{z'x''-z''x'}{R'R''}\right)\Delta+\frac{y'\Delta'}{R'}+\frac{y''\Delta''}{R''},$$
$$\sin^2 D\,\frac{z}{R} = \left(\frac{x'y''-x''y'}{R'R''}\right)\Delta+\frac{z'\Delta'}{R'}+\frac{z''\Delta''}{R''}.$$

Denkt man sich die Ebene des Aequators als die Ebene der x, y und in dieser die y-Axe so gelegt, dass sie mit der Linie, von welcher an die Rectascensionen gezählt werden, den Winkel $\frac{\alpha'+\alpha''}{2}$ macht, so hat man

$$\frac{x}{R} = \cos\delta\sin\left(\alpha - \frac{\alpha'+\alpha''}{2}\right),\quad \frac{y}{R} = \cos\delta\cos\left(\alpha - \frac{\alpha'+\alpha''}{2}\right),\quad \frac{z}{R} = \sin\delta,$$

$$\frac{x'}{R'} = -\cos\delta'\sin\left(\frac{\alpha''-\alpha'}{2}\right),\quad \frac{y'}{R'} = \cos\delta'\cos\left(\frac{\alpha''-\alpha'}{2}\right),\quad \frac{z'}{R'} = \sin\delta'.$$

$$\frac{x''}{R''} = \cos\delta''\sin\left(\frac{\alpha''-\alpha'}{2}\right),\quad \frac{y''}{R''} = \cos\delta''\cos\left(\frac{\alpha''-\alpha'}{2}\right),\quad \frac{z''}{R''} = \sin\delta''.$$

Die Substitution dieser Werthe in die für $\frac{x}{R}$, $\frac{y}{R}$, $\frac{z}{R}$ gefundenen Ausdrücke giebt die zu Anfang aufgestellten Resultate.

Den 20. August 1827.

BERICHT
ÜBER NEUE ENTWICKELUNGEN IN DER STÖRUNGSRECHNUNG.

(Auszug aus einem in der Akademie der Wissenschaften zu Berlin am 9. Februar 1843 gelesenen Schreiben.)

Monatsbericht der Akademie der Wissenschaften zu Berlin. Februar 1843 p. 50—53.

Königsberg, den 5. Februar 1843.

Ich kann jetzt der Königl. Akademie der Wissenschaften ein erstes Resultat meiner Störungsrechnungen vorlegen. Der Zweck derselben ist die Entwickelung der störenden Kräfte nach den Vielfachen der mittleren Anomalien auf eine Weise, welche, aus der Natur der zu entwickelnden Function selbst geschöpft, jeden Grad der Genauigkeit und die grösste Uebersicht und Klarheit in Betreff der Grössen, welche man vernachlässigt, zulässt. Der Mangel der letzteren Vortheile findet in der That bei der Laplaceschen Entwickelungsmethode statt. Die Bestimmung der Coefficienten durch doppelte mechanische Quadraturen, welche in vieler Hinsicht sich empfiehlt, ist eine ganz allgemeine Methode; man kann es gewissermassen immer als etwas Übertriebenes ansehen, sich bei Behandlung eines besonderen Problems einer allgemeinen Methode zu bedienen, und darf die Hoffnung nicht fahren lassen, es werde eine ganz bestimmte, gerade für das besondere Problem passende Methode geben. Ausserdem thut man bei dieser Methode immer zu viel und berechnet, den Principien einer guten Praxis entgegen, kleine Grössen als Differenzen von grossen. Wenn man will, kann man noch als Nachtheil hervorheben, dass man wie mit verbundenen Augen operirt und keine Vorstellung davon bekommt, wie die Coefficienten aus den Grössen, von denen sie abhängen, zusammengesetzt werden.

Um die Kraft der neuen Methode zu prüfen, habe ich die Bestimmung der grossen Ungleichheit des Saturns gewählt. Da bei dieser Methode sich niemals die grössten Terme gegenseitig aufheben und sich auch die Fehler nicht anhäufen, weil niemals viele Terme derselben Ordnung addirt werden, so hätte die Anwendung fünfstelliger Tafeln ausgereicht. Weil man indessen bei dem Beispiele einer neuen Theorie gern mehr, als nöthig ist, thut, so habe ich siebenstellige Tafeln angewendet, ja alle Terme in Betracht gezogen, welche noch auf die achte Stelle einen Einfluss übten, welches die Mühe nur ganz unbedeutend vermehrt, obgleich hierunter Terme der neunten und elften Ordnung in Bezug auf die Excentricitäten und Neigungen sich befinden. Aber auch bei dieser Genauigkeit kann man einen grossen Theil der Rechnung mit fünf- und vierstelligen Tafeln machen. Ich habe dieselben Elemente genommen, welche Hansen seiner Preisschrift zu Grunde gelegt hat. Nennt man a die Halbaxe der Saturnsbahn, ϱ die gegenseitige Entfernung von Jupiter und Saturn, μ und μ' die mittleren Anomalien vom Saturn und Jupiter, so hat man in der Entwickelung von $\frac{a}{\varrho}$ die beiden Coefficienten von $\cos(2\mu' - 5\mu)$ und $\sin(2\mu' - 5\mu)$ zu suchen. Ich finde diese

$$0{,}0004023681 \quad \text{und} \quad 0{,}0009421027;$$

Hansen giebt in seiner Preisschrift S. 194 die Logarithmen dieser Coefficienten

$$6{,}6046535 \quad \text{und} \quad 6{,}9740873,$$

wovon die Zahlen

$$0{,}0004023958 \quad \text{und} \quad 0{,}0009420790.$$

Es sind also die Unterschiede 3 und 2 in der *achten* Stelle. Hansen findet seine Coefficienten als Mittel von 512 Werthen der Grösse $\frac{a}{\varrho}$, welche noch mit den Cosinus und Sinus multiplicirt wird. Da $\frac{a}{\varrho}$ immer zwischen 2 und $\frac{2}{3}$ liegt und Hansen nur siebenstellige Tafeln braucht, und die Werthe, aus denen das Mittel zu nehmen ist, sicher nicht in der siebenten Stelle verbürgt werden können, so kann diese Uebereinstimmung bis auf einige Einheiten in der *achten* Decimalstelle nur dadurch erklärt werden, dass das Mittel aus einer sehr grossen Anzahl von Werthen im Verhältniss der Quadratwurzel dieser Anzahl genauer wird, als die einzelnen Werthe; aber eben darum musste auch eine grössere Uebereinstimmung erwartet werden, als die angewendeten Tafeln zu gestatten scheinen. Diese Uebereinstimmung zeigt aber noch, dass die Controllen, welche überall bei meiner Rechnung angewandt werden konnten, eine ausreichende Sicherheit gewähren.

Die Mühe der Rechnung dürfte verhältnissmässig gering sein, sobald man sich einmal feste Schemata für dieselbe entworfen hat. Aber das erste Durchprobiren der verschiedenen Arten, die Rechnung anzuordnen, um die bequemste zu ermitteln, da es hier mehr auf die Methode, als auf das Resultat ankam, hat natürlich die Arbeit sehr vermehrt. Da andere nicht verschiebbare Arbeiten meine Kräfte und Gedanken zu sehr in Anspruch nehmen, um die Ausführung der Rechnung selbst zu übernehmen, so hat die Akademie die Güte gehabt, dafür eine Summe auszusetzen. Herr Observator Clausen, welcher mit der Ausführung der Rechnung einen Anfang gemacht hatte, wurde bald an der Fortsetzung verhindert, und so sah ich mich zunächst auf zwei Ober-Feuerwerker der hiesigen Garnison, die Herren Dingler und von Kardinal, reducirt. Ich gestehe, dass in Bezug auf Sicherheit und Genauigkeit ich mir kaum eine bessere Unterstützung wünschen könnte, wenn es möglich wäre, solche Militärpersonen mit solchen Arbeiten allein zu beschäftigen, so aber hatten sie ausser ihrem Dienst wöchentlich 28 Unterrichtsstunden zu geben und konnten wöchentlich nur wenige Stunden der Arbeit widmen, was dieselbe endlos zu verzögern drohte. Ich habe daher den bei weitem grössten Theil der Arbeit dem Schulamtscandidaten Meyer übertragen, welcher den schönen Aufsatz über das dreiaxige Ellipsoid, als Figur des Gleichgewichts, im Crelleschen Journal publicirt hat. Als nächsten Theil der Arbeit, welcher bereits von Meyer ebenfalls begonnen worden ist und nur mit fünfstelligen und zur grossen Hälfte mit vierstelligen Tafeln durchgeführt zu werden braucht, habe ich die vollständige Entwickelung von $\frac{a}{\varrho}$ bestimmt, in welcher ich alle Coefficienten gebe, welche noch eine Einheit in der fünften Decimalstelle betragen. Ein bedeutender Theil der hierzu dienenden Rechnung ist bereits im ersten Theile, welcher sich auf die grosse Ungleichheit bezieht, gemacht worden. Wenn dieser zweite Theil beendigt ist, werde ich das ganze Detail der Rechnung publiciren.

ÜBER EIN LEICHTES VERFAHREN, DIE IN DER THEORIE DER SÄCULARSTÖRUNGEN VORKOMMENDEN GLEICHUNGEN NUMERISCH AUFZULÖSEN*).

Crelle, Journal für die reine und angewandte Mathematik, Bd. 30 p. 51—94.

1.

In der Theorie der Säcularstörungen und der kleinen Oscillationen wird man auf ein System linearer Gleichungen geführt, in welchem die Coefficienten der verschiedenen Unbekannten in Bezug auf die Diagonale symmetrisch sind, die ganz constanten Glieder fehlen und zu allen in der Diagonale befindlichen Coefficienten noch dieselbe Grösse $-x$ addirt ist. Durch Elimination der Unbekannten aus solchen linearen Gleichungen erhält man eine Bedingungsgleichung, welcher x genügen muss. Für jeden Werth von x, welcher diese Bedingungsgleichung erfüllt, hat man sodann aus den linearen Gleichungen die Verhältnisse der Unbekannten zu bestimmen. Ich werde hier zuerst die für ein solches System von Gleichungen geltenden algebraischen Formeln ableiten, welche im Folgenden ihre Anwendung finden, und hierauf eine für die Rechnung sehr bequeme Methode mittheilen, wodurch man die numerischen Werthe der Grössen x und der ihnen entsprechenden Systeme der Unbekannten mit Leichtigkeit und mit jeder beliebigen Schärfe erhält. Diese Methode überhebt der beschwerlichen Bildung und Auflösung der Gleichung, deren Wurzeln die Werthe von x sind, indem man das gegebene System von Gleichungen so transformirt, dass man für die Grössen x starke Annäherungen erhält, worauf für jedes x ein schnell con-

*) Die sorgfältige Ausführung der in diesem Aufsatze vorkommenden numerischen Rechnungen verdanke ich der Gefälligkeit eines meiner Schüler, des Herrn Ludwig Seidel in München.

vergirendes Näherungsverfahren zugleich dessen *genauen* Werth und die entsprechenden Werthe der Unbekannten, und zwar diese letzteren viel leichter als durch die gewöhnlichen Eliminationen, ergiebt. Zur Erläuterung dieser Methode habe ich die numerische Auflösung derjenigen Gleichungen gewählt, von welchen die Säcularstörungen der Excentricitäten und der Längen der Perihelien der Planeten unseres Sonnensystems abhängen, wenn man die höheren Potenzen der Excentricitäten und Neigungen vernachlässigt, da diese numerische Auflösung neuerdings mehrere Astronomen beschäftigt hat. Endlich habe ich neue Formeln für die Correctionen hinzugefügt, welche die gefundenen Zahlenresultate durch Änderung der angenommenen Planetenmassen erfahren, und auch diese Formeln durch die vollständig durchgeführten Rechnungen erläutert. Für die Zahlencoefficienten habe ich dieselben numerischen Werthe genommen, welche Herr Leverrier seinen schätzenswerthen Arbeiten über diesen Gegenstand zu Grunde gelegt hat, um eine Vergleichung der Methoden zu erleichtern.

Relationen zwischen den verschiedenen Systemen der Unbekannten.

2.

Es sei zwischen den n Unbekannten $\alpha, \beta, \gamma, \ldots \varpi$ ein System von n linearen Gleichungen von folgender Form gegeben:

$$(1)\quad \begin{array}{l} \{(a,a)-x\}\alpha + (a,b)\beta + (a,c)\gamma + \cdots + (a,p)\varpi = 0, \\ (b,a)\alpha + \{(b,b)-x\}\beta + (b,c)\gamma + \cdots + (b,p)\varpi = 0, \\ (c,a)\alpha + (c,b)\beta + \{(c,c)-x\}\gamma + \cdots + (c,p)\varpi = 0, \\ \cdots\cdots\cdots\cdots\cdots\cdots \\ (p,a)\alpha + (p,b)\beta + (p,c)\gamma + \cdots + \{(p,p)-x\}\varpi = 0, \end{array}$$

in welchen je zwei zur Diagonale symmetrisch liegende Coefficienten, welche durch Vertauschung der Buchstaben aus einander erhalten werden, gleich sind:

$$(2)\qquad (a,b)=(b,a),\quad (a,c)=(c,a),\quad (b,c)=(c,b),\quad \ldots$$

Die Grössen (a,a), (a,b) u. s. w. sind in Zahlen gegeben, die Grösse x dagegen noch zu bestimmen. Da nämlich die ganz constanten Glieder sämmtlich gleich 0 sind, so kann man aus den n Gleichungen (1) die n Unbekannten $\alpha, \beta, \gamma, \ldots \varpi$ eliminiren und erhält dadurch für x eine Gleichung n^{ten} Grades. Für jeden der n Werthe von x, welche dieser genügen, wird jede der n Gleichungen (1) eine Folge der übrigen $n-1$, und es bestimmen irgend $n-1$ derselben die Verhältnisse der Grössen $\alpha, \beta, \gamma, \ldots \varpi$. Da nur diese Verhältnisse und nicht die absoluten Werthe der Grössen α, β etc. durch die Aufgabe bestimmt werden, so werde ich annehmen, dass für jedes der n Systeme dieser Grössen, welche den n Wurzeln x entsprechen, die Summe ihrer Quadrate

$$(3) \qquad \alpha\alpha+\beta\beta+\gamma\gamma+\cdots+\varpi\varpi = 1$$

werde, wodurch alle hier vorkommenden Grössen bestimmt sind.

3.

Es seien nun x', x'' irgend zwei von einander verschiedene Wurzeln der Gleichung n^{ten} Grades, und α', β', γ', ..., ϖ'; α'', β'', γ'', ..., ϖ'' die ihnen entsprechenden Werthe der Unbekannten α, β, γ, ..., ϖ. Man hat dann aus (1)

$$\begin{aligned}(a,a)\alpha'+(a,b)\beta'+\cdots+(a,p)\varpi' &= \alpha'x',\\ (b,a)\alpha'+(b,b)\beta'+\cdots+(b,p)\varpi' &= \beta'x',\\ \cdot\quad\cdot\quad\cdot\quad\cdot\quad\cdot\quad\cdot\quad\cdot\quad&\cdot\quad\cdot\\ (p,a)\alpha'+(p,b)\beta'+\cdots+(p,p)\varpi' &= \varpi'x'.\end{aligned}$$

Wenn man diese Gleichungen der Reihe nach mit α'', β'', γ'', ..., ϖ'' multiplicirt und nach geschehener Multiplication addirt, so erhält auf der linken Seite α' den Factor

$$(a,a)\alpha''+(b,a)\beta''+(c,a)\gamma''+\cdots+(p,a)\varpi'';$$

dieser ist aber, weil $(b,a) = (a,b)$ u. s. w., und weil α'', β'', γ'', ..., ϖ'' nebst x'' die Gleichungen (1) erfüllen, gleich $\alpha''x''$; ebenso wird $\beta''x''$ der Coefficient von β' u. s. f. Man erhält daher

$$(\alpha'\alpha''+\beta'\beta''+\gamma'\gamma''+\cdots+\varpi'\varpi'')x'' = (\alpha'\alpha''+\beta'\beta''+\gamma'\gamma''+\cdots+\varpi'\varpi'')x'.$$

Hieraus folgt wegen der Voraussetzung, dass x' und x'' *von einander verschiedene Wurzeln* seien,

$$(4) \qquad \alpha'\alpha''+\beta'\beta''+\gamma'\gamma''+\cdots+\varpi'\varpi'' = 0.$$

Aus dieser Gleichung, welche den Zusammenhang zwischen je zwei Auflösungen ausdrückt, ergiebt sich, wie Cauchy bemerkt hat, dass alle Wurzeln x der Gleichung n^{ten} Grades reell sind. Denn wären imaginäre vorhanden, und nähme man für x', x'' ein Paar conjugirter imaginärer Wurzeln, so würden auch die Grössen $\frac{\beta'}{\alpha'}$ und $\frac{\beta''}{\alpha''}$, $\frac{\gamma'}{\alpha'}$ und $\frac{\gamma''}{\alpha''}$ u. s. w., welche rationale Ausdrücke von x sind, die sich durch Auflösung der Gleichungen (1) ergeben, conjugirte imaginäre Werthe erhalten, jedes der Producte $\frac{\beta'\beta''}{\alpha'\alpha''}$, $\frac{\gamma'\gamma''}{\alpha'\alpha''}$ etc. würde daher eine Summe von zwei Quadraten werden, und die Summe aller dieser Producte könnte nicht gleich -1 sein, wie es die Formel (4) erfordert.

Betrachten wir nun folgende lineare Ausdrücke:

$$
(5)\qquad
\begin{aligned}
p_1 &= \alpha' q_1 + \alpha'' q_2 + \cdots + \alpha^{(n)} q_n,\\
p_2 &= \beta' q_1 + \beta'' q_2 + \cdots + \beta^{(n)} q_n,\\
&\cdot\quad\cdot\quad\cdot\quad\cdot\quad\cdot\quad\cdot\quad\cdot\\
p_n &= \varpi' q_1 + \varpi'' q_2 + \cdots + \varpi^{(n)} q_n,
\end{aligned}
$$

wo α', β', ..., ϖ'; α'', β'', ..., ϖ''; u. s. w. die verschiedenen Systeme der Werthe der Grössen α, β, ..., ϖ sind, und zwischen den Grössen je zweier Systeme eine Gleichung (4) stattfindet.

Addirt man die Quadrate dieser Ausdrücke, so verschwinden rechts wegen der Gleichungen (4) die Coefficienten der Producte $q_1 q_2$, $q_1 q_3$ etc., und da die Summen der Quadrate der demselben Systeme angehörigen Werthe der Unbekannten gleich 1 angenommen worden sind (3), so erhält man

$$
(6)\qquad p_1 p_1 + p_2 p_2 + \cdots + p_n p_n = q_1 q_1 + q_2 q_2 + \cdots + q_n q_n.
$$

Ferner folgen aus dem Systeme (5) unmittelbar die umgekehrten Ausdrücke der Grössen q_i durch die Grössen p_i, wenn man die Horizontal- und Verticalreihen der Coefficienten mit einander vertauscht. Um nämlich q_i zu finden, braucht man bloss die erste Gleichung mit $\alpha^{(i)}$, die zweite mit $\beta^{(i)}$ u. s. w. zu multipliciren und sie nach geschehener Multiplication zu addiren, so werden nach (4) alle q eliminirt bis auf q_i, das den Factor 1 erhält. Man findet so die umgekehrten Gleichungen

$$
(7)\qquad
\begin{aligned}
q_1 &= \alpha' p_1 + \beta' p_2 + \cdots + \varpi' p_n,\\
q_2 &= \alpha'' p_1 + \beta'' p_2 + \cdots + \varpi'' p_n,\\
&\cdot\quad\cdot\quad\cdot\quad\cdot\quad\cdot\quad\cdot\quad\cdot\\
q_n &= \alpha^{(n)} p_1 + \beta^{(n)} p_2 + \cdots + \varpi^{(n)} p_n.
\end{aligned}
$$

Substituirt man wieder diese Werthe in die durch die Gleichungen (5) gegebenen Ausdrücke der Grössen p_1, p_2, ..., p_n, so giebt die erste Gleichung

$$
\begin{aligned}
p_1 = \;&\{\alpha'\alpha' + \alpha''\alpha'' + \cdots + \alpha^{(n)}\alpha^{(n)}\} p_1\\
&+\{\alpha'\beta' + \alpha''\beta'' + \cdots + \alpha^{(n)}\beta^{(n)}\} p_2\\
&\cdot\quad\cdot\quad\cdot\quad\cdot\quad\cdot\quad\cdot\quad\cdot\\
&+\{\alpha'\varpi' + \alpha''\varpi'' + \cdots + \alpha^{(n)}\varpi^{(n)}\} p_n.
\end{aligned}
$$

Wegen der ganz allgemeinen Bedeutung der Grössen p_i muss also sein

$$(8)\qquad \alpha'\alpha'+\alpha''\alpha''+\cdots+\alpha^{(n)}\alpha^{(n)}=1,$$

$$(9)\qquad \begin{cases} \alpha'\beta'+\alpha''\beta''+\cdots+\alpha^{(n)}\beta^{(n)}=0,\\ \alpha'\gamma'+\alpha''\gamma''+\cdots+\alpha^{(n)}\gamma^{(n)}=0,\\ \cdot\quad\cdot\quad\cdot\quad\cdot\quad\cdot\quad\cdot\quad\cdot\quad\cdot\\ \alpha'\varpi'+\alpha''\varpi''+\cdots+\alpha^{(n)}\varpi^{(n)}=0. \end{cases}$$

Analoge Gleichungen, wie die hier in Bezug auf α erhaltenen, kann man in Bezug auf jedes β, γ etc. aufstellen, wenn man in den Ausdrücken (5) von p_1, p_2 etc. die Werthe von $q_1, q_2, \ldots, q_n$ aus (7) substituirt. Diese Gleichungen ergeben sich auch sämmtlich auf einmal, wenn man die Summe der Quadrate der Werthe (7) von $q_1, q_2, \ldots, q_n$ bildet, welche zufolge (6) gleich

$$p_1p_1+p_2p_2+\cdots+p_np_n$$

sein muss.

Wenn man, anstatt die Quadrate der Werthe (7) der Grössen q_i unmittelbar zu addiren, vorher q_1^2 mit x', q_2^2 mit x'' u. s. w. multiplicirt, wo $x', x'', \ldots, x^{(n)}$ die n Werthe von x bedeuten, so erhält man auf der linken Seite der Gleichung das Aggregat

$$x'q_1^2+x''q_2^2+\cdots+x^{(n)}q_n^2,$$

zur Rechten eine homogene Function zweiten Grades der Grössen p_i und in derselben als Coefficient von p_1^2 den Ausdruck

$$x'\alpha'\alpha'+x''\alpha''\alpha''+\cdots+x^{(n)}\alpha^{(n)}\alpha^{(n)},$$

als Coefficient von $2p_1p_2$ den Ausdruck

$$x'\alpha'\beta'+x''\alpha''\beta''+\cdots+x^{(n)}\alpha^{(n)}\beta^{(n)}$$

und ähnliche Ausdrücke für die übrigen Coefficienten. Diese Ausdrücke lassen sich aber unmittelbar auf die Zahlencoefficienten der Gleichungen (1) zurückführen. Die erste dieser Gleichungen ergiebt nämlich

$$x'\alpha' = (a,a)\alpha'+(a,b)\beta'+\cdots+(a,p)\varpi',$$
$$x''\alpha'' = (a,b)\alpha''+(a,b)\beta''+\cdots+(a,p)\varpi'',$$
$$\cdot\quad\cdot\quad\cdot\quad\cdot\quad\cdot\quad\cdot\quad\cdot\quad\cdot\quad\cdot$$

Wenn man diese Gleichungen der Reihe nach mit α', α'' etc. multiplicirt und addirt, so erhält man nach (8) und (9) den Coefficient von p_1^2

$$x'\alpha'^2+x''\alpha''^2+\cdots+x^{(n)}\alpha^{(n)2}=(a,a).$$

Wenn man hingegen dieselben Gleichungen der Reihe nach mit β', β'' etc. multiplicirt und addirt, so erhält man den Coefficient von $2p_1p_2$

$$x'\alpha'\beta'+x''\alpha''\beta''+\cdots+x^{(n)}\alpha^{(n)}\beta^{(n)}=(a,b),$$

und auf dieselbe Weise ergeben sich die Werthe aller übrigen Coefficienten der homogenen Function 2ten Grades. Man findet so die Gleichung

$$\begin{aligned}
&x'q_1^2+x''q_2^2+\cdots+x^{(n)}q_n^2 \\
&= (a,a)p_1^2+2(a,b)p_1p_2+2(a,c)p_1p_3+\cdots \\
(10)\qquad &\quad + (b,b)p_2^2 \quad +2(b,c)p_2p_3+\cdots \\
&\qquad\qquad + (c,c)p_3^2 \quad +\cdots \\
&\qquad\qquad\qquad +\cdots
\end{aligned}$$

Hätte man statt der symbolischen Ausdrücke (a, a), (a, b) u. s. w. wirklich die Quadrate und Producte aa, ab u. s. w., so würde die homogene Function zur Rechten sich in das Quadrat

$$\{ap_1+bp_2+cp_3+\cdots\}^2$$

verwandeln.

Auf eine noch übersichtlichere Art ergiebt sich die Gleichung (10) aus den Gleichungen

$$\begin{aligned}
(a,a)p_1+(a,b)p_2+(a,c)p_3+\cdots &= x'\alpha'.q_1+x''\alpha''.q_2+x'''\alpha'''.q_3+\cdots, \\
(b,a)p_1+(b,b)p_2+(b,c)p_3+\cdots &= x'\beta'.q_1+x''\beta''.q_2+x'''\beta'''.q_3+\cdots, \\
(c,a)p_1+(c,b)p_2+(c,c)p_3+\cdots &= x'\gamma'.q_1+x''\gamma''.q_2+x'''\gamma'''.q_3+\cdots, \\
\ldots\ldots\ldots
\end{aligned}$$

die man dadurch erhält, dass man für die Grössen p_i ihre Ausdrücke durch die Grössen q_i setzt und die Coefficienten der einzelnen q_i vermittelst der Gleichungen (1) auf einen Term reducirt. Multiplicirt man die vorstehenden Gleichungen der Reihe nach mit p_1, p_2 u. s. w. und addirt sie alle, so erhält man links die obige homogene Function 2ter Ordnung und rechts vermittelst der Gleichungen (7) den Ausdruck

$$x'q_1^2+x''q_2^2+\cdots+x^{(n)}q_n^2.$$

In der Abhandlung „*De binis quibuslibet functionibus etc.*" im 12ten Bande von Crelle's Journal (cfr. Bd. III p. 191 dieser Ausgabe) bin ich von den beiden Gleichungen (6) und (10) ausgegangen und auf dem umgekehrten Wege zu dem Systeme (1) und den Gleichungen (3) und (4) gelangt.

Allgemeine Correctionsformeln der Werthe der Unbekannten.

4.

Aus den bereits entwickelten Relationen zwischen den verschiedenen Systemen von Werthen der Unbekannten, welche den verschiedenen Werthen von x entsprechen, lassen sich auch einfache Ausdrücke für die nach den Grössen (a, a), (a, b) etc. genommenen partiellen Differentialquotienten von x, α, β etc. folgern. Diese partiellen Differentialquotienten bestimmen die für kleine Änderungen der Zahlencoefficienten (a, a), (a, b) etc. an den gefundenen Werthen anzubringenden Correctionen, wenn man die Quadrate und Producte dieser Änderungen vernachlässigt. Es ist hierbei nur nöthig, die Differentialquotienten zweier Grössen, x' und α', zu suchen, da die übrigen sich ganz analog bilden lassen. Bezeichnet man durch

$$(a, a)+\Delta(a, a), \quad x'+\Delta x', \quad \alpha'+\Delta\alpha', \quad \ldots$$

die geänderten Werthe von (a, a), x', α' u. s. w. und vernachlässigt man die 2ten Potenzen der Incremente, so dass die Formeln für Differentiale streng richtig sind, so hat man zuerst aus (1)

$$(11)\quad \begin{aligned} &\alpha'.\Delta x' - \{\alpha'.\Delta(a, a)+\beta'.\Delta(a, b)+\gamma'.\Delta(a, c)+\cdots\} \\ &\quad = \{(a, a)-x'\}\Delta\alpha'+(a, b)\Delta\beta'+(a, c)\Delta\gamma'+\cdots, \\ &\beta'.\Delta x' - \{\alpha'.\Delta(b, a)+\beta'.\Delta(b, b)+\gamma'.\Delta(b, c)+\cdots\} \\ &\quad = (b, a)\Delta\alpha'+\{(b, b)-x'\}\Delta\beta'+(b, c)\Delta\gamma'+\cdots, \\ &\gamma'.\Delta x' - \{\alpha'.\Delta(c, a)+\beta'.\Delta(c, b)+\gamma'.\Delta(c, c)+\cdots\} \\ &\quad = (c, a)\Delta\alpha'+(c, b)\Delta\beta'+\{(c, c)-x'\}\Delta\gamma'+\cdots, \\ &\ldots\ldots\ldots\ldots \end{aligned}$$

Multiplicirt man diese Gleichungen der Reihe nach mit α', β', γ' etc. und addirt sie nach geschehener Multiplication, so verschwinden wegen der Gleichungen (1) die Grössen zur Rechten des Gleichheitszeichens, und man erhält, da der Coefficient von $\Delta x' = 1$ wird,

$$(12)\quad \begin{aligned} \Delta x' = \alpha'\alpha'.\Delta(a, a)&+2\alpha'\beta'.\Delta(a, b)+2\alpha'\gamma'.\Delta(a, c)+\cdots \\ &+\beta'\beta'.\Delta(b, b)+2\beta'\gamma'.\Delta(b, c)+\cdots \\ &+\gamma'\gamma'.\Delta(c, c)+\cdots \\ &+\cdots \end{aligned}$$

Um die Correctionen $\Delta\alpha'$, $\Delta\beta'$, $\Delta\gamma'$ etc. zu erhalten, verfahre ich, wie folgt. Ich addire zu den Gleichungen (11) auf beiden Seiten der Reihe nach die Grössen

$$(x'-x'')\Delta\alpha', \quad (x'-x'')\Delta\beta', \quad (x'-x'')\Delta\gamma', \quad \ldots,$$

multiplicire sie hierauf mit α'', β'', γ'' etc. und addire alle. Ebenso addire ich zu den Gleichungen (11) auf beiden Seiten

$$(x'-x''')\Delta\alpha', \quad (x'-x''')\Delta\beta', \quad (x'-x''')\Delta\gamma', \quad \ldots,$$

multiplicire mit α''', β''', γ''' etc. und addire, etc. etc. Durch dieses Verfahren verschwinden jedesmal die Ausdrücke rechts vom Gleichheitszeichen und der in $\Delta x'$ multiplicirte Term, und man erhält zwischen den n Variationen $\Delta\alpha'$, $\Delta\beta'$ etc. $n-1$ Gleichungen

$$\begin{gathered}(x'-x'')\{\alpha''.\Delta\alpha'+\beta''.\Delta\beta'+\gamma''.\Delta\gamma'+\cdots\}\\ =\alpha''\alpha'.\Delta(a,a)+\{\alpha''\beta'+\alpha'\beta''\}.\Delta(a,b)+\beta''\beta'.\Delta(b,b)+\cdots,\\ (x'-x''')\{\alpha'''.\Delta\alpha'+\beta'''.\Delta\beta'+\gamma'''.\Delta\gamma'+\cdots\}\\ =\alpha'''\alpha'.\Delta(a,a)+\{\alpha'''\beta'+\alpha'\beta'''\}.\Delta(a,b)+\beta'''\beta'.\Delta(b,b)+\cdots,\\ \cdot\quad\cdot\quad\cdot\quad\cdot\quad\cdot\quad\cdot\quad\cdot\quad\cdot\quad\cdot\quad\cdot\quad\cdot\quad\cdot\quad\cdot\end{gathered}$$

zu welchen als n^{te} noch nach (3) die Gleichung

$$\alpha'.\Delta\alpha'+\beta'.\Delta\beta'+\gamma'.\Delta\gamma'+\cdots=0$$

kommt. Multiplicirt man diese letzte Gleichung mit α' und die $n-1$ vorhergehenden respective mit

$$\frac{\alpha''}{x'-x''},\quad\frac{\alpha'''}{x'-x'''},\quad\cdots$$

und addirt alle, so werden zufolge (9) die Grössen $\Delta\beta'$, $\Delta\gamma'$ etc. sämmtlich eliminirt und man erhält

$$\begin{aligned}\Delta\alpha'=\;&\alpha'\left\{\frac{\alpha''\alpha''}{x'-x''}+\frac{\alpha'''\alpha'''}{x'-x'''}+\cdots\right\}\Delta(a,a)\\ (13)\qquad&+\left(\beta'\left\{\frac{\alpha''\alpha''}{x'-x''}+\frac{\alpha'''\alpha'''}{x'-x'''}+\cdots\right\}+\alpha'\left\{\frac{\alpha''\beta''}{x'-x''}+\frac{\alpha'''\beta'''}{x'-x'''}+\cdots\right\}\right)\Delta(a,b)\\ &+\;\beta'\left\{\frac{\alpha''\beta''}{x'-x''}+\frac{\alpha'''\beta'''}{x'-x'''}+\cdots\right\}\Delta(b,b)+\cdots\end{aligned}$$

Man hat daher aus (12) und (13) die strengen Differentialformeln

$$\begin{gathered}\frac{\partial x'}{\partial(a,a)}=\alpha'\alpha',\qquad\frac{\partial x'}{\partial(a,b)}=2\alpha'\beta',\quad\cdots\\ (14)\quad\frac{\partial\alpha'}{\partial(a,a)}=\alpha'\left\{\frac{\alpha''\alpha''}{x'-x''}+\frac{\alpha'''\alpha'''}{x'-x'''}+\cdots\right\},\qquad\frac{\partial\alpha'}{\partial(b,b)}=\beta'\left\{\frac{\alpha''\beta''}{x'-x''}+\frac{\alpha'''\beta'''}{x'-x'''}+\cdots\right\},\\ \frac{\partial\alpha'}{\partial(a,b)}=\frac{\beta'}{\alpha'}\frac{\partial\alpha'}{\partial(a,a)}+\frac{\alpha'}{\beta'}\frac{\partial\alpha'}{\partial(b,b)},\qquad\frac{\partial\alpha'}{\partial(b,c)}=\frac{\gamma'}{\beta'}\frac{\partial\alpha'}{\partial(b,b)}+\frac{\beta'}{\gamma'}\frac{\partial\alpha'}{\partial(c,c)},\quad\cdots\end{gathered}$$

Mit den nöthigen Vertauschungen geben diese eleganten Formeln die ersten Differentialquotienten aller Unbekannten der n Systeme nach allen Coefficienten des gegebenen Systems (1). Man sieht aus denselben, dass die ersten Differentialquotienten der Wurzeln der Gleichung n^{ten} Grades ohne weitere Rechnung unmittelbar durch die Werthe der Unbekannten gegeben sind, und dass die ersten Differentialquotienten jeder der Unbekannten $\alpha^{(i)}$, $\beta^{(i)}$ etc. nach den Grössen (a, b), (b, c) etc. sich aus ihren ersten Differentialquotienten nach den Grössen (a, a), (b, b) etc. leicht zusammensetzen lassen, so dass man nur diese letzteren zu berechnen hat, von welchen wieder je zwei aus einander durch die Gleichung

$$\alpha' \frac{\partial \alpha'}{\partial(b, b)} = \beta' \frac{\partial \beta'}{\partial(a, a)}$$

erhalten werden. Die ersten Differentialquotienten der Grössen $\alpha^{(i)}$, $\beta^{(i)}$ etc. geben ferner sogleich auch die *zweiten* der Wurzeln x', x'' etc. Wenn die Incremente $\varDelta(a, b)$ und $\varDelta(b, a)$ verschieden sind, so hat man in (12) für $\varDelta(a, b)$ ihre halbe Summe $\frac{1}{2}(\varDelta(a, b) + \varDelta(b, a))$ zu setzen und in (13) den ersten Theil des mit $\varDelta(a, b)$ multiplicirten Aggregats mit $\varDelta(a, b)$, den zweiten mit $\varDelta(b, a)$ zu multipliciren.

Aufstellung der numerischen Gleichungen, von welchen die Säcularstörungen der Excentricitäten und Längen der Perihelien der Bahnen der Planeten abhängen, in der in Bezug auf die Diagonale symmetrischen Form. Formeln zur Bestimmung der willkürlichen Constanten.

5.

Von einem System von der Form der Gleichungen (1) hängen die Säcularstörungen der Excentricitäten und Längen der Perihelien der Bahnen der sieben Hauptplaneten unseres Sonnensystems ab. Die zur Aufstellung dieser Gleichungen nöthigen numerischen Daten entnehme ich aus Herrn Leverrier's Aufsatz „*Sur les variations séculaires des éléments des orbites etc.*" in den „*Additions à la Connaissance des Temps pour l'an* 1843."

Bezeichnet e die Excentricität der Mercursbahn, ϖ die Länge ihres Perihels, und setzt man

$$h = e \sin \varpi, \quad l = e \cos \varpi,$$

werden ferner dieselben Grössen für Venus, Erde, Mars, Jupiter, Saturn und Uranus durch die nämlichen Buchstaben mit einem, zwei, drei, ..., sechs Accenten bezeichnet, so hat man für die Grössen h und l, wenn man sich auf die Glieder beschränkt, die von der ersten Ordnung der Excentricitäten sind, folgende lineare Differentialgleichungen, in welchen t die Zeit, in Julianischen Jahren ausgedrückt, bedeutet:

$$
(\mathrm{I})\qquad
\begin{aligned}
\frac{dh}{dt} &= \;\;\{(0,1)+(0,2)+\cdots\}l - \boxed{0,1}\,l' - \boxed{0,2}\,l'' - \cdots,\\
\frac{dl}{dt} &= -\{(0,1)+(0,2)+\cdots\}h + \boxed{0,1}\,h' + \boxed{0,2}\,h'' + \cdots,\\
\frac{dh'}{dt} &= \;\;\{(1,0)+(1,2)+\cdots\}l' - \boxed{1,0}\,l - \boxed{1,2}\,l'' - \cdots,\\
\frac{dl'}{dt} &= -\{(1,0)+(1,2)+\cdots\}h' + \boxed{1,0}\,h + \boxed{1,2}\,h'' + \cdots,\\
&\cdots\cdots\cdots\cdots\cdots\cdots
\end{aligned}
$$

(Laplace, *Mécanique céleste*, Buch II, §. 55). Die Coefficienten (0, 1) etc. und $\boxed{0,1}$ etc. hängen nur von den Massen der Planeten und von den grossen Axen ihrer Bahnen ab. Bezeichnet man die ersten mit m und die halben Axen mit a und versieht diese Grössen ebenso mit Accenten wie die anderen Grössen, so sind je zwei Coefficienten wie (0, 1) und (1, 0), $\boxed{0,1}$ und $\boxed{1,0}$ durch die Gleichungen

$$
(\mathrm{II})\qquad
\begin{aligned}
m\sqrt{a}\,(0,1) &= m'\sqrt{a'}\,(1,0),\\
m\sqrt{a}\,\boxed{0,1} &= m'\sqrt{a'}\,\boxed{1,0}
\end{aligned}
$$

mit einander verbunden. Setzt man zur Integration der Gleichungen (I)

$$
\begin{aligned}
h &= N_0\sin(gt+\beta), & l &= N_0\cos(gt+\beta),\\
h' &= N_1\sin(gt+\beta), & l' &= N_1\cos(gt+\beta),\\
&\cdots\cdots & &\cdots\cdots
\end{aligned}
$$

wo g und die Grössen N Constanten bedeuten, so erhält man durch Substitution dieser Ausdrücke in die Gleichungen (I) sieben Bedingungsgleichungen zwischen g und den Grössen N

$$
(\mathrm{III})\qquad
\begin{array}{llll}
[g-(0,1)-(0,2)-\cdots]N_0 + & \boxed{0,1}\,N_1 + & \boxed{0,2}\,N_2 & +\cdots = 0,\\
\boxed{1,0}\,N_0 & +[g-(1,0)-(1,2)-\cdots]N_1 + & \boxed{1,2}\,N_2 & +\cdots = 0,\\
\boxed{2,0}\,N_0 & +\;\boxed{2,1}\,N_1 & +[g-(2,0)-(2,1)-\cdots]N_2 & +\cdots = 0,\\
\cdots & \cdots & \cdots & \cdots
\end{array}
$$

Eliminirt man aus diesen 7 Gleichungen die Verhältnisse von 6 der Grössen N zur 7ten, so erhält man für g eine Gleichung siebenten Grades, also sieben Wurzeln $g, g', g'', \ldots, g^{\mathrm{VI}}$, und ein zu jeder gehöriges System von Werthen der Verhältnisse der sieben Grössen N. Die allgemeinen Integrale der Gleichungen (I) sind dann

$$
\text{(IV)}\qquad
\begin{aligned}
h &= N_0 \sin(gt+\beta)+N_0' \sin(g't+\beta')+\cdots,\\
l &= N_0 \cos(gt+\beta)+N_0' \cos(g't+\beta')+\cdots,\\
h' &= N_1 \sin(gt+\beta)+N_1' \sin(g't+\beta')+\cdots,\\
l' &= N_1 \cos(gt+\beta)+N_1' \cos(g't+\beta')+\cdots
\end{aligned}
$$

Da in jedem System nur g und die Verhältnisse der Grössen N_i bestimmt sind, während eine der Grössen N_i und der Winkel β willkürlich bleiben, so hat man im Ganzen noch 14 willkürliche Constanten, welche durch die als gegeben anzusehenden Anfangswerthe der 14 Grössen h und l bestimmt werden müssen.

Nimmt man für die Grössen m und a folgende Zahlenwerthe an:

	Masse	Halbe grosse Axe
Mercur	$\frac{1}{1909706}$	0,38709812
Venus	$\frac{1}{401839}$	0,72333230
Erde	$\frac{1}{358354}$	1,00000000
Mars	$\frac{1}{2680337}$	1,52369352
Jupiter	$\frac{1}{1050}$	5,20116636
Saturn	$\frac{1}{3512}$	9,53787090
Uranus	$\frac{1}{17918}$	19,18330500

so werden (nach Leverrier a. a. O. S. 13) die Werthe der Grössen (i, k), in Sexagesimalsecunden ausgedrückt:

$i \backslash k$	0	1	2	3	4	5	6
0	*	0,447992	0,103506	0,019797	0,00024016	0,00002855	0,00000247
1	2,910335	*	5,174037	0.468978	0,00409110	0,00047742	0,00004104
2	0.891538	6,860112	*	1.817218	0.00912341	0,00103919	0.00008866
3	0,027984	0,102046	0,298228	*	0.00310537	0,00032980	0,00002755
4	1.601114	4,198404	7,061544	14,645853	*	18,196879	0.934785
5	0,077059	0,198360	0,325649	0.629736	7.367279	*	1,390990
6	0,001852	0,004740	0,007723	0,014625	0,105202	0,386656	*

Durch Addition der unter einander stehenden Zahlen erhält man die Zahlen, welche in der Diagonale in (III) von g abgezogen werden. Substituirt man ferner in (III) die von Herrn Leverrier gegebenen, ebenfalls in Sexagesimalsecunden ausgedrückten Werthe der Coefficienten $\boxed{i,k}$, so wird das aufzulösende System von Gleichungen:

$$
\text{(V)}\qquad
\begin{array}{l}
\left.\begin{array}{r}
(g-5{,}509882)N_0+1{,}870086\,N_1+0{,}422908\,N_2+0{,}008814\,N_3\\
+0{,}148711\,N_4+0{,}003908\,N_5+0{,}000045\,N_6
\end{array}\right\}=0,\\
\left.\begin{array}{r}
0{,}287865\,N_0+(g-11{,}811654)N_1+5{,}711900\,N_2+0{,}058717\,N_3\\
+0{,}728088\,N_4+0{,}018788\,N_5+0{,}000224\,N_6
\end{array}\right\}=0,\\
\left.\begin{array}{r}
0{,}049099\,N_0+4{,}308033\,N_1+(g-12{,}970687)N_2+0{,}229326\,N_3\\
+1{,}689087\,N_4+0{,}042580\,N_5+0{,}000504\,N_6
\end{array}\right\}=0,\\
\left.\begin{array}{r}
0{,}006235\,N_0+0{,}269851\,N_1+1{,}397369\,N_2+(g-17{,}596207)N_3\\
+5{,}304038\,N_4+0{,}125346\,N_5+0{,}001451\,N_6
\end{array}\right\}=0,\\
\left.\begin{array}{r}
0{,}00002231\,N_0+0{,}00070948\,N_1+0{,}00218227\,N_2+0{,}00112462\,N_3\\
+(g-7{,}489041)N_4+4{,}815454\,N_5+0{,}035319\,N_6
\end{array}\right\}=0,\\
\left.\begin{array}{r}
0{,}00000145\,N_0+0{,}00004522\,N_1+0{,}00013588\,N_2+0{,}00006565\,N_3\\
+11{,}893979\,N_4+(g-18{,}585410)N_5+0{,}232241\,N_6
\end{array}\right\}=0,\\
\left.\begin{array}{r}
0{,}00000006\,N_0+0{,}00000194\,N_1+0{,}00000579\,N_2+0{,}00000273\,N_3\\
+0{,}313829\,N_4+0{,}835482\,N_5+(g-2{,}325935)N_6
\end{array}\right\}=0.
\end{array}
$$

Das hier vorliegende System hat noch keine in Bezug auf die Diagonale symmetrische Form, wie sie der Gegenstand der Betrachtung in den vorhergehenden Paragraphen gewesen ist. Diese Form kann ihm aber vermöge der Gleichungen (II), die zwischen je zweien zur Diagonale symmetrisch liegenden Coefficienten stattfinden, sehr leicht gegeben werden*). Setzt man nämlich in den Gleichungen (V)

$$
\text{(VI)}\qquad N_0=\frac{KM_0}{\sqrt{m^0}\sqrt{a^0}},\qquad N_1=\frac{KM_1}{\sqrt{m'}\sqrt{a'}},\quad\ldots,\qquad N_6=\frac{KM_6}{\sqrt{m^{VI}}\sqrt{a^{VI}}}
$$

und multiplicirt nach Ausführung dieser Substitution die erste Gleichung mit $\frac{1}{K}\sqrt{m^0}\sqrt{a^0}$, die zweite mit $\frac{1}{K}\sqrt{m'}\sqrt{a'}$ u. s. f., so bleiben die Coefficienten in der Diagonale unverändert, und es ist nach (II) klar, dass nun allgemein der Coefficient in der i^{ten} Horizontal- und k^{ten} Verticalreihe gleich dem Coefficienten in der k^{ten} Horizontal- und i^{ten} Verticalreihe werden muss. Man erhält so, mit

*) Dadurch, dass man früher diese vorläufige Präparation, durch welche die zur Diagonale symmetrisch liegenden Coefficienten gleich werden, verabsäumt hat, ist, abgesehen von der angewandten Auflösungsmethode, die Mühe der Rechnung fast verdoppelt worden.

Anwendung der Werthe

$$\text{(VII)}\qquad \begin{aligned} 6{,}7564720-10 &= \log\sqrt{m^{0}\sqrt{a^{0}}}, \\ 7{,}1628084-10 &= \log\sqrt{m'\sqrt{a'}}, \\ 7{,}2240592-10 &= \log\sqrt{m''\sqrt{a''}}, \\ 6{,}8316297-10 &= \log\sqrt{m'''\sqrt{a'''}}, \\ 8{,}6684306-10 &= \log\sqrt{m^{IV}\sqrt{a^{IV}}}, \\ 8{,}4720856-10 &= \log\sqrt{m^{V}\sqrt{a^{V}}}, \\ 8{,}1940861-10 &= \log\sqrt{m^{VI}\sqrt{a^{VI}}}, \end{aligned}$$

folgende Gleichungen, in denen statt der Coefficienten selbst überall, ausgenommen in der Diagonale, ihre Logarithmen gesetzt sind:

$$\text{(VIII)}\qquad \begin{aligned}
&\left.\begin{aligned}(g-5{,}509882.0)M_0+9{,}8655252\,M_1+9{,}1586592\,M_2+7{,}8700057\,M_3 \\ +7{,}2604292\,M_4+5{,}8766796\,M_5+4{,}2156819\,M_6\end{aligned}\right\}=0, \\
&\left.\begin{aligned}9{,}8655252\,M_0+(g-11{,}811654.0)M_1+0{,}6955298\,M_2+9{,}0999439\,M_3 \\ +8{,}3565631\,M_4+6{,}9646084\,M_5+5{,}3191061\,M_6\end{aligned}\right\}=0, \\
&\left.\begin{aligned}9.1586592\,M_0+0{,}6955298\,M_1+(g-12{,}970687.0)M_2+9{,}7528822\,M_3 \\ +8{,}7832803\,M_4+7{,}3811819\,M_5+5{,}7325546\,M_6\end{aligned}\right\}=0, \\
&\left.\begin{aligned}7{,}8700057\,M_0+9{,}0999439\,M_1+9{,}7528822\,M_2+(g-17{,}596207.0)M_3 \\ +8{,}8878063\,M_4+7{,}4576700\,M_5+5.7989267\,M_6\end{aligned}\right\}=0, \\
&\left.\begin{aligned}7{,}2604292\,M_0+8{,}3565631\,M_1+8{,}7832803\,M_2+8{,}8878063\,M_3 \\ +(g-7{,}489041.0)M_4+0{,}8789822\,M_5+9{,}0223508\,M_6\end{aligned}\right\}=0, \\
&\left.\begin{aligned}5{,}8766796\,M_0+6{,}9646084\,M_1+7{,}3811819\,M_2+7{,}4576700\,M_3 \\ +0.8789822\,M_4+(g-18{,}585410.0)M_5+9{,}6439380\,M_6\end{aligned}\right\}=0, \\
&\left.\begin{aligned}4{,}2156819\,M_0+5{,}3191061\,M_1+5{,}7325546\,M_2+5{,}7989267\,M_3 \\ +9{,}0223508\,M_4+9{,}6439380\,M_5+(g-2{,}325935.0)M_6\end{aligned}\right\}=0.
\end{aligned}$$

Damit die Grössen M völlig bestimmt seien, füge ich zu den Gleichungen (VIII) noch die Bedingung

$$\text{(IX)}\qquad M_0^2+M_1^2+M_2^2+\cdots+M_6^2=1.$$

Die algebraischen Ausdrücke der mit (i,k) und $\overline{|i,k}$ bezeichneten Grössen haben den Factor $m^{(k)}$. Aendert man daher die für die Massen oben angenommenen Zahlenwerthe, indem man der Masse $m^{(k)}$ einen wenig von 1 verschiedenen Factor $1+\mu^{(k)}$ giebt, so sind die für (i,k) und $\overline{i,k}$ angegebenen Zahlen noch mit diesem Factor $1+\mu^{(k)}$ zu multipliciren. Hiernach erhält in der $(i+1)^{\text{ten}}$ Gleichung die von g abzuziehende Zahl, die in (V) und (VIII) dieselbe geblieben ist, die Aenderung

$$(i,0).\mu+(i,1).\mu'+\cdots+(i,6).\mu^{\text{VI}},$$

wo jedesmal der Term $(i,i).\mu^{(i)}$ auszulassen ist. Nach der Art, wie die Gleichungen (VIII) aus (V) abgeleitet sind, wird in (VIII), wenn i und k von einander verschieden sind, der Coefficient von M_k in der $(i+1)^{\text{ten}}$ Gleichung

$$\sqrt{\frac{m^{(i)}\sqrt{a^{(i)}}}{m^{(k)}\sqrt{a^{(k)}}}}\cdot\overline{i,k}\,.$$

und erhält daher den Factor

$$\sqrt{(1+\mu^{(i)})(1+\mu^{(k)})},$$

wofür man, da die Quadrate und Producte der Grössen μ vernachlässigt werden, einfacher $1+\frac{1}{2}(\mu^{(i)}+\mu^{(k)})$ setzen kann. Auf diese Weise werden die Variationen der Coefficienten der Gleichungen (VIII) bestimmt, welche kleinen Änderungen der angenommenen Werthe der Planetenmassen entsprechen.

Sind $h_{\prime\prime}$, $l_{\prime\prime}$; $h'_{\prime\prime}$, $l'_{\prime\prime}$ etc. die der Zeit $t=0$ entsprechenden Werthe von h, l; h', l' etc., und setzt man

$$h_{\prime\prime}^{(i)}\sqrt{m^{(i)}\sqrt{a^{(i)}}}=H^{(i)},\quad l_{\prime\prime}^{(i)}\sqrt{m^{(i)}\sqrt{a^{(i)}}}=L^{(i)},$$

bezeichnet man ferner die den verschiedenen Wurzeln g, g', ..., g^{VI} entsprechenden Werthe von M_i mit M_i, M'_i, ..., M_i^{VI}, so hat man zur Bestimmung der 14 willkürlichen Constanten K, β; K', β' etc. zufolge (IV) und (VI) die beiden Systeme von Gleichungen:

$$\begin{aligned}
H &= M_0.K\sin\beta+M'_0.K'\sin\beta'+\cdots+M_0^{\text{VI}}.K^{\text{VI}}\sin\beta^{\text{VI}},\\
H' &= M_1.K\sin\beta+M'_1.K'\sin\beta'+\cdots+M_1^{\text{VI}}.K^{\text{VI}}\sin\beta^{\text{VI}},\\
&\cdot\quad\cdot\quad\cdot\quad\cdot\quad\cdot\quad\cdot\quad\cdot\quad\cdot\quad\cdot\quad\cdot\\
H^{\text{VI}} &= M_6.K\sin\beta+M'_6.K'\sin\beta'+\cdots+M_6^{\text{VI}}.K^{\text{VI}}\sin\beta^{\text{VI}},
\end{aligned}$$

$$\begin{aligned}
L &= M_0.K\cos\beta+M'_0.K'\cos\beta'+\cdots+M_0^{\text{VI}}.K^{\text{VI}}\cos\beta^{\text{VI}},\\
L' &= M_1.K\cos\beta+M'_1.K'\cos\beta'+\cdots+M_1^{\text{VI}}.K^{\text{VI}}\cos\beta^{\text{VI}},\\
&\cdot\quad\cdot\quad\cdot\quad\cdot\quad\cdot\quad\cdot\quad\cdot\quad\cdot\quad\cdot\quad\cdot\\
L^{\text{VI}} &= M_6.K\cos\beta+M'_6.K'\cos\beta'+\cdots+M_6^{\text{VI}}.K^{\text{VI}}\cos\beta^{\text{VI}}.
\end{aligned}$$

Hieraus erhält man nach §. 3, da die Grössen M_0, M_1 etc. mit den dort gebrauchten α, β etc. übereinkommen,

$$A = K\sin\beta = HM_0 + H'M_1 + \cdots + H^{VI}M_6,$$
$$B = K\cos\beta = LM_0 + L'M_1 + \cdots + L^{VI}M_6,$$
$$A' = K'\sin\beta' = HM_0' + H'M_1' + \cdots + H^{VI}M_6',$$
$$B' = K'\cos\beta' = LM_0' + L'M_1' + \cdots + L^{VI}M_6'.$$
$$\cdot \quad \cdot \quad \cdot \quad \cdot \quad \cdot \quad \cdot \quad \cdot \quad \cdot \quad \cdot \quad \cdot \quad \cdot$$

woraus sich die Werthe der Winkel β, β' etc. und der Grössen K, K' etc. ergeben, aus welchen letzteren durch die Formel (VI)

$$N_i^{(k)} = \frac{M_i^{(k)} K^{(k)}}{\sqrt{m^{(i)}}\sqrt{a^{(i)}}}$$

die Werthe der Grössen $N_i^{(k)}$ folgen.

Zur Controlle der berechneten Werthe der Grössen $N_i^{(k)}$ und der Winkel $\beta^{(k)}$ können die Gleichungen

$$h_0^{(i)} = N_i\sin\beta + N_i'\sin\beta' + \cdots + N_i^{VI}\sin\beta^{VI},$$
$$l_0^{(i)} = N_i\cos\beta + N_i'\cos\beta' + \cdots + N_i^{VI}\cos\beta^{VI}$$

dienen, welche aus (IV) für $t = 0$ folgen.

Wiederholte Transformationen des Systems der Gleichungen (VIII).

6.

In den Gleichungen (VIII) bemerkt man, dass im Allgemeinen die Zahlencoefficienten, die in der Diagonale stehen, beträchtlich grösser sind als die übrigen, von welchen letzteren die Logarithmen angesetzt sind. Wäre dies überall der Fall, so würde man unmittelbar durch ein leichtes und schnelles Näherungsverfahren, welches ich weiter unten auseinandersetzen werde, die Werthe der Unbekannten mit beliebiger Strenge finden können. Sobald aber auch nur einzelne der Coefficienten, die nicht in der Diagonale stehen, beträchtliche Werthe haben, wie es in (VIII) der Fall ist, kann dies Verfahren nicht angewendet werden. Dieser hinderliche Umstand lässt sich jedoch dadurch beseitigen, dass man auf zweckmässige Weise die Gleichungen transformirt, indem man mittelst einfacher linearer Substitutionen immer für zwei der Unbekannten zwei andere Grössen einführt.

Es seien nämlich die Gleichungen

$$\cdots + (g-a)M_i + \cdots + \quad cM_k \quad + \cdots + h_{i,l} M_l + \cdots = 0,$$
$$\cdots + \quad cM_i \quad + \cdots + (g-b)M_k + \cdots + h_{k,l} M_l + \cdots = 0$$

zwei von den Gleichungen des Systems (VIII), in welchen der ausserhalb der Diagonale befindliche Coefficient c einen erheblichen Werth hat, so kann man dadurch, dass man M_i und M_k durch andere Unbekannte P_i und P_k ersetzt und die beiden Gleichungen gehörig zu zwei anderen combinirt, das gegebene System in ein anderes von ähnlicher Form verwandeln, in welchem, während g unverändert bleibt, der Coefficient, welcher an die Stelle von c tritt, *verschwindet*. Setzt man nämlich

$$\text{(X)} \qquad \begin{aligned} M_i &= \cos\alpha\, P_i - \sin\alpha\, P_k, \\ M_k &= \sin\alpha\, P_i + \cos\alpha\, P_k, \end{aligned}$$

so wird jetzt in jeder von den beiden Gleichungen die Grösse g in zwei Gliedern stehen. Man kann aber aus ihnen sogleich wieder zwei solche Gleichungen ableiten, die g nur in *einem* Gliede enthalten, wenn man einmal die erste Gleichung mit $\cos\alpha$, die zweite mit $\sin\alpha$ multiplicirt und sie nach geschehener Multiplication addirt, und dann die erste mit $-\sin\alpha$, die zweite mit $\cos\alpha$ multiplicirt und beide nach geschehener Multiplication ebenfalls addirt. Die neuen Gleichungen werden dadurch

$$\cdots + \{g - a\cos^2\alpha - b\sin^2\alpha + 2c\sin\alpha\cos\alpha\} P_i + \cdots + \{(a-b)\sin\alpha\cos\alpha + c\cos 2\alpha\} P_k + \cdots$$
$$+ (h_{i,l}\cos\alpha + h_{k,l}\sin\alpha) M_l + \cdots = 0,$$
$$\cdots + \{(a-b)\sin\alpha\cos\alpha + c\cos 2\alpha\} P_i + \cdots + \{g - a\sin^2\alpha - b\cos^2\alpha - 2c\sin\alpha\cos\alpha\} P_k + \cdots$$
$$+ (-h_{i,l}\sin\alpha + h_{k,l}\cos\alpha) M_l + \cdots = 0.$$

Man sieht, dass hierdurch die Coefficienten, welche in beiden Gleichungen dem c entsprechen, wieder wie früher einander gleich werden. Auch sonst behält das System seine Symmetrie, wenn statt M_i, M_k überall P_i, P_k eingeführt wird; denn im transformirten Systeme werden die Coefficienten von P_i und P_k in der $(l+1)^{\text{ten}}$ Gleichung

$$h_{l,i}\cos\alpha + h_{l,k}\sin\alpha \quad \text{und} \quad -h_{l,i}\sin\alpha + h_{l,k}\cos\alpha,$$

welche mit den Coefficienten von M_l in der oben angegebenen transformirten $(i+1)^{\text{ten}}$ und $(k+1)^{\text{ten}}$ Gleichung übereinkommen, weil man nach der Eigenschaft des ursprünglichen Systems (VIII) $h_{l,i} = h_{i,l}$, $h_{l,k} = h_{k,l}$ hat.

Man kann nun den noch willkürlichen Winkel α so bestimmen, dass der an die Stelle von c getretene Coefficient

$$(a-b)\sin\alpha\cos\alpha + c\cos 2\alpha = 0$$

wird, was für α die Gleichung

(XI) $$\operatorname{tang} 2\alpha = \frac{2c}{b-a}$$

giebt. Sind a' und b' die neuen, den früheren a und b entsprechenden Grössen in der Diagonale, so hat man

$$a' = a\cos^2\alpha + b\sin^2\alpha - 2c\sin\alpha\cos\alpha,$$
$$b' = a\sin^2\alpha + b\cos^2\alpha + 2c\sin\alpha\cos\alpha,$$

und daher zur bequemen Berechnung von a' und b' die Formeln

(XII) $$b'+a' = b+a,$$
$$b'-a' = \frac{b-a}{\cos 2\alpha} = \frac{2c}{\sin 2\alpha},$$

welche zugleich durch den für $b'-a'$ angegebenen doppelten Ausdruck eine Controlle der Rechnung enthalten. Die Werthe der beiden Systeme der Grössen

$$h'_{i,l} = \cos\alpha . h_{i,l} + \sin\alpha . h_{k,l},$$
$$h'_{k,l} = \cos\alpha . h_{k,l} - \sin\alpha . h_{i,l},$$

in welchen l von i und k verschieden ist, können ebenfalls leicht controllirt werden, da der Winkel α derselbe bleibt, und daher zwischen den Summen der den verschiedenen l entsprechenden Grössen die nämlichen Gleichungen stattfinden.

Die Summen der Quadrate der Zahlencoefficienten des gegebenen und transformirten Systems sind einander gleich, wenn man jeden Coefficienten so oft, als er vorkommt, nimmt, d. h. die ausserhalb der Diagonale befindlichen zweimal. Denn für jedes l ist

$$h'^2_{i,l} + h'^2_{k,l} = h^2_{i,l} + h^2_{k,l};$$

ferner

$$(a'+b')^2 + (a'-b')^2\cos^2 2\alpha + (a'-b')^2\sin^2 2\alpha = (a+b)^2 + (a-b)^2 + 4c^2,$$

und daher

$$a'^2 + b'^2 = a^2 + b^2 + 2c^2.$$

Theilt man daher die Summe der Quadrate der Zahlencoefficienten in die Summe der Quadrate der in der Diagonale und in die Summe der Quadrate der ausserhalb der Diagonale befindlichen Coefficienten, so wächst durch die Transformation die erste Summe um $2c^2$, während die zweite Summe sich um dieselbe Grösse $2c^2$, nämlich um die Summe der Quadrate der beiden vernichteten Coefficienten, verkleinert hat. Wiederholt man die Transformation, indem man immer nur für zwei Unbekannte andere Grössen einführt und zwei Gleichungen auf die angegebene Art zu zwei anderen Gleichungen combinirt, so wird für jedes nach und nach durch die angegebene Transformation erhaltene System von Gleichungen der Satz gelten:

dass die Summe der Quadrate der ausserhalb der Diagonale befindlichen Coefficienten um die Summe der Quadrate aller in den einzelnen Transformationen vernichteten Coefficienten kleiner geworden ist als in dem ursprünglich gegebenen System von Gleichungen, und dass die Summe der Quadrate der in der Diagonale befindlichen Coefficienten sich um dieselbe Grösse vermehrt hat.

Man ersieht aus diesem Satze, dass man in allen Fällen die Summe der Quadrate der ausserhalb der Diagonale befindlichen Coefficienten nach und nach so klein, als man nur will, machen kann, so dass sie kleiner werden kann, als jede gegebene noch so kleine Grösse. *Es lassen sich also auch alle einzelnen ausserhalb der Diagonale befindlichen Coefficienten durch wiederholte Anwendung der angegebenen Transformation unendlich verkleinern.* Man kann so immer dem Grenzfall, wo jene Coefficienten ganz verschwinden und die Gleichungen sich unmittelbar auflösen lassen, beliebig nahe kommen, ohne dass es nothwendig wäre, dass, wie in unserem Falle, schon anfangs die Mehrzahl der Glieder ausserhalb der Diagonale von denen in derselben an Grösse übertroffen würde.

Ist nämlich n die Anzahl der Gleichungen und S nach der ersten Transformation die Summe der Quadrate der $n(n-1)$ ausserhalb der Diagonale befindlichen Coefficienten, so wird, da immer wenigstens zwei dieser Coefficienten in jedem transformirten System gleich 0 sind, das Quadrat des grössten

$$> \frac{S}{(n-2)(n+1)}.$$

Wenn man daher durch jede neue Transformation immer den grössten der ausserhalb der Diagonale befindlichen Coefficienten zerstört, so wird die Summe im nächsten System

$$< S\left(1 - \frac{2}{(n-2)(n+1)}\right),$$

im nächst folgenden

$$< S\left(1 - \frac{2}{(n-2)(n+1)}\right)^2$$

und nach i Transformationen

$$< S\left(1 - \frac{2}{(n-2)(n+1)}\right)^i,$$

welche Grösse mit wachsendem i kleiner als jede gegebene werden kann. Diese Summen werden aber in der Wirklichkeit viel schneller abnehmen, da die Verringerung nur dann genau in dem Verhältnisse

$$1 : 1 - \frac{2}{(n-2)(n+1)}$$

stattfände, wenn die ausserhalb der Diagonale befindlichen Coefficienten, ausser den zwei verschwindenden, sämmtlich einander gleich wären. Man sieht zugleich, dass die Transformation mit dem meisten Erfolg angewandt wird, wenn unter den ausserhalb der Diagonale befindlichen Coefficienten ein Paar gleiche, zur Diagonale symmetrisch liegende Coefficienten einen vorzugsweise bedeutenden Werth haben. Aus dem Umstande, dass man durch den unendlich fortgesetzten Process die ausserhalb der Diagonale befindlichen Coefficienten unendlich klein machen kann, folgt, dass die Gleichung n^{ten} Grades lauter reelle Wurzeln hat. Denn nach jeder Transformation bleiben die Coefficienten reell, und wenn die ausserhalb der Diagonale befindlichen verschwinden, werden die mit dem Minuszeichen behafteten Zahlen in der Diagonale die verschiedenen Werthe von g.

Aus den eben gemachten Bemerkungen folgt noch der Satz, dass die Summe der Coefficienten in der Diagonale gleich der Summe der Grössen g und die Summe der Quadrate *aller* Coefficienten gleich der Summe ihrer Quadrate sein muss, wenn man für die Coefficienten in der Diagonale immer die mit dem Minuszeichen behafteten Zahlen nimmt. Denn die beiden Summen behalten nach jeder Transformation denselben Werth, wie in den ursprünglichen Gleichungen (VIII), und müssen ihn daher noch in dem Grenzfalle behalten, in welchem die Coefficienten ausserhalb der Diagonale verschwinden und die in der Diagonale befindlichen den Grössen g gleich werden.

In den Gleichungen (VIII) ist unter allen Coefficienten ausserhalb der

Diagonale der grösste in der 5ten und 6ten Gleichung, dessen Logarithmus gleich 0,8789822. Dieser wurde bei der Rechnung zuerst zu Null gemacht, und so wurde auch bei allen folgenden Substitutionen im Allgemeinen die Regel befolgt, jedesmal den grössten von den ausserhalb der Diagonale vorhandenen Coefficienten gleich Null zu machen. Im Ganzen wurden nach und nach zehn Paare von Unbekannten durch neue ersetzt. Da die Ausführung einer Substitution sehr schnell gemacht ist, und jede derselben für die Auffindung aller Systeme der Werthe der Unbekannten, welche die sieben Auflösungen ergeben, zugleich Gewinn bringt, so schien es am vortheilhaftesten, dieser für alle sieben Auflösungen gleichzeitig vorbereitenden Rechnung die angegebene Ausdehnung zu geben, obgleich man schon früher zur Anwendung einer Näherungsmethode hätte schreiten können. Wenn die jedesmalige erste Unbekannte mit [0], die zweite mit [1] u. s. f. bezeichnet wird, so sind die verschiedenen Paare, die nach und nach durch neue ersetzt wurden, und die zu der Substitution dienenden Winkel α folgende:

(XIII)

[IV] und [V] . . . $\alpha = +26°\,52'\,38'',12$,
[1] „ [II] . . . $\alpha = +41°\,40'\,\;5'',92$,
[0] „ [I] . . . $\alpha = +17°\,\;9'\,20'',35$,
[II] „ [III] . . . $\alpha = +36°\,22'\,14'',58$,
[IV] „ [VI] . . . $\alpha = -11°\,54'\,41'',37$,
[0] „ [III] . . . $\alpha = +\;\;1°\,31'\,11'',46$,
[1] „ [II] . . . $\alpha = +\;\;2°\,\;7'\,52'',40$,
[V] „ [VI] . . . $\alpha = -\;\;0°\,57'\,36'',18$,
[0] „ [II] . . . $\alpha = -\;\;0°\,59'\,46'',42$,
[1] „ [III] . . . $\alpha = +\;\;1°\,38'\,\;7'',62$.

Man sieht, dass nur die Unbekannten [0], [I], [II], [III] und wiederum die Unbekannten [IV], [V], [VI] mit einander verbunden worden sind, und so hat sich bei diesen Transformationen die Gruppirung der *sieben* Planeten in *vier* und *drei* von selbst dargeboten, ohne dass hierbei von der Strenge etwas geopfert zu werden brauchte.

Die unten folgende Tabelle giebt die *zehn* Systeme, in welche das gegebene nach und nach transformirt worden ist, wobei ich in jedem System den Coefficienten, welcher in dem folgenden Systeme beseitigt ist, durch Sternchen bezeichnet habe.

Schemata der Gleichungen (VIII) und der zehn transformirten Systeme.

(Es ist ausser den Grössen der Diagonale abwechselnd bloss die obere oder die untere Hälfte jedes Schemas angesetzt, das letzte jedoch vollständig ausgefüllt worden. Nur in der Diagonale stehen Numeri, vor welchen die Grössen *g* weggelassen worden, sonst überall die Logarithmen, bei welchen durchweg —10 zu ergänzen ist. Wenn die Logarithmen zu negativen Numeris gehören, ist es durch n angezeigt.)

Gegebenes System.

	O.	I.	II.	III.	IV.	V.	VI.	
	—5.5098820	9.8655252	9.1586592	7.8700057	7.2604292	5.8766796	4.2156819	0
		—11.8116540	10.6955298	9.0999439	8.3565631	6.9646084	5.3191061	1
0	—5.5098820		—12.9706870	9.7528822	8.7832803	7.3811819	5.7325546	2
1	9.8655252	—11.8116540		—17.5962070	8.8878063	7.4576700	5.7989267	3
2	9.1586592	**10.6955298*	—12.9706870		—7.4890410	**10.8789822*	9.0223508	4
3	7.8700057	9.0999439	9.7528872	—17.5962070		—18.5854100	9.6439380	5
4	7.2197860	8.3157530	8.7422682	8.8462593	—3.6533425		—2.3259350	6
5	6.8787034n	7.9755587n	8.4031471 n	8.5099694 n	∘	—22.4211085		
6	4.2156819	5.3191061	5.7325546	5.7989267	9.4669363	9.5382132	—2.3259350	

Erstes transformirtes System.

Zweites transformirtes System.

	O.	I.	II.	III.	IV.	V.	VI.	
	—5.5098820	**9.8088089*	9.5799453 n	7.8700057	7.2197860	6.8787034 n	4.2156819	0
		—7.3968844	∘	9.6724433	8.7175126	8.3780737 n	5.7117103	1
0	—5.3111122		—17.3854565	9.5304363	8.4395088	8.1009230 n	5.4231118	2
1	∘	—7.5956542		—17.5962070	8.8462593	8.5099694 n	5.7989267	3
2	9.5601792 n	9.0497211	—17.3854565		—3.6533425	∘	9.4669363	4
3	9.1638436	9.6505590	**9.5304363*	—17.5962070		—22.4211085	9.5382132	5
4	8.2298539	8.6934635	8.4395088	8.8462593	—3.6533425		—2.3259350	6
5	7.8902619 n	8.3540409 n	8.1009230 n	8.5099694 n	∘	—22.4211085		
6	5.2242105	5.6876443	5.4231118	5.7989267	9.4669363	9.5382132	—2.3259350	

Drittes transformirtes System.

Viertes transformirtes System.

	O.	I.	II.	III.	IV.	V.	VI.	
	—5.3111122	∘	9.3138512 n	9.5222066	8.2298539	7.8902619 n	5.2242105	0
		—7.5956542	9.5508572	9.4678118	8.6934635	8.3540409 n	5.6876443	1
0	—5.3111122		—17.1356554	∘	8.8046407	8.4675546 n	5.7683052	2
1	∘	—7.5956542		—17.8460080	8.6042303	8.2688686 n	5.5436860	3
2	9.3138512 n	9.5508572	—17.1356554		—3.6533425	∘	**9.4669363*	4
3	**9.5222066*	9.4678118	∘	—17.8460080		—22.4211085	9.5382132	5
4	8.2263099	8.6839195	8.7951029	8.5946971	—3.7151584		—2.3259350	6
5	7.8902619 n	8.3540409 n	8.4675546 n	8.2688686 n	8.8529238 n	—22.4211085		
6	7.5465920	8.0102012	8.1212408	7.9207282	∘	9.5287595	—2.2641190	
	O.	I.	II.	III.	IV.	V.	VI.	

Fünftes transformirtes System.

Sechstes transformirtes System.

	0.	I.	II.	III.	IV.	V.	VI.
0	−5.3022811	7.8914390	9.3136984 n	*	8.2466210	7.9168235 n	7.5728881
1		−7.5956542	*9.5508572*	9.4676590	8.6839195	8.3540409 n	8.0102012
2			−17.1356551	7.7374784	8.7951029	8.4675546 n	8.1212408
3				−17.8548391	8.5896508	8.2638698 n	7.9156789
4					3.7151584	8.8529238 n	*
5						−22.4211085	9.5287595
6							−2.2641190

Siebentes transformirtes System.

	0.	I.	II.	III.	IV.	V.	VI.
0	−5.3022811						
1	6.0970453	−7.5824233					
2	9.3140047 n	*	−17.1488863				
3	*	9.4676593	7.7368910 n	−17.8548391			
4	8.2466210	8.7040099	8.7821072	8.5896508	−3.7151584		
5	7.9168235 n	8.3742485 n	8.4546278	8.2638698 n	8.8529235 n	−22.4211085	
6	7.5728881	8.0302850	8.1082409	7.9156789	*	*9.5287595*	−2.2641190

Achtes transformirtes System.

	0.	I.	II.	III.	IV.	V.	VI.
0	−5.3022811	6.0970453	*9.3140047 n*	*	8.2466210	7.9200167 n	7.5564556
1		−7.5824233	*	9.4676593	8.7040099	8.3774615 n	8.0138517
2			−17.1488863	7.7368910 n	8.7821072	8.4578325 n	8.0917138
3				−17.8548391	8.5896508	8.2670610 n	7.8990825
4					−3.7151584	8.8528628 n	7.0770747 n
5						−22.4267712	*
6							2.2584562

Neuntes transformirtes System.

	0.	I.	II.	III.	IV.	V.	VI.
0	−5.2986987						
1	6.0969796	−7.5824233					
2	*	4.3372594	−17.1524687				
3	5.9771051	*9.4676593*	7.7368253 n	17.8548391			
4	8.2198352	8.7040099	8.7842368	8.5896508	−3.7151584		
5	7.8931143 n	8.3774615 n	8.4599501 n	8.2670610 n	8.8528628 n	−22.4267712	
6	7.5296841	8.0138517	8.0938446	7.8990825	7.0770747 n	*	−2.2584562

Zehntes transformirtes System.

IV)

−5.2986987	6.1061176	*	5.9602777	8.2198352	7.8931143 n	7.5296841
6.1061176	*−7.5740431*	6.1861782 n	*	8.7132591	8.3867961 n	8.0230921
*	6.1861782 n	*−17.1524687*	7.7366533 n	8.7842368	8.4599504 n	8.0938446
5.9602777	*	7.7366533 n	*−17.8622192*	8.5730312	8.2505934 n	7.8824471
8.2198352	8.7132591	8.7842368	8.5730312	*3.7151584*	8.8528628 n	7.0770747 n
7.8931143 n	8.3867961 n	8.4599504 n	8.2505934 n	8.8528628 n	*−22.4267712*	*
7.5296841	8.0230921	8.0938446	7.8824471	7.0770747 n	*	*−2.2584562*

In dem System (VIII) geben die in der Diagonale befindlichen Zahlen noch keine Vorstellung von der Grösse und der Aufeinanderfolge der sieben Wurzeln g; aber schon sogleich nach der zweiten Transformation erhält man durch diese Zahlen eine starke Annäherung an alle *sieben* Wurzeln auf einmal, welche bald so gross wird, dass sie nur noch kleiner Correctionen bedarf.

Wenn man alle in (XIII) angegebenen Substitutionen von der Form (X) zusammenfasst, so dass die Unbekannten M des Systems (VIII) unmittelbar durch die Unbekannten des letzten transformirten Systems, welche ich mit

$$R, \quad R_1, \quad \ldots . \quad R_6$$

bezeichnen will, ausgedrückt werden, so findet man, wenn man statt der Zahlen die Logarithmen, aber mit den Vorzeichen der Zahlen, setzt,

$$\text{(XV)}\quad \begin{aligned} M_0 &= 9{,}9799291\,R_0 - 9{,}4703632\,R_1 + 8{,}4405137\,R_2 - 8{,}2284096\,R_3,\\ M_1 &= 9{,}3810153\,R_0 + 9{,}8476757\,R_1 - 9{,}7461559\,R_2 + 9{,}5662156\,R_3,\\ M_2 &= 9{,}2410836\,R_0 + 9{,}8089612\,R_1 + 9{,}7638502\,R_2 - 9{,}6689433\,R_3,\\ M_3 &= 8{,}0433639\,R_0 + 8{,}6533681\,R_1 + 9{,}7729660\,R_2 + 9{,}9052324\,R_3,\\ M_4 &= \quad 9{,}9409002\,R_4 - 9{,}6581085\,R_5 + 9{,}2467542\,R_6,\\ M_5 &= \quad 9{,}6457624\,R_4 + 9{,}9495307\,R_5 + 9{,}0343951\,R_6,\\ M_6 &= -9{,}3147106\,R_4 - 8{,}2146974\,R_5 + 9{,}9904855\,R_6. \end{aligned}$$

So oft vermittelst der Gleichungen (X) zwei Unbekannte durch zwei neue ersetzt werden, bleibt die Summe ihrer Quadrate unverändert. Da niemals eine der vier ersten Unbekannten mit einer der drei letzten verbunden worden ist, sondern beide Gruppen nur unter sich, so muss man folgende zwei Gleichungen besonders haben:

$$M_0^2 + M_1^2 + M_2^2 + M_3^2 = R_0^2 + R_1^2 + R_2^2 + R_3^2,$$
$$M_4^2 + M_5^2 + M_6^2 = R_4^2 + R_5^2 + R_6^2.$$

Setzt man links statt der Grössen M ihre Ausdrücke (XV), so erhält man für die Coefficienten der vier ersten Gleichungen (XV) zehn und für die der drei letzten sechs Bedingungen, die zur Prüfung der Zahlen in (XV) benutzt worden sind. Aus diesen Bedingungsgleichungen folgt auch noch, dass, um umgekehrt die Grössen R durch die Grössen M auszudrücken, man in jeder der beiden Gruppen in (XV) nur die Horizontalreihen und Verticalreihen der Coefficienten mit einander zu vertauschen braucht.

Näherungsmethode zur numerischen Auflösung des Systems der Gleichungen (1), wenn die ausserhalb der Diagonale befindlichen Coefficienten als kleine Grössen erster Ordnung betrachtet werden können.

7.

Wenn in dem Systeme der n Gleichungen (1)

$$\begin{array}{lllll} \{(a,a)-x\}\alpha + & (a,b)\beta + & (a,c)\gamma + \cdots + & (a,p)\varpi & = 0,\\ (b,a)\alpha + & \{(b,b)-x\}\beta + & (b,c)\gamma + \cdots + & (b,p)\varpi & = 0,\\ (c,a)\alpha + & (c,b)\beta + & \{(c,c)-x\}\gamma + \cdots + & (c,p)\varpi & = 0,\\ \cdot\quad\cdot\quad\cdot & \cdot\quad\cdot\quad\cdot & \cdot\quad\cdot\quad\cdot & \cdot\quad\cdot\quad\cdot & \\ (p,a)\alpha + & (p,b)\beta + & (p,c)\gamma + \cdots + & \{(p,p)-x\}\varpi & = 0 \end{array}$$

die ausserhalb der Diagonale befindlichen Coefficienten (a, b), (a, c) ètc. als kleine Grössen *erster* Ordnung betrachtet werden können, so lassen sich die

Werthe der Unbekannten durch eine successive Annäherung finden, welche sehr rasch zum Ziele führt und jede Strenge gestattet.

Bezeichnet man nämlich im Allgemeinen den Werth einer Grösse u durch

$$u = \Delta^0 u + \Delta^1 u + \Delta^2 u + \Delta^3 u + \cdots,$$

wo $\Delta^0 u$ den Näherungswerth, $\Delta^1 u$, $\Delta^2 u$ etc. seine successiven Correctionen von den verschiedenen Ordnungen bedeuten, so dass $\Delta^i u$ eine kleine Grösse der i^{ten} Ordnung ist, so findet man in unserem Falle diese immer kleiner werdenden Grössen auf folgende Weise. Zuerst bemerke ich, dass man als Näherungswerth von x jede der n Grössen

$$(a, a), \quad (b, b), \quad (c, c), \quad \ldots . \quad (p, p)$$

annehmen kann. Für jede dieser Annahmen erhält man ein System von Werthen der Unbekannten. Es reicht hin, das Verfahren für eine dieser Annahmen, $\Delta^0 x = (a, a)$, auseinander zu setzen. Man erhält für diese Annahme zunächst

$$\Delta^0 x + \Delta^1 x = (a, a), \quad \Delta^0 \frac{\beta}{\alpha} = 0, \quad \Delta^0 \frac{\gamma}{\alpha} = 0, \quad \ldots$$

$$\Delta^1 \frac{\beta}{\alpha} = \frac{(b, a)}{(a, a) - (b, b)}, \quad \Delta^1 \frac{\gamma}{\alpha} = \frac{(c, a)}{(a, a) - (c, c)}, \quad \ldots$$

Der Werth von x weicht nämlich von (a, a) nur um Grössen der *zweiten* Ordnung ab, weshalb die in (XIV) in der Diagonale befindlichen Coefficienten die Werthe der Wurzeln x sogleich mit so grosser Annäherung geben, dass es nur einer leichten Verbesserung bedarf, um die wahren Werthe zu erhalten. Die Quotienten $\frac{\beta}{\alpha}$, $\frac{\gamma}{\alpha}$ etc. sind Grössen der *ersten* Ordnung; der Werth von α selbst, welcher gleich

$$\frac{1}{\sqrt{1 + \left(\frac{\beta}{\alpha}\right)^2 + \left(\frac{\gamma}{\alpha}\right)^2 + \cdots}}$$

weicht daher von der *Einheit* ebenfalls nur um Grössen der *zweiten* Ordnung ab. Die Correctionen der Grössen $\frac{\beta}{\alpha}$ etc. von der *zweiten* Ordnung erhält man aus den Gleichungen

$$\{(a, a) - (b, b)\} \Delta^2 \frac{\beta}{\alpha} = (b, c) \Delta^1 \frac{\gamma}{\alpha} + (b, d) \Delta^1 \frac{\delta}{\alpha} + \cdots,$$

$$\{(a, a) - (c, c)\} \Delta^2 \frac{\gamma}{\alpha} = (c, b) \Delta^1 \frac{\beta}{\alpha} + (c, d) \Delta^1 \frac{\delta}{\alpha} + \cdots,$$

$$\cdots\cdots\cdots\cdots$$

Die Correctionen von x von der *zweiten* und *dritten* Ordnung erhält man hierauf durch die Gleichung

$$\Delta^2 x + \Delta^3 x = (a, b)\left\{\Delta^1 \frac{\beta}{\alpha} + \Delta^2 \frac{\beta}{\alpha}\right\} + (a, c)\left\{\Delta^1 \frac{\gamma}{\alpha} + \Delta^2 \frac{\gamma}{\alpha}\right\} + \cdots$$

Die Correctionen der Grössen $\frac{\beta}{\alpha}$, $\frac{\gamma}{\alpha}$ etc. von der *dritten* und *vierten* Ordnung ergeben sich aus den Gleichungen

$$\{(a, a) - (b, b) + \Delta^2 x + \Delta^3 x\}\Delta^3 \frac{\beta}{\alpha}$$
$$= (b, c)\Delta^2 \frac{\gamma}{\alpha} + (b, d)\Delta^2 \frac{\delta}{\alpha} + \cdots - (\Delta^2 x + \Delta^3 x)\left(\Delta^1 \frac{\beta}{\alpha} + \Delta^2 \frac{\beta}{\alpha}\right),$$

$$\{(a, a) - (c, c) + \Delta^2 x + \Delta^3 x\}\Delta^3 \frac{\gamma}{\alpha}$$
$$= (c, b)\Delta^2 \frac{\beta}{\alpha} + (c, d)\Delta^2 \frac{\delta}{\alpha} + \cdots - (\Delta^2 x + \Delta^3 x)\left(\Delta^1 \frac{\gamma}{\alpha} + \Delta^2 \frac{\gamma}{\alpha}\right),$$

. . . .

$$\{(a, a) - (b, b) + \Delta^2 x + \Delta^3 x\}\Delta^4 \frac{\beta}{\alpha} = (b, c)\Delta^3 \frac{\gamma}{\alpha} + (b, d)\Delta^3 \frac{\delta}{\alpha} + \cdots,$$

$$\{(a, a) - (c, c) + \Delta^2 x + \Delta^3 x\}\Delta^4 \frac{\gamma}{\alpha} = (c, b)\Delta^3 \frac{\beta}{\alpha} + (c, d)\Delta^3 \frac{\delta}{\alpha} + \cdots,$$

. . . .

Man erhält dann $\Delta^4 x + \Delta^5 x$ und $\Delta^5 \frac{\beta}{\alpha}$, $\Delta^5 \frac{\gamma}{\alpha}$ etc., $\Delta^6 \frac{\beta}{\alpha}$, $\Delta^6 \frac{\gamma}{\alpha}$ etc. durch die Gleichungen

$$\Delta^4 x + \Delta^5 x = (a, b)\left\{\Delta^3 \frac{\beta}{\alpha} + \Delta^4 \frac{\beta}{\alpha}\right\} + (a, c)\left\{\Delta^3 \frac{\gamma}{\alpha} + \Delta^4 \frac{\gamma}{\alpha}\right\} + \cdots,$$

$$\{(a, a) - (b, b) + \Delta^2 x + \Delta^3 x + \Delta^4 x + \Delta^5 x\}\Delta^5 \frac{\beta}{\alpha}$$
$$= (b, c)\Delta^4 \frac{\gamma}{\alpha} + (b, d)\Delta^4 \frac{\delta}{\alpha} + \cdots - (\Delta^4 x + \Delta^5 x)\left(\Delta^1 \frac{\beta}{\alpha} + \Delta^2 \frac{\beta}{\alpha} + \Delta^3 \frac{\beta}{\alpha} + \Delta^4 \frac{\beta}{\alpha}\right),$$

$$\{(a, a) - (c, c) + \Delta^2 x + \Delta^3 x + \Delta^4 x + \Delta^5 x\}\Delta^5 \frac{\gamma}{\alpha}$$
$$= (c, b)\Delta^4 \frac{\beta}{\alpha} + (c, d)\Delta^4 \frac{\delta}{\alpha} + \cdots - (\Delta^4 x + \Delta^5 x)\left(\Delta^1 \frac{\gamma}{\alpha} + \Delta^2 \frac{\gamma}{\alpha} + \Delta^3 \frac{\gamma}{\alpha} + \Delta^4 \frac{\gamma}{\alpha}\right),$$

. . . .

$$\{(a, a) - (b, b) + \Delta^2 x + \Delta^3 x + \Delta^4 x + \Delta^5 x\}\Delta^6 \frac{\beta}{\alpha} = (b, c)\Delta^5 \frac{\gamma}{\alpha} + (b, d)\Delta^5 \frac{\delta}{\alpha} + \cdots,$$

$$\{(a, a) - (c, c) + \Delta^2 x + \Delta^3 x + \Delta^4 x + \Delta^5 x\}\Delta^6 \frac{\gamma}{\alpha} = (c, b)\Delta^5 \frac{\beta}{\alpha} + (c, d)\Delta^5 \frac{\delta}{\alpha} + \cdots,$$

. . . .

Endlich erhält man

$$\Delta^6 x + \Delta^7 x = (a,b)\left\{\Delta^5 \frac{\beta}{\alpha} + \Delta^6 \frac{\beta}{\alpha}\right\} + (a,c)\left\{\Delta^5 \frac{\gamma}{\alpha} + \Delta^6 \frac{\gamma}{\alpha}\right\} + \cdots,$$

$$\{(a,a)-(b,b)+\Delta^2 x+\Delta^3 x+\Delta^4 x+\Delta^5 x+\Delta^6 x+\Delta^7 x\}\Delta^7 \frac{\beta}{\alpha}$$

$$= (b,c)\Delta^6 \frac{\gamma}{\alpha} + (b,d)\Delta^6 \frac{\delta}{\alpha} + \cdots - (\Delta^6 x + \Delta^7 x)\left(\Delta^1 \frac{\beta}{\alpha} + \cdots + \Delta^6 \frac{\beta}{\alpha}\right).$$

$$\{(a,a)-(c,c)+\Delta^2 x+\Delta^3 x+\Delta^4 x+\Delta^5 x+\Delta^6 x+\Delta^7 x\}\Delta^7 \frac{\gamma}{\alpha}$$

$$= (c,b)\Delta^6 \frac{\beta}{\alpha} + (c,d)\Delta^6 \frac{\delta}{\alpha} + \cdots - (\Delta^6 x + \Delta^7 x)\left(\Delta^1 \frac{\gamma}{\alpha} + \cdots + \Delta^6 \frac{\gamma}{\alpha}\right).$$

. . . .*)

*) Wenn in den vorgelegten Gleichungen (1) die Coefficienten ausserhalb der Diagonale nur in *einer* Horizontal- und Verticalreihe klein sind, in den übrigen aber von beliebiger Grösse, so kann man durch ein ähnliches Näherungsverfahren immer *eine* Wurzel der Gleichung n^{ten} Grades und die ihr entsprechenden Werthe der Unbekannten finden. Sind z. B. die Grössen (ab), (ac), . . ., (ap) klein, so erhält man wieder aus der ersten Gleichung den Näherungswerth $x = (aa)$ bis auf Grössen 2ter Ordnung exclusive genau. Wenn man diesen Werth in die $n-1$ folgenden Gleichungen substituirt, so erhält man durch strenge Auflösung eines Systems von $n-1$ linearen Gleichungen die Werthe von $\frac{\beta}{\alpha}$, $\frac{\gamma}{\alpha}$, ... $\frac{\varpi}{\alpha}$ bis auf Grössen 3ter Ordnung excl. genau. Substituirt man diese Werthe wieder in die erste Gleichung, so erhält man den Werth von x bis auf Grössen 4ter Ordnung excl. genau, und mit diesem Werthe von x erhält man dann wieder durch Auflösung von $n-1$ linearen Gleichungen die Werthe von $\frac{\beta}{\alpha}$, $\frac{\gamma}{\alpha}$ etc. bis zu der 5ten Ordnung excl. genau, u. s. f. Es wird hierbei von Vortheil sein, in den jedesmal aufzulösenden $n-1$ linearen Gleichungen den ersten Näherungswerth von x in den Coefficienten beizubehalten und die von den Correctionen von x herrührenden Grössen mit den ganz constanten Gliedern zu vereinigen, wodurch die Coefficienten der linearen Gleichungen immer dieselben bleiben und sich nur ihre ganz constanten Glieder ändern, so dass der grösste Theil der numerischen Rechnung, welche zur Auflösung der linearen Gleichungen gemacht werden muss, für die Correctionen aller Ordnungen unverändert beibehalten werden kann. Setzt man

$$x = (aa) + \delta' x + \delta'' x + \delta''' x + \cdots,$$

wo $\delta^{(i)} x$ von der $(2i)^{\text{ten}}$ Ordnung ist, ferner

$$\frac{\beta}{\alpha} = \delta' \frac{\beta}{\alpha} + \delta'' \frac{\beta}{\alpha} + \delta''' \frac{\beta}{\alpha} + \cdots,$$

wo $\delta^{(i)} \frac{\beta}{\alpha}$ von der $(2i-1)^{\text{ten}}$ Ordnung ist; setzt man endlich

$$\delta' x + \delta'' x + \cdots + \delta^{(i)} x = (x)_i,$$

$$\delta' \frac{\beta}{\alpha} + \delta'' \frac{\beta}{\alpha} + \cdots + \delta^{(i)} \frac{\beta}{\alpha} = \left(\frac{\beta}{\alpha}\right)_i$$

und gebraucht dieselben Bezeichnungen in Bezug auf $\frac{\gamma}{\alpha}$, $\frac{\delta}{\alpha}$ etc., so werden die Correctionen der Grösse x von der $(2i)^{\text{ten}}$ und der Grössen $\frac{\beta}{\alpha}$, $\frac{\gamma}{\alpha}$ etc. von der $(2i+1)^{\text{ten}}$ Ordnung aus den bereits gefundenen Correctionen niedrigerer Ordnung durch die folgenden Gleichungen erhalten:

Nimmt man z. B. für das System der n Gleichungen (1) die 7 Gleichungen (XIV), nachdem man darin alle Zeichen umgekehrt hat, und nimmt als Näherungswerth von x oder y denjenigen, welchen die erste Gleichung giebt, so findet man nach und nach

$$\begin{aligned} A^0 x + A^1 x &= \ 5'',2986987 \\ A^2 x + A^3 x &= + \quad 1747.6 \\ A^4 x + A^5 x &= - \quad 2.3 \\ A^6 x + A^7 x &= \quad 0.0 \\ x = y &= \ 5'',2988732 \end{aligned}$$

$A^0 \frac{\beta}{\alpha} = 0$	$A^0 \frac{\gamma}{\alpha} = 0$	$A^0 \frac{\delta}{\alpha} = 0$
$A^1 \frac{\beta}{\alpha} = +0{,}00005611390$	$A^1 \frac{\gamma}{\alpha} = 0$	$A^1 \frac{\delta}{\alpha} = +0{,}000007263263$
$A^2 \frac{\beta}{\alpha} = -0{,}00023818658.9$	$A^2 \frac{\gamma}{\alpha} = -0{,}00005383551.3$	$A^2 \frac{\delta}{\alpha} = -0{,}000031224732.1$
$A^3 \frac{\beta}{\alpha} = -\ 102738.2$	$A^3 \frac{\gamma}{\alpha} = -\ 21373.6$	$A^3 \frac{\delta}{\alpha} = -\ 110879.5$
$A^4 \frac{\beta}{\alpha} = +\ 31046.2$	$A^4 \frac{\gamma}{\alpha} = +\ 7022.3$	$A^4 \frac{\delta}{\alpha} = +\ 40788.6$
$A^5 \frac{\beta}{\alpha} = +\ 220.7$	$A^5 \frac{\gamma}{\alpha} = +\ 48.1$	$A^5 \frac{\delta}{\alpha} = +\ 262.2$
$A^6 \frac{\beta}{\alpha} = -\ 33.2$	$A^6 \frac{\gamma}{\alpha} = -\ 7.5$	$A^6 \frac{\delta}{\alpha} = -\ 43.8$
$A^7 \frac{\beta}{\alpha} = -\ 0.3$	$A^7 \frac{\gamma}{\alpha} = \ 0.0$	$A^7 \frac{\delta}{\alpha} = -\ 0.3$
$= \frac{\beta}{\alpha} = -0{,}00018278774$	$\frac{R_2}{R_0} = \frac{\gamma}{\alpha} = -0{,}00005397862$	$\frac{R_3}{R_0} = \frac{\delta}{\alpha} = -0{,}00002403134\dot{2}$

$$\delta^{(i)} x = (ab)\,\delta^{(i)}\frac{\beta}{\alpha} + (ac)\,\delta^{(i)}\frac{\gamma}{\alpha} + \cdots,$$

$$\left(\frac{\beta}{\alpha}\right)_{i-1}\delta^{(i)} x + (x)_i\,\delta^{(i)}\frac{\beta}{\alpha} = \{(bb)-(aa)\}\,\delta^{(i+1)}\frac{\beta}{\alpha} + (bc)\,\delta^{(i+1)}\frac{\gamma}{\alpha} + \cdots,$$

$$\left(\frac{\gamma}{\alpha}\right)_{i-1}\delta^{(i)} x + (x)_i\,\delta^{(i)}\frac{\gamma}{\alpha} = (cb)\,\delta^{(i+1)}\frac{\beta}{\alpha} + \{(cc)-(aa)\}\,\delta^{(i+1)}\frac{\gamma}{\alpha} + \cdots,$$

. . . .

Die Näherungsmethode wird hier beschwerlicher, weil man die $n-1$ linearen Gleichungen streng aufzulösen hat, welche im obigen Falle ebenfalls durch Näherung leicht aufgelöst werden konnten, so dass der Vortheil der Methode sich in diesem Falle grossentheils darauf beschränkt, dass man, um den Werth von x zu finden, nicht die Gleichung n^{ten} Grades zu bilden und aufzulösen braucht.

$$\begin{array}{lll}
\Delta^0 \frac{\varepsilon}{\alpha} = 0 & \Delta^0 \frac{\zeta}{\alpha} = 0 & \Delta^0 \frac{\eta}{\alpha} = 0 \\
\Delta^1 \frac{\varepsilon}{\alpha} = -0{,}010476254 & \Delta^1 \frac{\zeta}{\alpha} = -0{,}00045646310 & \Delta^1 \frac{\eta}{\alpha} = -0{,}0011137195 \\
\Delta^2 \frac{\varepsilon}{\alpha} = - \quad 23884.3 & \Delta^2 \frac{\zeta}{\alpha} = + \quad 4349994 & \Delta^2 \frac{\eta}{\alpha} = - \quad 43279.0 \\
\Delta^3 \frac{\varepsilon}{\alpha} = + \quad 13690.2 & \Delta^3 \frac{\zeta}{\alpha} = + \quad 55503.2 & \Delta^3 \frac{\eta}{\alpha} = + \quad 11793.7 \\
\Delta^4 \frac{\varepsilon}{\alpha} = + \quad 70.2 & \Delta^4 \frac{\zeta}{\alpha} = - \quad 5502.3 & \Delta^4 \frac{\eta}{\alpha} = + \quad 100.9 \\
\Delta^5 \frac{\varepsilon}{\alpha} = - \quad 14.8 & \Delta^5 \frac{\zeta}{\alpha} = - \quad 89.9 & \Delta^5 \frac{\eta}{\alpha} = - \quad 13.6 \\
\Delta^6 \frac{\varepsilon}{\alpha} = - \quad 0.1 & \Delta^6 \frac{\zeta}{\alpha} = + \quad 5.8 & \Delta^6 \frac{\eta}{\alpha} = - \quad 0.2 \\
\Delta^7 \frac{\varepsilon}{\alpha} = \quad 0.0 & \Delta^7 \frac{\zeta}{\alpha} = \quad 0.0 & \Delta^7 \frac{\eta}{\alpha} = \quad 0.0 \\
\hline
\frac{R_4}{R_0} = \frac{\varepsilon}{\alpha} = -0{,}010485893 & \frac{R_5}{R_0} = \frac{\zeta}{\alpha} = -0{,}00041246399 & \frac{R_6}{R_0} = \frac{\eta}{\alpha} = -0{,}0011168593
\end{array}$$

Aus

$$\alpha^2\left\{1+\left(\frac{\beta}{\alpha}\right)^2+\left(\frac{\gamma}{\alpha}\right)^2+\cdots\right\} = 1$$

folgt noch

$$\log\alpha = \log R_0 = 9{,}9999758,$$

woraus ferner

$$\begin{array}{ll}
\log\beta = \log R_1 = 6{,}2619229\,\mathrm{n}, & \log\varepsilon = \log R_4 = 8{,}0205812.5\,\mathrm{n}, \\
\log\gamma = \log R_2 = 5{,}7321976\,\mathrm{n}, & \log\zeta = \log R_5 = 6{,}6153618\,\mathrm{n}, \\
\log\delta = \log R_3 = 5{,}3807537\,\mathrm{n}, & \log\eta = \log R_6 = 7{,}0479743\,\mathrm{n}
\end{array}$$

gefunden wird. Die Genauigkeit ist hier viel weiter getrieben, als der nachherige Gebrauch verlangt. In der That, wenn man die gefundenen Werthe der Unbekannten in die Gleichungen (XIV) substituirt, so findet man eine vollendete Übereinstimmung, indem der Werth des Aggregats, welches verschwinden soll, in keiner Gleichung den zehnmillionsten Theil seines grössten Terms erreicht.

Durch die hier auseinandergesetzte Methode sind die folgenden Resultate für die sieben Systeme der Unbekannten gefunden worden.

Tabelle der sieben Systeme der Werthe der Unbekannten des transformirten Systems (XIV).

(Nur bei g sind die Zahlen angesetzt, sonst die Logarithmen, bei denen überall —10 in der Charakteristik zu ergänzen ist.)

	System I.	II.	III.	IV.	V.	VI.	VII.
g	5.2988733	7.5747191	17.1525573	17.8632966	3.7136434	22.4273091	2.2584168
R_0	9.9999758	5.59372	4.49078	4.77888 n	8.020611	6.6558531	7.0453348
R_1	6.26186 n	9.9999595	5.44276	4.69090	8.127403	7.2114826	7.296067
R_2	5.73272 n	5.99605 n	9.9999760	7.88943	7.656551	7.7345775	6.919256
R_3	5.38164 n	5.67660 n	7.8913067 n	9.9999850	7.422751	7.5884936	6.687464
R_4	8.0205807 n	8.1275834 n	7.6565719 n	7.4309490 n	9.9999278	7.5772574	6.83876 n
R_5	6.6153199 n	7.1975215 n	7.7307677 n	7.5920478 n	7.58422 n	9.9999867	4.25271
R_6	7.0479752 n	7.2980444 n	6.9189241 n	6.6948000 n	6.80754	4.73984 n	9.9999986

Wenn man die vorstehenden 7 Systeme der Werthe der Grössen R in die Gleichungen (XV) substituirt, so findet man die 7 Systeme der Werthe der Grössen M. Es ist, um diese Grössen mit der erforderlichen Genauigkeit zu erhalten, überflüssig, die Logarithmen aller Grössen R auf dieselbe Zahl von Stellen zu berechnen. Denn wenn man die Werthe der Grössen R substituirt, wird in vielen zur Bestimmung der Grössen M zu bildenden Aggregaten der Werth *eines* Terms die anderen beträchtlich übertreffen, so dass man nur von den *Zahlen* die erforderliche Anzahl von Stellen zu kennen braucht. Es sind deshalb in der obigen Tabelle einige Logarithmen mit 7, andere aber nur mit 5 Stellen angesetzt worden.

Die Werthe der 7 Systeme der Grössen M, wie sie aus den Grössen R durch die Formeln (XV) abgeleitet worden sind, giebt die folgende Tabelle. Sie sind mit aller Genauigkeit berechnet, welche die Anwendung siebenstelliger Tafeln gestattet.

System I.	II.	III.	IV.	V.	VI.	VII.
5,2988733	7,5747191	17,1525573	17,8632966	3,7136434	22,4273091	2.2584168
+0,9548364.7	—0,2953047.4	+0,0276998.70	—0,0167131.95	+0,0061320.4	+0,0000356.840	+0,0004905.317
+0,2403236.7	+0,7041486.2	—0,5602023.6	+0,3639800.2	+0,0104109.52	—0,0003423.278	+0,0013757.54
+0,1740664.5	+0,6140231.1	+0,5841832.64	—0,4620795.6	+0,0118614.62	+0,0024689.22	+0,0017218.36
+0,0109897.86	+0,0449154.3	+0,5865879.5	+0,8085248.5	+0,0055361.02	+0,0064128.63	+0,0009850.343
—0,0091606.953	—0,0113414.30	—0,0016560.475	—0,0006617.204	+0,8744861.9	—0,4517914.9	+0,1759003.9
—0,0051261.723	—0,0075519.595	—0,0068854.157	—0,0047267.932	+0,4389244.0	+0,8919316.0	+0,1079879.0
+0,0010783.321	+0,0008513.954	+0,0002124.55	+0,0001363.418	—0,2056750.7	—0,0171791.24	+0,9784694.7

Zur Probe für die richtige Bestimmung der sieben Wurzeln g hat man die beiden Bedingungen, dass ihre Summe gleich der Summe der Zahlencoefficienten der Diagonale in den Gleichungen (VIII) oder (XIV), und dass die Summe ihrer Quadrate gleich der Summe der Quadrate aller Coefficienten dieser Gleichungen sein muss. Die letztere Summe ist im Laufe der Rechnung schon einmal, nämlich zur Prüfung des transformirten Systems (XIV), gebraucht worden. Die richtige Herleitung der Grössen M aus den für die Grössen R gefundenen Werthen kann ebenfalls auf eine doppelte Art für alle gleichzeitig geprüft werden. Wenn man nämlich in dem Schema der Werthe der Grössen M einmal die Quadrate der algebraischen Summen der einzelnen Verticalreihen, das andere Mal die Quadrate der algebraischen Summen der einzelnen Horizontalreihen addirt, so muss in beiden Fällen die Zahl 7 als Summe gefunden werden. Denn aus dem auf eine dieser Arten gebildeten Ausdruck verschwinden die Producte je zweier verschiedener M nach den Gleichungen (4) und (9) in §. 2; die Summe der quadratischen Glieder

$$M_\gamma^2 + M_1^2 + \cdots + M_6^2$$

muss aber für jedes der 7 Systeme besonders gleich 1 sein, weil

$$R_\gamma^2 + R_1^2 + \cdots + R_6^2 = 1$$

gemacht worden ist. Diese Prüfungen, welche besonders für die Zeichen der Grössen M eine leichte und entscheidende Controlle geben, sind an den Zahlen der obigen Tafeln vorgenommen worden und mit der erwarteten Strenge eingetroffen.

Nachdem die Grössen M bestimmt sind, erhält man die Verhältnisse der Unbekannten N des Systems (V) mittelst der Gleichungen (VI), deren Constanten in (VII) angegeben sind. Die hieraus sich ergebenden numerischen Werthe der Verhältnisse der Grössen N respective zu N_3 und zu N_6 in den vier ersten und in den drei letzten Systemen sind zugleich mit ihren von den Änderungen der Massen abhängigen Variationen am Schlusse dieses Aufsatzes zusammengestellt worden, um unmittelbar mit den Resultaten verglichen werden zu können, welche Herr Leverrier in der *Connaissance des Temps* für 1843, Seite 31 ff., gefunden hat. Ich wende mich jetzt zu der Berechnung dieser Variationen oder der für eine Änderung der angewandten Werthe der Planetenmassen anzubringenden Correctionen.

Berechnung der Variationen, welche die sieben Systeme der Werthe der Unbekannten durch die Änderung der zu Grunde gelegten Werthe der Planetenmassen erfahren.

8.

Die von einer Änderung der Planetenmassen herrührenden Variationen ler Werthe der Unbekannten könnten aus den im §. 4 gegebenen allgemeinen 'ormeln entnommen werden, wenn man darin die Variationen der Coefficienten ler gegebenen Gleichungen substituirt, welche man durch Änderung der Planetenmassen erhält. Es ist aber bequemer, die auf diese besondere Form der Variationen bezüglichen Formeln unmittelbar abzuleiten.

Ich will das System der Gleichungen (VIII) folgendermaassen bezeichnen:

$$\text{XVI)}\quad \begin{aligned} 0 &= \{g-[0,0]\}M_0 + [0,1]M_1 + [0,2]M_2 + \cdots + [0,6]M_6, \\ 0 &= [1,0]M_0 + \{g-[1,1]\}M_1 + [1,2]M_2 + \cdots + [1,6]M_6, \\ &\cdot\quad\cdot\quad\cdot\quad\cdot\quad\cdot\quad\cdot\quad\cdot\quad\cdot\quad\cdot\quad\cdot \end{aligned}$$

wo

$$[i,k] = \sqrt{\frac{m^{(i)}\sqrt{a^{(i)}}}{m^{(k)}\sqrt{a^{(k)}}}}\cdot\overline{i,k}\,.$$

Werden die Massen dadurch corrigirt, dass man $m(1+\mu)$ statt m, $m'(1+\mu')$ statt m' etc. setzt, so erhält der Coefficient $[i,k]$, wenn i und k verschieden sind, den Factor

$$1+\tfrac{1}{2}(\mu^{(i)}+\mu^{(k)}),$$

'ie oben im §. 5 bemerkt wurde: die Coefficienten in der Diagonale aber, für welche beide Indices gleich sind, erhalten die Correctionen

$$\text{XVII)}\quad \begin{aligned} \Delta[0,0] &= (0,1)\mu' + (0,2)\mu'' + \cdots + (0,6)\mu^{\text{VI}}, \\ \Delta[1,1] &= (1,0)\mu + (1,2)\mu'' + \cdots + (1,6)\mu^{\text{VI}}, \\ &\cdot\quad\cdot\quad\cdot\quad\cdot\quad\cdot\quad\cdot\quad\cdot\quad\cdot \end{aligned}$$

wo die Zahlenwerthe der Coefficienten (0, 1), (0, 2), ...; (1, 0), (1, 2), ... us der unmittelbar vor dem System (V) aufgestellten Tabelle zu entnehmen sind.

Zwischen den Correctionen der Unbekannten, welche aus diesen Variationen der Coefficienten hervorgehen, oder zwischen den Grössen Δg, ΔM, hält man aus der ersten Gleichung in (XVI) die folgende:

$$\begin{aligned} 0 = \{\Delta g - \Delta[0,0]\}M_0 &+ \tfrac{1}{2}\mu\{[0,1]M_1 + [0,2]M_2 + \cdots + [0,6]M_6\} \\ &+ \tfrac{1}{2}\{[0,1]\mu' M_1 + [0,2]\mu'' M_2 + \cdots + [0,6]\mu^{\text{VI}} M_6\} \\ &+ \{g-[0,0]\}\Delta M_0 + [0,1]\Delta M_1 + \cdots + [0,6]\Delta M_6, \end{aligned}$$

oder, weil

$$[0,1]M_1 + [0,2]M_2 + \cdots + [0,6]M_6 = -\{g - [0,0]M_0\}$$

ist,

$$0 = \{\Delta g - \Delta[0,0]\}M_0 - (g - [0,0])\mu M_0$$
$$+ (g - [0,0])\{\Delta M_0 + \tfrac{1}{2}\mu M_0\} + [0,1]\{\Delta M_1 + \tfrac{1}{2}\mu' M_1\} + \cdots + [0,6]\{\Delta M_6 + \tfrac{1}{2}\mu^{VI} M_6\}.$$

Bildet man die ähnlichen Gleichungen und setzt

(XVIII) $$M_i\{(g - [i,i])\mu^{(i)} + \Delta[i,i]\} = p_i, \quad \Delta M_i + \tfrac{1}{2}\mu^{(i)} M_i = \delta M_i,$$

so erhält man folgendes System von Gleichungen:

$$p_0 = M_0 \Delta g + (g - [0,0])\delta M_0 + [0,1]\delta M_1 + \cdots + [0,6]\delta M_6,$$

(XIX) $$p_1 = M_1 \Delta g + [1,0]\delta M_0 + (g - [1,1])\delta M_1 + \cdots + [1,6]\delta M_6,$$

. . . .

Um aus diesen Gleichungen Δg zu erhalten, multiplicire man dieselben respective mit M_0, M_1 etc., so verschwinden nach geschehener Addition die mit den verschiedenen Factoren δM_i multiplicirten Aggregate wegen der Gleichungen (XVI); der Coefficient von Δg wird $\Sigma M^2 = 1$, und daher

(XX) $$\Delta g = M_0 p_0 + M_1 p_1 + \cdots + M_6 p_6.$$

Um die Correctionen der Grössen M zu erhalten, bringe man die Gleichungen (XIX) in die Form:

$$p_0 = M_0 \Delta g + (g - g')\delta M_0 + (g' - [0,0])\delta M_0 + [0,1]\delta M_1 + \cdots + [0,6]\delta M_6,$$
$$p_1 = M_1 \Delta g + (g - g')\delta M_1 + [1,0]\delta M_0 + (g' - [1,1])\delta M_1 + \cdots + [1,6]\delta M_6.$$

. . . .

Multiplicirt man diese Gleichungen der Reihe nach mit den zu g' gehörigen Grössen des zweiten Systems, M_0', M_1' etc., so bleiben nach geschehener Addition rechts vom Gleichheitszeichen nur die zweiten Terme, indem vermöge der Gleichungen (XVI) die übrigen mit den verschiedenen Grössen δM_i multiplicirten Aggregate verschwinden; ebenso verschwindet das mit Δg multiplicirte Aggregat, weil es den Factor

$$M_0 M_0' + M_1 M_1' + \cdots = 0$$

erhält, und man findet

$$M_0' \delta M_0 + M_1' \delta M_1 + \cdots + M_6' \delta M_6 = \frac{1}{g-g'} \{ M_0' p_0 + M_1' p_1 + \cdots + M_6' p_6 \}.$$

Vertauscht man die Grössen g', M_0', M_1' etc. des zweiten Systems mit den Grösseh g'', M_0'', M_1'' etc. des dritten, dann mit denen des vierten u. s. f., so erhält man noch fünf ganz ähnliche Gleichungen. Setzt man

$$\tfrac{1}{2}\{ \mu M_0^2 + \mu' M_1^2 + \cdots + \mu^{VI} M_6^2 \} = Q,$$

so erhält man endlich als siebente Gleichung

$$M_0 \delta M_0 + M_1 \delta M_1 + \cdots + M_6 \delta M_6 = Q,$$

wie aus der Gleichung

$$M_0 \Delta M_0 + M_1 \Delta M_1 + \cdots + M_6 \Delta M_6 = 0$$

folgt. Multiplicirt man diese siebente Gleichung mit M_0, die sechs vorher gefundenen der Reihe nach mit den Factoren M_0', M_0'' etc. und addirt alle nach geschehener Multiplication, so werden die Unbekannten δM_1 bis auf δM_0 sämmtlich eliminirt; ebenso bleibt nur δM_1 übrig, wenn man die Factoren M_1, M_1', M_1'' etc. wählt, u. s. f. Wenn man die abkürzenden Bezeichnungen einführt

$$(m_0, m_0) = \frac{M_0' M_0'}{g-g'} + \frac{M_0'' M_0''}{g-g''} + \cdots + \frac{M_0^{VI} M_0^{VI}}{g-g^{VI}},$$

(XXI) $$(m_0, m_1) = \frac{M_0' M_1'}{g-g'} + \frac{M_0'' M_1''}{g-g''} + \cdots + \frac{M_0^{VI} M_1^{VI}}{g-g^{VI}},$$

$$(m_1, m_1) = \frac{M_1' M_1'}{g-g'} + \frac{M_1'' M_1''}{g-g''} + \cdots + \frac{M_1^{VI} M_1^{VI}}{g-g^{VI}}.$$

. . . .

wo immer

$$(m_k, m_{k'}) = (m_{k'}, m_k),$$

so findet man auf diese Weise für die Variationen der Unbekannten M des ersten Systems

$$\delta M_0 = (m_0, m_0) p_0 + (m_0, m_1) p_1 + \cdots + (m_0, m_6) p_6 + M_0 Q,$$

(XXII) $$\delta M_1 = (m_1, m_0) p_0 + (m_1, m_1) p_1 + \cdots + (m_1, m_6) p_6 + M_1 Q,$$

. . . .

Man hat jetzt nur noch in (XX) und (XXII) die Werthe

$$\mu_i = M_i\{(g-[i,i])\mu^{(i)} + \Delta[i,i]\}$$

zu substituiren und die ganz ähnlichen Ausdrücke zu bilden, welche sich für die übrigen Systeme ergeben.

Setzt man die Correctionen des $(h+1)^{\text{ten}}$ Systems

(XXIII) $$\Delta g^{(h)} = B^{(h)}\mu + B_1^{(h)}\mu' + \cdots + B_6^{(h)}\mu^{\text{VI}}$$

und

(XXIV) $$\Delta M_k^{(h)} + \tfrac{1}{2} M_k^{(h)}\mu^{(h)} = \delta M_k^{(h)} = C^{(h,k)}\mu + C_1^{(h,k)}\mu' + \cdots + C_6^{(h,k)}\mu^{\text{VI}},$$

so erhält man auf die im Vorhergehenden angegebene Art die allgemeinen Ausdrücke

(XXV) $$B_i^{(h)} = M_0^{(h)2}(0,i) + M_1^{(h)2}(1,i) + \cdots + M_6^{(h)2}(6,i) + (g^{(h)} - [i,i])M_i^{(h)2}$$

und

(XXVI) $$\begin{aligned} C_i^{(h,k)} &= (m_k . m_0)_h M_0^{(h)}(0,i) + (m_k . m_1)_h M_1^{(h)}(1,i) + \cdots \\ &\quad + (m_k . m_6)_h M_6^{(h)}(6,i) + (m_k . m_i)_h M_i^{(h)}\{g^{(h)} - [i,i]\} + \tfrac{1}{2} M_k^{(h)} M_i^{(h)2}. \end{aligned}$$

Hier ist, wenn man das Glied, das durch $g^{(h)} - g^{(h)}$ dividirt sein würde, fortlässt,

(XXVII) $$(m_k . m_{k'})_h = \frac{M_k M_{k'}}{g^{(h)} - g} + \frac{M_k' M_{k'}'}{g^{(h)} - g'} + \cdots + \frac{M_k^{\text{VI}} M_{k'}^{\text{VI}}}{g^{(h)} - g^{\text{VI}}}.$$

Es ist ferner

$$(i,i) = 0, \quad [i,i] = (i,0) + (i,1) + \cdots + (i,6).$$

und die Grössen (i,i') sind die oben vor dem System (V) angegebenen Zahlen.

Man sieht aus dem Obigen, dass jede der 392 Grössen $B_i^{(h)}$ und $C_i^{(h,k)}$, welche die Aufgabe zu berechnen fordert, durch Addition von respective 7 oder 8 Termen erhalten wird. Diese Terme selbst sind unmittelbar durch die bereits berechneten Werthe von $g^{(h)}$, $M_k^{(h)}$ und durch die 196 Hülfsgrössen $(m_k . m_{k'})_h$ gegeben.

Ich lasse jetzt die Tabelle für die Werthe der Hülfsgrössen $(m_k, m_{k'})_h$ und dann die Tabelle für die Werthe der Grössen $C_i^{(h,k)}$ selbst folgen.

Tabelle für die Grössen $(m_i, m_{k'})_h$.

$(m_0, m_0)_1$	$(m_0, m_1)_1$	$(m_0, m_2)_1$	....
———	$(m_1, m_1)_1$	$(m_1, m_2)_1$	....
$(m_0, m_0)_2$	———	$(m_2, m_2)_1$	....
$(m_1, m_0)_2$	$(m_1, m_1)_2$	———	....
.....	.....	.....	....

(Die Tabelle ist nach dem oben stehenden Schema angeordnet: abwechselnd sind von jedem System ausser den Grössen der Diagonale selbst entweder nur die oberhalb und rechts oder die unterhalb und links von der Diagonale befindlichen Grössen angesetzt.)

Erstes System $h = 0$, $g = 5.29\ldots$

	0.	1.	2.	3.	4.	5.	6.	
	−0.038381	+0.0932013	+0.0816323	+0.00555445	+0.00194345	+0.00074331	−0.00052757	0
—	———	−0.254815	−0.158150	−0.0095599	+0.00926369	+0.00509745	−0.00116569	1
0	+0.400512	———	−0.227941	−0.0118426	+0.00996476	+0.00551945	−0.00122876	2
1	+0.103056	−0.0202365	———	−0.0819272	+0.00362850	+0.00202784	−0.00043093	3
2	+0.0706072	+0.0689293	−0.0430341	———	+0.481014	+0.271865	−0.057300	4
3	+0.00423656	+0.0068831	+0.0013901	−0.0994045	———	+0.078887	−0.0213148	5
4	−0.0243357	+0.00135226	+0.00248915	+0.00159071	+0.190176	———	+0.341554	6
5	−0.00143356	+0.00045518	+0.00105073	+0.00103262	+0.1301316	−0.0014702	———	
6	+0.00021570	−0.00018029	−0.00023643	−0.00012470	−0.0147348	−0.0024856	+0.191003	

Zweites System $h = 1$, $g = 7.57\ldots$

Drittes System $h = 2$, $g = 17.15\ldots$

	0.	1.	2.	3.	4.	5.	6.	
	+0.0856298	+0.0062117	−0.0166964	+0.0185156	+0.00000408	−0.00009422	+0.00000232	0
—	———	−0.129747	+0.287524	−0.410526	−0.00001628	+0.00216940	−0.00005544	1
0	+0.0821214	———	−0.254544	+0.528834	−0.00032370	−0.00367375	+0.00010136	2
1	−0.0237752	+0.494346	———	−0.919560	+0.00161224	+0.0044043	−0.00014924	3
2	+0.0175162	−0.413029	+0.522900	———	+0.0203050	+0.1062406	−0.0033007	4
3	+0.0224095	−0.459062	+0.484098	+0.484324	———	−0.135726	+0.00327814	5
4	−0.00004716	+0.00097891	−0.00120111	−0.00043625	+0.0113278	———	+0.0673720	6
5	−0.00025452	+0.00521148	−0.00630574	−0.00679477	+0.1166629	−0.159867	———	
6	+0.00000755	−0.00015492	+0.00018770	+0.00018543	−0.0033845	+0.0074211	+0.0642776	

Viertes System $h = 3$, $g = 17.86\ldots$

Fünftes System $h = 4$, $g = 3.71\ldots$

	0.	1.	2.	3.	4.	5.	6.	
	−0.597800	−0.089314	−0.057336	−0.00383806	+0.00471325	+0.00255334	−0.00025482	0
—	———	−0.197562	−0.087600	−0.0062022	+0.00356312	+0.00210732	+0.00061137	1
0	+0.0593079	———	−0.167018	−0.0077934	+0.00321573	+0.00197753	+0.00089480	2
1	−0.0048745	+0.1252838	———	−0.0724343	+0.00057942	+0.00046129	+0.00063378	3
2	+0.0016626	−0.0659112	+0.1411840	———	+0.0102680	+0.0845275	+0.117865	4
3	−0.00015888	+0.0044668	−0.0148301	+0.208610	———	−0.0345415	+0.0733991	5
4	−0.00000062	−0.00001461	−0.00013197	−0.00007428	+0.0424132	———	+0.657883	6
5	−0.00000801	+0.00017589	−0.00037614	−0.00149407	+0.0214632	+0.0108917	———	
6	+0.00000021	−0.00000588	+0.00001077	+0.00006799	−0.00107892	+0.00041120	+0.0497284	

Sechstes System $h = 5$, $g = 22.42\ldots$

0. 1. 2. 3. 4. 5. 6.

0.	1.	2.	3.	4.	5.	6.	
			Siebentes System $h = 6$. $g = 2.258\ldots$				
−0.316359	0.0349717	−0.0205206	−0.00120471	0.00143487	−0.00065308	+0.00057511	0
	−0.1418967	−0.0663951	−0.0036527	−0.00408443	−0.00186829	+0.00127766	1
		−0.1246750	−0.0051820	−0.00512882	−0.00231842	−0.00005060	2
			−0.0651369	−0.00295476	−0.00135496	+0.00076140	3
				−0.535683	−0.243815	+0.123215	4
					−0.171855	+0.0627985	5
						−0.0290838	6

Tabelle der Coefficienten der verschiedenen μ in den Ausdrücken von

$$\delta M_0^{(h)} = \Delta M_0^{(h)} + \tfrac{1}{2} M_0^{(h)}\,\mu, \quad \delta M_1^{(h)} = \Delta M_1^{(h)} + \tfrac{1}{2} M_1^{(h)}\,\mu', \quad \ldots$$

Angewendete Controlle: Die Summe der in *einer* Zeile stehenden Coefficienten muss gleich der Hälfte des entsprechenden M sein.

	☿	♀	♁	♂	♃	♄	⛢
				Erstes System.			
δM_0	+0.4545 μ	−0.1514 μ'	+0.0266 μ''	+0.0048 μ'''	+0.1366 μ^{IV}	+0.0062 μ^{V}	+0.0001 μ^{VI}
δM_1	+0.0605	+0.5222	−0.1262	−0.0107	−0.3108	−0.0146	−0.0004
δM_2	+0.0421	+0.2740	+0.1154	0.0149	−0.3172	−0.0148	−0.0004
δM_3	+0.0027	+0.0196	+0.0063	+0.0104	−0.0290	−0.0014	+0.0000
δM_4	−0.0037	−0.0004	+0.0036	+0.0004	+0.0094	−0.0129	−0.0011
δM_5	−0.0018	−0.0008	+0.0014	+0.0001	+0.0114	−0.0124	−0.0004
δM_6	+0.0004	−0.0008	−0.0027	0.0001	−0.0023	+0.0028	+0.0012
				Zweites System.			
$\delta M_0'$	−0.2199 μ	−0.4896 μ'	+0.0861 μ''	+0.0155 μ'''	+0.4394 μ^{IV}	+0.0203 μ^{V}	+0.0005 μ^{VI}
$\delta M_1'$	−0.0339	+0.3762	−0.2179	+0.0085	+0.2004	+0.0063	+0.0002
$\delta M_2'$	+0.0089	−0.2501	+0.5276	−0.0028	0.0246	−0.0011	−0.0000
$\delta M_3'$	+0.0016	−0.0105	+0.0285	+0.0455	−0.0400	−0.0017	−0.0000
$\delta M_4'$	+0.0016	+0.0026	−0.0027	−0.0005	−0.0019	−0.0043	−0.0007
$\delta M_5'$	+0.0008	+0.0015	−0.0026	−0.0002	+0.0076	−0.0107	−0.0001
$\delta M_6'$	−0.0002	−0.0002	+0.0001	+0.0000	0.0013	+0.0012	+0.0009
				Drittes System.			
$\delta M_0''$	+0.0253 μ	−0.0528 μ'	−0.0381 μ''	−0.0062 μ'''	+0.0794 μ^{IV}	+0.0062 μ^{V}	+0.0001 μ^{VI}
$\delta M_1''$	+0.0470	+1.0569	+0.6681	+0.0680	2.0556	−0.0825	−0.0019
$\delta M_2''$	−0.0866	−1.3939	−1.0638	−0.0979	+2.8167	+0.1149	−0.0026
$\delta M_3''$	+0.1305	+2.6672	+1.3900	+0.4561	−1.7524	−0.1934	−0.0044
$\delta M_4''$	+0.000003	−0.000748	+0.000712	−0.000760	−0.001084	+0.001337	−0.000286
$\delta M_5''$	−0.00075	−0.1746	−0.01376	−0.00310	+0.06319	−0.00194	+0.00037
$\delta M_6''$	+0.00072	+0.00946	+0.00054	+0.00000	−0.00168	+0.00006	−0.00020

	☿	♀	♁	♂	♃	♄	♅
				Viertes System.			
$\delta M_0'''$	$-0{,}0213\,\mu$	$-0{,}0908\,\mu'$	$-0{,}0691\,\mu''$	$-0{,}0040\,\mu'''$	$+0{,}1697\,\mu^{IV}$	$+0{,}0070\,\mu^{V}$	$+0{,}0002\,\mu^{VI}$
$\delta M_1'''$	+0,0979	+1,9275	+1,5329	+0,0952	−3,3325	−0,1358	−0,0031
$\delta M_2'''$	−0,0883	−2,0075	−1,5504	−0,1336	+3,4071	+0,1385	+0,0031
$\delta M_3'''$	−0,0948	−1,9318	−1,4154	+0,2850	+3,4507	+0,1404	+0,0032
$\delta M_4'''$	+0,00022	+0,00481	+0,00445	−0,00011	−0,00986	+0,00037	−0,00022
$\delta M_5'''$	+0,00108	+0,02369	+0,01678	−0,00194	0,03897	−0,00325	+0,00024
$\delta M_6'''$	−0,00003	−0,00071	−0,00054	+0,00012	+0,00103	+0,00009	+0,00013
				Fünftes System.			
δM_0^{IV}	$+0{,}00610\,\mu$	$-0{,}00665\,\mu'$	$-0{,}00334\,\mu''$	$-0{,}00013\,\mu'''$	$-0{,}00762\,\mu^{IV}$	$+0{,}01366\,\mu^{V}$	$+0{,}00105\,\mu^{VI}$
δM_1^{IV}	−0,00007	+0,00847	−0,00281	−0,00012	−0,01010	+0,00914	+0,00071
δM_2^{IV}	−0,00008	−0,00221	+0,01029	−0,00011	−0,01034	+0,00777	+0,00060
δM_3^{IV}	−0,00001	−0,00020	−0,00033	+0,00553	−0,00306	+0,00077	+0,00006
δM_4^{IV}	−0,00002	+0,00009	+0,00009	+0,00002	+0,55413	−0,10874	−0,00834
δM_5^{IV}	−0,00007	+0,00013	+0,00024	+0,00008	−0,23584	+0,46921	−0,01436
δM_6^{IV}	+0,00003	+0,00042	+0,00090	+0,00028	−0,00786	+0,07222	−0,16882
				Sechstes System.			
δM_0^{V}	$+0{,}0000586\,\mu$	$+0{,}0000704\,\mu'$	$+0{,}0000797\,\mu''$	$-0{,}0000054\,\mu'''$	$-0{,}0001570\,\mu^{IV}$	$-0{,}0000241\,\mu^{V}$	$-0{,}0000044\,\mu^{VI}$
δM_1^{V}	−0,000038	−0,001284	−0,001781	+0,000085	+0,002211	+0,000572	+0,000063
δM_2^{V}	+0,0000453	+0,0019986	+0,0032785	−0,0063530	−0,0037987	+0,0001901	−0,0001257
δM_3^{V}	+0,0000217	+0,0004211	+0,0020730	+0,0064524	−0,0037660	−0,0014915	−0,0005046
δM_4^{V}	−0,00000	−0,00007	−0,00015	−0,00007	+0,01602	−0,24730	+0,00569
δM_5^{V}	0	−0,00004	−0,00010	−0,00005	+0,12280	+0,32065	+0,00272
δM_6^{V}	0	+0,00002	+0,00006	+0,00003	+0,011406	−0,063022	−0,016984
				Siebentes System.			
δM_0^{VI}	$+0{,}000479\,8\mu$	$-0{,}0001761\,\mu'$	$-0{,}0000940\,\mu''$	$-0{,}0000021\,\mu'''$	$-0{,}0001471\,\mu^{IV}$	$+0{,}0000428\,\mu^{V}$	$+0{,}0001419\,\mu^{VI}$
δM_1^{VI}	−0,000044	+0,001218	−0,000143	−0,000001	−0,000428	−0,000833	+0,000419
δM_2^{VI}	−0,000030	−0,000280	+0,001662	+0,000002	−0,000486	0,000535	+0,000529
δM_3^{VI}	−0,0000021	−0,0000327	−0,0000611	+0,0009840	−0,0002600	−0,0004441	+0,0003086
δM_4^{VI}	C	−0,0004	−0,0008	−0,0002	+0,1293	−0,0058	+0,0561
δM_5^{VI}	−0,00002	−0,00015	−0,00037	−0,00011	−0,05413	+0,07293	+0,03586
δM_6^{VI}	0	+0,0001	+0,0002	+0,0001	−0,0015	+0,0151	+0,4752

9.

Zur Controlle der berechneten Werthe der Hülfsgrössen $(m_i, m_k)_k$ erhält man aus (XXVII) vermittelst der Gleichung

$$\sum_i M_i^{(h)} M_i^{(k)} = 0$$

die Formel

(XXVIII) $$\sum_k M_k^{(h)}(m_k, m_{k'})_h = 0,$$

durch welche je sieben von den Grössen $(m_k, m_{k'})_h$, welche zu demselben System gehören und in derselben Vertical- oder Horizontalreihe befindlich sind, mit einander verbunden werden. Die Grössen $B_i^{(h)}$, $C_i^{(h,k)}$ selbst controllirt man leicht durch die Formeln

(XXIX) $$\begin{aligned} \sum_i B_i^{(h)} &= g^{(h)}, \\ \sum_i C_i^{(h,k)} &= \tfrac{1}{2} M_k^{(h)}. \end{aligned}$$

Da, um $\Delta M_k^{(h)}$ aus $\delta M_k^{(h)}$ zu erhalten, von dem Coefficienten $C_k^{(h,k)}$, mit welchem $\mu^{(k)}$ multiplicirt ist, die Grösse $\frac{1}{2} M_k^{(h)}$ abzuziehen ist, so zeigen diese Formeln, *dass in der Variation von $g^{(h)}$ die Summe der in die Variationen der Planetenmassen multiplicirten Coefficienten der Grösse $g^{(h)}$ selbst gleich wird, und dass die Summe der in die Variationen der Massen multiplicirten Coefficienten in der Variation der Grösse $M_k^{(h)}$ verschwindet.* Die Formeln (XXIX) ergeben sich daraus, dass

$$\sum_i (i', i) = [i', i'], \quad \sum_i M_i^{(h)2} = 1.$$

Man hat daher aus (XXV) die Gleichung

$$\sum_i B_i^{(h)} = \sum_{i'} M_{i'}^{(h)2} . g^{(h)} = g^{(h)}$$

und aus (XXVI) und (XXVIII)

$$\sum_i C_i^{(h,k)} = \sum_{i'} (m_k, m_{i'})_h M_{i'}^{(h)} . g^{(h)} + \tfrac{1}{2} M_k^{(h)} \sum_i M_i^{(h)2} = \tfrac{1}{2} M_k^{(h)},$$

wie zu beweisen ist. Aus der letzten Gleichung sieht man, dass durch die zweite der Gleichungen (XXIX) zugleich die Controlle der für die Grössen $(m_k, m_{k'})_h$ gefundenen Werthe gegeben wird.

Zur Controlle der für die Grössen $C_i^{(h,k)}$ berechneten Werthe kann man auch noch die Gleichungen

(XXX) $$\sum_k M_k^{(h)} C_i^{(h,k)} = \tfrac{1}{2} M_i^{(h)2},$$

(XXXI) $$\sum_h M_k^{(h)} C_i^{(h,k)} = 0$$

anwenden, in deren letzterer, wenn $i = k$, für 0 rechter Hand $\frac{1}{2}$ gesetzt werden muss. Substituirt man den für $C_i^{(h,k)}$ gegebenen Ausdruck (XXVI), so ergiebt sich die erste dieser Gleichungen aus (XXVIII). Die zweite folgt durch Substitution des für $C_i'^{(h,k)}$ gegebenen Ausdrucks vermittelst der Gleichungen

(XXXII) $$\sum_h M_k^{(h)} M_{k'}^{(h)} (m_k, m_{k'})_h = 0,$$

(XXXIII) $$\sum_h g^{(h)} M_k^{(h)} M_{k'}^{(h)} (m_k, m_{k'})_h = -\tfrac{1}{2} \sum_h M_k^{(h)2} M_{k'}^{(h)2}.$$

Die erste dieser Formeln ergiebt sich daraus, dass, wenn man den Werth

$$(m_k, m_{k'})_h = \sum_{h'} \frac{M_k^{(h')} M_{k'}^{(h')}}{g^{(h)} - g^{(h')}}$$

substituirt, wo h' nur die sechs von h verschiedenen Werthe annehmen darf, sich in der Doppelsumme je zwei durch $g^{(h)} - g^{(h')}$ und $g^{(h')} - g^{(h)}$ dividirte Terme gegenseitig aufheben. Um die Formel (XXXIII) zu beweisen, bemerke ich, dass die dortige Summe gleich wird der Doppelsumme

$$\sum_{h,h'} \frac{g^{(h)} M_k^{(h)} M_{k'}^{(h)} . M_k^{(h')} M_{k'}^{(h')}}{g^{(h)} - g^{(h')}},$$

welche sich auf die Doppelsumme

$$\sum_{h,h'} M_k^{(h)} M_{k'}^{(h)} . M_k^{(h')} M_{k'}^{(h')}$$

reducirt, wenn man in letzterer die Combination $h = h'$ wieder ausschliesst und jede Combination verschiedener Werthe von h und h' nur einmal nimmt. Giebt man jedem der Accente h und h' *alle* Werthe von 0 bis 6, so dass man h und h' auch dieselben Werthe annehmen lässt, so muss man für die vorstehende Doppelsumme den folgenden Ausdruck setzen:

$$\tfrac{1}{2} \sum_{h,h'} M_k^{(h)} M_{k'}^{(h)} . M_k^{(h')} M_{k'}^{(h')} - \tfrac{1}{2} \sum_h M_k^{(h)} M_{k'}^{(h)} . M_k^{(h)} M_{k'}^{(h)}$$
$$= \tfrac{1}{2} \left(\sum_h M_k^{(h)} M_{k'}^{(h)}\right)^2 - \tfrac{1}{2} \sum_h M_k^{(h)2} M_{k'}^{(h)2},$$

welcher sich, wenn k und k' verschieden sind, auf die in der Formel (XXXIII) angegebene Grösse

$$-\tfrac{1}{2} \sum_h M_k^{(h)2} M_{k'}^{(h)2}$$

reducirt. Die vorstehende Gleichung zeigt ausserdem, *dass man, wenn $k' = k$, in* (XXXIII) *zu dem Ausdrucke rechts die Grösse* $\frac{1}{2}$ *zu addiren hat.*

Man hat noch, wenn h und h'', k und k'' von einander verschieden sind, die Formeln

(XXXIV) $$\sum_k \{M_k^{(h'')} C_i'^{(h,k)} + M_k^{(h)} C_i'^{(h'',k)}\} = M_i^{(h)} M_i^{(h'')},$$

(XXXV) $$\sum_h \{M_{k''}^{(h)} C_i'^{(h,k)} + M_k^{(h)} C_i'^{(h,k'')}\} = 0.$$

Um die erste dieser Formeln zu beweisen, muss man die Gleichung

$$\text{(XXXVI)} \qquad \sum_k M_k^{(k'')}(m_k, m_{k'})_k = \frac{M_{k'}^{(k'')}}{g^{(k)} - g^{(k'')}}$$

zu Hülfe nehmen, welche man durch Substitution von (XXVII) leicht erhält. Zum Beweise der Formel (XXXV) dienen die Gleichungen

$$\text{(XXXVII)} \qquad \begin{aligned} &\sum_k \{M_{k''}^{(k)} M_{k'}^{(k)}(m_k, m_{k'})_k + M_k^{(k)} M_{k'}^{(k)}(m_{k''}, m_{k'})_k\} = 0, \\ &\sum_k g^{(k)}\{M_{k''}^{(k)} M_i^{(k)}(m_k, m_i)_k + M_k^{(k)} M_i^{(k)}(m_{k''}, m_i)_k\} = -\sum_k M_i^{(k)} M_{k''}^{(k)} . M_i^{(k)2}. \end{aligned}$$

welche man ähnlich wie (XXXII) und (XXXIII) findet.

Die Gleichungen (XXIX) ergeben sich auch aus der Betrachtung, dass, wenn sich in dem System der Gleichungen (VIII) sämmtliche Zahlencoefficienten in dem gleichen Verhältnisse ändern, die Wurzeln g sich in demselben Verhältnisse ändern, die Werthe der Unbekannten $M_i^{(k)}$ aber ungeändert bleiben werden. Hieraus kann man zufolge der im §. 5 gemachten Bemerkung schliessen, dass, wenn in den Ausdrücken für $\Delta g^{(k)}$ und $\Delta M_i^{(k)}$ die Variationen $\mu = \mu' = \cdots = \mu^{VI} = 1$ gesetzt werden, sich $\Delta g^{(k)}$ in $g^{(k)}$ verwandeln und $\Delta M_i^{(k)}$ verschwinden muss, woraus die angeführten Gleichungen von selbst folgen. Ebenso ergeben sich die Gleichungen (XXX), (XXXI), (XXXIV), (XXXV) a priori daraus, dass

$$\sum_k M_k^{(k)2} = 1, \qquad \sum_k M_i^{(k)2} = 1,$$

$$\sum_k M_k^{(k)} M_k^{(k'')} = 0, \qquad \sum_k M_k^{(k)} M_{k''}^{(k)} = 0,$$

und daher die Variationen dieser Summen

$$\sum_k M_k^{(k)} \Delta M_k^{(k)}, \qquad \sum_k M_k^{(k)} \Delta M_k^{(k)},$$

$$\sum_k \{M_k^{(k)} \Delta M_k^{(k'')} + M_k^{(k'')} \Delta M_k^{(k)}\}, \qquad \sum_k \{M_k^{(k)} \Delta M_{k''}^{(k)} + M_{k''}^{(k)} \Delta M_k^{(k)}\}$$

verschwinden müssen.

10.

Zur leichteren Vergleichung mit den von Herrn Leverrier gefundenen Resultaten sollen noch aus den gefundenen Zahlenwerthen die Coefficienten in den Variationen der Verhältnisse der Grössen N abgeleitet werden. Man gelangt zu denselben vermittelst der Formel

$$\frac{N_i}{N_k} = \frac{M_i}{M_k}\sqrt{\frac{m^{(i)}\sqrt{a^{(i)}}}{m^{(k)}\sqrt{a^{(k)}}}},$$

woraus

$$\Delta \frac{N_i}{N_k} = \frac{N_i}{N_k}\left\{\frac{\Delta M_i}{M_i} - \frac{\Delta M_k}{M_k} - \tfrac{1}{2}(\mu^{(i)} - \mu^{(k)})\right\}$$

$$= \frac{N_i}{N_k}\left\{\frac{\delta M_i}{M_i} - \frac{\delta M_k}{M_k} - (\mu^{(i)} - \mu^{(k)})\right\}.$$

Führt man aus (XXII) die Werthe der Grössen δM ein, so hebt sich der mit Q multiplicirte Term fort. Man kann daher, wenn man, wie hier, bloss

$$\frac{\delta M_i}{M_i} - \frac{\delta M_k}{M_k}$$

braucht, in den Werthen (XXVI) der Grössen C den *achten* Term fortlassen. Auch bei den Variationen von $\frac{N_i}{N_k}$ findet der Satz statt, *dass die Summe der Coefficienten der Variationen der Planetenmassen verschwindet*, welcher eine schliessliche Controlle über alle gemachten Rechnungen giebt. Um zu sehen, wie weit diese Controlle erfüllt wird, habe ich in der letzten Columne die Summe der in jeder Horizontalreihe enthaltenen Coefficienten der μ, μ' etc., welche in den absolut strengen Werthen verschwinden soll, in Einheiten der letzten Decimalstelle hinzugefügt.

Zusammenstellung der sieben Systeme der Auflösungen der Gleichungen (V), nebst den Variationen der Werthe der Unbekannten für eine Änderung der Planetenmassen in dem Verhältnisse $1:1+\mu^{(k)}$.

Bezeichnung der Unbekannten.	Ihr numerischer Werth für die angenommenen Daten.	Coefficienten der verschiedenen μ in dem Ausdrucke ihrer Variation.							
		μ	μ'	μ''	μ'''	μ^{IV}	μ^{V}	μ^{VI}	
		Erstes System.							
g	5,2988733	−0,1635	+2,4341	+0,9768	+0,0389	+1,9184	+0,0920	+0,0022	
$\frac{N_0}{N_3}$	+103,29933	−78,8504	−200,8713	−28,2320	+6,3283	+287,4875	+13,7627	+0,3828	+76
$\frac{N_1}{N_3}$	+10,200668	+0,1261	−6,2507	−8,4272	+0,1210	+13,7368	+0,6731	+0,0209	0
$\frac{N_2}{N_3}$	+6,416474	+0,0039	−1,3578	−4,0906	−0,0786	+5,2484	+0,2664	+0,0092	+9
$\frac{N_4}{N_3}$	−0,0121377.56	−0,0019	+0,0212	+0,0084	−0,0002	−0,0075	−0,0186	−0,0015	−1
$\frac{N_5}{N_3}$	−0,0106745.14	−0,0013	+0,0169	+0,0066	−0,0003	−0,0046	−0,0165	−0,0009	−1
$\frac{N_6}{N_3}$	+0,0042589.93	+0,0007	−0,0105	−0,0041	−0,0000	+0,0018	+0,0115	+0,0004	−2

Bezeichnung der Unbekannten.	Ihr numerischer Werth für die angenommenen Daten.	Coefficienten der verschiedenen μ in dem Ausdrucke ihrer Variation.							
		μ	μ'	μ''	μ'''	μ^{IV}	μ^{V}	μ^{VI}	
		Zweites System.							
g'	7,5747191	+0,4451	+0,3000	+1,2452	+0,1565	+5,1805	+0,2416	+0,0058	
$\frac{N'_0}{N'_3}$	−7,8168589	+2,2665	−14,7849	+7,2402	+0,5134	+4,5186	+0,2409	+0,0053	0
$\frac{N'_1}{N'_3}$	+7,3129033	−0,6047	−1,6959	−6,9033	−0,0089	+8,8286	+0,3747	+0,0093	−2
$\frac{N'_2}{N'_3}$	+5,8086635	−0,1654	−0,8968	−4,1052	−0,1124	+5,0638	+0,2107	+0,0055	+2
$\frac{N'_4}{N'_3}$	−0,0036768.09	+0,0006363	−0,0000285	+0,0014652	−0,0000147	−0,0002942	−0,0015458	−0,0002159	+24
$\frac{N'_5}{N'_3}$	−0,0038477.59	+0,0005197	−0,0001260	+0,0011321	−0,0000661	+0,0003481	−0,0017259	−0,0000821	−2
$\frac{N'_6}{N'_3}$	+0,0008227.714	−0,0001899	−0,0000260	−0,0004623	−0,0000136	−0,0004926	+0,0011596	+0,0000250	+2
		Drittes System.							
g''	17,1525573	+0,1917	+3,6056	+4,2063	−0,0189	+8,7689	+0,3900	+0,0091	
$\frac{N''_0}{N''_3}$	+0,0561438	−0,01741	−0,36213	−0,26764	+0,00591	+0,61579	+0,02490	+0,00057	−1
$\frac{N''_1}{N''_3}$	−0,4454850	+0,13647	+3,31162	+2,04252	−0,04525	−5,22801	−0,21246	−0,00486	+3
$\frac{N''_2}{N''_3}$	+0,4034470	−0,14956	−2,79710	−2,50683	+0,02231	+5,21399	+0,21236	+0,00486	+3
$\frac{N''_4}{N''_3}$	−0,0000411.09	+0,0000092	+0,0001684	+0,0001571	−0,0000280	−0,0003189	+0,0000196	−0,0000074	0
$\frac{N''_5}{N''_3}$	−0,0002686.22	+0,0000306	+0,0005403	+0,0003745	−0,0001810	−0,0008814	+0,0001045	+0,0000125	0
$\frac{N''_6}{N''_3}$	+0,0000157.209								
		Viertes System.							
g'''	17,8632966	+0,0979	+2,2138	+3,1417	+0,2519	+11,6387	+0,5075	+0,0118	
$\frac{N'''_0}{N'''_3}$	−0,0245767	−0,00961	−0,19241	−0,14548	−0,02174	+0,35440	+0,01449	+0,00034	−1
$\frac{N'''_1}{N'''_3}$	+0,2099933	+0,08115	+1,40463	+1,25978	+0,19087	−2,81892	−0,11484	−0,00264	+3
$\frac{N'''_2}{N'''_3}$	−0,2315229	−0,07137	−1,55987	−0,95916	−0,21690	+2,69524	+0,10957	+0,00249	0
$\frac{N'''_4}{N'''_3}$	−0,0000119.17	+0,0000026	+0,0000582	+0,0000588	−0,0000096	−0,0001148	+0,0000089	−0,0000040	+1
$\frac{N'''_5}{N'''_3}$	−0,0001337.88	+0,0000153	+0,0003501	+0,0002358	−0,0001418	−0,0005319	+0,0000651	+0,0000074	0
$\frac{N'''_6}{N'''_4}$	+0,0000073.1946								

eich- g der ahe- nten.	Ihr numerischer Werth für die angenommenen Daten.	Coefficienten der verschiedenen μ in dem Ausdrucke ihrer Variation.							
		μ	μ'	μ''	μ'''	μ^{IV}	μ^V	μ^{VI}	
		Fünftes System.							
IV	3,7186434	+0,0001	+0,0031	+0,0067	+0,0021	+0,6602	+2,8276	+0,2137	
IV	—0,8166526	+0,00440	+0,88079	+0,44205	+0,01628	+1,04609	—2,10609	—0,28651	+1
IV	—0,5439845	+0,00357	+0,10098	+0,14480	+0,00548	+0,54837	—0,86862	—0,13456	+2
IV	—0,5382496	+0,00334	+0,09917	+0,06898	+0,00413	+0,49005	—0,54178	—0,12388	+1
IV	—0,6201246	+0,00098	+0,02120	+0,03416	—0,00056	+0,36689	—0,30473	—0,11793	+1
IV	—1,4263523	—0,00017	—0,00304	—0,00635	—0,00196	+0,57698	—0,32348	—0,24197	+1
IV	—1,1251482	—0,00015	—0,00263	—0,00552	—0,00170	+0,64753	—0,47272	—0,16480	+1
		Sechstes System.							
V	22,4273091	0	+0,0012	+0,0028	+0,0011	+17,5264	+4,5608	+0,3351	
V	—0,0568966.3	—0,0021	—0,0709	—0,0802	+0,0054	+0,1181	+0,0259	+0,0037	—1
V	+0,2141503.5	+0,0259	+0,5891	+1,1142	—0,0535	—1,2411	—0,3954	—0,0370	+2
V	—1,3413225	—0,0246	+0,2553	—1,7815	+0,1916	+1,1733	+0,1326	+0,0531	—2
V	—8,6001745	—0,0293	—0,5661	—2,7830	—0,0543	—0,6597	+3,5131	+0,5795	+2
V	+8,8225143	+0,0002	+0,0025	+0,0058	+0,0026	—3,2775	+3,2773	—0,0111	—2
V	—27,373541	+0,0004	—0,0025	—0,0056	—0,0025	—21,9435	+22,3477	—0,3939	+1
		Siebentes System.							
VI	2,2584168	0	+0,0001	+0,0004	+0,0001	+0,9452	+1,3695	—0,0569	
VI	+0,0137320.0	—0,00030	—0,00493	—0,00263	—0,00006	—0,00410	+0,00099	+0,01104	+1
VI	+0,0151102.33	—0,00048	—0,00173	—0,00157	—0,00001	—0,00468	—0,00389	+0,01237	+1
VI	+0,0164237.12	—0,00029	—0,00268	—0,00057	+0,00002	—0,00462	—0,00536	+0,01350	0
VI	+0,0231931.91	—0,00005	—0,00077	—0,00145	—0,00002	—0,00609	—0,01081	+0,01920	+1
VI	+0,0603080.14	—0,00001	—0,00013	—0,00029	—0,00009	—0,01590	—0,03378	+0,05021	+1
VI	+0,0581604.21	—0,00001	—0,00009	—0,00021	—0,00007	—0,02911	—0,01972	+0,04923	+2

Herr Leverrier ist auch bei Berechnung der Variationen $\Delta\frac{N_i}{N_k}$, sowie bei Berechnung der Grössen $\frac{N_i}{N_k}$ selbst, so verfahren, dass er das vollständige System von *sieben* Gleichungen in zwei Systeme von *vier* und *drei* Gleichungen zerlegt, jedes mit eben so vielen Unbekannten, und bei Berechnung der Variationen der Unbekannten des ersten Systems die Variationen der drei Unbekannten des zweiten und bei Berechnung der Variationen der Unbekannten des zweiten Systems die Variationen der vier Unbekannten des ersten Systems vernachlässigt und keine weiteren Correctionen für diese Vernachlässigungen anbringt. Er variirt nämlich die Coefficienten der für die Wurzeln g von ihm gebildeten biquadratischen und cubischen Gleichung und berechnet daraus die Variationen Δg und dann mit diesen durch die strenge Auflösung eines Systems von respective vier und drei linearen Gleichungen die Variationen $\Delta\frac{N_i}{N_k}$. Zur Controlle braucht auch Herr Leverrier den Satz, dass in jeder Variation $\Delta\frac{N_i}{N_k}$ die Summe der in die sieben μ multiplicirten Grössen verschwinden muss. Aber diese Controlle ist bei ihm nicht, wie bei unseren strengen Formeln, entscheidend, da sie nach dem von ihm befolgten Gange der Rechnung eintreffen muss, wie bedeutend auch der durch den Einfluss der von ihm vernachlässigten Glieder verursachte Fehler sein möge. In der That finden zwischen den Zahlencoefficienten der vorstehenden und der von Herrn Leverrier gefundenen Ausdrücke der $\Delta\frac{N_i}{N_k}$ nicht unbedeutende Unterschiede statt, während die Werthe der g und $\frac{N_i}{N_k}$ selbst eine viel bessere Übereinstimmung zeigen.

Zur Vergleichung der Genauigkeit der beiderlei Resultate sind die in μ'' multiplicirten Variationen von $\frac{N_1''}{N_3''}$, $\frac{N_2''}{N_3''}$ etc. in die Gleichungen substituirt worden, welche sich aus (III) zur Bestimmung dieser Variationen ergeben*).

*) Ich habe das dritte System gewählt, weil in den Variationen desselben die Abweichungen besonders erheblich sind: so werden in dem Ausdrucke von $\Delta\frac{N_2''}{N_3''}$ die Coefficienten der verschiedenen μ bei Leverrier und nach den hier geführten Rechnungen:

$-0,16284$, $-3,06732$, $-2,71193$, $-0,02085$, $5,73826$, $0,21778$, $0,00690$,
$-0,14956$, $-2,79710$, $-2,50683$, $+0,02231$, $5,21399$, $0,21236$, $0,00486$.

Setzt man nämlich wieder

$$(i, i) = 0, \quad (i, 0) + (i, 1) + \cdots + (i, 6) = [i, i],$$

so folgt aus den Gleichungen (III)

$$(g'' - [0, 0]) \frac{N_0''}{N_3''} + \boxed{0, 1} \frac{N_1''}{N_3''} + \cdots + \boxed{0, 6} \frac{N_6''}{N_3''} = 0,$$

$$\boxed{1, 0} \frac{N_0''}{N_3''} + (g'' - [1, 1]) \frac{N_1''}{N_3''} + \cdots + \boxed{1, 6} \frac{N_6''}{N_3''} = 0,$$

. . . .

und hieraus, wenn man die Planetenmassen variirt,

$$\boxed{0, 1} \frac{N_1''}{N_3''} \mu' + \cdots + \boxed{0, 6} \frac{N_6''}{N_3''} \mu^{VI}$$

$$+ (g'' - [0, 0]) \Delta \frac{N_0''}{N_3''} + \boxed{0, 1} \Delta \frac{N_1''}{N_3''} + \cdots + \boxed{0, 6} \Delta \frac{N_6''}{N_3''}$$

$$+ \frac{N_0''}{N_3''} \{\Delta g'' - (0, 1)\mu' - \cdots - (0, 6)\mu^{VI}\} = 0,$$

$$\boxed{1, 0} \frac{N_0''}{N_3''} \mu + \boxed{1, 2} \frac{N_2''}{N_3''} \mu'' + \cdots + \boxed{1, 6} \frac{N_6''}{N_3''} \mu^{VI}$$

$$+ \boxed{1, 0} \Delta \frac{N_0''}{N_3''} + (g'' - [1, 1]) \Delta \frac{N_1''}{N_3''} + \cdots + \boxed{1, 6} \Delta \frac{N_6''}{N_3''}$$

$$+ \frac{N_1''}{N_3''} \{\Delta g'' - (1, 0)\mu - (1, 2)\mu'' - \cdots - (1, 6)\mu^{VI}\} = 0,$$

. . . .

Diese Gleichungen müssen für die in jedes einzelne μ multiplicirten Terme besonders erfüllt werden. Bezeichnet man z. B. die Coefficienten von μ'' in $\Delta g''$ und $\Delta \frac{N_k''}{N_3''}$ mit γ und ν_k, wo $\nu_3 = 0$, so müssen die 7 Grössen γ und ν_k den 7 Gleichungen

$$\boxed{0, 2} \frac{N_2''}{N_3''} + (\gamma - (0, 2)) \frac{N_0''}{N_3''} + (g'' - [0, 0]) \nu_0 + \boxed{0, 1} \nu_1 + \cdots + \boxed{0, 6} \nu_6 = 0,$$

$$\boxed{1, 2} \frac{N_2''}{N_3''} + (\gamma - (1, 2)) \frac{N_1''}{N_3''} + \boxed{1, 0} \nu_0 + (g'' - [1, 1]) \nu_1 + \cdots + \boxed{1, 6} \nu_6 = 0,$$

. . . .

genügen, von denen die dritte für die beiden ersten Terme bloss den einen $\frac{N_2''}{N_3''} \gamma$

enthalten wird. Wenn man in diese Gleichungen für die Grössen γ und ν_i die von Herrn Leverrier und die nach der hier geführten Rechnung gefundenen Zahlenwerthe substituirt, so werden die Grössen linker Hand, welche in den verschiedenen Gleichungen verschwinden sollen,

bei Leverrier:

$$-0{,}211, \quad -0{,}195, \quad -0{,}064, \quad -0{,}237, \quad +0{,}001, \quad +0{,}001, \quad 0;$$

hier:

$$+0{,}0002, \quad +0{,}0003, \quad +0{,}0003, \quad +0{,}0002, \quad -0{,}0001, \quad +0{,}0001, \quad 0.$$

Man sieht hieraus, mit wie viel grösserer Schärfe die durch Anwendung der strengen Formeln gefundenen Resultate den Gleichungen, durch welche die Correctionen bestimmt werden, Genüge leisten.

11.

Aus den Variationen der Verhältnisse der zu demselben System gehörigen N berechnet Herr Leverrier für jedes System die Variation einer dieser Grössen selbst, was, um die übrigen zu finden, ausreicht, und ausserdem die Variationen der sieben Winkel β (§. 5). Man erhält aber einen mehr symmetrischen Gang der Rechnung, wenn man, ohne die Variationen der Verhältnisse der Grössen N einzuführen, deren Berechnung hier nur der Vergleichung der beiderlei Resultate halber angestellt worden ist, die Variationen der Grössen N und der Winkel β unmittelbar aus den Variationen der Grössen M ableitet, was auf folgende Weise geschieht.

Die Formeln (VI) und die am Ende des §. 5 gefundenen Formeln

$$N_i = \frac{KM_i}{\sqrt{m^{(i)}}\sqrt{a^{(i)}}}, \quad K\sin\beta = A, \quad K\cos\beta = B$$

ergeben

$$\text{(XXXVIII)} \qquad \Delta\beta = \frac{B\Delta A - A\Delta B}{K^2}, \quad \frac{\Delta K}{K} = \frac{A\Delta A + B\Delta B}{K^2},$$

$$\text{(XXXIX)} \qquad \begin{aligned} \Delta N_i &= N_i\left\{\frac{\Delta K}{K} + \frac{\delta M_i}{M_i} - \mu^{(i)}\right\} \\ &= N_i\frac{\Delta K}{K} + \frac{K\delta M_i}{\sqrt{m^{(i)}}\sqrt{a^{(i)}}} - N_i\mu_i, \end{aligned}$$

wo ich wieder

$$\delta M_i = \Delta M_i + \tfrac{1}{2}M_i\mu^{(i)}$$

eingeführt habe, weil die Werthe dieser Grössen in der oben am Schluss von §. 8 aufgestellten Tabelle gegeben worden sind. Aus den Formeln (§. 5)

$$A^{(i)} = H M_0^{(i)} + H' M_1^{(i)} + \cdots,$$
$$B^{(i)} = L M_0^{(i)} + L' M_1^{(i)} + \cdots$$

folgen, da

$$\Delta H^{(i)} = \tfrac{1}{2} H^{(i)} \mu^{(i)}, \quad \Delta L^{(i)} = \tfrac{1}{2} L^{(i)} \mu^{(i)},$$

die Gleichungen

$$\Delta A^{(i)} = H \delta M_0^{(i)} + H' \delta M_1^{(i)} + \cdots,$$
$$\Delta B^{(i)} = L \delta M_0^{(i)} + L' \delta M_1^{(i)} + \cdots$$

Setzt man daher

$$\frac{B H^{(i)} - A L^{(i)}}{K^2} = D_i, \quad \frac{A H^{(i)} + B L^{(i)}}{K^2} = F_i,$$
$$\frac{B' H^{(i)} - A' L^{(i)}}{K'^2} = D'_i, \quad \frac{A' H^{(i)} + B' L^{(i)}}{K'^2} = F'_i.$$
$$\cdot \quad \cdot \quad \cdot \quad \cdot \quad \cdot \quad \cdot \quad \cdot \quad \cdot \quad \cdot \quad \cdot \quad \cdot$$

so wird zufolge (XXXVIII)

$$\Delta \beta = D_0 \delta M_0 + D_1 \delta M_1 + \cdots + D_6 \delta M_6,$$
$$\Delta \beta' = D'_0 \delta M'_0 + D'_1 \delta M'_1 + \cdots + D'_6 \delta M'_6.$$
$$\cdot \quad \cdot \quad \cdot \quad \cdot \quad \cdot \quad \cdot \quad \cdot \quad \cdot$$
$$\frac{\Delta K}{K} = F_0 \delta M_0 + F_1 \delta M_1 + \cdots + F_6 \delta M_6,$$
$$\frac{\Delta K'}{K'} = F'_0 \delta M'_0 + F'_1 \delta M'_1 + \cdots + F'_6 \delta M'_6,$$
$$\cdot \quad \cdot \quad \cdot \quad \cdot \quad \cdot \quad \cdot \quad \cdot \quad \cdot$$

Nennt man $e_0^{(i)}$ und $\varpi_0^{(i)}$ die Anfangswerthe von $e^{(i)}$ und $\varpi^{(i)}$ und setzt

$$e_0^{(i)} \sqrt{m^{(i)} \sqrt{a^{(i)}}} = E^{(i)},$$

so hat man

$$D_i = \frac{E^{(i)}}{K} \sin(\varpi_0^{(i)} - \beta), \quad F_i = \frac{E^{(i)}}{K} \cos(\varpi_0^{(i)} - \beta),$$
$$D'_i = \frac{E^{(i)}}{K'} \sin(\varpi_0^{(i)} - \beta'), \quad F'_i = \frac{E^{(i)}}{K'} \cos(\varpi_0^{(i)} - \beta'),$$
$$\cdot \quad \cdot \quad \cdot \quad \cdot \quad \cdot \quad \cdot \quad \cdot \quad \cdot \quad \cdot \quad \cdot \quad \cdot$$

Nach Berechnung der Grössen $\frac{\Delta K}{K}$ findet man durch die obige Formel (XXXIX) die Variationen ΔN_i, wenn man noch die Grössen

$$\frac{K\delta M_i}{\sqrt{m^{(i)}}\sqrt{a^{(i)}}} = \frac{N_i}{M_i}\delta M_i$$

aus den für die Grössen δM_i gefundenen Ausdrücken bestimmt.

Da in dem Ausdrucke von $\delta M_i^{(k)}$ die Coefficienten der einzelnen μ die Summe $\frac{1}{2}M_i^{(k)}$ haben, so erhält diese Summe in $\frac{\Delta K^{(k)}}{K^{(k)}}$ den Werth $\frac{1}{2}$ und verschwindet in den Ausdrücken von $\Delta\beta^{(k)}$ und $\Delta N_i^{(k)}$, was man auch leicht *a priori* beweist.

Berlin, den 9. August 1845.

VERSUCH EINER BERECHNUNG DER GROSSEN UNGLEICHHEIT DES SATURNS NACH EINER STRENGEN ENTWICKELUNG.

Schumacher Astronomische Nachrichten, Bd. 28 No. 653—654 p. 65—94.

Ich lege die von Bouvard für den 1. Januar 1800 berechneten Elemente zu Grunde und bezeichne mit

$$a, \quad e, \quad \varepsilon, \quad \mu, \quad m$$

die halbe grosse Axe, die Excentricität, die excentrische Anomalie, die mittlere Anomalie und die Masse des Saturn. Die gleichen Grössen für Jupiter unterscheide ich durch einen Index.

Die grosse Ungleichheit entsteht hauptsächlich aus dem Ausdrucke

$$\frac{3m'}{1+m}\iint \frac{d\frac{a}{\varrho}}{d\mu}\,d\mu^2,$$

wenn ϱ die gegenseitige Entfernung von Jupiter und Saturn bedeutet. Ist H der Coefficient von

$$\cos(2\mu' - 5\mu + \alpha)$$

in der Entwickelung von $\frac{a}{\varrho}$ nach den mittleren Anomalien beider Planeten, so wird der aus jenem Doppelintegrale entspringende Theil der grossen Ungleichheit

$$\frac{15m'}{1+m}\left(\frac{\mu}{2\mu' - 5\mu}\right)^2 H = 2598108''\,H;$$

der Werth von H ist ungefähr 0,001; wenn es daher bei einer so langen Periode auf 0",06 nicht ankommt, so reicht es hin, $\log H$ auf *fünf* Stellen genau zu haben. Ich will die Mittel angeben, wie man hierzu, oder zu jeder anderen beliebigen Genauigkeit, auf dem Wege einer strengen Entwickelung gelangen kann.

Der Ausdruck von $\varrho\varrho$, nach den excentrischen Anomalien geordnet, ist

$$\begin{aligned}\varrho\varrho = {} & 118{,}17751 - 99{,}10906 \cos(\varepsilon - \varepsilon' + D) \\ & + 10{,}339059 \cos(\varepsilon + B) - 5{,}634681 \cos(\varepsilon' + B') \\ & + 0{,}1434397 \cos 2\varepsilon + 0{,}0313942 \cos 2\varepsilon' + 0{,}031343 \cos(\varepsilon + \varepsilon' + C),\end{aligned}$$

wo

$$D = 78^\circ\, 0'\, 17'',95,$$
$$B = 153^\circ\, 9'\, 41'',62, \quad B' = 75^\circ\, 5'\, 23'',57,$$
$$C = 124^\circ\, 32'\, 12'',44.$$

Die Logarithmen der Coefficienten sind der Reihe nach

$$2{,}0725348.4, \quad 1{,}9961133.9,$$
$$1{,}0144806.4, \quad 0{,}7508693.8,$$
$$9{,}1566694, \quad 8{,}4968496, \quad 8{,}4961412.7.$$

Die gegenseitige Neigung beider Bahnen ist bei der Berechnung gleich

$$1^\circ\, 15'\, 12'',46$$

angenommen, welches $0'',14$ von der von Hansen aus denselben Elementen berechneten abweicht.

Ich theile den gegebenen Ausdruck von $\varrho\varrho$ in zwei Theile, wobei ich den in $\cos(\varepsilon' + B')$ multiplicirten Term nicht ganz dem ersten Theile überlasse, sondern von diesem Terme sowohl durch Veränderung des Coefficienten, als des Winkels B' kleine Theile ablöse, welche in Bezug auf Excentricitäten und Neigung von der *dritten* Ordnung sind. Ich setze nämlich

$$\dot{B} = B' + 4'\, 0'',10 = 75^\circ\, 9'\, 23'',67,$$

wodurch

$$D = B - \dot{B},$$

ferner

$$5{,}634681 \cos(\varepsilon' + B') = 5{,}634679 \cos(\varepsilon' + \dot{B}) + 0{,}0065587 \sin(\varepsilon' + \dot{B}).$$

Hiernach setze ich

$$\varrho\varrho = \varrho_0 + \varrho_1,$$

wo

$$\begin{aligned}\varrho_0 = {} & 118{.}17751 - 99{,}10906 \cos(\varepsilon - \varepsilon' + B - \dot{B}) \\ & + 10{,}339059 \cos(\varepsilon + B) - 5{,}639466 \cos(\varepsilon' + \dot{B}),\\ \varrho_1 = {} & 0{.}1434397 \cos 2\varepsilon + 0{,}0313942 \cos 2\varepsilon' \\ & + 0{,}031343 \cos(\varepsilon + \varepsilon' + C) + 0{.}004787 \cos(\varepsilon' + \bar{B}) - 0{,}0065587 \sin(\varepsilon' + \dot{B}).\end{aligned}$$

Der zu entwickelnde Ausdruck wird dann

$$\frac{a}{\varrho} = \frac{a}{\sqrt{\varrho_0}} - \frac{1}{2}\frac{a\varrho_1}{\sqrt{\varrho_0^3}} + \frac{3}{8}\frac{a\varrho_1\varrho_1}{\sqrt{\varrho_0^5}}.$$

Für die übrigen Störungen wird der zweite Term

$$-\frac{1}{2}\frac{a\varrho_1}{\sqrt{\varrho_0^3}}$$

nur wenig in Betracht kommen, zu der grossen Ungleichheit aber trägt er noch bedeutend bei. Ich werde der Reihe nach diese beiden Terme untersuchen.

I. Theil der grossen Ungleichheit, welcher von $\frac{a}{\sqrt{\varrho_0}}$ herrührt.

Setzt man

$$\log\alpha = 0{,}9791630.3,$$
$$\log\alpha' = 0.7159203.6,$$
$$\log\Delta = 9{,}7342876.1,$$

so wird

$$\begin{aligned}\varrho_0 &= \alpha\alpha + \alpha'\alpha' + \Delta\Delta - 2\alpha\alpha'\cos(\varepsilon - \varepsilon' + B - B)\\ &\quad + 2\Delta\{\alpha\cos(\varepsilon + B) - \alpha'\cos(\varepsilon' + B)\} \qquad (1)\\ &= (\alpha - \alpha'\frac{r}{r'} + \Delta r)(\alpha - \alpha'\frac{r'}{r} + \frac{\Delta}{r}),\end{aligned}$$

wenn

$$r = \cos(\varepsilon + B) + \sqrt{-1}\sin(\varepsilon + B),$$
$$r' = \cos(\varepsilon' + B) + \sqrt{-1}\sin(\varepsilon' + B).$$

Der Coefficient von $\cos(\varepsilon' + B)$ war deshalb abgeändert worden, damit die Gleichung (1) angesetzt werden konnte; aber sollte dieses Nutzen bringen, so musste diese Änderung nur klein sein, um sich mit dem zweiten Theile von ϱ vereinigen zu können. Die Grössen

$$\alpha,\quad \alpha',\quad \Delta,\quad B,\quad B$$

sind annähernd die halben grossen Axen des Saturn und Jupiter, die Distanz der Mittelpunkte ihrer Bahnen und die Winkel, welche die Apsidenlinie des Saturn und Jupiter mit der diese Mittelpunkte verbindenden Linie bilden. Der Unterschied der Grössen α, α', ... von den genannten ist nur von der *zweiten* Ordnung.

Wenn ε, ν, e die excentrische Anomalie, die wahre Anomalie und die Excentricität eines Planeten bedeuten, so hat man, wenn c die Basis der natürlichen Logarithmen ist,

$$c^{\nu\sqrt{-1}} = \frac{c^{\varepsilon\sqrt{-1}} - f}{1 - fc^{\varepsilon\sqrt{-1}}}, \quad c^{\varepsilon\sqrt{-1}} = \frac{c^{\nu\sqrt{-1}} + f}{1 + fc^{\nu\sqrt{-1}}},$$

wo

$$f = \frac{e}{1 + \sqrt{1 - ee}}.$$

Ich will durch ähnliche Substitutionen die Winkel $\varepsilon + B$, $\varepsilon' + B$ transformiren. Man setze

$$c^{(\varepsilon+B)\sqrt{-1}} = \frac{c^{\eta\sqrt{-1}} - \beta}{1 - \beta c^{\eta\sqrt{-1}}}$$

oder

$$c^{\eta\sqrt{-1}} = \frac{c^{(\varepsilon+B)\sqrt{-1}} + \beta}{1 + \beta c^{(\varepsilon+B)\sqrt{-1}}},$$

und

$$c^{(\varepsilon'+B)\sqrt{-1}} = \frac{c^{\eta'\sqrt{-1}} - \beta'}{1 - \beta' c^{\eta'\sqrt{-1}}}$$

oder

$$c^{\eta'\sqrt{-1}} = \frac{c^{(\varepsilon'+B)\sqrt{-1}} + \beta'}{1 + \beta' c^{(\varepsilon'+B)\sqrt{-1}}}.$$

Wären also resp. $\varepsilon + B$, $\varepsilon' + B$ die wahren Anomalien und wären β und β' die Tangenten der halben Excentricitätswinkel, so würden η, η' die excentrischen Anomalien sein. Die Grössen β, β' bestimme ich so, dass man erhält

$$\text{(2)} \qquad a - a' c^{(\varepsilon-\varepsilon'+B-B')\sqrt{-1}} + A c^{(\varepsilon+B)\sqrt{-1}} = \frac{A - A' c^{(\eta-\eta')\sqrt{-1}}}{(1 - \beta c^{\eta\sqrt{-1}})(1 - \beta' c^{-\eta'\sqrt{-1}})}.$$

Setzt man

$$\sin h = \frac{A}{a - a'}, \quad \sin h' = \frac{A}{a + a'},$$

so finde ich

$$\beta = \frac{\sin\frac{1}{2}(h + h')}{\cos\frac{1}{2}(h - h')}, \quad A = a\frac{\cos h \cos h'}{\cos^2\frac{1}{2}(h - h')},$$

$$\beta' = \frac{\sin\frac{1}{2}(h - h')}{\cos\frac{1}{2}(h + h')}, \quad A' = a'\frac{\cos h \cos h'}{\cos^2\frac{1}{2}(h + h')}.$$

Ich bemerke noch die Relationen, die sich aus diesen Formeln ergeben,

$$\frac{A'}{A} = \frac{\beta'}{\beta}, \quad 1 - \beta\beta = \frac{A}{a}, \quad 1 - \beta'\beta' = \frac{A'}{a'},$$

$$A = \frac{\beta \Delta}{\operatorname{tg} h \operatorname{tg} h'}, \quad A' = \frac{\beta' \Delta}{\operatorname{tg} h \operatorname{tg} h'}, \quad \beta\beta - \beta'\beta' = \frac{A A' \operatorname{tg} h \operatorname{tg} h'}{a a'},$$

welche dazu dienen können, die Gleichung (2) zu beweisen. Aendert man in (2) das Zeichen von $\sqrt{-1}$ und multiplicirt beide Gleichungen, so erhält man zufolge (1)

$$\varrho_{\mathrm{u}} = \frac{AA - 2AA'\cos(\eta - \eta') + A'A'}{(1 - 2\beta\cos\eta + \beta\beta)(1 - 2\beta'\cos\eta' + \beta'\beta')},$$

und daher

$$(3) \qquad \frac{a}{\sqrt{\varrho_{\mathrm{u}}}} = \frac{a}{A} \frac{(1 - 2\beta\cos\eta + \beta\beta)^{\frac{1}{2}}(1 - 2\beta'\cos\eta' + \beta'\beta')^{\frac{1}{2}}}{\left(1 - 2\frac{A'}{A}\cos(\eta - \eta') + \frac{A'A'}{AA}\right)^{\frac{1}{2}}}.$$

An dieser Gleichung können, indem man für $\varepsilon + B$, $\varepsilon' + \bar{B}$ beliebige Werthe annimmt, sämmtliche gemachte Rechnungen controllirt werden.

Es sei

$$\frac{1}{\sqrt{1 - 2\frac{A'}{A}\cos(\eta - \eta') + \frac{A'A'}{AA}}} = P_0 + 2P_1\cos(\eta - \eta') + 2P_2\cos 2(\eta - \eta') + \cdots$$

$$= \Sigma P_i c^{i(\eta - \eta')\sqrt{-1}},$$

wenn man für i alle ganzen Zahlen von $-\infty$ bis $+\infty$ setzt und bemerkt, dass

$$P_{-i} = P_i.$$

Es sei ferner

$$c^{i\eta\sqrt{-1}}\{1 - 2\beta\cos\eta + \beta\beta\}^{\frac{1}{2}} = \Sigma(1 - \beta\beta) b^i_m c^{(i+m)(\varepsilon + B)\sqrt{-1}},$$

$$c^{i\eta'\sqrt{-1}}\{1 - 2\beta'\cos\eta' + \beta'\beta'\}^{\frac{1}{2}} = \Sigma(1 - \beta'\beta') b'^i_{m'} c^{(i+m')(\varepsilon' + \bar{B})\sqrt{-1}},$$

wo für m und m' ebenfalls alle ganzen Zahlen von $-\infty$ bis $+\infty$ zu setzen sind. Man hat demnach

$$(4) \qquad \frac{a}{\sqrt{\varrho_{\mathrm{u}}}} = \Sigma \frac{aA'}{aa'} P_i b^i_m b'^i_{m'} c^{[(i+m)(\varepsilon + B) - (i+m')(\varepsilon' + \bar{B})]\sqrt{-1}}.$$

Entwickelt man $\cos n\varepsilon$, $\sin n\varepsilon$ nach den Vielfachen der mittleren Anomalie, so werden die Coefficienten von $\cos\lambda\mu$, $\sin\lambda\mu$

$$\frac{1}{\pi}\int_0^{2\pi} \cos n\varepsilon \cos\lambda\mu \, d\mu, \quad \frac{1}{\pi}\int_0^{2\pi} \sin n\varepsilon \sin\lambda\mu \, d\mu,$$

oder durch partielle Integration

$$\frac{n}{\lambda}\frac{1}{\pi}\int_0^{2\pi}\sin n\varepsilon\sin\lambda\mu\,d\varepsilon,\quad \frac{n}{\lambda}\frac{1}{\pi}\int_0^{2\pi}\cos n\varepsilon\cos\lambda\mu\,d\varepsilon.$$

Es ist aber

$$\begin{aligned}\sin n\varepsilon\sin\lambda\mu &= \sin n\varepsilon\sin(\lambda\varepsilon-\lambda e\sin\varepsilon)\\ &= \tfrac{1}{2}\cos\{(\lambda-n)\varepsilon-\lambda e\sin\varepsilon\}-\tfrac{1}{2}\cos\{(\lambda+n)\varepsilon-\lambda e\sin\varepsilon\},\\ \cos n\varepsilon\cos\lambda\mu &= \cos n\varepsilon\cos(\lambda\varepsilon-\lambda e\sin\varepsilon)\\ &= \tfrac{1}{2}\cos\{(\lambda-n)\varepsilon-\lambda e\sin\varepsilon\}+\tfrac{1}{2}\cos\{(\lambda+n)\varepsilon-\lambda e\sin\varepsilon\}.\end{aligned}$$

Setzt man daher mit Bessel

$$I_k^i=\frac{1}{2\pi}\int_0^{2\pi}\cos(i\varepsilon-k\sin\varepsilon)\,d\varepsilon=\frac{(\frac{1}{2}k)^i}{\Pi(i)}\left\{1-\frac{(\frac{1}{2}k)^2}{i+1}+\frac{(\frac{1}{2}k)^4}{1.2.(i+1)(i+2)}-\cdots\right\},$$

so werden in der Entwickelung von $\cos n\varepsilon$, $\sin n\varepsilon$ die Coefficienten von $\cos\lambda\mu$, $\sin\lambda\mu$

$$\frac{n}{\lambda}(I_{\lambda e}^{\lambda-n}-I_{\lambda e}^{\lambda+n}),\quad \frac{n}{\lambda}(I_{\lambda e}^{\lambda-n}+I_{\lambda e}^{\lambda+n}).$$

Man hat demnach

$$e^{n\varepsilon\sqrt{-1}}=\Sigma\frac{n}{\lambda}I_{\lambda e}^{\lambda-n}e^{\lambda\mu\sqrt{-1}}-\Sigma\frac{n}{\lambda}I_{\lambda e}^{\lambda+n}e^{-\lambda\mu\sqrt{-1}}.$$

In dieser Formel sind aber für λ nur die positiven Werthe zu setzen.

Bemerkt man die Gleichungen

$$I_k^{-i}=(-1)^i I_k^i,\quad I_{-k}^i=(-1)^i I_k^i,\quad I_{-k}^{-i}=I_k^i,$$

so hat man, wenn man für λ die ganzen Zahlen von $-\infty$ bis $+\infty$ setzt,

$$e^{n\varepsilon\sqrt{-1}}=\Sigma\frac{n}{\lambda}I_{\lambda e}^{\lambda-n}e^{\lambda\mu\sqrt{-1}},$$

oder, wenn man $n+\lambda$ für λ schreibt,

$$(5)\qquad e^{n\varepsilon\sqrt{-1}}=\Sigma\frac{n}{n+\lambda}I_{(n+\lambda)e}^{\lambda}e^{(n+\lambda)\mu\sqrt{-1}}.$$

Wenn $n+\lambda=0$, so muss der entsprechende Term besonders bestimmt werden; wir haben aber diesen Fall hier nicht zu betrachten.

Aus der vorstehenden Formel ergiebt sich

$$e^{(i+m)(\varepsilon+B)\sqrt{-1}}=\Sigma\frac{i+m}{i+m+\lambda}I_{(i+m+\lambda)e}^{\lambda}e^{[(i+m+\lambda)\mu+(i+m)B]\sqrt{-1}}$$

und eben so

$$e^{-(i+m')(\varepsilon'+\bar{B})\sqrt{-1}}=\Sigma\frac{i+m'}{i+m'+\lambda'}I_{(i+m'+\lambda')e'}^{\lambda'}e^{-[(i+m'+\lambda')\mu'+(i+m')\bar{B}]\sqrt{-1}}.$$

Für die grosse Ungleichheit hat man nur diejenigen Terme zu betrachten, in welchen gleichzeitig

$$i+m+\lambda = 5, \qquad i+m'+\lambda' = 2,$$

oder

$$i+m+\lambda = -5, \quad i+m'+\lambda' = -2.$$

Man kann statt dessen nur den einen dieser Fälle betrachten und erhält dann den anderen durch die Veränderung des Zeichens von $\sqrt{-1}$. Es reicht also hin, den einen dieser Fälle zu betrachten und den reellen Theil der aus ihm hervorgehenden imaginären Grösse zu verdoppeln.

Setzt man

$$\lambda = 5-i-m, \quad \lambda' = 2-i-m',$$

und substituirt man die vorstehenden Formeln in (4), so erhält man

$$(6) \quad \Sigma \frac{aA'}{aa'} P_i \frac{(i+m)(i+m')}{10} b_m^i \, b_{m'}^{\prime i} \, I_{5e}^{5-i-m} \, I_{2e'}^{2-i-m'} \, c^{[(5\mu-2\mu'+(i+m)B-(i+m')\dot{B})\sqrt{-1}}.$$

Man setze

$$(i+m)\, I_{5e}^{5-i-m} \cos(i+m)B = G_{5-i-m},$$
$$(i+m')\, I_{2e'}^{2-i-m'} \cos(i+m')\bar{B} = G'_{2-i-m'},$$
$$(i+m)\, I_{5e}^{5-i-m} \sin(i+m)B = H_{5-i-m},$$
$$(i+m')\, I_{2e'}^{2-i-m'} \sin(i+m')\dot{B} = H'_{2-i-m'},$$

ferner für ein gegebenes i

$$\Sigma G_{5-i-m}\, b_m^i = F_i \cos f_i,$$
$$\Sigma H_{5-i-m}\, b_m^i = F_i \sin f_i,$$
$$\Sigma G'_{2-i-m'}\, b_{m'}^{\prime i} = F'_i \cos f'_i,$$
$$\Sigma H'_{2-i-m'}\, b_{m'}^{\prime i} = F'_i \sin f'_i,$$

wo die beiden ersten Summen sich auf alle Werthe von m, die letzten beiden auf alle Werthe von m' erstrecken, so erhält man

$$\Sigma \frac{aA'}{5aa'} P_i F_i F'_i \cos\{5\mu - 2\mu' + f_i - f'_i\}.$$

Setzt man daher endlich

$$\Sigma P_i F_i F'_i \cos(f_i - f'_i) = K,$$
$$\Sigma P_i F_i F'_i \sin(f_i - f'_i) = L,$$

so wird der in Rede stehende Term

$$\frac{aA'}{5aa'}K\cos(2\mu'-5\mu)+\frac{aA'}{5aa'}L\sin(2\mu'-5\mu).$$

Es sind jetzt die Werthe von i, m, m' zu untersuchen, für welche die davon abhängigen Terme eine merkliche Grösse erhalten, und sodann sind die zur Berechnung der Transcendenten

$$P_i,\quad b_m^i,\quad b_m'^i$$

dienenden Vorschriften mitzutheilen.

Um eine Uebersicht über die Grösse der hier vorkommenden vielen Terme zu haben, will ich annehmen, dass, wenn m eine positive Zahl ist, die Grössen

$$b_{\pm m}^i,\quad b_{\pm m}'^i,\quad I_{5e}^{\pm m},\quad I_{2e'}^{\pm m}$$

von der m^{ten} Ordnung sind, weil sie resp. die Factoren β^m, β'^m, $\left(\frac{5e}{2}\right)^m$, e'^m haben. Es wird demnach der allgemeine Term in (6) von der Ordnung

$$(m)+(5-i-m)+(m')+(2-i-m'),$$

wenn man durch das Einschliessen in Klammern andeutet, dass immer der absolute positive Werth zu nehmen ist.

Es sei p eine positive Zahl, so kann

$$(m)+(p-m)$$

niemals kleiner als p werden und von p an nur immer um eine gerade Zahl wachsen. Denn so lange $p-m$ um m kleiner wird als p, fügt der Term (m) wieder eben so viel hinzu. Es ist daher $(m)+(p-m)$ genau gleich p, so lange m die Werthe

$$0,\ 1,\ 2,\ \ldots,\ p$$

annimmt. Wird $m>p$, also

$$m=p+q,$$

wo q positiv, so wird

$$(m)+(p-m)=(m)+(m-p)=p+2q.$$

Wird m negativ

$$m=-q,$$

so wird ebenfalls

$$(m)+(p-m)=(-m)+(p-m)=p+2q.$$

Es wird also, wenn p eine positive Zahl ist, die Grösse

$$(m)+(p-m)$$

den Werth p annehmen, wenn

$$m=0,\ 1,\ 2,\ \ldots,\ p$$

ist, und es wird dieselbe Grösse immer um 2 wachsen, wenn m von 0 an um 1 abnimmt, oder von p an um 1 wächst. Schreibt man $-m$ statt m, so kann man auch sagen, dass die Grösse

$$(m)+(p+m)$$

den Werth p annimmt, wenn

$$m=0,\ -1,\ -2,\ \ldots,\ -p$$

ist, und immer um 2 wächst, wenn m von $-p$ an um 1 abnimmt, oder von 0 an um 1 wächst. Nach dem Vorhergehenden ist, m und p mag positiv oder negativ sein, immer (p) der kleinste Werth, welchen die Grösse

$$(m)+(p\pm m)$$

erhalten kann.

Es sei N der kleinste Werth, den für ein gegebenes i die Grösse

$$(m)+(5-i-m)+(m')+(2-i-m')$$

annehmen kann, so wird, wenn

$$i=1,\ 0,\ -1,\ -2,\ \ldots,\ \text{resp.}\ \ N=5,\ 7,\ 9,\ 11,\ \ldots;$$

wenn

$$i=2,\ 3,\ 4,\ 5,\ \ \text{immer}\ \ N=3;$$

wenn

$$i=6,\ 7,\ 8,\ 9,\ \ldots,\ \text{resp.}\ \ N=5,\ 7,\ 9,\ 11,\ \ldots$$

Will man daher die Grössen bis zur *fünften* Ordnung vollständig haben, so nimmt i die Werthe

$$i=1,\ 2,\ 3,\ 4,\ 5,\ 6$$

an, und es werden m und m' in diesen 6 Fällen

$i=1$; $m=0, 1, 2, 3, 4$; $m'=0, 1$;
$i=2$; $m=-1, 0, 1, 2, 3, 4$; $m'=-1, 0, 1$;
$i=3$; $m=-1, 0, 1, 2, 3$; $m'=-2, -1, 0, 1$;
$i=4$; $m=-1, 0, 1, 2$; $m'=-3, -2, -1, 0, 1$;
$i=5$; $m=-1, 0, 1$; $m'=-4, -3, -2, -1, 0, 1$;
$i=6$; $m=-1, 0$; $m'=-4, -3, -2, -1, 0$.

Diese Combinationen geben ausser den Termen der fünften Ordnung noch den grössten Theil der Terme der siebenten Ordnung. Wollte man die Terme bis zur siebenten Ordnung vollständig haben, so hätte man nur die Zahlenwerthe von m und m' vorn und hinten noch um 1 zu vermehren und die Combinationen

$$
\begin{aligned}
&i=0: \quad m=0,\ 1,\ 2,\ 3,\ 4,\ 5: \quad m'=0,\ 1,\ 2,\\
&i=7: \quad m=-2,\ -1,\ 0: \quad m'=-5,\ -4,\ -3,\ -2,\ -1,\ 0
\end{aligned}
$$

hinzuzufügen. Aber bei der ausserordentlich schnellen Abnahme der Terme höherer Ordnung würde kaum die eine oder die andere dieser Combinationen Terme von merklicher Grösse mehr geben, wie man durch den blossen Anblick erkennt, wenn man die Zahlengrössen vor Augen hat.

Man sieht aus dem Schema der Werthe von i, m, m', dass die Zahlen $i+m$ und $i+m'$ nur die Werthe

$$1,\quad 2,\quad 3,\quad 4,\quad 5,\quad 6$$

annehmen. Diesem entsprechend wird

$$
\begin{aligned}
5-i-m &= 4,\quad 3,\quad 2,\quad 1,\quad 0\quad -1,\\
2-i-m' &= 1,\quad 0,\quad -1,\quad -2,\quad -3,\quad -4.
\end{aligned}
$$

Man hat daher die Grössen zu berechnen

$$
\begin{aligned}
I_{5e}^{4} \cos B &= G_4\,, & I_{5e}^{4} \sin B &= H_4\,,\\
2 I_{5e}^{3} \cos 2B &= G_3\,, & 2 I_{5e}^{3} \sin 2B &= H_3\,.\\
3 I_{5e}^{2} \cos 3B &= G_2\,, & 3 I_{5e}^{2} \sin 3B &= H_2\,,\\
4 I_{5e}^{1} \cos 4B &= G_1\,, & 4 I_{5e}^{1} \sin 4B &= H_1\,,\\
5 I_{5e}^{0} \cos 5B &= G_0\,, & 5 I_{5e}^{0} \sin 5B &= H_0\,,\\
-6 I_{5e}^{1} \cos 6B &= G_{-1}, & -6 I_{5e}^{1} \sin 6B &= H_{-1},
\end{aligned}
$$

$$
\begin{aligned}
I_{2e'}^{1} \cos B &= G'_1\,, & I_{2e'}^{1} \sin B &= H'_1\,,\\
2 I_{2e'}^{0} \cos 2B &= G'_0\,, & 2 I_{2e'}^{0} \sin 2B &= H'_0\,,\\
-3 I_{2e'}^{1} \cos 3B &= G'_{-1}, & -3 I_{2e'}^{1} \sin 3B &= H'_{-1},\\
4 I_{2e'}^{2} \cos 4B &= G'_{-2}, & 4 I_{2e'}^{2} \sin 4B &= H'_{-2},\\
-5 I_{2e'}^{3} \cos 5B &= G'_{-3}, & -5 I_{2e'}^{3} \sin 5B &= H'_{-3},\\
6 I_{2e'}^{4} \cos 6B &= G'_{-4}, & 6 I_{2e'}^{4} \sin 6B &= H'_{-4}.
\end{aligned}
$$

Dann wird

$$\begin{aligned}
&G_4 b_0^1 + G_3 b_1^1 + G_2 b_2^1 + G_1 b_3^1 + G_0 b_4^1 &&= F_1 \cos f_1, \\
&H_4 b_0^1 + H_3 b_1^1 + H_2 b_2^1 + H_1 b_3^1 + H_0 b_4^1 &&= F_1 \sin f_1, \\
&G_4 b_{-1}^2 + G_3 b_0^2 + G_2 b_1^2 + G_1 b_2^2 + G_0 b_3^2 + G_{-1} b_4^2 &&= F_2 \cos f_2. \\
&H_4 b_{-1}^2 + H_3 b_0^2 + H_2 b_1^2 + H_1 b_2^2 + H_0 b_3^2 + H_{-1} b_4^2 &&= F_2 \sin f_2, \\
&G_3 b_{-1}^3 + G_2 b_0^3 + G_1 b_1^3 + G_0 b_2^3 + G_{-1} b_3^3 &&= F_3 \cos f_3, \\
&H_3 b_{-1}^3 + H_2 b_0^3 + H_1 b_1^3 + H_0 b_2^3 + H_{-1} b_3^3 &&= F_3 \sin f_3, \\
&G_2 b_{-1}^4 + G_1 b_0^4 + G_0 b_1^4 + G_{-1} b_2^4 &&= F_4 \cos f_4, \\
&H_2 b_{-1}^4 + H_1 b_0^4 + H_0 b_1^4 + H_{-1} b_2^4 &&= F_4 \sin f_4, \\
&G_1 b_{-1}^5 + G_0 b_0^5 + G_{-1} b_1^5 &&= F_5 \cos f_5, \\
&H_1 b_{-1}^5 + H_0 b_0^5 + H_{-1} b_1^5 &&= F_5 \sin f_5, \\
&G_0 b_{-1}^6 + G_{-1} b_0^6 &&= F_6 \cos f_6, \\
&H_0 b_{-1}^6 + H_{-1} b_0^6 &&= F_6 \sin f_6;
\end{aligned}$$

ferner

$$\begin{aligned}
&G'_1 b'^1_0 + G'_0 b'^1_1 &&= F'_1 \cos f'_1, \\
&H'_1 b'^1_0 + H'_0 b'^1_1 &&= F'_1 \sin f'_1, \\
&G'_1 b'^2_{-1} + G'_0 b'^2_0 + G'_{-1} b'^2_1 &&= F'_2 \cos f'_2, \\
&H'_1 b'^2_{-1} + H'_0 b'^2_0 + H'_{-1} b'^2_1 &&= F'_2 \sin f'_2, \\
&G'_1 b'^3_{-2} + G'_0 b'^3_{-1} + G'_{-1} b'^3_0 + G'_{-2} b'^3_1 &&= F'_3 \cos f'_3. \\
&H'_1 b'^3_{-2} + H'_0 b'^3_{-1} + H'_{-1} b'^3_0 + H'_{-2} b'^3_1 &&= F'_3 \sin f'_3. \\
&G'_1 b'^4_{-3} + G'_0 b'^4_{-2} + G'_{-1} b'^4_{-1} + G'_{-2} b'^4_0 + G'_{-3} b'^4_1 &&= F'_4 \cos f'_4, \\
&H'_1 b'^4_{-3} + H'_0 b'^4_{-2} + H'_{-1} b'^4_{-1} + H'_{-2} b'^4_0 + H'_{-3} b'^4_1 &&= F'_4 \sin f'_4, \\
&G'_1 b'^5_{-4} + G'_0 b'^5_{-3} + G'_{-1} b'^5_{-2} + G'_{-2} b'^5_{-1} + G'_{-3} b'^5_0 + G'_{-4} b'^5_1 &&= F'_5 \cos f'_5, \\
&H'_1 b'^5_{-4} + H'_0 b'^5_{-3} + H'_{-1} b'^5_{-2} + H'_{-2} b'^5_{-1} + H'_{-3} b'^5_0 + H'_{-4} b'^5_1 &&= F'_5 \sin f'_5, \\
&G'_0 b'^6_{-4} + G'_{-1} b'^6_{-3} + G'_{-2} b'^6_{-2} + G'_{-3} b'^6_{-1} + G'_{-4} b'^6_0 &&= F'_6 \cos f'_6. \\
&H'_0 b'^6_{-4} + H'_{-1} b'^6_{-3} + H'_{-2} b'^6_{-2} + H'_{-3} b'^6_{-1} + H'_{-4} b'^6_0 &&= F'_6 \sin f'_6.
\end{aligned}$$

Hat man alle diese Grössen berechnet *), so wird

*) was von der Mitte aus nach beiden Enden geschieht, indem man die nach deutlichen Gesetzen fortschreitenden Terme so lange hinzusetzt, als sie noch Einfluss auf die letzte Ziffer haben, die man richtig haben will.

$$P_1F_1F_1'\cos(f_1-f_1')+\cdots+P_6F_6F_6'\cos(f_6-f_6') = K,$$
$$P_1F_1F_1'\sin(f_1-f_1')+\cdots+P_6F_6F_6'\sin(f_6-f_6') = L$$

und

$$\frac{aA'}{5aa'}K\cos(2\mu'-5\mu)+\frac{aA'}{5aa'}L\sin(2\mu'-5\mu)$$

der gesuchte Term. Es ist nun zu zeigen, wie die Grössen

$$P_i,\quad b_m^i,\quad b_{m'}^{i'}$$

auf eine leichte Art berechnet werden können.

Berechnung der Grössen P_i.

Es sei $\frac{A'}{A} = p$, so hat man

$$\frac{1}{\sqrt{1-2p\cos(\eta-\eta')+pp}} = P_0+2P_1\cos(\eta-\eta')+2P_2\cos 2(\eta-\eta')+\cdots$$

Die Grössen P hat man bis zu P_6 zu berechnen; aber für die anderen Störungen muss man sie, wenn auch nicht mit gleicher Genauigkeit, bis P_9 kennen.

Zwischen je drei auf einander folgenden Grössen P hat man die Gleichung

$$0 = (2i-1)P_{i-1}-2i\frac{1+pp}{p}P_i+(2i+1)P_{i+1}.$$

Man setze

$$(1)\qquad P_i = \frac{1.3.5\ldots(2i-1)}{2.4.6\ldots 2i}\left(\frac{p}{1+pp}\right)^i Q_i,$$

so wird

$$0 = Q_{i-1}-Q_i+\frac{(2i+1)^2}{2i(2i+2)}\frac{pp}{(1+pp)^2}Q_{i+1}.$$

Setzt man daher

$$\frac{Q_{i-1}}{Q_i} = R_i,\quad \frac{(2i+1)^2}{2i(2i+2)}\frac{pp}{(1+pp)^2} = k_i,$$

so hat man

$$(2)\qquad R_i = 1-\frac{k_i}{R_{i+1}}.$$

Man hat

$$Q_i = \frac{(1+pp)^i}{(1-pp)^i}\left\{1-\frac{1^2}{2.(2i+2)}\frac{pp}{1-pp}+\frac{1^2.3^2}{2.4.(2i+2)(2i+4)}\left(\frac{pp}{1-pp}\right)^2-\cdots\right\},$$

also

$$R_{10} = \frac{Q_9}{Q_{10}} = \frac{1}{1+pp}\,\frac{1-\frac{1}{40}\frac{pp}{1-pp}+\cdots}{1-\frac{1}{44}\frac{pp}{1-pp}+\cdots},$$

oder näherungsweise

$$R_{10} = \frac{1}{1+pp}\left\{1 - \frac{1}{400}\,\frac{pp}{1-pp}\right\}.\,^{*)}$$

Für unseren Fall ist ungefähr

$$pp = 0{,}3,$$

man begeht also einen Fehler kleiner als $\frac{1}{1000}$, wenn man setzt

$$R_{10} = \frac{1}{1+pp}.$$

Dieser Fehler wird für jedes vorhergehende R, welches man durch die Formel

$$R_i = 1 - \frac{k_i}{R_{i+1}}$$

berechnet, im Verhältniss von k_i, welches ungefähr 0,18 ist, verringert. Man bekommt daher für unsere Bedürfnisse mit vollkommener Genauigkeit

$$R_{10} = \frac{1}{1+pp}, \quad R_9 = 1 - \frac{k_9}{R_{10}}, \quad R_8 = 1 - \frac{k_8}{R_9}, \quad \ldots, \quad R_1 = 1 - \frac{k_1}{R_2}.$$

Um die Logarithmen von k_i zu finden, hat man nur die geraden Stellen in der Reihe der zweiten Differenzen der gewöhnlichen Logarithmen der natürlichen Zahlen zu nehmen und zu $\log\frac{pp}{(1+pp)^2}$ zu addiren.

Es wird ferner das arithmetisch-geometrische Mittel von 1 und $\sqrt{1-pp}$ zu berechnen sein, welches der Grösse $\frac{1}{Q_0}$ gleich ist.

Hiernach findet man

$$Q_1 = \frac{Q_0}{R_1}, \quad Q_2 = \frac{Q_1}{R_2}, \quad \ldots, \quad Q_9 = \frac{Q_8}{R_9}.$$

Um die Rechnung zu prüfen, kann man den Werth von Q_6 auch durch die Reihe

$$Q_6 = \frac{(1+pp)^6}{(1-pp)^{\frac{1}{2}}}\left\{1 - \frac{1}{28}\,\frac{pp}{1-pp} + \frac{9}{28.64}\left(\frac{pp}{1-pp}\right)^2 - \frac{25}{28.64.12}\left(\frac{pp}{1-pp}\right)^3 + \cdots\right\}$$

berechnen. Die Grössen P_i endlich findet man durch die Gleichung (1).

Für die Grössen

$$1.2.3\ldots i; \quad \frac{1.3\ldots(2i-1)}{2.2\ldots2}; \quad \frac{1.3\ldots(2i-1)}{2.4\ldots2i},$$

---

*) In dieser Formel liegt der Grund der vortheilhaften Anwendung des Kettenbruchs.

welche häufig vorkommen, kann man sich eine kleine Tabelle bis $i = 10$ bilden (wozu **Degen's** *Tabularum Enneas etc.* benutzt werden kann), um durch Addition der Logarithmen keine Ungenauigkeit zu erzeugen.

Berechnung und Eigenschaften der Grössen b_m^i, $b_{m'}^{i'}$.

Die Grössen b_m^i werden durch die Gleichung

$$c^{i\eta\sqrt{-1}}\{1 - 2\beta\cos\eta + \beta\beta\}^{\frac{1}{2}} = (1-\beta\beta)\Sigma b_m^i c^{(i+m)(\varepsilon+B)\sqrt{-1}}$$

definirt, in der das Σ-Zeichen sich bloss auf m bezieht.

Es ist aber, wenn man wieder setzt

$$c^{(\varepsilon+B)\sqrt{-1}} = r,$$

$$\frac{(1-2\beta\cos\eta+\beta\beta)^{\frac{1}{2}}}{1-\beta\beta} = \frac{1}{\{(1+\beta r)(1+\beta\frac{1}{r})\}^{\frac{1}{2}}} = \frac{r^{\frac{1}{2}}}{\{(1+\beta r)(r+\beta)\}^{\frac{1}{2}}},$$

$$c^{i\eta\sqrt{-1}} = \left(\frac{r+\beta}{1+\beta r}\right)^i,$$

und daher

$$(1) \qquad \frac{r^{\frac{1}{2}}(r+\beta)^{\frac{1}{2}(2i-1)}}{(1+\beta r)^{\frac{1}{2}(2i+1)}} = \Sigma b_m^i r^{i+m},$$

oder

$$(2) \qquad \frac{(r+\beta)^{\frac{1}{2}(2i-1)}}{(1+\beta r)^{\frac{1}{2}(2i+1)}} = \Sigma b_m^i r^{\frac{2i+2m-1}{2}}.$$

Der Ausdruck (1) bleibt ungeändert, wenn man gleichzeitig r^{-1}, $-i$ für r, i setzt. Man hat daher

$$\Sigma b_m^i r^{i+m} = \Sigma b_{-m}^{-i} r^{i+m},$$

also

$$(3) \qquad b_m^i = b_{-m}^{-i}.$$

Man sieht leicht, dass b_m^i eine gerade oder ungerade Function von β ist, je nachdem m gerade oder ungerade ist; wenn man also $-\beta$ für β setzt, geht b_m^i über in $(-1)^m\, b_m^i$. Die Relation zwischen den Winkeln $\varepsilon + B$, η und der Grösse β ist so beschaffen, dass man die Winkel vertauschen kann, wenn man gleichzeitig $-\beta$ für β schreibt.

Man hat daher gleichzeitig

$$(4)\qquad \frac{c^{i\eta\sqrt{-1}}}{\sqrt{1+2\beta\cos(\varepsilon+B)+\beta\beta}} = \Sigma b^i_m c^{(i+m)(\varepsilon+B)\sqrt{-1}},$$

$$(5)\qquad \frac{c^{i(\varepsilon+B)\sqrt{-1}}}{\sqrt{1-2\beta\cos\eta+\beta\beta}} = \Sigma(-1)^m b^i_m c^{(i+m)\eta\sqrt{-1}}.$$

Die Grösse b^i_m kann man durch das Integral definiren

$$b^i_m = \frac{1}{2\pi}\int_0^{2\pi}\frac{c^{[i\eta-(i+m)(\varepsilon+B)]\sqrt{-1}}}{\sqrt{1+2\beta\cos(\varepsilon+B)+\beta\beta}}\,d\varepsilon.$$

Es ist aber

$$\frac{d\varepsilon}{\sqrt{1+2\beta\cos(\varepsilon+B)+\beta\beta}} = \frac{d\eta}{\sqrt{1-2\beta\cos\eta+\beta\beta}},$$

daher

$$b^i_m = \frac{1}{2\pi}\int_0^{2\pi}\frac{c^{[i\eta-(i+m)(\varepsilon+B)]\sqrt{-1}}}{\sqrt{1-2\beta\cos\eta+\beta\beta}}\,d\eta,$$

und wegen (5), wenn man darin $-(i+m)$ für i setzt,

$$(6)\qquad b^i_m = (-1)^m b^{-(i+m)}_m \quad \text{oder} \quad b^i_m = (-1)^m b^{i+m}_{-m}.$$

Die Gleichung (6) dient dazu, alle Grössen b^i_m auf solche zu reduciren, in welchen m positiv und i zwischen $-\frac{1}{2}m$ und $+\infty$ liegt. Wegen (6) kann man in den obigen, für $F_i\cos f_i$, $F_i\sin f_i$ gegebenen Formeln für

$$b^2_{-1},\quad b^3_{-1},\quad b^4_{-1},\quad b^5_{-1},\quad b^6_{-1}$$

schreiben

$$-b^1_1,\quad -b^2_1,\quad -b^3_1,\quad -b^4_1,\quad -b^5_1.$$

Aus (1) folgt

$$(r+\beta)\Sigma b^i_m r^{i+m} = (1+\beta r)\Sigma b^{i+1}_m r^{i+1+m},$$

daher

$$(7)\qquad b^i_{m-1}+\beta b^i_m = b^{i+1}_{m-1}+\beta b^{i+1}_{m-2}.$$

Differentiirt man die Gleichung (2)

$$\frac{(r+\beta)^{\frac{1}{2}(2i-1)}}{(1+\beta r)^{\frac{1}{2}(2i+1)}} = \Sigma b^i_m r^{\frac{2i+2m-1}{2}},$$

und multiplicirt man dann mit $1+\beta r$, so erhält man

$$\frac{2i-1}{2}\Sigma b^{i-1}_m r^{\frac{2i+2m-3}{2}} - \frac{2i+1}{2}\beta\Sigma b^i_m r^{\frac{2i+2m-1}{2}} = (1+\beta r)\Sigma\frac{2i+2m-1}{2} b^i_m r^{\frac{2i+2m-3}{2}},$$

und hieraus

$$(2i-1)b_m^{i-1}-(2i+1)\beta b_{m-1}^i=(2i+2m-1)b_m^i+(2i+2m-3)\beta b_{m-1}^i,$$

oder

$$(8)\qquad (2i+2m-1)b_m^i=(2i-1)b_m^{i-1}-2(2i+m-1)\beta b_{m-1}^i.$$

Setzt man in dieser Gleichung $m=0$ und bemerkt, dass nach (6)

$$b_{-1}^i=-b_1^{i-1},$$

so erhält man

$$(9)\qquad b_0^i=b_0^{i-1}+2\beta b_1^{i-1}.$$

Die Gleichungen (8) und (9) zeigen, wie man aus

$$b_0^{i-1},\quad b_1^{i-1},\quad b_2^{i-1},\quad \ldots,\quad b_m^{i-1}$$

die Grössen

$$b_0^i,\quad b_1^i,\quad b_2^i,\quad \ldots,\quad b_m^i$$

nach und nach berechnen kann. Die Grössen b_m^0 sind nichts, als die Entwickelungscoefficienten des Ausdrucks

$$\frac{1}{\sqrt{1+\beta(r+\frac{1}{r})+\beta\beta}}=\Sigma b_m^0 r^m,$$

die nach derselben Methode, wie die Grössen P_i, berechnet werden können.

Setzt man

$$b_m^i=\beta^m \mathfrak{b}_m^i,$$

so hat man

$$\mathfrak{b}_0^i=\mathfrak{b}_0^{i-1}+2\beta\beta\mathfrak{b}_1^{i-1}$$

und kann dann die Grössen $\mathfrak{b}_m^i$ aus $\mathfrak{b}_m^{i-1}$ mittelst der Gleichung

$$(10)\qquad (2i+2m-1)(\mathfrak{b}_m^i+\mathfrak{b}_{m-1}^i)=(2i-1)(\mathfrak{b}_m^{i-1}-\mathfrak{b}_{m-1}^i).$$

wenn man will, ohne alle Logarithmen berechnen.

Hätte man nach der Differentiation mit $r+\beta$ multiplicirt, so würde man erhalten haben

$$\frac{2i-1}{2}\Sigma b_m^i r^{\frac{2i+2m-1}{2}}-\frac{2i+1}{2}\beta\Sigma b_m^{i+1} r^{\frac{2i+2m+1}{2}}=(r+\beta)\Sigma\frac{2i+2m-1}{2}b_m^i r^{\frac{2i+2m-3}{2}},$$

oder

$$(2i-1)b_m^i-(2i+1)\beta b_{m-1}^{i+1}=(2i+2m-1)b_m^i+(2i+2m+1)\beta b_{m+1}^i,$$

oder

$$(11)\qquad 0=(2i+1)\beta b_{m-1}^{i+1}+2m b_m^i+(2i+2m+1)\beta b_{m+1}^i$$

und mehrere andere Relationen.

Weil die beiden Grössen β, welche wir brauchen, sehr klein sind, nämlich

$$\beta = 0{,}08, \quad \beta' = 0{,}04,$$

so wird man es vielleicht vorziehen, die directe und unabhängige Reihenentwickelung anzuwenden. Man setze mit Gauss

$$1 + \frac{\alpha.\beta}{1.\gamma} x + \frac{\alpha(\alpha+1).\beta(\beta+1)}{1.2.\gamma(\gamma+1)} xx + \cdots = F(\alpha, \beta, \gamma, x).$$

Von dieser Reihe hat Euler die beiden Hauptumformungen gefunden:

$$F(\alpha, \beta, \gamma, x) = (1-x)^{-\alpha} F(\alpha, \gamma-\beta, \gamma, -\frac{x}{1-x}) = (1-x)^{\gamma-\alpha-\beta} F(\gamma-\alpha, \gamma-\beta, \gamma, x).$$

Wenn m positiv ist, auf welchen Fall man den anderen vermittelst (6) zurückführt, findet man, wenn man

$$b^i_m = (-1)^m \frac{2i+1}{2} \cdot \frac{2i+3}{4} \cdots \frac{2i+2m-1}{2m} \beta^m B^i_m$$

setzt,

$$B^i_m = F(-\frac{2i-1}{2}, \frac{2i+2m+1}{2}, m+1, \beta\beta)$$

$$= (1-\beta\beta)^{\frac{2i-1}{2}} F(-\frac{2i-1}{2}, -\frac{2i-1}{2}, m+1, -\frac{\beta\beta}{1-\beta\beta})$$

$$= (1-\beta\beta)^{-\frac{2i+2m+1}{2}} F(\frac{2i+2m+1}{2}, \frac{2i+2m+1}{2}, m+1, -\frac{\beta\beta}{1-\beta\beta}).$$

Für die hier vorkommenden Fälle ist i positiv, es wird daher der zweite Ausdruck mit Vortheil gebraucht werden:

$$B^i_m = (1-\beta\beta)^{\frac{2i-1}{2}} \left\{1 - \frac{(2i-1)^2}{2.(2m+2)} \frac{\beta\beta}{1-\beta\beta} + \frac{(2i-1)^2(2i-3)^2}{2.4.(2m+2)(2m+4)} \left(\frac{\beta\beta}{1-\beta\beta}\right)^2 + \cdots\right\},$$

welche Reihe, wie man sieht, für $\beta = 0{,}08$, $\beta' = 0{,}04$, wenigstens für nicht sehr grosse Werthe von i, rasch convergirt. Die Logarithmen der hier vorkommenden Zahlencoefficienten

$$\frac{2i+1}{2} \cdot \frac{2i+3}{4} \cdots \frac{2i+2m-1}{2m}$$

kann man ein für alle Male genau berechnen und in eine Tabelle bringen, weil sie häufig gebraucht werden. Bei der Berechnung aller Hülfsgrössen, die hier vorkommen, müssen ihre Logarithmen oder eine bestimmte Zahl von Ziffern der Grössen selbst genau berechnet werden.

II. Theil der grossen Ungleichheit, welcher von $-\frac{1}{2}\frac{a\varrho_1}{\sqrt{\varrho_0^3}}$ herrührt.

Es ist

$$\frac{1}{\sqrt{\varrho_0^3}} = \frac{(1-2\beta\cos\eta+\beta\beta)^{\frac{3}{2}}(1-2\beta'\cos\eta'+\beta'\beta')^{\frac{3}{2}}}{A^3\{1-2p\cos(\eta-\eta')+pp\}^{\frac{3}{2}}}.$$

Es sei

$$\frac{1}{\{1-2p\cos(\eta-\eta')+pp\}^{\frac{3}{2}}} = P_0'+2P_1'\cos(\eta-\eta')+2P_2'\cos 2(\eta-\eta')+\cdots$$
$$= \Sigma P_i' e^{i(\eta-\eta')\sqrt{-1}}.$$

Die Grössen P_i' kann man aus den bereits berechneten Grössen P_i durch folgende von Legendre angegebene Formeln berechnen:

$$P_0' = \frac{(1+pp)P_0-2pP_1}{(1-pp)^2},$$
$$P_i' = \frac{(2i+1)(2i-1)}{2i}\frac{p}{(1-pp)^2}\{P_{i-1}-P_{i+1}\},$$

oder man kann auch immer zwei auf einmal durch die Formeln finden:

$$P_i'+P_{i+1}' = \frac{2i+1}{(1-p)^2}(P_i-P_{i+1}),$$
$$P_i'-P_{i+1}' = \frac{2i+1}{(1+p)^2}(P_i+P_{i+1}),$$

welche jedoch vielleicht weniger zur Berechnung zu empfehlen sein dürften.

Es ist

$$\begin{aligned}\varrho_1 = {} & 0{,}1434307\cos 2\varepsilon+0{,}0313942\cos 2\varepsilon' \\ & -0{,}031343\cos(\varepsilon+\varepsilon'+B+\ddot{B}+76^\circ 17' 4'',25) \\ & +0{,}00811985\cos(\varepsilon'+\ddot{B}+53^\circ 52' 31'',5),\end{aligned}$$

welcher Ausdruck aus dem oben gegebenen erhalten wird, wenn man für den Winkel C seinen Werth $124^\circ 32' 12'',44$ setzt und die beiden Terme

$$0{,}004787\cos(\varepsilon'+\ddot{B})-0{,}0065587\sin(\varepsilon'+\ddot{B})$$

in einen vereinigt.

In dem angegebenen Ausdruck von ϱ_1 führe ich statt der Cosinus die Exponentialgrössen ein, wodurch derselbe in *acht* Theile zerfällt. Diese acht Theile müssen besonders untersucht werden.

1. Theil von $-\frac{1}{2}\varrho_1$: $-0{,}0358599\, c^{-2B\sqrt{-1}}\, c^{2(\varepsilon+B)\sqrt{-1}}$.

Ich suche den Coefficienten von

$$c^{(5\mu-2\mu')\sqrt{-1}};$$

ist derselbe

$$a+b\sqrt{-1},$$

so wird der Coefficient von $c^{-(5\mu-2\mu')\sqrt{-1}}$, da das Resultat ein reelles sein muss,

$$a-b\sqrt{-1},$$

und man erhält daher die reellen Terme

$$2a\cos(2\mu'-5\mu)+2b\sin(2\mu'-5\mu).$$

Da

$$2600000\,.\,0{,}036\,\frac{a}{A^3}$$

ungefähr 1000 beträgt, so wird es genügen, wenn der aus

$$(\mathrm{I}) = \frac{(1-2\beta\cos\eta+\beta\beta)^{\frac{3}{2}}(1-2\beta'\cos\eta'+\beta'\beta')^{\frac{3}{2}}c^{2(\varepsilon+B)\sqrt{-1}}}{\{1-2p\cos(\eta-\eta')+pp\}^{\frac{3}{2}}}$$

hervorgehende Coefficient von $c^{(5\mu-2\mu')\sqrt{-1}}$ in der fünften Decimalstelle richtig ist, damit im Resultate die Hunderttheile der Secunde richtig erhalten werden.

Ich setze

$$\frac{c^{i\eta\sqrt{-1}}(1-2\beta\cos\eta+\beta\beta)^{\frac{1}{2}}}{1-\beta\beta} = T_i.$$

$$\frac{c^{-i\eta'\sqrt{-1}}(1-2\beta'\cos\eta'+\beta'\beta')^{\frac{1}{2}}}{1-\beta'\beta'} = T'_i.$$

so dass

$$c^{k\eta\sqrt{-1}}\,T_i = T_{i+k},\quad c^{-k\eta'\sqrt{-1}}\,T'_i = T'_{i+k}.$$

so wird der zu entwickelnde Ausdruck (I), durch $(1-\beta\beta)(1-\beta'\beta')$ dividirt,

$$\frac{(\mathrm{I})}{(1-\beta\beta)(1-\beta'\beta')} = \Sigma P'_i\,.\,T_i(1-2\beta\cos\eta+\beta\beta)c^{2(\varepsilon+B)\sqrt{-1}}\,.\,T'_i(1-2\beta'\cos\eta'+\beta'\beta').$$

Es ist aber

$$(1-2\beta'\cos\eta'+\beta'\beta')T'_i = (1+\beta'\beta')T'_i-\beta'(T'_{i-1}+T'_{i+1}),$$

ferner, wenn man

$$c^{\eta\sqrt{-1}} = t$$

setzt,

$$\begin{aligned}(1-2\beta\cos\eta+\beta\beta)c^{2(\varepsilon+B)\sqrt{-1}} &= (1-\beta t)(1-\beta t^{-1})\left(\frac{t-\beta}{1-\beta t}\right)^2 = \frac{t^{-1}(t-\beta)^3}{1-\beta t} \\ &= (1-\beta\beta)^3\{t^2+\beta t^3+\beta^2t^4+\beta^3t^5+\cdots\} \\ &\quad -3\beta(1-\beta\beta+\tfrac{1}{3}\beta^4)t+3\beta\beta(1-\tfrac{1}{3}\beta\beta)-\beta^3t^{-1}.\end{aligned}$$

Für die drei letzten Terme will ich schreiben

$$-3(\beta)t+3(\beta\beta)-\beta^3t^{-1},$$

wo

$$(1) \qquad (\beta)=\beta(1-\beta\beta+\tfrac{1}{3}\beta^4), \quad (\beta\beta)=\beta\beta(1-\tfrac{1}{3}\beta\beta).$$

Man hat demnach, weil

$$t^k\,T_i = T_{i+k},$$

$$\begin{aligned}(1-2\beta\cos\eta+\beta\beta)c^{2(\varepsilon+B)\sqrt{-1}}\,T_i &= (1-\beta\beta)^3\{T_{2+i}+\beta T_{3+i}+\beta^2T_{4+i}+\beta^3T_{5+i}+\cdots\} \\ &\quad -3(\beta)T_{1+i}+3(\beta\beta)T_i-\beta^3T_{i-1}.\end{aligned}$$

Setzt man die früher berechneten Grössen

$$F_i\cos f_i = c_i, \quad F_i\sin f_i = s_i,$$
$$F'_i\cos f'_i = c'_i, \quad F'_i\sin f'_i = s'_i,$$

so erhalten wir aus T_i den Term

$$\tfrac{1}{2}(c_i+s_i\sqrt{-1})c^{5\mu\sqrt{-1}},$$

aus T'_i den Term

$$\tfrac{1}{2}(c'_i-s'_i\sqrt{-1})c^{-2\mu'\sqrt{-1}}.$$

Setzt man daher

$$(2) \quad \begin{aligned}&(1-\beta\beta)^3\{c_{2+i}+\beta c_{3+i}+\beta^2c_{4+i}+\beta^3c_{5+i}+\cdots\} \\ &\qquad -3(\beta)c_{1+i}+3(\beta\beta)c_i-\beta^3c_{i-1} = M_i\cos m_i, \\ &(1-\beta\beta)^3\{s_{2+i}+\beta s_{3+i}+\beta^2s_{4+i}+\beta^3s_{5+i}+\cdots\} \\ &\qquad -3(\beta)s_{1+i}+3(\beta\beta)s_i-\beta^3s_{i-1} = M_i\sin m_i,\end{aligned}$$

$$(3) \quad \begin{aligned}&(1+\beta'\beta')c'_i-\beta'(c'_{i-1}+c'_{i+1}) = M'_i\cos m'_i, \\ &(1+\beta'\beta')s'_i-\beta'(s'_{i-1}+s'_{i+1}) = M'_i\sin m'_i,\end{aligned}$$

so entsteht aus

$$\frac{(1)}{(1-\beta\beta)(1-\beta'\beta')}$$

der Term

$$\Sigma \tfrac{1}{10} P_i' M_i M_i' c^{(5\mu - 2\mu' + m_i - m_i')\sqrt{-1}}.$$

Setzt man endlich

$$(4)\qquad \begin{aligned} \Sigma P_i' M_i M_i' \cos(m_i - m_i') &= N_1 \cos n_1, \\ \Sigma P_i' M_i M_i' \sin(m_i - m_i') &= N_1 \sin n_1 \end{aligned}$$

und bemerkt wieder, dass

$$1 - \beta\beta = \frac{A}{\alpha}, \quad 1 - \beta'\beta' = \frac{A'}{\alpha'},$$

so wird der hier untersuchte Term

$$(5)\qquad -0{,}00717198 \frac{a A' N_1}{\alpha\alpha' A \varDelta} \{\cos(n_1 - 2B)\cos(2\mu' - 5\mu) + \sin(n_1 - 2B)\sin(2\mu' - 5\mu)\}.$$

Hat i die Werthe

0, 1, 2, 3, 4, 5, 6, 7, . . .,

so werden die Grössen c_i, s_i von der

5ten, 4ten, 3ten, 2ten, 1ten, 0ten, 1ten, 2ten, . . .,

die Grössen c_i', s_i' von der

2ten, 1ten, 0ten, 1ten, 2ten, 3ten, 4ten, 5ten, . . .

Ordnung. Da β, β' von der ersten Ordnung sind, so werden M_i, M_i' von derselben Ordnung, wie die Grössen c_{i+2}, c_i'. Es wird daher für die angegebenen Werthe von i die Ordnungszahl der Grösse $M_i M_i'$ gleich

5, 3, 1, 1, 3, 5, 7, 9, . . .

Man hat daher die Grössen (2) und (3) zuerst für die beiden Werthe $i = 2$ und $i = 3$ zu berechnen, für die nächstvorhergehenden und nächstfolgenden Werthe von i nimmt der Werth von $M_i M_i'$ sehr rasch ab, so dass schon die Werthe $i = 0$, $i = 5$ wegen des kleinen Zahlen-Factors 0,007 der zweiten Ordnung nur unmerkliche Werthe der siebenten Ordnung geben.

II. Theil von $-\frac{1}{2}\varrho_1$: $-0{,}0358599 c^{2B\sqrt{-1}} c^{-2(\varepsilon+B)\sqrt{-1}}$.

Da die Untersuchung der vorhergehenden ganz ähnlich ist, so kann man sogleich das Resultat hinschreiben, wobei ich mich wieder so, wie im Vorhergehenden, der Zeichen M_i, m_i bedienen will, welche daher in den verschiedenen Theilen der Untersuchung verschiedene Werthe haben. Es sei

$$(1-\beta\beta)^2\{c_{i-2}+\beta c_{i-3}+\beta\beta c_{i-4}+\cdots\}-3(\beta)c_{i-1}+3(\beta\beta)c_i-\beta^3 c_{i+1}=M_i\cos m_i,$$
$$(1-\beta\beta)^2\{s_{i-2}+\beta s_{i-3}+\beta\beta s_{i-4}+\cdots\}-3(\beta)s_{i-1}+3(\beta\beta)s_i-\beta^3 s_{i+1}=M_i\sin m_i,$$

ferner

$$\Sigma P_i' M_i M_i' \cos(m_i-m_i')=N_2\cos n_2,$$
$$\Sigma P_i' M_i M_i' \sin(m_i-m_i')=N_2\sin n_2,$$

so wird der in Rede stehende Term

$$-0{,}00717198\,\frac{aA'N_2}{aa'AA}\{\cos(n_2+2B)\cos(2\mu'-5\mu)+\sin(n_2+2B)\sin(2\mu'-5\mu)\}.$$

Die Grössen (β), $(\beta\beta)$, M_i', m_i' haben hier dieselben Werthe wie in I. Es ist hier M_i von der Ordnung der Grössen c_{i-2}; hat daher i die Werthe

$$0,\quad 1,\quad 2,\quad 3,\quad 4.\quad 5,\quad 6,\quad 7,\quad 8,\quad 9,$$

so wird die Ordnungszahl der Grössen $M_i M_i'$ gleich

$$9,\quad 7,\quad 5,\quad 5,\quad 5,\quad 5,\quad 5,\quad 5,\quad 7,\quad 9.$$

Man erhält daher aus dem hier untersuchten Theile kaum merkliche Grössen der siebenten Ordnung, welche den Werthen

$$i=2,\quad 3,\quad 4,\quad 5,\quad 6,\quad 7$$

entsprechen.

III. Theil von $-\frac{1}{2}\varrho_1$: $-0{,}00784855\,c^{2B\sqrt{-1}}\,c^{-2(\varepsilon'+B)\sqrt{-1}}$.

Die Formeln werden aus II durch blosses Vertauschen der Grössen mit und ohne Index erhalten. Die Zahlenwerthe werden hier viel geringer, sowohl an sich, als wegen des *viermal* kleineren Coefficienten.

Es sei

$$(\beta')=\beta'(1-\beta'\beta'+\tfrac{1}{2}\beta'^4),\qquad (\beta'\beta')=\beta'\beta'(1-\tfrac{1}{2}\beta'\beta'),$$
$$(1+\beta\beta)c_i-\beta(c_{i-1}+c_{i+1})=M_i\cos m_i,$$
$$(1+\beta\beta)s_i-\beta(s_{i-1}+s_{i+1})=M_i\sin m_i,$$
$$(1-\beta'\beta')^2\{c'_{i+2}+\beta'c'_{i+3}+\beta'\beta'c'_{i+4}+\cdots\}-3(\beta')c'_{i+1}+3(\beta'\beta')c'_i-\beta'^3c'_{i-1}=M_i'\cos m_i',$$
$$(1-\beta'\beta')^2\{s'_{i+2}+\beta's'_{i+3}+\beta'\beta's'_{i+4}+\cdots\}-3(\beta')s'_{i+1}+3(\beta'\beta')s'_i-\beta'^3s'_{i-1}=M_i'\sin m_i',$$
$$\Sigma P_i' M_i M_i'\cos(m_i-m_i')=N_3\cos n_3,$$
$$\Sigma P_i' M_i M_i'\sin(m_i-m_i')=N_3\sin n_3,$$

so erhält man

$$-0{,}00156971\,\frac{aA'N_3}{aa'AA}\{\cos(n_3+2B)\cos(2\mu'-5\mu)+\sin(n_3+2B)\sin(2\mu'-5\mu)\}.$$

Es sind M_i, M_i' von derselben Ordnung, wie c_i, c'_{i+2}, und es ist daher für

$$i = -1,\quad 0,\quad 1,\quad 2,\quad 3,\quad 4,\quad 5,\quad 6,\quad 7$$

die Ordnung von $M_i M_i'$ gleich

$$7,\quad 5,\quad 5,\quad 5,\quad 5,\quad 5,\quad 5,\quad 7,\quad 9.$$

Man erhält daher aus diesem Theile von ϱ_1 nur kleine Werthe der siebenten Ordnung.

IV. Theil von $-\frac{1}{2}\varrho_1 : -0{,}00784855\, c^{-2\bar{B}\sqrt{-1}}\, c^{2(\epsilon'+\bar{B})\sqrt{-1}}$.

Haben die Grössen M_i, m_i dieselben Werthe wie in III. und setzt man

$$(1-\beta'\beta')^3\{c'_{i-2}+\beta' c'_{i-3}+\cdots\}-3(\beta')c'_{i-1}+3(\beta'\beta')c'_i-\beta'^3 c'_{i+1} = M_i' \cos m_i',$$
$$(1-\beta'\beta')^3\{s'_{i-2}+\beta' s'_{i-3}+\cdots\}-3(\beta')s'_{i-1}+3(\beta'\beta')s'_i-\beta'^3 s'_{i+1} = M_i' \sin m_i',$$
$$\Sigma P_i' M_i M_i' \cos(m_i - m_i') = N_4 \cos n_4,$$
$$\Sigma P_i' M_i M_i' \sin(m_i - m_i') = N_4 \sin n_4,$$

so erhält man

$$-0{,}00156971 \frac{a A' N_4}{a a' A A}\{\cos(n_4 - 2B)\cos(2\mu' - 5\mu) + \sin(n_4 - 2\bar{B})\sin(2\mu' - 5\mu)\}.$$

Es sind M_i, M_i' von derselben Ordnung, wie c_i, c'_{i-2}; hat daher i die Werthe

$$0,\quad 1,\quad 2,\quad 3,\quad 4,\quad 5,\quad 6,\quad 7,\quad 8,$$

so wird die Ordnung von $M_i M_i'$ gleich

$$9,\quad 7,\quad 5,\quad 3,\quad 1,\quad 1,\quad 3,\quad 5,\quad 7.$$

Die Hauptwerthe entsprechen daher den Werthen $i = 4$, $i = 5$.

V. Theil von $-\frac{1}{2}\varrho_1 : 0{,}0078357\, c^{\gamma\sqrt{-1}}\, c^{(\epsilon+\epsilon'+B+\bar{B})\sqrt{-1}}$, $\gamma = 76^0\, 17'\, 4'',25$.

Es ist

$$c^{(\epsilon+B)\sqrt{-1}}(1-2\beta\cos\eta+\beta\beta) = \frac{t-\beta}{1-\beta t}(1-\beta t)(1-\beta t^{-1}) = t^{-1}(t-\beta)^2 = t-2\beta+\beta\beta t^{-1},$$

und daher

$$T_i c^{(\epsilon+B)\sqrt{-1}}(1-2\beta\cos\eta+\beta\beta) = T_{i+1}-2\beta T_i+\beta\beta T_{i-1}.$$

Eben so würde man erhalten

$$T_i c^{-(\epsilon+B)\sqrt{-1}}(1-2\beta\cos\eta+\beta\beta) = T_{i-1}-2\beta T_i+\beta\beta T_{i+1}.$$

Wendet man ähnliche Formeln für die Grössen ε', η' an, so hat man folgende Grössen zu berechnen:

$$\begin{aligned}
c_{i+1} - 2\beta\, c_i + \beta\beta\, c_{i-1} &= M_i \cos m_i\,, \\
s_{i+1} - 2\beta\, s_i + \beta\beta\, s_{i-1} &= M_i \sin m_i\,, \\
c'_{i-1} - 2\beta' c'_i + \beta'\beta' c'_{i+1} &= M'_i \cos m'_i\,, \\
s'_{i-1} - 2\beta' s'_i + \beta'\beta' s'_{i+1} &= M'_i \sin m'_i\,, \\
\Sigma P'_i M_i M'_i \cos(m_i - m'_i) &= N_5 \cos n_5\,, \\
\Sigma P'_i M_i M'_i \sin(m_i - m'_i) &= N_5 \sin n_5\,.
\end{aligned}$$

Hiernach erhält man aus dem hier betrachteten Theile von ϱ_1

$$0{,}00156715\, \frac{a A' N_5}{a a' A A} \{\cos(n_5 + \gamma)\cos(2\mu' - 5\mu) + \sin(n_5 + \gamma)\sin(2\mu' - 5\mu)\}.$$

Die Grössen M_i, M'_i sind von der Ordnung der Grössen c_{i+1}, c'_{i-1}. Hat also i die Werthe

0, 1, 2, 3, 4, 5, 6, 7,

so ist die Ordnung von $M_i M'_i$ gleich

7, 5, 3, 1, 1, 3, 5, 7.

Die Hauptwerthe entsprechen also den Werthen $i = 3$, $i = 4$.

VI. Theil von $-\frac{1}{2}\varrho_1 : 0{,}0078857\, e^{-\gamma\sqrt{-1}}\, e^{-(\varepsilon+\varepsilon'+\delta+\bar{\delta})\sqrt{-1}}$.

Ganz ähnlich setze man

$$\begin{aligned}
c_{i-1} - 2\beta\, c_i + \beta\,\beta\, c_{i+1} &= M_i \cos m_i\,, \\
s_{i-1} - 2\beta\, s_i + \beta\,\beta\, s_{i+1} &= M_i \sin m_i\,, \\
c'_{i+1} - 2\beta' c'_i + \beta'\beta' c'_{i-1} &= M'_i \cos m'_i\,, \\
s'_{i+1} - 2\beta' s'_i + \beta'\beta' s'_{i-1} &= M'_i \sin m'_i\,, \\
\Sigma P'_i M_i M'_i \cos(m_i - m'_i) &= N_6 \cos n_6\,, \\
\Sigma P'_i M_i M'_i \sin(m_i - m'_i) &= N_6 \sin n_6\,,
\end{aligned}$$

so erhält man aus dem hier betrachteten Theile von ϱ_1

$$0{,}00156715\, \frac{a A' N_6}{a a' A A} \{\cos(n_6 - \gamma)\cos(2\mu' - 5\mu) + \sin(n_6 - \gamma)\sin(2\mu' - 5\mu)\}.$$

Es sind hier M_i, M'_i von derselben Ordnung, wie c_{i-1}, c'_{i+1}; hat daher i die Werthe

0, 1, 2, 3, 4, 5, 6, 7, 8

so ist die Ordnungszahl der Grösse $M_i M_i'$ gleich

7, 5, 5, 5, 5, 5, 5, 7, 9.

Man erhält hier also nur sehr kleine Terme der siebenten Ordnung, welche den Werthen $i = 1, 2, 3, 4, 5, 6$ entsprechen.

VII. Theil von $-\frac{1}{2}\varrho_1$: $-0{,}002029962\, c^{\delta\sqrt{-1}} c^{(\epsilon'+\bar{\epsilon})\sqrt{-1}}$, $\delta = 53^\circ 52' 31'',5$.

Man nehme die Werthe von M_i, m_i aus III, die Werthe von M_i', m_i' aus V und setze

$$\Sigma P_i' M_i M_i' \cos(m_i - m_i') = N_7 \cos n_7,$$
$$\Sigma P_i' M_i M_i' \sin(m_i - m_i') = N_7 \sin n_7,$$

so erhält man aus diesem Theile von ϱ_1

$$-0{,}0004059925 \frac{aA'N_7}{aa'AA} \{\cos(n_7 + \delta)\cos(2\mu' - 5\mu) + \sin(n_7 + \delta)\sin(2\mu' - 5\mu)\}.$$

Hier sind M_i, M_i' von derselben Ordnung, wie c_i, c_{i-1}'; hat daher i die Werthe

0, 1, 2, 3, 4, 5, 6, 7, 8,

so wird die Ordnung von $M_i M_i'$ gleich

8, 6, 4, 2, 2, 2, 4, 6, 8.

Die Hauptwerthe entsprechen daher den Werthen $i = 3, 4, 5$; sie geben kleine Terme der fünften Ordnung, da der Factor 0,0004 von der dritten Ordnung ist.

VIII. Theil von $-\frac{1}{2}\varrho_1$: $-0{,}002029962\, c^{-\delta\sqrt{-1}} c^{-(\epsilon'+\bar{\epsilon})\sqrt{-1}}$.

Man nehme wieder die Werthe von M_i, m_i aus III, aber die Werthe von M_i', m_i' aus VI und setze

$$\Sigma P_i' M_i M_i' \cos(m_i - m_i') = N_8 \cos n_8,$$
$$\Sigma P_i' M_i M_i' \sin(m_i - m_i') = N_8 \sin n_8,$$

so wird aus diesem Theile von ϱ_1 hervorgehen:

$$-0{,}0004059925 \frac{aA'N_8}{aa'AA} \{\cos(n_8 - \delta)\cos(2\mu' - 5\mu) + \sin(n_8 - \delta)\sin(2\mu' - 5\mu)\}.$$

Hier ist M_i, M_i' von der Ordnung der Grössen c_i, c_{i+1}'; hat daher i die Werthe

0, 1, 2, 3, 4, 5, 6, 7,

so wird die Ordnung von $M_i M_i'$ gleich

6, 4, 4, 4, 4, 4, 6, 8.

Aus diesem Theile von ϱ_1 gehen daher nur Terme der siebenten Ordnung hervor, welche den Werthen $i = 1, 2, 3, 4, 5$ entsprechen.

Fasst man Alles zusammen, so sieht man, dass, wenn

$$\varrho_1 = 0{,}1434397 \cos 2\varepsilon + 0{,}0313942 \cos 2\varepsilon' - 0{,}031343 \cos(\varepsilon + \varepsilon' + B + \bar{B} + \gamma) + 0{,}00811985 \cos(\varepsilon' + \bar{B} + \delta),$$

aus $-\frac{1}{2}\frac{a\varrho_1}{\sqrt{\varrho_0^3}}$ die Terme hervorgehen:

$$-\frac{aA'}{20aa'A\bar{A}}\left\{\begin{array}{ll} 0{,}1434397 & \{N_1\cos(n_1 - 2B) + N_2\cos(n_2 + 2B)\} \\ +0{,}0313942 & \{N_3\cos(n_3 + 2\bar{B}) + N_4\cos(n_4 - 2\bar{B})\} \\ -0{,}031343 & \{N_5\cos(n_5 + \gamma) \quad + N_6\cos(n_6 - \gamma)\} \\ +0{,}00811985 & \{N_7\cos(n_7 + \delta) \quad + N_8\cos(n_8 - \delta)\} \end{array}\right\}\cos(2\mu' - 5\mu)$$

$$-\frac{aA'}{20aa'A\bar{A}}\left\{\begin{array}{ll} 0{,}1434397 & \{N_1\sin(n_1 - 2B) + N_2\sin(n_2 + 2B)\} \\ +0{,}0313942 & \{N_3\sin(n_3 + 2B) + N_4\sin(n_4 - 2\bar{B})\} \\ -0{,}031343 & \{N_5\sin(n_5 + \gamma) \quad + N_6\sin(n_6 - \gamma)\} \\ +0{,}00811985 & \{N_7\sin(n_7 + \delta) \quad + N_8\sin(n_8 - \delta)\} \end{array}\right\}\sin(2\mu' - 5\mu).$$

Theil der grossen Ungleichheit, welcher von der Bewegung der Sonne herrührt.

Die Formeln für diesen Theil sind in denjenigen enthalten, welche Bessel in seiner Abhandlung über die von der Bewegung der Sonne herrührenden Störungen gegeben hat.

Es seien w, w' die Entfernungen des Perihels vom gemeinschaftlichen Knoten. r, r' die Radiivectores, v, v' die wahren Anomalien, I die gegenseitige Neigung der Bahnen, so hat man in der Entwickelung des Ausdrucks

$$\frac{a\,r}{r'r'}\{\cos(v + w)\cos(v' + w') + \cos I \sin(v + w)\sin(v' + w')\} = U$$

den Term

$$A\cos(2\mu' - 5\mu) + B\sin(2\mu' - 5\mu)$$

aufzusuchen, von demselben den ähnlichen Term abzuziehen, welcher aus der Entwickelung von $\frac{a}{\varrho}$ hervorgegangen ist, und die Differenz mit der angegebenen Zahl

2598108

zu multipliciren.

Man setze

$$U = \Sigma \frac{a\,a}{a'a'} \overset{i}{a}\,\overset{k}{a} \left\{\cos^2(\tfrac{1}{2}I)\cos(i\mu - k\mu' + w - w') + \sin^2(\tfrac{1}{2}I)\cos(i\mu + k\mu' + w + w')\right\},$$

wo den ganzen Zahlen i und k alle Werthe von $-\infty$ bis $+\infty$ zukommen. Für unseren Fall hat man in dem mit $\cos^2(\tfrac{1}{2}I)$ multiplicirten Term

$$i = 5,\quad k = 2 \qquad \text{und} \qquad i = -5,\quad k = -2,$$

in dem mit $\sin^2(\tfrac{1}{2}I)$ multiplicirten Term

$$i = 5,\quad k = -2 \qquad \text{und} \qquad i = -5,\quad k = 2.$$

zu setzen. Man erhält daher die Terme

$$\frac{a\,a}{a'a'}\left\{\begin{matrix}(\overset{5}{a}\,\overset{2}{a} + \overset{-5}{a}\,\overset{-2}{a})\cos^2(\tfrac{1}{2}I)\cos(w - w') \\ +(\overset{5}{a}\,\overset{-2}{a} + \overset{-5}{a}\,\overset{2}{a})\sin^2(\tfrac{1}{2}I)\cos(w + w')\end{matrix}\right\}\cos(2\mu' - 5\mu)$$

$$+\frac{a\,a}{a'a'}\left\{\begin{matrix}(\overset{5}{a}\,\overset{2}{a} - \overset{-5}{a}\,\overset{-2}{a})\cos^2(\tfrac{1}{2}I)\sin(w - w') \\ +(\overset{5}{a}\,\overset{-2}{a} - \overset{-5}{a}\,\overset{2}{a})\sin^2(\tfrac{1}{2}I)\sin(w + w')\end{matrix}\right\}\sin(2\mu' - 5\mu).$$

Es sei

$$1 - \frac{1}{1.6}\left(\frac{5e}{2}\right)^2 + \frac{1}{1.2.6.7}\left(\frac{5e}{2}\right)^4 - \cdots = E,$$

$$1 - \frac{1}{1.7}\left(\frac{5e}{2}\right)^2 + \frac{1}{1.2.7.8}\left(\frac{5e}{2}\right)^4 - \cdots = E_1,$$

$$1 - \frac{e'^2}{1.3} + \frac{e'^4}{1.2.3.4} - \frac{e'^6}{1.2.3.3.4.5} + \cdots = E',$$

$$1 - \frac{e'^2}{1.4} + \frac{e'^4}{1.2.4.5} - \frac{e'^6}{1.2.3.4.5.6} + \cdots = E_1',$$

so findet man nach Bessel

$$\overset{5}{a} = \tfrac{1}{120}\left(\frac{5e}{2}\right)^4\left\{\frac{1 + \sqrt{1 - ee}}{2}E - \left(\frac{5e}{2}\right)^2\frac{E_1}{30}\right\},$$

$$\overset{-5}{a} = \tfrac{1}{120}\left(\frac{5e}{2}\right)^4\left\{\frac{1 - \sqrt{1 - ee}}{2}E - \left(\frac{5e}{2}\right)^2\frac{E_1}{30}\right\}.$$

$$\overset{2}{a} = e'\left\{(1 + \sqrt{1 - e'e'})E' - \frac{e'e'E_1'}{3}\right\},$$

$$\overset{-2}{a} = e'\left\{(1 - \sqrt{1 - e'e'})E' - \frac{e'e'E_1'}{3}\right\}.$$

Es ist demnach $\overset{5}{a}\overset{-2}{\alpha} \pm \overset{-5}{a}\overset{2}{\alpha}$ von der siebenten, und daher der in $\sin^2(\frac{1}{2}I)$ multiplicirte Term von der neunten Ordnung. Eben so wird $\overset{-5}{a}\overset{-2}{\alpha}$ von der neunten Ordnung. Vernachlässigt man daher die Terme der neunten Ordnung, die hier ganz unmerklich werden, so wird der gesuchte Term

$$\frac{a\,a}{a'a'}\,\overset{5}{a}\overset{2}{\alpha}\cos^2(\tfrac{1}{2}I)\cos(2\mu' - 5\mu + w' - w),$$

wofür man, ohne einen merklichen Fehler zu begehen,

$$\frac{1}{60}\,\frac{a\,a}{a'a'}\left(\frac{5e}{2}\right)^4 e'\cos(2\mu' - 5\mu + w' - w)$$

setzen kann.

Ganz auf dieselbe Weise findet man den entsprechenden Term in der Störung des Jupiter durch Saturn

$$\frac{5}{48}\,\frac{a'a'}{a\,a}\left(\frac{5e}{2}\right)^4 e'\cos(2\mu' - 5\mu + w' - w).$$

Die für die Transcendente I_k^i angegebene Reihe schreitet nach den Potenzen von $\frac{1}{4}kk$ fort, welche noch durch grosse Zahlen dividirt werden. Für unseren Fall wird

$$\tfrac{1}{2}k = \frac{5e}{2} \quad \text{oder} \quad \tfrac{1}{2}k = e';$$

es erhält also $\frac{1}{4}k^2$ ungefähr die Werthe $\frac{1}{50}$ und $\frac{1}{500}$. Man hat also nicht nöthig, zur Berechnung dieser Transcendente sich nach anderen Mitteln umzusehen, wie dies bei grösseren Werthen von k erforderlich wird. Für solche wendet man zweckmässig ein ähnliches Verfahren an, wie oben zur Berechnung der Grössen P_i angegeben worden ist, durch welches alle Grössen I_k^i für dasselbe k mittelst eines einzigen, von hinten zu berechnenden, Kettenbruchs gefunden werden. Setzt man nämlich

$$R_i = \frac{k}{2i+2}\,\frac{I_k^i}{I_k^{i+1}},$$

so wird

$$R_i = 1 - \frac{kk}{(2i+2)(2i+4)R_{i+1}}.$$

Wenn man für grössere Werthe von i nicht R_{i+1} geradezu gleich 1 setzen will, so kann man sich der Reihe

$$R_i = 1 - \frac{k^2}{(2i+2)(2i+4)} - \frac{k^4}{(2i+2)(2i+4)^2(2i+6)}$$
$$- \frac{2k^6}{(2i+2)(2i+4)^3(2i+6)(2i+8)}$$
$$- \frac{(10i+32)k^8}{(2i+2)(2i+4)^4(2i+6)^2(2i+8)(2i+10)} - \dots$$

bedienen, oder auch des angenäherten Ausdrucks

$$R_i = \tfrac{1}{2}\left\{1 + \sqrt{1 - \frac{k^2}{(i+1)(i+2)}}\right\}.$$

Wenn i eine grosse Zahl ist, so wird in der Reihe I_k^i oder I_k^{i+1} der Coefficient von k^{2n} in Bezug auf $\frac{1}{i}$ von der n^{ten} Ordnung; aber die aus der Division beider Reihen hervorgehende Reihe R_i hat die merkwürdige Eigenschaft, dass in ihr der Coefficient von k^{2n} in Bezug auf $\frac{1}{i}$ von der $(2n)^{\text{ten}}$ Ordnung wird. Hat man durch die angegebene Formel die Grössen R_i von hinten nach vorn berechnet, so reicht es hin, eine einzige der Grössen I_k^i, die man haben will, noch selbst zu berechnen. Setzt man

$$I_k^i = \frac{1}{\Pi(i)}\left(\frac{k}{2}\right)^i \mathfrak{J}^i,$$

so wird, wenn man $\mathfrak{J}^i$ durch die Reihe

$$\mathfrak{J}^i = 1 - \frac{k^2}{2.(2i+2)} + \frac{k^4}{2.4.(2i+2)(2i+4)} - \dots$$

berechnet hat,

$$\mathfrak{J}^{i-1} = R_{i-1}\mathfrak{J}^i, \quad \mathfrak{J}^{i-2} = R_{i-2}\mathfrak{J}^{i-1}, \quad \dots, \quad \mathfrak{J}^0 = R_0\mathfrak{J}^1.$$

Für grosse Werthe von k kann man sich einer von Poisson im 19ten Hefte des *Journal de l'École polytechnique*, S. 349 etc., gegebenen semiconvergenten Reihe bedienen, welche für sehr grosse Werthe von k die Natur der Transcendente vor Augen legt. In Folge der dort gegebenen Analysis findet man

$$I_k^0 = \frac{\sin(k+45^0)}{\sqrt{\pi}\sqrt{\frac{k}{2}}}\left\{1 - \frac{3^2}{\Pi(2).(8k)^2} + \frac{3^2.5^2.7^2}{\Pi(4).(8k)^4} - \dots\right\}$$
$$+ \frac{\sin(k-45^0)}{\sqrt{\pi}\sqrt{\frac{k}{2}}}\left\{\frac{1}{8k} - \frac{3^2.5^2}{\Pi(3).(8k)^3} + \frac{3^2.5^2.7^2.9^2}{\Pi(5).(8k)^5} - \dots\right\}.$$

Allgemeiner findet man

$$(-1)^{\frac{1}{2}i(i-1)} I_k^i$$

$$= \frac{\sin\left(k+(-1)^i\frac{\pi}{4}\right)}{\sqrt{\pi}\sqrt{\frac{k}{2}}}\left\{1-\frac{(1-4i^2)(9-4i^2)}{\Pi(2).(8k)^2}\right.$$

$$\left.+\frac{(1-4i^2)(9-4i^2)(25-4i^2)(49-4i^2)}{\Pi(4).(8k)^4}-\cdots\right\}$$

$$-\frac{\cos\left(k+(-1)^i\frac{\pi}{4}\right)}{\sqrt{\pi}\sqrt{\frac{k}{2}}}\left\{\frac{1-4i^2}{8k}-\frac{(1-4i^2)(9-4i^2)(25-4i^2)}{\Pi(3).(8k)^3}+\cdots\right\}.$$

ÜBER DIE ANNÄHERNDE BESTIMMUNG SEHR ENTFERNTER GLIEDER IN DER ENTWICKELUNG DER ELLIPTISCHEN COORDINATEN, NEBST EINER AUSDEHNUNG DER LAPLACESCHEN METHODE ZUR BESTIMMUNG DER FUNCTIONEN GROSSER ZAHLEN.

Schumacher Astronomische Nachrichten, Bd. 28 No. 665 p. 257—270.

Carlini hat vor längerer Zeit in einer Abhandlung*) *Ricerche sulla convergenza della serie che serve alla soluzione del Problema di Keplero*, Milano 1817, 8° (48 Seiten), sich mit der Aufgabe beschäftigt, den Coefficienten des Sinus eines sehr grossen Vielfachen der mittleren Anomalie in der Entwickelung der Mittelpunktsgleichung annähernd zu bestimmen. Die hierzu nöthigen Mittel gewährten ihm auch die Auflösung der ähnlichen, viel leichteren Aufgabe in Bezug auf die Entwickelung des Radiusvectors. So viel ich weiss, hat kein anderer Mathematiker oder Astronom die erstere Aufgabe behandelt, die zu den schwierigsten ihrer Art gehört. In dem aus den hinterlassenen Papieren von Laplace zusammengestellten Supplement zum fünften Bande der *Mécanique céleste* (1827) betrachtet Laplace die Entwickelungen der wahren Anomalie und des Radiusvectors, wenn man dieselben nach den Potenzen der Excentricität ordnet, und untersucht die Werthe der sehr entfernten Glieder der so angeordneten Entwickelungen. Er betrachtet darauf die jetzt allgemein angenommene Art der Anordnung dieser Reihen nach den Cosinus oder Sinus der Vielfachen der mittleren Anomalie und bestimmt auch für diese Anordnung die entfernten Glieder der Entwickelung des *Radiusvectors*. Aber für die nach den Sinus der

*) Ich verdanke die Kenntniss dieser ausgezeichneten und lehrreichen Abhandlung Herrn Professor Encke.

Vielfachen der mittleren Anomalie geordnete Entwickelung der *wahren Anomalie* hat er keine ähnliche annähernde Bestimmung ihrer entfernten Glieder gegeben. Desto grösseres Interesse musste die angeführte Abhandlung von Carlini gewähren, aber leider sind ihre Resultate augenfällig falsch, weshalb, wie es scheint, man nicht näher auf sie eingehen zu dürfen geglaubt hat, und auch wohl von Laplace dieselbe unberücksichtigt geblieben ist. Bei näherem Eingehen in dieselbe würde man eine lehrreiche Arbeit gefunden haben, welche nur durch einige für die Methode unwesentliche Fehler entstellt ist.

Carlini findet S. 44 (§. 44) seiner Abhandlung, dass die Entwickelung der wahren Anomalie nach den Vielfachen der mittleren Anomalie zu convergiren aufhört, wenn die Excentricität e eine Wurzel der Gleichung

$$\frac{e\, i^{\sqrt{1+ee}}}{1+\sqrt{1+ee}} = 1,$$

oder

$$e = 0{,}66$$

ist, wo i die Basis der natürlichen Logarithmen bedeutet.*) Er findet ferner am Schluss der Abhandlung (§. 47), dass die Entwickelung des Radiusvectors nach den Vielfachen der mittleren Anomalie zu convergiren aufhört, wenn

$$e = 0{,}62.$$

Dies ist offenbar falsch. Denn man weiss jetzt durch strenge Beweise von Dirichlet, Bessel und Anderen, dass sich alle Functionen innerhalb gegebener Grenzen in *convergirende* Reihen, welche nach den Cosinus oder Sinus der Vielfachen ihres Arguments fortschreiten, entwickeln lassen, wenn sie innerhalb der gegebenen Grenzen keine unendlichen Werthe annehmen.

Die Fehler, welche Carlini begangen haben musste, konnten entweder der von ihm angewandten Methode inhäriren, oder nur zufällige Versehen der Rechnung sein. Im letzteren Falle konnte ich hoffen, auf dem von ihm betretenen Wege eine Bestätigung der von mir über denselben Gegenstand gefundenen Resultate zu erhalten, und ich trug um so weniger Bedenken, das, wenn auch mühsame, Aufsuchen dieser Fehler zu unternehmen, da die Eigen-

*) Diese Gleichung, auf welche Carlini irrthümlicher Weise kommt, ist zufällig dieselbe, wie die Gleichung, deren Wurzel nach der späteren Untersuchung von Laplace (*Mécanique céleste*, T. V, Suppl. p. 11) e nicht übersteigen darf, wenn die Entwickelungen nach den Potenzen der Excentricität convergiren sollen.

thümlichkeit der von mir gebrauchten Methoden ihre anderweitige Bestätigung wünschenswerth machte.

Nennt man u die mittlere Anomalie und Q den Coefficienten von $\cos pu$ in der Entwickelung des Radiusvectors, so findet Carlini am Ende seiner Abhandlung

$$Q = \pm \frac{2e^p i^{pg}}{2^p p A \sqrt{p\pi}} g\left(\frac{2}{g+1}\right)^2,$$

wo

$$g = \sqrt{1-ee}, \quad A = -\sqrt{2}.$$

Ich bemerke zuerst, dass immer das positive Zeichen zu nehmen ist; es sind aber in diesem Ausdruck noch mehrere Verbesserungen erforderlich. Der vorstehende Ausdruck von Q ist von Carlini gefunden worden, indem er die Reihe

$$Q = -\frac{e^p p^{p-2}}{2^{p-1}.1.2\ldots p}\left(p - \frac{p+2}{1.(p+1)}(\tfrac{1}{2}pe)^2 + \frac{p+4}{1.2.(p+1)(p+2)}(\tfrac{1}{2}pe)^4 - \cdots\right)$$

auf die Reihe

$$s = 1 - \frac{(\frac{1}{2}pe)^2}{1.(p+1)} + \frac{(\frac{1}{2}pe)^4}{1.2.(p+1)(p+2)} - \cdots$$

mittelst der Formel

$$Q = -\frac{e^p p^{p-2}}{2^{p-1}.1.2\ldots p}\left(ps + e\frac{ds}{de}\right)$$

zurückführt, wo ich immer — für das unrichtige $\pm$ gesetzt habe. Carlini findet, wenn $g = \sqrt{1-ee}$,

$$\frac{2}{p}\log s = 2(g-1) - 2\log\frac{g+1}{2} - \frac{1}{p}\log g.$$

Hieraus ergiebt sich

$$s = \frac{1}{\sqrt{g}}\left(\frac{2}{g+1}\right)^p i^{p(g-1)},$$

und daher, wenn man immer die Grössen fortlässt, welche im Verhältniss zur Hauptgrösse von der Ordnung $\frac{1}{p}$ sind,

$$ps + e\frac{ds}{de} = pgs = p\sqrt{g}\left(\frac{2}{g+1}\right)^p i^{p(g-1)}.$$

Setzt man endlich für $1.2.3\ldots p$ den Werth

$$1.2.3\ldots p = \sqrt{2\pi}\, p^{p+\frac{1}{2}} i^{-p},$$

so wird Q, wie es sich aus Carlini's Betrachtungen ergiebt, wenn die Rechnung richtig geführt wird,

$$Q = -\frac{2\sqrt[4]{1-ee}}{p\sqrt{p}\sqrt{2\pi}}\left(\frac{ei^{\sqrt{1-ee}}}{1+\sqrt{1-ee}}\right)^p.$$

Dieser Werth zeigt die *Convergenz* der Reihe, da die Grösse

$$\frac{ei^{\sqrt{1-ee}}}{1+\sqrt{1-ee}}$$

continuirlich wächst, während e von 0 bis 1 zunimmt, und daher immer < 1 ist, so lange $e < 1$.

Man sieht, dass Carlini, um aus dem obigen, von ihm für $\frac{2}{p}\log s$ gefundenen Ausdruck $\log s$ zu erhalten, den Term $-2\log\frac{g+1}{2}$ mit $\frac{p}{2}$ zu multipliciren vergessen und aus diesem Ausdruck den Term $-\frac{1}{p}\log g$ fortgelassen hat, obgleich er für s den Factor $\frac{1}{\sqrt{g}}$ abgiebt. Der vorstehende Werth von Q, welcher nach diesen Berichtigungen erhalten wird, ist genau derselbe, welchen Laplace a. a. O. S. 20 findet. Der Weg, auf welchem Carlini zu dem merkwürdigen Ausdruck der mit s bezeichneten Reihe gelangt, besitzt die vollkommene mathematische Schärfe. Dagegen entbehrt die von Laplace eingeschlagene Methode einer strengen Begründung und hat einen mehr divinatorischen Charakter. Statt der Reihe

$$p - \frac{p+2}{1.(p+1)}(\tfrac{1}{2}pe)^2 + \frac{p+4}{1.2.(p+1)(p+2)}(\tfrac{1}{2}pe)^4 - \cdots$$

betrachtet er die Reihe

$$p + \frac{p+2}{1.(p+1)}(\tfrac{1}{2}pe)^2 + \frac{p+4}{1.2.(p+1)(p+2)}(\tfrac{1}{2}pe)^4 + \cdots$$

und sucht ihren Werth für ein sehr grosses p. Dieser wird ohne Schwierigkeit nach seinen bekannten Methoden zur Werthbestimmung der Functionen grosser Zahlen gefunden. Aber diese Methoden lassen sich auf keine Weise mehr anwenden, wenn die Glieder der Reihe, wie in dem gegebenen Falle, abwechselnde Zeichen haben, oder ee einen negativen Werth erhält. Gleichwohl setzt Laplace in den gefundenen Resultaten $-ee$ für ee. Er fügt hinzu: „*solche Übergänge vom Positiven zum Negativen, wie vom Reellen zum Imaginären, seien nur mit grosser Vorsicht zu gebrauchen, indessen hier könne man sie ohne Furcht anwenden, da ee unbestimmt sei, ausserdem habe er sich durch eine andere Analysis von ihrer Richtigkeit überzeugt.*“ Ich muss jedoch bemerken, dass die Anwendung des Continuitätsprincips hier nicht unbedenklich ist; denn für Werthe von ee, welche grösser als 1 sind, behält der von ihm für die zweite Reihe gefundene Ausdruck seine Gültigkeit; der Übergang von ee zu $-ee$ würde aber in diesem Falle für die reell und convergirend bleibende Reihe einen imaginären Werth geben.

Schwieriger ist die Prüfung und Berichtigung der Rechnungen, durch welche Carlini die sehr entfernten Glieder in der Entwickelung der Mittelpunktsgleichung bestimmt hat.

Carlini geht von der Lagrangeschen Reihe

$$r = F(u) + \frac{e}{1}\sin u F'(u) + \frac{ee}{1.2}\frac{d[\sin^2 u F'(u)]}{du} + \cdots$$

aus, in welcher r die wahre, u die mittlere Anomalie bedeutet,

$$F'(u) = \frac{\sqrt{1-ee}}{1-e\cos u}$$

und

$$F(u) = \int F'(u)du$$

ist. Er theilt die Reihe in zwei Theile, von denen der erste bis zu dem Gliede

$$\frac{e^p}{1.2\ldots p}\frac{d^{p-1}[\sin^p u F'(u)]}{du^{p-1}}$$

geht und der andere die diesem folgenden Glieder umfasst. Die beiden Theile des Coefficienten von $\sin pu$ in der Entwickelung von r, welche aus diesen beiden Theilen der Lagrangeschen Reihe hervorgehen, bezeichnet er respective mit P' und P'' und findet, dass die Werthe von P' zwar für alle elliptischen Bahnen convergiren, die Werthe von P'' aber divergiren, wenn $e > 0{,}66$ (S. 44, §. 44). In den zur Bestimmung von P'' geführten Rechnungen muss daher ein Fehler liegen. In der That findet man bald, dass Carlini in der Entwickelung der Potenzen des Sinus nach den Cosinus oder Sinus der

Vielfachen des Winkels das Versehen begangen hat, den Cosinus oder Sinus *desselben* Vielfachen in der Entwickelung *verschiedener* Potenzen des Sinus mit abwechselnden Zeichen zu nehmen, während derselbe nach den bekannten Formeln dasselbe Zeichen behält. Es folgt hieraus, dass alle Werthe von $\pm B^{(2r+1)}$ S. 31 (§. 31) und von $\pm B^{(2r)}$ S. 33 (§. 32) das Zeichen + erhalten müssen. Die nächste weitere Folge hiervon ist, dass in der in dieser Untersuchung mit g bezeichneten Grösse $\sqrt{1+\frac{xx}{\sin^2 n}}$ die Grösse xx nicht $\mathrm{tg}^2 n$, sondern $-\mathrm{tg}^2 n$ bedeuten muss, woraus

$$g=\sqrt{1-\frac{1}{\cos^2 n}}=\sqrt{1-ee}$$

und nicht, wie bei Carlini, $g=\sqrt{1+ee}$ folgt; durch diese Änderung in dem für P'' gefundenen Endresultat S. 43 (§. 43)

$$P''=\frac{4ee}{A\sqrt{p\pi}}\frac{pf}{hg}\left(\frac{ei^2}{1+g}\right)^p$$

stellt sich sogleich die Convergenz der Reihe heraus, da der Factor $\frac{f}{h}$ die Zahl p nicht im Exponenten hat. Aber die von Carlini zur Bestimmung von P'' gegebene Analysis, welche die schwierigste und bedeutendste der ganzen Abhandlung ist, bedarf noch einer genaueren Untersuchung, weil noch andere Folgen als die Veränderung des Werthes von g durch die Zeichenänderung von xx herbeigeführt werden.

Carlini theilt den Werth von P'' in zwei Theile Π und Π', je nachdem er von den in e^{p+1}, e^{p+3}, e^{p+5} etc., oder von den in e^{p+2}, e^{p+4}, e^{p+6} etc. multiplicirten Gliedern der oben für v angegebenen Reihe herstammt. Er findet (S. 32 und 33: §. 31 und 32)

$$\Pi=\frac{(\frac{1}{2}p)^p e^{p+1}}{1.2.3\ldots p}(\alpha^p\sin^{p+1}n.z-\alpha^{-p}\sin^{p+1}n.z'),$$

$$\Pi'=\frac{(\frac{1}{2}p)^{p+1}e^{p+2}}{1.2.3\ldots(p+1)}(\alpha^p\sin^{p+2}n.z''-\alpha^{-p}\sin^{p+2}n.z'''),$$

wo

$$\alpha=\frac{e}{1+\sqrt{1-ee}}=i^{n\sqrt{-1}},\quad \cos n=\frac{1}{e},\quad \sin n=\frac{f\sqrt{-1}}{e},\quad \mathrm{tg}\,n=f\sqrt{-1}.$$

Wenn

$$s = 1 + \frac{(\frac{1}{2}px)^2}{1.(p+1)\sin^2 n} + \frac{(\frac{1}{2}px)^4}{1.2.(p+1)(p+2)\sin^4 n}$$
$$+ \frac{(\frac{1}{2}px)^6}{1.2.3.(p+1)(p+2)(p+3)\sin^6 n} + \cdots,$$

$$s' = 1 + \frac{(\frac{1}{2}px)^2}{1.(p+2)\sin^2 n} + \frac{(\frac{1}{2}px)^4}{1.2.(p+2)(p+3)\sin^4 n} + \cdots,$$

so werden die Grössen z, z', z'', z''' von Carlini durch die Formeln

$$z = \int \frac{\alpha^{-p} s}{\sin^{p+2} n}\, dn, \quad z' = \int \frac{\alpha^{p} s}{\sin^{p+2} n}\, dn, \quad z'' = \int \frac{\alpha^{-p-1} s'}{\sin^{p+3} n}\, dn, \quad z''' = \int \frac{\alpha^{p+1} s'}{\sin^{p+3} n}\, dn$$

bestimmt, in welchen die Integrale für $\alpha = 0$ verschwinden müssen, und *nach* geschehener Integration zufolge der bereits oben angegebenen Verbesserung

$$xx = -\operatorname{tg}^2 n = 1 - ee,$$

nicht wie bei Carlini

$$xx = \operatorname{tg}^2 n = -(1 - ee)$$

zu setzen ist.

Carlini findet

$$s = e^{\frac{1}{2}p\int y\,dx},$$

wo (S. 38. §. 38)

$$\frac{2}{p}\log s = \int y\,dx = 2(g-1) - 2\log\frac{g+1}{2} - \frac{1}{p}\log g,$$

$$gg = 1 + \frac{xx}{\sin^2 n}.$$

Es sind hier, wie es auch im Folgenden geschehen soll, die Grössen fortgelassen, welche im Verhältniss zum Hauptwerthe von der Ordnung $\frac{1}{p}$ sind; in den Exponenten aber, wie sich von selbst versteht, werden nur solche Grössen vernachlässigt werden, deren *absoluter* Werth von der Ordnung $\frac{1}{p}$ ist. Dagegen werde ich die Grössen von der Ordnung $\frac{1}{\sqrt{p}}$ beibehalten. Es reicht dies hin, um die Methoden so weit zu erklären, dass die Entwickelungen bis zu jeder beliebigen Ordnung fortgesetzt werden können.

Carlini bedient sich zur Ausführung der Integration einer Annäherungsmethode, welche für die Integration sehr hoher Potenzen brauchbar ist, wenn die absoluten Werthe oder Moduli derselben, während sich die Variable von der unteren Grenze bis zur oberen *und noch über diese hinaus bewegt*, continuirlich wachsen.

Ist $\psi(n)$ eine solche hohe (p^{te}) Potenz, und setzt man durch partielle Integration

$$\int\psi(n)dn = \int\frac{d\psi(n)}{dn}\,\frac{dn}{\frac{d\log\psi(n)}{dn}} = \frac{\psi(n)}{\frac{d\log\psi(n)}{dn}} - \int\psi_1(n)dn,$$

so wird $\frac{d\log\psi(n)}{dn}$ von der Ordnung von p, und daher

$$\int\psi_1(n)dn = \int\psi(n)d\left(\frac{dn}{d\log\psi(n)}\right)$$

im Verhältniss zu $\int\psi(n)dn$ von der Ordnung $\frac{1}{p}$. Man erhält daher den Näherungswerth

$$\int\psi(n)dn = \frac{\psi(n)}{\frac{d\log\psi(n)}{dn}},$$

in welchem man für n die obere Grenze zu setzen hat. Diese Formel hat Carlini angewendet, um z, z', z'', z''' zu bestimmen, und für den von ihm gebrauchten Grenzwerth, $\operatorname{tg}^2 n = xx$, hatte diese Anwendung kein Bedenken. Da aber der Grenzwerth $\operatorname{tg}^2 n = -xx$ angewandt werden muss, so tritt bei der Bestimmung von z und z'' der Fall ein, dass in $\frac{d\log\psi(n)}{dn}$ sich die höchsten in p multiplicirten Glieder zerstören. In diesem Falle darf man von der angegebenen Näherungsmethode keinen Gebrauch machen, sondern muss sich einer anderen, ebenfalls bekannten, bedienen, die ich im Folgenden in der Kürze auseinandersetzen, und zwar der Form anpassen werde, in welcher Carlini die Integrale darstellt.

Die Integrale z und z'' werden nach der imaginären Grösse

$$n = \frac{1}{\sqrt{-1}}\log\alpha$$

genommen. In der Anfangsgrenze verschwindet

$$\alpha = \frac{e}{1+\sqrt{1-ee}}.$$

Setzt man daher

$$n = \frac{n'}{\sqrt{-1}},$$

so wächst n' von $-\infty$ bis $\log a$. Man kann deshalb für n' und n respective $n'-t$, $n+t\sqrt{-1}$ setzen, wenn man unter n' und n jetzt die gegebenen Endwerthe $\log a$ und $\frac{\log a}{\sqrt{-1}}$ versteht und bloss t als Variable betrachtet, welche von 0 an wächst. Es verwandelt sich hierdurch $\log\psi(n)$ in

$$L = \log\psi(n) + Nt\sqrt{-1} - pN'tt - pN''t^3\sqrt{-1} + \cdots,$$

wo

$$N = \frac{d\log\psi(n)}{dn}, \quad pN' = \tfrac{1}{2}\frac{d^2\log\psi(n)}{dn^2}, \quad pN'' = \tfrac{1}{6}\frac{d^3\log\psi(n)}{dn^3}, \quad \ldots$$

Es ist den Grössen pN', pN'' etc. der Factor p gegeben worden, um ihre Ordnung anzudeuten; dieser Factor ist bei N fortgelassen, weil wir eben hier annehmen, dass in $\frac{d\log\psi(n)}{dn}$ die mit dem Factor p behafteten Grössen sich gegenseitig zerstören. Dieser Factor p in den Gliedern von L bewirkt, wenn er sehr gross ist, bei wachsendem t eine so grosse Abnahme von $\psi(n)$, dass nur diejenigen Werthe von t in Betracht kommen, für welche ptt einen kleinen (endlichen) Werth erhält. Wenn man daher

$$pN'tt = \tfrac{1}{2}\frac{d^2\log\psi(n)}{dn^2}\,tt = uu$$

setzt, so wird u von 0 bis ∞ ausgedehnt werden können. Man erhält durch diese Substitution

$$L = \log\psi(n) - uu + \frac{\sqrt{-1}}{\sqrt{pN'}}\left(Nu - \frac{N''}{N'}u^3\right) + \cdots,$$

wo die fortgelassenen Glieder in höhere Potenzen von $\frac{1}{\sqrt{p}}$ multiplicirt sind, und man in den Werthen von N, N', N'' nur die höchsten, durch p nicht dividirten. Glieder beizubehalten braucht. Es verwandelt sich daher dadurch, dass man

$$n + t\sqrt{-1} = n + \frac{u\sqrt{-1}}{\sqrt{pN'}}$$

für n setzt, die Function $\psi(n)$ in den Ausdruck

$$i^L = \psi(n)i^{-u^2}\left\{1 + \frac{\sqrt{-1}}{\sqrt{pN'}}\left(Nu - \frac{N''}{N'}u^3\right)\right\}.$$

Da

$$dn = \frac{\sqrt{-1}}{\sqrt{pN'}}\,du,$$

ferner

$$\int_0^{\infty} i^{-u^2}du = \tfrac{1}{2}\sqrt{\pi}, \quad \int_0^{\infty} u\,i^{-u^2}du = \tfrac{1}{2}, \quad \int_0^{\infty} u^3 i^{-u^2}du = \tfrac{1}{2},$$

so erhält man hieraus

$$\int\psi(n)\,dn = -\psi(n)\sqrt{-1}\left\{\frac{\sqrt{\pi}}{2\sqrt{pN'}} + \frac{\sqrt{-1}}{2p\,N'}\left(N - \frac{N''}{N'}\right)\right\} = -\sqrt{-1}\,\psi(n)Z,$$

wo das Vorzeichen — gesetzt ist, weil man mit der oberen Grenze, welche dem $t = 0$ entspricht, zu integriren angefangen hat.

Setzt man zuerst

$$z = \int\frac{a^{-pn}}{\sin^{p+2}n}\,dn = \int\psi(n)dn = -\sqrt{-1}\,\psi(n)Z,$$

so hat man

$$\psi(n) = \frac{a^{-pn}}{\sin^{p+2}n}, \quad \log\psi(n) = -pn\sqrt{-1} - (p+2)\log\sin n + \log s.$$

Es ist (S. 38; §. 38)

$$s = \frac{1}{\sqrt{g}}\left(\frac{2i^{g-1}}{g+1}\right)^p, \quad \log s = p\left\{g - 1 - \log\frac{g+1}{2}\right\} - \tfrac{1}{2}\log g.$$

Carlini hat wiederholt in dem Ausdruck von s statt des Factors $\frac{1}{\sqrt{g}}$ den Factor $\frac{1}{g}$ gesetzt, der einem Term $-\log g$ in $\log s$ entspricht, welchen er statt $-\frac{1}{2}\log g$ schreibt, obgleich er den Ausdruck von $\frac{2}{p}\log s$ richtig angegeben hat. Substituirt man den vorstehenden Ausdruck von $\log s$, so wird

$$\log\psi(n) = p\left\{g - 1 - \log\frac{g+1}{2} - n\sqrt{-1} - \log\sin n\right\} - 2\log\sin n - \tfrac{1}{2}\log g,$$

wo

$$g = \sqrt{1 + \frac{xx}{\sin^2 n}}, \quad \frac{dg}{dn} = -\frac{xx\cot g\,n}{g\sin^2 n} = \frac{(1-gg)\cot g\,n}{g}.$$

Durch Differentiation, in welcher x als constant zu betrachten ist, erhält man

$$N = \frac{d\log\psi(n)}{dn} = -p(g\cot g\,n + \sqrt{-1}) - \tfrac{1}{2}\cot g\,n\left(3 + \frac{1}{gg}\right).$$

In diesem Ausdruck verschwindet der in p multiplicirte Theil, wenn man

$$xx = -\operatorname{tg}^2 n,$$

oder

$$g = f = \frac{\operatorname{tg} n}{\sqrt{-1}}$$

setzt, so dass N sich auf den Werth

$$N = \frac{3ff+1}{2f^3}\sqrt{-1}$$

reducirt. Um N' und N'' zu erhalten, reicht es hin, nur den in p multiplicirten Theil des obigen Ausdrucks von $\frac{d \log \psi(n)}{dn}$ beizubehalten, so dass man

$$N' = -\tfrac{1}{2}\frac{d(g \operatorname{cotg} n)}{dn}, \quad N'' = \tfrac{1}{3}\frac{dN'}{dn}$$

setzen kann. Man erhält so, da

$$\frac{xx}{\sin^2 n} = gg-1, \quad xx \operatorname{cotg}^2 n = gg - xx - 1,$$

$$2N' = \frac{g}{\sin^2 n} + \frac{xx \operatorname{cotg}^2 n}{g \sin^2 n} = \frac{gg-1}{gxx}(2gg - xx - 1).$$

Weil nach den Differentiationen $x = g = f$ zu setzen ist, schreibe man $gg - xx + xx - 1$ für $gg-1$ und $2(gg-xx)+xx-1$ für $2gg-xx-1$, wodurch man

$$2N' = \frac{2(gg-xx)^2}{gxx} + \frac{xx-1}{gxx}\{3(gg-xx)+xx-1\}$$

erhält. Es folgt hieraus, wenn man noch einmal differentiirt und nach der Differentiation $g = x$ setzt,

$$2\frac{dN'}{dn} = \frac{xx-1}{xx}\left(6 - \frac{xx-1}{xx}\right)\frac{dg}{dn} = \frac{(xx-1)^2}{x^6}(5xx+1)\sqrt{-1}.$$

Es werden demnach die anzuwendenden Werthe, wenn man $f = \sqrt{1-ee}$ für x und g setzt,

$$N = \frac{3ff+1}{2f^3}\sqrt{-1}, \quad N' = \frac{e^4}{2f^3}, \quad N'' = \frac{e^4(5ff+1)}{6f^6}\sqrt{-1},$$

$$\left(N - \frac{N''}{N'}\right)\sqrt{-1} = -\frac{ee}{6f^3}.$$

Durch Substitution dieser Werthe ergiebt sich

$$z = -\frac{\sqrt{-1}}{\sqrt{f}}\frac{\alpha^{-p}}{\sin^{p+2} n}\left(\frac{2i^{f-1}}{f+1}\right)^p Z,$$

wo

$$Z = \frac{\sqrt{\pi}\sqrt{f^3}}{\sqrt{2pee}} - \frac{1}{6pee}.$$

Es wird daher *der erste Theil* von Π, wenn man $\frac{1}{\sin n} = -\frac{e\sqrt{-1}}{f}$ substituirt,

$$\frac{(\frac{1}{2}p)^p e^{p+1}}{1.2.3\ldots p} a^p \sin^{p+1} n.z = (\tfrac{1}{2})^p \frac{i^p e^{p+1}}{\sqrt{2\pi p}} a^p \sin^{p+1} n.z = -\frac{1}{\sqrt{2\pi p}} \frac{ee}{\sqrt{f^3}} \left(\frac{ei'}{1+f}\right)^p Z$$

$$= -\left(\frac{ei'}{1+f}\right)^p \left\{\frac{1}{2p} - \frac{1}{6} \frac{1}{\sqrt{2\pi p^3 f^3}}\right\}.$$

Der erste Theil von Π' ist

$$\frac{(\frac{1}{2}p)^{p+1} e^{p+2}}{1.2.3\ldots(p+1)} a^p \sin^{p+2} n.z'' = -\frac{1}{\sqrt{2\pi p}} \frac{ee}{\sqrt{f^3}} \left(\frac{ei'}{1+f}\right)^p Z',$$

wo

$$z'' = \int \frac{a^{-p-1} s'}{\sin^{p+3} n} dn = \int \psi'(n)\,dn = -\psi'(n) Z' \sqrt{-1}.$$

Es ist hierin (S. 41; §. 41)

$$s' = \frac{2}{1+g} s;$$

um daher den für $\psi'(n)$ zu setzenden Ausdruck aus $\psi(n)$ zu erhalten, hat man mit

$$\frac{2}{1+g} \frac{a^{-1}}{\sin n}$$

zu multipliciren, oder zu

$$N = \frac{d \log \psi(n)}{dn}$$

die Grösse

$$-\frac{d\{\log(1+g) + n\sqrt{-1} + \log \sin n\}}{dn}$$

zu addiren. Diese Grösse wird, wenn man nach geschehener Differentiation $x = g = f$ setzt,

$$\sqrt{-1}\left\{\frac{1-f}{ff} - 1 + \frac{1}{f}\right\} = \frac{ee}{ff}\sqrt{-1}.$$

Da die Werthe von N' und N'' ungeändert bleiben, so erhält man Z', wenn man zu dem Ausdruck von Z die Aenderung von $\frac{N\sqrt{-1}}{2pN'}$ oder die Grösse $-\frac{f}{pee}$ hinzusetzt. Es wird daher *der erste Theil von* Π'

$$\frac{(\frac{1}{2}p)^{p+1} e^{p+2}}{1.2.3\ldots(p+1)} a^p \sin^{p+2} n.z'' = -\left(\frac{ei'}{1+f}\right)^p \left\{\frac{1}{2p} - \frac{1}{\sqrt{2\pi p^3 f^3}} (\tfrac{1}{3}+f)\right\}$$

und *die Summe der ersten Theile von Π und Π'*

$$-\left(\frac{ei'}{1+f}\right)^p\left\{\frac{1}{p}-\frac{1}{\sqrt{2\pi p^3 f^3}}(\tfrac{1}{3}+f)\right\}.$$

Wenn man sich mit dem in $\frac{1}{p}$ multiplicirten Hauptwerthe begnügt, und deshalb die zweiten Theile von Π und Π', deren Werthe in $\frac{1}{\sqrt{p^3}}$ multiplicirt sind, vernachlässigt, so wird

$$P''=-\tfrac{1}{2}P'=-\frac{1}{p}\left(\frac{ei'}{1+f}\right)^p,$$

und daher der Hauptwerth des Coefficienten von $\sin pu$ in der Entwickelung der Mittelpunktsgleichung

$$P=P'+P''=\frac{1}{p}\left(\frac{ei'}{1+f}\right)^p=\frac{1}{p}\left(\frac{ei^{\sqrt{1-ee}}}{1+\sqrt{1-ee}}\right)^p.$$

Für P' ist der von Carlini gefundene Werth gesetzt, der für jede Ordnung von $\frac{1}{p}$ genau ist, indem er sich von dem wahren nur um die p^{te} Potenz eines ächten Bruchs unterscheidet.

Um den Werth von P'' genauer zu finden, hat man noch die *zweiten* Theile von Π und Π', oder die Grössen

$$-\frac{(\frac{1}{2}p)^p e^{p+1}}{1.2.3\ldots p}\alpha^{-p}\sin^{p+1}n.z',\quad -\frac{(\frac{1}{2}p)^{p+1}e^{p+2}}{1.2.3\ldots(p+1)}\alpha^{-p}\sin^{p+2}n.z'''$$

ihren in $\frac{1}{\sqrt{p^3}}$ multiplicirten Hauptwerthen nach in Betracht zu ziehen. Zur Bestimmung der Integrale z' und z''' reicht die Formel

$$\int\psi(n)\,dn=\frac{\psi(n)}{\frac{d\log\psi(n)}{dn}}$$

hin. Vermittelst derselben findet Carlini die auf S. 39 und S. 42 (§. 40 und §. 42) seiner Abhandlung gegebenen Werthe von $\alpha^{-p}\sin^{p+1}n.z'$ und $\alpha^{-p}\sin^{p+2}n.z'''$, in welchen man aber den Grössen

$$\frac{p\,\mathrm{tg}\,n}{(g+1)\sin^2 n}\quad\text{und}\quad\frac{p}{(g+1)\cos n}\ ^{*)}$$

*) Diese Grössen werden nämlich bei Carlini aus

$$\frac{pxx\,\mathrm{cotg}\,n}{(g+1)\sin^2 n}\quad\text{und}\quad\frac{pxx\cos n}{(g+1)\sin^2 n}$$

erhalten, indem er $xx=\mathrm{tg}^2 n$ setzt, während, wie oben bemerkt ist, $xx=-\mathrm{tg}^2 n$ gesetzt werden muss.

das Minuszeichen vorsetzen, und, wie überall, statt des Factors $\frac{1}{g}$ den Factor $\frac{1}{\sqrt{g}}$ setzen muss. Auf diese Weise ergiebt sich

$$-\frac{(\frac{1}{2}p)^p e^{p+1}}{1.2.3\ldots p}\,\alpha^{-p}\sin^{p+1}n.z' = \frac{ee}{2\sqrt{2\pi p^3 f^3}}\left(\frac{ei^f}{1+f}\right)^p,$$

$$-\frac{(\frac{1}{2}p)^{p+1} e^{p+2}}{1.2.3\ldots(p+1)}\,\alpha^{-p}\sin^{p+2}n.z''' = \frac{\alpha^2 e^2}{2\sqrt{2\pi p^3 f^3}}\left(\frac{ei^f}{1+f}\right)^p.$$

Da

$$1+\alpha^2 = 1+\frac{ee}{(1+f)^2} = \frac{2}{1+f},$$

$$\tfrac{1}{2}ee(1+\alpha^2) = 1-f,$$

so geben die zweiten Theile von Π und Π' vereinigt den Werth

$$\frac{1-f}{\sqrt{2\pi p^3 f^3}}\left(\frac{ei^f}{1+f}\right)^p.$$

Es wird ferner

$$\Pi = \left(\frac{ei^f}{1+f}\right)^p\left\{-\frac{1}{2p}+\frac{1}{\sqrt{2\pi p^3 f^3}}\left(\frac{1}{6}+\frac{ee}{2}\right)\right\},$$

$$\Pi' = \left(\frac{ei^f}{1+f}\right)^p\left\{-\frac{1}{2p}+\frac{1}{\sqrt{2\pi p^3 f^3}}\left(\frac{1}{6}+\frac{1+ff}{2}\right)\right\},$$

$$P'' = \Pi+\Pi' = \left(\frac{ei^f}{1+f}\right)^p\left\{-\frac{1}{p}+\frac{4}{3\sqrt{2\pi p^3 f^4}}\right\},$$

und endlich, wenn man für f seinen Werth setzt, *der Coefficient von $\sin pu$ in der Entwickelung der Mittelpunktsgleichung für sehr grosse Werthe von p*

$$P = P'+P'' = \left\{\frac{e\,i^{\sqrt{1-ee}}}{1+\sqrt{1-ee}}\right\}^p\left(\frac{1}{p}+\frac{4}{3\sqrt{2\pi p^3}}\cdot\frac{1}{\sqrt{(1-ee)^3}}\right),$$

wo i die Basis der hyperbolischen Logarithmen bedeutet.

Das vorstehende Resultat ist eine wesentliche Ergänzung der oben angeführten Untersuchung von Laplace über die Convergenz der beiden verschiedenen Entwickelungsarten der elliptischen Coordinaten. Ich vermuthe, dass diese Lücke Laplace selbst abgehalten hat, diese Arbeit zu veröffentlichen. Man sieht aber, dass alle wesentlichen Schwierigkeiten dieser Aufgabe schon von Carlini im Jahre 1817 überwunden waren, und dass er nur durch ein Versehen in den Zeichen bei Entwickelung der Potenzen des Sinus nach den Sinus oder Cosinus der Vielfachen des Winkels verhindert wurde, das Resultat selbst zu finden.

UNTERSUCHUNGEN ÜBER DIE CONVERGENZ DER REIHE, DURCH WELCHE DAS KEPLERSCHE PROBLEM GELÖST WIRD.*)

Von Franz Carlini.

Bearbeitet von C. G. J. Jacobi.

Schumacher Astronomische Nachrichten, Bd. 30 No. 709—712 p. 197—254.

1.

Unter den Differentialgleichungen, auf welche die Anwendungen der Mechanik auf Astronomie führen, giebt es wenige, die streng integrirt werden können. Die Astronomen nahmen deshalb zu unendlichen Reihen ihre Zuflucht, auf die sich, kann man sagen, das ganze Gebäude der neueren Astronomie stützt.

In der Theorie der Bewegungen der Erde und der alten Planeten schreiten die nach den Potenzen und Producten der Excentricitäten, Neigungen und störenden Kräfte geordneten successiven Approximationen mit so reissender Schnelligkeit fort, dass die Summe der fortgelassenen Glieder schwerlich eine beträchtliche Grösse erreichen kann. Nichts desto weniger wäre es, um der

*) Die Originalabhandlung Carlini's führt den Titel: „*Ricerche sulla convergenza della serie che serve alla soluzione del problema di Keplero.* Memoria di Francesco Carlini. Milano 1817.“ Obgleich diese Abhandlung von zahlreichen Fehlern entstellt ist, und ihre Resultate falsch sind, so gehört dieselbe doch unstreitig wegen der darin angewandten Methode und der Kühnheit ihrer Composition zu den wichtigsten und bedeutendsten Arbeiten über die Bestimmung der Werthe der Functionen grosser Zahlen. Es schien daher ihr Wiederabdruck wünschenswerth. Der Herr Verfasser sprach den Wunsch aus, dass, wenn man diese Reproduction einer seiner Jugendarbeiten beabsichtige, dieselbe in einer deutschen Uebertragung geschehen möge, welchem Wunsche man hier nachgekommen ist. Es sind hierbei die nothwendigen Verbesserungen angebracht worden, welche schon in No. 665 der Astronomischen Nachrichten (cfr. p. 175 dieses Bandes) angedeutet worden sind. Die Stellen, welche, besonders von §. 39 an, in ganz neuer Bearbeitung haben hinzugefügt werden müssen, sind durch Anführungszeichen unterschieden worden. Auch hat man einen auf den Fall sehr kleiner Excentricitäten bezüglichen Anhang hinzugefügt.

Berechnung der Störungen grössere Strenge zu geben, auch hier von Nutzen, bei jeder Entwickelung die Natur der numerischen Coefficienten, ihr Verhältniss und den Grenzwerth, dem es sich nähert, zu untersuchen. Man würde dann, wenn nicht den genauen Werth des vernachlässigten Theils der Reihe, doch wenigstens Grenzen, innerhalb derer man ihn sich eingeschlossen denken kann, zu erkennen im Stande sein.

2.

Aber wichtiger und fast unumgänglich nothwendig wird diese Untersuchung in der Theorie der vier neuen Planeten und besonders der Pallas, bei der sich wegen ihrer grossen Excentricität und Neigung und wegen der Nachbarschaft der störenden Jupitersmasse kaum die von den Grössen der zehnten Ordnung abhängenden Gleichungen mit den Gleichungen der ersten oder zweiten Ordnung der alten Planeten vergleichen lassen.

Dieselben Schwierigkeiten bietet zum Theil die Mondtheorie dar, wie denn bekanntlich die Mathematiker anfänglich die Bewegung des Perigäums wegen Vernachlässigung der Glieder von höherer als der zweiten Ordnung aus der Rechnung kaum halb so gross fanden, als die Beobachtung giebt.

Aber wäre es auch der Fall, dass man bei einer sehr hohen Ordnung mit Gewissheit annehmen könnte, dass die folgenden Glieder niemals auf eine namhafte Summe steigen, so sind doch, um einen solchen Punkt zu erreichen, so lange und complicirte Operationen erforderlich, dass sie auch die Kräfte der unerschrockensten Rechner übersteigen.

Man denke sich jetzt, durch genaue Untersuchung der Art und Weise, wie die verschiedenen Coefficienten zusammengesetzt sind, gelänge es allgemein, sei es durch bestimmte Integrale oder auf andere Art, das n^{te} Glied als Function seines Index n auszudrücken, so würde man dann diese Function in eine nach den absteigenden Potenzen von n fortschreitende Reihe entwickeln können. Man würde hierdurch ein Mittel besitzen, die Convergenz oder Divergenz der auf einander folgenden Coefficienten zu erkennen, und in den Stand gesetzt sein, für sie mit geringerer Mühe einen Näherungswerth zu erhalten, und zwar einen solchen, der der Wahrheit desto näher kommt, je grösser der Index der Coefficienten wird. Dieser mit so glücklichem Erfolge auf die Probleme der Wahrscheinlichkeitsrechnung angewandte Kunstgriff scheint nicht minder wichtig in seinen Anwendungen auf die Astronomie werden zu können.

3.

Da man aber in der Analysis selten, wenn man nicht zuvor die einfachsten Fälle behandelt, zur Lösung der complicirteren gelangt, so habe ich mir hier die Aufgabe gestellt, in dem einfachsten Falle, dem der elliptischen Bewegung eines einzigen Planeten um die Sonne, den Gang der Reihe zu untersuchen, welche die Mittelpunktsgleichung durch die Sinus der Vielfachen der mittleren Anomalie ausdrückt.

4.

Es sei die halbe grosse Axe gleich 1 und

e die Excentricität,

$f = \sqrt{1-ee}$ die halbe kleine Axe,

$\alpha = \frac{e}{1+f}$,

u die mittlere Anomalie,

v die wahre Anomalie,

ϑ die excentrische Anomalie.

Zur Besimmung von v durch u hat man die beiden Gleichungen

$$u = \vartheta - e \sin\vartheta, \quad v = 2 \operatorname{arctg}\left\{\sqrt{\frac{1+e}{1-e}} \operatorname{tg}\tfrac{1}{2}\vartheta\right\}.$$

Aus der ersten Gleichung findet man durch den Lagrangeschen Lehrsatz den Werth einer beliebigen Function von ϑ

$$F(\vartheta) = F(u) + \frac{e}{1}\sin u\, F'(u) + \frac{e^2}{1.2}\frac{d[\sin^2 u\, F'(u)]}{du} + \frac{e^3}{1.2.3}\frac{d^2[\sin^3 u\, F'(u)]}{du^2} + \cdots$$

Nimmt man daher

$$F(\vartheta) = v = 2 \operatorname{arctg}\left\{\sqrt{\frac{1+e}{1-e}} \operatorname{tg}\tfrac{1}{2}\vartheta\right\},$$

so wird

$$F(u) = 2 \operatorname{arctg}\left\{\sqrt{\frac{1+e}{1-e}} \operatorname{tg}\tfrac{1}{2}u\right\},$$

$$F'(u) = \frac{dF(u)}{du} = \frac{\sqrt{1-ee}}{1-e\cos u} = \frac{1-\alpha\alpha}{1-2\alpha\cos u+\alpha\alpha}$$

und, wenn man in Reihen entwickelt,

$$F'(u) = 1 + 2\alpha\cos u + 2\alpha^2\cos 2u + 2\alpha^3\cos 3u + 2\alpha^4\cos 4u + \cdots,$$

$$F(u) = u + \frac{2\alpha}{1}\sin u + \frac{2\alpha^2}{2}\sin 2u + \frac{2\alpha^3}{3}\sin 3u + \frac{2\alpha^4}{4}\sin 4u + \cdots,$$

welches die Werthe sind, die man in den Ausdruck

$$v = F(u) + \frac{e}{1}\sin u\, F'(u) + \frac{e^2}{1.2}\frac{d[\sin^2 u\, F'(u)]}{du} + \frac{e^3}{1.2.3}\frac{d^2[\sin^3 u\, F'(u)]}{du^2} + \cdots$$

zu substituiren hat.*)

Es sei

$$\frac{e^{2q}}{1.2.3\ldots 2q}\frac{d^{2q-1}[\sin^{2q}u\, F'(u)]}{du^{2q-1}}$$

ein beliebiges Glied dieser Reihe, in welchem $\sin u$ auf eine gerade Potenz erhoben ist, so suche man vor allem den Coefficienten von $\cos pu$ im Producte von $\sin^{2q}u$ und $F'(u)$. Hierbei sind drei Fälle zu unterscheiden, je nachdem

1) $p=0$,
2) p gleich oder grösser als $2q$,
3) p grösser als 0 und kleiner als $2q$ ist.

Wir wollen mit dem zweiten Fall beginnen.

5.

Es sei allgemein

$$\sin^{2q}u = B^{(0)} + B^{(2)}\cos 2u + B^{(4)}\cos 4u + \cdots + B^{(2q)}\cos 2qu.$$

Entwickelt man im Producte $\sin^{2q}u\, F'(u)$ nur die Coefficienten der Cosinus des $(2q)^{\text{ten}}$ und der höheren Vielfachen von u, so findet man

*) In der hierfür von Lagrange in der zweiten Ausgabe seiner *Analytischen Mechanik*, 2. Band S. 25. gegebenen Formel

$$\Phi = u + 2E\sin u + \cdots + 2eEU\sin u + \cdots$$

hat sich, wie Carlini bemerkt, ein Fehler eingeschlichen. Wahrscheinlich soll in derselben im ersten Gliede statt u der Winkel ϑ stehen, dessen Entwickelung von Lagrange S. 22 gegeben worden ist. Dass durch einen Druckfehler, wie Carlini meint, in dem Werthe

$$U = \cos u + E\cos 2u + \cdots$$

die Constante $\frac{1}{2E}$ hinzuzufügen vergessen worden, glaube ich nicht, da Lagrange denselben Werth von U an dieser Stelle in drei verschiedenen Formen giebt. Auch hätte die Abtrennung des Factors $2E$ gar keinen Zweck, wenn U wieder dieselbe Grösse im Nenner enthalten sollte.

$$F'(u)\sin^{2q}u = \cdots + \left\{\begin{matrix} a^{2q}\;\; B^{(0)} + a^{2q-2}B^{(2)} + \cdots + a^{0}\;\; B^{(2q)} \\ + a^{2q}\;\; B^{(0)} + a^{2q+2}B^{(2)} + \cdots + a^{4q}\;\; B^{(2q)} \end{matrix}\right\}\cos 2qu$$

$$+ \left\{\begin{matrix} a^{2q+1}B^{(0)} + a^{2q-1}B^{(2)} + \cdots + a^{1}\;\; B^{(2q)} \\ + a^{2q+1}B^{(0)} + a^{2q+3}B^{(2)} + \cdots + a^{4q+1}B^{(2q)} \end{matrix}\right\}\cos(2q+1)u$$

$$+ \left\{\begin{matrix} a^{2q+2}B^{(0)} + a^{2q}\;\; B^{(2)} + \cdots + a^{2}\;\; B^{(2q)} \\ + a^{2q+2}B^{(0)} + a^{2q+4}B^{(2)} + \cdots + a^{4q+2}B^{(2q)} \end{matrix}\right\}\cos(2q+2)u$$

$$+ \quad . \quad . \quad . \quad . \quad . \quad . \quad . \quad . \quad . \quad . \quad . \quad . \quad .$$

Der Bequemlichkeit der Rechnung halber setze man

$$a = i^{n\sqrt{-1}},$$

wo mit i die Basis der hyperbolischen Logarithmen bezeichnet werden soll; man hat dann die bekannten Formeln

$$\begin{aligned} a^{1} + a^{-1} &= 2\cos n, & a^{1} - a^{-1} &= 2\sqrt{-1}\,\sin n, \\ a^{2} + a^{-2} &= 2\cos 2n, & a^{2} - a^{-2} &= 2\sqrt{-1}\,\sin 2n, \\ a^{3} + a^{-3} &= 2\cos 3n, & a^{3} - a^{-3} &= 2\sqrt{-1}\,\sin 3n, \\ &\;\;\ldots & &\;\;\ldots \end{aligned}$$

$$\begin{aligned} a^{1} &= \cos n + \sqrt{-1}\,\sin n, & a^{-1} &= \cos n - \sqrt{-1}\,\sin n, \\ a^{2} &= \cos 2n + \sqrt{-1}\,\sin 2n, & a^{-2} &= \cos 2n - \sqrt{-1}\,\sin 2n, \\ a^{3} &= \cos 3n + \sqrt{-1}\,\sin 3n, & a^{-3} &= \cos 3n - \sqrt{-1}\,\sin 3n, \\ &\;\;\ldots & &\;\;\ldots \end{aligned}$$

Hiernach reduciren sich die oben entwickelten Glieder auf die folgenden:

$$F'(u)\sin^{2q}u = \cdots$$

$$+ 2a^{2q}\;\;\{B^{(0)}\cos 0 + B^{(2)}\cos 2n + B^{(4)}\cos 4n + \cdots + B^{(2q)}\cos 2qn\}\cos 2qu$$

$$+ 2a^{2q+1}\{B^{(0)}\cos 0 + B^{(2)}\cos 2n + B^{(4)}\cos 4n + \cdots + B^{(2q)}\cos 2qn\}\cos(2q+1)u$$

$$+ 2a^{2q+2}\{B^{(0)}\cos 0 + B^{(2)}\cos 2n + B^{(4)}\cos 4n + \cdots + B^{(2q)}\cos 2qn\}\cos(2q+2)u$$

$$+ \quad . \quad . \quad . \quad . \quad . \quad . \quad . \quad . \quad . \quad . \quad . \quad . \quad . \quad . \quad . ,$$

oder in Folge der den Grössen $B^{(0)}$, $B^{(2)}$, $B^{(4)}$ etc. beigelegten Bedeutung auf

$$F'(u)\sin^{2q}u = \cdots + 2a^{2q}\sin^{2q}n\cos 2qu + 2a^{2q+1}\sin^{2q}n\cos(2q+1)u$$
$$+ 2a^{2q+2}\sin^{2q}n\cos(2q+2)u + \cdots$$

Nennt man daher $C^{(p)}$ den Coefficienten von $\cos pu$ in der Entwickelung von $F'(u)\sin^{2q}u$, so wird man allgemein

$$C^{(p)} = 2a^{p}\sin^{2q}n$$

haben, falls nur p gleich oder grösser als $2q$ ist.

6.

In derselben Entwickelung wollen wir den Coefficienten von $\cos 0$ oder $C^{(0)}$ suchen. Combinirt man zu diesem Zweck die Cosinus derselben Vielfachen von n in beiden Factoren, so wird dieser Coefficient

$$C^{(0)} = \alpha^0 B^{(0)} + \alpha^2 B^{(2)} + \alpha^4 B^{(4)} + \cdots + \alpha^{2q} B^{(2q)}.$$

Substituirt man in dieser Reihe für $B^{(0)}$, $B^{(2)}$, $B^{(4)}$ etc. ihre Werthe, so sieht man, dass dieselbe aus der Entwickelung

$$(-1)^q \left\{\frac{1}{2\alpha} - \frac{\alpha}{2}\right\}^{2q} = \cdots + \tfrac{1}{2}B^{(4)}\alpha^{-4} + \tfrac{1}{2}B^{(2)}\alpha^{-2} + B^{(0)} + \tfrac{1}{2}B^{(2)}\alpha^2 + \tfrac{1}{2}B^{(4)}\alpha^4 + \cdots$$

hervorgeht, wenn man die dem constanten Gliede vorangehenden Glieder fortlässt und dafür die auf das constante Glied folgenden verdoppelt. Es wird daher $C^{(0)}$ für $\alpha = 1$ verschwinden. Aber für einen beliebigen Werth von α kann man die Summe nur mittelst eines Integrals darstellen.

Drückt man die Potenzen von α durch n aus, so erhält man

$$\begin{aligned} C^{(0)} = {} & B^{(0)}\cos 0 + B^{(2)}\cos 2n + B^{(4)}\cos 4n + \cdots + B^{(2q)}\cos 2qn \\ & + \sqrt{-1}\,\{B^{(0)}\sin 0 + B^{(2)}\sin 2n + B^{(4)}\sin 4n + \cdots + B^{(2q)}\sin 2qn\}, \end{aligned}$$

oder

$$C^{(0)} = \sin^{2q} n + y\sqrt{-1},$$

wenn man

$$y = B^{(0)}\sin 0 + B^{(2)}\sin 2n + B^{(4)}\sin 4n + \cdots + B^{(2q)}\sin 2qn$$

setzt. Differentiirt man y in Bezug auf n, so hat man

$$\frac{dy}{dn} = 2B^{(2)}\cos 2n + 4B^{(4)}\cos 4n + \cdots + 2qB^{(2q)}\cos 2qn.$$

Multiplicirt man diese Gleichung mit $\sin n$, so ergiebt sich

$$\begin{aligned} \sin n \frac{dy}{dn} = {} & qB^{(2q)}\sin(2q+1)n \\ & - B^{(2)}\sin n - 2B^{(4)}\sin 3n - 3B^{(6)}\sin 5n - \cdots - qB^{(2q)}\sin(2q-1)n \\ & + B^{(2)}\sin 3n + 2B^{(4)}\sin 5n + \cdots + (q-1)B^{(2q-2)}\sin(2q-1)n \end{aligned}$$

und, wenn man y mit $2q\cos n$ multiplicirt,

$$\begin{aligned} 2qy\cos n = {} & qB^{(2q)}\sin(2q+1)n \\ & + qB^{(2)}\sin n + qB^{(4)}\sin 3n + qB^{(6)}\sin 5n + \cdots + qB^{(2q)}\sin(2q-1)n \\ & + qB^{(2)}\sin 3n + qB^{(4)}\sin 5n + \cdots + qB^{(2q-2)}\sin(2q-1)n. \end{aligned}$$

Zieht man die eine Gleichung von der anderen ab, so erhält man

$$\sin n\,\frac{dy}{dn} - 2qy\cos n$$
$$= -(q+1)B^{(2)}\sin n - (q+2)B^{(4)}\sin 3n - \cdots - 2qB^{(2q)}\sin(2q-1)n$$
$$-(q-1)B^{(2)}\sin 3n - \cdots - B^{(2q-2)}\sin(2q-1)n.$$

In dem zweiten Theile dieser Gleichung verschwinden alle Glieder bis auf das erste, weil zwischen den Grössen $B^{(2)}$, $B^{(4)}$, $B^{(6)}$ etc. folgende Relationen stattfinden:

$$B^{(4)} = -\frac{q-1}{q+2}B^{(2)},\quad B^{(6)} = -\frac{q-2}{q+3}B^{(4)},\quad B^{(8)} = -\frac{q-3}{q+4}B^{(6)},\quad \ldots$$

Da ferner

$$B^{(2)} = -2\,\frac{q}{q+1}B^{(0)},$$

so wird sich die Gleichung in folgende verwandeln:

$$\frac{dy}{dn} - 2qy\,\mathrm{cotg}\,n = 2qB^{(0)}.$$

Man setze

$$P = -2q\,\mathrm{cotg}\,n,\quad Q = 2qB^{(0)},$$

so wird man

$$y = e^{-\int P dn}\int e^{\int P dn}Q\,dn$$

haben. Nun ist aber

$$\int P dn = -2q\int \mathrm{cotg}\,n\,dn = -2q\log\sin n,$$

und daher

$$e^{\int P dn} = \frac{1}{\sin^{2q} n},$$

$$y = 2qB^{(0)}\sin^{2q} n\int\frac{dn}{\sin^{2q} n},$$

folglich

$$C^{(0)} = \sin^{2q} n\left(1 + 2q\sqrt{-1}\,B^{(0)}\int\frac{dn}{\sin^{2q} n}\right),$$

oder einfacher

$$C^{(0)} = 2q\sqrt{-1}\,B^{(0)}\sin^{2q} n\int\frac{dn}{\sin^{2q} n},$$

wenn man die Zahl 1 in der zum Integral hinzuzufügenden Constante mit einbegreift, die in der Art bestimmt werden muss, dass man $C^{(0)} = B^{(0)}$ hat, wenn $a = 0$ ist.

7.

Ist q eine beträchtlich grosse Zahl, in welchem Falle die wirkliche Summation aller Glieder der Reihe

$$B^{(1)} + a^2 B^{(2)} + \cdots$$

zu lang sein würde, so kann man nach der Methode von Laplace*) einen Näherungswerth des Integrals

$$\int \frac{dn}{\sin^{2q} n}$$

erhalten, indem man dasselbe in eine nach den absteigenden Potenzen von q geordnete Reihe entwickelt.

Es sei v der Werth, welchen man der Zahl n nach der Integration zu geben hat, und

$$\sin^{-2q} n = i^{-t} \sin^{-2q} v,$$

so dass man

$$\int \frac{dn}{\sin^{2q} n} = \frac{1}{\sin^{2q} v} \int i^{-t} \, dn$$

hat. Um die Integration ausführen zu können, muss man dn durch eine in dt multiplicirte Reihe von Potenzen von t ausdrücken. Nun folgt aber aus

$$\sin n = i^{\frac{t}{2q}} \sin v$$

die Gleichung

$$\begin{aligned} dn &= \frac{\sin v}{2q} \, i^{\frac{t}{2q}} \left(1 - i^{\frac{t}{q}} \sin^2 v\right)^{-\frac{1}{2}} dt \\ &= \left\{1 + \frac{1}{\cos^2 v} \left(i^{-\frac{t}{q}} - 1\right)\right\}^{-\frac{1}{2}} \frac{\operatorname{tg} v}{2q} \, dt \\ &= \left\{1 + \frac{t}{2q \cos^2 v} - \left(\frac{1}{4\cos^2 v} - \frac{3}{8\cos^4 v}\right) \frac{t^2}{q^2} + \cdots\right\} \frac{\operatorname{tg} v}{2q} \, dt. \end{aligned}$$

Man hat daher

$$\int i^{-t} dn = \sin^{2q} v \int \frac{dn}{\sin^{2q} n}$$

$$= \frac{\operatorname{tg} v}{2q} \left\{ \int i^{-t} dt + \frac{1}{2q \cos^2 v} \int t \, i^{-t} dt - \frac{1}{q^2} \left(\frac{1}{4\cos^2 v} - \frac{3}{8\cos^4 v} \right) \int t^2 i^{-t} dt + \cdots \right\}.$$

*) Siehe Lacroix, *Traité des différences et des séries* (p. 462, édition de 1800; p. 503, édition de 1819).

Aber es ist allgemein $\int t^m i^{-t}\,dt$, von ∞ bis 0 genommen, gleich $-\int t^m i^{-t}\,dt$, von 0 bis ∞ genommen, oder gleich $-1.2.3\ldots m$. Wenn man daher jedes Integral zwischen den ersteren Grenzen nimmt, welche den Werthen $\sin u=\infty$ oder $\alpha=0$ und $\sin u=\sin\nu$ entsprechen, so hat man

$$\sin^{2q}\nu\int\frac{du}{\sin^{2q}u}=-\frac{\operatorname{tg}\nu}{2q}\left\{1+\frac{1}{2q\cos^2\nu}-\frac{1}{q^2}\left(\frac{1}{2\cos^2\nu}-\frac{3}{4\cos^4\nu}\right)+\cdots\right\}.$$

Setzt man u an die Stelle von ν, so wird das Product von $\sin^{2q}u$ in das unbestimmte Integral von $\frac{du}{\sin^{2q}u}$

$$\sin^{2q}u\int\frac{du}{\sin^{2q}u}=c\sin^{2q}u-\frac{\operatorname{tg}u}{2q}\left\{1+\frac{1}{2q\cos^2u}-\frac{1}{q^2}\left(\frac{1}{2\cos^2u}-\frac{3}{4\cos^4u}\right)+\cdots\right\}.$$

Substituirt man diesen Werth in den obigen Werth von $C'^{(n)}$ und setzt gleichzeitig $c=0$, so erhält man schliesslich

$$C^{(n)}=-B^{(n)}\sqrt{-1}\operatorname{tg}u\left\{1+\frac{1}{2q\cos^2u}-\frac{1}{q^2}\left(\frac{1}{2\cos^2u}-\frac{3}{4\cos^4u}\right)+\cdots\right\}.$$

Die Annahme $c=0$ beruht darauf, dass nur in dem einen Falle, wenn c verschwindet, der obige Ausdruck von $C'^{(n)}$ für $\alpha=0$ oder $\sin u=\infty$ einen endlichen Werth erhält, welcher, wie man sieht, gleich $B^{(n)}$ wird, wie es zufolge der oben gemachten Bemerkung der Fall sein muss.

8.

Die Werthe von $\sin u$, $\cos u$, $\operatorname{tg}u$ können bequem durch die Excentricität e ausgedrückt werden. Da

$$\cos u=\frac{\alpha^1+\alpha^{-1}}{2}\quad\text{und}\quad\alpha=\frac{e}{1+\sqrt{1-ee}},$$

so hat man

$$\cos u=\frac{ee+1+2\sqrt{1-ee}+1-ee}{2e\{1+\sqrt{1-ee}\}}=\frac{1}{e},$$

$$-\sqrt{-1}\sin u=-\frac{\alpha^1-\alpha^{-1}}{2}=\frac{\sqrt{1-ee}}{e}=\frac{f}{e},$$

$$-\sqrt{-1}\operatorname{tg}u=\sqrt{1-ee}=f=\frac{c}{a}-1.$$

Macht man diese Substitutionen, so wird

$$C^{(0)} = B^{(0)}\sqrt{1-ee}\left(1+\frac{e^2}{2q}-\cdots\right)$$

und, wenn q eine sehr grosse Zahl ist, wird der Werth

$$C^{(0)} = B^{(0)}\sqrt{1-ee}$$

ausreichen.

9.

Wir kommen endlich zu dem Fall, wo $0<p<2q$. Es sei zuerst p eine gerade Zahl gleich $2r$. Vereinigt man im Producte von $F'(u)$ und $\sin^{2q}u$ die Coefficienten aller Combinationen, welche $\cos 2ru$ geben, so hat man

$$\begin{aligned}
C^{(2r)} = {} & B^{(0)}a^{2r} + B^{(2)}a^{2r-2} + B^{(4)}a^{2r-4} + \cdots + B^{(2r)}a^0 \\
& + B^{(0)}a^{2r} + B^{(2)}a^{2r+2} + B^{(4)}a^{2r+4} + \cdots + B^{(2r)}a^{4r} \\
& + B^{(2r+2)}a^2 + B^{(2r+4)}a^4 + B^{(2r+6)}a^6 + \cdots + B^{(2q)}a^{2q-2r} \\
& + B^{(2r+2)}a^{4r+2} + B^{(2r+4)}a^{4r+4} + B^{(2r+6)}a^{4r+6} + \cdots + B^{(2q)}a^{2q+2r} \\
= {} & 2a^{2r}\{B^{(0)}\cos 0 + B^{(2)}\cos 2n + \cdots + B^{(2r)}\cos 2rn\} \\
& + (a^{2r}+a^{-2r})\{B^{(2r+2)}\cos(2r+2)n + \cdots + B^{(2q)}\cos 2qn\} \\
& + (a^{2r}+a^{-2r})\{B^{(2r+2)}\sin(2r+2)n + \cdots + B^{(2q)}\sin 2qn\}\sqrt{-1} \\
= {} & 2\cos 2rn\{B^{(0)}\cos 0 + B^{(2)}\cos 2n + \cdots + B^{(2q)}\cos 2qn\} \\
& + 2\sqrt{-1}\,\sin 2rn\{B^{(0)}\cos 0 + B^{(2)}\cos 2n + \cdots + B^{(2r)}\cos 2rn\} \\
& + 2\sqrt{-1}\,\cos 2rn\{B^{(2r+2)}\sin(2r+2)n + \cdots + B^{(2q)}\sin 2qn\},
\end{aligned}$$

oder schliesslich

$$C^{(2r)} = 2\cos 2rn\sin^{2q}n + 2\sqrt{-1}\,y\sin 2rn + 2\sqrt{-1}\,y'\cos 2rn,$$

wenn man

$$\begin{aligned}
y &= B^{(0)}\cos 0 + B^{(2)}\cos 2n + B^{(4)}\cos 4n + \cdots + B^{(2r)}\cos 2rn, \\
y' &= B^{(2r+2)}\sin(2r+2)n + B^{(2r+4)}\sin(2r+4)n + \cdots + B^{(2q)}\sin 2qn
\end{aligned}$$

setzt.

10.

Multiplicirt man den Werth von $\frac{dy}{dn}$ mit $\sin n$, so findet man

$$\begin{aligned}
\frac{dy}{dn}\sin n = {} & rB^{(2r)}\cos(2r+1)n \\
& - B^{(2)}\cos n - 2B^{(4)}\cos 3n - 3B^{(6)}\cos 5n - \cdots - rB^{(2r)}\cos(2r-1)n \\
& + B^{(2)}\cos 3n + 2B^{(4)}\cos 5n + \cdots + (r-1)B^{(2r-2)}\cos(2r-1)n
\end{aligned}$$

und, wenn man y mit $2q\cos n$ multiplicirt,

$$2qy\cos n = \quad qB^{(2r)}\cos(2r+1)n$$
$$+\ qB^{(2)}\cos n + qB^{(4)}\cos 3n + qB^{(6)}\cos 5n + \cdots + \quad qB^{(2r)}\cos(2r-1)n$$
$$+2qB^{(0)}\cos n + qB^{(2)}\cos 3n + qB^{(4)}\cos 5n + \cdots + qB^{(2r-2)}\cos(2r-1)n.$$

Zieht man beide Gleichungen von einander ab, so erhält man nach Fortlassung der Glieder, welche sich gegenseitig zerstören,

$$\frac{dy}{dn}\sin n - 2qy\cos n = -(q-r)B^{(2r)}\cos(2r+1)n,$$

und hieraus leitet man

$$y = -(q-r)B^{(2r)}\sin^{2q}n\int\frac{\cos(2r+1)n}{\sin^{2q+1}n}dn$$

ab.

11.

Man wird auf dieselbe Weise finden, dass y' von der Gleichung

$$\frac{dy'}{dn}\sin n - 2qy'\cos n = -(q+r+1)B^{(2r+2)}\sin(2r+1)n = (q-r)B^{(2r)}\sin(2r+1)n$$

abhängt, deren Integration

$$y' = (q-r)B^{(2r)}\sin^{2q}n\int\frac{\sin(2r+1)n}{\sin^{2q+1}n}dn$$

ergiebt. Es wird also

$$C^{(2r)} = \quad 2\sin^{2q}n\cos 2rn$$
$$+2\sqrt{-1}\,(q-r)B^{(2r)}\sin^{2q}n\cos 2rn\int\frac{\sin(2r+1)n}{\sin^{2q+1}n}dn$$
$$-2\sqrt{-1}\,(q-r)B^{(2r)}\sin^{2q}n\sin 2rn\int\frac{\cos(2r+1)n}{\sin^{2q+1}n}dn,$$

oder, wenn man die im ersten Integral enthaltene Constante ändert,

$$C^{(2r)} = \quad 2(q-r)\sqrt{-1}\,B^{(2r)}\sin^{2q}n\cos 2rn\int\frac{\sin(2r+1)n}{\sin^{2q+1}n}dn$$
$$-2(q-r)\sqrt{-1}\,B^{(2r)}\sin^{2q}n\sin 2rn\int\frac{\cos(2r+1)n}{\sin^{2q+1}n}dn.$$

Setzt man in diesem Ausdruck statt der Grössen

$$2\cos 2rn,\quad 2\cos(2r+1)n,\quad 2\sqrt{-1}\sin 2rn,\quad 2\sqrt{-1}\sin(2r+1)n$$

ihre Werthe

$$a^{2r}+a^{-2r},\quad a^{2r+1}+a^{-2r-1},\qquad a^{2r}-a^{-2r},\qquad a^{2r+1}-a^{-2r-1},$$

so findet man

$$C^{(2r)} = \tfrac{1}{2}(q-r)B^{(2r)}\sin^{2q}n\,(\alpha^{2r}+\alpha^{-2r})\int \frac{\alpha^{2r+1}-\alpha^{-2r-1}}{\sin^{2q+1}n}\,dn$$

$$-\tfrac{1}{2}(q-r)B^{(2r)}\sin^{2q}n\,(\alpha^{2r}-\alpha^{-2r})\int \frac{\alpha^{2r+1}+\alpha^{-2r-1}}{\sin^{2q+1}n}\,dn$$

$$=(q-r)B^{(2r)}\sin^{2q}n\left\{\alpha^{-2r}\int \frac{\alpha^{2r+1}}{\sin^{2q+1}n}\,dn-\alpha^{2r}\int \frac{\alpha^{-2r-1}}{\sin^{2q+1}n}\,dn\right\}.$$

12.

Sind q und r zwei sehr grosse Zahlen, so wird man den für $C^{(2r)}$ gefundenen Werth mittelst der im §. 7 angegebenen Methode in eine nach den fallenden Potenzen dieser Zahlen geordnete Reihe auflösen. Da aber im gegenwärtigen Fall die Entwickelung von dn nach den Potenzen von t ziemlich complicirt wird, so wird man am zweckmässigsten die von Lacroix am angeführten Orte mitgetheilte allgemeine Formel brauchen, in Folge welcher

$$\int \psi\,dn = c - \left\{V + V\frac{dV}{dn} + V\frac{d\left(V\frac{dV}{dn}\right)}{dn} + V\frac{d\left(V\frac{d\left(V\frac{dV}{dn}\right)}{dn}\right)}{dn} + \cdots\right\}\psi$$

wird, wenn

$$V = -\frac{1}{\frac{d\log\psi}{dn}}$$

gesetzt wird.

Es sei zuerst

$$\psi = \frac{\alpha^{2r+1}}{\sin^{2q+1}n},$$

so wird

$$\log\psi = (2r+1)\log\alpha - (2q+1)\log\sin n$$
$$= (2r+1)\,n\sqrt{-1} - (2q+1)\log\sin n,$$

und daher

$$V = \frac{1}{(2q+1)\operatorname{cotg} n - (2r+1)\sqrt{-1}},$$

$$V\frac{dV}{dn} = \frac{2q+1}{\sin^2 n}\cdot\frac{1}{\{(2q+1)\operatorname{cotg} n - (2r+1)\sqrt{-1}\}^3},$$

. . . .

Es wird also

$$\sin^{2q} n\, \alpha^{-2r} \int \frac{\alpha^{2r+1}}{\sin^{2q+1} n}\, dn = \sin^{2q} n\, \alpha^{-2r} c$$
$$- \frac{\alpha}{\sin n} \left\{ \frac{1}{(2q+1)\operatorname{cotg} n - (2r+1)\sqrt{-1}} + \frac{2q+1}{\sin^2 n} \frac{1}{\{(2q+1)\operatorname{cotg} n - (2r+1)\sqrt{-1}\}^3} + \cdots \right\}.$$

Durch ein ähnliches Verfahren findet man

$$\sin^{2q} n\, \alpha^{2r} \int \frac{\alpha^{-2r-1}}{\sin^{2q+1} n}\, dn = \sin^{2q} n\, \alpha^{2r} c'$$
$$- \frac{\alpha^{-1}}{\sin n} \left\{ \frac{1}{(2q+1)\operatorname{cotg} n + (2r+1)\sqrt{-1}} + \frac{2q+1}{\sin^2 n} \frac{1}{\{(2q+1)\operatorname{cotg} n + (2r+1)\sqrt{-1}\}^3} + \cdots \right\}.$$

Multiplicirt man die Differenz dieser beiden Functionen mit $(q-r)B^{(2r)}$, setzt $2\sqrt{-1}\sin n$ für $\alpha^1 - \alpha^{-1}$, $2\cos n$ für $\alpha^1 + \alpha^{-1}$ und schreibt nur das erste Glied der Entwickelung hin, so ergiebt sich

$$C^{(2r)} = (q-r)B^{(2r)} \sin^{2q} n\,(c\alpha^{-2r} - c'\alpha^{2r}) - \frac{4B^{(2r)}(q-r)(q+r+1)\sqrt{-1}}{(2q+1)^2 \operatorname{cotg} n + (2r+1)^2 \operatorname{tg} n} + \cdots$$

13.

Zur Bestimmung der Constanten bemerke man, dass man für $\alpha = 0$ den Werth $C^{(2r)} = B^{(2r)}$ haben muss. In diesem Falle erhält man aber genau das zweite Glied des vorstehenden Ausdrucks

$$\frac{-4(q-r)(q+r+1)\sqrt{-1}}{-(2q+1)^2\sqrt{-1} + (2r+1)^2\sqrt{-1}} B^{(2r)} = B^{(2r)},$$

und alle folgenden Glieder verschwinden. Man wird daher

$$\sin^{2q} n\, \alpha^{-2r} c - \sin^{2q} n\, \alpha^{2r} c' = 0$$

haben, und es werden auch die beiden Constanten jede für sich besonders verschwinden müssen, d. h. es muss

$$c = 0, \quad c' = 0$$

sein, da sie in der vorstehenden Gleichung für $\alpha = 0$ unendlich grosse Factoren von verschiedener Ordnung erhalten würden. Man findet in Folge hiervon

$$C^{(2r)} = -\frac{4B^{(2r)}(q-r)(q+r+1)\sqrt{-1}}{(2q+1)^2 \operatorname{cotg} n + (2r+1)^2 \operatorname{tg} n}.$$

14.

Um diese Formel auf irgend einen Fall anzuwenden, wollen wir annehmen, man suche den Coefficienten von $\cos 80u$ in dem Producte

$$\sin^{100} u \,\{1 + 2\cdot\tfrac{2}{3}\cos u + 2\cdot\tfrac{4}{9}\cos 2u + 2\cdot\tfrac{8}{27}\cos 3u + \cdots\}.$$

Man hat hier

$$\alpha = \tfrac{2}{3},\quad r = 40,\quad q = 50,$$

$$2\cos n = \frac{2}{e} = \alpha + \frac{1}{\alpha} = \tfrac{13}{6},\quad 2\sqrt{-1}\sin n = -\tfrac{5}{6},\quad \sqrt{-1}\,\mathrm{tg}\, n = -\tfrac{5}{13},$$

$$\frac{\mathrm{cotg}\, n}{\sqrt{-1}} = -\tfrac{13}{5},$$

woraus

$$C^{(80)} = \frac{4B^{(80)}.10.91}{101^2\cdot\tfrac{13}{5} - 81^2\cdot\tfrac{5}{13}} + \cdots$$

folgt, und da

$$B^{(80)} = \frac{1}{2^{99}}\,\frac{100\,.\,99\,.\,98\ldots 91}{1\,.\,2\,.\,3\ldots 10},$$

so wird man sehr nahe

$$C^{(80)} = \frac{1}{2^{99}}\,\frac{4\,.\,5\,.\,10\,.\,13\,.\,91}{1559944}\,\frac{100\,.\,99\,.\,98\ldots 91}{1\,.\,2\,.\,3\ldots 10}$$

haben.

15.

Ist p eine ungerade Zahl gleich $2r+1$, so wird sich für $C^{(p)}$ der folgende Werth ergeben:

$$\begin{aligned} C^{(2r+1)} = {} & B^{(0)}\alpha^{2r+1} + B^{(2)}\alpha^{2r-1} + B^{(4)}\alpha^{2r-3} + \cdots + B^{(2r)}\alpha \\ & + B^{(0)}\alpha^{2r+1} + B^{(2)}\alpha^{2r+3} + B^{(4)}\alpha^{2r+5} + \cdots + B^{(2r)}\alpha^{4r+1} \\ & + B^{(2r+2)}\alpha + B^{(2r+4)}\alpha^{3} + B^{(2r+6)}\alpha^{5} + \cdots + B^{(2q)}\alpha^{2q-2r-1} \\ & + B^{(2r+2)}\alpha^{4r+3} + B^{(2r+4)}\alpha^{4r+5} + B^{(2r+6)}\alpha^{4r+7} + \cdots + B^{(2q)}\alpha^{2q+2r+1}, \end{aligned}$$

oder, wenn man die den Grössen y und y' im §. 9 beigelegte Bedeutung beibehält,

$$\begin{aligned} C^{(2r+1)} = {} & 2\cos(2r+1)n\sin^{2q} n \\ & + 2\sqrt{-1}\,y\sin(2r+1)n + 2\sqrt{-1}\,y'\cos(2r+1)n, \end{aligned}$$

woraus sich ergiebt

$$\begin{aligned} C^{(2r+1)} = {} & 2(q-r)B^{(2r)}\sin^{2q} n\cos(2r+1)n\int\frac{\sin(2r+1)n}{\sin^{2q+1} n}\,dn \\ & - 2(q-r)B^{(2r)}\sin^{2q} n\sin(2r+1)n\int\frac{\cos(2r+1)n}{\sin^{2q+1} n}\,dn \\ = {} & (q-r)B^{(2r)}\sin^{2q} n\left\{\alpha^{-2r-1}\int\frac{\alpha^{2r+1}}{\sin^{2q+1} n}\,dn - \alpha^{2r+1}\int\frac{\alpha^{-2r-1}}{\sin^{2q+1} n}\,dn\right\}. \end{aligned}$$

16.

Zwischen den Grössen $C^{(0)}$, $C^{(1)}$, $C^{(2)}$ etc. kann man auch eine Relationsscala aufstellen. Es war nämlich

$$\sin^{2q} u = B^{(0)} + B^{(2)}\cos 2u + B^{(4)}\cos 4u + \cdots + B^{(2q)}\cos 2qu,$$

$$\sin^{2q} u\, F'(u) = C^{(0)} + C^{(1)}\cos u + C^{(2)}\cos 2u + \cdots$$

gesetzt worden, wo

$$F'(u) = \frac{1 - aa}{1 - 2a\cos u + aa} = -\frac{\sqrt{-1}\,\sin n}{\cos n - \cos u}.$$

Multiplicirt man daher einerseits mit $-\sqrt{-1}\sin n$ und andererseits mit $\cos n - \cos u$ und vergleicht die Coefficienten der Cosinus derselben Vielfachen von u mit einander, so hat man die folgenden Gleichungen:

$$0 = C^{(0)}\cos n - \tfrac{1}{2}C^{(1)} + \sin n\sqrt{-1}\,B^{(0)},$$

$$0 = C^{(1)}\cos n - \tfrac{1}{2}C^{(2)} - \tfrac{2}{2}C^{(0)},$$

$$0 = C^{(2)}\cos n - \tfrac{1}{2}C^{(3)} - \tfrac{1}{2}C^{(1)} + \sin n\sqrt{-1}\,B^{(2)},$$

$$\cdots\cdots\cdots\cdots\cdots$$

$$0 = C^{(2q-1)}\cos n - \tfrac{1}{2}C^{(2q)} - \tfrac{1}{2}C^{(2q-2)},$$

$$0 = C^{(2q)}\cos n - \tfrac{1}{2}C^{(2q+1)} - \tfrac{1}{2}C^{(2q-1)} + \sin n\sqrt{-1}\,B^{(2q)},$$

mit deren Hülfe man sämmtliche Coefficienten $C^{(1)}$, $C^{(2)}$ etc. bestimmen kann, indem man entweder von den beiden Coefficienten $C^{(2q+1)}$, $C^{(2q)}$ herabsteigt oder von $C^{(0)}$ aufsteigt.

17.

Wir wollen jetzt die ungeraden $(2q+1)^{\text{ten}}$ Potenzen von $\sin u$ betrachten und das Product von

$$\sin^{2q+1} u = B^{(1)}\sin u + B^{(3)}\sin 3u + B^{(5)}\sin 5u + \cdots + B^{(2q+1)}\sin(2q+1)u$$

mit $F'(u)$ bilden. Nennt man $D^{(1)}$, $D^{(2)}$, $D^{(3)}$ etc. die Coefficienten von $\sin u$, $\sin 2u$, $\sin 3u$ etc. in diesem Product, so werden wir allgemein

$$\begin{aligned} D^{(p)} = {} & B^{(1)}a^{p-1} + B^{(3)}a^{p-3} + B^{(5)}a^{p-5} + \cdots + B^{(2q+1)}a^{p-2q-1} \\ & - B^{(1)}a^{p+1} - B^{(3)}a^{p+3} - B^{(5)}a^{p+5} - \cdots - B^{(2q+1)}a^{p+2q+1} \end{aligned}$$

haben, vorausgesetzt dass p gleich oder grösser als $2q+1$ ist, und dieser Ausdruck reducirt sich auf

$$D^{(p)} = -2\sqrt{-1}\,a^p \sin^{2q+1} n.$$

18.

Es sei jetzt

$$p < 2q+1$$

und p zuerst eine gerade Zahl gleich $2r$, so findet man leicht

$$\begin{aligned} D^{(2r)} = & \quad B^{(1)}\alpha^{2r-1} + B^{(3)}\alpha^{2r-3} + B^{(5)}\alpha^{2r-5} + \cdots + B^{(2r-1)}\alpha \\ & - B^{(1)}\alpha^{2r+1} - B^{(3)}\alpha^{2r+3} - B^{(5)}\alpha^{2r+5} - \cdots - B^{(2r-1)}\alpha^{4r-1} \\ & + B^{(2r+1)}\alpha^{1} + B^{(2r+3)}\alpha^{3} + B^{(2r+5)}\alpha^{5} + \cdots + B^{(2q+1)}\alpha^{2q-2r+1} \\ & - B^{(2r+1)}\alpha^{4r+1} - B^{(2r+3)}\alpha^{4r+3} - B^{(2r+5)}\alpha^{4r+5} - \cdots - B^{(2q+1)}\alpha^{2q+2r+1}, \end{aligned}$$

was man auf

$$D^{(2r)} = -2\sin 2rn \sin^{2q+1} n - 2\sqrt{-1}\; y'' \cos 2rn - 2\sqrt{-1}\; y''' \sin 2rn$$

zurückführen kann, wenn man

$$\begin{aligned} y'' &= B^{(1)}\sin n + B^{(3)}\sin 3n + B^{(5)}\sin 5n + \cdots + B^{(2r-1)}\sin(2r-1)n, \\ y''' &= B^{(2r+1)}\cos(2r+1)n + B^{(2r+3)}\cos(2r+3)n + \cdots + B^{(2q+1)}\cos(2q+1)n \end{aligned}$$

setzt. Die Werthe von y'' und y''' werden von den Gleichungen

$$\begin{aligned} \frac{dy''}{dn}\sin n - (2q+1)y''\cos n &= +(q+r+1)B^{(2r+1)}\sin 2rn, \\ \frac{dy'''}{dn}\sin n - (2q+1)y'''\cos n &= -(q+r+1)B^{(2r+1)}\cos 2rn \end{aligned}$$

abhängen, welche integrirt

$$\begin{aligned} y'' &= +(q+r+1)B^{(2r+1)}\sin^{2q+1} n \int \frac{\sin 2rn}{\sin^{2q+2} n}\,dn, \\ y''' &= -(q+r+1)B^{(2r+1)}\sin^{2q+1} n \int \frac{\cos 2rn}{\sin^{2q+2} n}\,dn \end{aligned}$$

geben. Schliesslich erhält man hieraus, wenn man das Glied, welches in den Constanten der Integrale mit einbegriffen gedacht werden kann, fortlässt,

$$\begin{aligned} D^{(2r)} = & \quad 2\sqrt{-1}\,(q+r+1)B^{(2r+1)}\sin^{2q+1} n \sin 2rn \int \frac{\cos 2rn}{\sin^{2q+2} n}\,dn \\ & - 2\sqrt{-1}\,(q+r+1)B^{(2r+1)}\sin^{2q+1} n \cos 2rn \int \frac{\sin 2rn}{\sin^{2q+2} n}\,dn \\ = & \; (q+r+1)B^{(2r+1)}\sin^{2q+1} n \left\{\alpha^{2r}\int \frac{\alpha^{-2r}}{\sin^{2q+2} n}\,dn - \alpha^{-2r}\int \frac{\alpha^{2r}}{\sin^{2q+2} n}\,dn\right\}. \end{aligned}$$

19.

Wenn dagegen $p = 2r + 1$, erhält man

$$\begin{aligned} D^{(2r+1)} = & \quad B^{(1)} \alpha^{2r} + B^{(3)} \alpha^{2r-2} + \cdots + B^{(2r-1)} \alpha^{2} \\ & - B^{(1)} \alpha^{2r+2} - B^{(3)} \alpha^{2r+4} - \cdots - B^{(2r-1)} \alpha^{4r} \\ & + B^{(2r+1)} \alpha^{0} + B^{(2r+3)} \alpha^{2} + \cdots + B^{(2q+1)} \alpha^{2q-2r} \\ & - B^{(2r+1)} \alpha^{4r+2} - B^{(2r+3)} \alpha^{4r+4} - \cdots - B^{(2q+1)} \alpha^{2q+2r+2}, \end{aligned}$$

was auf

$$\begin{aligned} D^{(2r+1)} & = -2 \sin^{2q+1} n \sin(2r+1)n - 2\sqrt{-1}\, y'' \cos(2r+1)n \\ & \qquad - 2\sqrt{-1}\, y''' \sin(2r+1)n \\ & = \quad 2\sqrt{-1}\,(q+r+1)\, B^{(2r+1)} \sin^{2q+1} n \sin(2r+1)n \int \frac{\cos 2rn}{\sin^{2q+2} n}\, dn \\ & \quad - 2\sqrt{-1}\,(q+r+1)\, B^{(2r+1)} \sin^{2q+1} n \cos(2r+1)n \int \frac{\sin 2rn}{\sin^{2q+2} n}\, dn \\ & = (q+r+1)\, B^{(2r+1)} \sin^{2q+1} n \left\{\alpha^{2r+1} \int \frac{\alpha^{-2r}}{\sin^{2q+2} n}\, dn - \alpha^{-2r-1} \int \frac{\alpha^{2r}}{\sin^{2q+2} n}\, dn\right\} \end{aligned}$$

führt. Derselbe Werth kann auch, wenn man zur Reihe y'' ein Glied hinzufügt und von y''' ein Glied fortnimmt, auf folgende Art geschrieben werden:

$$\begin{aligned} D^{(2r+1)} = & -2 \sin^{2q+1} n \sin(2r+1)n \\ & - 2\sqrt{-1} \cos(2r+1)n \,\{y'' + B^{(2r+1)} \sin(2r+1)n\} \\ & - 2\sqrt{-1} \sin(2r+1)n \,\{y''' - B^{(2r+1)} \cos(2r+1)n\}. \end{aligned}$$

Summirt man die Reihen, wie zuvor, so gelangt man zu dem folgenden Ausdruck:

$$D^{(2r+1)} = (q-r)\, B^{(2r+1)} \sin^{2q+1} n \left\{\alpha^{-2r-1} \int \frac{\alpha^{2r+2}}{\sin^{2q+2} n}\, dn - \alpha^{2r+1} \int \frac{\alpha^{-2r-2}}{\sin^{2q+2} n}\, dn\right\},$$

der für den Gebrauch, der davon im Folgenden zu machen sein wird, mehr geeignet ist.

„Aus den in den §§. 9, 15, 17, 18, 19 gegebenen Formeln sieht man, dass für $\alpha = 0$ die Werthe der Coefficienten $C^{(2r+1)}$ und $D^{(2r)}$ verschwinden, und die Werthe der Coefficienten $C^{(2r)}$ und $D^{(2r+1)}$ respective gleich $B^{(2r)}$ und $B^{(2r+1)}$ werden. Es behalten also die Coefficienten $C^{(p)}$ und $D^{(p)}$ immer endliche Werthe. Wenn man in den Integralen, mittelst welcher diese Coefficienten schliesslich ausgedrückt worden sind, α für n einführt, so sieht man leicht, dass jedes dieser Integrale in eine Reihe entwickelt werden kann, welche nach den ganzen positiven Potenzen von α fortschreitet. Diesen Reihen dürfen keine constanten Glieder hinzugefügt werden, oder es müssen diese Integrale so bestimmt werden, dass sie für $\alpha = 0$ verschwinden. Denn durch diese constanten Glieder würden unendliche Grössen von verschiedener Ordnung erzeugt werden, die sich also nicht gegenseitig vernichten können, und die auch nicht von den aus den Reihenentwickelungen der Integrale hervorgehenden Grössen zerstört werden können, weil aus diesen Entwickelungen keine negativen Potenzen von α in den Ausdrücken der Coefficienten $C^{(p)}$ und $D^{(p)}$ entstehen."

20.

Nachdem im Vorhergehenden die Natur der Coefficienten untersucht worden ist, welche aus der Entwickelung jedes einzelnen Gliedes der Reihe

$$v = F(u) + \frac{e}{1}\sin u\, F'(u) + \frac{e^2}{1.2}\frac{d[\sin^2 u\, F'(u)]}{du} + \cdots$$

hervorgehen, wollen wir jetzt den Coefficienten von $\sin pu$ in der Entwickelung der ganzen Reihe suchen. Es sei P der gesuchte Coefficient, den man in zwei Theile P' und P'' zerfällt, von denen der erste die Summe aller Coefficienten enthalten möge, die aus der Entwickelung der Glieder der Reihe von Anfang an bis zum Gliede

$$\frac{e^p}{1.2.3\ldots p}\frac{d^{p-1}[\sin^p u\, F'(u)]}{du^{p-1}}$$

inclusive hervorgehen, der zweite die Summe aller Coefficienten, welche von den Gliedern der Reihe von

$$\frac{e^{p+1}}{1.2.3\ldots(p+1)}\frac{d^p[\sin^{p+1} u\, F'(u)]}{du^p}$$

an bis in's Unendliche herrühren.

21.

Um P' zu haben, setze man nach und nach in den oben (§§. 5 und 17) gegebenen Functionen $C^{(p)}$ und $D^{(p)}$ für q die Werthe

$$0,\quad 1,\quad 2,\quad 3,\quad \ldots,\quad \tfrac{1}{2}p$$

und multiplicire die erhaltenen Resultate respective mit

$$\frac{1}{p},\quad \frac{e}{1},\quad -\frac{e^2}{1.2}p,\quad -\frac{e^3}{1.2.3}p^2,\quad +\frac{e^4}{1.2.3.4}p^3,\quad \ldots,$$

so wird man

$$P' = \frac{2a^p}{p} - \frac{2e}{1}\sqrt{-1}\,a^p \sin n - \frac{2e^2}{1.2}\,p\,a^p \sin^2 n$$
$$+ \frac{2e^3}{1.2.3}\sqrt{-1}\,p^2 a^p \sin^3 n + \cdots \pm \frac{2e^p p^{p-1} a^p \sin^p n}{1.2.3\ldots p}$$

haben, wobei p gerade angenommen ist, und das obere oder untere Zeichen genommen werden muss, je nachdem $\frac{1}{2}p$ gerade oder ungerade ist.

Setzt man $\frac{1}{\cos n}$ statt e, so kann der Werth von P' in die folgende Form gebracht werden:

$$P' = \frac{2a^p}{p}\left\{1 + \frac{-p\sqrt{-1}\,\mathrm{tg}\,n}{1} + \frac{(-p\sqrt{-1}\,\mathrm{tg}\,n)^2}{1.2} + \cdots + \frac{(-p\sqrt{-1}\,\mathrm{tg}\,n)^p}{1.2.3\ldots p}\right\}$$
$$= \frac{2a^p}{p}\left\{1 + \frac{pf}{1} + \frac{(pf)^2}{1.2} + \frac{(pf)^3}{1.2.3} + \cdots + \frac{(pf)^p}{1.2.3\ldots p}\right\},$$

die keine Zweideutigkeit des Zeichens mehr enthält und auch für den Fall gilt, wenn p eine ungerade Zahl ist.

22.

Die Summe der gefundenen Reihe kann durch ein Integral dargestellt werden. Setzt man nämlich

$$z = 1 + \frac{x}{1} + \frac{x^2}{1.2} + \cdots + \frac{x^p}{1.2.3\ldots p},$$

so erhält man durch Differentiation

$$\frac{dz}{dx} = 1 + \frac{x}{1} + \frac{x^2}{1.2} + \cdots + \frac{x^{p-1}}{1.2.3\ldots(p-1)} = z - \frac{x^p}{1.2.3\ldots p}.$$

Durch Integration dieser linearen Differentialgleichung findet man

$$z = -\frac{i^x}{1.2.3\ldots p}\int x^p i^{-x} dx.$$

Es wird also, wenn das Integral von 0 bis pf genommen wird,

$$z = 1 + \frac{pf}{1} + \frac{(pf)^2}{1.2} + \frac{(pf)^3}{1.2.3} + \cdots + \frac{(pf)^p}{1.2.3\ldots p}$$
$$= i^{pf}\left(1 - \frac{1}{1.2.3\ldots p}\int x^p i^{-x} dx\right).$$

Ist auf diese Weise z gefunden, so hat man

$$P' = \frac{2a^p z}{p} = \frac{2e^p z}{p(1+f)^p}.$$

23.

Um den Werth des Integrals für ein grosses p zu erhalten, wollen wir zufolge der im §. 7 angegebenen Methode

$$x^p i^{-x} = (pf)^p i^{-pf} i^{-t},$$

oder, wenn man die Logarithmen nimmt,

$$t = p\log(pf) - p\log x - pf + x$$

setzen. Die Differentiation dieser Gleichung giebt

$$\frac{dt}{dx} = -\frac{p}{x} + 1,$$

oder

$$x = \frac{dx}{dt}(x-p) = \frac{1}{2}\frac{d(x-p)^2}{dt}.$$

Entwickelt man x in eine nach den Potenzen von t fortschreitende Reihe, so wird das erste Glied derselben pf. Setzt man demnach

$$x = pf + bt + c\frac{t^2}{p} + d\frac{t^3}{p^2} + \cdots,$$

so wird

$$x - p = (f-1)p + bt + c\frac{t^2}{p} + d\frac{t^3}{p^2} + \cdots$$

und

$$\begin{array}{rlllll} \frac{1}{2}\frac{d(x-p)^2}{dt} & = (f-1)pb + & 2(f-1)ct + & 3(f-1)d\frac{t^2}{p} & + \cdots \\ & + & b^2 t + & 3bc\frac{t^2}{p} & + \cdots \\ & & & & + \cdots \\ & = \quad pf + & bt + & c\frac{t^2}{p} & + \cdots, \end{array}$$

also, wenn man die Coefficienten derselben Potenzen von t mit einander vergleicht,

$$b = \frac{f}{f-1}, \quad c = -\frac{f}{2(f-1)^3}, \quad d = \frac{f(2f+1)}{6(f-1)^5}, \quad \ldots$$

$$x = pf + \frac{f}{f-1}t - \frac{f}{2(f-1)^3}\frac{t^2}{p} + \cdots,$$

$$\int x^p i^{-x} dx = (pf)^p i^{-pf} \int \left(\frac{f}{f-1} - \frac{f}{(f-1)^3}\frac{t}{p} + \cdots\right) i^{-t} dt$$

und, wenn man von $x = 0$ bis $x = pf$, oder, was dasselbe ist, von $t = \infty$ bis $t = 0$ integrirt,

$$\int x^p i^{-x} dx = -(pf)^p i^{-pf} \left(\frac{f}{f-1} - \frac{f}{(f-1)^3} \frac{1}{p} + \frac{f(2f+1)}{(f-1)^5} \frac{1}{p^2} + \cdots \right),$$

$$z = i^{pf} + \frac{(pf)^p}{1.2.3\ldots p} \left(\frac{f}{f-1} - \frac{f}{(f-1)^3} \frac{1}{p} + \frac{f(2f+1)}{(f-1)^5} \frac{1}{p^2} + \cdots \right).$$

Diese nach den fallenden Potenzen von p fortschreitende Reihe hört auf, convergent zu sein, wenn

$$p < \frac{1}{(f-1)^2},$$

und kann daher für eine wenig excentrische Bahn nur bei überaus grossen Werthen von p angewandt werden.

24.

Um eine Reihe zu erhalten, in welcher sich die Potenzen der Excentricität nicht im Nenner zeigen, wollen wir zu einer anderen Substitution unsere Zuflucht nehmen und

$$x^p i^{-x} = p^p i^{-p} i^{-tt},$$

oder

$$p \log x - x = p \log p - p - tt$$

setzen.

Löst man diese Gleichung durch Reihenentwickelung auf, so findet man*)

$$x = p - \sqrt{2p}\, t + \frac{2t^2}{3} - \frac{t^3}{9\sqrt{2p}} - \frac{2t^4}{135p} - \frac{t^5}{540p\sqrt{2p}} + \cdots,$$

welche Reihe der Bequemlichkeit der Rechnung halber durch

$$x = p + A'\sqrt{p}\, t + A'' t^2 + \frac{A''' t^3}{\sqrt{p}} + \frac{A^{\mathrm{IV}} t^4}{p} + \frac{A^{\mathrm{V}} t^5}{p\sqrt{p}} + \cdots$$

bezeichnet werden soll. Man hat dann

$$\int x^p i^{-x} dx = p^p i^{-p} \int i^{-tt} \left(A'\sqrt{p} + 2A'' t + 3A''' \frac{t^2}{\sqrt{p}} + 4A^{\mathrm{IV}} \frac{t^3}{p} + 5A^{\mathrm{V}} \frac{t^4}{p\sqrt{p}} + \cdots \right) dt$$

und, wenn man die Werthe der Integrale

$$\int t i^{-tt} dt, \quad \int t^3 i^{-tt} dt, \quad \ldots$$

*) Legendre, *Exercices de calcul intégral*, Troisième Partie, page 346. Es ist hier der Grösse $\sqrt{2p}$ das Minuszeichen gegeben worden, damit t für $x < p$ immer positiv bleibt.

substituirt und die übrigen durch partielle Integration auf das Integral $\int i^{-u}dt$ reducirt,

$$\int x^p i^{-x} dx = p^p i^{-p}\left(A' + \tfrac{3}{2}\frac{A'''}{p} + \tfrac{3.5}{4}\frac{A^{V}}{p^2} + \tfrac{3.5.7}{8}\frac{A^{VII}}{p^3} + \cdots\right)\sqrt{p}\int i^{-u}dt$$

$$- p^p i^{-p}\left(\tfrac{2}{2}A'' + \tfrac{3}{2}A'''\frac{t}{\sqrt{p}} + \tfrac{4}{2}A^{IV}\frac{t^2}{p} + \tfrac{5}{2}A^{V}\frac{t^3}{p\sqrt{p}} + \tfrac{6}{2}A^{VI}\frac{t^4}{p^2} + \cdots\right)i^{-u}$$

$$- p^p i^{-p}\left(\tfrac{2.4}{4}A^{IV}\frac{1}{p} + \tfrac{3.5}{4}A^{V}\frac{t}{p\sqrt{p}} + \tfrac{4.6}{4}A^{VI}\frac{t^2}{p^2} + \cdots\right)i^{-u}$$

$$- p^p i^{-p}\left(\tfrac{2.4.6}{8}A^{VI}\frac{1}{p^2} + \cdots\right)i^{-u}$$

$$- \quad . \quad . \quad . \quad . \quad . \quad .$$

25.

Man setze der Kürze halber

$$\int x^p i^{-x} dx = p^p i^{-p}\left\{A\sqrt{p}\int i^{-u}dt - \left(T + \frac{T'}{p} + \frac{T''}{p^2} + \cdots\right)i^{-u}\right\},$$

wo

$$A' + \tfrac{3}{2}A'''\frac{1}{p} + \tfrac{3.5}{4}\frac{A^{V}}{p^2} + \cdots = A,$$

$$\tfrac{2}{2}A'' + \tfrac{3}{2}A'''\frac{t}{\sqrt{p}} + \tfrac{4}{2}A^{IV}\frac{t^2}{p} + \cdots = T,$$

$$\tfrac{2.4}{4}A^{IV} + \tfrac{3.5}{4}A^{V}\frac{t}{\sqrt{p}} + \tfrac{4.6}{4}A^{VI}\frac{t^2}{p} + \cdots = T',$$

$$\tfrac{2.4.6}{8}A^{VI} + \quad . \quad . \quad . \quad . \quad . \quad . \quad = T'',$$

$$. \quad . \quad . \quad . \quad . \quad . \quad . \quad . \quad . \quad .$$

Die Grössen T, T', T'' etc. können durch successive Differentiation aus einander gebildet werden. Man hat nämlich, wie man leicht sieht, die folgenden Gleichungen:

$$T = \frac{1}{2t}\left(\frac{dx}{dt} - A'\sqrt{p}\right),$$

$$\frac{T'}{p} = \frac{1}{2t}\left(\frac{dT}{dt} - \tfrac{3}{2}\frac{A'''}{\sqrt{p}}\right),$$

$$\frac{T''}{p^2} = \frac{1}{2t}\left(\frac{1}{p}\frac{dT'}{dt} - \tfrac{3.5}{4}\frac{A^{V}}{p\sqrt{p}}\right),$$

$$. \quad . \quad . \quad . \quad . \quad . \quad . \quad .$$

deren Gesetz am Tage liegt.

Es wird aber, wenn man die Gleichung zwischen x und t differentiirt,

$$\left(\frac{p}{x}-1\right)\frac{dx}{dt}=-2t,$$

und daher

$$T=\frac{x}{x-p}-\frac{A'\sqrt{p}}{2t}=\frac{x}{x-p}+\frac{\sqrt{p}}{t\sqrt{2}}.$$

Differentiirt man von Neuem und substituirt den Werth von $\frac{dx}{dt}$, so erhält man

$$\frac{T'}{p}=-\frac{px}{(x-p)^3}-\frac{\sqrt{p}}{2\sqrt{2}\,t^3}+\frac{1}{12\sqrt{2}\sqrt{p}\,t},$$

und hieraus

$$\frac{T''}{p^2}=\frac{2px^2+p^2x}{(x-p)^5}+\frac{3\sqrt{p}}{4\sqrt{2}\,t^5}-\frac{1}{24\sqrt{2}\sqrt{p}\,t^3}+\frac{1}{288\sqrt{2}\,p\sqrt{p}\,t},$$

. . . .

Das Integral muss von $x=0$ bis $x=pf$, oder von $t=\infty$ bis $t=\vartheta$ genommen werden, wenn man ϑ den dem Werthe $x=pf$ entsprechenden Werth von t nennt. Bezeichnet man mit

$$\Psi(\vartheta)$$

das Integral $\int i^{-tt}dt$ von $t=\vartheta$ bis $t=\infty$ und bemerkt, dass die Function

$$\left(T+\frac{T'}{p}+\cdots\right)i^{-tt}$$

für $t=\infty$ verschwindet, so erhält man

$$\int x^p i^{-x}dx=p^p i^{-p}\left\{-A\sqrt{p}\,\Psi(\vartheta)-\left(T+\frac{T'}{p}+\frac{T''}{p^2}+\cdots\right)i^{-tt}\right\},$$

wenn man in den Ausdrücken von T, T', T'' etc. pf statt x und ϑ statt t setzt.

26.

Wenn $x=pf$, hat man

$$t^2=-p\log f+pf-p.$$

Es sei

$$b=\pm\sqrt{-\log f+f-1},$$

so wird

$$\vartheta=b\sqrt{p}.$$

Man wird die Wurzelgrösse mit dem Zeichen $+$ nehmen, wenn $x<p$, d. h. $f<1$, und mit dem Zeichen $-$, wenn $x>p$, d. h. $f>1$.

27*

In diesem letzteren Falle bemerke man, dass allgemein

$$\Psi(-\vartheta) = \sqrt{\pi} - \Psi(\vartheta),$$

wenn mit π das Verhältniss des Durchmessers zur Peripherie bezeichnet wird.

Substituirt man den Werth von t, so erhält man

$$T = \tfrac{2}{2}A'' + \tfrac{3}{2}A'''b + \tfrac{4}{2}A^{\text{IV}}b^2 + \cdots$$
$$= \frac{f}{f-1} + \frac{1}{b\sqrt{2}},$$
$$T' = \tfrac{2.4}{4}A^{\text{IV}} + \tfrac{3.5}{4}A^{\text{V}}b + \cdots$$
$$= -\frac{f}{(f-1)^2} - \frac{1}{2\sqrt{2}\,b^3} + \frac{1}{12\sqrt{2}\,b},$$
$$T'' = \tfrac{2.4.6}{8}A^{\text{VI}} + \tfrac{3.5.7}{8}A^{\text{VII}}b + \cdots$$
$$= \frac{2f^2+f}{(f-1)^3} + \frac{3}{4\sqrt{2}\,b^5} - \frac{1}{24\sqrt{2}\,b^3} + \frac{1}{288\sqrt{2}\,b}.$$

Diese Ausdrücke zeigen, dass, wie auch der Werth von e beschaffen ist, keine der Grössen T, T', T'' etc. unendlich werden kann. Denn für $e = 0$ hat man $f = 1$, $b = 0$, und die Reihenausdrücke von T, T', T'' etc. reduciren sich auf ihre ersten Glieder, während die geschlossenen Ausdrücke derselben Grössen die unbestimmte Form $\frac{1}{0} - \frac{1}{0}$ annehmen. Wenn $e = 1$, hat man $f = 0$, $b = \infty$, und die gedachten Reihen haben, obschon sie aus unendlichen Grössen zusammengesetzt sind, eine Summe, die gleich 0 wird. Entspricht aber auch dem Werthe $e = 1$ der Werth $b = \infty$, so braucht man doch nur $e = 1 - \frac{13}{1000}$ zu setzen, um b kleiner als die Einheit zu haben.

27.

Man kann jetzt den Werth von z erhalten, indem man von i^{pf} das Product des gefundenen Integrals mit $\frac{i^{pf}}{1.2.3\ldots p}$ abzieht. Hier ist aber der Ort zu bemerken, dass das fortlaufende Product $1.2.3\ldots p$ nichts als der Werth des Integrals $\int x^p i^{-x} dx$ für die Grenzwerthe $x = 0$ und $x = \infty$, oder $t = +\infty$ und $t = -\infty$ ist, für welche

$$\vartheta = -\infty, \quad \Psi(\vartheta) = \sqrt{\pi}, \quad \left(T + \frac{T'}{p} + \cdots\right) i^{-u} = 0,$$

und daher

$$1.2.3\ldots p = -p^p i^{-p} A\sqrt{p\pi}$$

wird. Man erhält daher

$$z = i^{pf}\left\{1 - \frac{\Phi(\sqrt{bbp})}{\sqrt{\pi}} - \left(T + \frac{T'}{p} + \frac{T''}{p^2} + \cdots\right)\frac{i^{-bbp}}{A\sqrt{p\pi}}\right\}$$

und schliesslich

$$P' = \frac{2}{p}\left(\frac{ei^f}{1+f}\right)^p\left\{1 - \frac{\Phi(\sqrt{bbp})}{\sqrt{\pi}} - \left(T + \frac{T'}{p} + \frac{T''}{p^2} + \cdots\right)\frac{i^{-bbp}}{A\sqrt{p\pi}}\right\}.$$

28.

Der Fall $f = 1$, der uns die Summe der endlichen Reihe

$$z = 1 + \frac{p}{1} + \frac{p^2}{1.2} + \cdots + \frac{p^p}{1.2.3\ldots p}$$

giebt, verdient eine besondere Berücksichtigung. Man hat für diesen Fall

$$b = 0, \quad \Phi(\sqrt{bbp}) = \tfrac{1}{2}\sqrt{\pi}, \quad i^{-bbp} = 1, \quad T = A'' = \tfrac{2}{3}, \quad T' = 2A^{IV} = -\tfrac{4}{135}, \quad \ldots$$

und endlich

$$z = i^p\left(\frac{1}{2} + \frac{\tfrac{2}{3} - \tfrac{4}{135}\frac{1}{p} + \cdots}{\sqrt{2}\sqrt{p\pi}\,(1 + \tfrac{1}{12}p + \cdots)}\right)$$

$$= i^p\left\{\frac{1}{2} + \frac{1}{\sqrt{2\pi}}\left(\frac{2}{3\sqrt{p}} - \frac{23}{270p\sqrt{p}} + \cdots\right)\right\}.$$

Für $p = \infty$ folgt hieraus

$$1 + \frac{p}{1} + \frac{p^2}{1.2} + \cdots + \frac{p^p}{1.2\ldots p} = \tfrac{1}{2}i^p.$$

Da nun aber die Reihe

$$1 + \frac{p}{1} + \frac{p^2}{1.2} + \cdots + \frac{p^p}{1.2\ldots p} + \frac{p^{p+1}}{1.2\ldots(p+1)} + \cdots \text{ in inf.}$$

dasselbe wie i^p ist, so sieht man, dass der Theil der Reihe, welche i^p ausdrückt, vom Anfange an bis zum grössten Gliede nahe gleich dem anderen sich in's Unendliche erstreckenden Theil ist, und zwar mit desto grösserer Annäherung, je grösser der Exponent p ist.

29.

Wenn die Excentricität sehr klein ist, so bildet die Function P' den Haupttheil des Werthes von P, da P'' nothwendig eine Grösse von der Ordnung von e^{p+2} ist.

Setzt man daher nach Division von P' durch e^p im Quotienten $e = 0$, so wird man den Zahlencoefficienten von e^p im Gliede $P \sin pu$ der Reihenentwickelung von v erhalten, und da $f = 1$, wenn $e = 0$, so wird dieser Coefficient

$$\frac{P'}{e^p} = \frac{2}{2^p . p}\left(1 + \frac{p}{1} + \frac{p^2}{1.2} + \cdots + \frac{p^p}{1.2.3\ldots p}\right),$$

was mit dem vom Grafen **Oriani** in den Mailänder Ephemeriden für 1805 gegebenen Ausdruck übereinstimmt. Substituirt man die Entwickelung in eine unendliche Reihe, so wird

$$\frac{P'}{e^p} = \frac{i^p}{2^p . p}\left(1 + \frac{4}{3\sqrt{2p\pi}} + \cdots\right).$$

30.

Man suche z. B. den Coefficienten von $e^{12} \sin 12u$. Behält man nur die beiden ersten Glieder der unendlichen Reihe bei, so findet man*)

$$
\begin{array}{rlcrl}
L2p & = 1,3802112 & \qquad & \frac{i}{2} & = 1,3591409 \\
L\pi & = 0,4971499 & & L\frac{i}{2} & = 0,1332645 \\
\hline
L2p\pi & = 1,8773611 & & pL\frac{i}{2} & = 1,5991740 \\
L\sqrt{2p\pi} & = 0,9386805 & & Lp & = 1,0791812 \\
L3 & = 0,4771213 & & L\frac{i^p}{2^p . p} & = 0,5199928 \\
\hline
 & 1,4158018 & & & \\
L4 & = 0,6020600 & & & \\
\hline
L\frac{4}{3\sqrt{2p\pi}} & = 9,1862582 & & L\left(1 + \frac{4}{3\sqrt{2p\pi}}\right) & = 0,0620375 \\
\frac{4}{3\sqrt{2p\pi}} & = 0,153553 & & L\frac{P'}{e^p} & = 0,5820303\,.
\end{array}
$$

und daher näherungsweise $\frac{P'}{e^p} = 3.8197$, während $\frac{7218065}{1892352} = 3,8143$ der genaue Werth ist.

31.

Um P'' oder den Coefficienten von $\sin pu$ in der Reihe

$$\frac{e^{p+1}}{1.2.3\ldots(p+1)}\left\{\frac{d^p[\sin^{p+1} u\, F'(u)]}{du^p} + \frac{e}{p+2}\frac{d^{p+1}[\sin^{p+2} u\, F'(u)]}{du^{p+1}} + \frac{e^2}{(p+2)(p+3)}\frac{d^{p+2}[\sin^{p+3} u\, F'(u)]}{du^{p+2}} + \cdots\right\}$$

*) Mit log werden die hyperbolischen, mit dem Buchstaben L die Logarithmen der Tafeln bezeichnet.

zu bilden, wollen wir wieder damit beginnen, p gerade, gleich $2r$, anzunehmen. Wir wollen dann die Reihe in zwei Theile theilen, deren erster das 1te, 3te, 5te etc. und deren zweiter das 2te, 4te, 6te etc. Glied umfassen soll. Es sei Π der Coefficient von $\sin 2ru$ in der Entwickelung des ersten Theils, Π' der Coefficient desselben Sinus in der Entwickelung des zweiten Theils der Reihe. Um Π zu erhalten, wird man in dem im §. 18 gegebenen Werthe von $D^{(2r)}$ nach und nach

$$q = r, \quad q = r+1, \quad q = r+2, \quad \ldots$$

setzen. Bei diesen Substitutionen ist in Bezug auf die Werthe der Zahlencoefficienten $B^{(2r+1)}$ Folgendes zu bemerken.

„Die Zahlencoefficienten $B^{(2r+1)}$ waren durch die Gleichung

$$\sin^{2q+1} u = B^{(1)} \sin u + B^{(3)} \sin 3u + \cdots + B^{(2q+1)} \sin(2q+1)u,$$

oder

$$\frac{(-1)^q}{2^{2q}}\left(x-\frac{1}{x}\right)^{2q+1} = B^{(1)}\left(x-\frac{1}{x}\right) + B^{(3)}\left(x^3-\frac{1}{x^3}\right) + \cdots + B^{(2q+1)}\left(x^{2q+1}-\frac{1}{x^{2q+1}}\right)$$

definirt worden. Man ersieht aus der Entwickelung des Binoms, dass der Coefficient von x immer positiv ist, und dass die Zeichen der folgenden und vorhergehenden Potenzen von x immer abwechseln. Es wird daher das Zeichen von $B^{(2r+1)}$ gänzlich unabhängig von q oder von dem Exponenten der zu entwickelnden ungeraden Potenz des Sinus und positiv oder negativ sein, je nachdem r gerade oder ungerade ist.“ Es wird demnach, wenn

$$q = r: \qquad \pm B^{(2q+1)} = \pm B^{(2r+1)} = \frac{1}{2^{2q}} = \frac{1}{2^{2r}};$$

$$q = r+1: \quad \pm B^{(2q-1)} = \pm B^{(2r+1)} = \frac{1}{2^{2q}}\,\frac{2q+1}{1} = \frac{1}{2^{2r+2}}\,\frac{2r+3}{1};$$

$$q = r+2: \quad \pm B^{(2q-3)} = \pm B^{(2r+1)} = \frac{1}{2^{2q}}\,\frac{2q(2q+1)}{1.2} = \frac{1}{2^{2r+4}}\,\frac{(2r+4)(2r+5)}{1.2};$$

$$q = r+3: \quad \pm B^{(2q-5)} = \pm B^{(2r+1)} = \frac{1}{2^{2q}}\,\frac{(2q-1).2q.(2q+1)}{1.2.3}$$

$$= \frac{1}{2^{2r+6}}\,\frac{(2r+5)(2r+6)(2r+7)}{1.2.3};$$

. . . .

wo das obere oder das untere Zeichen zu nehmen ist, je nachdem r gerade oder ungerade ist.

Substituirt man diese Werthe in dem im §. 18 gefundenen allgemeinen

Ausdruck

$$D^{(2r)} = (q+r+1)\,B^{(2r+1)}\sin^{2q+1}n \left\{a^{2r}\int\frac{a^{-2r}}{\sin^{2q+2}n}\,dn - a^{-2r}\int\frac{a^{2r}}{\sin^{2q+2}n}\,dn\right\},$$

so erhält man für die nämlichen Werthe von q, die im Vorstehenden betrachtet sind, die folgenden Ausdrücke von $\pm D^{(2r)}$: wenn

$$q=r:\qquad \pm D^{(2r)} = \frac{2r+1}{2^{2r}}\sin^{2r+1}n\left\{a^{2r}\int\frac{a^{-2r}}{\sin^{2r+2}n}\,dn - a^{-2r}\int\frac{a^{2r}}{\sin^{2r+2}n}\,dn\right\};$$

$$q=r+1:\qquad \pm D^{(2r)} = \frac{(2r+2)(2r+3)}{1.2^{2r+2}}\sin^{2r+3}n\left\{a^{2r}\int\frac{a^{-2r}}{\sin^{2r+4}n}\,dn - a^{-2r}\int\frac{a^{2r}}{\sin^{2r+4}n}\,dn\right\};$$

$$q=r+2:\qquad \pm D^{(2r)} = \frac{(2r+3)(2r+4)(2r+5)}{1.2.2^{2r+4}}\sin^{2r+5}n\left\{a^{2r}\int\frac{a^{-2r}}{\sin^{2r+6}n}\,dn - a^{-2r}\int\frac{a^{2r}}{\sin^{2r+6}n}\,dn\right\};$$

. . . .

Um Π zu erhalten, hat man diese Ausdrücke respective mit

$$\frac{e^{2r+1}(2r)^{2r}}{1.2.3\ldots(2r+1)},\quad -\frac{e^{2r+3}(2r)^{2r+2}}{1.2.3\ldots(2r+3)},\quad \frac{e^{2r+5}(2r)^{2r+4}}{1.2.3\ldots(2r+5)},\quad\ldots$$

zu multipliciren und hierauf sämmtlich zu addiren, woraus sich

$$\Pi = \frac{r^{2r}e^{2r+1}\sin^{2r+1}n}{1.2.3\ldots2r}(a^{2r}z - a^{-2r}z')$$

ergiebt, wo

$$z = \int\frac{a^{-2r}dn}{\sin^{2r+2}n} - \frac{r^2e^2\sin^2n}{1.(2r+1)}\int\frac{a^{-2r}dn}{\sin^{2r+4}n} + \frac{r^4e^4\sin^4n}{1.2.(2r+1)(2r+2)}\int\frac{a^{-2r}dn}{\sin^{2r+6}n} - \cdots,$$

$$z' = \int\frac{a^{2r}dn}{\sin^{2r+2}n} - \frac{r^2e^2\sin^2n}{1.(2r+1)}\int\frac{a^{2r}dn}{\sin^{2r+4}n} + \frac{r^4e^4\sin^4n}{1.2.(2r+1)(2r+2)}\int\frac{a^{2r}dn}{\sin^{2r+6}n} - \cdots$$

gesetzt ist. Schreibt man $\operatorname{tg}n$ für $e\sin n$, p für $2r$, so ergiebt sich hieraus, wenn man

$$z = \int\frac{a^{-p}}{\sin^{p+2}n}dn - \frac{(\frac{1}{2}p\operatorname{tg}n)^2}{1.(p+1)}\int\frac{a^{-p}}{\sin^{p+4}n}dn + \frac{(\frac{1}{2}p\operatorname{tg}n)^4}{1.2.(p+1)(p+2)}\int\frac{a^{-p}}{\sin^{p+6}n}dn - \cdots,$$

$$z' = \int\frac{a^{p}}{\sin^{p+2}n}dn - \frac{(\frac{1}{2}p\operatorname{tg}n)^2}{1.(p+1)}\int\frac{a^{p}}{\sin^{p+4}n}dn + \frac{(\frac{1}{2}p\operatorname{tg}n)^4}{1.2.(p+1)(p+2)}\int\frac{a^{p}}{\sin^{p+6}n}dn - \cdots$$

setzt, der Coefficient

$$\Pi = \frac{(\frac{1}{2}p)^pe^{p+1}\sin^{p+1}n}{1.2.3\ldots p}(a^pz - a^{-p}z').$$

32.

Auf dieselbe Weise ist der Werth von Π' aus den Gliedern der Reihe, n $\sin u$ einen geraden Exponenten hat, und folglich aus den Functionen bilden, für welche (§. 11) der allgemeine Ausdruck

$$C^{(2r)} = (q-r)\,B^{(2r)}\sin^{2q} n\left\{a^{-2r}\int\frac{a^{2r+1}}{\sin^{2q+1} n}\,dn - a^{2r}\int\frac{a^{-2r-1}}{\sin^{2q+1} n}\,dn\right\}$$

n worden ist. „Die Zahlencoefficienten $B^{(2r)}$ sind durch die Gleichung

$$\sin^{2q} u = B^{(0)} + B^{(2)}\cos 2u + B^{(4)}\cos 4u + \cdots + B^{(2q)}\cos 2qu,$$

$$\left(x-\frac{1}{x}\right)^{2q} = 2B^{(0)} + B^{(2)}\left(x^2+\frac{1}{x^2}\right) + B^{(4)}\left(x^4+\frac{1}{x^4}\right) + \cdots + B^{(2q)}\left(x^{2q}+\frac{1}{x^{2q}}\right)$$

worden, woraus man wieder ersieht, dass, wie auch q beschaffen sein $B^{(0)}$ immer positiv ist, und dass allgemein das Zeichen von $B^{(2r)}$ positiv egativ wird, je nachdem r gerade oder ungerade ist." Man erhält daher

$$=r+1:\quad \pm B^{(2r)} = \pm B^{(2q-2)} = \frac{2q}{1.2^{2q-1}} = \frac{2r+2}{1.2^{2r+1}};$$

$$=r+2:\quad \pm B^{(2r)} = \pm B^{(2q-4)} = \frac{(2q-1).2q}{1.2.2^{2q-1}} = \frac{(2r+3)(2r+4)}{1.2.2^{2r+3}};$$

$$=r+3:\quad \pm B^{(2r)} = \pm B^{(2q-6)} = \frac{(2q-2)(2q-1).2q}{1.2.3.2^{2q-1}}$$

$$= \frac{(2r+4)(2r+5)(2r+6)}{1.2.3.2^{2r+5}};$$

. . . .

Es wird folglich

$$=r+1:\quad \pm C^{(2r)} = \frac{1.(2r+2)}{1.2^{2r+1}}\sin^{2r+2} n\left\{a^{-2r}\int\frac{a^{2r+1}}{\sin^{2r+3} n}\,dn - a^{2r}\int\frac{a^{-2r-1}}{\sin^{2r+3} n}\,dn\right\};$$

$$=r+2:\quad \pm C^{(2r)} = \frac{2.(2r+3)(2r+4)}{1.2.2^{2r+3}}\sin^{2r+4} n\left\{a^{-2r}\int\frac{a^{2r+1}}{\sin^{2r+5} n}\,dn - a^{2r}\int\frac{a^{-2r-1}}{\sin^{2r+5} n}\,dn\right\};$$

$$=r+3:\quad \pm C^{(2r)} = \frac{3.(2r+4)(2r+5)(2r+6)}{1.2.3.2^{2r+5}}\sin^{2r+6} n\left\{a^{-2r}\int\frac{a^{2r+1}}{\sin^{2r+7} n}\,dn - a^{2r}\int\frac{a^{-2r-1}}{\sin^{2r+7} n}\,dn\right\};$$

. . . .

oder, wenn man p statt $2r$ setzt,

für $2q=p+2$: $\quad \pm C^{(p)} = \frac{1.(p+2)}{1.2^{p+1}} \sin^{p+2} n \left\{ a^{-p} \int \frac{a^{p+1}}{\sin^{p+3} n} dn - a^p \int \frac{a^{-p-1}}{\sin^{p+3} n} dn \right\};$

für $2q=p+4$: $\quad \pm C^{(p)} = \frac{2.(p+3)(p+4)}{1.2.2^{p+3}} \sin^{p+4} n \left\{ a^{-p} \int \frac{a^{p+1}}{\sin^{p+5} n} dn - a^p \int \frac{a^{-p-1}}{\sin^{p+5} n} dn \right\};$

für $2q=p+6$: $\quad \pm C^{(p)} = \frac{3.(p+4)(p+5)(p+6)}{1.2.3.2^{p+5}} \sin^{p+6} n \left\{ a^{-p} \int \frac{a^{p+1}}{\sin^{p+7} n} dn - a^p \int \frac{a^{-p-1}}{\sin^{p+7} n} dn \right\};$

. . . .

wo immer das obere oder das untere Zeichen zu nehmen ist, je nachdem r oder $\frac{1}{2}p$ gerade oder ungerade ist.

Um Π' zu erhalten, hat man diese Werthe der Reihe nach mit

$$-\frac{p^{p+1} e^{p+2}}{1.2\ldots(p+2)}, \quad \frac{p^{p+3} e^{p+4}}{1.2\ldots(p+4)}, \quad -\frac{p^{p+5} e^{p+6}}{1.2\ldots(p+6)}, \quad \ldots$$

zu multipliciren und hierauf zu addiren. Auf diese Weise findet man, wenn man wieder $\operatorname{tg} n$ für $e \sin n$ schreibt und

$$z'' = \int \frac{a^{-p-1}}{\sin^{p+3} n} dn - \frac{(\frac{1}{2}p \operatorname{tg} n)^2}{1.(p+2)} \int \frac{a^{-p-1}}{\sin^{p+5} n} dn + \frac{(\frac{1}{2}p \operatorname{tg} n)^4}{1.2.(p+2)(p+3)} \int \frac{a^{-p-1}}{\sin^{p+7} n} dn - \cdots$$

$$z''' = \int \frac{a^{p+1}}{\sin^{p+3} n} dn - \frac{(\frac{1}{2}p \operatorname{tg} n)^2}{1.(p+2)} \int \frac{a^{p+1}}{\sin^{p+5} n} dn + \frac{(\frac{1}{2}p \operatorname{tg} n)^4}{1.2.(p+2)(p+3)} \int \frac{a^{p+1}}{\sin^{p+7} n} dn - \cdots$$

setzt,

$$\Pi' = \frac{(\frac{1}{2}p)^{p+1} e^{p+2}}{1.2\ldots(p+1)} \sin^{p+2} n \, (a^p z'' - a^{-p} z''').$$

33.

Wir wollen jetzt die Reihe

$$s = 1 + \frac{(\frac{1}{2}px)^2}{1.(p+1)\sin^2 n} + \frac{(\frac{1}{2}px)^4}{1.2.(p+1)(p+2)\sin^4 n} + \frac{(\frac{1}{2}px)^6}{1.2.3.(p+1)(p+2)(p+3)\sin^6 n} + \cdots$$

betrachten. Wenn man s mit

$$\frac{a^{-p}}{\sin^{p+2} n} dn$$

multiplicirt, das Product integrirt und nach der Integration

$$x^2 = -\operatorname{tg}^2 n$$

setzt, so wird man den Werth von z bekommen. Es wird also vor allen Dingen der Werth von s zu suchen sein.

Zu diesem Zweck addire man zu dem Werthe von $\frac{d^2 s}{dx^2}$ den Werth von $\frac{ds}{dx}$, mit $\frac{2p+1}{x}$ multiplicirt; man findet dann leicht

$$\frac{d^2 s}{dx^2} + \frac{2p+1}{x}\frac{ds}{dx}$$

$$= \frac{4(\frac{1}{2}p)^2}{\sin^2 n} + \frac{8(\frac{1}{2}p)^4 x^2}{1.2.(p+1)\sin^4 n} + \frac{12(\frac{1}{2}p)^6 x^4}{1.2.3.(p+1)(p+2)\sin^6 n} + \cdots,$$

d. i.

$$\frac{d^2 s}{dx^2} + \frac{2p+1}{x}\frac{ds}{dx} = \frac{p^2}{\sin^2 n} s.$$

34.

Die gefundene Differentialgleichung erniedrigt sich auf die erste Ordnung, wenn man

$$s = e^{\frac{1}{2}p\int y\,dx}$$

setzt, und giebt

$$\frac{dy}{dx} + \tfrac{1}{2}py^2 + (2p+1)\frac{y}{x} = \frac{2p}{\sin^2 n}.$$

Diese Differentialgleichung gehört zu derjenigen Classe, deren Auflösung Euler mit Hülfe bestimmter Integrale bewerkstelligt hat; man erhält durch dieses Hülfsmittel, wenn man statt $\sin^2 n$ seinen Werth $-\frac{1-e^2}{e^2}$ setzt,

$$s = \frac{2.4\ldots 2p}{1.3\ldots(2p-1)}\frac{2}{\pi}\left(\frac{1-e^2}{e^2}\right)^p \int\left(\frac{e^2}{1-e^2} - t^2\right)^{p-\frac{1}{2}}\cos(pxt)\,dt,$$

wo das Integral von $t = 0$ bis $t = \frac{e}{\sqrt{1-ee}}$ zu nehmen ist.*)

35.

Will man den Werth von s für den Fall, dass p eine sehr grosse Zahl ist, in eine Reihe entwickeln, so wird es zweckmässig sein, statt der Integral-

*) Lacroix, *Traité des différences et des séries* (p. 491, édition de 1800; p. 540, édition de 1819).

formel sich der im vorigen Paragraphen gegebenen Differentialgleichung erster Ordnung zu bedienen. Um den ersten Term der Entwickelung zu haben, welchen wir Y nennen wollen, setze man die auf beiden Seiten der Gleichung mit p multiplicirten Glieder für sich einander gleich, wodurch man

$$Y^2 + \frac{4Y}{x} = \frac{4}{\sin^2 n},$$

folglich

$$Y = \frac{2}{x}\left(\sqrt{1+\frac{x^2}{\sin^2 n}} - 1\right)$$

erhält.

36.

Man setze daher

$$y = Y + \frac{Y'}{p} + \frac{Y''}{p^2} + \cdots$$

und substituire diesen Ausdruck von y in die Differentialgleichung, so wird man nach Fortlassung der in p multiplicirten Glieder, welche verschwinden, folgende nach den fallenden Potenzen von p geordnete Gleichung haben:

$$\begin{aligned}0 = \; & \frac{dY}{dx} + \frac{1}{p}\frac{dY'}{dx} + \frac{1}{p^2}\frac{dY''}{dx} + \cdots \\ & + YY' + \frac{1}{p}(\tfrac{1}{2}Y'^2 + YY'') + \frac{1}{p^2}(Y'Y'' + YY''') + \cdots \\ & + \frac{Y+2Y'}{x} + \frac{1}{p}\frac{Y'+2Y''}{x} + \frac{1}{p^2}\frac{Y''+2Y'''}{x} + \cdots,\end{aligned}$$

woraus sich die folgenden Gleichungen ergeben:

$$\begin{aligned}\left(Y+\frac{2}{x}\right)Y' &= -\frac{dY}{dx} - \frac{Y}{x}, \\ \left(Y+\frac{2}{x}\right)Y'' &= -\frac{dY'}{dx} - \tfrac{1}{2}Y'^2 - \frac{Y'}{x}, \\ \left(Y+\frac{2}{x}\right)Y''' &= -\frac{dY''}{dx} - Y'Y'' - \frac{Y''}{x}, \\ & \cdots\cdots\cdots\end{aligned}$$

37.

Um die Wurzelgrössen zu vermeiden, setze man

$$1 + \frac{x^2}{\sin^2 n} = g^2;$$

man erhält alsdann

$$Y + \frac{2}{x} = \frac{2g}{x},$$

ferner

$$-\frac{dY}{dx} = -\frac{2}{x}\frac{dg}{dx} + \frac{2}{x^2}(g-1),$$

$$-\frac{Y}{x} = \qquad\qquad -\frac{2}{x^2}(g-1),$$

daher

$$Y' = -\frac{1}{g}\frac{dg}{dx} = -\frac{1}{g^2}\frac{x}{\sin^2 n};$$

hieraus folgt ferner

$$-\frac{dY'}{dx} = \frac{1}{g^3 \sin^2 n} - \frac{2x^2}{g^4 \sin^4 n},$$

$$-\tfrac{1}{2}Y'^2 = \qquad\qquad -\frac{x^2}{2g^4 \sin^4 n},$$

$$-\frac{Y'}{x} = \frac{1}{g^2 \sin^2 n},$$

und daher

$$Y'' = \frac{x}{g^3 \sin^2 n}\left(1 - \tfrac{5}{2}\frac{x^2}{g^2 \sin^2 n}\right),$$

. . . .

Demnach wird

$$y = \frac{2}{x}(g-1) - \frac{1}{p}\frac{x}{g^2 \sin^2 n} + \frac{1}{p^2}\left(\frac{x}{g^3 \sin^2 n} - \frac{5}{4}\frac{x^3}{g^5 \sin^4 n}\right) + \cdots$$

38.

Man multiplicire jetzt diese Grössen mit dx; bemerkt man, dass

$$\frac{dx}{x} = \frac{gdg}{g^2-1}, \quad \frac{xdx}{\sin^2 n} = gdg, \quad \frac{x^3 dx}{\sin^4 n} = g(g^2-1)dg, \quad \ldots,$$

so wird man

$$ydx = \frac{2gdg}{g+1} - \frac{1}{p}\frac{dg}{g} + \frac{1}{p^2}\left(\frac{dg}{g^2} - \frac{5}{4}\frac{g^2-1}{g^4}dg\right) + \cdots$$

haben. Die Integration dieses Ausdrucks giebt, wenn man die Constante so bestimmt, dass das Integral für $x = 0$ oder $g = 1$ verschwindet,

$$\int ydx = 2(g-1) - 2\log\frac{g+1}{2} - \frac{1}{p}\log g + \frac{1}{p^2}\left(\frac{1}{6} + \frac{1}{4g} - \frac{5}{12g^3}\right) + \cdots$$

„Da die Function y durch eine Differentialgleichung erster Ordnung definirt worden ist, so enthält sie eine willkürliche Constante, welche hier so zu bestimmen ist, dass $y = \frac{2}{ps}\frac{ds}{dx}$ für $x = 0$ verschwindet. Die eben für y gefundene, nach fallenden Potenzen von p geordnete Reihe erfüllt diese Bedingung. Damit ferner das Integral derselben $\int y dx$ den Werth $\frac{2}{p}\log s$ erhält, muss dies Integral, wie im Vorhergehenden geschehen ist, so bestimmt werden, dass es für $x = 0$ oder $g = 1$ verschwindet. Es giebt daher der obige Ausdruck von $\int y dx$, mit $\frac{1}{2}p$ multiplicirt, die Reihe $\log s$.

In der im weiteren Verlauf der Rechnung nach n auszuführenden Integration wird dieselbe über solche Werthe der Variabeln ausgedehnt, für welche $-\frac{1}{\sin^2 n}$ von $\frac{e^2}{1-e^2}$ bis 0 abnimmt. Da für x^2 der Werth $-\mathrm{tg}^2 n = 1 - e^2$ zu setzen ist, so wird $g = \sqrt{1 + \frac{x^2}{\sin^2 n}}$ gleichzeitig von $\sqrt{1-e^2}$ bis 1 wachsen. Die hier anzuwendende Reihenentwickelung musste daher die Eigenschaft haben, dass sie, wie die vorstehende, für der *Einheit* benachbarte Werthe von g oder für kleine Werthe von x gültig bleibt, und es konnten daher die Werthe von y und $\int y dx$ für $x = 0$ zur Bestimmung der Constanten gebraucht werden. Man kann noch bemerken, dass für die Wurzelgrösse g deshalb das positive Zeichen gewählt werden muss, weil, wenn man für $x = 0$ den Werth von $g = -1$ annähme, die für $\int y dx$ gefundene Reihe wegen des Gliedes $\log(g+1)$ unendlich würde."

39.

„Aus dem gefundenen Werthe von $\int y dx$ leitet man

$$s = e^{\frac{1}{2}p\int y dx},$$

und hieraus

$$z = \int \frac{\alpha^{-p}}{\sin^{p+2} n} s\, dn$$

ab, wo man nach geschehener Integration $x^2 = -\mathrm{tg}^2 n$ oder $x = \sqrt{1-e^2} = f$ zu setzen hat.

Da s durch die Grösse g ausgedrückt worden ist, so wollen wir auch die beiden Factoren, mit welchen s unter dem Integralzeichen multiplicirt ist, durch dieselbe Grösse ausdrücken.

Aus

$$g^2 = 1 + \frac{x^2}{\sin^2 n}$$

folgt

$$\sin^2 n = -\frac{x^2}{1-g^2}, \quad \cos^2 n = \frac{1+x^2-g^2}{1-g^2},$$

$$a^{-1} = \cos n - \sqrt{-1}\sin n = \frac{\sqrt{1+x^2-g^2}+x}{\sqrt{1-g^2}},$$

$$a = \cos n + \sqrt{-1}\sin n = \frac{\sqrt{1+x^2-g^2}-x}{\sqrt{1-g^2}},$$

$$\frac{a^{-p}}{\sin^p n} = \frac{(-1)^{\frac{1}{2}p}}{x^p}\{\sqrt{1+x^2-g^2}+x\}^p,$$

ferner

$$\sqrt{-1}\cot g n = \frac{a^{-1}+a}{a^{-1}-a} = \frac{\sqrt{1+x^2-g^2}}{x}$$

$$\sqrt{-1}\frac{dn}{\sin^2 n} = \frac{1}{2}\frac{dg^2}{x\sqrt{1+x^2-g^2}},$$

daher

$$\sqrt{-1}\,z = \frac{(-1)^{\frac{1}{2}p}}{2x^{p+1}}\int\frac{\{\sqrt{1+x^2-g^2}+x\}^p s\,dg^2}{\sqrt{1+x^2-g^2}}.$$

Setzt man daher

$$\sqrt{-1}\,z = \frac{(-1)^{\frac{1}{2}p}2^{p-1}}{x^{p+1}}\int G\,dg^2,$$

so wird

$$\log G = p\log(\sqrt{1+x^2-g^2}+x) - p\log 2 + \log s - \tfrac{1}{2}\log(1+x^2-g^2),$$

oder, wenn der für $\log s = \frac{1}{2}p\int y\,dx$ gefundene Werth substituirt wird,

$$\begin{aligned}\log G = {} & p\,[\log(\sqrt{1+x^2-g^2}+x) - (1-g) - \log(1+g)] \\ & - \tfrac{1}{2}\log(1+x^2-g^2) - \tfrac{1}{2}\log g \\ & + \frac{1}{p}\left\{\frac{1}{12} + \frac{1}{8g} - \frac{5}{24g^3}\right\} + \cdots\end{aligned}$$

Nach geschehener Integration hat man

$$x^2 = -\operatorname{tg}^2 n = f^2 = 1 - ce,$$

oder

$$x = f$$

zu setzen. Es wird daher für die Endgrenze der Integration

$$g^2 = 1 - \frac{e^2 x^2}{1 - e^2} = 1 - e^2,$$

oder ebenfalls

$$g = f.$$

Bestimmt man das Integral so, dass es für $\alpha = 0$ verschwindet, so wird für die Anfangsgrenze

$$g = 1.$$

Setzt man daher $x = f$ und

$$g^2 = f^2 + e^2 t,$$

indem man f und e als gegebene Constanten und nur t als Veränderliche betrachtet, so hat man von $t = 1$ bis $t = 0$ zu integriren. Kehrt man die Grenzen um, so wird

$$\sqrt{-1}\, z = \frac{(-1)^{\frac{1}{2}(p+2)}\, 2^{p-1} e^2}{f^{p+1}} \int G\, dt,$$

wo

$$\begin{aligned}\log G = p[\log(\sqrt{1 - e^2 t} + f) - 1 + \sqrt{f^2 + e^2 t} - \log(1 + \sqrt{f^2 + e^2 t})] \\ - \tfrac{1}{2}\log(1 - e^2 t) - \tfrac{1}{4}\log(f^2 + e^2 t) \\ + \frac{1}{p}\left\{\tfrac{1}{12} + \tfrac{1}{8}\frac{1}{\sqrt{f^2 + e^2 t}} - \tfrac{5}{24}\frac{1}{\sqrt{(f^2 + e^2 t)^3}}\right\} + \cdots\end{aligned}$$

und von $t = 0$ bis $t = 1$ zu integriren ist."

40.

„Um $\log(\sqrt{1 - e^2 t} + f)$ nach den aufsteigenden Potenzen von t zu entwickeln, bemerke man, dass

$$\begin{aligned} d\log(\sqrt{1 - e^2 t} + f) &= -\frac{e^2}{2\sqrt{1 - e^2 t}} \frac{dt}{\sqrt{1 - e^2 t} + f} \\ &= -\frac{e^2}{2\sqrt{1 - e^2 t}} \frac{\sqrt{1 - e^2 t} - f}{e^2(1 - t)} dt \\ &= -\tfrac{1}{2}\frac{dt}{1 - t} + \tfrac{1}{2} f \frac{dt}{(1 - t)\sqrt{1 - e^2 t}}. \end{aligned}$$

Schreibt man in dieser Formel $\frac{1}{f}$ statt f, wodurch sich e^2 in $-\frac{e^2}{f^2}$ verwandelt, so erhält man

$$d\log(1+\sqrt{f^2+e^2t}) = -\tfrac{1}{2}\frac{dt}{1-t}+\tfrac{1}{2}\frac{dt}{(1-t)\sqrt{f^2+e^2t}}.$$

Es wird daher das doppelte Differential des in dem Werthe von $\log G$ in p multiplicirten Ausdrucks

$$2d[\log(\sqrt{1-e^2t}+f)-1+\sqrt{f^2+e^2t}-\log(1+\sqrt{f^2+e^2t})]$$
$$=\left\{\frac{f}{\sqrt{1-e^2t}}-\frac{1}{\sqrt{f^2+e^2t}}\right\}\frac{dt}{1-t}+\frac{e^2dt}{\sqrt{f^2+e^2t}}$$
$$=\left\{\frac{f}{\sqrt{1-e^2t}}-\sqrt{f^2+e^2t}\right\}\frac{dt}{1-t}.$$

Es ist aber

$$\frac{f}{\sqrt{1-e^2t}}-\sqrt{f^2+e^2t} = -\frac{e^4}{2f}t+\tfrac{1}{8}\left(3f+\frac{1}{f^3}\right)e^4t^2+\tfrac{1}{16}\left(5f-\frac{1}{f^5}\right)e^6t^3+\cdots,$$

und daher

$$\frac{1}{1-t}\left\{\frac{f}{\sqrt{1-e^2t}}-\sqrt{f^2+e^2t}\right\} = -\frac{e^4}{2f}t+\frac{1-3f^2}{8f^3}e^6t^2-\frac{e^2+5f^4}{16f^5}e^8t^3+\cdots$$

Integrirt man und multiplicirt mit $\frac{1}{2}p$, so erhält man für den in p multiplicirten Theil von $\log G$

$$-p(1-f)-\frac{pe^4}{8f}t^2+\frac{1-3f^2}{48f^3}pe^6t^3-\frac{e^2+5f^4}{128f^5}pe^8t^4+\cdots$$

Wenn p eine so grosse Zahl ist, dass auch noch $\frac{pe^4}{8f}$ sehr gross ist, so setze man

$$\frac{pe^4}{8f}t^2=u^2 \quad \text{oder} \quad t=\sqrt{\frac{8f}{p}}\,\frac{u}{e^2};$$

es wird alsdann die Integration, welche von $t=0$ bis $t=1$ auszuführen war, in Bezug auf u von 0 bis $\sqrt{\frac{pe^4}{8f}}$ auszuführen sein. Der vorstehende Ausdruck wird

$$-p(1-f)-u^2+\frac{1-3f^2}{3\sqrt{\frac{1}{2}f^3}}\frac{u^3}{\sqrt{p}}-\frac{e^2+5f^4}{2f^3}\frac{u^4}{p}+\cdots$$

Bemerkt man ferner, dass

$$-\tfrac{1}{2}\log(1-e^2t)-\tfrac{1}{4}\log(f^2+e^2t)$$
$$=-\tfrac{1}{2}\log\left(1-u\sqrt{\frac{8f}{p}}\right)-\tfrac{1}{2}\log f-\tfrac{1}{4}\log\left(1+\frac{u}{\sqrt{p}}\sqrt{\frac{8}{f^3}}\right)$$
$$=-\tfrac{1}{2}\log f-\frac{1-2f^2}{\sqrt{2f^3}}\frac{u}{\sqrt{p}}+\frac{1+2f^4}{f^3}\frac{u^2}{p}+\cdots,$$

so wird

$$\log G = -p(1-f) - \tfrac{1}{2}\log f - u^2 - \frac{1}{\sqrt{p}\sqrt{2f^3}}\{(1-2f^2)u - (\tfrac{2}{3} - 2f^2)u^3\}$$
$$+ \frac{1}{p}\left\{\frac{1}{12} + \frac{1}{8f} - \frac{5}{24f^3} + \frac{1+2f^4}{f^3}u^2 - \frac{e^2+5f^4}{2f^3}u^4\right\} + \cdots,$$

und daher

$$G = \frac{i^{p(f-1)}\, i^{-u^2}}{\sqrt{f}}\left\{1 - \frac{1}{\sqrt{p}\sqrt{2f^3}}[(1-2f^2)u - (\tfrac{2}{3} - 2f^2)u^3]\right.$$
$$+ \frac{1}{pf^3}[-\tfrac{3}{24} + \tfrac{3}{4}u^2 - \tfrac{5}{6}u^4 + \tfrac{1}{3}u^6 + (\tfrac{1}{3} - u^2 + \tfrac{13}{6}u^4 - \tfrac{2}{3}u^6)f^2$$
$$\left. + \tfrac{1}{12}f^3 + (3u^2 - \tfrac{3}{2}u^4 + u^6)f^4] + \cdots\right\}.$$

Die vorstehende Grösse hat man mit

$$dt = \sqrt{\frac{8f}{p}}\,\frac{du}{e^2}$$

zu multipliciren und von $u = 0$ bis $u = \sqrt{\frac{pe^4}{8f}}$ zu integriren. Man kann aber die Integration der Functionen $i^{-uu}u^n du$ in Bezug auf u hier von 0 bis ∞ ausdehnen, da die von $\sqrt{\frac{pe^4}{8f}}$ bis ∞ genommenen Integrale derselben, welche abgezogen werden müssen, Werthe bekommen, welche die Exponentialgrösse $i^{-\frac{pe^4}{8f}}$ zum Factor haben, und welche in dieser Untersuchung, wo man sogar die höheren Potenzen von $\frac{1}{p}$ nicht berücksichtigt, nur für kleine Excentricitäten in Betracht kommen können, in welchem Falle man sie durch ein ähnliches Verfahren, wie im §. 25, auf die Transcendente $\Psi\left(\sqrt{\frac{pe^4}{8f}}\right)$ reduciren kann, die sich immer durch bekannte Methoden leicht berechnen lässt.

Nimmt man die Integrale von 0 bis ∞, so hat man

$$\int i^{-uu}du = \tfrac{1}{2}\sqrt{\pi}, \quad \int u^2 i^{-uu}du = \tfrac{1}{4}\sqrt{\pi},$$
$$\int u^4 i^{-uu}du = \tfrac{3}{8}\sqrt{\pi}. \quad \int u^6 i^{-uu}du = \tfrac{15}{16}\sqrt{\pi},$$
$$\int u\, i^{-uu}du = \tfrac{1}{2}, \quad \int u^3 i^{-uu}du = \tfrac{1}{2}, \quad \int u^5 i^{-uu}du = 1.$$

Es wird daher

$$\int G\,dt = \frac{\sqrt{2}\,e^{p(f-1)}}{\sqrt{p}\,e^2}\Big\{\sqrt{\pi} - \frac{(1-2f^3)-(\frac{3}{4}-2f^2)}{\sqrt{p}\sqrt{2f^3}}$$

$$+\frac{\sqrt{\pi}}{pf^3}[-\tfrac{5}{24}+\tfrac{5}{8}-\tfrac{5}{8}+\tfrac{5}{24}+(\tfrac{1}{8}-\tfrac{1}{2}+\tfrac{13}{8}-\tfrac{5}{4})f^2+\tfrac{1}{12}f^3+(\tfrac{3}{4}-\tfrac{27}{8}+\tfrac{15}{8})f^4]+\cdots\Big\}$$

$$= \frac{e^{p(f-1)}}{\sqrt{p}\,e^2}\left(\sqrt{2\pi} - \frac{1}{3\sqrt{p}\sqrt{f^3}} + \frac{\sqrt{2\pi}}{12p} + \ldots\right)$$

und

$$\sqrt{-1}\,z = \frac{(-1)^{\frac{1}{2}(p+2)}2^{p-1}e^{p(f-1)}}{f^{p+1}}\left(\frac{\sqrt{2\pi}}{\sqrt{p}} - \frac{1}{3p\sqrt{f^3}} + \frac{\sqrt{2\pi}}{12\sqrt{p^3}} + \ldots\right).$$

Man sieht aus der vorstehenden Rechnung, dass das eine in $\frac{1}{\sqrt{p^3}}$ multiplicirte Glied aus zwölf Gliedern entstanden ist, von denen sich elf nach geschehener Integration gegenseitig aufgehoben haben."

41.

„Man erhält $-z'$ aus z, wenn man n in $-n$ verwandelt, wodurch α, f, x in α^{-1}, $-f$, $-x$ übergehen.*) Es wird daher

$$\sqrt{-1}\,z' = \frac{(-1)^{\frac{1}{2}(p+2)}2^{p-1}e^2}{f^{p+1}}\int G'dt,$$

wo der Werth von $\log G'$ sich von dem oben für $\log G$ gegebenen Werthe nur dadurch unterscheidet, dass in dem mit p multiplicirten Theile

$$\log(\sqrt{1-e^2t}+f) \quad \text{in} \quad \log(\sqrt{1-e^2t}-f)$$

verändert werden muss. Hieraus ergiebt sich für das Differential des in p multiplicirten Theils von G'

$$-\frac{1}{2}\frac{dt}{1-t}\left\{\frac{f}{\sqrt{1-e^2t}}+\sqrt{f^2+e^2t}\right\}.$$

Hier verschwindet also nicht mehr in dem in $\frac{dt}{1-t}$ multiplicirten Ausdruck die Constante, und daher auch nicht in dem mit p multiplicirten Theile von $\log G$ die erste Potenz von t. Hierdurch geschieht es, dass das Integral $\int G'dt$ einen anderen Charakter als das Integral $\int G\,dt$ erhält und in eine stärker convergirende

*) Man wird jedoch, wenn f aus $\sqrt{f^2+e^2t}$ für $t=0$ entstanden ist, dafür immer den Werth $+f$ beibehalten müssen.

Reihe entwickelt werden kann. Während nämlich dieses letztere von der Ordnung $\frac{1}{\sqrt{p}}$ ist, und seine Entwickelung nach den Potenzen von $\frac{1}{\sqrt{p}}$ fortschreitet, wird das Integral $\int G'dt$ von der Ordnung $\frac{1}{p}$, und es schreitet seine Entwickelung nach den Potenzen von $\frac{1}{p}$ fort. Es wird daher, um denselben Grad der Annäherung zu erreichen, hier genügen, den in p multiplicirten Theil von $\log G'$ nur bis zur ersten Potenz von t inclusive zu entwickeln, von dem in p^0 multiplicirten Ausdruck nur die Constante zu nehmen, und es kann der in $\frac{1}{p}$ multiplicirte Theil ganz fortgelassen werden. Man erhält auf diese Weise

$$\log G' = p\left(f - 1 + \log\frac{1-f}{1+f} - ft\right) - \tfrac{1}{2}\log f,$$

und daher

$$\int G'dt = \left(\frac{1-f}{1+f}\right)^p \frac{i^{p(f-1)}}{\sqrt{f}} \int i^{-pft}dt.$$

Setzt man

$$pft = v, \quad dt = \frac{dv}{pf},$$

so ist das Integral, welches von $t = 0$ bis $t = 1$ zu nehmen war, von $v = 0$ bis $v = pf$ auszudehnen. Nimmt man, was gestattet ist, für die obere Grenze ∞, so erhält man

$$\int G'dt = \frac{a^{2p}\, i^{p(f-1)}}{p\sqrt{f^3}},$$

und daher

$$\sqrt{-1}\, z' = \frac{(-1)^{\frac{1}{2}(p+2)}\, 2^{p-1} e^2\, i^{p(f-1)}\, a^{2p}}{pf^{p+2}\sqrt{f}}.\text{“}$$

Mit derselben Annäherung erhält man auch den Werth von z' mittelst der Formel des §. 12

$$\int \psi(n)dn = \frac{\psi(n)}{\frac{d\log\psi(n)}{dn}}.$$

Es ist hier

$$\log\psi(n) = \log s + p\log a - (p+2)\log\sin n$$
$$= p(g-1) - p\log\frac{g+1}{2} + pn\sqrt{-1} - (p+2)\log\sin n - \tfrac{1}{2}\log g$$

und, wenn man in Bezug auf n differentiirt,

$$\frac{d\log\psi(n)}{dn}=\frac{pg}{g+1}\frac{dg}{dn}+p\sqrt{-1}-(p+2)\operatorname{cotg}n-\frac{1}{2g}\frac{dg}{dn}.$$

Substituirt man hierin die Werthe

$$g=f,\quad \frac{dg}{dn}=-\frac{x^2\operatorname{cotg}n}{g\sin^2 n},\quad x=f,$$

$$\operatorname{cotg}n=-\frac{1}{f}\sqrt{-1},\quad \sin n=\frac{f}{e}\sqrt{-1}$$

und behält nur die in p multiplicirten Glieder bei, so wird

$$\frac{d\log\psi(n)}{dn}=p\sqrt{-1}\left\{-\frac{e^2}{f(f+1)}+1+\frac{1}{f}\right\}=2p\sqrt{-1},$$

und daher

$$\sqrt{-1}\,z'=\sqrt{-1}\int\psi(n)\,dn$$

$$=\frac{(-1)^{\frac{1}{2}(p+2)}}{2p\sqrt{f}}\,i^{p(f-1)}\left(\frac{2\alpha}{1+f}\right)^p\left(\frac{e}{f}\right)^{p+2},$$

oder

$$\sqrt{-1}\,z'=\frac{(-1)^{\frac{1}{2}(p+2)}e^2}{2pf^2\sqrt{f}}\left(\frac{2\alpha^2 i^{f-1}}{f}\right)^p,$$

was mit dem im Vorhergehenden gefundenen Werthe übereinstimmt.

„Aus den für z und z' gefundenen Werthen ergiebt sich

$$\sqrt{-1}(\alpha^p z-\alpha^{-p}z')=\sqrt{-1}\,\alpha^p(z-\alpha^{-2p}z')$$

$$=\frac{(-1)^{\frac{1}{2}(p+2)}2^{p-1}i^{p(f-1)}\alpha^p}{f^{p+1}}\left(\frac{\sqrt{2\pi}}{\sqrt{p}}-\frac{\frac{1}{3}+e^2}{p\sqrt{f^3}}+\frac{\sqrt{2\pi}}{12\sqrt{p^3}}+\cdots\right).$$

Multiplicirt man diesen Ausdruck mit

$$\frac{(\frac{1}{2}p)^p e^{p+1}}{1.2.3\ldots p}\,\frac{\sin^{p+1}n}{\sqrt{-1}}=\frac{(-1)^{\frac{1}{2}p}(\frac{1}{2}p)^p f^{p+1}}{1.2.3\ldots p},$$

so erhält man

$$\Pi=-\frac{1}{2}\frac{p^p\alpha^p i^{p(f-1)}}{1.2.3\ldots p}\left(\frac{\sqrt{2\pi}}{\sqrt{p}}-\frac{\frac{1}{3}+e^2}{p\sqrt{f^3}}+\frac{\sqrt{2\pi}}{12\sqrt{p^3}}+\cdots\right).\text{“}$$

42.

„Wenn die Excentricität so klein ist, dass $\frac{pe^4}{8f}=h$ keine beträchtlich grosse Zahl wird, so muss man die Integration in Bezug auf u von 0 bis $\sqrt{h}$, statt von 0 bis ∞, ausdehnen. Ist die Excentricität aber so klein und dem

Verschwinden nahe, dass selbst für ein sehr grosses p nicht nur die Grösse pe^4, sondern auch schon die Grösse pe^2 vernachlässigt werden kann, so reduciren sich G und $\int G dt$ auf 1, und es wird

$$\sqrt{-1}\, z = (-1)^{\frac{1}{2}(p+2)}\, 2^{p-1} e^2,$$

$$\alpha^{-2p} \sqrt{-1}\, z' = \frac{(-1)^{\frac{1}{2}(p+2)}\, 2^{p-1} e^2}{p},$$

und daher

$$\Pi = -\frac{1}{2^{p+1}} \frac{p^p e^{p+2}}{1.2.3 \ldots p} \left(1 - \frac{1}{p}\right).$$

In diesem Falle geht Π aus dem einen Term

$$\frac{e^{p+1}}{1.2.3 \ldots (p+1)} \frac{d^p [\sin^{p+1} u\, F'(u)]}{du^p}$$

hervor und wird daher für $q = r$ gleich

$$\frac{(-1)^{\frac{1}{2}p} p^p e^{p+1}}{1.2.3 \ldots (p+1)} D'^{(p)}.$$

Man hat aber, wenn man in dem im §. 18 für $D^{(2r)} = D^{(p)}$ gegebenen Werthe nur die erste Potenz von α beibehält,

$$D^{(2r)} = (B^{(2r+1)} + B^{(2r-1)})\alpha$$

und, da für $q = r$ die Werthe

$$B^{(2r+1)} = \frac{(-1)^r}{2^{2r}}, \quad B^{(2r-1)} = -\frac{(-1)^r (2r+1)}{2^{2r}}$$

gelten,

$$D^{(2r)} = D^{(p)} = -\frac{(-1)^{\frac{1}{2}p} p}{2^p} \alpha = -\frac{(-1)^{\frac{1}{2}p} pe}{2^{p+1}},$$

$$\Pi = -\frac{1}{2^{p+1}} \frac{p^{p+1} e^{p+2}}{1.2.3 \ldots (p+1)}.$$

Wenn man die Grössen von der Ordnung $\frac{1}{p^2}$ vernachlässigt, wie dies hier geschehen ist, kann man

$$\frac{p}{p+1} = 1 - \frac{1}{p}$$

setzen, wodurch dieser Werth von Π mit dem obigen übereinkommt.

Man sieht aus dem Vorhergehenden, dass für sehr grosse Werthe von p, aber verschwindende Werthe der Excentricität, der im §. 41 für $e^{-(p+2)} \Pi$ gefundene

Werth nicht mehr gültig ist, sondern mit

$$\frac{e^2\left(\sqrt{p}-\frac{1}{\sqrt{p}}\right)}{\sqrt{2\pi}-\frac{1}{3\sqrt{p}}+\frac{\sqrt{2\pi}}{12p}}$$

multiplicirt werden muss."

43.

Wir wollen auch die Werthe von z'' und z''' durch Behandlung der Reihe

$$s' = 1 + \frac{(\frac{1}{2}px)^2}{1.(2r+2)\sin^2 n} + \frac{(\frac{1}{2}px)^4}{1.2.(2r+2)(2r+3)\sin^4 n} + \cdots$$

suchen, welche auf die Gleichung

$$\frac{d^2s'}{dx^2} + \frac{2p+3}{x}\frac{ds'}{dx} = \frac{p^2s'}{\sin^2 n}$$

führt. Setzt man

$$s' = e^{\frac{1}{2}p\int y'dx},$$

so erhält man

$$\frac{dy'}{dx} + \frac{1}{2}py'^2 + \frac{2p+3}{x}y' = \frac{2p}{\sin^2 n}.$$

Es sei

$$y' = y + \frac{\zeta}{p},$$

so giebt die Substitution dieses Ausdrucks

$$\frac{dy}{dx} + \frac{1}{2}py^2 + (2p+1)\frac{y}{x} + \frac{1}{p}\frac{d\zeta}{dx} + y\zeta + \frac{1}{2p}\zeta^2 + 2\frac{y}{x} + 2\frac{\zeta}{x} + \frac{3}{p}\frac{\zeta}{x} = \frac{2p}{\sin^2 n},$$

und da der Werth von y schon der Gleichung

$$\frac{dy}{dx} + \frac{1}{2}py^2 + (2p+1)\frac{y}{x} = \frac{2p}{\sin^2 n}$$

genügt, so wird man einfach

$$\frac{1}{p}\frac{d\zeta}{dx} + y\zeta + \frac{1}{2p}\zeta^2 + 2\frac{y}{x} + 2\frac{\zeta}{x} + \frac{3}{p}\frac{\zeta}{x} = 0$$

haben und, wenn man die durch p dividirten Glieder fortlässt,

$$y\zeta + 2\frac{y}{x} + 2\frac{\zeta}{x} = 0,$$

woraus man

$$\zeta = -\frac{\frac{2y}{x}}{y+\frac{2}{x}}$$

erhält, oder, wenn man statt y seinen Näherungswerth $\frac{2(g-1)}{x}$ setzt,

$$\zeta = -\frac{2(g-1)}{gx}.$$

Da wir hier die Näherung nicht weiter treiben wollen, können wir

$$y' = y - \frac{2(g-1)}{pgx}, \quad y'dx = ydx - \frac{2dg}{p(g+1)},$$

$$\int y'dx = \int y\,dx - \frac{2}{p}\log\frac{g+1}{2}$$

setzen, woraus

$$s' = \frac{2s}{g+1}$$

folgt.

44.

„Man kann auch den Werth von s' aus dem Werthe von s durch die Betrachtung herleiten, dass sich s' aus s ergiebt, wenn man p in $p+1$ und gleichzeitig x in $\frac{px}{p+1}$ verwandelt. Es wird daher, wenn man

$$g'^2 = 1 + \frac{p^2 x^2}{(p+1)^2 \sin^2 n}$$

setzt und die Entwickelung nur bis zu den Grössen von der Ordnung $\frac{1}{p}$ fortsetzt,

$$\log s' = -(p+1)\left(1 - g' + \log\frac{1+g'}{2}\right) - \frac{1}{2}\log g' + \frac{1}{p+1}\left(\frac{1}{12} + \frac{1}{8g'} - \frac{5}{24g'^2}\right).$$

Setzt man

$$\log s' = \log s + \Delta\log s, \quad g' = g + \Delta g,$$

so wird, da Δg von der Ordnung $\frac{1}{p}$ ist, immer bis auf denselben Grad der Annäherung

$$\Delta\log s = -\left\{1 - g + \log\frac{1+g}{2}\right\} + (p+1)\left\{\frac{g\,\Delta g}{1+g} + \frac{1}{2}\frac{(\Delta g)^2}{(1+g)^2}\right\} - \frac{1}{2}\frac{\Delta g}{g}.$$

Es ist aber

$$g'^2 = g^2 + \frac{2p+1}{(p+1)^2}(1-g^2) = \left(g + \frac{1-g^2}{(p+1)g}\right)^2 - \frac{1-g^2}{(p+1)^2 g^2},$$

und daher

$$\Delta g = \frac{1-g^2}{p+1}\left(\frac{1}{g} - \frac{1}{2(p+1)g^3}\right),$$

woraus man

$$(p+1)\left\{\frac{g\,\Delta g}{1+g} + \frac{1}{2}\frac{(\Delta g)^2}{(1+g)^2}\right\} - \frac{1}{2}\frac{\Delta g}{g}$$

$$= 1 - g - \frac{1-g}{2(p+1)g^2} + \frac{(1-g)^2}{2(p+1)g^2} - \frac{1-g^2}{2(p+1)g^2}$$

$$= 1 - g - \frac{(1-g)(1+2g)}{2(p+1)g^2}$$

erhält, und daher, wenn man im Nenner p für $p+1$ schreibt,

$$\Delta \log s = \log\frac{s'}{s} = -\log\frac{1+g}{2} - \frac{(1-g)(1+2g)}{2pg^2},$$

wo keine Constante hinzugefügt worden ist, weil der Ausdruck für $g=1$ oder $x=0$, wie es sein muss, verschwindet. Da man die höheren Potenzen von $\frac{1}{p}$ vernachlässigt, kann man hierfür auch

$$\log\frac{s'}{s} = -\log\frac{1+g}{2} + \log\frac{p+1}{p} - \frac{1+g}{2pg^2}$$

setzen.

Man substituire in dem vorstehenden Ausdruck wieder

$$g^2 = f^2 + e^2 t = f^2 + \sqrt{\frac{8f}{p}}\,u, \quad g = f + \sqrt{\frac{2}{fp}}\,u - \frac{u^2}{pf^2},$$

so wird

$$\log\frac{s'}{s} = -\log\frac{1+f}{2} + \log\frac{p+1}{p} - \sqrt{\frac{2}{pf}}\,\frac{u}{1+f} + \frac{1+2f}{pf^2}\,\frac{u^2}{(1+f)^2} - \frac{1+f}{2pf^2}.$$

Es ist ferner

$$\frac{\sqrt{-1}\,\alpha^{-1}}{\sin n} = \frac{\sqrt{1+x^2-y^2}+x}{x} = \frac{\sqrt{1-e^2t}+f}{f}$$

$$= \frac{\sqrt{1-\sqrt{\frac{8f}{p}}\,u}+f}{f} = \frac{1+f}{f}\left\{1 - \sqrt{\frac{2f}{p}}\,\frac{u}{1+f} - \frac{fu^2}{p(1+f)}\right\}.$$

$$\log\frac{\sqrt{-1}\,\alpha^{-1}}{\sin n} = \log\frac{1+f}{f} - \sqrt{\frac{2f}{p}}\,\frac{u}{1+f} - \frac{f(2+f)}{p}\,\frac{u^2}{(1+f)^2},$$

und daher

$$\log\frac{\sqrt{-1}\,\alpha^{-(p+1)s'}}{\sin^{p+3} n} = \log\frac{\alpha^{-ps}}{\sin^{p+2} n} + \log\left(\frac{p+1}{p}\,\frac{2}{f}\right) - \sqrt{\frac{2}{pf}}\,u - \frac{1+f}{2pf^2} + \left(\frac{1}{f^2}-1\right)\frac{u^2}{p}.$$

Setzt man daher

$$V = \sqrt{\frac{2}{f}}\,\frac{u}{\sqrt{p}} + \frac{1}{p}\left(\frac{1+f}{2f^2} - \frac{1+f-f^2}{f^2}u^2\right),$$

so wird

$$\frac{\sqrt{-1}\,a^{-(p+1)s'}}{\sin^{p+3}n} = \frac{p}{p+1}\,\frac{2}{f}\,\frac{a^{-ps}}{\sin^{p+2}n}(1-V).$$

Die ersten Theile von H und H' bilden die Integrale

$$\frac{(\frac{1}{2}p)^p e^{p+1}\sin^{p+1}n\,a^p}{1.2.3\ldots p}\int\frac{a^{-ps}}{\sin^{p+2}n}dn,$$

$$\frac{(\frac{1}{2}p)^{p+1} e^{p+2}\sin^{p+2}n\,a^p}{1.2.3\ldots(p+1)}\int\frac{a^{-(p+1)s'}}{\sin^{p+3}n}dn.$$

Bezeichnet man dieselben mit

$$-K\int i^{-u^2}\left(1-\frac{A}{\sqrt{p}}+\frac{B}{p}\right)du = -K\int i^{-u^2}(1-U)du,$$

$$-K\int i^{-u^2}\left(1-\frac{A'}{\sqrt{p}}+\frac{B'}{p}\right)du = -K\int i^{-u^2}(1-U')du$$

und bemerkt, dass

$$e\sin n = f\sqrt{-1},$$

so sieht man aus dem Vorhergehenden, dass der Factor K in den beiden Ausdrücken denselben Werth

$$K = \frac{1}{2}\,\frac{p^p a^p i^{p(f-1)}}{1.2.3\ldots p}\sqrt{\frac{8}{p}}$$

erhält. Es wird ferner

$$1-U' = (1-V)(1-U),$$

und daher

$$U' = U+V-UV = U+V-\sqrt{\frac{2}{f}}\,\frac{uA}{p}.$$

Aus dem oben gegebenen Ausdruck von G durch u entnimmt man den Werth von A

$$A = \frac{1}{\sqrt{2f^3}}\{(1-2f^2)u-(\tfrac{2}{3}-2f^2)u^3\}.$$

Um daher aus dem ersten Theile von H den ersten Theil von H' zu erhalten, hat man die Grösse

$$K\int i^{-u^2}\left\{\sqrt{\frac{2}{f}}\,\frac{u}{\sqrt{p}}+\frac{1}{p}\left(\frac{1+f}{2f^2}-\frac{2+f-3f^2}{f^2}u^2+\frac{\frac{2}{3}-2f^2}{f^2}u^4\right)\right\}du$$

hinzuzufügen. Dehnt man die Integration von 0 bis ∞ aus und bemerkt, dass

$$\frac{1+f}{2f^2} - \frac{2+f-3f^2}{2f^2} + \frac{1-3f^2}{2f^2} = 0,$$

so wird jene Grösse

$$\frac{K}{\sqrt{2fp}}.$$

Setzt man für den Factor K seinen Werth, so wird die zu dem ersten Theile von Π hinzuzufügende Grösse, um den ersten Theil von Π' zu erhalten,

$$\frac{1}{p\sqrt{f}} \frac{p^p \alpha^p e^{p(f-1)}}{1.2.3\ldots p}.\text{“}$$

45.

„Der Werth von z''' ergiebt sich mit der hier ausreichenden Genauigkeit durch die Formel

$$z''' = \frac{\psi'(n)}{\frac{d\log\psi'(n)}{dn}},$$

wo

$$\log\psi'(n) = \log\varkappa' + (p+1)\log\alpha - (p+3)\log\sin n$$

und

$$\varkappa' = \frac{2\varkappa}{g+1}.$$

Da man in dem Werthe von $\frac{d\log\psi'(n)}{dn}$ nur die in p multiplicirten Grössen betrachtet, so wird dieser Werth derselbe, wie der oben gefundene Werth von $\frac{d\log\psi(n)}{dn}$, und es wird ferner

$$\psi'(n) = \frac{2\alpha}{(1+f)\sin n}\,\psi(n) = \frac{2\alpha^2}{f\sqrt{-1}}\,\psi(n),$$

und daher

$$z''' = \frac{2\alpha^2 z'}{f\sqrt{-1}}.$$

Die Factoren, mit welchen man z' und z''' zu multipliciren hat, um respective die zweiten Theile von Π und Π' zu erhalten, verhalten sich wie 1 zu $\frac{1}{2}\frac{pe\sin n}{p+1}$, oder wie 1 zu $\frac{1}{2}f\sqrt{-1}$. Es wird daher der zweite Theil von Π' durch Multiplication mit α^2 aus dem zweiten Theile von Π erhalten, oder es wird derselbe

$$\frac{1}{2} \cdot \frac{p^p a^p i^{p(f-1)}}{1.2.3\ldots p} \frac{e^2 a^2}{p\sqrt{f^3}}.$$

Da

$$e^2(a^2-1) = -2f(1-f),$$

so wird der zweite Theil von Π' auch erhalten, wenn man dem zweiten Theile von Π die Grösse

$$\frac{1}{2} \cdot \frac{p^p a^p i^{p(f-1)}}{1.2.3\ldots p} \frac{2}{p\sqrt{f}}(-1+f)$$

hinzufügt. Wenn man die gefundenen Unterschiede der ersten und zweiten Theile von Π und Π' vereinigt, so erhält man

$$\Pi' = \Pi + \frac{\sqrt{f}}{p} \frac{p^p a^p i^{p(f-1)}}{1.2.3\ldots p}.$$

Substituirt man hierin den oben im §. 41 für Π gefundenen Werth, so erhält man endlich

$$P'' = \Pi + \Pi' = -\frac{p^p a^p i^{p(f-1)}}{1.2.3\ldots p}\left(\frac{\sqrt{2\pi}}{\sqrt{p}} - \frac{4}{3p\sqrt{f^3}} + \frac{\sqrt{2\pi}}{12\sqrt{p^3}}\right).$$

In den vorstehenden Werthen von Π und Π' sind dadurch, dass man die Integration in Bezug auf u von 0 bis ∞ ausgedehnt hat, die Grössen innerhalb der Klammern, welche mit der Exponentialgrösse $i^{-\frac{pe^4}{8f}}$ und der Transcendente $\Psi\left(\sqrt{\frac{pe^4}{8f}}\right)$ multiplicirt werden, vernachlässigt worden. Der im §. 27 gegebene Werth von P' enthält die Exponentialgrösse i^{-pbb} und die Transcendente $\Psi(\sqrt{pbb})$, wo

$$bb = -\tfrac{1}{2}\log(1-e^2) + \sqrt{1-e^2} - 1 = \tfrac{1}{8}e^4 + \tfrac{1}{12}e^6 + \cdots,$$

was von $\frac{e^4}{8f}$ nur um $\frac{1}{24}e^6$ abweicht. Man wird daher mit demselben Rechte auch in dem Werthe von P' die in i^{-pbb} und $\Psi(b\sqrt{p})$ multiplicirten Grössen fortlassen können, wodurch sich derselbe auf

$$P' = \frac{2}{p}(ai^f)^p$$

reducirt, und zwar ohne dass dabei Grössen von der Ordnung einer Potenz von $\frac{1}{p}$ in Bezug auf den Hauptwerth vernachlässigt werden, während man in dem Werthe von P' noch die Grössen vernachlässigt hat, welche in Bezug auf den Hauptwerth von der Ordnung $\frac{1}{\sqrt{p^3}}$ sind.

Substituirt man in dem Werthe von P'' für $1.2.3\ldots p$ den Werth (§. 27)

$$\begin{aligned} 1.2.3\ldots p &= -p^p i^{-p} A\sqrt{p\pi} \\ &= p^p i^{-p}\sqrt{2p\pi}\left(1+\frac{1}{12p}+\cdots\right), \end{aligned}$$

so erhält man

$$P'' = \frac{1}{p}(\alpha i^f)^p\left(-1+\frac{4}{3\sqrt{2\pi p f^3}}\right).$$

Es wird daher der Coefficient von $\sin pu$ *in der Entwickelung der Mittelpunktsgleichung, wenn* p *eine sehr grosse Zahl ist, und man die Grössen, welche in Bezug auf den Hauptwerth von der Ordnung* $\frac{1}{\sqrt{p^3}}$ *sind, vernachlässigt,*

$$P = P' + P'' = \frac{1}{p}(\alpha i^f)^p\left(1+\frac{4}{3\sqrt{2p\pi f^3}}\right),$$

wo i *die Basis der hyperbolischen Logarithmen und* α *und* f *die Grössen*

$$f = \sqrt{1-e^2}, \quad \alpha = \frac{e}{1+\sqrt{1-e^2}}$$

bedeuten.

Man sieht aus der vorstehenden Rechnung, dass die Grössen, welche in Bezug auf den Hauptwerth von der Ordnung $\frac{1}{p}$ sind, aus dem Resultate gänzlich herausgehen.

Das Differential von $\log(\alpha i^f)$ ist, da

$$\alpha^2 = \frac{1-f}{1+f},$$

$$d\log(\alpha i^f) = \left(1-\frac{1}{e^2}\right)df = -\frac{f^2}{e^2}\,df = \frac{f}{e}\,de,$$

woraus man ersieht, dass, wenn e von 0 bis 1 wächst, und daher f von 1 bis 0 abnimmt, auch αi^f fortwährend wächst, und zwar ebenfalls von 0 bis 1. Es ist daher für jede elliptische Bahn die Grösse αi^f ein ächter Bruch, woraus die Convergenz der Reihe folgt. Entwickelt man diese Grösse nach den Potenzen von f, so erhält man

$$\begin{aligned} \alpha i^f &= i^{-\frac{1}{3}f^3-\frac{1}{5}f^5-\frac{1}{7}f^7-\cdots} \\ &= 1-\tfrac{1}{3}f^3-\tfrac{1}{5}f^5+\tfrac{1}{18}f^6-\tfrac{1}{7}f^7+\tfrac{1}{15}f^8+\cdots \end{aligned}$$

Man sieht ferner, dass

$$\frac{\alpha i'}{e} = \frac{1+f+\frac{1}{2}f^2+\frac{1}{6}f^3+\frac{1}{24}f^4+\cdots}{1+f}$$

immer > 1, oder dass die Coefficienten der Mittelpunktsgleichung zuletzt immer schwächer convergiren als eine nach den Potenzen der Excentricität fortschreitende Reihe. Das Verhältniss der Grösse $\alpha i'$ zur Excentricität nähert sich aber mit wachsender Excentricität immer mehr der Gleichheit, indem die Grösse $\frac{\alpha i'}{e}$, wenn e von 0 bis 1 wächst, von $\frac{1}{2} i = 1{,}359\ldots$ bis 1 continuirlich abnimmt. Der reciproke Werth dieser Grösse ist

$$\begin{aligned}\frac{e}{\alpha i'} &= 1-\frac{f^2}{2}+\frac{f^3}{1.3}-\frac{f^4}{1.2.4}+\frac{f^5}{1.2.3.5}-\frac{f^6}{1.2.3.4.6}+\cdots\\ &= e\left(1+\frac{1}{3}f^4+\frac{1}{5}f^5+\frac{1}{18}f^6+\frac{1}{7}f^7+\frac{1}{15}f^8+\cdots\right)\\ &= e+\frac{1}{3}f^3+\frac{1}{30}f^5+\frac{1}{24}f^6+\cdots\text{“}\end{aligned}$$

46.

In den in den §§. 31 und 32 aufgestellten Formeln hat man angenommen, dass p eine gerade Zahl, gleich $2r$, sei: es bleibt noch zu zeigen übrig, dass der gefundene Werth ungeändert bleibt, wenn man auch für p eine ungerade Zahl setzt.

Es sei also $p = 2r+1$, so wird die Grösse H aus denjenigen Gliedern der Reihe des §. 31 entstehen, in welchen $\sin n$ einen geraden Exponenten hat.

Man wird also, wenn man $q = r+1$, $r+2$, $r+3$ etc. setzt, die im §. 15 gegebenen Werthe von $C^{(2r+1)}$ mit Hülfe der im §. 32 gegebenen Werthe von $B^{(2r)}$ bilden. Auf diese Weise ergeben sich die folgenden Ausdrücke:

wenn $q = r+1$:

$$\pm C^{(2r+1)} = \frac{1.(2r+2)}{1.2^{2r+1}} \sin^{2r+2} n \left\{\alpha^{-2r-1}\int \frac{\alpha^{2r+1}}{\sin^{2r+3} n}\,dn - \alpha^{2r+1}\int \frac{\alpha^{-2r-1}}{\sin^{2r+3} n}\,dn\right\};$$

wenn $q = r+2$:

$$\pm C^{(2r+1)} = \frac{2.(2r+3)(2r+4)}{1.2.2^{2r+3}} \sin^{2r+4} n \left\{\alpha^{-2r-1}\int \frac{\alpha^{2r+1}}{\sin^{2r+5} n}\,dn - \alpha^{2r+1}\int \frac{\alpha^{-2r-1}}{\sin^{2r+5} n}\,dn\right\};$$

. . . .

und hieraus

$$H = \left(\frac{2r+1}{2}\right)^{2r+1} \frac{e^{2r+2}\sin^{2r+2} n}{1.2.3\ldots(2r+1)} \left(\alpha^{2r+1} z - \alpha^{-2r-1} z'\right).$$

wo

$$z = \int \frac{a^{-2r-1}}{\sin^{2r+3} n}\, dn - \left(\frac{2r+1}{2}\right)^2 \frac{\operatorname{tg}^2 n}{1.(2r+2)} \int \frac{a^{-2r-1}}{\sin^{2r+5} n}\, dn + \cdots,$$

$$z' = \int \frac{a^{2r+1}}{\sin^{2r+3} n}\, dn - \left(\frac{2r+1}{2}\right)^2 \frac{\operatorname{tg}^2 n}{1.(2r+2)} \int \frac{a^{2r+1}}{\sin^{2r+5} n}\, dn + \cdots.$$

und diese Ausdrücke stimmen, wenn man p statt $2r+1$ setzt, vollkommen mit den im §. 31 gefundenen überein.

Auch den Werth von Π' wird man, wenn man von dem letzten Ausdruck von $D^{(2r+1)}$ (§. 19) Gebrauch macht, mit dem für ein gerades p erhaltenen übereinstimmend finden. Der andere Ausdruck von $D^{(2r+1)}$ würde dasselbe Resultat, aber unter einer Form gegeben haben, deren Identität mit der früheren sich schwer hätte erkennen lassen.

Es kann noch bemerkt werden, dass auf die Vorzeichen der Umstand, ob p gerade oder ungerade ist, keinen Einfluss übt, da die Exponenten der Potenzen von $\sin n$, mit welchen die Integrale multiplicirt werden, und derjenigen, mit welchen unter dem Integrationszeichen dividirt wird, immer dieselbe Differenz haben.

47.

Zur Ergänzung dieser Untersuchungen wollen wir auch die Convergenz der Reihe prüfen, welche den Radiusvector durch die Cosinus der Vielfachen der mittleren Anomalie ausdrückt. Nennt man diesen Radius r, so hat man nach der bereits angeführten Stelle der *Analytischen Mechanik*, 2. Band S. 23,

$$r = 1 - \cos u + \frac{e^2}{1} \sin^2 u + \frac{e^3}{1.2} \frac{d \sin^3 u}{du} + \frac{e^4}{1.2.3} \frac{d^2 \sin^4 u}{du^2} + \cdots$$

Entwickelt man die Potenzen von $\sin u$, so findet man, dass im Allgemeinen, mit Ausnahme von $p = 0$, der Coefficient von $\cos pu$ durch

$$Q = -\frac{p^{p-2} e^p}{2^{p-1}.1.2.3\ldots p} \left\{ p - \frac{p+2}{1.(p+1)} (\tfrac{1}{2} pe)^2 + \frac{p+4}{1.2.(p+1)(p+2)} (\tfrac{1}{2} pe)^4 - \cdots \right\}$$

ausgedrückt wird. Setzt man in dem im §. 33 für s gegebenen Werthe

$$\sin^2 n = -1, \quad x = e,$$

und daher

$$g = f,$$

so erhält man

$$s = 1 - \frac{(\tfrac{1}{2} pe)^2}{1.(p+1)} + \frac{(\tfrac{1}{2} pe)^4}{1.2.(p+1)(p+2)} - \cdots,$$

und hieraus leitet man leicht die Gleichung

$$Q = -\frac{p^{p-2}e^p}{2^{p-1}.1.2.3\ldots p}\left(ps + e\frac{ds}{de}\right) = -\frac{p^{p-2}e^p s}{2^{p-1}.1.2.3\ldots p}\left(p + e\frac{d\log s}{de}\right)$$

ab.

„Der im §. 38 gefundene Werth von $\int y\,dx$ giebt, wenn man darin $g = f$ setzt,

$$\log s = \tfrac{1}{2}p\int y\,dx = -p(1-f) - p\log\frac{1+f}{2} - \tfrac{1}{4}\log f + \frac{1}{p}\left(\frac{1}{12} + \frac{1}{8f} - \frac{5}{24f^3}\right);$$

daher folgt, wenn man die in $\frac{1}{p}$ multiplicirten Grössen fortwirft,

$$p + e\frac{d\log s}{de} = p - \frac{e^2}{f}\frac{d\log s}{df} = p\left(1 - \frac{e^2}{f} + \frac{1}{f} - 1\right) + \frac{e^2}{2f^2}$$

$$= pf\left\{1 + \frac{1}{p}\left(-\frac{1}{2f} + \frac{1}{2f^3}\right)\right\}.$$

Es ist ferner

$$s = \frac{1}{\sqrt{f}}\, i^{p(f-1)}\left(\frac{2}{1+f}\right)^p\left\{1 + \frac{1}{p}\left(\frac{1}{12} + \frac{1}{8f} - \frac{5}{24f^3}\right)\right\}.$$

$$\frac{1}{1.2.3\ldots p} = \frac{p^{-p}i^p}{\sqrt{2p\pi}}\left(1 - \frac{1}{12p}\right),$$

also

$$Q = -\frac{2\sqrt{f}}{\sqrt{p^3}\sqrt{2\pi}}\,\alpha^p i^{pf}\left\{1 - \frac{1}{p}\left(\frac{3}{8f} - \frac{7}{24f^3}\right)\right\}.$$

Für einen sehr grossen Werth von p verhält sich daher der Coefficient von $\sin pu$ in der Entwickelung der Mittelpunktsgleichung zu dem Coefficienten von $\cos pu$ in der Entwickelung des Radiusvectors wie 1 zu $-\frac{2\sqrt[4]{1-e^2}}{\sqrt{2p\pi}}$.

Zusatz.

„Die Werthe der einzelnen Theile, aus denen in der vorstehenden Abhandlung die Coefficienten der Mittelpunktsgleichung zusammengesetzt worden sind, hören nicht nur, wenn e verschwindet, auf, ihre Gültigkeit zu haben, sondern auch schon, wenn e eine kleine Grösse von der Ordnung $\frac{1}{\sqrt{p}}$ wird. Es sollen im Folgenden die für diesen Fall eintretenden Modificationen näher entwickelt werden, was desto nothwendiger ist, da sich hierbei das bemerkenswerthe Resultat herausstellt, dass in der Summe aller Theile, oder in dem Coefficienten der Mittelpunktsgleichung selbst, die Gültigkeit des im §. 45 gefundenen Werthes wiederhergestellt wird.

Es sei also

$$e = \frac{\varepsilon}{\sqrt{p}},$$

woraus

$$f = 1 - \tfrac{1}{2}\frac{\varepsilon^2}{p} - \tfrac{1}{8}\frac{\varepsilon^4}{p^2} - \cdots$$

folgt.

Führt man in den im §. 40 gegebenen Ausdruck von G wieder die frühere Variable

$$t = \sqrt{\frac{8f}{pe^4}}\, u = \frac{\sqrt{8pf}}{\varepsilon^2}\, u$$

ein und entwickelt bis zu den Grössen von der Ordnung $\frac{1}{p}$, so wird

$$G = \frac{i^{p(f-1)}}{\sqrt{f}}\left(1 - \frac{\varepsilon^2(1-2f^2)}{4pf^2}\, t - \frac{\varepsilon^4}{8pf}\, t^2\right).$$

Multiplicirt man diesen Werth mit

$$\frac{(-1)^{\frac{1}{2}(p+2)}\, 2^{p-1}\, e^2}{f^{p+1}}\, dt$$

und integrirt von 0 bis 1, so erhält man

$$\sqrt{-1}\, z = (-1)^{\frac{1}{2}(p+2)}\, 2^{p-1}\, e^2\, i^{p(f-1)}\, f^{-(p+1)}\left(\frac{1}{\sqrt{f}} - \frac{\varepsilon^2(1-2f^2)}{8p\sqrt{f^3}} - \frac{\varepsilon^4}{24p\sqrt{f^3}}\right).$$

oder einfacher

$$\sqrt{-1}\, z = (-1)^{\frac{1}{2}(p+2)}\, e^2\, \frac{2^{p-1}\, i^{p(f-1)}}{f^{p+1}} \left\{1 + \frac{1}{p}\left(\tfrac{3}{8}\varepsilon^2 - \tfrac{1}{24}\varepsilon^4\right)\right\},$$

so dass also, wenn für sehr grosse Werthe von p gleichzeitig die Excentricität von der Ordnung $\frac{1}{\sqrt{p}}$ ist, der im §. 40 für z gefundene Werth mit

$$\sqrt{\frac{p}{2\pi}}\, e^2 = \frac{\varepsilon}{\sqrt{2p\pi}}$$

multiplicirt werden muss.

Der im §. 41 für $z'\sqrt{-1}$ gefundene Werth

$$\sqrt{-1}\, z' = (-1)^{\frac{1}{2}(p+2)} e^2 \frac{2^{p-1} \alpha^{2p} i^{p(f-1)}}{p f^{p+2} \sqrt{f}}$$

bleibt unverändert, und es wird daher

$$\sqrt{-1}\,(\alpha^p z - \alpha^{-p} z') = (-1)^{\frac{1}{2}(p+2)} e^2 \frac{2^{p-1} \alpha^p i^{p(f-1)}}{f^{p+1}} \left\{1 - \frac{1}{p}\left(1 - \tfrac{3}{8}\varepsilon^2 + \tfrac{1}{24}\varepsilon^4\right)\right\},$$

folglich

$$\Pi = -\frac{e^2}{2} \frac{p^p \alpha^p i^{p(f-1)}}{1.2.3\ldots p} \left\{1 - \frac{1}{p}\left(1 - \tfrac{3}{8}\varepsilon^2 + \tfrac{1}{24}\varepsilon^4\right)\right\}.$$

Die Grösse, welche man nach §. 44 zu dem ersten Theile von Π hinzuzufügen hatte, um den ersten Theil von Π' zu bekommen, wird, wenn man die Grössen fortlässt, welche hier nicht in Betracht kommen,

$$\sqrt{\frac{2}{pf}}\, K \int_0^{\varepsilon} i^{-u^2} u\, du = \frac{K}{\sqrt{2pf}}\left(1 - i^{-\frac{\varepsilon^2}{2pf}}\right) = \frac{K e^2}{8\sqrt{2p}} = \frac{e^2}{2} \frac{p^p \alpha^p i^{p(f-1)}}{1.2.3\ldots p} \frac{1}{4p}.$$

Die zu dem zweiten Theile von Π hinzuzufügende Grösse, um den zweiten Theil von Π' zu bekommen, bleibt unverändert. Setzt man darin e^2 für $\frac{2}{\sqrt{f}}(1-f)$, so wird dieselbe

$$-\frac{e^2}{2} \frac{p^p \alpha^p i^{p(f-1)}}{1.2.3\ldots p} \frac{1}{p}.$$

Es wird daher, wenn man die beiden hinzuzufügenden Grössen vereinigt,

$$\Pi' = \Pi - e^2 \frac{p^p \alpha^p i^{p(f-1)}}{1.2.3\ldots p} \frac{3}{8p}$$

und

$$P'' = \Pi + \Pi' = -e^2 \frac{p^p \alpha^p i^{p(f-1)}}{1.2.3\ldots p} \left\{1 - \frac{1}{8p}\left(5 - 3\varepsilon^2 + \tfrac{1}{3}\varepsilon^4\right)\right\}$$

$$= -\frac{\alpha^p i^{pf}}{\sqrt{2p^3\pi}} \left\{\varepsilon^2 - \frac{\varepsilon^2}{24p}\left(17 - 9\varepsilon^2 + \varepsilon^4\right)\right\}.$$

Der früher für P'' gefundene Werth muss also für den hier betrachteten Fall wieder ungefähr mit

$$\sqrt{\frac{p}{2\pi}}\, e^2 = \frac{\varepsilon^2}{\sqrt{2p\pi}}$$

multiplicirt werden.

Der Werth von P' war in den §§. 21 und 22

$$P' = \frac{2a^p i^{p'}}{p}\left(1 - \frac{1}{1.2.3\ldots p}\int x^p i^{-x} dx\right)$$

gefunden worden. Es war ferner (§. 24)

$$\int x^p i^{-x} dx = p^p i^{-p} \int i^{-tt}\left(\sqrt{2p} - \tfrac{4}{3}t + \tfrac{1}{3}\frac{t^2}{\sqrt{2p}} + \tfrac{8}{135}\frac{t^3}{p} + \cdots\right)dt,$$

wo das Integral von $t = \vartheta$ bis $t = \infty$ zu nehmen ist, wenn man

$$\vartheta = b\sqrt{p} = \sqrt{\frac{p}{8}}\,(e^2 + \tfrac{5}{12}e^4 + \cdots) = \sqrt{\frac{1}{8p}}\,(\varepsilon^2 + \tfrac{5}{12}\frac{\varepsilon^4}{p})$$

setzt.

Es wird daher, wenn man in Bezug auf t von 0 bis ∞ integrirt und davon das Integral, von 0 bis ϑ genommen, abzieht,

$$\int x^p i^{-x} dx = p^p i^{-p}\left\{\tfrac{1}{2}\sqrt{2p\pi} - \tfrac{2}{3} + \tfrac{1}{24}\sqrt{\frac{2\pi}{p}} + \tfrac{4}{135}\frac{1}{p} - \sqrt{2p}\,\vartheta + \tfrac{2}{3}\vartheta^2 + \tfrac{1}{3}\sqrt{2p}\,\vartheta^3\right\}$$

$$= p^p i^{-p}\left\{\tfrac{1}{2}\sqrt{2p\pi} - \tfrac{2}{3} - \tfrac{1}{2}\varepsilon^2 + \tfrac{1}{24}\sqrt{\frac{2\pi}{p}} + \frac{1}{p}(\tfrac{4}{135} - \tfrac{1}{8}\varepsilon^4 + \tfrac{1}{48}\varepsilon^6)\right\}$$

und

$$\frac{1}{1.2.3\ldots p}\int x^p i^{-x} dx = \tfrac{1}{2} - \frac{\tfrac{2}{3} + \tfrac{1}{2}\varepsilon^2}{\sqrt{2p\pi}} + (\tfrac{23}{270} + \tfrac{1}{24}\varepsilon^2 - \tfrac{1}{8}\varepsilon^4 + \tfrac{1}{48}\varepsilon^6)\frac{1}{p\sqrt{2p\pi}},$$

mithin

$$P' = \frac{a^p i^{p'}}{p}\left\{1 + \frac{1}{\sqrt{2p\pi}}(\tfrac{4}{3} + \varepsilon^2) - \frac{1}{p\sqrt{2p\pi}}(\tfrac{23}{135} + \tfrac{1}{12}\varepsilon^2 - \tfrac{1}{4}\varepsilon^4 + \tfrac{1}{24}\varepsilon^6)\right\}.$$

Addirt man hierzu den für P'' gefundenen Werth, so erhält man

$$P = P' + P'' = \frac{a^p i^{p'}}{p}\left\{1 + \tfrac{4}{3}\frac{1}{\sqrt{2p\pi}} - \frac{1}{p\sqrt{2p\pi}}(\tfrac{23}{135} - \tfrac{2}{3}\varepsilon^2 + \tfrac{1}{3}\varepsilon^4)\right\}.$$

Vergleicht man hiermit den im §. 45 gefundenen Werth

$$P = \frac{1}{p}a^p i^{p'}\left(1 + \frac{4}{3\sqrt{2p\pi}}\,\frac{1}{\sqrt{f^3}}\right),$$

so sieht man, dass beide Werthe vollkommen mit einander übereinstimmen, nur dass in dem hier gefundenen Resultat die Annäherung noch auf die Grössen, welche in Bezug auf den Hauptwerth von der Ordnung $\frac{1}{\sqrt{p^3}}$ sind, ausgedehnt worden ist, die man in der obigen Untersuchung vernachlässigt hat. Diese Uebereinstimmung ist desto bemerkenswerther, weil man gesehen hat, dass

Aehnliches nicht von den Theilen gilt, aus welchen der Werth von P zusammengesetzt worden ist. Der Werth von P' war seiner Hauptgrösse nach das Doppelte von dem Werthe von $-P''$, so dass sich die Summe $P = P' + P''$ näherungsweise auf die Hälfte von P' reducirte. In dem hier betrachteten Falle dagegen, in welchem e von der Ordnung $\frac{1}{\sqrt{p}}$ ist, geht P'' in die Hauptgrösse gar nicht ein, dagegen reducirt sich P' selbst näherungsweise auf die Hälfte seines Werthes.

Da

$$-\log(1+f) = -\log\left(2 - \tfrac{1}{2}\frac{\varepsilon^2}{p} - \tfrac{1}{8}\frac{\varepsilon^4}{p^2} - \cdots\right),$$

so wird

$$-\log\frac{1+f}{2} = \tfrac{1}{4}\frac{\varepsilon^2}{p} + \tfrac{3}{32}\frac{\varepsilon^4}{p^2},$$

$$p\left\{f - \log\frac{1+f}{2}\right\} = p - \tfrac{1}{4}\varepsilon^2 - \tfrac{1}{32}\frac{\varepsilon^4}{p},$$

und daher

$$u^p i^{pf} = (\tfrac{1}{2}e)^p i^{p-\frac{1}{4}\varepsilon^2}\left(1 - \tfrac{1}{32}\frac{\varepsilon^4}{p}\right).$$

Der Werth von P kann daher, wenn $e = \frac{\varepsilon}{\sqrt{p}}$, auch so dargestellt werden:

$$P = \frac{i^{-\frac{1}{4}\varepsilon^2}}{p}\left(\frac{ie}{2}\right)^p\left\{1 + \tfrac{1}{4}\frac{1}{\sqrt{2p\pi}} - \tfrac{1}{32}\frac{\varepsilon^4}{p} - \frac{1}{p\sqrt{2p\pi}}\left(\tfrac{23}{135} - \tfrac{5}{8}\varepsilon^2 + \tfrac{1}{8}\varepsilon^4\right)\right\}.$$

Für $\varepsilon = 0$ kommt dieser Werth von P mit dem Werthe von

$$P' = \frac{2}{p}\left(\frac{e}{2}\right)^p z$$

überein, wenn man darin den im §. 28 gegebenen Werth von z substituirt.

Der Coefficient von $\cos pu$ in der Entwickelung des Radiusvectors wird (§. 47), wenn man $e = \frac{\varepsilon}{\sqrt{p}}$ setzt,

$$Q = -\frac{e^p p^{p-1}}{2^{p-1}.1.2.3\ldots p}\left\{1 - \frac{1+\frac{2}{p}}{1.\left(1+\frac{1}{p}\right)}(\tfrac{1}{2}\varepsilon)^2 + \frac{1+\frac{4}{p}}{1.2.\left(1+\frac{1}{p}\right)\left(1+\frac{2}{p}\right)}(\tfrac{1}{2}\varepsilon)^4 - \cdots\right\}.$$

Wenn man die in der Klammer eingeschlossene Reihe nach den Potenzen von

$\frac{1}{p}$ entwickelt und bei der ersten Potenz dieser Grösse stehen bleibt, so wird das erste Glied der Entwickelung oder die Hauptgrösse

$$i^{-\frac{1}{4}\varepsilon\varepsilon}$$

und der in $\frac{1}{p}$ multiplicirte Ausdruck

$$(\tfrac{1}{2}\varepsilon)^2\left\{1-\frac{(\frac{1}{2}\varepsilon)^2}{1.2}+\frac{2(\frac{1}{2}\varepsilon)^6}{1.2.3.4}-\frac{5(\frac{1}{2}\varepsilon)^8}{1.2.3.4.5}+\frac{9(\frac{1}{2}\varepsilon)^{10}}{1.2.3.4.5.6}-\dots\right\}$$

$$=(\tfrac{1}{2}\varepsilon)^2\left\{1-\frac{(\frac{1}{2}\varepsilon)^2}{1.2}+\frac{(\frac{1}{2}\varepsilon)^6}{1.2.3.2}-\frac{2(\frac{1}{2}\varepsilon)^8}{1.2.3.4.2}+\frac{3(\frac{1}{2}\varepsilon)^{10}}{1.2.3.4.5.2}-\dots\right\}$$

$$=(\tfrac{1}{2}\varepsilon)^2\left\{1+\tfrac{1}{2}\left(\frac{\varepsilon}{2}\right)^2\right\}i^{-\frac{1}{4}\varepsilon\varepsilon},$$

daher folgt

$$Q=-\frac{e^p\,p^{p-1}\,i^{-\frac{1}{4}\varepsilon\varepsilon}}{2^{p-1}.1.2.3\dots p}\left\{1-\frac{(\frac{1}{2}\varepsilon)^2+\frac{1}{2}(\frac{1}{2}\varepsilon)^4}{p}\right\}$$

$$=-\frac{2i^{-\frac{1}{4}\varepsilon\varepsilon}}{\sqrt{p^3}\sqrt{2\pi}}\left(\frac{ie}{2}\right)^p\left\{1-\frac{\frac{1}{12}+(\frac{1}{2}\varepsilon)^2+\frac{1}{2}(\frac{1}{2}\varepsilon)^4}{p}\right\}.$$

Substituirt man in dem im §. 47 gefundenen Werthe

$$Q=-\frac{2\sqrt{f}}{\sqrt{p^3}\sqrt{2\pi}}\,\alpha^p i^{pf}\left\{1-\frac{1}{p}\left(\frac{3}{8f}-\frac{7}{24f^3}\right)\right\}$$

den Werth

$$\sqrt{f}\,\alpha^p i^{pf}=\left(1-\tfrac{1}{4}\frac{\varepsilon^2}{p}\right)\left(\frac{e}{2}\right)^p i^{p-\frac{1}{4}\varepsilon\varepsilon}\left(1-\tfrac{1}{32}\frac{\varepsilon^4}{p}\right),$$

so wird man genau dasselbe Resultat erhalten."

Gotha 1850, Januar 5.

AUSZUG EINES SCHREIBENS DES HERRN DIRECTOR P. A. HANSEN AN HERRN PROFESSOR C. G. J. JACOBI.

Crelle Journal für die reine und angewandte Mathematik, Bd. 42 p. 1—11.

Gotha, den 21. November 1850.

In Betreff des von mir mit τ, bezeichneten Bogens, über welchen ich Ihnen mehrere höchst interessante und lehrreiche Gespräche und Briefe verdanke, bin ich endlich auf folgende Betrachtungen gekommen, von welchen ich glaube, dass sie die Sache klar machen.

Ich fange bei dem Satze an, den ich in der Ihnen handschriftlich mitgetheilten Abhandlung den *zweiten* nenne. Diesen habe ich, wie Sie wissen, bisher, wie folgt, ausgesprochen:

„Wenn L eine Function bloss von den auf *feste* rechtwinklige Axen bezogenen Coordinaten x, y, z eines Planeten oder Satelliten ist, und A die Function bedeutet, in die L übergeht, wenn man darin τ statt t substituirt, in so fern die Zeit t nicht in den, in den Ausdrücken für x, y, z enthaltenen veränderlichen willkürlichen Constanten vorkommt, dann ist in der gestörten Bewegung, wie in der ungestörten,

$$\frac{dL}{dt} = \overline{\frac{\partial A}{\partial \tau}},$$

wo der Strich über der Function bedeutet, dass man nach der Differentiation τ in t verwandeln soll."

Dieser Satz ist einer grösseren Ausdehnung fähig, die ich, um möglichst kurz zu sein, mit einer Erklärung einleiten werde, welche den von Ihnen angewandten *Terminus technicus* betrifft.

Erklärung.

„*Ideale Coordinaten* nenne ich alle Systeme von Coordinaten, die die Eigenschaft besitzen, dass ihre ersten Differentiale in Bezug auf die Zeit in der gestörten Bewegung dieselbe Form haben, wie in der ungestörten.“

Zweiter Satz.

„Wenn L eine Function bloss von idealen Coordinaten ist, ohne deren Differentiale oder die veränderlichen willkürlichen Constanten sonst zu enthalten, und Λ die Function bedeutet (etc. wie oben), dann ist (etc. wie oben)

$$\frac{dL}{dt} = \frac{\partial \Lambda}{\partial \tau}.“$$

Es muss nun auseinandergesetzt werden, welche Coordinaten *ideale* sind. Zuvörderst sind die auf feste rechtwinklige Axen bezogenen Coordinaten x, y, z solche, denn für sie bestehen die folgenden Gleichungen:

$$(1)\qquad \begin{aligned} 0 &= \frac{\partial x}{\partial a}da + \frac{\partial x}{\partial b}db + \cdots, \\ 0 &= \frac{\partial y}{\partial a}da + \frac{\partial y}{\partial b}db + \cdots, \\ 0 &= \frac{\partial z}{\partial a}da + \frac{\partial z}{\partial b}db + \cdots, \end{aligned}$$

wo a, b etc. die durch die Integration der Gleichungen der ungestörten Bewegung eingeführten willkürlichen Constanten bedeuten. Sei nun X, Y, Z irgend ein anderes System von rechtwinkligen Coordinaten, und α, β etc. die Cosinus der Winkel, die die Axen dieser Cordinaten mit denen jener machen, dann ist bekanntlich

$$(2)\qquad \begin{aligned} x &= \alpha\, X + \beta\, Y + \gamma\, Z, \\ y &= \alpha' X + \beta' Y + \gamma' Z, \\ z &= \alpha'' X + \beta'' Y + \gamma'' Z \end{aligned}$$

und

$$(3)\qquad \begin{aligned} X &= \alpha x + \alpha' y + \alpha'' z, \\ Y &= \beta x + \beta' y + \beta'' z, \\ Z &= \gamma x + \gamma' y + \gamma'' z. \end{aligned}$$

Wären nun α, β etc. constante Grössen, so wäre ohne Weiteres X, Y, Z ein System idealer Coordinaten. Nehmen wir aber α, β etc. als veränderliche Grössen, und zwar als Functionen der eben genannten willkürlichen Constanten an, dann werden X, Y, Z nur dann ideale Coordinaten, wenn wir die folgenden Bedingungsgleichungen aufstellen:

$$(4)\qquad \begin{aligned} 0 &= x\,d\alpha + y\,d\alpha' + z\,d\alpha'', \\ 0 &= x\,d\beta + y\,d\beta' + z\,d\beta'', \\ 0 &= x\,d\gamma + y\,d\gamma' + z\,d\gamma''. \end{aligned}$$

Denn vermöge der Gleichungen (1) und (4) ist es klar, dass nun erst die ersten Differentiale von (3) in Bezug auf die Zeit dieselbe Form haben, man mag die in x, y, z, α, β etc. enthaltenen willkürlichen Constanten veränderlich setzen oder nicht.

Untersuchen wir die Gleichungen (4) näher. Substituiren wir in (4) die Gleichungen (2) und setzen zur Abkürzung

$$(5)\qquad \begin{aligned} \beta\,d\alpha + \beta'\,d\alpha' + \beta''\,d\alpha'' &= C\,dt, \\ \alpha\,d\gamma + \alpha'\,d\gamma' + \alpha''\,d\gamma'' &= B\,dt, \\ \gamma\,d\beta + \gamma'\,d\beta' + \gamma''\,d\beta'' &= A\,dt, \end{aligned}$$

dann gehen, in Folge der bekannten, zwischen α, β etc. stattfindenden Bedingungsgleichungen, die Gleichungen (4) in folgende über:

$$(6)\qquad 0 = CY - BZ, \quad 0 = AZ - CX, \quad 0 = BX - AY,$$

die aber ersichtlich nur *zwei* wesentlich von einander verschiedene Gleichungen bilden. Es ist also jede der Gleichungen (4) nothwendige Folge der beiden anderen.

Da nun jedes bestimmte Coordinatensystem von *drei* von einander unabhängigen Grössen oder Bedingungen abhängt, so folgt, dass durch die Gleichungen (3) und (4) eine (streng unendlich) grosse Anzahl von idealen Coordinatensystemen gegeben ist. Da ferner die Veränderlichkeit von α, β etc. die Veränderlichkeit der Axen dieser Coordinatensysteme mit sich bringt, so beziehen sich alle durch (3) und (4) gegebenen idealen Coordinatensysteme auf bewegliche Axen. Ich führe hierbei noch folgenden Satz an:

„In allen auf bewegliche Axen bezogenen Systemen idealer Coordinaten eines Planeten oder Satelliten fällt die instantane Drehungs-Axe stets mit dem Radiusvector des Planeten oder Satelliten zusammen.“

Die Cosinus der Winkel zwischen der instantanen Drehungs-Axe und den Axen der x, y, z sind bekanntlich resp.

$$\frac{\alpha A + \beta B + \gamma C}{\sqrt{A^2 + B^2 + C^2}}, \quad \frac{\alpha' A + \beta' B + \gamma' C}{\sqrt{A^2 + B^2 + C^2}}, \quad \frac{\alpha'' A + \beta'' B + \gamma'' C}{\sqrt{A^2 + B^2 + C^2}}$$

und die Cosinus der Winkel zwischen dem Radiusvector und diesen Axen

$$\frac{\alpha X+\beta Y+\gamma Z}{\sqrt{X^2+Y^2+Z^2}},\quad \frac{\alpha' X+\beta' Y+\gamma' Z}{\sqrt{X^2+Y^2+Z^2}},\quad \frac{\alpha'' X+\beta'' Y+\gamma'' Z}{\sqrt{X^2+Y^2+Z^2}}.$$

Es geben aber die Gleichungen (6)

$$\frac{A}{\sqrt{A^2+B^2+C^2}}=\frac{X}{\sqrt{X^2+Y^2+Z^2}},$$
$$\frac{B}{\sqrt{A^2+B^2+C^2}}=\frac{Y}{\sqrt{X^2+Y^2+Z^2}},$$
$$\frac{C}{\sqrt{A^2+B^2+C^2}}=\frac{Z}{\sqrt{X^2+Y^2+Z^2}},$$

durch deren Substitution in die vorstehenden Ausdrücke der Satz erwiesen ist.

Um irgend ein auf bewegliche Axen bezogenes ideales Coordinatensystem zu erhalten, dürfen wir dem Vorhergehenden zufolge den Gleichungen (4) irgend eine willkürliche Bedingung hinzufügen, die nur dadurch beschränkt ist, dass sie den Gleichungen (4) oder (6) nicht widersprechen darf. Ich werde daher im Folgenden annehmen, dass für den Ort des Planeten oder Satelliten stets $Z=0$ sei. Hiermit ergeben sich statt (2) und (3) die folgenden Gleichungen:

$$(7)\qquad \begin{aligned} x &= \alpha\ X+\beta\ Y,\\ y &= \alpha' X+\beta' Y,\\ z &= \alpha'' X+\beta'' Y \end{aligned}$$

und

$$(8)\qquad \begin{aligned} X &= \alpha x+\alpha' y+\alpha'' z,\\ Y &= \beta x+\beta' y+\beta'' z,\\ 0 &= \gamma x+\gamma' y+\gamma'' z, \end{aligned}$$

und statt der Gleichungen (6) erhalten wir

$$C=0,\quad BX-AY=0,$$

oder, was dasselbe ist*),

$$(9)\qquad \begin{aligned} 0 &= \beta d\alpha+\beta' d\alpha'+\beta'' d\alpha'',\\ 0 &= (\alpha d\gamma+\alpha' d\gamma'+\alpha'' d\gamma'')X-(\gamma d\beta+\gamma' d\beta'+\gamma'' d\beta'')Y. \end{aligned}$$

---

*) Lagrange hat diese Gleichungen nicht bemerkt, denn obgleich er das Coordinatensystem (7) anwendet, setzt er doch (*Mécanique analytique*, 2e édition, T. II p. 96, art. 70)

$$\beta d\alpha+\beta' d\alpha'+\beta'' d\alpha'' = d\chi.$$

Ich werde nun beweisen, dass v_1 in der That eine blosse Function der idealen Coordinaten X, Y ist. Ich bezeichne, wie Sie wissen, mit dv_1 den Winkel zwischen den, den Zeiten t und $t+dt$ entsprechenden, Radiivectores r und $r+dr$ eines Planeten oder Satelliten. Wir haben demzufolge die Gleichung

$$r^2dv_1^2+dr^2 = dx^2+dy^2+dz^2,$$

die leicht in folgende umgewandelt werden kann:

$$dv_1 = \frac{\sqrt{(xdy-ydx)^2+(ydz-zdy)^2+(zdx-xdz)^2}}{x^2+y^2+z^2}.$$

Die Differentiale von (7) und (8) sind in der gestörten wie ungestörten Bewegung

$$(10)\qquad \begin{aligned} dx &= \alpha\ dX+\beta\ dY,\\ dy &= \alpha'\ dX+\beta'\ dY,\\ dz &= \alpha''\ dX+\beta''\ dY \end{aligned}$$

und

$$(11)\qquad \begin{aligned} dX &= \alpha dx+\alpha' dy+\alpha'' dz,\\ dY &= \beta dx+\beta' dy+\beta'' dz,\\ 0 &= \gamma dx+\gamma' dy+\gamma'' dz. \end{aligned}$$

Combinirt man diese Gleichungen mit den Gleichungen (7) und (8), so bekommt man aus den einen

$$\begin{aligned} xdy-ydx &= (\alpha\beta'-\alpha'\beta)\ (XdY-YdX),\\ ydz-zdy &= (\alpha'\beta''-\alpha''\beta')(XdY-YdX),\\ zdx-xdz &= (\alpha''\beta-\alpha\beta'')\ (XdY-YdX) \end{aligned}$$

und aus den anderen

$$\begin{aligned} XdY-YdX = (\alpha\beta'-\alpha'\beta)(xdy-ydx)&+(\alpha'\beta''-\alpha''\beta')(ydz-zdy)\\ &+(\alpha''\beta-\alpha\beta'')(zdx-xdz), \end{aligned}$$

also durch die Elimination von $(\alpha\beta'-\alpha'\beta)$ etc.

$$(XdY-YdX)^2 = (xdy-ydx)^2+(ydz-zdy)^2+(zdx-xdz)^2.$$

Erwägen wir noch, dass

$$X^2+Y^2 = x^2+y^2+z^2$$

ist, so geht die obige Gleichung für dv_1 in folgende über:

$$dv_1 = \frac{XdY-YdX}{X^2+Y^2},$$

wovon, wenn wir die willkürliche Constante gleich 0 setzen, das Integral

(12) $$v_1 = \operatorname{arctg} \frac{Y}{X}$$

ist. Also v_1 ist Function bloss der idealen Coordinaten X und Y, und der obige zweite Satz findet auf v_1 Anwendung.

Ich erlaube mir, die weiteren Folgerungen, die ich auf analytischem Wege aus den obigen Formeln gezogen habe, hier anzuführen, da mir nicht bekannt ist, dass sie von irgend einem Anderen gegeben worden wären. Lagrange hat schon die Gleichungen (7) angewandt, aber die Folgerungen, die ich hier daraus ziehen werde, finden sich nicht bei ihm. Wegen der Bedingungsgleichung

$$0 = \alpha\beta + \alpha'\beta' + \alpha''\beta''$$

giebt die erste Gleichung (9), nämlich

$$0 = \beta d\alpha + \beta' d\alpha' + \beta'' d\alpha'',$$

die folgende:

(13) $$0 = \alpha d\beta + \alpha' d\beta' + \alpha'' d\beta''.$$

Diesen letzten beiden Gleichungen kann man zufolge der Gleichungen

$$\alpha d\alpha + \alpha' d\alpha' + \alpha'' d\alpha'' = 0,$$
$$\beta d\beta + \beta' d\beta' + \beta'' d\beta'' = 0$$

und der zwischen α, β etc. bestehenden Bedingungsgleichungen

$$0 = \beta\gamma + \beta'\gamma' + \beta''\gamma'', \quad 0 = \alpha\gamma + \alpha'\gamma' + \alpha''\gamma''$$

durch die folgenden Genüge leisten, in denen μ und μ' beliebig sind:

$$d\alpha = \gamma\,\mu dp, \quad d\beta = \gamma\,\mu' dq,$$
$$d\alpha' = \gamma'\,\mu dp, \quad d\beta' = \gamma'\,\mu' dq,$$
$$d\alpha'' = \gamma''\mu dp, \quad d\beta'' = \gamma''\mu' dq.$$

Um den Buchstaben p und q dieselbe Bedeutung zu geben, die ich denselben in meinen Abhandlungen beigelegt habe, setze ich $\mu = -\frac{1}{\gamma''}$, $\mu' = \frac{1}{\gamma''}$, wodurch sich ergiebt

(14)
$$d\alpha = -\frac{\gamma}{\gamma''} dp, \quad d\beta = \frac{\gamma}{\gamma''} dq,$$
$$d\alpha' = -\frac{\gamma'}{\gamma''} dp, \quad d\beta' = \frac{\gamma'}{\gamma''} dq,$$
$$d\alpha'' = -dp, \quad d\beta'' = dq.$$

Wir erhalten daher geradezu

$$p = -\alpha'', \quad q = \beta''.$$

Die zweite Gleichung (9) kann auch so geschrieben werden:

$$0 = (\gamma d\alpha + \gamma' d\alpha' + \gamma'' d\alpha'')X + (\gamma d\beta + \gamma' d\beta' + \gamma'' d\beta'')Y.$$

Substituiren wir hierin die Gleichungen (14), so erhalten wir

$$(15) \qquad 0 = Xdp - Ydq.$$

Betrachten wir nun die *zweiten* Differentiale der Gleichungen (8), d. i. die ersten der Gleichungen (11). Diese sind

$$d^2X = \alpha d^2x + \alpha' d^2y + \alpha'' d^2z + d\alpha dx + d\alpha' dy + d\alpha'' dz,$$
$$d^2Y = \beta d^2x + \beta' d^2y + \beta'' d^2z + d\beta dx + d\beta' dy + d\beta'' dz,$$
$$0 = \gamma d^2x + \gamma' d^2y + \gamma'' d^2z + d\gamma dx + d\gamma' dy + d\gamma'' dz.$$

Wegen der Gleichungen (14) und der letzten Gleichung (11) gehen die beiden ersten vorstehenden sofort in folgende über:

$$(16) \qquad \begin{aligned} d^2X &= \alpha d^2x + \alpha' d^2y + \alpha'' d^2z, \\ d^2Y &= \beta d^2x + \beta' d^2y + \beta'' d^2z. \end{aligned}$$

Die dritte der vorstehenden Gleichungen geht durch die Gleichung (10) zuerst in folgende über:

$$0 = \gamma d^2x + \gamma' d^2y + \gamma'' d^2z + (\alpha d\gamma + \alpha' d\gamma' + \alpha'' d\gamma'')dX + (\beta d\gamma + \beta' d\gamma' + \beta'' d\gamma'')dY,$$

oder in folgende:

$$0 = \gamma d^2x + \gamma' d^2y + \gamma'' d^2z - (\gamma d\alpha + \gamma' d\alpha' + \gamma'' d\alpha'')dX - (\gamma d\beta + \gamma' d\beta' + \gamma'' d\beta'')dY,$$

also erhalten wir vermittelst der Gleichungen (14)

$$(17) \qquad dXdp - dYdq = -\gamma''(\gamma d^2x + \gamma' d^2y + \gamma'' d^2z).$$

Nennen wir nun die Störungsfunction Ω und setzen die Summe der Massen der Sonne und des Planeten gleich 1, dann können wir die Gleichungen für die gestörte Bewegung, wie folgt, darstellen:

$$\frac{d^2x}{dt^2} + \frac{x}{r^3} = \frac{\partial\Omega}{\partial x},$$
$$\frac{d^2y}{dt^2} + \frac{y}{r^3} = \frac{\partial\Omega}{\partial y},$$
$$\frac{d^2z}{dt^2} + \frac{z}{r^3} = \frac{\partial\Omega}{\partial z}.$$

Aber wenn wir hier einen Augenblick

$$Z = \gamma x + \gamma' y + \gamma'' z$$

setzen, so können wir Ω als Function von X, Y, Z betrachten und erhalten sofort

$$\alpha\frac{\partial\Omega}{\partial x}+\alpha'\frac{\partial\Omega}{\partial y}+\alpha''\frac{\partial\Omega}{\partial z}=\frac{\partial\Omega}{\partial X},$$
$$\beta\frac{\partial\Omega}{\partial x}+\beta'\frac{\partial\Omega}{\partial y}+\beta''\frac{\partial\Omega}{\partial z}=\frac{\partial\Omega}{\partial Y},$$
$$\gamma\frac{\partial\Omega}{\partial x}+\gamma'\frac{\partial\Omega}{\partial y}+\gamma''\frac{\partial\Omega}{\partial z}=\frac{\partial\Omega}{\partial Z}.$$

Um in den Ausdrücken rechter Hand zu den hier angewandten Coordinaten X und Y überzugehen, brauchen wir nur nach den partiellen Differentiationen von Ω die Coordinate $Z=0$ zu machen.

Mit Hülfe dieser Gleichungen gehen die Gleichungen (16) in folgende über:

$$(18)\qquad \frac{d^2X}{dt^2}+\frac{X}{r^3}=\frac{\partial\Omega}{\partial X},\qquad \frac{d^2Y}{dt^2}+\frac{Y}{r^3}=\frac{\partial\Omega}{\partial Y},$$

die genau dieselbe Form haben, wie die für x und y. Die Gleichung (17) wird ferner

$$\frac{dX}{dt}\frac{dp}{dt}-\frac{dY}{dt}\frac{dq}{dt}=-\gamma''\frac{\partial\Omega}{\partial Z},$$

und hieraus ergiebt sich mittelst (15), d. i. mittelst

$$X\frac{dp}{dt}-Y\frac{dq}{dt}=0,$$
$$\frac{XdY-YdX}{dt}\frac{dp}{dt}=\gamma''Y\frac{\partial\Omega}{\partial Z},$$
$$\frac{XdY-YdX}{dt}\frac{dq}{dt}=\gamma''X\frac{\partial\Omega}{\partial Z}.$$

Nehmen wir jetzt das aus der Theorie der Veränderung der willkürlichen Constanten entspringende Ergebniss auf, dass der Planet in jedem Zeittheilchen dt sich nach den **Kepplerschen** Gesetzen in einer, seine wirkliche Bahn osculirenden, Ellipse bewegt. Da zufolge des Obigen die Ebene der XY stets durch die Sonne und durch die zwei Örter des Planeten geht, die den Zeiten t und $t+dt$ entsprechen, so ist es diese Ebene, in welcher alle osculirenden Ellipsen construirt werden müssen. Die Gleichungen (18) geben dem zufolge auf bekannte Art, sowohl in der gestörten, wie in der ungestörten Bewegung,

$$\frac{XdY - YdX}{dt} = \frac{\sqrt{1-e^2}}{an},$$

wenn a die halbe grosse Axe, n die mittlere Bewegung und ae die Excentricität des Planeten bedeuten. Hiermit wird

$$(19)\qquad \begin{aligned} \frac{dp}{dt} &= \gamma'' Y \frac{an}{\sqrt{1-e^2}} \frac{\partial \Omega}{\partial Z}, \\ \frac{dq}{dt} &= \gamma'' X \frac{an}{\sqrt{1-e^2}} \frac{\partial \Omega}{\partial Z}, \end{aligned}$$

und diese Gleichungen bilden in Verbindung mit den Gleichungen (18) ein vollständiges System von Gleichungen der gestörten Bewegung eines Planeten, indem die Örter desselben im Raume durch die vier Grössen X, Y, p und q vollständig bestimmt sind. Um dieses zu zeigen, will ich die obigen Gleichungen für die Coordinaten weiter entwickeln.

Aus der Gleichung (12) geht hervor, dass der Winkel (oder Kreisbogen) v_1 stets in der Ebene der XY liegt und sich von der positiven Axe der X bis zum Radiusvector r erstreckt. Nennen wir daher f die wahre Anomalie des Planeten und χ den Winkel zwischen der positiven Axe der X und dem Perihel, dann ist, weil die osculirende Ellipse stets in der Ebene der XY liegt,

$$v_1 = f + \chi.$$

Betrachten wir nun die Verbindung der beweglichen Ebene der XY mit der festen der xy, welche letztere sowohl, wie die in derselben liegende feste Axe der x, wir im Raume irgendwie gelegen annehmen. Sei

i die Neigung der Ebene der XY gegen die der xy,

ϑ in der Ebene der xy der Winkel zwischen der Axe der positiven x und dem Theile der Durchschnittslinie der Ebenen der XY und der xy, durch welchen sich der Planet bewegt, wenn die z vom Negativen in's Positive übergehen;

ω in der Ebene der XY der Winkel zwischen dem eben bezeichneten Theile derselben Durchschnittslinie und dem Perihel des Planeten.

Da nun

$$X = r\cos v_1, \qquad Y = r\sin v_1,$$

so ergiebt sich, wenn

$$\sigma = \chi - \omega$$

den Winkel zwischen der Axe der positiven X und jenem Theil der Durchschnittslinie bedeutet,

$$\begin{aligned}
\alpha &= \cos\sigma\cos\vartheta + \sin\sigma\sin\vartheta\cos i,\\
\alpha' &= \cos\sigma\sin\vartheta - \sin\sigma\cos\vartheta\cos i,\\
\alpha'' &= -\sin i\sin\sigma,\\
\beta &= \sin\sigma\cos\vartheta - \cos\sigma\sin\vartheta\cos i,\\
\beta' &= \sin\sigma\sin\vartheta + \cos\sigma\cos\vartheta\cos i,\\
\beta'' &= \sin i\cos\sigma,\\
\gamma &= \sin i\sin\vartheta,\\
\gamma' &= -\sin i\cos\vartheta,\\
\gamma'' &= \cos i.
\end{aligned}$$

Wenn man diese Ausdrücke in die Gleichungen (7) substituirt und v_1 und σ durch die Gleichungen

$$v_1 = f + \chi, \quad \sigma = \chi - \omega$$

eliminirt, so gehen daraus die bekannten allgemeinsten Ausdrücke der Coordinaten x, y, z hervor.

Durch die Gleichungen (14) hatten wir $p = -\alpha''$, $q = \beta''$; es ist daher auch

$$p = \sin i\sin\sigma, \quad q = \sin i\cos\sigma,$$

oder p ist der Sinus des Winkels, den die Axe der X, und q der Sinus des Winkels, den die Axe der Y mit der Ebene der xy macht; p und q liegen beide im ersten Quadranten, wenn die Axe der Y sich über und die Axe der X sich unter der Ebene der xy befindet.

Differentiiren wir die obigen Ausdrücke von α, α' und α'', indem wir σ, ϑ und i veränderlich setzen, dann ergiebt sich leicht

$$\begin{aligned}
d\alpha &= -\beta\, d\sigma - \alpha' d\vartheta - \gamma\sin\sigma\, di,\\
d\alpha' &= -\beta' d\sigma + \alpha\, d\vartheta - \gamma'\sin\sigma\, di,\\
d\alpha'' &= -\beta'' d\sigma \qquad\qquad - \gamma''\sin\sigma\, di.
\end{aligned}$$

Substituiren wir diese Formeln in die erste Gleichung (9), nämlich in

$$0 = \beta d\alpha + \beta' d\alpha' + \beta'' d\alpha'',$$

so bekommen wir, wegen

$$\beta^2 + \beta'^2 + \beta''^2 = 1, \quad \beta\gamma + \beta'\gamma' + \beta''\gamma'' = 0, \quad \alpha\beta' - \alpha'\beta = \gamma'' = \cos i,$$

$$d\sigma = \cos i\, d\vartheta.$$

Diese Gleichung, die ich früher auf geometrischem Wege abgeleitet habe, ist also nothwendige Folge der hier eingeführten Gleichungen (9). Die beiden willkürlichen Constanten σ und ϑ müssen wegen dieser Gleichung als von einander abhängige betrachtet werden; allein es bleiben dem ungeachtet in den obigen Ausdrücken *sechs* von einander unabhängige willkürliche Constanten übrig. Es enthalten nämlich r und f *drei*, und zwar die grosse Axe, die Excentricität und die mittlere Anomalie in der Zeitepoche; dazu kommen noch die *drei* unabhängigen willkürlichen Constanten χ, σ, i, wofür man auch χ, p, q wählen kann.

Ich erwähne noch, dass die vorstehenden Betrachtungen auch auf die Theorie der Rotationsbewegung angewandt werden können, und dass die Differentialquotienten $\frac{d\chi}{dt}$, $\frac{dp}{dt}$, $\frac{dq}{dt}$ mit den in dieser Theorie vorkommenden drei instantanen Drehungsgeschwindigkeiten in engster Beziehung stehen. Auch möchte in der allgemeinen Theorie der Curven von doppelter Krümmung das hier angewandte Coordinatensystem X, Y von wesentlichem Nutzen sein.

Die oben angeführten Ausdrücke für α, α' etc. geben leicht

$$\alpha\cos(\vartheta-\sigma)+\alpha'\sin(\vartheta-\sigma)=\cos^2\sigma+\sin^2\sigma\cos i=1-\frac{p^2}{1+\sqrt{1-p^2-q^2}},$$

$$-\alpha\sin(\vartheta-\sigma)+\alpha'\cos(\vartheta-\sigma)=\sin\sigma\cos\sigma(1-\cos i)=\frac{pq}{1+\sqrt{1-p^2-q^2}},$$

$$\beta\cos(\vartheta-\sigma)+\beta'\sin(\vartheta-\sigma)=\sin\sigma\cos\sigma(1-\cos i)=\frac{pq}{1+\sqrt{1-p^2-q^2}}.$$

$$-\beta\sin(\vartheta-\sigma)+\beta'\cos(\vartheta-\sigma)=\sin^2\sigma+\cos^2\sigma\cos i=1-\frac{q^2}{1+\sqrt{1-p^2-q^2}}.$$

Die Gleichungen

$$p=\sin i\sin\sigma,\qquad q=\sin i\cos\sigma$$

geben

$$q\,dp-p\,dq=\sin^2 i\,d\sigma.$$

Es folgt ferner aus $d\sigma=\cos i\,d\vartheta$

$$d(\vartheta-\sigma)=(1-\cos i)\,d\vartheta=\frac{1-\cos i}{\cos i}\,d\sigma=\frac{\sin^2 i\,d\sigma}{\cos i(1+\cos i)},$$

und daher

$$d(\vartheta-\sigma)=\frac{q\,dp-p\,dq}{\cos i(1+\cos i)},$$

oder, wenn man

$$\vartheta-\sigma=\vartheta-\chi+\omega=\Delta$$

setzt,

$$dA = d(\vartheta - \sigma) = \frac{q\,dp - p\,dq}{[1+\sqrt{1-p^2-q^2}]\sqrt{1-p^2-q^2}}.$$

Nennen wir nun die auf der festen Ebene der xy gezählte Länge des Planeten l und die Breite desselben über dieser Ebene b, dann ist auch

$$x = r\cos b\cos l, \quad y = r\cos b\sin l, \quad z = r\sin b,$$

und wir ziehen daher aus den vorstehenden Formeln

$$r\cos b\sin(l-A) = Y + q\frac{pX-qY}{1+\sqrt{1-p^2-q^2}} = Y - \frac{qz}{1+\sqrt{1-p^2-q^2}},$$

$$r\cos b\cos(l-A) = X - p\frac{pX-qY}{1+\sqrt{1-p^2-q^2}} = X + \frac{pz}{1+\sqrt{1-p^2-q^2}},$$

$$r\sin b = z = -pX + qY,$$

wo

$$A = \int\frac{q\,dp - p\,dq}{[1+\sqrt{1-p^2-q^2}]\sqrt{1-p^2-q^2}}.$$

Es zeigt sich hiermit, dass in der That x, y, z, und also auch der Ort des Planeten, als Functionen der vier Grössen X, Y, p, q betrachtet werden können: wie oben behauptet wurde. An die vorstehenden Formeln schliesst sich die merkwürdige Transformation an, die Sie kennen, und von welcher Sie mir eine elegante Construction gegeben haben.

Da x, y, z als Functionen von X, Y, p, q betrachtet werden können, so kann man auch Ω als Function dieser vier Grössen betrachten. Da nun i der Winkel zwischen den Axen der z und der Z ist, so giebt die Gleichung

$$z = -pX + qY$$

schon zu erkennen, dass

$$Y\frac{\partial\Omega}{\partial Z} = \cos i\,\frac{\partial\Omega}{\partial q}, \quad X\frac{\partial\Omega}{\partial Z} = -\cos i\,\frac{\partial\Omega}{\partial p}$$

ist, welche Gleichungen sich übrigens auch auf andere Arten ableiten lassen. Wir erhalten hiermit aus den Gleichungen (19) die folgenden:

$$\frac{dp}{dt} = \frac{an}{\sqrt{1-e^2}}\cos^2 i\,\frac{\partial\Omega}{\partial q}, \quad \frac{dq}{dt} = -\frac{an}{\sqrt{1-e^2}}\cos^2 i\,\frac{\partial\Omega}{\partial p},$$

die nicht minder, wie die Gleichungen (19), in Verbindung mit (18) ein vollständiges System von Gleichungen der gestörten Bewegung eines Planeten oder Satelliten bilden.

Um nicht zu lang zu werden, schliesse ich hier mit dem lebhaftesten Wunsche, Sie bald wieder bei uns zu sehen.

AUSZUG ZWEIER SCHREIBEN DES PROFESSOR C. G. J. JACOBI AN HERRN DIRECTOR P. A. HANSEN.

Crelle Journal für die reine und angewandte Mathematik, Bd. 42 p. 12—31.

I.

Berlin, den 15. December 1850.

Erlauben Sie, dass ich auf Ihre gütige Mittheilung des leichten und eleganten Weges, auf welchem Sie zu einer eigenthümlichen und merkwürdigen Form der Störungsgleichungen gelangen, mit einigen Betrachtungen rein formeller Art antworte. Sie sollen die ungewöhnliche Bedeutung betreffen, welche Lagrange, Sie selbst und Andere bisweilen mit den Worten *Function* und *Element* und den Zeichen der *partiellen Differentialquotienten* verbinden.

Veränderliche willkürliche Constanten oder *Elemente* sind in der Theorie der Störungen gewisse Functionen der Coordinaten, ihrer ersten Differentialquotienten und der Zeit genannt worden, welche in der ungestörten elliptischen Bewegung einer willkürlichen Constante gleich werden, oder deren Differential durch die Substitution der Differentialgleichungen des ungestörten Problems identisch verschwindet. Diese Functionen haben die Eigenschaft, dass sie in der gestörten Bewegung von wirklichen Constanten nur um kleine Grössen von der Ordnung der störenden Kräfte verschieden bleiben. Nennt man die Function der Coordinaten, ihrer ersten Differentialquotienten (der Componenten der Geschwindigkeit) und der Zeit, welche einem Elemente gleich ist, die *Bedeutung* dieses Elements, so kann man sagen, dass jedes Element in der gestörten Bewegung dieselbe Bedeutung wie in der ungestörten hat.

Da die sechs Elemente denselben Functionen der drei Coordinaten, ihrer ersten Differentialquotienten und der Zeit im gestörten und ungestörten Problem gleich sind, so sind auch umgekehrt die drei Coordinaten und ihre ersten Differentialquotienten im gestörten wie im ungestörten Problem denselben Functionen der sechs Elemente und der Zeit gleich. Es folgt hieraus der bekannte Satz, der auch wohl zur Definition der veränderlichen Elemente zu dienen pflegt, dass in den ersten Differentialen der Ausdrücke der Coordinaten durch die Elemente und die Zeit der aus der Veränderlichkeit der Elemente hervorgehende Theil verschwindet. Man erweitert diesen Satz leicht dahin, dass man von jeder Gleichung zwischen den Coordinaten, den Elementen und der Zeit, $u = 0$, welche gleichzeitig im gestörten wie im ungestörten Problem gilt, das erste Differential so nehmen kann, als wären die Elemente constant, und dass in du der von der Veränderlichkeit der Elemente, so weit sie in u *explicite* vorkommen, herrührende Theil besonders verschwindet.

Keine Function der Elemente und der Zeit, welche sich nicht auf eine Function der Coordinaten und der Zeit (oder auch auf eine wirkliche Constante) reduciren lässt, kann die Eigenschaft der Coordinaten haben, dass ihr erster Differentialquotient im gestörten Problem durch dieselbe Function der Elemente und der Zeit ausgedrückt wird, wie im ungestörten.

Aber Sie haben ja solche Functionen X und Y angegeben, welche diese Eigenschaft besitzen und sich doch auf keine Weise auf Functionen bloss von x, y, z, t reduciren lassen. Die Antwort hierauf ist, *dass in Ihren Gleichungen*

$$X = \alpha x + \alpha' y + \alpha'' z,$$
$$Y = \beta x + \beta' y + \beta'' z$$

die sechs Grössen α, β, α' etc. keine Elemente sind, und dass daher auch X und Y keine Functionen der Elemente und der Zeit sind. Nur die drei Coefficienten γ, γ', γ'' sind wirkliche Elemente.

In den ähnlichen Gleichungen bei Lagrange sind die Coefficienten α, β, α_1 etc. Elemente. Aber dafür finden bei ihm auch nicht die Gleichungen

$$x\,d\alpha + y\,d\alpha_1 + z\,d\alpha_2 = 0,$$
$$x\,d\beta + y\,d\beta_1 + z\,d\beta_2 = 0$$

statt. Es scheint mir, dass Sie Lagrange und Sich selbst Unrecht thun, wenn Sie ihm vorwerfen, dass er die Gleichung

$$\beta\,d\alpha + \beta_1 d\alpha_1 + \beta_2 d\alpha_2 = 0$$

nicht hat und nicht in weitere Entwickelungen eingegangen ist. Diese Gleichung gilt bei ihm eben so wenig, wie die beiden vorhergehenden. Das von Ihnen gewählte Coordinatensystem ist von dem seinigen auf das Wesentlichste verschieden und Ihnen durchaus eigenthümlich, und darum konnte er die aus der eigenthümlichen Natur des Ihrigen fliessenden Folgerungen nicht machen.

Ihre X-Axe ist eine Linie, die in der Bahnebene keine eigene Bewegung hat, in derselben fest ist, und sich nur dadurch im Raume fortbewegt, dass die Bahnebene um die verschiedenen Radiivectoren pivotirt; während die X-Axe bei Lagrange die grosse Axe der veränderlichen Ellipse ist und ihre eigene Bewegung behält, selbst wenn die Ebene der Bahn unverändert bliebe; wie dies bei dem Problem der drei Körper in der Ebene der Fall ist. Was bei Ihnen X und Y ist, würde, in den Lagrangeschen Coordinaten ausgedrückt,

$$\cos\chi\, X - \sin\chi\, Y \quad \text{und} \quad \sin\chi\, X + \cos\chi\, Y$$

sein. Der Winkel χ ist aber kein Element in der gewöhnlichen, oben angegebenen Bedeutung. Diese Grösse lässt sich nicht mittelst der blossen Gleichungen des ungestörten Problems durch die Coordinaten, ihre ersten Differentialquotienten und die Zeit ausdrücken; sie hat daher nicht nur nicht dieselbe Bedeutung im gestörten wie im ungestörten Problem, sondern sie hat vielmehr in der ungestörten Bewegung gar keine Bedeutung. Nur für eine ganz individuelle Zeitbestimmung könnte man dem Winkel χ eine Beziehung zu den elliptischen Elementen geben, aber dann auch wieder eine ganz beliebige.

Was soll daraus werden, möchte ich fragen, wenn man Grössen, wie

$$\sigma = \int \cos i\, d\vartheta,$$

eine Function der Elemente nennen will? Denn man will doch wohl nicht bloss sagen, dass man sie ja nach Integration der Störungsgleichungen so ausdrücken kann, denn dies gälte von allen Veränderlichen überhaupt und wäre daher durchaus nichtssagend. Will man σ eine Function von ϑ allein nennen, wie kann dann $\frac{\partial\sigma}{\partial\vartheta}$ eine Function von i sein? Sagt man, dass σ eine Function von ϑ und i ist, wie kann dann $\frac{\partial\sigma}{\partial i} = 0$ sein, wie doch von Ihnen und Anderen angesetzt wird? Nennt man

$$U = \int (A\,da + B\,db + C\,dc + \cdots)$$

auch dann eine Function von a, b, c etc., wenn der Differentialausdruck nicht den Bedingungen der Integrabilität genügt, so hat man Functionen, bei welchen es nicht mehr gleichgültig ist, in welcher Ordnung man differentiirt, sondern es werden im Gegentheil (ohne dass hier ein Unendlichwerden in's Spiel kommt) die Ausdrücke

$$\frac{\partial \frac{\partial U}{\partial a}}{\partial b} \quad \text{und} \quad \frac{\partial \frac{\partial U}{\partial b}}{\partial a}$$

in gar keiner Beziehung zu einander stehen. So folgen aus den Gleichungen

$$\frac{\partial \sigma}{\partial i} = 0, \quad \frac{\partial \sigma}{\partial \vartheta} = \cos i$$

die beiden Gleichungen

$$\frac{\partial \frac{\partial \sigma}{\partial i}}{\partial \vartheta} = 0, \quad \frac{\partial \frac{\partial \sigma}{\partial \vartheta}}{\partial i} = -\sin i.$$

Es hören hier also alle Vorstellungen auf, die man gewöhnlich mit dem Begriff einer Function und partieller Differentialquotienten verbindet.

Wenn Sie in Ihrem geehrten Schreiben sagen, man könne die Störungsfunction Ω als Function der Grössen X, Y, p, q betrachten, indem die Örter des Planeten durch diese vier Grössen vollständig bestimmt seien, so ist doch andererseits klar, dass, wenn die einer bestimmten Zeit entsprechenden numerischen Werthe von X, Y, p, q gegeben sind, man nur die Grösse des Radiusvectors, aber nicht seine Lage im Raume kennt. Man kann daher auch nicht sagen, dass die Grössen x, y, z, die den Planetenort unmittelbar bestimmen, durch die Grössen X, Y, p, q ersetzt werden. Man kann sich Ω als eine *Function* der Grössen X, Y, p, q, die in ihrer Form bestimmt wäre, was nöthig ist, wenn man sie nach diesen einzelnen Grössen partiell differentiiren will, gar nicht denken, wenigstens in Folge solcher Gleichungen nicht, durch welche Ω als Function dieser Grössen bestimmt werden soll.

Lagrange gebraucht bei einer ähnlichen uneigentlichen Ausdrucksweise doch die Vorsicht, solche Integrale, wie Ihr σ, nicht geradezu eine Function der veränderlichen willkürlichen Constanten zu nennen. Indem er zuerst S. 96 (art. 70) des 2ten Theiles der *Mécanique Analytique* (2e édition)

$$d\chi = \beta\, da + \beta_1\, da_1 + \beta_2\, da_2$$

setzt, warnt er noch gewissermassen davor, χ für eine Function der veränderlichen Elemente zu halten, indem er in Parenthese hinzufügt: „ich wende den

Differentialausdruck $d\chi$ an, obgleich sein Werth kein vollständiges Differential ist"; S. 99 (art. 72) nennt er diesen Differentialausdruck (aber nicht χ selbst) eine Function der veränderlichen Constanten; endlich nennt er auch S. 101 (art. 73) χ selbst ein Element und differentiirt S. 102 (art. 74) Ω partiell nach χ.

Es geht aus dem Vorstehenden hervor, dass das Zeichen $\frac{d\Omega}{d\chi}$ bei Lagrange oder die Zeichen $\frac{d\Omega}{dp}$, $\frac{d\Omega}{dq}$ bei Ihnen eine bestimmte Bedeutung haben, welche die Rechnung feststellt, ohne dass Ω als eine Function von χ oder von p und q betrachtet werden kann. Weil demnach diese Symbole keine wirklichen Differentialquotienten sind, sondern nur conventionellen Sinn und Bedeutung haben, so wird es gut sein, um jedes Missverständniss zu vermeiden, diese Bedeutung recht deutlich hervorzuheben.

In der Form, zu der Sie schliesslich gelangen, ist Ω eine (wirkliche) Function der Grössen

$$X, \quad Y, \quad p, \quad q, \quad \varLambda,$$

welche dadurch erhalten wird, dass man in Ω für x, y, z die Werthe

$$x = X\cos\varLambda - Y\sin\varLambda - \frac{(p\cos\varLambda + q\sin\varLambda)(pX - qY)}{1+\sqrt{1-p^2-q^2}},$$

$$y = X\sin\varLambda + Y\cos\varLambda - \frac{(p\sin\varLambda - q\cos\varLambda)(pX - qY)}{1+\sqrt{1-p^2-q^2}},$$

$$z = -(pX - qY)$$

setzt. Diese Function wird nach p und q partiell differentiirt, als wäre die Grösse $\varLambda$ eine Function von p und q, was sie nicht ist, indem man übereinkommt, an die Stelle der in diesem Falle vorkommenden $\frac{\partial\varLambda}{\partial p}$ und $\frac{\partial\varLambda}{\partial q}$ die Grössen

$$\frac{q}{[1+\sqrt{1-p^2-q^2}]\sqrt{1-p^2-q^2}}, \quad \frac{-p}{[1+\sqrt{1-p^2-q^2}]\sqrt{1-p^2-q^2}}$$

zu setzen, wodurch $\frac{\partial\Omega}{\partial p}$ und $\frac{\partial\Omega}{\partial q}$ selbst Symbole werden für die Grössen

$$\frac{\partial\Omega}{\partial p} + \frac{q}{[1+\sqrt{1-p^2-q^2}]\sqrt{1-p^2-q^2}}\,\frac{\partial\Omega}{\partial\varLambda},$$

$$\frac{\partial\Omega}{\partial q} - \frac{p}{[1+\sqrt{1-p^2-q^2}]\sqrt{1-p^2-q^2}}\,\frac{\partial\Omega}{\partial\varLambda}.$$

Man könnte zwar sagen, so ganz conventionell wäre diese Annahme für die

Zeichen $\frac{\partial A}{\partial p}$ und $\frac{\partial A}{\partial q}$ nicht, weil, wenn man dieselbe Annahme in dem Differentialausdruck

$$\frac{\partial A}{\partial p} dp + \frac{\partial A}{\partial q} dq$$

macht, ein Werth herauskommt, welchen dA in dem zu integrirenden System von Differentialgleichungen wirklich hat. Aber dies kann nur als die Veranlassung angesehen werden, die darauf geführt hat, eine solche Symbolik zu wählen, ohne dass sie deshalb den Charakter einer bloss conventionellen verliert. Man könnte mit demselben Rechte Ω auch bloss als Function von X, Y und p betrachten, indem dasselbe System von Differentialgleichungen auch die Werthe

$$dq = \frac{Y dp}{X},$$

$$dA = \frac{(qX - pY) dp}{X[1 + \sqrt{1 - p^2 - q^2}]\sqrt{1 - p^2 - q^2}}$$

giebt, und dann würde $\frac{\partial \Omega}{\partial p} = 0$ werden. Man muss also genau diejenige Combination des gegebenen Systems von Differentialgleichungen bezeichnen, aus welcher die Bedeutung der Symbole $\frac{\partial A}{\partial p}$ und $\frac{\partial A}{\partial q}$ entnommen werden soll.

Nennt man a, b, c etc. diejenigen Functionen von t, welche den veränderlichen willkürlichen Constanten gleich sind, so hat die Analysis des Störungsproblems darauf geführt, auch solche Functionen von t darin einzuführen, welche einem Integrale

$$\int (A da + B db + C dc + \cdots)$$

gleich sind, in welchem der Ausdruck unter dem Integralzeichen den Bedingungen der Integrabilität nicht genügt, und welche daher keine Functionen von a, b, c etc. sind. Diese Functionen von t haben mit den veränderlichen Constanten die Eigenschaft gemein, dass sie von einer wirklichen Constante nur um eine kleine Grösse von der Ordnung der störenden Kräfte verschieden sind; und wenn A, B, C etc. beliebige Functionen bloss von a, b, c etc. sind, welche nicht ausserdem noch t enthalten, so kann man ferner sagen, *dass sie von veränderlichen Constanten nur um Grössen von der zweiten Ordnung der störenden Kräfte verschieden sind.* Dieser letztere Umstand mag wohl dazu beigetragen haben, dass man diese Functionen von den veränderlichen Constanten selbst nicht ausdrücklich genug unterschieden hat. Will man nun einen Namen für diese Functionen von t haben, so könnte man sie *uneigentliche*, *falsche*, *Pseudo-Elemente*, oder auch *ideale* Elemente nennen. Es frägt sich aber, ob es nicht zweckmässig wäre, für alle diese Functionen und für alle Functionen dieser Functionen den Namen *Elemente* gelten zu lassen, da ja auch schon einmal Lagrange den Winkel χ so genannt hat, dagegen sie niemals veränderliche (willkürliche) Constanten oder Functionen der veränderlichen Constanten zu nennen, und diese letzteren durch die Benennung *elliptische Elemente* zu unterscheiden.

Auch über die Form der Differentialgleichungen, zu welchen Sie schliesslich gelangen, scheint es nützlich, in einige Erörterungen einzugehen, um ihre besondere Natur desto deutlicher hervorzuheben. Es könnte beim ersten Anblick scheinen, als wären bei Ihnen die drei Differentialgleichungen zweiter Ordnung des Problems durch zwei Differentialgleichungen zweiter Ordnung und zwei Differentialgleichungen erster Ordnung ersetzt worden: was immer gestattet ist. Dem ist aber in der That nicht so. Es sind die von Ihnen aufgestellten Differentialgleichungen gar keine Differentialgleichungen zwischen den Grössen X, Y, p, q, denn es ist unmöglich, die rechten Seiten Ihrer Gleichungen in X, Y, p, q ausgedrückt zu denken. Die von Ihnen aufgestellten Differentialgleichungen sind in der That zwei Differentialgleichungen *zweiter* und drei Differentialgleichungen *erster* Ordnung zwischen den Grössen

$$X,\quad Y,\quad p,\quad q,\quad \Lambda.$$

Ich will, um Ihre Formeln zu commentiren, die Gleichungen hinschreiben, wie sie in der gemeinen Bezeichnungsart aussehen würden. Ist nämlich Ω mittelst Substitution der oben für x, y, z gegebenen Werthe als Function der fünf Grössen X, Y, p, q, Λ ausgedrückt, so sind Ihre Differentialgleichungen, in den gewöhnlichen Zeichen geschrieben, die folgenden:

$$\frac{d^2X}{dt^2}+\frac{X}{r^3}=\frac{\partial\Omega}{\partial X},$$

$$\frac{d^2Y}{dt^2}+\frac{Y}{r^3}=\frac{\partial\Omega}{\partial Y},$$

$$\frac{dp}{dt}=\frac{\sqrt{1-p^2-q^2}\,dt}{X\,dY-Y\,dX}\left\{\sqrt{1-p^2-q^2}\,\frac{\partial\Omega}{\partial q}-\frac{p}{1+\sqrt{1-p^2-q^2}}\,\frac{\partial\Omega}{\partial\Lambda}\right\},$$

$$\frac{dq}{dt}=-\frac{\sqrt{1-p^2-q^2}\,dt}{X\,dY-Y\,dX}\left\{\sqrt{1-p^2-q^2}\,\frac{\partial\Omega}{\partial p}+\frac{q}{1+\sqrt{1-p^2-q^2}}\,\frac{\partial\Omega}{\partial\Lambda}\right\},$$

$$d\Lambda=\frac{q\,dp-p\,dq}{1-p^2-q^2+\sqrt{1-p^2-q^2}}.$$

Die vollständige Integration dieses Systems von Differentialgleichungen führt *sieben* von einander unabhängige willkürliche Constanten mit sich, welche sich in den Ausdrücken von x, y, z auf *sechs* reduciren müssen. Damit man deutlich sehe, wie dieses geschieht, bemerke ich, dass aus der Natur dieser Differentialgleichungen folgt, dass, wenn man mit

$$X_1, \quad Y_1, \quad p_1, \quad q_1, \quad \Lambda_1$$

gewisse Functionen von t bezeichnet, welche nur *sechs* willkürliche Constanten enthalten, und λ eine *siebente*, von ihnen unabhängige, willkürliche Constante bedeutet, die *vollständigen* Ausdrücke von X, Y, p, q, Λ folgende Form annehmen:

$$X = \cos\lambda\, X_1 + \sin\lambda\, Y_1,$$

$$Y = \cos\lambda\, Y_1 - \sin\lambda\, X_1,$$

$$p = \cos\lambda\, p_1 - \sin\lambda\, q_1,$$

$$q = \cos\lambda\, q_1 + \sin\lambda\, p_1,$$

$$\Lambda = \Lambda_1 + \lambda.$$

Substituirt man diese Ausdrücke in die oben durch X, Y, p, q, Λ ausgedrückten Werthe von x, y, z, so verwandeln sie sich in die nämlichen Functionen von X_1, Y_1, p_1, q_1, Λ_1, welche sie von X, Y, p, q, Λ waren, so dass x, y, z Functionen von t und *sechs* willkürlichen Constanten werden, indem die *siebente* λ ganz herausgeht.

Es wird zwar insgemein angenommen, dass man bei einem vorgelegten System von Differentialgleichungen dahin trachten müsse, die Ordnung des Systems zu verringern; wie es z. B. gelungen ist, das Problem der *drei Körper*, welches ursprünglich von der Integration eines Systems von Differentialgleichungen der 18ten Ordnung abhängt, welche 18 willkürliche Constanten fordert, auf ein System von Differentialgleichungen der 6ten Ordnung zurückzuführen, dessen vollständige Integration nur sechs willkürliche Constanten fordert. Aber andererseits hat man doch auch früher bisweilen kein Bedenken getragen, die Ordnung einer gegebenen Differentialgleichung absichtlich sogar zu erhöhen; z. B. wenn man sie dadurch linear machen konnte. In dem vorliegenden Störungsproblem kann aber diese Erhöhung der 6ten Ordnung des Systems von Differentialgleichungen auf die 7te am allerwenigsten Bedenken erregen, wenn man dadurch andere Vortheile erreicht. Denn überall, wo bei dem zur angenäherten Integration eines gegebenen Systems von Differentialgleichungen eingeschlagenen Verfahren die Annäherung nach den Potenzen einer kleinen Constante geschieht, welche die Differentialgleichungen selbst enthalten, führt man eigentlich *unendlich viele* von einander unabhängige willkürliche Constanten ein, indem jede neue Annäherung neue Integrationen fordert, und diese eben so viel neue willkürliche Constanten zulassen. So wird es z. B. bei der Integration der zwischen den veränderlichen Constanten und der Zeit aufgestellten Differentialgleichungen geschehen, dass mit jeder höheren Ordnung der störenden Masse, auf welche die Annäherung ausgedehnt wird, auch *sechs* neue willkürliche Constanten eintreten; und alle diese willkürlichen Constanten müssen sich schliesslich, oder auch bei jedem Stadium der Annäherung, wenn man die folgenden Potenzen der störenden Masse vernachlässigt, auf *sechs* reduciren lassen. Man erhält hiervon auf folgende Art eine deutliche Vorstellung. Man denke sich das Problem absolvirt und die sechs *veränderlichen* Constanten als Functionen von t, der kleinen in den Differentialgleichungen vorkommenden störenden Masse m und der sechs willkürlichen Constanten a, b, c etc. ausgedrückt. Setzt man nun

$$a = a_0 + a_1 m + a_2 m^2 + \cdots,$$
$$b = b_0 + b_1 m + b_2 m^2 + \cdots,$$
$$\cdot \quad \cdot \quad \cdot \quad \cdot \quad \cdot \quad \cdot$$

wo a_0, b_0 etc., a_1, b_1 etc. ebenfalls willkürliche Constanten sein können, und entwickelt die sechs, den *veränderlichen* Constanten gleichen Functionen von t nach den Potenzen von m, so treten in diese Entwickelungen mit jeder neuen Potenz m^i auch sechs neue willkürliche Constanten a_i, b_i, c_i etc. ein, und doch sieht man, dass sich alle diese willkürlichen Constanten in die sechs a, b, c etc. zusammenziehen lassen.

Ihre Formeln ergeben

$$X = r\cos(f+\chi) = a\cos(\varepsilon+\chi) - ae\cos\chi + \frac{ae^2\sin\chi\sin\varepsilon}{1+\sqrt{1-e^2}},$$

$$Y = r\sin(f+\chi) = a\sin(\varepsilon+\chi) - ae\sin\chi - \frac{ae^2\cos\chi\sin\varepsilon}{1+\sqrt{1-e^2}},$$

wo der Winkel ε durch die Zeit mittelst der Gleichung

$$\varepsilon - e\sin\varepsilon = a^{\frac{3}{2}}(t-c)$$

bestimmt wird. Bildet man die Differentiale dX und dY unter der Voraussetzung, dass a, e, c, χ Constanten sind, so haben Sie gezeigt, dass dieselben Ausdrücke von dX und dY noch immer die Differentiale von X und Y bleiben, wenn man für die elliptischen Elemente a, e, c ihre gestörten Werthe und für die von den elliptischen Elementen gänzlich unabhängige Constante χ eine Function der Zeit setzt, welche gleich

$$\omega + \int \cos i \, d\vartheta$$

ist. So scheint mir am Klarsten und Einfachsten der schöne und wichtige Satz zusammengefasst werden zu können, mit dem Sie die analytische Mechanik bereichert haben, und welcher Lagrange entgangen ist, obgleich er die Grössen $r\cos f$ und $r\sin f$ nach den Elementen differentiirt und die Function

$$\chi = \omega + \int \cos i \, d\vartheta$$

eingeführt hat.

Was den von mir früher vorgeschlagenen Namen *ideale* Coordinaten betrifft, so bin ich wieder zweifelhaft geworden, ob überhaupt ein besonderer Name für die Coordinaten X, Y, Z schon ein Bedürfniss geworden sei, da doch aller Wahrscheinlichkeit nach nur die von Ihnen gemachte Annahme $Z = 0$ in den Anwendungen beibehalten wird, und eine so allgemeine Benennung kaum für ein so specifisches Coordinatensystem passend sein dürfte. Es würde vielleicht genügen, hervorzuheben, dass es auch *bewegliche* Coordinatensysteme von der Beschaffenheit giebt, dass die ersten Differentiale der auf dieselben bezogenen Coordinaten allein von der Orts-Änderung des Planeten im Raume und nicht von der Veränderung des Coordinatensystems abhängen. Im Allgemeinen werden die ersten Differentiale der auf ein veränderliches System bezogenen Coordinaten eines Punktes aus den Differentialen, die von der Orts-Änderung des Punktes im Raume herrühren, und aus den Differentialen, die von der Änderung des Coordinatensystems herrühren, durch einfache Addition zusammengesetzt. Sollen die letzteren immer verschwinden, so erleiden die Coordinaten des Punktes, wenn derselbe seinen Ort im Raume nicht ändert, durch die instantane Drehung des Systems gar keine Änderung. Die instantane Drehung des Coordinatensystems muss also so beschaffen sein, dass der unveränderte Ort des Punktes während derselben mit dem Coordinatensystem fest verbunden bleiben kann; oder der Radiusvector muss die instantane Drehungsaxe des Coordinatensystems sein. Ganz willkürlich bleibt dabei der instantane Drehungswinkel des Systems. Man kann sich dies etwa so vorstellen. Das Coordinatensystem dreht sich zu einer gewissen Zeit t um den Radiusvector mit einer ganz beliebigen Winkelgeschwindigkeit während des Zeitelements dt; nach diesem Zeitelement geht der Radiusvector in die der Zeit $t+dt$ entsprechende Position über, worauf sich das Coordinatensystem wieder mit einer beliebigen Winkelgeschwindigkeit während der Zeit dt um den neuen Radiusvector dreht, welcher hierauf in seine dritte Lage übergeht, und so fort. Wenn der willkürliche Drehungswinkel jedesmal dem Neigungswinkel der den Zeiten t und $t+dt$ entsprechenden Bahnebenen gleich wird, so erhält man den von Ihnen behandelten Fall, oder allgemeiner, alle Coordinatensysteme, welche während der Bewegung mit demjenigen, in welchem $Z=0$, fest verbunden bleiben. Es scheint kaum, dass irgend eine andere Bestimmung des Drehungswinkels, als die von Ihnen gewählte, von Interesse ist. Setzt man mit Ihnen $Z=0$, $X=r\cos v_1$, $Y=r\sin v_1$, so ist v_1 der Winkel des Radiusvectors mit der X-Axe, welcher durch die Drehung der XY-Ebene um den Radiusvector keine Änderung erleidet, sondern, da die X-Axe in der XY-Ebene keine eigenthümliche Bewegung haben soll, nur durch die Bewegung des Radiusvectors in der XY-Ebene eine Veränderung erfährt, woraus der von Ihnen auf analytischem Wege bewiesene Satz folgt, dass dv_1 dem Winkel zwischen zwei auf einander folgenden Radiivectores gleich ist.

Schliesslich will ich noch den Beweis des von mir zu Anfang dieses Schreibens aufgestellten Satzes hinzufügen.

Es sei u eine Function von t und den sechs elliptischen Elementen a, b, c etc. von solcher Beschaffenheit, dass

$$\frac{\partial u}{\partial a}da+\frac{\partial u}{\partial b}db+\frac{\partial u}{\partial c}dc+\cdots=0.$$

Wenn man die Differentialgleichungen ausschliesst, welche die besonderen störenden Kräfte enthalten, so finden zwischen den Differentialen da, db etc. nur die drei folgenden linearen Gleichungen statt:

$$\frac{\partial x}{\partial a}da+\frac{\partial x}{\partial b}db+\frac{\partial x}{\partial c}dc+\cdots=0,$$

$$\frac{\partial y}{\partial a}da+\frac{\partial y}{\partial b}db+\frac{\partial y}{\partial c}dc+\cdots=0,$$

$$\frac{\partial z}{\partial a}da+\frac{\partial z}{\partial b}db+\frac{\partial z}{\partial c}dc+\cdots=0.$$

und es muss daher die vorstehende Gleichung, wenn sie erfüllt werden soll, ohne dass man dabei auf die Besonderheit der störenden Kräfte Rücksicht nimmt, eine Folge dieser drei Gleichungen sein. Damit dies möglich sei, muss man mittelst Einführung dreier Factoren L, M, N folgenden sechs Gleichungen Genüge leisten können:

$$\frac{\partial u}{\partial a} = L\frac{\partial x}{\partial a} + M\frac{\partial y}{\partial a} + N\frac{\partial z}{\partial a},$$

$$\frac{\partial u}{\partial b} = L\frac{\partial x}{\partial b} + M\frac{\partial y}{\partial b} + N\frac{\partial z}{\partial b},$$

$$\frac{\partial u}{\partial c} = L\frac{\partial x}{\partial c} + M\frac{\partial y}{\partial c} + N\frac{\partial z}{\partial c},$$

$$\cdot\quad\cdot\quad\cdot\quad\cdot\quad\cdot\quad\cdot\quad\cdot\quad\cdot$$

Man denke sich jetzt umgekehrt die Elemente a, b, c etc. durch t, x, y, z, $x' = \frac{\partial x}{\partial t}$, $y' = \frac{\partial y}{\partial t}$, $z' = \frac{\partial z}{\partial t}$ ausgedrückt und die partiellen Differentialquotienten dieser Ausdrücke von a, b, c etc. in Bezug auf die Grössen x, y, z, x', y', z' gebildet, so wird nach den Regeln der partiellen Differentiation, wenn ξ und ξ' zwei beliebige von den Grössen x, y, z, x', y', z' bedeuten, der Ausdruck

$$\frac{\partial \xi}{\partial a}\frac{\partial a}{\partial \xi'} + \frac{\partial \xi}{\partial b}\frac{\partial b}{\partial \xi'} + \frac{\partial \xi}{\partial c}\frac{\partial c}{\partial \xi'} + \cdots$$

immer verschwinden, ausser wenn ξ und ξ' dieselben Grössen sind; in welchem Falle allein er gleich 1 wird. Es folgen deshalb aus den obigen sechs Gleichungen die folgenden drei:

$$\frac{\partial u}{\partial a}\frac{\partial a}{\partial x'} + \frac{\partial u}{\partial b}\frac{\partial b}{\partial x'} + \frac{\partial u}{\partial c}\frac{\partial c}{\partial x'} + \cdots = 0,$$

$$\frac{\partial u}{\partial a}\frac{\partial a}{\partial y'} + \frac{\partial u}{\partial b}\frac{\partial b}{\partial y'} + \frac{\partial u}{\partial c}\frac{\partial c}{\partial y'} + \cdots = 0,$$

$$\frac{\partial u}{\partial a}\frac{\partial a}{\partial z'} + \frac{\partial u}{\partial b}\frac{\partial b}{\partial z'} + \frac{\partial u}{\partial c}\frac{\partial c}{\partial z'} + \cdots = 0.$$

Aber da u eine Function von t, a, b, c etc. ist, kann man dieselbe auch als Function von x, y, z, x', y', z', t betrachten, und dann werden die vorstehenden Gleichungen

$$\frac{\partial u}{\partial x'} = 0, \quad \frac{\partial u}{\partial y'} = 0, \quad \frac{\partial u}{\partial z'} = 0,$$

oder es muss sich u auf eine Function von x, y, z, t reduciren, w. z. b. w.

Ich will noch bemerken, dass Sie Ihren zweiten Satz wohl zweckmässig dahin erweitern können, dass Sie in die Function L auch t aufnehmen.

Ich bitte Sie, die vorstehenden Zeilen als einen Versuch anzusehen, mir die Natur der Störungsgleichungen, zu welchen Sie gelangen, in ein recht klares Licht zu setzen; und es sollte mich freuen, wenn Sie finden, dass ich ihren Sinn getroffen habe, worüber ich mir bald Ihren mündlichen Bescheid erbitten werde.

II.

Berlin, den 20. Januar 1851.

Erlauben Sie, dass ich meinem vorigen Schreiben noch die folgenden Bemerkungen hinzufüge.

Wenn wieder a, b etc. die veränderlichen willkürlichen Constanten bedeuten, so sind die Werthe ihrer ersten Differentialquotienten $\frac{da}{dt}$, $\frac{db}{dt}$ etc. durch die drei Störungsgleichungen und die drei Bedingungsgleichungen

$$\frac{\partial x}{\partial a}da + \frac{\partial x}{\partial b}db + \cdots = 0,$$

$$\frac{\partial y}{\partial a}da + \frac{\partial y}{\partial b}db + \cdots = 0,$$

$$\frac{\partial z}{\partial a}da + \frac{\partial z}{\partial b}db + \cdots = 0$$

gegeben. Ist U eine Function der veränderlichen willkürlichen Constanten, so erhält man $\frac{dU}{dt}$, wenn man die Werthe von $\frac{da}{dt}$, $\frac{db}{dt}$ etc. respective mit $\frac{\partial U}{\partial a}$, $\frac{\partial U}{\partial b}$ etc. multiplicirt und von den erhaltenen Producten die Summe bildet. Es kommt hierbei zu statten, dass die Factoren $\frac{\partial U}{\partial a}$, $\frac{\partial U}{\partial b}$ etc. in der ersten Annäherung Constanten werden. Aber ganz derselbe Vortheil findet statt, wenn auch U keine Function der veränderlichen willkürlichen Constanten ist, sondern mit ihnen nur durch eine nicht integrabele Differentialgleichung

$$dU = A da + B db + \cdots$$

verbunden ist, in welcher A, B etc. bloss Functionen von a, b etc. sind, ohne die Zeit t noch ausserdem explicite zu enthalten. Da nun solche Grössen U ganz auf dieselbe Weise, wie die veränderlichen willkürlichen Constanten selbst, erhalten werden, da sie ferner von veränderlichen willkürlichen Constanten nur um Grössen der *zweiten* Ordnung in Bezug auf die störenden Massen verschieden sind, und ihre Einführung, wie Sie gezeigt haben, bei den anzustellenden Entwickelungen bedeutende Abkürzungen gewährt, so wird es jedenfalls gerechtfertigt sein, solche Functionen

$$U = \int (A da + B db + \cdots)$$

durch einen besonderen Namen auszuzeichnen, weshalb ich in meinem vorigen Schreiben vorgeschlagen habe, auf dieselben die Bezeichnung *Elemente* auszudehnen, wie schon Lagrange in Bezug auf den Winkel χ gethan hat. Dagegen werde ich die veränderlichen willkürlichen Constanten selbst, zur näheren Unterscheidung, *gestörte oder veränderliche elliptische Elemente* nennen. Denn jene Grössen U können nicht als gestörte elliptische Elemente angesehen werden, weil die Constanten, auf welche sie sich reduciren, wenn die störenden Kräfte verschwinden, von den willkürlichen Constanten der elliptischen Bewegung in keiner Art abhängen.

Wenn A, B etc. auch die Zeit t enthalten, so bleibt den Grössen

$$U = \int (A da + B db + \cdots)$$

der Charakter, dass sie, wenn die störenden Kräfte verschwinden, wirkliche Constanten werden und immer von wirklichen Constanten nur um Grössen von der Ordnung der störenden Kräfte verschieden sind. Es dürfte aber gleichwohl nicht zweckmässig sein, die Benennung *Elemente* auch auf diesen Fall auszudehnen, und ich werde in den folgenden Zeilen nur solche Grössen U *Elemente* nennen, in welchen A, B etc. bloss Functionen der elliptischen Elemente a, b etc. sind, ohne noch t zu enthalten, unter diesen Namen aber die veränderlichen willkürlichen Constanten oder elliptischen Elemente selbst zugleich einbegreifen.

Ich will jetzt einige Betrachtungen darüber anstellen, wie man Grössen finden kann, welche der von Ihnen eingeführten *idealen Coordinate* v_1 analog sind.

Ihre ideale Coordinate v_1 wird erhalten, wenn man zu der wahren Anomalie f ein Element hinzufügt, das Wort *Element* in der eben angegebenen Bedeutung genommen; es ist nämlich in Ihrer Bezeichnung

$$v_1 = f + \omega + \int \cos i \, d\vartheta.$$

Die wahre Anomalie hat daher die merkwürdige Eigenschaft, dass derjenige

Theil ihres Differentials, welcher von der Veränderlichkeit der gestörten elliptischen Elemente herrührt, das Differential eines Elements ist; das heisst, dass in demselben die Differentiale der gestörten elliptischen Elemente bloss Functionen der elliptischen Elemente sind, ohne noch t zu enthalten. Dies hat mich veranlasst, zu untersuchen, ob es noch andere Functionen der elliptischen Elemente und der Zeit giebt, welche die Eigenschaft mit der wahren Anomalie gemein haben, dass in dem Theile ihres Differentials, welcher von der Veränderlichkeit der elliptischen Elemente herrührt, die Coefficienten der Differentiale der letzteren nur Functionen von ihnen sind, ohne noch explicite die Zeit zu enthalten.

Es ist vielleicht zweckmässig, den Namen *ideale Coordinaten* auf alle Functionen von Elementen und der Zeit auszudehnen, in deren erstem Differential der von der Veränderlichkeit der Elemente herrührende Theil für sich besonders verschwindet. Um diese Eigenschaft noch auf andere Grössen als diejenigen, welche sich auf blosse Functionen von x, y, z, t reduciren, ausdehnen zu können, war es nöthig, zuvor den Begriff eines Elements auf die oben angegebene Art zu verallgemeinern, weil ich in meinem ersten Schreiben gezeigt habe, dass keine anderen Functionen der *elliptischen* Coordinaten und der Zeit existiren, welche ideale Coordinaten in der angegebenen Bedeutung sein können.

Wenn man diese Erweiterungen der Begriffe der Elemente und der idealen Coordinaten zulässt, so kann man die oben gestellte Aufgabe so fassen:

„*Functionen der veränderlichen willkürlichen Constanten und der Zeit zu finden, welche sich durch blosses Hinzufügen eines Elements in eine ideale Coordinate verwandeln.*“

Der Theil von df, welcher von der Veränderlichkeit der elliptischen Elemente herrührt, erhält die Form des Differentials eines Elements

$$-(d\omega + \cos i\, d\vartheta)$$

nur dadurch, dass man die drei oben angegebenen Bedingungsgleichungen benutzt, welche zwischen den Differentialen der elliptischen Elemente stattfinden. Es wird daher die Aufgabe in ihrer vollständigen Bestimmung so heissen:

„Es ist eine Function von t und den sechs veränderlichen willkürlichen Constanten a, b, c etc. von der Beschaffenheit zu suchen, dass ihr, in Bezug auf die sechs Grössen a, b, c etc. genommenes, Differential mittelst der drei Bedingungsgleichungen

$$\frac{\partial x}{\partial a}da+\frac{\partial x}{\partial b}db+\frac{\partial x}{\partial c}dc+\cdots=0,$$

$$\frac{\partial y}{\partial a}da+\frac{\partial y}{\partial b}db+\frac{\partial y}{\partial c}dc+\cdots=0,$$

$$\frac{\partial z}{\partial a}da+\frac{\partial z}{\partial b}db+\frac{\partial z}{\partial c}dc+\cdots=0$$

in einen **Differential-Ausdruck**

$$A\,da+B\,db+C\,dc+\cdots$$

verwandelt werden kann, in welchem A, B, C etc. bloss Functionen von a, b, c etc. sind, ohne t zu enthalten.

Obgleich es mir nicht gelungen ist, diese Aufgabe allgemein zu lösen, so will ich Ihnen doch in der Kürze die Betrachtungen, die ich darüber angestellt habe, mittheilen.

Es sei f die gesuchte Function, so muss es drei solche Factoren λ, μ, ν geben, dass die sechs Ausdrücke

$$\frac{\partial f}{\partial a}+\lambda\frac{\partial x}{\partial a}+\mu\frac{\partial y}{\partial a}+\nu\frac{\partial z}{\partial a}=A,$$

$$\frac{\partial f}{\partial b}+\lambda\frac{\partial x}{\partial b}+\mu\frac{\partial y}{\partial b}+\nu\frac{\partial z}{\partial b}=B,$$

$$\cdots\cdots\cdots\cdots$$

von t unabhängig werden. Bezeichnet man mit Lagrange das partiell nach t genommene Differential mit einem Accent, so folgen hieraus die sechs Gleichungen

$$\frac{\partial f'}{\partial a}+\lambda\frac{\partial x'}{\partial a}+\mu\frac{\partial y'}{\partial a}+\nu\frac{\partial z'}{\partial a}+\lambda'\frac{\partial x}{\partial a}+\mu'\frac{\partial y}{\partial a}+\nu'\frac{\partial z}{\partial a}=0,$$

$$\frac{\partial f'}{\partial b}+\lambda\frac{\partial x'}{\partial b}+\mu\frac{\partial y'}{\partial b}+\nu\frac{\partial z'}{\partial b}+\lambda'\frac{\partial x}{\partial b}+\mu'\frac{\partial y}{\partial b}+\nu'\frac{\partial z}{\partial b}=0,$$

$$\cdots\cdots\cdots\cdots\cdots\cdots$$

Denkt man sich jetzt f' statt durch t, a, b, c etc. durch t, x, y, z, x', y', z' ausgedrückt, so ergeben sich hieraus die folgenden sechs Gleichungen:

$$\frac{\partial f'}{\partial x'}+\lambda=0,\quad \frac{\partial f'}{\partial y'}+\mu=0,\quad \frac{\partial f'}{\partial z'}+\nu=0,$$

$$\frac{\partial f'}{\partial x}+\lambda'=0,\quad \frac{\partial f'}{\partial y}+\mu'=0,\quad \frac{\partial f'}{\partial z}+\nu'=0.$$

Es muss daher f' den folgenden drei Gleichungen genügen:

$$(A)\qquad \frac{d\frac{\partial f'}{\partial x'}}{dt}=\frac{\partial f'}{\partial x},\quad \frac{d\frac{\partial f'}{\partial y'}}{dt}=\frac{\partial f'}{\partial y},\quad \frac{d\frac{\partial f'}{\partial z'}}{dt}=\frac{\partial f'}{\partial z}.$$

Wenn E eine Function der veränderlichen willkürlichen Constanten bedeutet und mittelst der Gleichungen der ungestörten Bewegung durch x, y, z, x', y', z', t ausgedrückt wird, so hat man, wie, glaube ich, Lagrange gezeigt hat, die Gleichungen

$$\frac{d\frac{\partial E}{\partial x'}}{dt}=-\frac{\partial E}{\partial x},\quad \frac{d\frac{\partial E}{\partial y'}}{dt}=-\frac{\partial E}{\partial y},\quad \frac{d\frac{\partial E}{\partial z'}}{dt}=-\frac{\partial E}{\partial z},$$

welche von den vorstehenden nur durch die Zeichen der zweiten Glieder verschieden sind. Dieselbe Analysis, durch welche man diese letzteren Gleichungen beweist, zeigt auch, dass man den drei Gleichungen (A) die folgende Form geben kann:

$$\frac{\partial f''}{\partial x'}=2\frac{\partial f'}{\partial x},\quad \frac{\partial f''}{\partial y'}=2\frac{\partial f'}{\partial y},\quad \frac{\partial f''}{\partial z'}=2\frac{\partial f'}{\partial z},$$

wo f'' das zweite Differential von f nach t bedeutet. Alle Differentiationen nach t werden hier im Sinne der ungestörten Bewegung genommen, so dass man a, b etc. dabei als Constanten zu betrachten, oder für $\frac{dx'}{dt}$, $\frac{dy'}{dt}$, $\frac{dz'}{dt}$ die Werthe $-\frac{x}{r^3}$, $-\frac{y}{r^3}$, $-\frac{z}{r^3}$ zu substituiren hat.

Die Gleichungen (A) müssen erfüllt werden, wenn man für f die wahre Anomalie annimmt. Um diese Verification zu machen, hat man zuerst f' durch x, y, z, x', y', z', t auszudrücken, was mittelst der Formel

$$f'=\frac{\sqrt{\alpha}}{r^2}$$

geschieht, wo

$$\alpha=(yz'-zy')^2+(zx'-xz')^2+(xy'-yx')^2$$

ist. Man erhält hieraus

$$\frac{\partial f'}{\partial x'}=\frac{1}{2\sqrt{\alpha}\,r^2}\frac{\partial \alpha}{\partial x'},$$

$$\frac{\partial f'}{\partial x}=\frac{1}{2\sqrt{\alpha}\,r^2}\frac{\partial \alpha}{\partial x}-\frac{2x\sqrt{\alpha}}{r^4}$$

und, da α einer willkürlichen Constante gleich, also

$$\frac{d\alpha}{dt} = 0, \quad \frac{d\frac{\partial\alpha}{\partial x'}}{dt} = -\frac{\partial\alpha}{\partial x}$$

ist,

$$\frac{d\frac{\partial f'}{\partial x'}}{dt} = -\frac{r'}{\sqrt{\alpha}\, r^3}\frac{\partial\alpha}{\partial x'} - \frac{1}{2\sqrt{\alpha}\, r^3}\frac{\partial\alpha}{\partial x}.$$

Da dieser Ausdruck gleich $\frac{\partial f'}{\partial x}$ sein soll, so ist die zu beweisende Gleichung

$$r\frac{\partial\alpha}{\partial x} + r'\frac{\partial\alpha}{\partial x'} = \frac{2\alpha}{r}x,$$

und es werden eben so die beiden anderen Gleichungen (A) zu

$$r\frac{\partial\alpha}{\partial y} + r'\frac{\partial\alpha}{\partial y'} = \frac{2\alpha}{r}y, \quad r\frac{\partial\alpha}{\partial z} + r'\frac{\partial\alpha}{\partial z'} = \frac{2\alpha}{r}z.$$

Man sieht leicht, dass diese Gleichungen erfüllt werden, wenn man die Werthe

$$\alpha = r^2(x'^2 + y'^2 + z'^2) - r^2 r'^2,$$

$$\frac{\partial\alpha}{\partial x} = 2x(x'^2 + y'^2 + z'^2) - 2x'rr',$$

$$\frac{\partial\alpha}{\partial x'} = 2x'r^2 - 2xrr'$$

und die analogen für $\frac{\partial\alpha}{\partial y}$ etc. substituirt. Es ist also die durch die Gleichungen (A) ausgedrückte Eigenschaft von f erwiesen, wenn man für f die wahre Anomalie nimmt.

Man erhält sogleich auch noch einen anderen Werth von f', welcher den Gleichungen (A)

$$\frac{d\frac{\partial f'}{\partial x'}}{dt} = \frac{\partial f'}{\partial x}, \quad \ldots$$

Genüge leistet, wenn man

$$f' = \tfrac{1}{2}(x'x' + y'y' + z'z') + \frac{1}{r}$$

setzt und die Differentialgleichungen des ungestörten Problems zu Hülfe nimmt. Man findet hieraus f selbst auf folgende Art.

Nennt man a die halbe grosse Axe, so folgt aus den Gleichungen

$$\tfrac{1}{2}(x'x'+y'y'+z'z')+\frac{1}{2a} = \frac{1}{r},$$

$$xx''+yy''+zz'' = -\frac{1}{r}$$

die folgende:

$$f' = 2(x'x'+y'y'+z'z'+xx''+yy''+zz'')+\frac{3}{2a},$$

woraus man durch Integration

$$f = 2(xx'+yy'+zz')+\frac{3t}{2a} = 2rr'+\frac{3t}{2a}$$

erhält, oder, wenn u die excentrische Anomalie bedeutet,

$$f = \frac{3t}{2a}+2\sqrt{a}\,e\sin u.$$

Diese Function wird also die Eigenschaft der wahren Anomalie haben, sich durch blosses Hinzufügen eines Elements in eine ideale Coordinate zu verwandeln. Das hinzuzufügende Element findet man auf folgende Art.

Bezeichnet man die Differentiationen nach den veränderlichen willkürlichen Constanten durch die Charakteristik δ, so wird für den vorstehenden Werth von f

$$\delta f = -\frac{3t}{2a^2}\delta a+\frac{e\sin u}{\sqrt{a}}\delta a+2\sqrt{a}\sin u\,\delta e+2\sqrt{a}\,e\cos u\,\delta u.$$

Wenn τ die mittlere Anomalie für $t=0$ ist, so hat man

$$\frac{t}{a^{\frac{3}{2}}}+\tau = u-e\sin u,$$

woraus der Werth von δu mittelst der Gleichung

$$-\tfrac{3}{2}\frac{t}{a^{\frac{5}{2}}}\delta a+\delta\tau+\sin u\,\delta e = (1-e\cos u)\delta u$$

erhalten wird. Man hat demnach

$$\delta f = \sqrt{a}(1+e\cos u)\delta u-\sqrt{a}\,\delta\tau+\frac{e\sin u}{\sqrt{a}}\delta a+\sqrt{a}\sin u\,\delta e.$$

Hierzu addire man den verschwindenden Ausdruck

$$\lambda\,\delta x+\mu\,\delta y+\nu\,\delta z=-\left(\frac{\partial f'}{\partial x'}\delta x+\frac{\partial f'}{\partial y'}\delta y+\frac{\partial f'}{\partial z'}\delta z\right)$$
$$=-(x'\delta x+y'\delta y+z'\delta z).$$

Setzt man mit Lagrange

$$x=\alpha X+\beta Y,\quad y=\alpha_1 X+\beta_1 Y,\quad z=\alpha_2 X+\beta_2 Y,$$

wo

$$X=a\cos u-ae,\quad Y=a\sqrt{1-e^2}\sin u,$$

so wird

$$\begin{aligned}0=x'\delta x+y'\delta y+z'\delta z=\;&(\alpha X'+\beta Y')(\alpha\,\delta X+\beta\,\delta Y+X\delta\alpha+Y\delta\beta)\\&+(\alpha_1 X'+\beta_1 Y')(\alpha_1\delta X+\beta_1\delta Y+X\delta\alpha_1+Y\delta\beta_1)\\&+(\alpha_2 X'+\beta_2 Y')(\alpha_2\delta X+\beta_2\delta Y+X\delta\alpha_2+Y\delta\beta_2)\\=\;&X'\delta X+Y'\delta Y+(\beta\delta\alpha+\beta_1\delta\alpha_1+\beta_2\delta\alpha_2)(XY'-YX')\\=\;&\sqrt{a}\,(1+e\cos u)\delta u+\frac{e\sin u}{\sqrt{a}}\,\delta a-a\left(X'+\frac{e\sin u}{\sqrt{1-e^2}}\,Y'\right)\delta e\\&+(\beta\delta\alpha+\beta_1\delta\alpha_1+\beta_2\delta\alpha_2)\sqrt{a(1-e^2)}.\end{aligned}$$

Zieht man diesen Ausdruck von dem obigen Werthe von δf ab und bemerkt noch, dass

$$X'+\frac{e\sin u}{\sqrt{1-e^2}}\,Y'=-\frac{\sin u}{\sqrt{a}}$$

ist, so erhält man für δf folgenden Ausdruck von der verlangten Form, in welchem die Coefficienten der Differentiale der veränderlichen willkürlichen Constanten nur Functionen der veränderlichen willkürlichen Constanten sind:

$$\delta f=-\sqrt{a}\,\delta\tau-\sqrt{a(1-e^2)}\,(\beta\delta\alpha+\beta_1\delta\alpha_1+\beta_2\delta\alpha_2).$$

Die vorstehende Analysis führt daher zu der *neuen idealen Coordinate*, die ich mir Ihnen vorzulegen erlaube, nämlich

$$\sqrt{a}\,(\tfrac{3}{2}u+\tfrac{1}{2}e\sin u)+\int\sqrt{a}\,\{d\tau+\sqrt{1-e^2}\,(\beta d\alpha+\beta_1 d\alpha_1+\beta_2 d\alpha_2)\}.$$

Multiplicirt man mit $\frac{2}{3}$ und substituirt den Werth

$$\beta\,d\alpha+\beta_1 d\alpha_1+\beta_2 d\alpha_2=d\chi=d\omega+\cos i\,d\vartheta,$$

so wird die neue ideale Coordinate

$$\sqrt{a}\,(u+\tfrac{1}{3}e\sin u)+\tfrac{2}{3}\int\sqrt{a}\,\{d\tau+\sqrt{1-e^2}\,(d\omega+\cos i\,d\vartheta)\}.$$

Es wäre nicht ohne Interesse, mehrere solcher idealer Coordinaten aufzusuchen und zu sehen, ob vielleicht einige derselben bei den anzustellenden Entwickelungen einen ähnlichen Nutzen, wie der von Ihnen eingeführte Winkel v_1, gewähren.

Es ist noch zu bemerken, dass ein Ausdruck $A\,da+B\,db+\cdots$, in welchem A, B etc. bloss Functionen der veränderlichen willkürlichen Constanten sind, *nur auf eine einzige Art* diese Form annehmen kann. Es folgt dies daraus, dass es unmöglich ist, drei Factoren λ, μ, ν so zu bestimmen, dass die sechs Ausdrücke

$$\lambda\frac{\partial x}{\partial a}+\mu\frac{\partial y}{\partial a}+\nu\frac{\partial z}{\partial a},\quad \lambda\frac{\partial x}{\partial b}+\mu\frac{\partial y}{\partial b}+\nu\frac{\partial z}{\partial b},\quad \ldots$$

gleichzeitig blossen Functionen von a, b etc. gleich werden. In der That müsste man in diesem Falle die sechs Gleichungen

$$\lambda'\frac{\partial x}{\partial a}+\mu'\frac{\partial y}{\partial a}+\nu'\frac{\partial z}{\partial a}+\lambda\frac{\partial x'}{\partial a}+\mu\frac{\partial y'}{\partial a}+\nu\frac{\partial z'}{\partial a}=0,$$

$$\lambda'\frac{\partial x}{\partial b}+\mu'\frac{\partial y}{\partial b}+\nu'\frac{\partial z}{\partial b}+\lambda\frac{\partial x'}{\partial b}+\mu\frac{\partial y'}{\partial b}+\nu\frac{\partial z'}{\partial b}=0,$$

$$\cdots\cdots\cdots\cdots$$

haben. Soll nun nicht gleichzeitig λ, μ, ν, λ', μ', ν' verschwinden, so müsste, wenn ich mich einer von mir eingeführten Benennung bedienen darf, die *Functionaldeterminante* von x, y, z, x', y', z' verschwinden, und zwar *identisch*, weil es im ungestörten Problem keine Gleichung zwischen t, a, b etc. geben kann. Aus dem identischen Verschwinden dieser Functional-Determinante würde aber, wie anderweitig bewiesen worden ist, folgen, dass es eine Gleichung zwischen x, y, z, x', y', z', t ohne jede willkürliche Constante gäbe, und eine solche kann, wie ich ebenfalls an einem anderen Orte gezeigt habe, niemals aus den vollständigen Integralgleichungen abgeleitet werden.

Diese Eigenschaft der Ausdrücke $A\,da+B\,db+\cdots$, welche sogleich aufhört, wenn A, B etc. auch noch t enthalten, scheint es desto mehr zu rechtfertigen, wenn man ihr Integral durch einen besonderen Namen (Element) auszeichnet.

BERICHT ÜBER DIE STÖRUNGSRECHNUNGEN C. G. J. JACOBI'S.

Von E. Luther.

Monatsbericht der Akademie der Wissenschaften zu Berlin, April 1852 p. 187—189 und p. 194.

Professor C. G. J. Jacobi ist nach brieflichen Mittheilungen an mich zu einer neuen Methode, die störenden Kräfte zu entwickeln, gelangt. Diese Methode, die Störungsfunction zu entwickeln, beruht hauptsächlich auf einer besonderen Darstellung des Quadrats der Entfernung zweier Planeten. Die Endformeln für das Quadrat der Entfernung zweier Planeten sind mir von Jacobi mitgetheilt, damit ich die Constanten derselben für alle Combinationen der Planeten Mercur, Venus, Erde, Mars, Vesta, Jupiter, Saturn, Uranus und Neptun berechnen möchte.

Am 18. Januar a. c. schickte ich der Königlichen Akademie der Wissenschaften zu Berlin einen Bericht über diesen Gegenstand ein, welcher die Jacobischen Formeln, eine Ableitung derselben und die Resultate der Rechnung enthält. Die von mir gegebene Ableitung dieser Formeln ist von keinem Interesse, da die mir inzwischen von Herrn Professor Dirichlet gütigst anvertrauten Papiere Jacobi's eine Herleitung derselben enthalten, welche anderweitig veröffentlicht werden wird. Ich gebe daher, von den Herren Akademikern Dirichlet und Encke aufgefordert, eine Mittheilung für die Monatsberichte der Königlichen Akademie zu machen, in dem Folgenden: 1) die Jacobischen Formeln, 2) die Resultate meiner Rechnung, 3) Jacobi's Formeln zur Berechnung der sphärischen Dreiecke, deren Eckpunkte die Perihelien zweier Planeten und der Durchschnittspunkt ihrer Bahnen sind, und die Resultate meiner Rechnung.*)

Jacobi's Formeln.

Wenn zwei Grössen ohne einen oberen Index und mit einem oberen Index bezeichnet sind, so bezieht sich erstere auf den oberen, letztere auf den unteren Planeten, z. B. a auf Mars, a' auf Erde. Es bezeichnet

π die Entfernung des Perihels vom festen Knoten,
a die halbe grosse Axe,
φ den Excentricitätswinkel,
ε die excentrische Anomalie,
J die gegenseitige Neigung zweier Bahnen,
k die Entfernung des gemeinschaftlichen Knotens zweier Bahnen vom festen Knoten der Bahn des oberen Planeten,
$\omega = \pi - k$ die Entfernung des Perihels vom gemeinschaftlichen Knoten,
ϱ das Quadrat der Entfernung zweier Planeten,
c die Basis der natürlichen Logarithmen.

Ferner bezeichne man

$$a \cos^2 \tfrac{1}{2}\varphi \quad \text{durch} \quad \alpha,$$

$$a \sin^2 \tfrac{1}{2}\varphi \quad \text{durch} \quad \beta,$$

$$\frac{a'}{a} \cos^2 \tfrac{1}{2} J \quad \text{durch} \quad \alpha_1.$$

Jacobi nimmt die Bahn des oberen Planeten zur xy-Ebene, die Sonne zum Anfangspunkte der Coordinaten und die Knotenlinie zur x-Axe. Alsdann ist

$$\varrho = \{x - x' + \sqrt{-1}(y - y')\}\{x - x' - \sqrt{-1}(y - y')\} + z'^2,$$

oder, wenn

$$\frac{1}{a} c^{-\sqrt{-1}(\varepsilon+\omega)} \{x - x' + \sqrt{-1}(y - y')\} = R,$$

$$\frac{1}{a} c^{+\sqrt{-1}(\varepsilon+\omega)} \{x - x' - \sqrt{-1}(y - y')\} = R_1,$$

---

*) Die Resultate der Rechnung E. Luther's sind hier nicht mit abgedruckt worden.

$$\frac{1}{a^2} z'^2 = \varrho_1$$

gesetzt wird,

$$\varrho = a^2 \{ R R_1 + \varrho_1 \}.$$

Es ist alsdann

$$R = 1 - (a_1) c^{(\varepsilon' - \varepsilon - \eta' + \eta)\sqrt{-1}} - \zeta c^{-(\varepsilon - \eta)\sqrt{-1}} - \gamma c^{-(\varepsilon' + \varepsilon + \omega - \Gamma)\sqrt{-1}} + \mathrm{tg}^2 \tfrac{1}{2}\varphi\, c^{-2\varepsilon\sqrt{-1}},$$

$$R_1 = 1 - (a_1) c^{-(\varepsilon' - \varepsilon - \eta' + \eta)\sqrt{-1}} - \zeta c^{(\varepsilon - \eta)\sqrt{-1}} - \gamma c^{(\varepsilon' + \varepsilon + \omega - \Gamma)\sqrt{-1}} + \mathrm{tg}^2 \tfrac{1}{2}\varphi\, c^{2\varepsilon\sqrt{-1}},$$

$$\varrho_1 = m - 2m' \cos 2(\varepsilon' + \omega' + \varepsilon_{00}) - 2m'' \sin(\varepsilon' + \omega' + \varepsilon_0).$$

Die Coefficienten und Winkel dieser Gleichungen werden durch folgende Formeln berechnet:

$$\log(a_1) = \log a_1 + \mathrm{tg}^2 \tfrac{1}{2}\varphi' \, \mathrm{tg}^2 \tfrac{1}{2} J \cos 2\omega',$$

$$\omega_{00} = \mathrm{tg}^2 \tfrac{1}{2}\varphi' \, \mathrm{tg}^2 \tfrac{1}{2} J \sin 2\omega',$$

$$\log L = \log(2 a_1 \, \mathrm{tg} \tfrac{1}{2}\varphi') + \mathrm{tg}^2 \tfrac{1}{2} J \cos 2\omega' - \tfrac{1}{2} \mathrm{tg}^4 \tfrac{1}{2} J \cos 4\omega',$$

$$\lambda = \omega' - \omega - \mathrm{tg}^2 \tfrac{1}{2} J \sin 2\omega' + \tfrac{1}{2} \mathrm{tg}^4 \tfrac{1}{2} J \sin 4\omega',$$

$$\zeta \cos \eta = 2 \mathrm{tg} \tfrac{1}{2}\varphi - L \cos \lambda,$$

$$\zeta \sin \eta = - L \sin \lambda,$$

$$\eta' = \eta - (\omega' - \omega) + \omega_{00},$$

$$\gamma \cos \Gamma = a_1 \cos \omega' (\mathrm{tg}^2 \tfrac{1}{2}\varphi' + \mathrm{tg}^2 \tfrac{1}{2} J),$$

$$\gamma \sin \Gamma = a_1 \sin \omega' (\mathrm{tg}^2 \tfrac{1}{2}\varphi' - \mathrm{tg}^2 \tfrac{1}{2} J),$$

$$\log m = \log\left(\frac{2\cos^2\varphi'}{\cos^4 \tfrac{1}{2}\varphi'} a_1^2 \, \mathrm{tg}^2 \tfrac{1}{2} J \right) + 3 \mathrm{tg}^2 \varphi' \sin^2 \omega' - \tfrac{3}{2} \mathrm{tg}^4 \varphi' \sin^4 \omega',$$

$$\log m' = \log\left(\frac{\cos^2\varphi'}{\cos^4 \tfrac{1}{2}\varphi'} a_1^2 \, \mathrm{tg}^2 \tfrac{1}{2} J \right) + \mathrm{tg}^2 \varphi' \sin^2 \omega' - \tfrac{1}{2} \mathrm{tg}^4 \varphi' \sin^4 \omega',$$

$$\varepsilon_{00} = \mathrm{tg}^2 \tfrac{1}{2}\varphi' \sin 2\omega' + \tfrac{1}{2} \mathrm{tg}^4 \tfrac{1}{2}\varphi' \sin 4\omega'.$$

$$\log m'' = \log(8 \mathrm{tg} \tfrac{1}{2}\varphi' \, a_1^2 \, \mathrm{tg}^2 \tfrac{1}{2} J \sin \omega') - \mathrm{tg}^2 \tfrac{1}{2}\varphi' \cos 2\omega' - \tfrac{1}{2} \mathrm{tg}^4 \tfrac{1}{2}\varphi' \cos 4\omega'.$$

Jacobi's Formeln zur Berechnung der sphärischen Dreiecke, deren Eckpunkte die Perihelien zweier Planeten und der Durchschnittspunkt ihrer Bahnen sind.

Zur weiteren Entwickelung der Jacobischen Störungstheorie ist die vollständige Kenntniss der sphärischen Dreiecke erforderlich, in denen ω und ω' zwei Seiten und J der eingeschlossene Winkel ist. Die Distanz Π der Perihelien und die Winkel F und F' habe ich nach den von Jacobi zu dieser Berechnung vorgeschlagenen Formeln:

$$\frac{\cos\frac{1}{2}(\omega'+\omega)}{\cos\frac{1}{2}(\omega'-\omega)}\,\mathrm{tg}\tfrac{1}{2}J = a, \quad \frac{\sin\frac{1}{2}(\omega'+\omega)}{\sin\frac{1}{2}(\omega'-\omega)}\,\mathrm{tg}\tfrac{1}{2}J = b,$$

$$\frac{2\sin\omega\sin\omega'}{\sin(\omega'-\omega)}\,\mathrm{tg}^2\tfrac{1}{2}J = h.$$

$$x = a - \tfrac{1}{3}a^3 + \tfrac{1}{5}a^5, \quad y = b - \tfrac{1}{3}b^3 + \tfrac{1}{5}b^5,$$

$$\Pi - (\omega'-\omega) = h\cos^2\tfrac{1}{2}J - \tfrac{1}{2}h^2\,\mathrm{cotg}(\omega'-\omega),$$

$$F = 180^0 - (x+y), \quad F' = y - x$$

berechnet.

BERICHT ÜBER DEN ASTRONOMISCHEN NACHLASS C. G. J. JACOBI'S.

Von H. Bruns.

Aus dem handschriftlichen Nachlasse Jacobi's waren von C. W. Borchardt die Blätter astronomischen Inhalts besonders ausgeschieden und, soweit sich bei einer ersten Durchsicht ihre Zusammengehörigkeit erkennen liess, zu einzelnen Fascikeln vereinigt worden. Die genauere Musterung dieses Materials liess nun erkennen, dass man es im Wesentlichen mit Entwürfen und Bruchstücken zu thun habe, von denen nur Weniges unmittelbar zum Abdruck gebracht werden könne. Da jedoch diese Blätter immerhin Aufschluss geben, in welcher Richtung sich Jacobi's Bemühungen um die Störungstheorie bewegten, so erschien es zweckmässig, über den Inhalt dieses Nachlasses einen kurzen Bericht zu geben; einige zum Abdrucke geeignete Stücke sind darin wörtlich mitgetheilt worden.

Die blattweise Paginirung, welche theils von Borchardt's, theils von anderer Hand herrührt, wurde beibehalten, obgleich sich schliesslich herausstellte, dass Zusammengehöriges in verschiedenen Fascikeln enthalten war.

Blatt 1—11.

„De evolutione expressionis

$$\{A + B\cos\varphi + C\sin\varphi + (A' + B'\cos\varphi + C'\sin\varphi)\cos\varphi' + (A'' + B''\cos\varphi + C''\sin\varphi)\sin\varphi' + \cdots\}^{-s}$$

in seriem infinitam secundum cosinus ac sinus multiplorum utriusque anguli φ, φ' procedentem, una cum applicatione ad calculum motus planetarum."

Blatt 1—3 enthält einen ersten Entwurf der Einleitung zu der augenscheinlich auf einen grösseren Umfang angelegten Untersuchung; auf Blatt 4 folgt dann eine zweite Redaction der Einleitung, welche hier wortgetreu folgt, weil sie für Jacobi's Ansichten und Hoffnungen ausserordentlich charakteristisch ist. Sie lautet:

Introductio.

„Theoria motus corporum coelestium, per mutuas eorum attractiones ex orbita elliptica exturbatorum, quamvis multis nominibus adhuc imperfecta vocari debeat, quod per rei difficultatem non est cur mireris, gravissimam tamen ejus partem, eam scilicet, quae versatur circa evolutionem distantiae reciprocae duarum planetarum secundum cosinus ac sinus multiplorum utriusque anomaliae mediae instituendam, et ipsam longe esse imperfectissimam, inter omnes mathematicos constat. Nam dum insignibus incrementis artis analyticae plurimae theoriae illius partes ad certum quendam perfectionis gradum evectae sunt, maxime illa, quae variationem elementorum spectat, ea, de qua diximus, quaestio tam rudis et inculta mansit, ut ipse, si redivivus esset, Eulerus eam post semisaeculum *in statu quo* deprehenderet. Nescio enim, quaenam ad evolutionem illam, a qua totum perturbationum coelestium problema pendet, commode absolvendam adinventa sint ab insequentibus geometris, quae illi ignota fuerint, artificia analytica, si forte excipis, quae de evolutione expressionis

$$\{1-2a\cos\varphi+aa\}^{-\frac{2n+1}{2}}$$

e theoria functionum ellipticarum ab illustrissimo Legendre allata sunt. Scilicet is fuit ardor astronomorum cognoscendi, an unica hypothesis Newtoniana tam complexis corporum coelestium motibus explicandis sufficeret, ut novarum quaestionum analyticarum suscipiendarum incuriosi methodos, qualescunque in promptu erant, arriperent et praecipites ruerent ad formulas, quas theoria mathematica, hypothesi illi innixa, suggerebat, in formam qualemcunque redigendas, quae ad numeros revocari possit. Neque illi mihi vituperandi esse videntur viri admirabiles, qui audacter quaestionem difficillimam primi aggressi sunt, eoque gloriam immortalem sibi meruerunt. sed nos, quos jam iste minus urit ardor, qui, auxilia mathematica non circumspicientes, desperamus de re, antequam tentata sit.

Quamquam his temporibus altera methodus, dictam evolutionem

praestandi, proposita et applicata est. Ratio enim evolvendi est.*) Tantum certos quosdam terminos, quos theoria seu observationes docebant ceteris praevalere, accuratius calcularent, excentricitatum et inclinationum altioribus potestatibus advocatis. Sed cum ineunte saeculo recentiores planetae detectae sint, quarum orbitae magnis excentricitatibus, magnis inclinationibus gaudent, his certe methodus illa applicari non poterat, suppositione qua nititur cessante, itaque exstabat in scientia astronomica omnino nulla methodus, qua harum perturbationes per expressiones analyticas repraesentarentur. Quod credimus fausta fortuna accidit. Fortasse enim, quae est nostra hominum inertia, acquievissent astronomi in methodo turpi ac squalida, nisi quodammodo ipsius naturae impetu ad novos suscipiendos conatus provocati essent. Et sicuti dicitur, *ubi malum, ibi remedium*, nemo, quam idem vir, cui debebatur, Palladem, per breve temporis spatium ab unico Piazzi observatam, secunda ejus apparitione reinventam et observationibus astronomicis servatam esse, nemo magis idoneus erat propter miram ingenii subtilitatem, profundam mathesis et astronomiae cognitionem, calculi numerorum consuetudinem ad novas illas, quas ipsa Pallas requirebat, methodos imaginandas. Et mox ille in commentatione de elementis ellipticis Palladis (Comment. Gotting. a. 1808**)) se methodum, qua perturbationes ejus commodissime calcularentur, cum astronomis communicaturum pollicitus est. Neque tamen per hos viginti quinque annos promissa viri rata facta vidimus. Unica huc pertinere videbatur commentatio elegantissima: „Determinatio attractionis, quam in punctum quodvis positionis datae exerceret planeta, si ejus massa per totam orbitam ratione temporis, quo singulae partes describuntur, uniformiter esset dispertita".“

Hier bricht die Einleitung ab. Die folgenden Seiten lassen vermuthen, dass einzelne Blätter verloren gegangen sind. Jedoch lässt sich das Ziel, welches Jacobi vorschwebte, deutlich erkennen, nämlich: „Aufstellung der linearen Relationen zwischen den Coefficienten der Entwickelung, Aufsuchung der „*coëfficientes primordiales*“, d. h. der linear von einander unabhängigen Coefficienten, durch welche sich alle anderen linear ausdrücken lassen, endlich Aufsuchung von linearen Differentialgleichungen, denen die Coefficienten genügen.“

*) Die Handschrift ist hier vollkommen deutlich; man könnte verbessern: *Ratio enim evolvendi erat, ut tantum ... calcularent.*

**) Es muss 1811 statt 1808 heissen.

Auf Blatt 7 sind folgende Sätze ausgesprochen:

„Duarum planetarum, quae in orbitis ellipticis moveri supponuntur, distantia reciproca seu quaelibet ejus potestas impar ubi evolvenda proponitur secundum cosinus et sinus multiplorum anomaliarum excentricarum utriusque orbitae, e quindecim coëfficientibus evolutionis coëfficientes reliquae omnes lineariter determinantur.

Coëfficientes illas quindecim non prorsus ex arbitrario accipere licet, fit enim, ut e coëfficientibus initialibus quaedam a minori numero antecedentium pendeant. Unde cavere debes, ne in coëfficientium primordialium numerum referas, quae a se invicem non sint independentes."

Blatt 12—17.

Bruchstücke der Entwickelungen aus der Abhandlung über die grosse Ungleichheit des Saturns, welche oben, S. 145—174, abgedruckt ist.

Blatt 18—42.

Blatt 23 — 24 ist augenscheinlich Anlage eines Briefes gewesen und trägt die Unterschrift „Kön. d. 29. Mai 1843. C. G. J. Jacobi". Der Inhalt bezieht sich auf die Arbeit über die grosse Ungleichheit des Saturns, und zwar im Besonderen auf die Entwickelung der reciproken Distanz durch mechanische Quadratur. Die übrigen Blätter sind Fragmente mit Entwickelungen der Formeln für die Variation der Elemente.

Blatt 43—47.

Die Blätter sind nicht datirt, dürften jedoch, nach Papier und Handschrift zu urtheilen, zeitlich mit Blatt 23 — 24 zusammengehören. Einige Stellen lassen vermuthen, dass diese Blätter nicht für den Druck, sondern als private Mittheilung für einen Anderen niedergeschrieben worden sind. Der Inhalt ist nachstehend abgedruckt.

Entwickelung der Störungsfunction.

„Man hat zur Entwickelung der störenden Kräfte bis jetzt zwei Methoden befolgt, die Entwickelung nach den Potenzen der Excentricitäten und Neigungen und die Bestimmung der Coefficienten der Entwickelung durch doppelte mechanische Quadraturen, welche die Werthe der Doppelintegrale ergeben, denen die Coefficienten gleich sind. Die erste Methode scheint jetzt von den deutschen Astronomen verlassen worden zu sein; gegen die zweite könnte man Folgendes einwenden:

1) Man muss mehr thun, als nöthig ist, indem man eine Menge kleiner Glieder mitberechnet, welche hernach fortgeworfen werden, ohne dass man eine absolute Versicherung hat, dass die vernachlässigten sämmtlich unmerklich sind.

2) Man kann eine auch noch so kleine Veränderung, die sich als wünschenswerth zeigt, nur durch Verdoppelung der ganzen Arbeit erkaufen.

3) Man findet kleine Glieder als Differenzen von grossen, welches namentlich für die grossen Ungleichheiten ein Übelstand ist, aber immer ein Zeichen ist, dass man noch nicht die rechte Methode gefunden hat.

4) Die Methode ist eine allgemeine, die sich ebenso anwenden liesse, wenn das Attractionsgesetz ein beliebiges wäre; die allgemeinen Methoden sind aber immer nur ein Nothbehelf, wenn man die dem Problem eigenthümliche Methode noch nicht gefunden hat.

Die wahre Methode scheint mir immer die der Entwickelung zu sein, aber nicht nach den Excentricitäten und Neigungen.

Bezeichnen E und E' die beiden excentrischen Anomalien und ϱ die gegenseitige Distanz der beiden Planeten, so hat man

$$\varrho = \sqrt{\begin{array}{l} a + b\cos E + c\sin E + d\cos E' + e\sin E' + f\cos E\cos E' + g\cos E\sin E' \\ \quad + h\sin E\cos E' + i\sin E\sin E' + k\cos 2E + l\cos 2E' \end{array}},$$

wo a, b, ... auszurechnende Zahlenwerthe sind. Will man eine Ordnung ihrer Grösse fixiren, so werden in der Regel

$$a + f\cos E\cos E' + i\sin E\sin E'$$

oder

$$a + f\cos(E - E')$$

die Hauptterme,

$$b\cos E + c\sin E + d\cos E' + e\sin E'$$

von der ersten, die übrigen nebst $(i - f)\sin E\sin E'$ von der zweiten Ordnung sein. Die Störungen beider Planeten erhält man durch die Integrale

(I) $$\int (\partial a + \partial b \cos E + \partial c \sin E + \cdots) \frac{dt}{\varrho^3}.$$

(II) $$\int \frac{\partial \frac{1}{\varrho}}{\partial E} \partial E dt,$$

(III) $$\int \frac{\partial \frac{1}{\varrho}}{\partial E'} \partial E' dt,$$

wo ∂a, ∂b, ... die Variationen der Grössen a, b, ... bedeuten und daher durch die Variationen der Elemente, multiplicirt in Zahlenwerthe, auszudrücken sind. Setzt man

$$M = \mu t + \tau = E - e \sin E,$$

so hat man ∂E durch die Gleichung

$$t \partial \mu + \partial \tau = (1 - e \cos E) \partial E - \sin E \partial e,$$

daher

$$\partial E = \frac{dE}{\mu dt} (t \partial \mu + \partial \tau + \sin E \partial e),$$

ebenso

$$\partial E' = \frac{dE'}{\mu' dt} (t \partial \mu' + \partial \tau' + \sin E' \partial e').$$

Die Integrale (II) und (III) erfordern daher die sechs

$$\int \frac{\partial \frac{1}{\varrho}}{\partial E} \frac{t dE}{\mu dt} dt, \qquad \int \frac{\partial \frac{1}{\varrho}}{\partial E'} \frac{t dE'}{\mu' dt} dt,$$

$$\int \frac{\partial \frac{1}{\varrho}}{\partial E} \frac{dE}{\mu dt} dt, \qquad \int \frac{\partial \frac{1}{\varrho}}{\partial E'} \frac{dE'}{\mu' dt} dt,$$

$$\int \frac{\partial \frac{1}{\varrho}}{\partial E} \frac{\sin E dE}{\mu dt} dt, \qquad \int \frac{\partial \frac{1}{\varrho}}{\partial E'} \frac{\sin E' dE'}{\mu' dt} dt.$$

Die beiden ersten geben in der Theorie des Jupiter und Saturn die grossen Ungleichheiten, deren hauptsächlichste Terme, die durch doppelte Integration entstehen, auf einander zurückgeführt werden können. Nennt man diese beiden Integrale A und A', so hat man die Gleichung

$$\mu A + \mu' A' = \int \frac{d \frac{1}{\varrho}}{dt} t dt = \frac{t}{\varrho} - \int \frac{dt}{\varrho}.$$

Die beiden folgenden Integrale geben bekanntlich die Variation der grossen Axen. Nennt man sie B und B', so hat man

$$\mu B + \mu' B' = \frac{1}{\varrho},$$

eine Formel, die sich auch aus dem Satze von der lebendigen Kraft ableiten liesse.

Das Problem, die unter dem Integralzeichen stehenden Functionen nach den Vielfachen der beiden mittleren Anomalien zu entwickeln, zerfällt seiner Natur nach in die beiden, diese Entwickelung zuerst in den excentrischen Anomalien zu machen, und dann diese in die mittleren umzusetzen, wozu man die Methoden nehmen kann, die Bessel dafür gegeben hat. Die Integrale (I) erfordern die Entwickelung von ϱ^{-3} nach den excentrischen Anomalien, welche man dann mit den einzelnen Termen $\cos E$, $\cos E'$, ..., welche ϱ^2 enthält, zu multipliciren hat, um die Terme, welche in δa, δb, ... multiplicirt sind und welche die Variationen der verschiedenen Elemente ergeben, zu erhalten. Zur Auffindung der Integrale (II) ist die Entwickelung von ϱ^{-1} erforderlich. Hat man dieses nach den mittleren Anomalien entwickelt, so findet man

$$A = \int \frac{\partial \frac{1}{\varrho}}{\partial M} t\,dt, \quad A' = \int \frac{\partial \frac{1}{\varrho}}{\partial M'} t\,dt,$$

$$B = \int \frac{\partial \frac{1}{\varrho}}{\partial M} dt, \quad B' = \int \frac{\partial \frac{1}{\varrho}}{\partial M'} dt.$$

Um die beiden letzten der sechs Integrale zu finden, hat man, wenn man nicht mit der Reihe, die $\sin E$ oder $\sin E'$ in mittleren Anomalien ausdrückt, multipliciren will, die Ausdrücke

$$\sin E \frac{\partial \frac{1}{\varrho}}{\partial E}, \quad \sin E' \frac{\partial \frac{1}{\varrho}}{\partial E'}$$

in excentrischen Anomalien zu bilden, welche mit $\frac{dE}{\mu\,dt}$, $\frac{dE'}{\mu'dt}$ zu multipliciren und dann in mittleren Anomalien auszudrücken sind, wobei der Factor $\frac{dE}{\mu\,dt}$, $\frac{dE'}{\mu'dt}$ die Umwandlung der excentrischen Anomalien eher erleichtert, als erschwert. Betrachtet man die Umsetzung der excentrischen

Anomalien in mittlere als eine secundäre Arbeit, so wird die Hauptarbeit dem Vorhergehenden zufolge in der Entwickelung von ϱ^{-1} und ϱ^{-3} nach den excentrischen Anomalien bestehen, und es werden keine Multiplicationen mit unendlichen Reihen noch ausserdem erfordert.

Über die Natur der Entwickelung solcher Ausdrücke ϱ^{-1}, ϱ^{-3}, ..., in welchen ϱ die Wurzel eines nach zwei Winkeln fortschreitenden endlichen Ausdrucks ist, habe ich im Crelleschen Journal eine Abhandlung geschrieben und darin gezeigt, wie man zu verfahren habe, um die Entwickelungscoefficienten auf die kleinste Anzahl zurückzuführen und auch die von ϱ^{-3} aus denen von ϱ^{-1} abzuleiten. Die Ausführung für den vorliegenden Fall hoffe ich noch unter meinen Papieren zu finden, sie ergiebt, dass man aus fünfzehn Coefficienten alle übrigen findet. Wirft man die Terme, welche die doppelten Argumente enthalten, nämlich

$$k\cos 2E + l\cos 2E',$$

fort, so braucht man nur sieben Coefficienten zu kennen. Werden diese Relationen zwischen den Coefficienten auch nicht zur Berechnung angewendet, so sind sie doch jedenfalls als unendlich viele Controllen von Interesse.

Um nun die Entwickelung zu leisten, kann man verschiedene Wege einschlagen. Giebt man dem ϱ die Form

$$\varrho = \sqrt{A+B+C},$$

wo, von der Bedeutung der Coefficienten abgesehen, A, B und C die Gestalt

$$A = a + b\cos(E - E' + \alpha),$$
$$B = c\cos(E+\beta) + c'\cos(E'+\beta'),$$
$$C = f\cos(E+E'+\gamma) + g\cos 2E + g'\cos 2E'$$

haben und B von der Ordnung der Excentricitäten, C von der Ordnung ihrer Quadrate oder des Quadrats der gegenseitigen Neigung ist, so könnte man zunächst nach Potenzen und Producten der Potenzen von B und C entwickeln, so lange die Zahlenwerthe merklich werden. Dieser Theil der Arbeit bleibt für jede Potenz von ϱ^{-1}, die man entwickeln will, derselbe. Bei Abschätzung der Grösse kann man statt A, durch dessen Potenzen dividirt wird, seinen kleinsten Werth $a-b$ nehmen, um ganz sicher zu sein, keine merklich werdenden Grössen zu vernachlässigen. Die

Bildung der Potenzen von B und C und ihrer Producte kann entweder durch allgemeine Formeln geschehen, in welchen man dann die Zahlenwerthe von c, c', f, g, g' substituirt, oder durch successive Multiplication, was wohl räthlicher ist, weil dann gleich die zu kleinen Grössen von selbst fortfallen. Ob man gut thut, in den Ausdrücken

$$N : A^{n+1},$$

die man erhält, den Zähler N nach den Vielfachen von $E - E'$ und eines der beiden Winkel E und E' zu ordnen, muss die Praxis lehren. Was die Entwickelung des Ausdrucks

$$\{a + b\cos(E - E' + \alpha)\}^{-n-1}$$

betrifft, so wäre es von Interesse, die dafür von Gauss und Anderen gegebenen Methoden, wonach man, um sämmtliche Coefficienten zu finden, nur nöthig hat, einen einzigen unmittelbar gegebenen Kettenbruch von hinten zu berechnen, praktisch an einigen Beispielen durchzuführen. Herr Leverrier hat neulich die kühne Behauptung aufgestellt, dass alle Methoden irreführten, und man zur gemeinen Reihenentwickelung der Coefficienten seine Zuflucht nehmen müsse, und hat er die grosse Arbeit durchgeführt, auf diese Weise für alle Combinationen je zweier Planeten die besagten Coefficienten zu berechnen. Es wäre daher der Mühe werth, das Gegentheil nachzuweisen. Auch habe ich zu demselben Zwecke ganz neue, auf einem merkwürdigen und sehr allgemeinen, aus der Theorie der elliptischen Transcendenten entlehnten, Principe beruhende Approximationsformeln.

Die Umwandlung der excentrischen Anomalien in mittlere geschieht wohl am besten so, dass man erst nach den Vielfachen von E' ordnet und in jedem Coefficienten die Vielfachen von E in die von M umsetzt, dann nach den Vielfachen von M ordnet und in jedem Coefficienten die Vielfachen von E' in die von M' umsetzt. Die hierbei vorkommenden Transcendenten hat Bessel in seiner Abhandlung über den Theil der Störungen, der von der Bewegung der Sonne abhängt (welchen Theil ich oben fortgelassen habe), untersucht. Für kleine Excentricitäten werden diese Transcendenten leicht berechnet, und es convergiren auch die Reihen für $\cos mE$ und $\sin mE$ sehr stark; für grössere, wie bei Pallas, kann aber das Geschäft mühsamer werden, weil die Excentricität noch immer mit der

Zahl zu multipliciren ist, welche die excentrische Anomalie unter dem Cosinus- oder Sinus-Zeichen afficirt. Es wäre sehr wünschenswerth, wenn für diese Umsetzung der einen Anomalie in die andere für jeden Planeten eine Tabelle berechnet würde mit den nöthigen Correctionen für eine Änderung der Excentricität, was keine grosse Arbeit zu sein scheint.

Was die Anzahl der nach den excentrischen Anomalien fortschreitenden Reihen betrifft, welche man in mittlere Anomalien umzusetzen hat, so kann man für die Integrale (I) bemerken, dass die elf Coefficienten a, b, ... nur sieben Elemente enthalten, nämlich die gegenseitige Neigung der beiden Bahnen und die Distanzen ihrer gemeinschaftlichen Knotenlinie von den Perihelien ausser den beiden grossen Axen und Excentricitäten. Man hat daher nur sieben Reihen, welche vermittelst der Gleichung

$$a\frac{\partial\frac{1}{\varrho}}{\partial a}+a_1\frac{\partial\frac{1}{\varrho}}{\partial a_1}=-\frac{1}{\varrho},$$

wo a und a_1 die beiden Halbaxen seien, auf sechs zurückkommen; dann hat man nur noch die Reihe $\sin E:\varrho$, so dass man im Ganzen in sieben Reihen die Umsetzung der Anomalien zu bewerkstelligen hat.

Man kann auch, wenn V eine nach beiden excentrischen Anomalien fortschreitende Reihe ist, das Integral

$$\int V dt$$

unmittelbar wieder in den excentrischen Anomalien darstellen, wozu nur eine fortgesetzte, leicht ausführbare Multiplication mit $e\cos E+e'\cos E'$ erforderlich ist. Die Theile von V, welche nur eine excentrische Anomalie enthalten, integrirt man unmittelbar, indem man für dt

$$\frac{1}{\mu}(1-e\cos E)dE,$$

oder

$$\frac{1}{\mu'}(1-e'\cos E')dE'$$

schreibt. Man kann daher annehmen, dass in V beide Anomalien immer vermischt vorkommen. Es sei

$$\int V dt = W_0+W_1+W_2+\cdots = W,$$

so wird

$$V = \frac{dW}{dt} = \frac{\mu}{1-e\cos E}\frac{\partial W}{\partial E} + \frac{\mu'}{1-e'\cos E'}\frac{\partial W}{\partial E'}.$$

und daher

$$(1-e\cos E)(1-e'\cos E')V = V_1,$$

$$V_1 = \mu\frac{\partial W}{\partial E} + \mu'\frac{\partial W}{\partial E'} - \left(\mu e'\cos E'\frac{\partial W}{\partial E} + \mu' e\cos E\frac{\partial W}{\partial E'}\right).$$

Diese Gleichung wird erfüllt, wenn man setzt

$$V_1 = \mu\frac{\partial W_0}{\partial E} + \mu'\frac{\partial W_0}{\partial E'},$$

$$\mu e'\cos E'\frac{\partial W_0}{\partial E} + \mu' e\cos E\frac{\partial W_0}{\partial E'} = \mu\frac{\partial W_1}{\partial E} + \mu'\frac{\partial W_1}{\partial E'},$$

$$\mu e'\cos E'\frac{\partial W_1}{\partial E} + \mu' e\cos E\frac{\partial W_1}{\partial E'} = \mu\frac{\partial W_2}{\partial E} + \mu'\frac{\partial W_2}{\partial E'},$$

. . . .

Aus der ersten Gleichung erhält man W_0, indem man V_1 so nach t integrirt, als wenn die Excentricitäten Null wären, wodurch aus jedem Terme $\cos(iE+i'E'+\alpha)$ der neue Term

$$\frac{\sin(iE+i'E'+\alpha)}{i\mu+i'\mu'}$$

wird. Durch dasselbe Verfahren findet man aus der zweiten Gleichung W_1, dann aus der dritten W_2, was man so lange fortzusetzen hat, als die Werthe noch merklich werden. Wenn in W_m und W_{m+1} die allgemeinen Glieder mit

$$A(i,\ i',\ m)\cos(iE+i'E'+\alpha). \quad A(i,\ i',\ m+1)\cos(iE+i'E'+\alpha)$$

bezeichnet werden, so erhält man nach dem Obigen $A(m+1)$ aus $A(m)$ durch die Gleichung

$$2A(i,\ i',\ m+1) =$$
$$\frac{i\mu e'[A(i,\ i'-1,\ m)+A(i,\ i'+1,\ m)]+i'\mu' e[A(i-1,\ i',\ m)+A(i+1,\ i',\ m)]}{i\mu+i'\mu'}.$$

Man sieht hieraus, dass $A(i,i',m)$ von der m^{ten} Ordnung in den Excentricitäten ist.

Man kann auch die beiden Methoden, nämlich die der Entwickelung und die der Coefficientenbestimmung durch mechanische Quadraturen combiniren, indem man letztere nur in Bezug auf einen Winkel anwendet. Dies scheint für Jupiter und Pallas eine passende Methode zu sein, bei der auch das etwas mühsamere Umsetzen der excentrischen Anomalien der Pallas in mittlere erspart wird. Es kommt bei dieser Methode zu Statten, was man im Planetensystem immer voraussetzen kann, dass nämlich wenigstens eine der beiden Excentricitäten eine kleine Grösse ist, denn in den Fällen, wo beide gross sind, hat man bis jetzt die Anziehung wegen der kleinen Massen als Null betrachtet. Es seien E und E' die excentrischen Anomalien des Jupiter und der Pallas, so wird in dem für ϱ gegebenen Ausdruck k eine sehr kleine Grösse, von der Ordnung des Quadrats der Excentricität des Jupiter, sein. Man setze

$$\lambda = E - M',$$

d. h. die excentrische Anomalie des Jupiter weniger der mittleren Anomalie der Pallas, so kann man ϱ^2 die Form

$$\varrho^2 = A + B\cos\lambda + C\sin\lambda + k\cos 2E$$

geben, wo k eine Constante ist, und A, B, C bloss die excentrische und mittlere Anomalie der Pallas enthalten. Es ist nämlich

$$A = a + d\cos E' + e\sin E' + l\cos 2E',$$

$$B = f\cos(E' - M') + \cos M'(b + g\sin E') + \sin M'(c + h\cos E' + (i-f)\sin E'),$$

$$C = f\sin(E' - M') - \sin M'(b + g\sin E') + \cos M'(c + h\cos E' + (i-f)\sin E'),$$

wo $\sqrt{B^2 + C^2} = D$ bloss den Winkel E' enthält. Um nun z. B. ϱ^{-1} zu entwickeln, giebt man dem ϱ die Form

$$\varrho = \sqrt{A + D\cos(\lambda - \alpha) + k\cos 2E}$$

und berechnet für die verschiedenen Werthe von M' die entsprechenden Werthe von A, D und α. Der Winkel α wird immer nur klein sein, und die verschiedenen Werthe von A und D, die man für die verschiedenen Werthe von M' erhält, werden nur um Grössen von der Ordnung der Excentricität der Pallas von einander differiren. Man hat nun

$$\varrho^{-n} = [A + D\cos(\lambda - \alpha)]^{-\frac{n}{2}} - \frac{n}{2}k\cos 2E\,[A + D\cos(\lambda - \alpha)]^{-\frac{n+2}{2}} + \cdots,$$

welche Reihe, weil $k:(A - D)$ überaus klein ist, nicht weit fortgesetzt zu werden braucht; auch werden die nach dem ersten folgenden Glieder aus diesem Grunde keine Mühe machen. Die Coefficienten der Entwickelung nach den Vielfachen von $\lambda - \alpha$ der Ausdrücke

$$[A + D\cos(\lambda - \alpha)]^{-\frac{1}{2}}, \quad [A + D\cos(\lambda - \alpha)]^{-\frac{3}{2}}, \quad \ldots$$

findet man leicht nach den dafür bekannten Vorschriften. Auch würde es, da die Werthe von $D:A$, für die man zu entwickeln hat, nahe einander gleich sind, gut sein, für diesen benachbarte Argumente Tafeln zu geben, aus denen man die Werthe, welche man braucht, durch Interpolation findet. Überhaupt wäre es gewiss sehr gut, wenn man für jede Combination zweier Planeten, deren halbe Hauptaxen a und a' sind, Tafeln für die Entwickelungscoefficienten von

$$(1-2b\cos\varphi+b^2)^{-\frac{1}{2}}, \quad (1-2b\cos\varphi+b^2)^{-\frac{3}{2}}, \quad \ldots$$

berechnete, in denen dem Argumente b die dem Quotienten $a':a$, welcher <1 zu nehmen, benachbarten Werthe zukommen. Aus diesen partiellen Tafeln würde sich dann später eine einzige, alle Werthe von $b<1$ umfassende, zusammensetzen lassen. Der Anzahl der Werthe von M' für welche man die Grössen A und D zu berechnen und die obigen Ausdrücke zu entwickeln hat, entspricht die Potenz der Excentricität der Pallas, bis auf welche man gehen will. Dies ist durch die Einführung von $\lambda = E-M'$ für E bewirkt worden, denn sonst würde sich diese Anzahl nach der Potenz des Quotienten der beiden Hauptaxen richten, der bei Weitem grösser ist. Man kann annehmen, dass man die Arbeit dadurch über die Hälfte abkürzt. Auch erlangt man dadurch in Bezug auf die hauptsächlichsten Terme, dass die den verschiedenen Werthen von M' entsprechenden Coefficienten desselben Termes nahe gleich werden; es ist aber ein Vortheil, wenn die verschiedenen Werthe, welche man durch eine Cosinus- und Sinus-Reihe darzustellen hat, nahe einander gleich sind, weil man eine beliebige Grösse als Constante von ihnen abziehen kann und dann, wenn man für diese Constante einen mittleren Werth nimmt, nur kleine Grössen übrig bleiben. Man bewirkt hierdurch, dass man es nur mit Grössen zu thun hat, welche in die erste Potenz der Excentricität der Pallas oder des Jupiter, resp. in das Quadrat ihrer Neigung, multiplicirt sind.

Um die Werthe, welche in die Potenzen von $k\cos 2E$ multiplicirt sind, mit einander zu vereinigen, setze man

$$k\cos 2E = k\cos(2M'+2\alpha)\cos 2(\lambda-\alpha) - k\sin(2M'+2\alpha)\sin 2(\lambda-\alpha),$$

so dass der nach den Vielfachen von $\lambda-\alpha$ zu entwickelnde Ausdruck von ϱ^{-n}, welcher einem bestimmten Werthe von M' entspricht, die Form

$$\{A + D\cos(\lambda - \alpha) + k'\cos 2(\lambda - \alpha) + k''\sin 2(\lambda - \alpha)\}^{-\frac{n}{2}}$$

erhält, wo die Grössen

$$k' = k\cos 2(M' + \alpha), \quad k'' = -k\sin 2(M' + \alpha)$$

sehr klein sind. Zwischen den Coefficienten der Entwickelung dieses ganzen Ausdrucks findet man leicht lineare Relationen, welche als Controllen dienen können. Man könnte diese Relationen auch dazu benutzen, diese Coefficienten von hinten nach vorn zu berechnen vermittelst den Kettenbrüchen ähnlicher, aber verallgemeinerter Algorithmen; doch ist hierzu eine nähere Untersuchung nöthig, welche ich noch nicht ausgearbeitet habe, welche aber auch auf die nach zwei Winkeln fortschreitenden Entwickelungen ihre Anwendung finden wird.*) Wenn man nicht nach den Potenzen von k oder von k' und k'' zuerst entwickeln will, so hat man zur Bestimmung der Coefficienten die Substitutionen anzuwenden, welche die bekannten Theorien darbieten, um den Ausdruck unter dem Wurzelzeichen zu vereinfachen. Da diese Substitutionen aber die Auflösung einer cubischen Gleichung erfordern, die gerade wegen der Kleinheit von k mit besonderer Vorsicht und Genauigkeit geschehen muss, und man auf sehr unangenehm zu berechnende elliptische Integrale dritter Gattung mit imaginären Parametern geführt wird, so halte ich es bei der Kleinheit von k, welche in *allen* Fällen angenommen werden kann, für leichter, die oben angegebene Methode zu verfolgen. Wäre k nicht so klein, so würde es passend sein, eine aus dem oben erwähnten neuen Approximations-Princip abgeleitete Formel anzuwenden, welche elegant und bequem ist und ohne ein rücklaufendes Verfahren unmittelbar jeden Coefficienten in der Entwickelung eines Ausdrucks

$$(a + b\cos\varphi + c\cos 2\varphi + d\sin 2\varphi)^{-\frac{1}{2}}$$

---

*) Ich habe im vorigen Sommer einen solchen verallgemeinerten Algorithmus auf die Cubikwurzeln ganzer Zahlen angewendet und die Algorithmen in den freilich nicht zahlreichen Beispielen, die ich berechnete, periodisch gefunden: zu gleicher Zeit erhält man dadurch die Auflösung der Gleichung

$$(x + y\sqrt[3]{n} + z\sqrt[3]{n^2})(x + \alpha y\sqrt[3]{n} + \alpha^2 z\sqrt[3]{n^2})(x + \alpha^2 y\sqrt[3]{n} + \alpha z\sqrt[3]{n^2}) = 1$$

in ganzen Zahlen. Eine Badereise hinderte mich, diese interessante Untersuchung zu verfolgen, und jetzt bin ich ganz davon abgekommen.

giebt, aber freilich ebenfalls die Auflösung einer cubischen Gleichung erfordert. Hat man für jeden Werth von M' die Entwickelung gemacht, so wird man sämmtliche Reihen an eine Doppelreihe anschliessen, die nach den Vielfachen von λ und M' fortschreitet. Dadurch, dass man wieder $\lambda = E - M'$ setzt, verwandelt man diese in eine nach E und M' fortschreitende Reihe, in welcher man schliesslich die E in die M umsetzt, was keine grosse Mühe erfordert, weil die zu E gehörige Excentricität des einen Planeten immer sehr klein angenommen werden kann.

Bei der gewöhnlichen Art doppelter mechanischer Quadratur würde es, glaube ich, noch immer ein Vortheil sein, wenn man statt eines zu entwickelnden Ausdrucks Q schriebe

$$(Q) + [Q - (Q)],$$

wo (Q) der Ausdruck ist, welcher erhalten wird, wenn man in Q die Excentricitäten und Neigungen gleich Null setzt, oder, wenn die Neigung gross ist, vielleicht auch nur die Excentricitäten. Da sich (Q) immer leicht analytisch entwickeln lässt, so hätte man es mit den viel kleineren numerischen Werthen von $Q-(Q)$ zu thun, so dass man durch dieselbe Anzahl berechneter Ordinaten eine grössere Genauigkeit erhalten kann. Gerade aber bei dieser Methode kann dies möglicherweise von grossem Vortheil sein, da man gezwungen ist, um eine auch nur etwas grössere Genauigkeit zu erhalten, die Arbeit zu verdoppeln oder gar zu vervierfachen. Vielleicht würde man auch die Entwickelung $Q-(Q)$ mit 5- oder 6-stelligen Tafeln machen können, während für Q selbst 7 Stellen nöthig sind. Dies ist entschieden ein Vortheil, welchen die Methode der Entwickelung vor der Methode der doppelten mechanischen Quadraturen voraus hat, dass man dort ganz oder zum bei Weitem grössten Theile mit 5 Stellen auskommt, wenn man bei dieser 7 Stellen haben muss, weil sie die kleinen Grössen als Differenzen von grossen giebt.

Ich komme jetzt zu derjenigen Methode, welche am meisten eigenthümlich ist und die mannigfachen Hülfsmittel der Analysis darlegt, und für welche ich auch bereits einige numerische Ausführungen veranlasst habe. Man trennt zuerst wieder die kleinen Grössen $k\cos 2E$ und $l\cos 2E'$ von dem Ausdrucke unter dem Wurzelzeichen ab und behält dann einen Ausdruck von folgender Form:

$$\begin{aligned} u = \; & a + b \cos E + c \sin E \\ & + (a' + b' \cos E + c' \sin E) \cos E' \\ & + (a'' + b'' \cos E + c'' \sin E) \sin E', \end{aligned}$$

wovon die Potenzen der Ordnung $-\frac{1}{2}$, $-\frac{3}{2}$, $-\frac{5}{2}$, ... zu entwickeln sind. Man kann nicht wissen, ob es unmöglich ist, dass die Doppelintegrale, welche die Coefficienten geben, sich allgemein auf einfache zurückführen lassen, und es ist jedenfalls hier ein interessantes Feld von Untersuchungen gegeben. Jene Zurückführung gelingt bei Doppelintegralen von der Form

$$\iint \frac{d\varphi\, d\psi}{\sqrt{1 - k^2 \sin^2\varphi \sin^2\psi}},$$

$$\iint \frac{\cos i(\varphi + \psi) \cos i'(\varphi - \psi)\, d\varphi\, d\psi}{\sqrt{1 - (\cos\varphi \cos\psi + \cos J \sin\varphi \sin\psi)}},$$

von denen letzteres den Fall betrifft, wo die Excentricitäten gleich Null, die Axen einander gleich sind, die Neigung aber beliebig ist (für das zweite Integral vergleiche Crelle's Journal, Band 15; cfr. Bd. VI S. 116 dieser Ausgabe). Ich habe nun bemerkt, dass man zur Behandlung solcher Ausdrücke

$$u^{-\frac{1}{2}}, \quad u^{-\frac{3}{2}}, \quad \ldots,$$

in welchen u der vorstehende Ausdruck von zwei Winkeln ist, dieselben Methoden und Formeln gebrauchen kann, welche dazu dienen, ein elliptisches Integral auf seine einfachste Form zu bringen, und auch diejenigen Formeln, welche ein solches Integral in ein ähnliches mit kleinerem Modul transformiren. Ich gehe hierbei von folgenden Gesichtspunkten aus.

Ich betrachte als Operationen von untergeordneter Schwierigkeit und als zugestanden alle solche, welche sich nur auf *einen* Winkel beziehen. Eine bekannte Erleichterung besteht darin, dass man jeden der Winkel E und E', um den Ausdruck auf eine kleinere Zahl von Termen zu bringen, um eine Constante ändert. Aber eine viel grössere Vereinfachung erreicht man, wenn man in Bezug auf jeden der beiden Winkel Substitutionen von der Form anwendet, wie sie Gauss in seiner Abhandlung: „Determinatio attractionis etc." zur Reduction eines elliptischen Integrals braucht. Diese Substitutionen haben die Form

$$\cos E = \frac{\alpha' + \beta' \cos\eta + \gamma' \sin\eta}{\alpha + \beta \cos\eta + \gamma \sin\eta}, \quad \sin E = \frac{\alpha'' + \beta'' \cos\eta + \gamma'' \sin\eta}{\alpha + \beta \cos\eta + \gamma \sin\eta}$$

und kommen, wenn man E und η um eine passende Constante ändert, ganz mit der Relation überein, welche zwischen der excentrischen und der wahren Anomalie eines Planeten stattfindet. Setzt man ähnlich

$$\cos E' = \frac{f' + g'\cos\eta' + h'\sin\eta'}{f + g\cos\eta' + h\sin\eta'}, \quad \sin E' = \frac{f'' + g''\cos\eta' + h''\sin\eta'}{f + g\cos\eta' + h\sin\eta'},$$

so kann man die Coefficienten beider Substitutionen so bestimmen, dass u die Form

$$u = \frac{G - G'\cos\eta\cos\eta' - G''\sin\eta\sin\eta'}{(\alpha + \beta\cos\eta + \gamma\sin\eta)(f + g\cos\eta' + h\sin\eta')}$$

erhält, in welcher der Theil, der die beiden Winkel verbunden enthält, nämlich

$$G - G'\cos\eta\cos\eta' - G''\sin\eta\sin\eta',$$

eine möglichst einfache Form hat. Doch ehe ich weiter gehe, wird es gut sein, dies und das Vorhergehende durch Zahlenbeispiele zu erläutern."

Hier bricht der Text ab; es folgt nur noch der in der Abhandlung über die grosse Ungleichheit des Saturns gebrauchte numerische Ausdruck für ϱ^2 in dem System Jupiter-Saturn.

Blatt 48—65.

Blatt 48 beginnt mit der Überschrift:

„De evolutione expressionis

$$V = U^{-n} = \{a + 2b\cos\varphi + 2c\sin\varphi + 2\cos\psi(a' + 2b'\cos\varphi + 2c'\sin\varphi) + 2\sin\psi(a'' + 2b''\cos\varphi + 2c''\sin\varphi)\}^{-n}$$

in seriem secundum cosinus et sinus utriusque anguli φ et ψ procedentem, ejusque coëfficientibus ad minimum numerum transcendentium reducendis."

Bis Blatt 61 steht der Inhalt im engsten Zusammenhange mit den Rechnungen auf Blatt 1 — 11. Auf Blatt 56 ist das Resultat ausgesprochen, dass die Anzahl der *coëfficientes primordiales* sieben beträgt; ferner ist am Schlusse der Satz gegeben, dass die genannte Zahl bei der Entwickelung der reciproken Distanz zweier Planeten auf 15 steigt.

Auf Blatt 61 schliesst sich dann an:

„De evolutione cosinus aut sinus multipli anomaliae verae in seriem infinitam secundum cosinus aut sinus multiplorum anomaliae excentricae procedentem, et vice versa."

Auf Blatt 64 endlich folgt:

„Expressio distantiae duarum planetarum per anomalias earum excentricas exhibita."

Blatt 66—114.

Fragmente von Rechnungen. Blatt 89—107 bildet die Fortsetzung zu Blatt 147 (vgl. unten). Die übrigen Blätter beschäftigen sich mit der Entwickelung der Störungsfunction speciell für den Fall einer verschwindenden Neigung. Es handelt sich dann um die Entwickelung des Ausdrucks

$$(a-a's-\Delta t)^{-\frac{1}{2}}\left(a-\frac{a'}{s}-\frac{\Delta}{t}\right)^{-\frac{1}{2}-n},$$

wo s und t Exponentialgrössen mit rein imaginären Exponenten sind.

Blatt 115—132.

Blatt 115—126 enthält Rechnungen über verschiedene Formen, welche man dem Quadrate der Distanz zweier Planeten geben kann, wesentlich zu dem Zwecke, durch Abspaltung kleiner Glieder die Entwickelung des Restes zu erleichtern.

Blatt 127—132 enthält Concepte zu den beiden Schreiben an Hansen (vgl. S. 258—279 dieses Bandes).

Blatt 133—147.

Zu diesen Blättern gehört als Fortsetzung Blatt 89—107 (vgl. oben). Sie enthalten Rechnungen über die Besselschen Functionen, besonders mit Rücksicht auf die Frage nach der Convergenz der Reihen für die Entwickelung der excentrischen und der wahren Anomalie nach der mittleren.

Blatt 148—151.

Bruchstück einer, wie es scheint, unvollendet gebliebenen Untersuchung, über deren Ziel folgende Sätze Auskunft geben:

„Herr Hansen hat zuerst die glückliche Idee gehabt, die in der Störungstheorie vorkommenden Reihen zu integriren, ohne die beiden Winkel in andere, der Zeit proportionale, zu verwandeln, sondern den Integralen dieselbe Form zu lassen, welche für die Entwickelung der störenden Kräfte passend erschien. Diese neue Integrationsmethode ist vielleicht das Wesentlichste, was in neuerer Zeit zur Lösung der Störungstheorie hinzugefügt worden ist, und sie erlangt eine erhöhte Wichtigkeit dadurch, dass sie, über den von Hansen behandelten Fall hinaus, welcher als ein erstes und einfachstes Beispiel betrachtet werden kann, der vielfachsten Anwendung auf schwierigere Probleme fähig scheint. Wenn bei Hansen die Winkel aus der excentrischen Anomalie des einen und der mittleren des anderen Planeten bestehen, so wollen wir hier den Fall behandeln, wo unter dem Cosinus- oder Sinus-Zeichen sich incommensurabele Vielfache eines elliptischen Integrals und seiner Amplitude befinden. Die hierbei vorkommenden Schwierigkeiten werden sich durch eine zweckmässige Benutzung der von der Theorie der elliptischen Functionen dargebotenen Hülfsmittel überwinden lassen. Es wird aber hierbei auch noch die Entwickelung von anderen Principien erfordert, welche ebenfalls vielfache Anwendung auf verschiedenartige Probleme finden. Wenn nämlich in bekannten Fällen sämmtliche Coefficienten einer nach den Cosinus oder Sinus fortschreitenden Entwickelung durch die von hinten anzustellende Berechnung eines einzigen Kettenbruches mit grosser Leichtigkeit gefunden werden, so wird es hier nöthig, aus den Kettenbrüchen analogen, aber allgemeineren Algorithmen bequeme Rechnungsmethoden abzuleiten.«

Blatt 152—154.

Diese Blätter enthalten eine kleine Rechnung über die Bahn und die Masse des Sirius im Anschlusse an die Peterssche Untersuchung über die Siriusbahn.

Blatt 155.

Einzelnes Blatt, enthaltend die numerischen Coefficienten für das Quadrat der Distanz Jupiter-Pallas, und zwar unter Benutzung der am Schlusse von Blatt 43—47 dargelegten Transformation.

Blatt 156—166.

Ein Manuscript von fremder Hand zu der Arbeit über die grosse Ungleichheit des Saturns (vgl. S. 145—174 dieses Bandes).

Blatt 167—172.

Rechnungen von fremder Hand mit der Überschrift:

„Bestimmung der vom Neptun abhängigen Coefficienten in dem Systeme der acht linearen Gleichungen, welche zur Berechnung der Sacular-Ungleichheiten der Excentricitäten und Perihelien der Hauptplaneten dienen."

Blatt 173—178.

Blatt 173 enthält einen Brief von Bessel (an Jacobi?) vom 23. April 1837 über Fehler in den Bouvardschen Tafeln für Jupiter, Saturn und Uranus. Die folgenden Blätter, von fremder Hand, enthalten das Detail zu der Berechnung der S. 146 dieses Bandes gegebenen Coefficienten in der Distanz Jupiter-Saturn.

Blatt 215—235.*)

Numerische Rechnungen ohne Text. Nur auf Blatt 230 (von Bessel's Hand) finden sich die Columnenüberschriften: „Jupiter, Pallas." Blatt 234 ist von Luther's Hand.

Blatt 236—277.

Bruchstücke von Formelentwickelungen und numerischen Rechnungen, zu der Saturnsarbeit gehörig.

Blatt 882—912.**)

Das auf Blatt 882—883 enthaltene Bruchstück trägt die Überschrift:

„Einige Bemerkungen über die zweckmässige Wahl der Winkel, nach deren Vielfachen die planetarischen Winkel zu entwickeln sind."

Das Bruchstück enthält nur die Formulirung der Aufgabe, die sich so aussprechen lässt: „Das Integral

$$G = \int e^{i(\alpha\mu' + \beta\varepsilon)} d\mu,$$

in welchem μ' die mittlere Anomalie des einen Planeten und ε die excentrische

*) Blatt 179—214 fehlt.
**) Blatt 278—881 fehlt.

des anderen bedeutet, während α und β ganze Zahlen sind, lässt sich in den drei Formen

$$G = e^{(\alpha n+\beta)\mu i} \sum_\gamma A_\gamma e^{\gamma\mu i},$$
$$G = e^{(\alpha n+\beta)\varepsilon i} \sum_\gamma B_\gamma e^{\gamma\varepsilon i},$$
$$G = e^{(\alpha\mu'+\beta\varepsilon)i} \sum_\gamma C_\gamma e^{\gamma\varepsilon i}$$

darstellen, wo n das Verhältniss der mittleren Bewegungen bedeutet. Es ist zu untersuchen, welche von diesen drei Reihen am besten convergirt."

Blatt 884—893 enthält wieder Entwickelungen zu der grossen Ungleichheit des Saturns.

Blatt 894—912 enthält in Form eines Schreibens an Schumacher (datirt Berlin, d. . . Sept. 1848) einen Entwurf zu einer grösseren Arbeit, deren Text darauf hinausging, durch Abspaltung kleiner Terme in dem Quadrate der Distanz zweier Planeten den Rest auf eine solche Form zu bringen, dass die Entwickelung der reciproken Distanz dadurch möglichst erleichtert werde. Eine weitere Ausführung des Entwurfes, resp. eine Veröffentlichung desselben in den Astronomischen Nachrichten, ist nicht erfolgt. Hervorzuheben sind hier zwei Sätze am Schlusse des Entwurfes:

„In der Entwickelung des Quadrats der reciproken Entfernung der Punkte zweier in derselben Ebene befindlichen Ellipsen nach den Vielfachen ihrer excentrischen Anomalien sind die Entwickelungscoefficienten endlich algebraisch ausdrückbar."

„Ich will noch erwähnen, dass bei der Entwickelung der störenden Kräfte der Umstand, dass die Ellipsen einen gemeinschaftlichen Brennpunkt haben, nicht die geringste Rechnungserleichterung gewährt, was mir noch nicht hervorgehoben zu sein scheint."

Blatt 1480—1484.*)

Auf Blatt 1480 befindet sich der Entwurf zu einem Schreiben an Schumacher (datirt Berlin, d. 25. Dec. 1848) betreffend die Arbeit von Carlini (vgl. S. 175ff. dieses Bandes). Blatt 1481—1482 enthält den Entwurf des zweiten Briefes von Jacobi an Hansen (vgl. S. 271—279 dieses Bandes). Die übrigen Blätter sind Bruchstücke.

*) Blatt 913—1479 fehlt.

Blatt 1485—1489.

Manuscript von fremder Hand zu dem in der Abhandlung über die grosse Ungleichheit des Saturns enthaltenen Capitel:

„Theil der grossen Ungleichheit, welcher von

$$-\tfrac{1}{2}\frac{a\varrho_1}{\sqrt{\varrho_0^3}}$$

herrührt" (vgl. S. 162 dieses Bandes).

Blatt 1490—1499.

Bruchstücke von Rechnungen ohne jeden Text.

Blatt 1616—1622.*)

Zwei Ansätze zu einer Abhandlung:

„Über die Bestimmung der Integrale

$$\int \cos\left(g\,\mathrm{am}\frac{2Kx}{\pi}+hx+a\right)dx."$$

Blatt 1623—1624.

Ansatz zu einer Entwickelung für die Variation des Radiusvectors.

---

*) Blatt 1500—1615 fehlt.

ABHANDLUNGEN HISTORISCHEN INHALTS.

ÜBER DESCARTES LEBEN UND SEINE METHODE, DIE VERNUNFT RICHTIG ZU LEITEN UND DIE WAHRHEIT IN DEN WISSENSCHAFTEN ZU SUCHEN.

(Eine Vorlesung, gehalten am 3. Januar 1846 im Vereine für wissenschaftliche Vorträge in der Berliner Singakademie.)

Berlin 1846, Verlag von W. Adolf und Comp.

Ehrwürdige Versammlung!

Es hat eine Mitternacht der Geschichte gegeben — man rechnet sie etwa um das Jahr 1000 nach Christo — in welcher das Menschengeschlecht die Kunst und die Wissenschaft fast bis auf die Erinnerung verloren hatte. Der letzte Dämmerschein der lichten Heidenwelt war verglommen, und noch kündete nichts den neuen Tag an. Was von Bildung in der Welt war, fand sich nur bei den Sarazenen, und ein lernbegieriger Papst musste verkleidet auf ihren Universitäten studiren und galt dadurch im Abendlande für ein Wunder der Welt. Nachdem endlich die Christenheit lange genug die todten Knochen der Märtyrer angebetet, strömte sie zu dem Grabe des Erlösers selbst und erfuhr hier zum zweiten Male, dass es leer und der Christ auferstanden sei. Da erstand auch sie, kehrte um zu der Thätigkeit und den Geschäften des Lebens, erneuerte Regsamkeit trat ein in Handel und Gewerbe, die Städte erblühten, ein freier Bürgerstand gründete sich, Cimabue erfand wieder die untergegangene Malerkunst, Dante die Poesie. Da wagten auch grosse und kühne Geister, wie Abälard und der heilige Thomas von Aquino, in den katholischen Lehrbegriff die aristotelische Logik einzuführen, und es entstand die Schöpfung der *scholastischen Philosophie.* Aber wenn so die Kirche die Wissenschaften unter ihren Schutz nahm, so forderte sie auch für die Formen, unter denen dies geschah, denselben unbedingten Autoritätsglauben, wie für ihre eigenen Lehrsätze. Es geschah so, dass die Scholastik nicht den menschlichen Geist befreite, sondern ihn durch lange Jahrhunderte in Fesseln zwang und ihm sogar die Idee der *Möglichkeit* freier wissenschaftlicher Forschung entfremdete. Endlich aber brach auch hier der Tag an, und die Menschheit erstarkte, von ihrer Befugniss, sich von den natürlichen Dingen durch *Selbstdenken* eine Erkenntniss zu verschaffen, Gebrauch zu machen.

Man bezeichnet in der Geschichte das Anbrechen dieses Tages mit dem Namen der *Renaissance* oder des *Wiederauflebens der Wissenschaften.* An der Schwelle der so benannten Zeit erblicken wir, vor Allen hervorragend, René Descartes, der den Riesenentschluss fasste, in allen Dingen der Erkenntniss von vorn anzufangen und *alles* bisher auf Autorität Begründete einer neuen Prüfung zu unterwerfen. Erlauben Sie mir, Ehrwürdige Versammlung, Sie von diesem ausserordentlichen Manne und der Geschichte seines Entschlusses, der eine welthistorische Begebenheit geworden ist, in dieser Stunde unterhalten zu dürfen.

Im Jahre 1596 aus einem altadeligen Geschlecht der Touraine geboren, in der Jesuitenschule von la Flèche erzogen, findet er sich in seinem achtzehnten Jahre von den Wissenschaften, die er durchaus und mit heissem Bemühen studirt, um eine sichere und klare Erkenntniss in allen Dingen des Lebens zu gewinnen, getäuscht und beschliesst, sie aufzugeben. Mit anderen jungen Edelleuten ergiebt er sich in Paris während kurzer Zeit den Vergnügungen seines Alters und Standes, besonders dem Spiel; hiervon noch weniger befriedigt, verschwindet er seinen Freunden, und in einem entlegenen Hause des Faubourg St. Germain widmet er sich während zweier Jahre tiefster Einsamkeit mathematischen Meditationen. Endlich entdeckt und die Unmöglichkeit einsehend, sich dem Strudel der Pariser Gesellschaft zu entziehen, beschliesst er, die Welt auf einem grösseren Theater zu studiren. Das Bandelier des Soldaten dient ihm in der von Kriegsläufen bewegten Zeit als Pass. Zuerst geht er nach Breda in Holland, um unter Prinz Moritz das Kriegshandwerk zu lernen. Da dieser gerade einen zweijährigen Waffenstillstand mit Spinola schliesst, begiebt er sich nach Frankfurt, um dem prachtvollen Schauspiele der Krönung Kaiser

Ferdinands II. beizuwohnen; dann tritt er als Volontär bei den Truppen ein, die der Baiernherzog gegen die Böhmen wirbt. Er beginnt die Campagne mit einem Winterquartier, das er in einem Örtchen im Herzogthum Neuburg an der Donau bezieht. Hier in tiefster Einsamkeit erkennt der 22-jährige Jüngling die Nothwendigkeit, wenn er die Wahrheit gewinnen will, sich aller seiner ihm von Aussen gekommenen Vorstellungen zu entäussern, alle ihm durch Autorität überlieferten Kenntnisse fortzuwerfen, seine ganze intellectuelle und moralische Welt zu zerschlagen und durch die dem Erdensohne verliehene Macht der Vernunft sie sich prächtiger wieder zu erbauen. Es ist dies kein Unterfangen frevlen Übermuthes; er fühlt die ganze Qual dieser Selbstentäusserung, und im heiligen Gebet erfleht er zu seinem schweren Beginnen den Beistand der Jungfrau Maria und gelobt ihr eine Wallfahrt nach Loretto. Denn wohlverstanden, indem er es für seine Pflicht hält, Alles in Frage zu stellen, was im Bereiche der Vernunft lag, freute er sich an den Wahrheiten und Ueberlieferungen der Religion, als über die Vernunft erhaben, ohne Prüfung festhalten zu dürfen.

Im Frühjahr 1620 liess der Herzog von Baiern seine Truppen nach Schwaben vorrücken, wo Descartes in Ulm die Gelegenheit benutzte, den berühmten alten Rechenmeister Johannes Faulhaber zu besuchen, der denn freilich verwundert war, in dem jungen Soldaten eine mathematische Wissenschaft zu finden, die seine schweren Probleme spielend löste. Im September reiste er von Ulm mit den französischen Gesandten nach Wien. Als er hier hört, dass sein General, der Herzog von Baiern, seine Truppen nach Böhmen geführt hat, geht er dahin in's Lager ab und macht die berühmte Prager Schlacht mit, nach der er mit den Siegern in die Stadt einzieht. So war seine erste Waffenthat gegen den Vater der Prinzessin gerichtet, die später seine erste und eifrigste Schülerin in Philosophie und Mathematik geworden ist. Nachdem er in einem Winterquartier im südlichen Böhmen in ernster Verfolgung seines grossen Planes wieder eifrig dem Studium obgelegen, folgt er im Frühjahr 1621 dem österreichischen General Bucquoy nach Ungarn auf seinem Zuge gegen den berühmten Siebenbürgischen Fürsten Bethlen Gabor und wohnt den glücklichen Belagerungen von Pressburg und Tyrnau bei. Aber die unglückliche Katastrophe bei Neuhäusel, wo Bucquoy fiel, verleidete ihm den Krieg. Am Tage nach Aufhebung der Belagerung kehrte er mit vielen anderen beim Heere befindlichen Franzosen und Wallonen nach Wien zurück, und da in Frankreich so eben wieder der Hugenottenkrieg ausgebrochen war, und in Paris die Pest wüthete, beschliesst er, den friedlichen Norden Europa's zu besuchen. Er kehrt nach Mähren zurück und geht von da nach Schlesien, bereist ganz Polen, welches sich damals sehr weit erstreckte, die Ostseeküste, Pommern, die Mark, Holstein, schifft sich dort nach Ostfriesland ein, wird auf einer Meerfahrt von Emden nach Westfriesland von den Schiffern, da er nur einen einzigen Bedienten bei sich hatte, beinahe ermordet, kehrt von da nach Holland zurück, wo er einige Zeit verweilt, und langt im März 1622 wieder in Rennes bei seinem Vater an. Wahrscheinlich hat er auf dieser Reise auch Königsberg und Berlin berührt. Bei seiner Familie bringt er ein Jahr zu, in Unentschlossenheit über eine Lebensweise, die seinem Berufe entspräche und sich mit seinen wissenschaftlichen Plänen vertrüge. Er geht wieder nach Paris, wo man nach Aufhören der fast dreijährigen Pest eine reinere Luft zu athmen anfängt, und wo man ihn für einen Rosenkreuzer hält, obgleich ihm auf seinen Reisen niemals gelungen war, eine Spur dieser unsichtbaren, damals in vielen Druckschriften besprochenen Gesellschaft aufzufinden. Er galt für einen der 36 Abgesandten, welche damals ihr geheimnissvoller Chef durch ganz Europa deputirt haben sollte, mit denen man aber nur durch den Willen und die Gedanken auf unsichtbarem Wege communiciren konnte. Nachdem er den grössten Theil seiner ihm von mütterlicher Seite zugefallenen Güter in Poitou verkauft, um sich für das Geld ein passendes Amt zu kaufen, will er doch noch zuvor, ehe er sich durch ein solches fesselt, Italien sehen. Ueber Basel, Zürich, Graubünden, Tirol geht er nach Venedig, wo er der Vermählung des Dogen mit dem Meere beiwohnt; dann erfüllt er sein in Neuburg abgelegtes Gelübde, Loretto zu besuchen, und begiebt sich von da nach Piemont, um einem seinem Vater gegebenen Versprechen gemäss sich um das Amt eines Intendanten bei der französischen Armee zu bewerben, die sich unter dem greisen Connetable Lesdiguières im Verein mit den Piemontesen gegen Genua und die Spanier in Bewegung setzte. Nachdem diese Bewerbung gescheitert war, wallfahrtet er nach Rom, wohin die 25-jährige Jubelfeier die katholische Christenheit zieht, und wo er reiche Gelegenheit findet, die Sitten der verschiedenen dort zusammenströmenden Nationen zu studiren, weshalb er auch seinen anfänglichen Plan, noch Sicilien und Spanien zu besuchen, aufgiebt. Er kehrt über Florenz zurück, wo er jedoch seinen grossen Mitbewerber um die Ehre, die Wissenschaften regenerirt zu haben, Galilei, nicht gesehen hat. Er wohnt dann noch der Einnahme von

Gavi durch die Franzosen und den berühmten Waffenthaten des Herzogs von Savoyen bei. Dann kehrt er über Turin und Lyon nach seinem Vaterlande zurück, wo man ihm die Stelle eines Lieutenant général von Châtellerault anbietet. Doch er kann sich nicht mehr von der Gewohnheit trennen, sein Leben ganz seinen Forschungen zu weihen. Drei Jahre bringt er in Paris zu, in möglichster Zurückgezogenheit und so einfacher Lebensweise, als es ohne Affectation möglich war. Doch müssen wir uns den Philosophen immer in dem damals modernen grünen Taffetkleid und mit Federhut, Schärpe und Degen denken, wovon er sich als Edelmann nicht dispensiren konnte. Bald widmet er sich den abstractesten mathematischen Untersuchungen, bald macht er physikalische Experimente, wobei er sich besonders im Glasschleifen eine grosse Fertigkeit erwirbt; bald erforscht er die Tiefen der Mechanik, in der er das heute dieses ganze Gebiet beherrschende Princip der virtuellen Geschwindigkeiten erfunden hat. Dann, wie er sieht, wie Wenigen er sich über diese Arbeiten mittheilen kann, springt er von ihnen ab zu dem über, was ihm als das Höchste erscheint, dem Studium des Menschen. Doch er findet, dass die Meisten noch weniger den Menschen als die Geometrie kennen, und zieht sich immer mehr in sich selbst zurück. Aber sein Ruf macht ihm die gewünschte Einsamkeit unmöglich; die Schaaren der Litteraten und Gelehrten, die ihn kennen lernen und befragen wollen, machen sein Haus zu einer Akademie. Vergebens sucht er sich in dem entferntesten Theile von Paris zu verbergen; ein Bedienter, den man entdeckt, verräth ihn. Aus Unmuth verlässt er Paris im August 1628, um als Volontär der Belagerung von Rochelle beizuwohnen, die der König in Person leitet, bei welcher Gelegenheit er den berühmten Damm des Cardinals von Richelieu untersucht. Nach dem siegreichen Einzuge des Königs in Rochelle kehrt er nach Paris zurück.

Bei seiner grossen, selbst durch den Lärm des Feldlagers nicht unterbrochenen, Thätigkeit hatte er viel aufgesammelt, ohne bis dahin dem Publicum etwas mitzutheilen. Man muss der katholischen Geistlichkeit damaliger Zeit die Ehre geben, dass sie in hohem Grade die Wissenschaften förderte und liebte. Sie bildete darin einen löblichen Gegensatz zu den protestantischen Zeloten, vor deren Geschrei in Deutschland die Wissenschaften verstummt waren. So verdankt die Welt vielleicht zweien Cardinälen, dem Cardinal von Bérulle und dem päpstlichen Nuntius Cardinal von Bagné, den Genuss der Früchte, welche Descartes langsam reifen liess. In einer Abendgesellschaft beim päpstlichen Nuntius debütirte ein Herr von Chandoux*) mit den Principien einer neuen Philosophie, deren geistreiche und beredte Auseinandersetzung ihm von allen Seiten den grössten Applaus zuzieht. Als nur Descartes schweigt und gedrängt wird, seine Meinung zu sagen, lobt er zwar den Muth des Mannes, die Fesseln der Scholastik abzuschütteln, bemerkt aber, welche Macht die Wahrscheinlichkeit habe, sich an die Stelle der Wahrheit zu setzen. Wenn man, wie die erlauchte Gesellschaft, sich mit der Wahrscheinlichkeit begnügen wolle, so könne man ihr leicht durch Scheingründe Falsches für Wahres aufbürden und sie umgekehrt das Wahre für falsch halten lassen. Zum Beweise bat er die Gesellschaft, ihm irgend einen für ausgemacht wahr geltenden Satz aufzustellen, und mit zwölf Argumenten, eines plausibeler als das andere, bewies er der Gesellschaft, dass er falsch sei. Dann liess er einen ausgemacht falschen Satz aufstellen, und mit zwölf anderen plausibelen Argumenten brachte er sein Auditorium dahin, ihn für richtig zu halten. Auf Befragen, ob es denn kein Mittel gäbe, sich vor trügerischen Scheingründen zu bewahren, nannte er seine aus dem Schoosse der Mathematik gezogene Methode. In mehreren Privatunterhaltungen begeistert er den Cardinal von Bérulle für diese Methode und ihre verschiedenen Anwendungen, welche auch auf Verbesserung des materiellen Wohles der Menschheit abzwecken; denn er geht schon damals darauf aus, durch Vervollkommnung der Mechanik den Effect der menschlichen Arbeitskräfte zu erhöhen, was heute eine die Welt umgestaltende Wirklichkeit geworden ist.

Der fromme Cardinal gebraucht sein geistliches Ansehen, macht ihn vor Gott wegen des Raubes verantwortlich, den er an der Menschheit begeht, wenn er mit der Frucht seiner Arbeiten zurückhält, und verheisst ihm im Gegenfalle den göttlichen Beistand. Da entschliesst er sich, sein Werk nach besten Kräften zu vollenden und zu veröffentlichen und, um sich ungestört der grossen Aufgabe weihen zu können, zu verschwinden. Er zieht sich nach Holland zurück, dessen kälteres Klima ihm zusagt. Dort hat er über zwanzig Jahre gelebt, ohne sich irgendwo einzubürgern; wie die Israeliten in der Wüste, zieht er umher, schlägt bald hier, bald dort immer nur auf kurze Zeit seinen Wohnsitz auf, in Dörfern oder Landhäusern oder entlegenen Vorstädten grösserer Städte, Allen verborgen und doch mit den besten Geistern seiner Zeit in lebendigem Verkehr, welchen der gelehrte Pater Mersenne in Paris vermittelte, sein

*) Dieser Herr von Chandoux legte sich später, wie viele während der bürgerlichen Unruhen in Frankreich, auf's Falschmünzen und ward zuletzt auf dem Grèveplatz gehängt.

ältester Freund, auch ein Schüler von la Flèche, der allein immer seinen Aufenthalt kannte. Das Sprechzimmer des Klosters der Minimi auf der Place Royale bildete den Mittelpunkt der gelehrtesten Verhandlungen; dort ertheilte Mersenne die Antworten des Orakels, welches man durch ihn befragt hatte, und nahm neue Fragen oder Bedenken entgegen.

In Holland angelangt, widmet Descartes sich mit erneutem Eifer dioptrischen, chemischen und physikalischen Experimenten, mit denen anatomische und medicinische Untersuchungen, astronomische Beobachtungen und metaphysische Speculationen abwechseln. Das Erscheinen von Nebensonnen veranlasste ihn, das gesammte Gebiet der Lufterscheinungen, besonders den Regenbogen, zu untersuchen; auf einer kleinen Reise nach England beobachtete er bei London die Abweichung der Magnetnadel. Alles wollte er in einem Buche umfassen, dem er den Titel *die Welt* gab, und worin er sich bestrebte, die *Nothwendigkeit* alles Erschaffenen nachzuweisen und zu erklären. Um sich vor theologischen Bedenken zu sichern, wählte er die Form, ganz von dieser *wirklichen* Welt zu abstrahiren und zu untersuchen, wie eine Welt werden müsste, wenn Gott auf chaotisch verwirrte Materie die Naturgesetze einwirken liesse. Zuerst gab er eine Beschreibung dieser Materie, der er die einfachsten Eigenschaften beilegt; dann setzte er die Naturgesetze auseinander und bewies ihre Nothwendigkeit, so dass, wenn Gott mehrere Welten geschaffen hätte, in allen dieselben Gesetze walten müssten. Er wies nach, wie sich dieses wüste Chaos zu einem Himmel mit Sonne und Fixsternen, Planeten und Cometen gestaltet; zeigte die Nothwendigkeit und die Natur des Lichtes der Sonne und Fixsterne, wie es in einem Moment die unermesslichen Himmelsräume durchläuft, und wie die Planeten es reflectiren müssen. Die Substanz, gegenseitige Lage, Bewegung und sonstige Eigenschaften der Himmelskörper beschrieb er, so dass man erkennen konnte, dass nichts in dieser Welt ist, was nicht so sein muss. Dann liess er sich auf die Erde herab, erklärte, wie ihre Theile nach ihrem Centrum hinstreben müssen, wie die Stellung der Erde zu Sonne und Mond die Ebbe und Flut, die grosse Meeresströmung unter den Tropen von Osten nach Westen, die Passatwinde erzeugt; wie sich nach den Gesetzen der Natur Berge, Meere, Quellen, Flüsse bilden, die Metalle in den Gebirgsadern anschiessen, wie alle zusammengesetzten Körper entstehen, wie die Pflanzenwelt emporblüht. Dann geht er zum thierischen Organismus über, zum Menschen, aber er bekennt, dass ihm zur vollen Einsicht in die Nothwendigkeit dieses Organismus noch chemische und anatomische Kenntnisse fehlen. Doch aus allen diesen Gestaltungen der Materie kann die denkende Seele nicht hervorgehen, es bedarf dazu einer neuen göttlichen Schöpfung. Mit der Darstellung des Wesens des Geistes will er sein Werk beschliessen.

Wir erstaunen über die Kühnheit dieses Unternehmens. Den engen Gefängnissmauern der Scholastik entrückt, trinkt der Geist, der sich wiedergefunden hat, in durstigen Zügen die Gottesluft der freien Forschung, will jubelnd mit geflügeltem Schritt die Unermesslichkeit der Wissensbahn durcheilen, und, weil ihm am fernsten Horizonte das letzte Ziel aller Erkenntniss dämmert, glaubt er es im gebrechlichen Nachen bereits erreichen zu können.

Den 17. Februar 1600 wurde in Rom auf dem Floraplatz vor dem Theater des Pompejus Giordano Bruno lebendig verbrannt, wobei seine Richter mehr zitterten als er. Den 19. Februar 1619 wurde in Toulouse Vanini strangulirt, nachdem ihm die Zunge mit einer Zange ausgerissen worden, und sein Leichnam zu Asche verbrannt. Campanella wurde in fünfzig unterirdischen Kerkern herumgeschleppt und hat sieben Mal die schärfste Tortur bestanden, wovon eine einmal vierzig Stunden dauerte. Aber es scheint auf Descartes Nichts solchen Eindruck gemacht zu haben, als wie er im Jahre 1633, gerade mit der letzten Durchsicht seiner *Welt* beschäftigt, um sie dem sehnlich harrenden Pater Mersenne zu schicken, die Nachricht erhielt, dass der weltberühmte, vom Toscanischen Grossherzog geliebte und innig verehrte Galilei der Inquisition verfallen sei und auf seinen Knieen die Lehre von der Bewegung der Erde um die stillstehende Sonne als Ketzerei habe abschwören müssen. Es entstand hierdurch ein schmerzlicher Zwiespalt in Descartes Seele, den er nie wieder ganz hat verwinden können. Wie von seiner Existenz war er von der Richtigkeit der Kopernikanischen Lehre überzeugt; ebenso überzeugt war er von der Unfehlbarkeit des Papstes. In dieser Noth beschliesst er, sein Werk zu unterdrücken. Was dem ahnenden Geiste damals nur noch in unbestimmter Erscheinung vorgeschwebt haben mochte, haben seitdem die Arbeiten zweier Jahrhunderte mit dauernden Gedanken befestigt, und viele Erkenntniss hat die freie Forschung errungen, welche damals auch nicht geahnt werden konnte. In glücklicheren Zeiten, welche ihren Genien keine feuerflammenden Censurstriche mehr durch's Leben ziehen, ist es uns vergönnt, die *Welt* des edlen Geistes zu begrüssen, des grossen Forschers, den wir mit Stolz den unseren nennen, die uns so reich für jene untergegangene entschädigt.

Descartes gefassten Vorsatz, von seinen Werken Nichts bei seinen Lebzeiten zu veröffentlichen, erschütterten endlich seine Freunde, und so erschien zu Leyden im Jahre 1637 sein erstes grosses Werk, wozu er von Frankreich aus, welches damals der grosse Cardinal, der Stifter der Pariser Akademie der Wissenschaften, regierte, ein ehrenvolles Privilegium bekam, und zwar nicht nur dieses Werk, sondern Alles, was er bis dahin geschrieben oder noch in der Zukunft schreiben würde, innerhalb oder ausserhalb Frankreichs drucken zu dürfen. Dieses bildet einen erfreulichen Gegensatz zu den Verfolgungen, die er von den protestantischen Theologen der eben gestifteten Utrechter Universität zu leiden hatte, die seine Lehren als atheistisch und staatsgefährlich mit wüthender Erbitterung verläumdeten, und gegen welche er nur in der erleuchteten Weisheit des Prinzen Moritz von Oranien Schutz fand. So hatten auch die protestantischen Theologen der Tübinger Universität wenige Jahre früher unseren grossen Kepler von dort vertrieben, ihm die Druckerlaubniss für seine astronomischen Schriften versagt, so dass die Innsbrucker Jesuiten sie auf ihre Kosten drucken mussten; ihn, der als Märtyrer des protestantischen Glaubens betrachtet werden kann, den er unerschrocken am Kaiserhofe festhielt, vom Abendmahle ausgeschlossen, weil er nur treu an der Augsburgschen Confession festgehalten, aber nicht die Concordienformel beschwören und die Calvinisten verfluchen wollte, ihm das Bibellesen als für einen Laien ungehörig verboten, ja, seine Mutter beinahe als Hexe verbrannt, wovon er sie nur durch seine kühne Vertheidigung vor Gericht und sein Ansehen als *kaiserlicher Mathematicus* erretten konnte.

Descartes Buch enthielt vier verschiedene Werke; die Abhandlung über *die Methode, seine Vernunft richtig zu leiten und die Wahrheit in den Wissenschaften zu suchen*, die Dioptrik, die Meteore und die Geometrie. Er wollte in diesen drei letzten Werken ein Beispiel seiner Methode geben, an einem rein mathematischen, einem rein physikalischen und einem gemischten Gegenstande. Seine Geometrie hat die mathematischen Wissenschaften umgestaltet, die Geometrie von der Herrschaft und Particularität der Figuren befreit und sie zu einem Gegenstande des allgemeinen Calculs gemacht. In seiner Dioptrik finden wir die Anfänge jener Vorstellung vom Licht, zu der jetzt die Physiker zurückgekehrt sind, und durch die sie allein die wunderbaren Gesetze einfacher und doppelter Brechung und der Farbenbildung erklären können, der Undulationstheorie meine ich, wonach sich nicht eine vom leuchtenden Körper abgelöste Materie zu unserem Auge hinbewegt, sondern ein Lichtäther in Schwingungen erzittert. Aber ich will hier, Ehrwürdige Versammlung, nur um die Erlaubniss bitten, Sie einige Augenblicke näher von seiner *Methode* unterhalten zu dürfen, wie man in der Kürze das erste der erwähnten vier Werke zu nennen pflegt, in dem er uns das Bild seines Forschens zeichnet, ein Werk, welches zugleich in seiner einfachen und edlen Ausdrucksweise ein unübertroffenes Sprachdenkmal der französischen Litteratur geblieben ist.

Die gesunde Vernunft, beginnt er seine *Methode*, ist von allen Dingen in dieser Welt am besten vertheilt; denn die selbst, welche in Nichts sonst zufrieden zu stellen sind, halten den davon auf sie gekommenen Theil für ausreichend. Auch wolle er gar nicht behaupten, dass sich hierin Alle irren, sondern dies zeige, dass der Verstand ursprünglich in Jedem ganz vorhanden sei, und die Verschiedenheit der Meinungen nur von dem verschiedenen Gange, den wir unsere Gedanken nehmen lassen, und der Verschiedenheit der Dinge, die wir betrachten, herrühre. Er glaube sich nun seit seiner Jugend auf Wegen befunden zu haben, die ihn zu einer sicheren Methode geführt, seine Kenntnisse stufenweise auf den höchsten Punkt zu erheben, den er nach der Beschaffenheit seiner Geisteskräfte und der Kürze des menschlichen Lebens überhaupt zu erreichen im Stande sei. Um aber durch die öffentliche Meinung belehrt zu werden, ob er sich nicht täusche, wolle er diese Wege seines Geistes und sein ganzes Leben, wie in einem Gemälde, offen darlegen. Seine Schrift solle keine allgemeinen, von Jedermann zu befolgenden, Vorschriften enthalten, sondern wie eine Geschichte oder wie eine Fabel solle man sie ansehen, aus der Jeder, was etwa für ihn passend erscheine, entnehmen könne.

Ich bin von Kindesbeinen an, fährt er fort, in den Wissenschaften auferzogen, und da man mir gesagt hatte, man könne dadurch in alle nützlichen Dinge des Lebens eine klare und sichere Einsicht gewinnen, so hatte ich ausnehmende Begierde, sie zu erlernen. Aber nach Beendigung des herkömmlichen gelehrten Cursus fand ich mich von so vielen Irrthümern und Zweifeln umlagert, dass ich mir nur noch unwissender als zuvor vorkam. Und doch war ich auf einer der ersten Schulen Europa's gewesen, wo es gelehrte Männer geben musste, wenn irgendwo in der Welt; ich hatte Alles, was da zu lernen war, gelernt und ausserdem noch über die schwersten und verborgensten Materien alle Bücher, die ich erlangen konnte, studirt. Man rechnete mich zu den besten Schülern, obgleich einige davon schon zu unseren Lehrern bestimmt waren. Endlich schien mir unser Jahrhundert so reich und fruchtbar an guten Köpfen, wie irgend ein anderes. Ich nahm mir daher die Freiheit, von mir auf Andere zu schliessen, und anzunehmen, dass kein einziger Wissenszweig das wäre, was man mich hatte hoffen lassen.

Gleichwohl hörte ich nicht auf, diese Schulstudien zu schätzen. Die Sprachen, sah ich, verhülfen zur Kenntniss der Alten, die anmuthigen Mythen erfrischten den Geist, die Geschichte, mit Vorsicht gelesen, bilde das Urtheil, und ihre Grossthaten erheben die Seele; das Lesen aller guten Bücher schien mir wie eine Unterhaltung mit den ausgezeichnetsten Geistern der Vergangenheit, und zwar wie eine studirte, in der sie uns ihre besten Gedanken offenbaren; ich verkannte nicht die Kraft der Beredtsamkeit, die Schönheit der Poesie, die scharfsinnigen Erfindungen der Mathematik, welche die Forschenslust befriedigen, die Gewerbe vervollkommnen und die Arbeit der Menschen erleichtern: ich wusste, dass die Moral nützliche Vorschriften zur Tugend enthält, die Theologie den Weg zum Himmel zeigt, die Philosophie von allen Dingen auf eine plausibele Art zu sprechen lehrt und sich die Bewunderung der Halbwisser zu verschaffen weiss; dass die Jurisprudenz und Medicin ihren Bekennern Ehren und Reichthümer verschaffen, endlich dass es gut ist, alle, selbst die abergläubigsten, wie Astrologie und Alchymie, zu kennen, um von keiner getäuscht zu werden.

Aber auf Sprachen und alte Bücher glaubte ich genug Zeit verwendet zu haben. Denn die Unterhaltung mit vergangenen Jahrhunderten ist wie das Reisen; wer zu viel reist, wird endlich im eigenen Lande fremd, und wer zu eifrig nach den Dingen von ehemals forscht, bleibt oft mit seiner eigenen Zeit unbekannt. Beredtsamkeit und Poesie hielt ich mehr für göttliche Begabungen, als für Gegenstände des Studiums. Die Mathematik gefiel mir am meisten wegen der Sicherheit und Evidenz ihrer Gründe, aber ich wunderte mich, auf so feste Grundlagen kein grösseres Gebäude aufgeführt zu sehen. Im Gegensatze damit verglich ich die moralischen Schriften der Alten mit stolzen, aber auf Sand gebauten Schlössern; sie erheben die Tugend sehr hoch und lassen sie über alle Dinge dieser Welt herrlich erscheinen, aber sie machen nicht genugsam ihr Wesen deutlich; denn oft ist das, was sie mit so hohem Namen nennen, nur eine Gefühllosigkeit oder Stolz oder Verzweiflung oder Mord. Was die Theologie betrifft, wünschte ich so sehr, wie Einer, den Himmel zu gewinnen, aber da die Wege dahin dem Gelehrtesten, wie dem Ungelehrtesten, zugänglich sind, und die geoffenbarten Wahrheiten, wie man mir gesagt hatte, über unsere Vernunft gehen, so wagte ich nicht, sie in den Bereich meiner Untersuchungen zu ziehen. In der Philosophie glaubte ich es nicht besser treffen zu können, als alle die ausgezeichneten Geister, die seit so vielen Jahrhunderten doch Nichts in ihr ermittelt, worüber nicht gestritten wurde und mithin noch Ungewissheit herrschte. Ja, wenn ich die Menge der Meinungen der Philosophen sah, da es doch nur *eine* Wahrheit giebt, gewöhnte ich mich daran, alles bloss Plausibele zu bezweifeln. Jurisprudenz und Medicin aber, da sie ihre Principien von der Philosophie entlehnen, was konnten sie Dauerhaftes auf so wenig festen Grundlagen aufführen, und keine Aussichten auf Ehre oder Gewinn konnten mich zu ihrer Fahne locken, da meine Lage mich, Gott sei Dank, nicht nöthigte, aus der Wissenschaft einen Erwerb zu ziehen, und ich den Ruhm zwar nicht als Cyniker verachtete, aber keinen mit Unrecht gewonnenen mochte.

Sowie ich daher der Schulzucht entwachsen war, gab ich das Studium der Wissenschaften ganz auf. Nur *in dem grossen Buche der Welt* wollte ich fortan lernen. So verwandte ich den Rest meiner Jugend darauf, zu reisen, Höfe, Armeen, Menschen von allen Ständen und Charakteren zu sehen, Erfahrungen zu sammeln und mich in den Begegnissen des Lebens zu versuchen. Aber die Gewohnheiten und Sitten der Menschen fand ich einander eben so widersprechend, wie die Lehrmeinungen der Schule, und wiederum ward ich dazu gebracht, auch Nichts bloss deshalb, weil dafür Beispiel und Gewohnheit sprechen, für recht und gut anzunehmen. So befreite ich mich allmählich von vielen Irrthümern und Vorurtheilen. Endlich, nachdem ich so die Welt mehrere Jahre studirt, entschloss ich mich eines Tages, auch in mir selbst zu studiren und meine eigene Vernunft mir den Weg anzeigen zu lassen, den ich einzuschlagen hätte. Und besser, glaub' ich, gelang mir dies, als wenn ich nie Haus und Schule verlassen hätte.

Es war in Deutschland, wohin die noch heute fortdauernden Kriegsläufe mich gerufen, nach meiner Rückkehr von der Kaiserkrönung in Frankfurt zur Armee, in einem Winterquartiere, wo mich keine sonstige Zerstreuung, noch Sorgen oder Leidenschaften von der Beschäftigung mit meinen Gedanken abhielten. Unter den Betrachtungen, die mir zuerst aufstiessen, war die, dass ein aus mehreren Stücken zusammengesetztes, von mehreren Künstlern verfertigtes, Werk selten die Vollkommenheit besitzt, als wenn es aus der Hand eines einzigen Meisters hervorgeht. Nun schien mir unsere Bildung wie solches Stückwerk. Denn in unserer Jugend leiten uns einerseits unsere Begierden und andererseits unsere Lehrer, die beide oft mit einander in Widerspruch stehen und beide bisweilen nicht das Rechte treffen. Und da däuchte mir, unsere Urtheile müssten viel richtiger und sicherer sein, wenn wir von Geburt an schon den vollen Gebrauch unserer Vernunft gehabt und uns ihrer Führung allein überlassen hätten. Ich glaubte daher, das Beste, was ich thun könnte, wäre, mich zu guter Stunde zu entschliessen, Alles, was ich bis dahin gelernt, und alle Meinungen, die ich von Aussen aufgenommen, von mir abzuthun und nur das an die Stelle zu setzen, was mit meiner Vernunft im Niveau wäre. Zwar entgingen mir nicht die grossen Schwierigkeiten solchen Unternehmens, aber sie schienen mir zu überwinden, und ganz und gar gering gegen die kleinste Reform, die man an dem öffentlichen Wesen vornehmen will. Diese grossen Körper sind, wenn sie niedergerissen sind, schwer wieder aufzurichten, oder auch nur, wenn sie einmal erschüttert sind, zu halten, und fallen sie, so ist ihr Sturz hart. Ausserdem mildern in der Regel Zeit und Gewohnheit die socialen Mängel, so dass sie bisweilen weniger Übelstände haben, als ihre Abstellung. Darum, sagt er, kann ich die Strudelköpfe und unruhigen Geister nicht loben, die, ohne durch Geburt oder Schicksal dazu berufen zu sein, immer in der Idee allgemeiner Reformen leben, und dächte ich, etwas in dieser Schrift könnte mich in den Verdacht solcher Thorheit bringen, so würde ich ihren Druck bereuen. Meine Absicht hat sich nie weiter als auf die Reform *meiner eigenen Gedanken* erstreckt; auf dem mir ganz und gar zugehörigen Grund und Boden reisse ich nieder und baue auf. Bin ich mit meinem Werke genugsam zufrieden, um euch sein Modell zu weisen, so will ich darum Niemandem mir nachzuthun rathen. Mit Geistesgaben besser Bedachte mögen erhabenere Pläne fassen, aber den Meisten, fürcht' ich, wird schon der meinige zu kühn sein. Denn die Welt besteht fast nur aus zwei Classen von Menschen, für die er beide nicht passt. Aus solchen, die ihre Kräfte überschätzen, ihre Urtheile übereilen, keine Geduld zu einem folgerichtigen Denken haben und, wenn sie einmal die Heerstrasse herkömmlicher Meinungen verlassen, ewig in der Irre bleiben. Oder aus solchen, die vernünftig und bescheiden genug sind, Anderen ein richtigeres Urtheil, als sich selbst, zuzutrauen, und sich mit dem eigenen Suchen nicht befassen. Gern hätte auch ich mich zu letzteren gezählt, aber wegen der grossen Verschiedenheit der Meinungen und Gewohnheiten, die ich durch meine Studien und Reisen kennen gelernt, wusste ich nicht, wohin ich mich wenden sollte, und musste nothgedrungen meine Führung selbst übernehmen.

Aber wie, wenn Einer allein im Finsteren geht, beschloss ich, so langsam und vorsichtig zu schreiten, dass ich, wenn ich auch nicht rasch vorwärts käme, doch wenigstens nicht fiele. Auch wollte ich, ehe ich alle meine früheren Meinungen abschüttelte, erst einen genauen Plan meines Werkes entwerfen und die wahre Methode suchen, wie ich zu aller der Erkenntniss, deren mein Geist fähig ist, kommen könnte. Und wie die Menge der Gesetze nur dazu dient, den Verbrechern zur Straflosigkeit zu verhelfen, in einem gut geordneten Staate aber wenig Gesetze streng befolgt werden, so glaubte ich auch, statt der grossen Menge Regeln der Logik mit folgenden vier auszureichen, wenn ich sie nur streng hielte.

Meine *erste* Regel war, Nichts für wahr anzunehmen und in meine Urtheile zu begreifen, was nicht mein Verstand zuvor als solches deutlich erkannt hätte, und mich hierbei vor jeder Uebereilung und vorgefassten Meinung zu hüten.

Die *zweite* war, jedes Problem in so viel Theile zu zerlegen, dass die Lösung dadurch möglichst erleichtert werde.

Die *dritte*, immer bei dem Einfachsten, was leicht einzusehen war, anzufangen und stufenweise zur Erkenntniss des Zusammengesetzteren aufzusteigen, ja auch bei dem, was keine natürliche Aufeinanderfolge darbot, eine gewisse Ordnung festzusetzen.

Endlich die *vierte*, überall so vollständige Aufzählungen zu machen und allgemeine Übersichten anzustellen, dass ich Nichts zu übergehen gewiss war.

Dies sind die Grundlagen der Descartesschen *Logik*, die einfachen Regeln der Methode, nach welcher er jeden Wissenszweig von vorn an neu untersucht hat. Aber wie Einer, der sein Haus neu aufbauen will, sich derweilen nach einem anderen Obdach umsehen muss, so bildete er sich für die Zwischenzeit, um die Unentschiedenheit seiner Meinungen, bis er den neuen Wissensbau aufgerichtet, nicht auf seine Handlungen einwirken zu lassen, eine *provisorische Moral*, die ebenfalls nur aus drei bis vier Maximen bestand.

Die *erste* Maxime war, den Gesetzen und Gewohnheiten seines Landes zu gehorchen, treu an seiner Religion festzuhalten, und sich in allen anderen Dingen nach der Meinung der Verständigsten, von allen Extremen am meisten Entfernten, die er in seiner Umgebung antreffen könnte, zu richten. Und um genau ihre wahre Meinung zu erfahren, sah er mehr auf das, was sie thaten, als auf das, was sie sagten; nicht bloss, weil wegen der Verderbniss der Sitten Wenige das, was sie wirklich meinen, auch sagen, sondern weil sie in der Regel selbst kein deutliches Bewusstsein davon haben.

Seine *zweite* Maxime war, in seinen Handlungen fest entschlossen zu sein, selbst wenn die Meinung, worauf sich seine Handlungsweise gründete, noch zweifelhaft war.

Seine *dritte* Maxime war, *sich zu überwinden und nicht das Schicksal* besiegen, lieber die eigenen Wünsche, als den Lauf der Welt, ändern zu wollen; Nichts als uns zugehörig und in unserer Macht stehend anzusehen, als unsere Gedanken, und die Güter, die wir ohne unsere Schuld entbehren, als etwas uns Unerreichbares eben so wenig zu bedauern, als dass wir nicht China oder Mexiko besitzen. Dann würden wir nicht *mehr* wünschen, gesund zu sein, wenn wir krank, frei zu sein, wenn wir gefangen sind, als Körper von Diamanten oder Flügel, wie die Vögel, zu haben. Aber er gesteht, es bedürfe anhaltender Uebung und wiederholter Ueberlegung, um sich daran zu gewöhnen, alle Dinge aus diesem Gesichtspunkte zu betrachten, und hierin, glaube er, habe das Geheimniss der alten Philosophen bestanden, die sich der Herrschaft des Geschickes entziehen und trotz Schmerzen und Armuth reicher, freier, mächtiger, als die anderen Menschen, sein konnten und ihren Göttern ihr Glück streitig machten.

Zum Schluss dieser Moral durchmustert er die verschiedenen Beschäftigungen der Menschen und findet, dass er nichts Besseres thun kann, als in der seinigen zu beharren, und an die Ausbildung seines Verstandes und die Erforschung der Wahrheit, wozu er in seiner Methode das Mittel besitzt, sein ganzes Leben zu setzen, da Nichts sich mit der grossen Freude vergleichen liesse, die ihm das tägliche Wachsen seines Wissens, das er dieser Methode verdankte, bereitete. Und weil unser Wille von Natur das anstrebt oder flieht, was ihm der Verstand als gut oder schlecht erkennen lässt, so war er überzeugt, mit der richtigen Einsicht und Erkenntniss zugleich alle Güter und alle Tugenden zu gewinnen, und diese Ueberzeugung und diese Hoffnung erfüllten ihn mit der höchsten Zufriedenheit und Glückseligkeit.

Nachdem er die obigen Maximen wie unerschütterliche Glaubensartikel bei Seite gestellt, glaubt er, den ganzen übrigen Rest seiner Meinungen frei von sich thun zu können; um aber das neue Gebäude selbst aufzuführen, beschliesst er, ein reiferes Alter abzuwarten. In der Zeit bis dahin will er durch Ausübung der einzigen Wissenschaft, welche evidente Gründe und Beweise hat, der Mathematik, seinen Geist gewöhnen, sich an Wahrheiten zu weiden und nicht mit bloss plausibelen Gründen zu begnügen: durch Anwendungen der Mathematik auf Physik, durch Experimente und Beobachtungen eine immer reichere Kenntniss der Natur gewinnen: sich immer mehr im Gebrauche seiner Methode vervollkommnen und immer mehr die alten Vorurtheile und Meinungen ablegen. Als er das reife Mannesalter erreicht und, wie wir gesehen haben, von frommen Cardinälen zur Darstellung seines Systems und Mittheilung seiner Entdeckungen, wie zur Ausübung einer heiligen Pflicht, gedrängt wird, geht er endlich an die Gründung seiner neuen Philosophie. Aber da er die ganze frühere Welt seiner Vorstellungen aufgehoben hat, Alles schwankt, er keinen Boden mehr unter seinen Füssen hat, in diesem Meere von Ungewissheit, wo soll er den ersten Satz, das absolut Gewisse, den Eckstein seines Gebäudes hernehmen? Und ist es zu verwundern, wenn ihm, dessen Sein sich ganz im Denken aufgelöst hat, nur Eines unumstösslich gewiss ist, mehr *als seine Existenz*, oder vielmehr *nur* dadurch ihm seine Existenz gewiss wird, *dass er denkt*? Und so schreibt er nieder und setzt als oberstes Princip seiner Philosophie den Satz:

Ich denke, also bin ich: je pense, donc je suis: cogito, ergo sum.

Dies Wort ist der Ausgangspunkt der neueren Philosophie geworden: es ist die Inschrift des Paniers, mit welchem die neue Wissenschaft vorwärts dringt. Der Mensch weiss, was sein Wesen ist, die Nebel der Scholastik zerreissen, die Sonne des Gedankens geht auf über einer neuen Welt, und in ihrem Lichte wandeln wir noch heute. Es ist nicht der wilde, unbewusste Drang, welcher sich dem Staate und der Religion gegenüberstellt, es ist die ruhige Sicherheit des sich selbst bewussten Geistes, welcher *in* ihnen und *mit* ihnen die Aufgabe der Menschheit lösen will. Die weise Mässigung bei enthusiastischer That ist es, die Descartes überall auszeichnet, und selbst Rom hat seine Schriften mit einem sehr mildernden Zusatze in den Index aufgenommen.*)

Es kann nicht meine Absicht sein, das System der Schule hier vor Ihren Augen aufzurollen, wie es Descartes im ferneren Verlauf seiner *Methode* und in seinen späteren *Principien* entwickelt hat. Ich will nur noch einige Worte

*) Donec corrigantur. 22. Nov. 1663.

über die zwei Fürstinnen sagen, mit denen Descartes in inniger Verbindung stand, und die ihn bis zu seinem Lebensende begleiteten.

In dem Dorfe, der Haag genannt, das den schönsten europäischen Städten verglichen werden konnte, sah man in damaliger Zeit drei merkwürdige Hoflager. Zweitausend gewappnete Edelleute im büffelledernen Koller, mit der Orangeschärpe, grossen Kanonenstiefeln und Pallasch umgaben den Prinzen von Oranien. Im schwarzen Sammet, mit der breiten Fraise und dem viereckigen Bart sah man die Abgeordneten der Generalstaaten und die Bürgermeister, welche die Würde der Bürger-Aristokratie vertraten. Die Königin Wittwe von Böhmen bildete mit ihren fünf Töchtern die dritte Hofhaltung, wo die Damen des Landes sich täglich versammelten und die elegante Welt dem Geiste und der Schönheit der Prinzessinnen ihre Huldigung darbrachte. Zwei Meilen davon, in einem bei Leyden nach der Meeresseite zu gelegenen Dörfchen Endegeest lebte seit Ostern 1641 Descartes, der mit den Jahren schon zugänglicher geworden war. Die älteste der Prinzessinnen, Elisabeth, war ein Wunder von Gelehrsamkeit. Nachdem sie sich genugsam in der schönen Litteratur umgesehen und die fertige Kenntniss von einer grossen Menge Sprachen erworben (*sechs* hatte sie mit ihren Schwestern allein von ihrer Mutter erlernt), wandte sie sich zu ernsteren Dingen, zur Mathematik und Physik. Aber Alles, was sie gelernt hatte, erschien ihr gering und unbedeutend, als ihr Descartes Schriften in die Hände kamen. Die Erzählungen des ihm befreundeten Burggrafen Dohna erregen ihre Begierde, ihn persönlich kennen zu lernen. Sie ladet ihn zu sich ein und wird seine eifrige Schülerin. Ihr konnte er seine verborgensten Gedanken, seine sublimsten metaphysischen Speculationen, die abstractesten Untersuchungen seiner Geometrie mittheilen, und in seinen Principien, die er ihr dedicirt hat, erklärt er, dass sie allein von allen seinen Schülern seine Schriften vollkommen verstanden habe.*) Aus Liebe zur Descartesschen Philosophie schlug sie die Hand des Königs Wladislav IV. von Polen aus. Als ihr jüngster Bruder Philipp aus Eifersucht einen Herrn von Epinay am hellen Tage auf dem Kräutermarkt im Haag erschlug, wurde sie von ihrer Mutter, die sie im Verdacht der Mitwissenschaft hatte, vom Haag verbannt, und die Stelle der mündlichen Belehrung vertrat ein anhaltender Briefwechsel mit Descartes, von dem wir leider die Briefe der Prinzessin nicht

*) Sie hat unter Anderem durch die von ihrem Lehrer erfundene analytische Geometrie die Aufgabe behandelt, einen Kreis zu suchen, der drei gegebene berührt.

besitzen. Bis zum Westphälischen Frieden lebte sie in Crossen und Berlin bei ihren Brandenburgischen Verwandten, dann in Heidelberg bei ihrem Bruder Carl Ludwig, der durch den Frieden wieder in die Pfalz eingesetzt war. Als dessen ihr befreundete Frau, mit ihrem Manne zerfallen, unter dem Vorwande einer Jagd mit untergelegten Pferden nach Cassel zu ihrem Bruder, dem Landgrafen, entfloh, zog auch die Prinzessin Elisabeth sich nach Cassel zurück. Endlich nahm sie im höheren Alter, obgleich Calvinistin, die lutherische Abtei Herforden in der Grafschaft Ravensberg an, die ihr bei einer Rente von 20000 Thalern zum ersten Male in ihrem Leben den Genuss einer unabhängigen, sorgenfreien Existenz gewährte. Aus dieser Abtei machte sie eine philosophische Akademie, die bis zu ihrem Tode für eine der berühmtesten Cartesianischen Akademieen galt, und Jedem ohne Unterschied der Religion, ob er Katholik, Calvinist, Lutheraner, Socinianer oder Deist war, wenn er sich nur mit Philosophie beschäftigte, Aufnahme gestattete. Sie starb im März 1680 im 61ten Jahre ihres Lebens.

Eine andere merkwürdige Erscheinung damaliger Zeit war die junge Schwedenkönigin Christine. Man sah da ein 19-jähriges Mädchen, die täglich den Tacitus studirte, Griechisch lernte, sich ernsthaft mit den Wissenschaften beschäftigte; dabei war sie in allen Leibesübungen gewandt; keiner ihrer Hofleute konnte, wie sie, einen Hasen im Laufe schiessen; sie ritt meisterhaft und sass wohl an einem Jagdfeste zehn Stunden zu Pferde; gegen Frost und Hitze war sie abgehärtet; sie trug nie weder Haube noch Schleier, nur ein einfacher Hut mit Federn schützte sie gegen die Unbill der Witterung; ihre Toilette dauerte eine Viertelstunde, ein Kamm mit einer Bandschleife war ihr ganzer Kopfputz; ihr Mahl war einfach und ungewürzt; fünf Stunden nur widmete sie dem Schlaf. Dabei trug sie eine der mächtigsten Kronen mit Würde; ihren Mangel an Erfahrung ersetzte ihr scharfer Verstand, mit dem sie die verwickeltsten Angelegenheiten durchdrang und entschied. Ihr überlegener Geist beherrschte den Staatsrath so, dass die in Geschäften ergrauten Staatsmänner oft selbst hinterher über die Nachgiebigkeit, die sie ihr zeigten, erstaunten. Die fremden Gesandten verhandelten nicht mehr, wie sonst, mit den Ministern, sondern direct mit der Königin. Wie sie Descartes Schriften kennen lernte, ergriff auch sie die Begierde, von ihm persönlich Unterricht in seiner Philosophie zu erhalten. Als er trotz ihrer dringenden Einladung zu kommen zögerte, schickte sie im Frühjahr 1649 ihren Admiral Flemming mit einem Schiffe nach

Holland, um sich ihm ganz zu seiner Disposition zu stellen. Da widerstand er nicht länger, im October 1649 langte er in Stockholm an, und trotz der Winterzeit empfing die Königin jeden Morgen um fünf Uhr in ihrem Cabinet seinen Unterricht. Sie ging eben damit um, ihm eine erbliche Herrschaft in ihren Staaten im Bremischen oder in Pommern zuzusichern, um ihn an sich zu fesseln, als ihn das ihm ungewohnte strenge Klima im Anfange des Februar nach einer Krankheit von wenigen Tagen dahinraffte. Siebzehn Jahre nach seinem Tode, als schon Christine längst ihre Krone niedergelegt hatte, wurde seine Asche nach Frankreich geholt und in der Kirche St. Geneviève, dem heutigen Pantheon, beigesetzt. Solche Asche zu besitzen, ist oft viel bequemer, als die Lebendigen.

VORWORT

zu

A. L. BUSCH, VORSCHULE DER DARSTELLENDEN GEOMETRIE.*)

„Man hat bisher in unsern deutschen Landen“, beginnt Albrecht Dürer seine „*Unterweisung der Messung mit dem Zirkel und Richtscheit*“, „viel geschickte Jünger der Malerkunst ohne alle Grundlage bloss durch tägliche Uebung gelehrt, und sie also im Unverstand wie einen wilden, unbeschnittenen Baum aufwachsen lassen. Wiewohl etliche von ihnen Fertigkeit und eine freie Hand erlangt, so dass sie ihr Werk gewaltig, aber unbedacht und allein nach ihrem Gutdünken gemacht haben, so mussten doch die verständigen Maler und rechten Künstler beim Anblick solcher Werke dieser Leute ihre Blindheit belachen, weil einem rechten Verstand nichts unangenehmer auffällt, denn Falschheit im Gemäld, unangesehen ob das auch mit allem Fleiss gemalt wird. Dass aber solche Maler an ihren Irrthümern Wohlgefallen gehabt, rührt davon her, dass sie *die Kunst der Messung* nicht gelernt, ohne die kein rechter Werkmann werden oder sein kann. Ich habe mir daher vorgenommen, für alle Kunstjünger eine Unterweisung zusammenzustellen, damit sie durch Uebung im Messen mit Zirkel und Richtscheit die rechte Wahrheit erkennen und vor Augen sehen und zu einem rechten und grösseren Verstand in der Malerei kommen mögen. — In welchen Ehren diese Kunst bei den Griechen und Römern gewesen, zeigen die alten Bücher genugsam an. Nachmals ist sie aber verloren gegangen und an tausend Jahr verborgen gewesen, und erst seit zweihundert Jahren wieder durch die Wälschen an den Tag gebracht worden; denn leicht verlieren sich die Künste, aber schwer und durch lange Zeit werden sie wieder erfunden.

*) Vorschule der darstellenden Geometrie. Ein Handbuch für Lineal- und Zirkelzeichnen. Von A. L. Busch. Mit einem Vorwort von C. G. J. Jacobi. Berlin, Georg Reimer. 1. Auflage 1846, 2. Auflage 1868.

Demnach hoffe ich, mein Vorhaben werde kein Verständiger tadeln, weil es *aus guter Meinung und allen Kunstbegierigen zu Nutz geschieht, und auch* nicht den Malern allein, sondern Goldschmieden, Bildhauern, Schreinern und allen denen, so das Maass brauchen, nützlich sein mag, und ich weiss wohl, dass wer sich meiner Lehre bedient, nicht nur einen guten Grund legen, sondern auch zu einem grösseren Verstand gelangen, weiter suchen und gar viel mehr erfinden wird, als ich jetzt anzeige."

Diese durch ernstes Studium und fleissige Uebung mit Zirkel und Lineal hervorgegangene Kenntniss streng geometrischer Formen und Proportionen kam Dürer hauptsächlich in der Kunst zu Statten, durch welche er am meisten das Staunen seiner Zeitgenossen und die Bewunderung der Nachwelt erregt hat, wenn, wie Erasmus in seinem Dialoge über die richtige Aussprache des Lateinischen und Griechischen sich ausdrückt, „grösser, wie Apelles, ohne den Lockreiz der Farben, bloss durch glückliche Anwendung schwarzer Linien er Schatten, Licht, Glanz, Erhöhungen, Vertiefungen, die verschiedene Stellung desselben Gegenstandes, die harmonischen Maasse, ja das zu malen Unmögliche, Feuer, Lichtstrahlen, Donner, Wetterleuchten, Blitz, Nebel, alle Sinne und Leidenschaften, die ganze menschliche Seele von der Leibesgestalt wiederstrahlend, ja fast die Stimme selbst so vor die Augen hinstellt, dass durch Hinzufügung der Farbe dem Werke nur Unrecht geschähe". Das gründliche geometrische Vorstudium erweiterte den Blick und die Sphäre der Thätigkeit jener alten Meister, Piero della Francesca, Gentile und Giovanni Bellini, Alessandro Botticelli, Filippino und Domenico Ghirlandajo, Pietro Perugino, Andrea Mantegna, welche, wie uns der grosse Mathematiker Fra Luca dal Borgo, der häufig mit ihnen in geometrischen Gesprächen verkehrte, in seiner *Summa Arithmetica* berichtet, immer mit Zirkel und Lineal ihre Werke proportionirten und sie so zu der Vollendung brachten, die wir an ihnen bewundern. In den dreizehn riesigen Foliobänden, welche die Pariser Bibliothek und die Ambrosiana zu Mailand aufbewahren, sieht man, in welchem Umfange Leonardo da Vinci, ebenso wie Dürer, Alles, was zu den graphischen Künsten in Beziehung stand, mag es die Proportionen des menschlichen Leibes oder der Blätter der Bäume, oder mehr phantastische Ornamente, Brücken und Basiliken, die Fortification, ja die Geschützkunst betreffen, auf geometrische Constructionen zurückgeführt.

Ausserdem dass das vertraute Umgehen mit Zirkel und Lineal und die sorgfältige Ausführung der geometrischen Constructionen den Sinn und das Interesse für strenge Richtigkeit weckt und schärft, und dadurch zu jeder besonderen Kunst tüchtiger macht, kann eine so vielen Künsten und Gewerken gemeinschaftliche Grundlage dazu beitragen, die jetzt stattfindende Isolirung der Maler-, Bildhauer-, Goldschmiede-, Baukunst, die gegenseitige Entfremdung der verschiedenen Handwerke, die doch zu demselben Ganzen zusammen zu wirken haben, in etwas zu verringern, obschon eine solche Vereinigung, wie sie bei den hervorragenden Genien jener Zeit des grossen Kunstaufschwungs, einem Dürer, Leonardo, Buonarroti gesehen wurde, nicht wohl fürder möglich ist.

Das vorliegende Büchlein behandelt denselben Gegenstand, verfolgt die nämlichen Zwecke und sucht dieselben Bedürfnisse zu befriedigen, wie jenes oben angeführte Werk Dürer's; daher es mir nicht unpassend schien, dasselbe mit den Worten einzuleiten, die der grosse Meister seiner Schrift vorsetzt, welche die erste ihrer Art in deutscher Sprache gewesen ist. Wenn das vorliegende Buch die erfreulichste Bekanntschaft des Verfassers mit den neueren Constructionsmitteln verräth, so trifft man doch darin auch gern noch hie und da einige der in jenem alten Werke enthaltenen Vorschriften, wie z. B. die zur angenäherten Construction eines dem Kreise einzuschreibenden Siebenecks. Denn es hat sich aus denselben noch gar Manches durch Uebergehen in spätere Werke, wie die „*Praktische Geometrie*“ und die „*Mathematischen Erquickstunden*“ des gelehrten Schwenter, in der Tradition der Kunstschulen erhalten. Ja, wenn man sich nicht über den Reichthum verwundern müsste, den unser Verfasser in den kleinsten Raum zusammenzudrängen gewusst hat, möchte man wünschen, es wäre noch Mehreres aus dem Dürerschen oder verwandten Werken aufgenommen, insbesondere ausser den Kegelschnitten die Construction noch anderer in den Künsten vorkommenden Curven, von denen sich hier nur der sogenannte gedruckte Bogen findet. Sehr zu loben ist die den angenäherten Lösungen beigefügte Vergleichung der Zahlen, welche die Construction und die strenge Rechnung giebt. Das bequeme Format und die grosse Zweckmässigkeit der ganzen Einrichtung empfehlen das Buch sogleich beim ersten Anblick.

Wenn der Verfasser sein Buch für angehende Handwerker, Maschinen- und Bauzeichner, Feldmesser, Architekten, Ingenieure und Schüler technischer Lehranstalten und Gewerbeschulen bestimmt, und man nach den angeführten grossen Autoritäten diesen noch die Jünger der Maler-, Bildhauer- und Goldschmiedekunst beifügen kann, so glaube ich doch, dass in einem solchen Buche nicht die Künstler und Gewerkleute allein eine nützliche Unterweisung und Vorbereitung finden, sondern dass es auch für den wissenschaftlichen Unterricht in der Geometrie, wie ihn Gymnasien und höhere Bürgerschulen gewähren sollen, eine treffliche Vorschule abgiebt. Die Strenge der geometrischen Beweise ist eine Erfindung der Griechen, welche dem menschlichen Verstande nur zur höchsten Ehre gereicht. Aber sie ist nur dem reiferen Knaben- und angehenden Jünglingsalter eine passende und gesunde Nahrung, und dann nebst der Grammatik eine wahre Zucht des Verstandes. Dem Knaben, dem diese Welt der geometrischen Formen noch eine gänzlich fremde ist, mit den ersten Vorstellungen, die man ihm davon überliefert, zugleich schon zuzumuthen, sich darin in der Weise folgerechten Denkens nach systematischem Fortschritt zu bewegen, scheint keine gute Pädagogik. Ich schreibe diesem Missverhältniss hauptsächlich das beachtenswerthe Phänomen zu, dass zwar von den anderen Unterrichtsgegenständen eine Färbung, ein Interesse im späteren Leben zurückzubleiben pflegt, von den mathematischen dagegen bei der grossen Mehrzahl der Lernenden jede Spur bis auf die Erinnerung schwindet, während doch gerade diese Formen, diese Proportionen, deren Gesetzmässigkeit und Zusammenhang den jugendlichen Scharfsinn beschäftigt hat, uns auch in der Folge fortwährend umgeben und ihre Fragen an uns richten. Pestalozzi hatte von dem einzuschlagenden Wege eine richtige Vorstellung, aber aus Mangel an positiven Kenntnissen konnte er seiner Methode keinen Leib verleihen, liess er sie im Ab- und Aufzählen der Stücke nach einem leeren Schematismus combinirter Figuren verflattern. Ein Werk von der Tendenz und Ausführung des vorliegenden giebt dem mathematischen Gymnasiallehrer eine treffliche Anleitung, die Schüler mit jenen Begriffen und Formen zuvörderst zu befreunden, durch selbstthätiges Schaffen ihre Lust daran zu erregen, um dann das erweckte Bedürfniss eines vollkommenen Verständnisses in der folgenden Altersstufe durch den strengen Beweis zu befriedigen. Selbst der, welchem nach dieser Seite hin nur geringe Fähigkeit zum folgerechten Schliessen verliehen wäre, würde doch nicht ganz Schiffbruch leiden, sondern könnte sich einen werthvollen Besitz retten, die durch Anschauung und eigene Ausführung mit Zirkel und Lineal erworbene vertraute Kenntniss geometrischer Formen.

Berlin, den 19. Juni 1846.

ÜBER DIE KENNTNISSE DES DIOPHANTUS VON DER ZUSAMMENSETZUNG DER ZAHLEN AUS ZWEI QUADRATEN NEBST EMENDATION DER STELLE PROBL. ARITH. V. 12.

(Gelesen in der Akademie der Wissenschaften zu Berlin am 5. August 1847.)

Monatsbericht der Akademie der Wissenschaften zu Berlin. August 1847 p. 265—278.

Wie es häufig gerade bei solchen Stellen des klassischen Alterthums, welche ein besonderes sachliches Interesse darbieten, der Fall ist, so ist auch eine Stelle in den arithmetischen Problemen des Diophantus, welche uns über seine Kenntnisse von der Zusammensetzung der Zahlen aus zwei Quadraten wichtigen Aufschluss verspricht, verderbt. Es ist jedoch dies nicht in solchem Grade der Fall, dass nicht eine Wiederherstellung derselben möglich wäre.

In der 12ten Aufgabe des so reichen fünften Buches der arithmetischen Probleme wird verlangt:

die Einheit in zwei solche Stücke zu theilen, dass, wenn man zu ihnen dieselbe gegebene Zahl addirt, die beiden Summen Quadrate werden.

Nennt man die beiden Stücke x und y, die gegebene Zahl a, so sollen $x+a$ und $y+a$ gleichzeitig Quadrate und $x+y=1$ sein. Es wird daher $1+2a$ die Summe zweier Quadrate. Man sieht hieraus, dass die Zahl a nicht willkürlich gegeben sein kann, sondern ihr um Eins vermehrtes Doppeltes die Summe zweier Quadrate sein muss. Die Aufgabe kommt dann darauf zurück, eine gegebene ungerade Zahl $N=2a+1$, welche die Summe zweier Quadrate ist, in zwei andere Quadrate zu zerfällen, deren jedes grösser als a ist. Sind t^2 und u^2 solche Quadrate, so werden t^2-a, u^2-a die beiden gesuchten

Stücke der Einheit. Es ist hier nur von rationalen, nicht von ganzen Quadraten die Rede.

Die nähere Bestimmung der gegebenen Grössen, welche nöthig ist, damit die Aufgabe möglich werde, nannten die Griechen *διορισμός*, oder auch *προσδιορισμός*. Diese Diorismen bestehen in der Regel in Bestimmung der Grenzen, in welchen die gegebenen Grössen enthalten sein müssen, damit bei geometrischen Aufgaben die zu construirende Grösse reell bleibt, oder bei arithmetischen Aufgaben die Werthe der gesuchten Zahlen positiv werden. Damit bei den arithmetischen Aufgaben die Lösungen rational werden, oder die Aufgabe überhaupt gestellt werden kann, sind auch bisweilen, wie hier, Diorismen nöthig, welche sich bloss auf die Form der gegebenen Zahlen beziehen.

Proclus nennt Leon, der nach Hippokrates Elemente geschrieben, die sich durch grösseren Reichthum des Stoffs und sorgfältigere Beweise auszeichneten, als den Erfinder des *διορισμός*, *wann das gesuchte Problem möglich und wann es unmöglich ist.* (*ὥστε τὸν Λέοντα ... καὶ διορισμὸν εὑρεῖν, πότε δυνατόν ἐστι τὸ ζητούμενον πρόβλημα καὶ πότε ἀδύνατον*).*)

Es hätte bei der vorgelegten Aufgabe hingereicht, wenn Diophantus als Diorismus der gegebenen Zahl bemerkt hätte, *dass ihr um Eins vermehrtes Doppeltes die Summe zweier Quadrate sein muss.* Diophantus spricht aber diese Bedingung nicht ausdrücklich aus: er setzt sie bei seiner Auflösung voraus und sogar, dass man eine Zerfällung in zwei Quadrate wirklich kenne. Dagegen giebt Diophantus als Diorismus eine Eigenschaft an, welche eine Zahl, die die Summe zweier Quadrate ist, besitzen muss. Anderes als solche Eigenschaft sagt der Diorismus des Diophantus nicht aus: anderes braucht Diophantus nicht bewiesen zu haben, um dem Vorwurfe zu entgehen, etwas nur durch Induction Gefundenes mit Bestimmtheit auszusprechen. Er mag sich durch Induction überzeugt gehabt haben, dass diese Eigenschaft die Zahlen, welche die Summen zweier Quadrate sind, vollständig definirt, so dass jede Zahl, welche die angegebene Eigenschaft hat, auch immer die Summe zweier Quadrate ist, aber er hütet sich wohl, diese Umkehrung auszusprechen. So giebt er in der 14ten Aufgabe des fünften Buches von einer Zahl, welche die Summe *dreier* Quadrate sein soll, den Diorismus, dass sie nicht die Form $8n + 7$ haben

*) Dieser Leon war nach Proclus etwas älter als Eudoxus und ein Schüler des Leodamas, der ein Zeitgenosse des Archytas und Theaetetos war, und dem Plato seine Methode der geometrischen Analysis überliefert haben soll.

dürfe, was er leicht beweisen konnte: aber wir finden nicht bei ihm ausgesprochen, dass umgekehrt jede ungerade Zahl, welche nicht diese Form hat, oder jede gerade nicht durch 4 theilbare Zahl auch wirklich immer die Summe *dreier* Quadrate ist, was er wohl ebenfalls durch Induction finden konnte, was aber zu beweisen ausser seiner Macht lag.

Eine elementare Betrachtung zeigt, dass jede ganze ungerade Zahl $2a+1$, welche die Summe der Quadrate zweier rationalen Zahlen ist, die Form $4n+1$ hat. Es darf also a nicht ungerade sein, weil sonst $2a+1$ die Form $4n-1$ erhält. Aber nicht umgekehrt ist jede ganze Zahl von der Form $4n+1$ auch die Summe der Quadrate zweier rationalen Zahlen. Es kommt daher darauf an, noch andere Eigenschaften dieser Summen zu entdecken. Zahlen, die sich nur durch einen quadratischen Factor unterscheiden, werden immer gleichzeitig die Summen der Quadrate zweier rationalen Zahlen sein können oder nicht sein können. Es ist daher hinreichend, solche ganze Zahlen zu betrachten, welche durch kein Quadrat theilbar sind. *Diese Zahlen dürfen, wenn sie die Summen zweier Quadrate sein sollen, weder selbst, noch darf einer ihrer Factoren die Form* $4n-1$ *haben.* In diesem wichtigen arithmetischen Satze besteht der Diorismus des Diophantus, wie er sich durch eine unbedeutende Änderung aus dem jetzigen Texte ergiebt. Ehe ich jedoch diese Änderung selbst mittheile, muss ich den mathematischen Sprachgebrauch der Präposition *παρά* bei Diophantus näher erläutern.

Es ist sehr bekannt, dass die Präposition *παρά* von der *Division* gebraucht wird. Einen Raum an eine Seite anlegen (*παραβάλλειν*, im Platonischen Meno nach Mollweide's und August's Erklärung *παρατείνειν*) heisst soviel, als die Höhe eines Rechtecks suchen, dessen Basis die gegebene Seite und dessen Inhalt der gegebene Raum ist, also den Raum durch die Seite dividiren. Man hat denselben Ausdruck auf die rein arithmetischen Operationen übertragen, so dass *παραβολή* bei Diophantus schlechthin für Division genommen wird*). Wenn er einen gemeinschaftlichen Factor, welchen die Glieder einer Gleichung haben, fortheben will, so sagt er kurz: *πάντα παρὰ τέσσαρα, παρὰ ἀριθμόν, παρὰ δύναμιν*, alles durch 4, durch x, durch x^2. Aber Diophantus braucht

*) So z. B. heisst es IV, 23:

ἐὰν ἄρα δὲ ᾱ ΔΥ ς β̄ παραβάλλω παρὰ ςοὶ δ̄ μο θ̄, ἕξω τὸν τρίτον. οὐ δυνατὴ δὲ ἡ παραβολή. ἵνα δὲ γένηται ἡ παραβολή etc.

wenn ich nun x^2+2x durch $4x+9$ dividire, werde ich die dritte (Zahl) haben; aber die Division ist nicht möglich; damit also die Division möglich werde u. s. w.

die Präposition *παρά* an mehreren Stellen auch von der *Subtraction*. Im 27ten Problem des zweiten Buches heisst es:

ἐὰν ὦσι δύο ἀριθμοὶ ὧν ὁ μείζων τοῦ ἐλάσσονός ἐστι τετραπλασίων παρὰ μονάδα, ὁ ὑπ' αὐτῶν προσλαβὼν τὸν ἐλάσσονα ποιεῖ τετράγωνον·

wenn man zwei Zahlen hat, von denen die grössere das Vierfache der kleineren neben der Eins ist, so macht das Product derselben, nachdem es die kleinere hinzugenommen hat, ein Quadrat ($B = 4A - 1$, $AB + A = 4A^2$):

oder in der 34ten Aufgabe desselben Buches:

ἐὰν ἀριθμὸς ἀριθμοῦ ᾖ διπλασίων παρὰ μονάδα, ὁ ἀπὸ τοῦ ἐλάσσονος τετράγωνος λείψει τοῦ μείζονος ποιεῖ τετράγωνον·

$$(B = 2A - 1, \quad A^2 - B = (A - 1)^2);$$

oder in der 19ten Aufgabe des dritten Buches:

ἐὰν ἀριθμὸς ἀριθμοῦ τετραπλασίων ᾖ παρὰ μονάδας τρεῖς, αἱ μονάδι αὐτῶν ἐλάσσονες πρὸς ἀλλήλους λόγον ἔχουσιν, ὃν τετράγωνος ἀριθμὸς πρὸς τετράγωνον ἀριθμόν·

$$(B = 4A - 3, \quad B - 1 : A - 1 = 4 : 1),$$

und weiterhin:

ὡς εἰ οὖν καὶ ςςῶν δ τῶν μο θ ἥμισυ ἦν, ἦν ἂν ἡ παραβολή·

wenn nun auch der Coefficient von 4x die Hälfte von 9 wäre, ginge die Division;

oder in der unmittelbar folgenden, wo der zuerst angeführte Satz nur mit anderen Worten wiederholt wird:

ἐὰν ἀριθμὸς ἀριθμοῦ ᾖ τετραπλασίων παρὰ μονάδα, ὁ ὑπ' etc.;

oder in der folgenden:

ἐὰν ἀριθμὸς ἀριθμοῦ ᾖ τετραπλασίων παρὰ μο δ, ὁ ὑπ' αὐτῶν λείψας τὸν μείζονα ποιεῖ τετράγωνον·

$$(B = 4A - 4, \quad AB - B = 4A^2 - 8A + 4 = (2A - 2)^2):$$

bemerkenswerth ist VI. 23:

καὶ τὸ μὲν δυ β ςςῶν β κατασκευάζειν τετράγωνον ῥᾴδιόν ἐστιν· ἐὰν γὰρ δυάδα μερίσῃς εἰς τετράγωνον παρὰ δυάδα, εὑρήσεις τὸν ς α·

und $2x^2 + 2x$ zu einem Quadrat zu machen, ist leicht: denn wenn man 2 durch ein Quadrat weniger 2 dividirt, wird man x finden;

$$2\left(\frac{2}{A^2-2}\right)^2 + 2\left(\frac{2}{A^2-2}\right) = 2\left(\frac{2}{A^2-2}\right)\left(\frac{2}{A^2-2}+1\right) = \frac{4A^2}{(A^2-2)^2}:$$

endlich heisst die letzte Aufgabe des sechsten Buches:

εὑρεῖν τρίγωνον ὀρθογώνιον, ὅπως ὁ ἐν μιᾷ τῶν ⌊ ᾖ κύβος, ὁ δὲ ἐν τῇ ἑτέρᾳ κύβος παρὰ πλευράν, ὁ δὲ ἐν τῇ ὑποτεινούσῃ κύβος καὶ πλευρά·
ein rechtwinkliges Dreieck zu finden, so dass in einer der Katheten ein Cubus, in der anderen ein Cubus weniger seiner Seite und in der Hypotenuse ein Cubus und seine Seite ist.

In ähnlicher Art braucht auch Nicomachus die Präposition *παρά* in der *εἰσαγωγή* (S. 147 der Astschen Ausgabe):

μεσότης ἄρα ὁ η τῶν ς καὶ τῶν ιβ κατὰ τὴν ἁρμονικήν· ὡς γὰρ οἱ ἄκροι πρὸς ἀλλήλους, οὕτως ἡ τοῦ μεγίστου παρὰ τὸν μέσον διαφορὰ πρὸς τὴν τοῦ μέσου παρὰ τὸν ἐλάχιστον διαφοράν·
8 ist nämlich harmonisches Mittel von 6 und 12; denn wie die Äusseren zu einander, so verhält sich der Grössten Unterschied von der Mittleren zu dem Unterschiede der Mittleren von der Kleinsten ($12 : 6 = 12 - 8 : 8 - 6$).

Ich komme nun zu dem Diorismus des Diophantus, welcher angeben soll, welche Eigenschaft eine gegebene Zahl haben muss, wenn ihr Doppeltes, um Eins vermehrt, die Summe der Quadrate zweier rationalen Zahlen ist. Die Worte, wie man sie jetzt liest, heissen:

δεῖ δὴ τὸν διδόμενον μήτε περισσὸν εἶναι, μήτε ὁ διπλασίων αὐτοῦ ς^{ος} μ^{ο} α μείζονα ἔχῃ μέρος δ, ἢ μετρεῖται ὑπὸ τοῦ α^{οῦ} ς^{οῦ}.

Die Handschriften, deren ich mehrere zu vergleichen Gelegenheit gehabt habe, und die Bachetsche Ausgabe geben keine wesentlichen Varianten: für die Zeichen von *ἀριθμός, μονάς, πρῶτος* sind in einigen die Worte gesetzt; für *δ τέταρτον*. Ich emendire diese Stelle so:

δεῖ δὴ τὸν διδόμενον μήτε περισσὸν εἶναι, μήτε ὁ διπλασίων αὐτοῦ καὶ μ^{ο} α μείζων ἔχῃ μέρος τετραχῇ μετρεῖσθαι παρὰ τὴν α μ^{ο}·
es muss aber die Gegebene weder ungerade sein, noch ein Factor, welchen die Doppelte von ihr und um Eins Grössere hat, vierfach gemessen werden neben der Eins.

In Bezug auf die gemachten Änderungen bemerke ich, dass in den Handschriften die Zeichen für *ἀριθμός* und *καί*, und eben so die Zeichen für *ἀριθμός* und *μονάς* sehr häufig verwechselt werden. Für *τετραχῇ* ist *δ^{χ}* geschrieben worden, woraus *δ ἢ* oder *δ' ἢ* entstanden ist; wie für *τετράκις* in den Handschriften *δ^{κις}* oder *δ_{κις}* steht, woraus einige Male *δὶς* wurde. (Sonderbarer ist die aus der Schreibart *δ^{κις}* entstandene häufige Vertauschung von *τετράκις* mit *διακεκριμένως*, welche bereits von Bachet bemerkt wurde und sich in allen mir zu Gesicht gekommenen Handschriften des Diophantus findet, doch nicht in übereinstimmender Art, so dass abwechselnd die eine *διακεκριμένως* hat, wo in der anderen das richtige *τετράκις* steht.) Was den Ausdruck *διπλασίων καὶ μονάδι μείζων* betrifft, so kann man dazu folgende Stelle vergleichen:

I. 3. *Τὸν ἐπιταχθέντα ἀριθμὸν διελεῖν εἰς δύο ἀριθμοὺς ἐν λόγῳ καὶ ὑπεροχῇ τῇ δοθείσῃ· ἐπιτετάχθω δὴ τὸν π̄ διελεῖν εἰς δύο ἀριθμούς, ἵνα ὁ μείζων τοῦ ἐλάσσονος τριπλασίων ᾖ καὶ ἔτι μονάσι δ̄ ὑπερέχῃ,*

wo man die Worte *ἐν λόγῳ καὶ ὑπεροχῇ* in einen Begriff zusammenfassen muss. Dass *μέρος Factor* bedeutet, sagt Euclides in der dritten Definition des siebenten Buches:

μέρος ἐστὶν ἀριθμὸς ἀριθμοῦ ὁ ἐλάσσων τοῦ μείζονος, ὅταν καταμετρῇ τὸν μείζονα,

und braucht es in diesem Sinne an vielen Stellen seiner arithmetischen Bücher.

Diophantus hat keinen Beweis seines Diorismus gegeben, wie er dies auch bei anderen Diorismen nicht thut. Es scheint mir aber bei näherer Untersuchung keinem Zweifel unterworfen, dass er einen Beweis gehabt habe, indem Alles, was zu einem solchen erfordert wird, in den Mitteln der griechischen Mathematik liegt und in dem Geiste ihrer Methoden ist. Um dies zu zeigen, wird es nöthig sein, den Beweis selbst darzulegen.

Der erste Theil des Diorismus enthält den Satz:

I. *Jede ganze ungerade Zahl, welche die Summe der Quadrate zweier rationalen Zahlen ist, hat die Form* $4n+1$.

Der Beweis dieses Satzes beruht auf den elementarsten und den Griechen geläufigen Betrachtungen. So wusste Diophantus, dass die Quadrate der ungeraden Zahlen die Form $8n+1$ haben, wie sich aus seinem oben angeführten Satze ergiebt, dass die Summe *dreier* Quadrate nicht die Form $8n+7$ haben kann. Theon Smyrnaeus und Jamblichus bemerken, dass die weder durch 3 noch durch 4 theilbaren Quadrate die Form $12n+1$ haben. Auf diesen ersten Theil des Diorismus scheint sich Diophantus stillschweigend in der 15ten Aufgabe des sechsten Buches zu beziehen, wo eine vorläufig nach Willkür gemachte Annahme über die gesuchten Zahlen zu der Forderung führt, den Ausdruck

$$15x^2-36$$

zu einem Quadrat machen zu sollen. *Dies ist unmöglich,* sagt er, *weil* 15 *nicht in zwei Quadrate getheilt werden kann.* Soll nämlich $15x^2 - 36$ ein Quadrat sein, so muss 15 die Summe von $\frac{36}{x^2}$ und einem Quadrat, also die Summe der Quadrate zweier rationalen Zahlen sein, was nach dem Satz (I) unmöglich ist, weil 15 die Form $4n - 1$ hat.

Ich glaube aber auch, dass man ohne Bedenken annehmen kann, dass Diophantus den Beweis des folgenden Satzes gekannt hat, welcher den Haupttheil des aufgestellten Diorismus in sich begreift:

II. *Wenn eine gegebene ganze ungerade Zahl die Summe der Quadrate zweier ganzen Zahlen b und c ist, welche keinen gemeinschaftlichen Theiler von der Form $4n - 1$ haben, so hat jeder Factor p der gegebenen Zahl die Form $4n + 1$.*

Dass das Product zweier Summen zweier Quadrate wieder die Summe zweier Quadrate ist, war ein dem Diophantus sehr geläufiger Satz, von welchem er häufige Anwendungen macht. Auch weiss er, dass das Product von zwei solchen Factoren auf zwei Arten, das Product dreier solcher Factoren auf vier Arten die Summe zweier Quadrate wird. Denn um in einer seiner Aufgaben eine Zahl zu finden, welche auf vier verschiedene Arten die Summe zweier Quadrate ist, bildet er sie durch Multiplication von drei verschiedenen Zahlen, von denen jede die Summe zweier Quadrate ist. Ausser dieser Kenntniss, dass das Product von Zahlen von der Form $A^2 + B^2$ wieder diese Form hat, sind zum Beweise des Satzes (II) nur die folgenden Betrachtungen erforderlich, welche anderen, wie wir sie bei Diophantus und Euclides finden, nicht unähnlich sind. Die im Folgenden gebrauchten Buchstaben sollen immer ganze positive Zahlen bedeuten.

Es sei p ein Theiler von $b^2 + c^2$, p^0 der Quotient, so dass

$$p^0 p = b^2 + c^2.$$

Es seien ip und kp die Vielfachen von p, welche den Zahlen b und c möglichst nahe kommen, und

$$\pm b_1 = b - ip, \quad \pm c_1 = c - kp,$$

so werden b_1 und c_1 kleiner als $\frac{1}{2}p$ oder höchstens gleich $\frac{1}{2}p$. Substituirt man diese Werthe von b_1 und c_1, so erhält man

$$b_1^2 + c_1^2 = p\{p^0 - 2(ib + kc) + p(i^2 + k^2)\}$$
$$= p\{p^0 - 2(\pm ib_1 \pm kc_1) - p(i^2 + k^2)\}.$$

Setzt man daher

$$\begin{aligned} p_1 &= p^0 - 2(ib + kc) + p(i^2 + k^2) \\ &= p^0 - 2(\pm ib_1 \pm kc_1) - p(i^2 + k^2) \\ &= p^0 - i(b \pm b_1) - k(c \pm c_1), \end{aligned}$$

so wird

$$b_1^2 + c_1^2 = pp_1.$$

Da die Zahlen b_1 und c_1 höchstens gleich $\frac{1}{2}p$ werden, so wird $b_1^2 + c_1^2$ höchstens gleich $\frac{1}{2}p^2$, und daher p_1 höchstens gleich $\frac{1}{2}p$, also gewiss immer kleiner als p.

Wenn die vier Zahlen p, p_1, b_1, c_1 einen gemeinschaftlichen Factor haben, so haben denselben Factor auch die Zahlen p^0, p, b, c; und umgekehrt, wenn die Zahlen p^0, p, b, c einen gemeinschaftlichen Factor haben, so haben denselben Factor auch die Zahlen p, p_1, b_1, c_1, wie aus den vorstehenden Formeln unmittelbar ersichtlich ist.

Wenn man auf dieselbe Art, wie im Vorhergehenden aus den Zahlen p^0, p, b, c die Zahlen p, p_1, b_1, c_1 abgeleitet worden sind, aus diesen letzteren die Zahlen p_1, p_2, b_2, c_2 ableitet, und aus diesen wieder auf dieselbe Art neue p_2, p_3, b_3, c_3 und so fort, so muss das Verfahren einmal aufhören anwendbar zu sein, weil die ganzen positiven Zahlen p, p_1, p_2 u. s. w. nicht in's Unendliche abnehmen können. Das Verfahren kann aber nur dann aufhören anwendbar zu sein, wenn man auf Zahlen p_i, b_i, c_i kommt, von denen die erstere die beiden anderen theilt, weil dann p_{i+1}, b_{i+1} und c_{i+1} der Null gleich werden. Ist man zu solchen Zahlen gekommen, so zeigt die Gleichung

$$p_{i-1}p_i = b_i^2 + c_i^2,$$

dass $p_{i-1}p_i$ durch p_i^2 theilbar ist, und daher auch p_{i-1} durch p_i theilbar sein muss. Daraus aber, dass die vier Zahlen p_{i-1}, p_i, b_i, c_i den gemeinschaftlichen Factor p_i haben, folgt nach dem obigen Satze, dass auch alle vorhergehenden Zahlen denselben Factor haben, also auch die ursprünglichen Zahlen p^0, p, b, c durch p_i theilbar sein müssen. Wenn daher, wie in dem Satze (II) angenommen worden ist, $b^2 + c^2$ eine ungerade Zahl ist und b und c keinen gemeinschaftlichen Factor von der Form $4n - 1$ haben, so kann p_i, als gemeinschaftlicher Factor von b und c, weder gerade sein noch die Form $4n - 1$ haben, sondern muss eine ungerade Zahl von der Form $4n + 1$ sein. Haben b und c überhaupt keinen gemeinschaftlichen Factor, so muss $p_i = 1$ werden.

Multiplicirt man die Gleichungen

$$pp_1 = b_1^2 + c_1^2, \quad p_1 p_2 = b_2^2 + c_2^2, \quad \ldots, \quad p_{i-1} p_i = b_i^2 + c_i^2$$

mit einander, so wird, wie Diophantus bekannt war, das Product

$$pp_1 \cdot p_1 p_2 \cdot p_2 p_3 \cdots p_{i-1} p_i = pp_i (p_1 p_2 \cdots p_{i-1})^2$$

wieder die Summe der Quadrate zweier ganzen, und daher pp_i die Summe der Quadrate zweier rationalen Zahlen. Die Zahl pp_i muss ungerade sein, weil p und p_i als Factoren der ungeraden Zahl $b^2 + c^2$ ungerade sind. Es muss aber zufolge (I) die ungerade Zahl pp_i als Summe der Quadrate zweier rationalen Zahlen die Form $4n+1$ haben, und da p_i diese Form hat, so muss auch p die Form $4n+1$ haben, was zu beweisen war.

Wenn b und c keinen gemeinschaftlichen Factor haben, und daher $p_i = 1$ wird, so folgt aus dem Vorhergehenden, dass p die Summe der Quadrate zweier rationalen Zahlen ist. Man hat daher auch den Satz:

III. *Wenn eine gegebene ungerade Zahl die Summe zweier Quadrate ist, die keinen gemeinschaftlichen Factor haben, so ist auch jeder Factor der gegebenen Zahl die Summe der Quadrate zweier rationalen Zahlen.*

Die Methode, aus einer Summe zweier Quadrate, welche ein Vielfaches von p ist, durch Änderung der Wurzeln um Vielfache von p eine andere Summe zweier Quadrate abzuleiten, die ein kleineres Vielfaches von p ist, scheint mir solchen Methoden, welche wir bei Diophantus finden, analog. Denn in verschiedenen Problemen leitet er aus *einer* gegebenen Zerfällung einer Zahl in zwei Quadrate andere ab, in welchen die Wurzeln der beiden Quadrate sich zwischen gegebenen Grenzen befinden. Er hat sogar das eigene Wort *μεταδιελεῖν* (*umzerfällen*) für die Operation, durch welche eine Summe zweier Quadrate als Summe von anderen zwei Quadraten dargestellt wird. Die Methode ferner, durch einen fortgesetzten Process zu immer kleineren Zahlen zu gelangen, ist derjenigen ähnlich, deren sich bereits Euclides zur Auffindung des grössten gemeinschaftlichen Theilers zweier Zahlen bedient.

Der Satz (III) kann vervollständigt werden, indem auch der Satz gilt:

IV. *Dass jeder Factor der Summe zweier ganzen Quadrate, die keinen gemeinschaftlichen Theiler haben, wieder die Summe zweier ganzen Quadrate ist.*

Auch der Beweis dieses vollständigeren Satzes enthält nichts, was dem Diophantus nicht zugänglich gewesen wäre. Da Diophantus die beiden Arten, das Product zweier Summen zweier Quadrate wieder als solche darzustellen, genau kannte, so konnte ihm, wenn er überhaupt sein Augenmerk darauf richtete, nicht entgehen, dass in der einen dieser beiden Arten die beiden Wurzeln immer durch p_1 theilbar werden. Hierauf aber beruht im Wesentlichen der Beweis des Satzes (IV).

Wenn man nämlich in der Gleichung

$$(b_1^2+c_1^2)(b_2^2+c_2^2) = (b_1b_2+c_1c_2)^2+(b_1c_2-b_2c_1)^2$$

für b_2 und c_2 die Werthe

$$b_2 = b_1 - i_1p_1, \quad c_2 = c_1 - k_1p_1$$

substituirt, so werden, wenn $b_1^2+c_1^2 = pp_1$, die Wurzeln der beiden Quadrate rechts vom Gleichheitszeichen

$$b_1b_2+c_1c_2 = p_1(p-i_1b_1-k_1c_1),$$
$$b_1c_2-b_2c_1 = p_1(i_1c_1-k_1b_1);$$

und daher, wenn man

$$b_2^2+c_2^2 = p_1p_2$$

setzt, nach Division mit p_1^2

$$pp_2 = (p-i_1b_1-k_1c_1)^2+(i_1c_1-k_1b_1)^2$$

(wofür man, da nach den oben gegebenen Formeln

$$p_2 = p-i_1(b_1+b_2)-k_1(c_1+c_2)$$

ist, auch

$$pp_2 = (p_2+i_1b_2+k_1c_2)^2+(i_1c_2-k_1b_2)^2$$

setzen kann). Aus dieser Zerfällung leitet man auf dieselbe Art, wie sie selbst aus der Zerfällung von pp_1 erhalten worden ist, die Zerfällungen von pp_3, pp_4 etc. ab, wo p, p_1, p_2, p_3, p_4 etc. eine rasch abnehmende Reihe positiver ganzer Zahlen bilden, die, wenn b und c keinen gemeinschaftlichen Factor haben, zuletzt 1 werden, was die verlangte Darstellung von p als Summe zweier ganzen Quadrate giebt. Wenn aber auch der Beweis des Satzes (IV) dem Diophantus zugänglich war, so haben wir doch keinen Grund anzunehmen, dass dieser Beweis auch wirklich von Diophantus gekannt war, da der Satz (IV) zu dem von ihm gestellten Diorismus nicht erforderlich ist.

In den meisten Fällen, in welchen Diophantus auf frühere Betrachtungen oder Sätze seines Werkes Bezug nimmt, thut er dies ohne ausdrückliche Erwähnung, wenn dieselben nicht etwa in der unmittelbar vorhergehenden Aufgabe vorkommen; wie auch Euclides, wo er frühere Sätze anwendet, diese nicht zu citiren pflegt*). Es ist aber nicht anzunehmen, dass er auch dann jede nähere Hinweisung unterlassen haben würde, wenn der Beweis eines schwierigen von ihm ausgesprochenen Satzes aus einem anderen Werke hätte entlehnt werden müssen. Noch weniger ist anzunehmen, dass er einen Satz ausgesprochen haben würde, von welchem es überhaupt noch keinen Beweis gab. Es scheint mir daher wahrscheinlich, dass alles nicht den ersten Elementen Angehörige, was er voraussetzt, und was wir jetzt nicht in seinem Werke finden, in verlorenen Theilen desselben behandelt war. Nur hat man, wie bereits bemerkt worden, nicht das Recht, ihm mehr zuzuschreiben, als seine Voraussetzungen besagen, und muss deshalb dieselben genau prüfen. Wurden ausser diesem Diorismus und anderen Sätzen, die in dem Werke sich jetzt nicht bewiesen finden, auch noch, wie es wahrscheinlich ist, die drei angeführten Porismen, welche auf sehr complicirten algebraischen Betrachtungen beruhen, bewiesen, und waren die Beweise etwa mit der für uns kaum mehr erträglichen Weitläufigkeit geführt, wie wir sie in dem Buch über die Polygonalzahlen finden, so war dies schon hinreichend, um damit sechs oder sieben Bücher anzufüllen, die jetzt zu fehlen scheinen. Wenn, wie so häufig, einige Bücher desselben Werkes weniger als andere durch Abschriften vervielfältigt wurden und daher verloren gingen, so ist es erklärlich, dass es diejenigen Bücher waren, welche schwierige algebraische Abhandlungen enthielten und von den mehr ansprechenden *Problemen* abgesondert werden konnten. Jedoch mögen auch Reihen von Aufgaben selbst fortgefallen sein, insbesondere gegen das Ende solche, welche die Construction schiefwinkliger Dreiecke in rationalen Zahlen betrafen. Es ist uns kein Name eines Mathematikers bekannt, der die Untersuchungen des Diophantus fortgesetzt hätte, und doch finden wir bei den römischen Agrimensoren und dem jüngeren Hero das schiefwinklige Dreieck mit den Seiten 13, 14, 15, dessen Höhen ebenfalls rationale Zahlen sind, angewandt. Wenn die Bildung dieser Dreiecke, wie es fast scheint, bereits vor Diophantus bekannt war, durfte sie in seinem Werke desto weniger fehlen. Die jetzt ganz isolirt stehende Aufgabe VI. 18, ein rechtwinkliges Dreieck in Zahlen zu construiren, in dem die Halbirungslinie eines der beiden spitzen

*) Ich finde im Diophantus zwei Stellen, III. 6 und IV. 29, wo er sich auf Aufgaben, die im ersten Buche gelöst sind (18 und 30), beruft. In der zweiten, IV. 29, sagt er ausdrücklich: *καὶ προδέδεικται αὕτη ἡ ἀπόδειξις ἐν τῷ πρώτῳ βιβλίῳ καὶ νῦν δὲ δειχθήσεται* etc.; in der ersten Stelle sagt er bloss: *τοῦτο δὲ προδέδεικται.* Die drei Sätze, die er als in den Porismen gegeben citirt, finden sich bekanntlich nicht in dem auf uns gekommenen Werke.

Winkel eine rationale Zahl ist, hat wahrscheinlich einem Cyclus ähnlicher Aufgaben angehört.

Die verderbte Lesart des jetzigen Textes ὑπο τοῦ $\overline{\alpha}^{ου}$ $\varsigma^{ου}$ (ὑπὸ τοῦ πρώτου ἀριθμοῦ) hat Bachet auf den Gedanken gebracht, ob vielleicht nach Diophantus Meinung die ungerade Zahl, welche die Summe zweier Quadrate ist, eine Primzahl von der Form $4n+1$ sein sollte. *Aliquando mihi venit in mentem*, sagt er, *Diophantum voluisse duplum dati numeri paris unitate auctum esse numerum primum, quandoquidem omnes fere huiusmodi numeri componuntur a duobus quadratis, quales sunt*

$$5, \quad 13, \quad 17, \quad 29, \quad 41, \quad \ldots$$

Das hier noch von Bachet gebrauchte *fere* hat Fermat gestrichen und den Satz, *dass jede Primzahl von der Form* $4n+1$ *die Summe zweier Quadrate ist*, nebst einer Reihe ähnlicher Sätze apodictisch hingestellt. Aus den Bemühungen der Mathematiker, diese Sätze zu beweisen, ist die grosse arithmetische Theorie *der quadratischen Formen* entstanden. Wenn es aber nach dem, was oben auseinandergesetzt worden ist, eine grosse Wahrscheinlichkeit hat, dass Diophantus den Satz, *dass jeder Theiler der Summe zweier Quadrate, die zu einander Primzahlen sind, die Summe zweier rationalen Quadrate ist*, beweisen konnte, und wenn ihm zu dem Beweise des Satzes, *dass ein solcher Theiler auch die Summe zweier ganzen Quadrate ist*, durchaus nicht die Mittel gefehlt haben würden, so ist man doch nicht berechtigt anzunehmen, Diophantus habe die Umkehrung seines Diorismus, nach welcher auch *jede Zahl, welche keinen Factor von der Form* $4n-1$ *hat, Theiler der Summe zweier Quadrate ist, die zu einander Primzahlen sind*, ebenfalls beweisen können oder auch nur gekannt. Diese Umkehrung wird noch zum Beweise des Fermatschen Satzes, dass jede Primzahl von der Form $4n+1$ die Summe zweier Quadrate ist, erfordert. Auf wie verschiedenen Wegen man auch seit Euler dieselbe bewiesen hat, so giebt es doch für die dazu nöthigen Methoden keine Analogie in der Mathematik der alten Welt. Immer aber wird dem Diophantus der Ruhm bleiben, zu den tiefer liegenden Eigenschaften und Beziehungen der Zahlen, welche durch die schönen Forschungen der neueren Mathematik erschlossen worden, den ersten Anstoss gegeben zu haben. Wurde der Diorismus der 12ten Aufgabe des fünften Buches die Veranlassung zu dem Satze, dass jede Primzahl von der Form $4n+1$ die Summe zweier Quadrate ist, so gab die Forderung, die Diophantus im 31ten Problem des vierten und im 17ten Problem des fünften Buches stellt, eine gegebene Zahl in vier Quadrate zu theilen, die Veranlassung zu dem Satze, dass jede Zahl die Summe von vier Quadraten ist. Und wenn Diophantus in dem bereits mehrfach hier angeführten 14ten Problem des fünften Buches fordert, eine gegebene Zahl, *die aber nicht die Form* $8n+7$ *haben dürfe*, in drei Quadrate zu theilen, so musste die Frage entstehen, ob denn alle übrigen ungeraden Zahlen die Summen dreier Quadrate sind, und diese Frage hat zu der Theorie *der ternären Formen* geführt.

AUSZUG EINES SCHREIBENS VON JACOBI AN SCHUMACHER.

Schumacher Astronomische Nachrichten, Bd. 28 No. 651 p. 43—46.

Die Discussion der Fragen, zu welchen die grosse Leverriersche Entdeckung Anlass giebt, hat in der neuesten Zeit eine beklagenswerthe Wendung genommen. Diese Fragen könnten für die Astronomen ein neuer Sporn sein, die Theorien der einzelnen Theile des Sonnensystems bis zu derjenigen Vollkommenheit auszuarbeiten, welche die Höhe der Praxis und die reichen Hülfsmittel der mathematischen Analysis jetzt möglich machen, um das Ziel zu erreichen, welches Bessel in dem von ihm hinterlassenen Fragment seiner Selbstbiographie als den leitenden Gedanken seines arbeitsamen Lebens angiebt. Es muss aber als unwürdig erscheinen, die Lage des grösseren Publicums, in diesen Dingen kein selbstständiges Urtheil zu besitzen, dazu zu missbrauchen, um bei demselben eine durch tiefe Gedanken und jahrelange Arbeit eroberte Entdeckung, um welche unsere Nachkommen unsere Zeit beneiden werden, durch die monströse Behauptung zu verdächtigen, als habe dabei ein Zufall obgewaltet oder mitgespielt. Da innerhalb der letzten 10—20 Jahre die Angaben des Calculs jederzeit hingereicht hätten, den Planeten aufzufinden, so kann hier von keinem Zufalle die Rede sein. Man muss bewundern, dass aus so kleinen und unsicheren Quantitäten, wie die hier gegebenen, so genaue Resultate gezogen werden konnten, und kann dies nur der umsichtigen Behandlung dieser Data und der musterhaften Benutzung aller Hülfsmittel zuschreiben. Denen, welche die Entdeckung für zufällig ausgeben, weil die Uebereinstimmung nicht grösser ist, als es die Natur der Sache verstattet, wäre der Rath zu geben, auch solche zufällige Entdeckungen zu machen.

Berlin, den 10. October 1848.

ÜBER DAS VORKOMMEN EINES ÄGYPTISCHEN BRUCHNAMENS IN PTOLEMAEUS GEOGRAPHIE.

(Gelesen in der Akademie der Wissenschaften zu Berlin am 16. August 1849.)

Monatsbericht der Akademie der Wissenschaften zu Berlin, August 1849 p. 222—226.

Die Griechen hatten nur für diejenigen Brüche eine übliche Bezeichnung, welche die Einheit zum Zähler haben; statt des Horizontalstriches über dem Buchstaben, wodurch die Zahl selbst bezeichnet wird, wird ein verticaler, doch etwas schiefer, Strich über den Buchstaben gesetzt, wenn die Einheit, durch diese Zahl dividirt, bezeichnet werden soll. Besteht der Nenner aus mehreren Buchstaben, so wird dieser Strich nur über den letzten gesetzt, manchmal auch der Horizontalstrich beibehalten, woraus vielleicht unsere Bruchbezeichnung entstanden ist $\left(\alpha\gamma' = \frac{1}{13}\right)$, wie die griechische nach Herrn Brugsch (in seinem schönen, kürzlich erschienenen Werke: „*Numerorum apud veteres Aegyptios demoticorum doctrina*") vielleicht aus der ähnlichen ägyptischen, in welcher der Verticalstrich das phonetische Zeichen für *Re* oder *Theil* bedeuten soll. Diese Bezeichnungsart der Brüche erstreckt sich auch auf die Algebra der Griechen, indem ein verticaler Strich über dem Zeichen für x oder x^2 oder x^3 bei Diophantus die inversen Werthe $\frac{1}{x}$, $\frac{1}{x^2}$, $\frac{1}{x^3}$ bedeutet, wie er auch sprachlich *ἀριθμοστόν*, *δυναμοστόν*, *κυβοστόν* etc. von *ἀριθμός*, *δύναμις*, *κύβος* etc., ähnlich wie *τρίτον* von *τρεῖς*, bildet. Brüche, deren Zähler nicht die Einheit ist, werden entweder mit Worten beschrieben, wobei auch die längsten Wörter nicht gescheut werden*), oder aus anderen, deren Zähler die Einheit ist, durch Nebeneinanderschreiben zusammengesetzt. Dieses Letztere geschieht selbst mit Aufopferung der Genauigkeit. Bei der Zerfällung in mehrere Brüche, welche die Einheit zum Zähler haben, wird immer der grössere Bruch vorangesetzt. *Gleiche* Brüche neben einander zu stellen, scheint nicht üblich gewesen zu sein, wenigstens ist mir kein solches Beispiel erinnerlich.

Für den am häufigsten vorkommenden Bruch $\frac{1}{2}$ haben die Griechen ein eigenes Zeichen, dessen sich auch die römischen Agrimensoren bedienen, und welches sehr verschiedene Formen annimmt. Man wird hierfür kaum β' geschrieben finden. Für $\frac{1}{3}$, $\frac{1}{4}$ etc. wurde γ', δ' etc. geschrieben; statt $\frac{2}{4}$, $\frac{3}{4}$ konnte $\frac{1}{2}$, $\frac{1}{2}$ $\frac{1}{4}$ gesetzt werden. Unter den kleineren, am häufigsten vorkommenden Brüchen blieb also nur $\frac{2}{3}$ zu bezeichnen übrig, wofür man, wie erwähnt worden, $\frac{1}{3}$ $\frac{1}{3}$ nicht setzen mochte und ebenso wenig, wie es scheint, $\frac{1}{2}$ $\frac{1}{6}$, um nicht einen höheren Nenner einzuführen.

Man findet nun in Ptolemaeus Geographie eine Bezeichnung

$$\gamma o'$$

für $\frac{2}{3}$, welche aus keiner Analogie griechischer Bezeichnungsart erklärt werden kann. Die Handschriften scheinen in dieser Beziehung keine Varianten darzubieten, und die Bedeutung steht unzweifelhaft durch Rechnung fest.

Ptolemaeus beschreibt im achten Buche seiner Geographie 26 Landkarten (10 für Europa, 4 für Libyen, 12 für Asien), durch welche er die ganze bewohnte Erde darstellen will. Die Meridiane und Parallelkreise sollen in diesen Karten gerade Linien sein, auf welchen die respectiven Gradlängen dasselbe Verhältniss zu einander haben, wie es der *mittlere* Meridian jeder Karte zum *mittleren* Parallelkreis derselben in der Wirklichkeit hat. Mercator, der berühmte Bearbeiter der Ptolemaeischen Geographie, hat dieses Princip, nach welchem die Längen- und Breitengrade nur in den verschiedenen Karten verschiedene Verhältnisse haben, die für jede Karte mit dem Mittel der wirklichen

*) Z. B. Dioph. *Probl.* II, 25: *ὁ δὲ ἀπὸ συναμφοτέρου ρκα μυριοστοτετρακισχιλιοστοεξακοσιοστοτεσσαρακοστοπρώτων* für $\frac{121}{14641}$ nach der Wolfenbütteler Handschrift.

Verhältnisse übereinstimmen, wesentlich verallgemeinert. Er behält die Darstellung der Meridiane und Parallelkreise durch gerade Linien bei, nimmt aber nicht mehr im ganzen Bereiche der Karte das Verhältniss der Längen- und Breitengrade als constant an, sondern ändert dasselbe continuirlich, so dass es fortwährend mit dem wirklichen Verhältniss der entsprechenden Theile des Meridians und Parallelkreises auf der Erde übereinstimmt. So ist die unter dem Namen der Mercatorschen bekannte Kartenprojection entstanden, welche mit der Ptolemaeischen übereinstimmen würde, wenn Ptolemaeus seine Abbildung der Erde aus *unendlich vielen* Karten zusammengesetzt hätte.

Behufs der Ausführung dieser Karten giebt Ptolemaeus für 350 Städte (118 von Europa, 42 von Afrika, 190 von Asien) ihren Längenunterschied von Alexandrien, und statt der Breitenbestimmung *die Dauer ihres längsten Tages*, oft bis auf Brüche von Minuten. Am Schlusse des Buches bemerkt er die Längen- und Breitengrade der Grenzen jeder Karte und zugleich die Längen- und Breitenausdehnung der Karte selbst, wodurch man eine Controlle der Richtigkeit der Zahlen des Textes erhält, indem die Differenzen der Längen- und Breitenbestimmungen der Grenzen der Karte ihre Ausdehnung nach Länge und Breite geben. Man findet leider durch diese Controlle, dass die Zahlen an sehr vielen Stellen corrumpirt sind, aber auch andererseits in den meisten Fällen eine willkommene Uebereinstimmung, welche es möglich macht, die Bedeutung von *γο'* mit Sicherheit zu constatiren. Ich will nur einige der betreffenden Stellen hersetzen.

Bei der siebenten Karte von Europa heisst es:

Ὁ ἕβδομος (πίναξ) ἀπὸ μοιρῶν κθ γ' ($29\frac{1}{3}°$) *ἕως μοιρῶν μ̄* ($40°$)· *γίνεται μῆκος μοιρῶν ῑ γο'* ($10\frac{2}{3}°$)·

bei der achten Karte von Europa:

πλάτος ἀπὸ μοιρῶν μϛ γο' ($46\frac{2}{3}°$) *ἕως μοιρῶν ξ̄γ̄* ($63°$)· *γίνεται πλάτος μοιρῶν ῑϛ̄ γ'* ($16\frac{1}{3}°$)·

bei der zehnten Karte von Europa:

Ὁ δέκατος καὶ τελευταῖος ἀπὸ μοιρῶν μ̄δ̄ ϛ' ($44\frac{1}{6}°$) *ἕως μοιρῶν ν̄ε̄ ∠' γ'* ($55\frac{1}{2}\frac{1}{3}°$)· *γίνεται μῆκος ῑᾱ γο'* ($11\frac{2}{3}°$)·

u. s. w. u. s. w.

Champollion hat bemerkt, dass in der ägyptischen Volkssprache der Bruch $\frac{2}{3}$ durch das Wort *Theile* ausgedrückt wird; und Herr Brugsch hat in dem angeführten Werke darauf aufmerksam gemacht, dass das Zeichen, welches Young in seinem Werke: „*Rudiments of an egyptian dictionary* (*London* 1831, 8°)“ für diesen Bruch angiebt, kein Zahlensymbol, sondern ein phonetisches Zeichen sei, *welches TO gesprochen wurde und Theil bedeutet**). War nun Gebrauch der ägyptischen Volkssprache, $\frac{2}{3}$ durch Theile *TO* zu bezeichnen, und sieht man keinen Grund ein, warum bei dem dringenden Bedürfniss einer Bezeichnung dieses Bruches und dem Mangel einer üblichen *griechischen* Bezeichnungsweise Ptolemaeus nicht aus der ihn umgebenden Sprache das dort gebräuchliche Wort entlehnen sollte, so kann man sich des Gedankens nicht entschlagen, dass das *ΓO* der Handschriften aus dem demotischen *TO* corrumpirt sei, welche leichte Verwechselung wohl dadurch befördert wurde, dass man in dem *Γ* wenigstens doch den Nenner des zu bezeichnenden Bruches zu sehen glaubte, wenn auch das *O* unerklärt bleiben musste. So wird einerseits eine räthselhafte Bezeichnung des Ptolemaeus aufgeklärt und andererseits eine unerwartete Bestätigung der neueren ägyptischen Forschungen aus einem classischen Autor erhalten.

Ich will noch einige Worte darüber sagen, wie gerade der Bruch $\frac{2}{3}$ mit dem so allgemeinen Worte *Theile* bezeichnet werden konnte. Es entspricht dieses dem bei den Griechen üblichem Gebrauch, den Namen der ganzen Species demjenigen darunter begriffenen Individuum zu geben, in welchem die Species zum ersten Male oder auf die einfachste Weise zur Erscheinung kommt.

Die Griechen bezeichneten einen Bruch, wie $\frac{1}{2}$, $\frac{1}{3}$ etc. mit dem Namen *μέρος*. Ein Vielfaches dieser Brüche oder einen Bruch, dessen Zähler von 1 verschieden ist, nannten sie mit Anwendung des blossen Plurals *μέρη*, wie bei Euclides zu sehen ist**), wenn sie auch bisweilen dafür deutlicher *πλείονα μέρη* oder *μέρη πλείονα ἑνός* sagen. Es bedeutet daher *μέρη* nicht mehrere Brüche mit verschiedenen Nennern, sondern ein Vielfaches desselben Bruches. Nun ist $\frac{2}{3}$ der erste und einfachste Bruch, welcher als *μέρη* auftritt, und es war daher natürlich und nicht einmal eine Undeutlichkeit, diesen Bruch so zu bezeichnen.

*) Herr Brugsch selbst hat durch Prüfung von Rechnungen, welche sich in einer Papyrosrolle finden, für den Bruch $\frac{2}{3}$ ein anderes Zeichen ermittelt, welches ein blosses Zahlensymbol ohne Wortbedeutung zu sein scheint, und welches er in der Inschrift von Rosette wiederfindet und zwar an einer Stelle, der nach Letronne's Bemerkung die griechischen Worte *δύο μέρη* entsprechen.

**) Z. B. Eucl. VII, 10: *Ἐὰν ἀριθμὸς ἀριθμοῦ μέρη ᾖ, κ. τ. λ.*

Die Griechen nannten $\frac{2}{3}$ *zwei Theile*, weil zwei Theile zuerst bei Dritteln vorkommen; so verstanden sie unter *drei Theilen* den Bruch $\frac{3}{4}$, weil drei Theile zuerst bei Vierteln vorkommen, u. s. w. Es kommen überhaupt *Theile*, d. h. *mehr als ein Theil*, zuerst bei Dritteln vor und haben ihren Anfang in *zwei* Theilen, bedeuten also ganz nach demselben Principe *zwei Drittel*. „Die Theile (*τὰ δὲ μέρη*)“, sagt Nicomachus in der *εἰσαγωγὴ ἀριθμητική*, ed. Ast S. 99, „haben Wurzel und Anfang (*ῥίζαν καὶ ἀρχήν*) von dem Drittel, denn es ist hier unmöglich, vom Halben anzufangen.“

MITTHEILUNG ÜBER EINEN CODEX DER PTOLEMAEISCHEN OPTIK IM BESITZE DER KÖNIGLICHEN BIBLIOTHEK ZU BERLIN.

Monatsbericht der Akademie der Wissenschaften zu Berlin, Februar 1850 p. 77.

Herr Jacobi macht eine mündliche Mittheilung über einen kostbaren Codex der Ptolemaeischen Optik (lateinische Uebersetzung aus dem Arabischen), der sich seit unbestimmter Zeit im Besitze der Königlichen Bibliothek befunden hat, aber erst neuerdings aufgefunden ist. Derselbe ist aus dem fünfzehnten Jahrhundert und scheint nach einer flüchtigen Prüfung von den Lücken und Corruptionen des vielleicht zwei Jahrhunderte jüngeren Pariser Codex frei zu sein. Leider ist dieser Codex nicht nur durch die Abbreviaturen der damaligen Zeit, sondern auch durch das Verblassen der Tinte, das an manchen Stellen vielleicht chemische Mittel zur Wiederbelebung nöthig machen wird, in höherem Grade beschwerlich zu entziffern.

ÜBER EIN NEU AUFGEFUNDENES MANUSCRIPT VON LEIBNIZ, NEBST BEMERKUNGEN ÜBER DIE SCHRIFT: „OPUSCULUM DE PRAXI NUMERORUM, QUOD ALGORISMUM VOCANT".

(Bericht an die Akademie der Wissenschaften zu Berlin vom 11. November 1850.)

Monatsbericht der Akademie der Wissenschaften zu Berlin. November 1850 p. 426—428.

Herr Jacobi berichtete über ein Schreiben des Dr. Gerhardt in Salzwedel, in welchem derselbe der Akademie die Erfolge seiner letzten Reise nach Hannover meldet. Herr Gerhardt hat dort bei genauerer Untersuchung der Leibnizischen Hinterlassenschaft das Glück gehabt, seine fast zwanzigjährige Correspondenz mit dem älteren Bernoulli, die man für verloren gehalten hatte, aufzufinden, wogegen die früher vorhandene und katalogisirte Correspondenz Leibnizens mit Tschirnhausen jetzt verloren gegangen ist. Unter anderen interessanten Briefen und Manuscripten hat Herr Gerhardt auch ein merkwürdiges Manuscript vom Jahre 1675 gefunden, in welchem Leibniz sich bereits des Integralzeichens $\int$ bedient, jedoch ohne zu der Function unter dem Zeichen das Increment der Variable (das von ihm später so genannte Differential) hinzuzufügen. Es geht hieraus hervor, dass das Integralzeichen nicht, wie man wohl gemeint hat, von dem jüngeren Bernoulli herrührt. Der Titel der Abhandlung: „*Analysis Tetragonistica ex Centrobarycis*" erinnert an die durch Betrachtung des Schwerpunktes von Archimedes gefundene Quadratur der

Parabel. Es ist von Interesse, dass, wie die Integralrechnung der Differentialrechnung in der Geschichte vorangegangen ist, so auch Leibniz für jene früher, als für diese, ein Symbol erfand.

Herr Gerhardt hat bei dieser Gelegenheit auch zwei früher von Leibniz besessene Manuscripte gefunden, von denen das eine aus der Mitte des dreizehnten Jahrhunderts einen *Algorismus* enthält, das andere, dessen Inhalt Herr Gerhardt nicht näher angiebt, von demselben bis zum Ende des zehnten Jahrhunderts hinaufgesetzt wird. Herr Jacobi hat nähere Auskunft über diese Manuscripte erbeten. Die Schreiben des Herrn Gerhardt an die Akademie und an Herrn Jacobi, nebst dem Anfange des Algorismus, folgen hier unten.*)

Herr Jacobi erwähnt bei dieser Gelegenheit eines in seinem Besitze befindlichen, von einem unbekannten Autor herrührenden, alten *Algorismus*, der sich durch eine ungewöhnliche Präcision und Klarheit der Darstellung auszeichnet und der Aufmerksamkeit der Bibliographen, auch des Herrn Morgan, welcher bekanntlich den älteren arithmetischen Werken einen besonderen Fleiss zugewendet hat, entgangen ist. Diese kleine Schrift, in welcher schon die Regeln für die Ausziehung der Cubikwurzeln gegeben werden, führt den Titel: „*Opusculum de praxi numerorum, quod algorismum vocant*“ und ist im Jahre 1503 in der Officin des H. Stephanus gedruckt. Sie findet sich als Anhang zu des Judocus Clichtoveus Werke: „*De praxi numerandi*“, welches mit einem Auszuge des Jacobus Faber aus Boëthius Arithmetik, einem populären Commentar dazu von demselben Clichtoveus, einem Werke über Geometrie und Perspective von Carl Bouillus und einem astronomischen Buche des Jacobus Faber zusammen im Jahre 1510 erschienen ist. Der Anfang dieser auf dem Titel nicht angegebenen, doch von Chasles nicht übersehenen, Schrift heisst:

„*Omnia, quae a primaeva rerum origine processerunt, ratione numerorum formata sunt et, quemadmodum sunt, sic cognosci habent. Unde in universa rerum cognitione ars numerandi est operativa. Hanc igitur scientiam numerandi compendiosam philosophus edidit nomine Algorismus, unde et Algorismus nuncupatur vel ars numerandi, vel ars introductoria in numerum.*“

Das Werk scheint unter dem Namen: „*Der Algorismus*“ weit verbreitet

*) Die beiden Schreiben des Herrn Gerhardt sind hier nicht mit abgedruckt worden.

gewesen zu sein, wie die Worte des Titels: „*Opusculum, quod Algorismum vocant*“ und die folgenden in dem einleitenden Briefe des **Clichtoveus** andeuten: „*Subnectitur in calce libellus (quem vulgo Algorismum dicunt) de numerationis generibus non inscite (nescio quo authore) compositus*“. Man könnte nach dem Stile glauben, es sei eine geschickte Uebersetzung aus dem Griechischen.

Die sonderbare Meinung, Algorismus sei der Name des Erfinders, findet man auch in dem Anfange des von Herrn **Gerhardt** aufgefundenen Manuscriptes erwähnt.

ÜBER DIE PARISER POLYTECHNISCHE SCHULE.

(Ein Vortrag, gehalten am 22. Mai 1835 in einer öffentlichen Sitzung der physikalisch-ökonomischen Gesellschaft zu Königsberg.)

Als der bekannte Victor Cousin, Staatsrath und Pair, im Auftrage der jetzigen französischen Regierung seine pädagogische Reise durch Deutschland machte, um sich namentlich über das Preussische Schulwesen unterrichten zu lassen, erstattete unser Cultusminister, Herr Freiherr von Altenstein Excellenz, dem Könige einen Bericht über diese Sendung, dass Herr Cousin bei uns Alles sehr gut gefunden habe, eine Anstalt aber, wie die polytechnische Schule in Frankreich, vermisse. Der Herr Minister fügte hinzu, dass dieser Mangel sich nicht abläugnen lasse, auch immer fühlbarer werde, dass er deshalb seit längerer Zeit den Plan zu einer solchen Anstalt entworfen, aber wegen der Ungunst der Verhältnisse Anstand genommen habe, auf Bewilligung der nicht unbedeutenden Fonds bei Sr. Majestät anzutragen. Der König antwortete hierauf unter dem 29. August 1831: „Ich bin geneigt, die Einrichtung dieses Instituts zu befördern, und wenn gleich die gegenwärtigen Verhältnisse die Anweisung der erforderlichen Fonds jetzt nicht erlauben, so können Sie doch durch Vollendung des Planes, mit dessen Entwurf Sie sich bereits beschäftigt haben, die Maassregel dergestalt vorbereiten, dass, sobald eine günstigere Zeit die Verwendung der Einrichtungs- und Unterhaltungskosten gestattet, mit einer definitiven Beschlussnahme vorgegangen werden kann“.

Mit der Ausarbeitung eines detaillirten Planes wurde in der That vorgegangen. Ein hoher Ministerialbeamter und ein sehr bedeutender Mathematiker, der während eines neunjährigen Aufenthalts in Paris das dortige polytechnische Schulwesen in der Nähe kennen zu lernen Gelegenheit gehabt hatte, fertigten gemeinschaftlich einen Plan. Ausser den eigentlichen Lehrern sollten sehr viele

Repetenten angestellt, die Examinatoren sollten nie aus der Zahl der Lehrer gewählt, sondern vorzugsweise von auswärts genommen werden, das Institut sollte ein eigenes Journal herausgeben; die Gesammtkosten waren auf 23000 Thaler veranschlagt.

Was ist aber die polytechnische Schule, die uns so sehr empfohlen wird, die fast das Einzige sein soll, was unserem so vollkommenen Unterrichtswesen noch mangelt? Erlauben Sie mir, ehrwürdige Versammlung, Sie davon einige Augenblicke zu unterhalten.

Was war das Entstehen der polytechnischen Schule, wie hat sie sich im Laufe der Zeit unter den mannigfachsten Umständen fortentwickelt, was sind ihre Resultate?

Am Ende des Jahres 1793 waren fast alle Schulen in Frankreich geschlossen oder verödet; die Lehrer, grossentheils Geistliche, waren proscribirt; die jungen Leute von 18 bis 25 Jahren hatte der Convent zu den Waffen gerufen, um die Grenzen zu vertheidigen. Von diesem Verfall haben sich diejenigen Schulen in Frankreich, in welchen schöne Wissenschaften und classische Litteratur gelehrt werden, kaum wieder erholt. Dagegen ist der Unterricht in den sogenannten exacten Wissenschaften in einer früher nie gekannten Art erstanden; Kenntnisse, welche früher nur das Eigenthum einiger Wenigen waren, bei denen man einen dafür ganz besonders gestimmten Geist voraussetzte, sind Gemeingut aller Gebildeten dieses grossen Volkes geworden und durchdringen sein Leben nach allen seinen Verzweigungen. Es entsteht eine Schule, in welcher Alle, welche sich dem Land- und Wasserbau, dem Hüttenwesen, der Artillerie, dem Genie, der Marine widmen, die Weihe einer höheren mathematischen Vorbildung erhalten, die das Seminar aller Lehrer der Mathematik, Physik und Chemie für ganz Frankreich ist, aus der alle Mitglieder der jetzigen Akademie der Wissenschaften in diesen Fächern hervorgegangen sind. Hier soll diejenige Bildung ertheilt werden, die den Staatsdiener über die gemeine Routine erhebt und ihn vor dem Versinken in's Handwerksmässige bewahrt; die hier erworbene Einsicht durchdringt die Fabriken und alle Gewerbzweige des Handwerkers. Die ersten Gelehrten Europa's, wie sie sich nur in einer Welthauptstadt vereinigt finden, stehen ihr vor; es ist eine Schule ohne Vorbild und ohne Nachbild in Europa.

Zu den noch nicht ganz eingegangenen Schulen gehörte die 1748 gestiftete Kriegsschule zu Mézières. In dieser weltberühmten Schule wurden die ersten Ingenieure Europa's gebildet; sie war jedoch nur zur Aufnahme von zwanzig Zöglingen bestimmt. Die dort gebräuchliche Lehrmethode hatte den grossen Vorzug eines fast gänzlichen Mangels mündlicher Lehrvorträge. Im ersten Jahre des zweijährigen Cursus wurde hauptsächlich das mathematische Zeichnen mit seinen Anwendungen auf Steinschnitt, Perspective und Schattenconstructionen, im zweiten Fortificationszeichnen, Aufnahme von Terrain, Gebäuden und Maschinen eingeübt. In diesen Objecten wurde kein eigentlicher fortlaufender Unterricht ertheilt, sondern der Lehrer war nur immer gegenwärtig, um die Vorlegeblätter zu erläutern und die Schüler zur eigenen Arbeit anzuweisen. Der ganze mündliche Unterricht in dieser Schule bestand das Jahr hindurch in zwölf Stunden Physik und zwanzig Stunden Chemie. Hier bildete der später so berühmt gewordene Mathematiker und Freund Napoleon's, Gaspard Monge, zuerst die eleganten Methoden der von ihm so genannten *Géométrie descriptive* aus, welche er später dem in der polytechnischen Schule ertheilten Unterrichte zu Grunde legte. Denkt man sich eine räumliche Figur auf zwei auf einander senkrechte Ebenen projicirt und die eine auf die andere umgelegt, so hat man auf einem einzigen Blatte Alles, was zur Bestimmung der Verhältnisse und der Lage der Theile der Figur nöthig ist. Die Zeichnung dieser Projectionen auf einem Blatte, wenn die räumliche Figur gegeben ist, oder umgekehrt, die Bestimmung der Verhältnisse des räumlichen Gegenstandes aus einer solchen Zeichnung ist der Zweck der *Géométrie descriptive*. Sie hat einen rein mathematischen Theil und erstreckt dann ihre Anwendungen fast auf alle Gewerbe und Künste. In ihrem mathematischen Theile kann sie dazu dienen, Solche, die zu abstracten mathematischen Vorstellungen und Beweisen weniger fähig oder gebildet sind, auf dem Wege des praktischen Zeichnens mit einer Menge nützlicher mathematischer Wahrheiten vertraut zu machen. Sie hat in der ihr von Monge gegebenen Form jetzt den Weg in alle gewerblichen Unterrichtsanstalten Europa's gefunden, aber sie ist in die Bau- und Kriegsschulen noch nicht in dem Maasse, wie es wünschenswerth, eingeführt. Ihre Anwendungen auf höhere Theile der Mathematik sind wohl der Pariser polytechnischen Schule Eigenthum geblieben. Mit der *Géométrie descriptive* ging von der Schule zu Mézières auch jene glückliche Methode auf die polytechnische Schule über, bei dem Unterrichte von vorn herein die eigene Thätigkeit des Schülers in Anspruch zu nehmen, was aber in einer so umfangreichen Anstalt grössere Schwierigkeiten gewährte.

Ein Jahr vor der Gründung der Kriegsschule von Mézières, im Jahre 1747, war von dem berühmten Perronnet in Paris die Bauschule, *École des Ponts et Chaussées*, gestiftet worden. Die Lehrer dieser Schule bestanden nur aus den Zöglingen, welche nach vollendetem Cursus die beste Prüfung bestanden hatten: durch Einberufung dieser jungen Leute zur Armee war daher diese Schule aufgelöst. Da fasste Perronnet's Nachfolger, Lamblardie, die erste Idee einer Centralschule, welche diese und andere eingegangene Schulen ersetzen sollte. Da der Staatsdienst die schleunige Ausbildung einer grossen Menge junger Leute forderte, und die Einrichtung verschiedener Schulen an verschiedenen Orten dem Drängen des Augenblicks nicht entsprach, so sollte die eine Schule zu allen Staatsdiensten, zu welchen Vorkenntnisse in den exacten Wissenschaften nöthig sind, vorbereiten. Diese Idee theilte er Monge mit, der sie mit seinem gewohnten Feuereifer ergriff, und der von da an in allen seinen verschiedenen Lebenslagen, abwesend oder gegenwärtig, bis zu seinem Ende durch Lehre oder That die wesentlichste Stütze der neuen Anstalt wurde.

Gaspard Monge, der stille und fleissige Lehrer an der Kriegsschule zu Mézières, wurde unter dem Consulate und dem Kaiserreiche zu grosser Wirksamkeit und in die nächste Nähe seines Herrschers berufen, dem er mit treuer Verehrung anhing, nicht ohne den Vorwurf der Inconsequenz auf sich zu laden, da er in den Manifestationen republikanischer Gesinnung nicht immer Uebertreibung vermieden hatte. Eine Zeit lang Seeminister, begleitete er dann Napoleon in seinem ersten italienischen Feldzug und später durch alle Strapazen der fabelhaften ägyptischen Expedition. Wenn er mit den alten Kriegern durch die arabischen Wüsten zog, murrten sie oft über den Gelehrten, um dessen Grillen, wie sie meinten, sie das Alles erdulden mussten. Ihm, nebst Berthollet, hatte Napoleon die ehrenvolle Sendung übertragen, dem Directorium den Frieden von Campo Formio zu überbringen. Monge begleitete Napoleon in seinem Wagen auf der Reise von Fréjus nach Paris, wo der neue Cäsar das Directorium stürzte und die Weltherrschaft begann. Er hat oft den Zorn des Gebieters von seiner geliebten polytechnischen Schule abgewendet, wenn der Geist wissenschaftlicher Selbstständigkeit mit den Anordnungen des eisernen Herrscherwillens in Conflict gerieth. Bei der ersten Rückkehr der Bourbonen wurde der greise Monge aus der Akademie gestossen: und obgleich dies bei der zweiten Rückkehr wieder gut gemacht wurde, so beschleunigten doch der Schmerz um seinen kaiserlichen Freund, die Furcht, seine wissenschaftlichen

Schöpfungen vernichtet zu sehen, Angst um seine persönliche Sicherheit sein Ende.

In der Zeit, in welcher wir die erste Idee der polytechnischen Schule keimen sehen, hatte sich in der Nähe des Wohlfahrtsausschusses ein stehender Gelehrtenverein gebildet, welcher durch das Organ dieses gefürchteten Ausschusses eine Menge heilbringender Beschlüsse veranlasste. In diesem Vereine zeichnete sich Monge vor allen Anderen durch seinen Eifer aus und wusste durch seine Persönlichkeit bei den Häuptern der Regierung ein grosses Ansehen zu gewinnen. Seine neuen Ideen fanden vorzugsweise bei zwei Mitgliedern des Wohlfahrtsausschusses willkommenen Anklang, bei Carnot, Monge's ehemaligem Schüler von Mézières her, und bei einem anderen seiner Schüler, dem bekannten Prieur von der Goldküste; beide strenge Republikaner, was erforderlich war, um bei der Schreckensregierung etwas durchzusetzen. Man konnte von Carnot, dem berühmten Kriegsbaumeister, dem einsichtsvollen Staatsmann, dem genialen Mathematiker, der sich durch seine Geometrie der Lage, seine Theorie der Transversalen und durch ein neues mechanisches Princip bleibende Verdienste um die Wissenschaft erworben hat, wohl eine würdige Auffassung der Ideen seines Lehrers erwarten. Auch in Prieur hat die polytechnische Schule durch alle Wechsel der Revolution einen eifrigen Fürsprecher gefunden.

Ein Hinderniss, welches vielleicht hingereicht hätte, die polytechnische Schule im Keime zu ersticken, waren die verschiedenen Ministerien, von welchen die Staatsdienste, zu denen die Anstalt vorbereiten sollte, ressortirten. Von den drei Ministerien des Unterrichts, des Inneren und des Kriegs war ein vereintes Zusammenwirken zu einem gemeinschaftlichen Zwecke nicht ohne grosse Schwierigkeiten zu erwarten. Es traf sich daher für die beabsichtigte Unternehmung glücklich, dass gerade damals der Convent eine besondere Commission für *die öffentlichen Arbeiten* verordnete. Unter dieser etwas unbestimmten Benennung wurden Brücken und Chausseen, Landstrassen und Canäle, hydraulische und Austrocknungswerke, Fortifications- und Hafenarbeiten, Anstalten zur Küstenvertheidigung, Errichtung von National-Denkmälern und Gebäuden, Aufnahme von Plänen u. s. w. inbegriffen, und nur Waffenfabriken, Bergwerke und vorläufig Schiffsbau ausgenommen. Man liest nicht ohne Interesse die Motive, mit denen der Wohlfahrtsausschuss eine so merkwürdige Maassregel, die z. B. die Fortificationsarbeiten dem Kriegsdepartement, die Häfen dem Seeministerium entzog, begründet. In seinem Bericht darüber an den Convent heisst es:

„Die verschiedenen zur Land-, Wasser- und Kriegsbaukunst gehörigen Arbeiten beruhen alle auf denselben Grundsätzen, sie hängen alle von denselben Theorien ab und verlangen alle dieselben Vorstudien. Aber das mit diesen Arbeiten beauftragte Personal bildet drei verschiedene und einander gänzlich fremde Körperschaften; und die sie beaufsichtigende Verwaltung ist in so viele Theile zerstückelt, als es Ministerien giebt; ihre Operationen kreuzen sich und rivalisiren mit einander. Die Folgen hiervon sind vermehrter Kostenaufwand, schlechte Ausführung, Rückschritte aller Art, wodurch die auf unbestimmte und jeder partiellen Verwaltung eigenthümliche Principien basirte Technik stufenweise einem gänzlichen Verfall entgegengeht."

In dem hierüber unter dem 11. März 1794 erlassenen Gesetze befindet sich die erste officielle Erwähnung der polytechnischen Schule. Es heisst nämlich darin:

„Die Commission solle sich mit Einrichtung einer Centralschule für die öffentlichen Arbeiten und mit der Modalität der erforderlichen Prüfungen beschäftigen."

Auf diese wenigen Worte hin wurde von der Commission muthig die Einrichtung der polytechnischen Schule unternommen. Sie ging mit einem beispiellosen Eifer frisch an's Werk und nach einem halben Jahre war trotz unsäglicher, unüberwindlich scheinender Schwierigkeiten bereits Alles zur Eröffnung der Schule vorbereitet. Es kam nun auf die Genehmigung des entworfenen Organisationsplanes von Seiten des Convents an. Der berühmte Chemiker Fourcroy wurde ausgewählt, den Gesetzentwurf mit einem ausführlichen Bericht dem Convent zu überreichen.

Die Fourcroy gestellte Aufgabe war keine leichte, er befand sich in nicht geringer Verlegenheit und in einer schlimmen Lage. Er sollte zu einer Zeit gänzlicher Auflösung aller Finanzverhältnisse, wo es in Wirklichkeit kaum noch baares Geld in Frankreich gab, die Einrichtung eines so überaus kostspieligen Instituts dem Nationalconvent empfehlen und seine Billigung erlangen. Können wir ihn tadeln, wenn er seine Motive nach den Zeiten und Umständen wählte? Robespierre sah Frankreich von zehn feindlichen Armeen bedroht und fand das Mittel zu seiner Befreiung in der Aushebung von einer Million Soldaten. Diese waren bei gänzlicher Leere des Staatsschatzes zu nähren, einzuexerciren und an die Grenze zu schicken. Er machte das grossartige Exempel, dass alles Dieses so und so viel kosten würde, und dass das Vermögen aller

Bürger Frankreich's hierzu ausreiche. Durch diese summarische Art, die Hindernisse zu überwinden, errettete er sein Land. Aber wie die völkerverderbende Feuermaschine am Ende der Bahn, wenn sie ungehemmt bleibt, sich in den Boden einwühlt, wüthete diese Energie, die ihre volle Kraft nicht mehr nach Aussen anwenden konnte, gegen den Busen des eigenen Volkes und verspritzte sein Blut. Da ereilte ihn am 9ten Thermidor sein Schicksal. Alles jubelte siegestrunken und fluchte auf den gefallenen Tyrannen. Was er gewollt, war verhasst, und nur das war gut, was er angefeindet. „Der Wohlfahrtsausschuss habe die actenmässigen Beweise", beginnt Fourcroy seinen Bericht, „was Robespierre am meisten gehasst, was er am blutdürstigsten verfolgt hätte, wären die Wissenschaften gewesen: er habe eine förmliche Verschwörung gegen die menschliche Vernunft organisirt und sei mit nichts Geringerem umgegangen, als Wissenschaft und Kunst auf der Erde auszurotten. Und welchen Nutzen doch gewährten diese für die Soldaten der Republik? Sie lehrten Waffen, Salpeter und Pulver anfertigen, aus den Glocken Kanonen giessen, Luftballons aufschicken, um die Stellung der feindlichen Heere zu recognosciren, Telegraphen bauen, Leder für die Soldaten in acht Tagen machen, die Truppen zweckmässiger verproviantiren, ja man würde ganz neue Vertheidigungsmittel erfinden, um die Feinde der Republik abzuwehren."

Nach dieser sonderbaren Apologie der Wissenschaften geht er in die nähere Auseinandersetzung des für die neu zu errichtende Unterrichtsanstalt entworfenen Planes über, welcher ohne Widerspruch angenommen und im September 1794 zum Gesetz erhoben wird. Rasch geht man an die Ausführung. Die Prüfungen zur Aufnahme der Zöglinge werden gleichzeitig in zweiundzwanzig Städten Frankreich's eröffnet. Dass man zur Aufnahme Prüfungen forderte und nicht die Zöglinge, wie die Conscribirten, nach einer gleichen Vertheilung aushob, bedurfte in Fourcroy's Bericht einer besonderen Entschuldigung, denn dies schien die Aristokratie der Kenntnisse zu begünstigen und dem Princip republikanischer Gleichheit entgegen. Die wissenschaftliche Prüfung wurde fast nur bei Gelegenheit einer anderen eingeschwärzt, worin man sich auswies, dass man Freiheit und Gleichheit liebe und die Tyrannen hasse; damit nicht etwa, wie es hiess, das Talent sich an die Stelle der Tugend drängen könne. Das Alter der Aufzunehmenden wurde auf sechzehn bis zwanzig Jahre festgesetzt, wie es noch jetzt ist, ihre Zahl auf dreihundertfünfzig bis vierhundert. Die Zöglinge wurden als bereits im Staatsdienst stehend betrachtet und sollten deshalb einen jährlichen Gehalt von 1200 Francs erhalten, was nach dem damaligen Curse der Assignaten etwa 100 Thaler unseres Geldes betrug. Sie sollten in Paris bei guten und durch ihren Patriotismus bekannten Bürgern untergebracht werden, die für ihre moralische Aufführung einstehen mussten. Zu Gunsten der Anstalt wurde das im April desselben Jahres erlassene Gesetz, dass kein Sohn eines Altadeligen Paris betreten dürfe, zurückgenommen.

Die Zeit des Unterrichts sollte drei Jahre umfassen, denen drei Classen entsprachen. Die mathematische Analysis wurde hauptsächlich nur in ihren Anwendungen gelehrt. Diese betrafen im ersten Jahre die analytische Geometrie von drei Dimensionen, im zweiten die Mechanik fester und flüssiger Körper, im dritten die Maschinenlehre. Die *Géométrie descriptive* wurde im ersten Jahre auf Stereotomie, im zweiten auf Architektur, im dritten auf Fortification angewendet. In der Chemie wurden die Salze im ersten, die organischen Substanzen im zweiten, die Mineralien im dritten Jahre behandelt. In der Physik wurde jedes Jahr derselbe Cursus wiederholt. Ausserdem fanden noch die ganze Zeit hindurch fortlaufende Uebungen im freien Handzeichnen statt. Der Cursus über Stereotomie umfasste Steinschnitt, Holzconstructionen, die Lehre von dem Schatten, der Linear- und Luftperspective, Aufnahme von Karten und Plänen, Nivellement, die einfachen und hauptsächlichsten zusammengesetzten Maschinen. Unter Architektur, was der Cursus des zweiten Jahres war, verstand man die Anlegung und Unterhaltung von Chausseen, Brücken, Canälen und Häfen, Bergbau, schöne Baukunst und dergleichen mehr. Der Cursus über Physik betraf die allgemeinen Eigenschaften der Körper in den drei Aggregatzuständen, die Lehre von der Wärme, vom Licht, von der Elektricität, vom Magnetismus, Meteorologie, Hygrometrie, den allgemeinen Theil der Chemie u. s. w. Das freie Handzeichnen wurde sowohl nach Modellen, als nach der Natur geübt.

Nach dem Vorbilde der Kriegsschule von Mézières nahmen die mündlichen Vorträge nur einen kleinen Theil der Zeit ein; in der übrigen wurden die Schüler in den Studiensälen unter Aufsicht ihrer Lehrer mit eigenen Arbeiten beschäftigt. Hier war der Schauplatz von Monge's grösster Thätigkeit: überall sah man ihn rathen, helfen, anleiten, Alles durch seinen Eifer anfeuern. Die von den Schülern in einem Jahre angefertigten geometrischen Zeichnungen übertreffen durch ihre Zahl und Schwierigkeit jede Vorstellung.

Man kann diese Leistungen, zu welchen die Zeit kaum auszureichen schiene, wenn die Zeit der Zöglinge durch gar keine andere Thätigkeit in Anspruch genommen wäre, nur durch die Anfeuerung erklären, welche das Beispiel giebt. Im Jahre 1829 hatte ich durch die Gefälligkeit des damaligen Studiendirectors, Herrn Binet, Gelegenheit, diese Zeichnungen selbst in Augenschein zu nehmen, die ich nicht ohne Verwunderung betrachten konnte, sowie die mancherlei Modelle in Gips und Holz, welche die Zöglinge selbst ausführen müssen. Um einen Begriff von dem Umfange der Anstalt und dem Reichthum ihrer Mittel zu geben, erwähne ich, dass, um die wichtigsten chemischen Analysen und Präparate von den Zöglingen selbst machen zu lassen, damals 75 kleinere chemische Küchen eingerichtet waren. Mit religiöser Ehrfurcht zeigte man neben diesen die grösseren Laboratorien, in welchen die Meister ihre berühmten Entdeckungen gemacht, insbesondere dasjenige, wo Gay-Lussac und Humboldt gemeinsam mehrere Jahre gearbeitet.

In dem Studienplan des ersten Jahres nach der Gründung nahm die Mathematik mit ihren Anwendungen nur den zwölften Theil der Thätigkeit in Anspruch, während auf freies Handzeichnen der sechste, auf Physik und Chemie der vierte Theil, auf *Géométrie descriptive* die Hälfte kam. Diese Vertheilung war noch eine Folge des ersten andrängenden praktischen Bedürfnisses, unter dessen Auspicien die Schule in's Leben getreten war; später erhielt die Mathematik einen grösseren Antheil. Die ersten Lehrer waren Lagrange und Prony in Mathematik und Mechanik, Monge in der Stereotomie, Hassenfratz in der Physik, Fourcroy und Vauquelin, Berthollet und Chaptal in der Chemie. Eine ausdrückliche Bestimmung verordnete, dass die Schule mit allen Entdeckungen in Physik und Chemie gleichen Schritt halten, und das physikalische Cabinet mit allen neuen Apparaten versehen werden sollte.

Um die Schule gleich von vornherein mit allen drei Classen beginnen lassen zu können, wurde für die Aufgenommenen ein sogenannter *revolutionärer Cursus* von drei Monaten angeordnet, nach dessen Beendigung sie, ihren Fähigkeiten gemäss, in drei Classen vertheilt wurden. Die Ausgezeichneteren bekamen noch besonderen Unterricht, um ihrerseits den übrigen nachhelfen zu können. Sie führten den Namen Brigadechefs und hatten eine Art Aufsicht über ihre Mitschüler. Es waren ihrer fünfundzwanzig, und man findet unter ihnen Malus, Biot und andere weit berühmt gewordene Namen.

Man kann sich leicht den grossen Kostenaufwand denken, den die erste

Einrichtung einer solchen Anstalt machen musste. Die Commission für Handel und Proviant muss auf Befehl des Wohlfahrtsausschusses zur Einrichtung der chemischen Laboratorien ohne Aufschub 6000 Pfund Kupfer, 2000 Pfund Zinn, 18000 Pfund Blei, zwei Fässer Pottasche, 300 Pfund Salpeter, 200 Sägefeilen und eine ungeheure Menge Eisen liefern, ferner zur Feuerung 180 Fuhren Holz und Steinkohlen, zur Erleuchtung 20000 Pfund Oel u. s. w. Einiges können schon die siegreichen Heere der Republik schicken: aus Belgien werden der Schule 100 Pfund Alaun, aus der Pfalz werden über 12000 Pfund Quecksilber nach Paris geschickt, wovon 2000 Pfund die polytechnische Schule erhält. Ein physikalisches und ein mineralogisches Cabinet, eine Modellsammlung, eine Bibliothek, die zum Copiren nöthigen Zeichnungen, Gemälde, Gipsabgüsse werden aus dem Staatseigenthum zusammengebracht, d. i. aus dem ehemaligen Eigenthum der Krone, der Geistlichkeit, der Akademie und aus Allem, was in der Revolution confiscirt war und sich noch unter dem Staatssiegel befand. Da es an allem Gelde fehlte, so musste den Arbeitern und Werkleuten alles Material, das Handwerkzeug, die Lebensmittel, Licht und Feuerung in natura geliefert werden. So trat mitten unter all' diesen Hindernissen die Pariser polytechnische Schule in's Leben.

Zur Beaufsichtigung der Schule wurde aus dem Lehr- und Verwaltungspersonal ein Rath gebildet, dem unter Anderem auch anempfohlen wurde, *die Wissenschaft weiter zu fördern.* Der Rath benutzte dies, um eine Art kleine Akademie zu bilden, an deren Versammlungen er auch andere Gelehrte theilnehmen liess. Dies war um so wichtiger, da der Convent kurz vorher alle Akademien, als dem Princip der Gleichheit entgegenstehende, privilegirte Körperschaften, aufgehoben hatte. Der Druck der Arbeiten dieses Rathes wurde ebenfalls angeordnet, und so entstand das berühmte Journal der polytechnischen Schule. Man findet in seinen ersten Bänden die lehrreichen Unterrichtsprogramme, welche die Lehrer von jedem Cursus publiciren mussten, sowie die bei den feierlichen Eröffnungssitzungen gehaltenen Reden, auch viele merkwürdige, auf die polytechnische Schule bezügliche Actenstücke. In diesem Journal findet sich auch die berühmte Theorie der Functionen von Lagrange, die er an der polytechnischen Schule gelehrt hat, und seine ebenfalls dort über die Functionenrechnung gehaltenen Vorlesungen, auch die weniger bekannten übersichtlichen Vorträge, die Laplace und Lagrange in der Vorbereitungsschule über das Gesammtgebiet der Mathematik, von den ersten Elementen an, gehalten haben. Es war eine eigene Erscheinung, Alles, was Paris von ausgezeichneten Mathematikern enthielt, zusammenströmen zu sehen, um aus dem Munde dieser Männer die ersten Elementarlehren der Wissenschaft zu vernehmen. Dieses Journal wurde in grosser Menge, oft in 6—700 Exemplaren, gratis vertheilt. Später schloss sich an das Journal der polytechnischen Schule noch eine andere interessante Zeitschrift an, die von Hachette herausgegebene *Correspondance sur l'École Polytechnique*, die ausser interessanten wissenschaftlichen Arbeiten der ehemaligen Zöglinge auch alle Dokumente, welche sich auf die Geschichte der Schule selbst beziehen, enthielt. Es sind davon von 1804—1816, wo diese Zeitschrift einging, achtzehn Hefte in drei Bänden erschienen.

In den ersten Jahren war die polytechnische Schule mancherlei Noth und Gefahren ausgesetzt, die oft ihre Existenz bedrohten. Da die Assignaten und späteren Mandaten keinen Werth mehr hatten, litten die Schüler oft Hunger, und fast ein Drittel derselben musste sich schon im ersten Jahre aus Mangel an Subsistenzmitteln zurückziehen. Das Directorium, das dem Convent gefolgt war, verbot alle anderen Naturallieferungen, als an die Armee, und so mussten einmal die Lehrer die Anstalt während ganzer zehn Tage aus ihrer Tasche unterhalten, bis sie es bei der Regierung durchsetzten, dass die Zöglinge als Soldaten im activen Dienst angesehen wurden und als solche den Militärservice bekamen. Hierzu rechne man fortwährende Strassentumulte, den beschwerlichen Dienst in der Nationalgarde, der ihnen nicht geschenkt wurde. Während sie einerseits die wieder auftauchenden Jacobiner bekämpfen helfen sollen, wird andererseits dem Directorium ihr Patriotismus verdächtig; das Gerücht verbreitet die schreckliche Anklage, die Aristokratie hätte sich in die Schule geflüchtet. Bei einer vorgenommenen Reinigung muss man Mehrere relegiren, weil sie den Eid gegen das Königthum verweigern. Um den Patriotismus der Schule zu zeigen, wird in einer feierlichen Ceremonie nach gehaltenen Prunkreden ein Freiheitsbaum, eine Atheniscke Pappel, auf dem Hofe der Schule gepflanzt und eine dreifarbige Fahne darauf gesteckt; alle ausgezeichneten Personen von Paris, unter denen man die Generale Desaix und Caffarelli sah, hatten sich zu dieser Feier eingefunden, nur nicht Bonaparte, der damals vermied, sich öffentlich zu zeigen.

Schon im zweiten Jahre ihres Bestehens erfuhr die polytechnische Schule eine wesentliche Reform, welche ihren ursprünglichen und damals nothwendigen Zweck, zugleich auch alle Anwendungsschulen zu ersetzen, abänderte.

Diese Schulen waren nämlich inzwischen wieder hergestellt worden, und ein ausdrücklicher Befehl des Directoriums (der zwar von dem Rathe der Fünfhundert nicht bestätigt wurde) verbot mitten in einem Schuljahre der polytechnischen Schule den Unterricht in allen Gegenständen, die auf die speciellen Anwendungsschulen gehörten. Auch wurde für die Folge die Schulzeit auf zwei Jahre verkürzt, wie sie noch jetzt ist. Da jetzt die Fürsorge der Regierung getheilt war, so wurden die Fonds der Anstalt verkürzt, sie musste eine Menge Lehrmaterial wieder herausgeben, und viele ihrer Lehrer wurden verabschiedet. Auch zog die Wiedereröffnung der Akademie der Wissenschaften unter dem Namen des Nationalinstituts das Interesse von den wissenschaftlichen Leistungen der Schule ab.

Die hauptsächlichsten Anwendungsschulen (*Écoles d'application*), wie sie noch jetzt in Frankreich bestehen, sind ihrer Art nach vier: Die Bauschulen (*Écoles des Ponts et Chaussées*), die Bergbauschulen (*Écoles des mines*), die Ingenieurschulen und Artillerieschulen. Es giebt auch noch eine *École des poudres et salpêtres* und mehrere andere. In diese verschiedenen Schulen gehen die Zöglinge der polytechnischen Schule, je nach dem verschiedenen Berufe, den sie ergreifen, über. Doch hängt die Wahl dieses Berufes nicht von ihrem Willen, sondern von dem Ergebniss der Prüfung ab, welche der Zögling beim Abgange von der polytechnischen Schule zu bestehen hat, in der Art, dass der, welcher das beste Zeugniss erhält, sich dem Baufache widmen darf, wer das zweite Zeugniss erhält, dem Bergbau, wer das dritte erhält, dem Genie und das vierte der Artillerie. Denn in Frankreich wird das Militär in Friedenszeiten schlecht gehalten und erhält nur, wenn es auf dem Kriegsfuss ist, eine reichliche Löhnung und Versorgung. Der Civildienst wird daher dort in der Regel vorgezogen. Die Wahl unter den vier angegebenen Carrièren, welche der Zögling der polytechnischen Schule einschlagen kann, hängt daher nur insofern von seiner Neigung ab, als er, wenn er das höhere Zeugniss erlangt hat, auch den Beruf erwählen darf, zu welchem schon ein niedrigeres Zeugniss befähigt, aber es wird ihm auf keine Weise gestattet, eine nur mit einem höheren Zeugniss zugängliche Laufbahn zu verfolgen. Bei diesem Einfluss der Prüfung auf das ganze zukünftige Geschick des Zöglings ist es von doppelter Wichtigkeit, das Zeugniss nach einer festen Norm zu bestimmen. Man hat hierzu den Modus gewählt, der auch bei den Marineschulen in Dänemark und an anderen Orten Eingang gefunden, jedem Zöglinge eine gleiche Anzahl gleich schwerer Fragen vorzulegen: für die ganz genügende Antwort eine bestimmte Zahl, 20, festzusetzen, und im Verhältniss, je nachdem die Antwort weniger befriedigend ausfällt, ihren Werth durch eine geringere Zahl anzuzeigen und schliesslich alle diese Zahlen, welche den Werth der in allen Fächern, in welchen geprüft worden, ertheilten einzelnen Antworten angeben, zu summiren. Die so erhaltene eine Zahl bestimmt dann die Nummer des Zeugnisses, und mithin den Beruf und das Schicksal des Zöglings. Man sieht, dass dieses Mittel sehr unvollkommen ist, aber es wäre unter den erwähnten Umständen schwer, es durch ein anderes zu ersetzen. Die Zahl der Zöglinge beträgt jetzt dreihundert, wovon jedes Jahr die eine Hälfte abgeht, und die andere Hälfte aus der zweiten Classe in die erste rückt; wer nicht in die höhere Classe versetzt werden kann, wird von der Schule zurückgeschickt. Zur Aufnahme sind ebenfalls schwierige Prüfungen erforderlich, und es kann hierbei eine strenge Auswahl stattfinden, da sich jährlich zur Aufnahme dazu über Vierhundert melden, von denen nur die hundertfünfzig Besten zugelassen werden, nach Maassgabe der auf die angegebene Art die Totalsumme der vorhandenen Kenntnisse repräsentirenden Zahlen. Die Examinatoren dürfen keine Lehrer sein. *Die Prüfung wird mit jedem Einzelnen besonders angestellt,* so dass der Examinator hundert und fünfzig Mal immer dieselben Gegenstände zu prüfen hat.

Diese Prüfungen sind daher für die damit Beauftragten eine sehr beschwerliche Arbeit. Freilich bietet dafür ein solches Amt allein, welches doch in der Regel mit vielen anderen verbunden ist, eine unseren höchsten Besoldungen von Gelehrten gleichkommende Entschädigung. Ich war öfters bei den Abgangsprüfungen in der Mathematik, welche Poisson abhielt, zugegen; da ich hierbei mich mit dem Examinator und Examinanden ganz allein befand, so hatte ich gute Gelegenheit, mich über das, was in der Mathematik in der Schule geleistet wurde, zu unterrichten. Diese Abgangsprüfung in der Mathematik beschäftigte Poisson einen Monat lang täglich neun Stunden.

Den Glanz, den die polytechnische Schule durch ihre Lehrer und die Leistungen ihrer Schüler auf ganz Frankreich warf, hielt sie durch alle Stürme der Zeit hoch aufrecht, indem die Nationalehre bei ihrer Erhaltung betheiligt war. Bald erwähnte man sie auf der Tribüne der legislativen Gewalt oder in öffentlichen Dokumenten nicht, ohne sie die erste Schule der Welt, den Neid Europa's, ein Institut ohne Nebenbuhler und Vorbild zu nennen. In einem mit der Schweiz abgeschlossenen Tractat wird die Aufnahme einer bestimmten Anzahl Schweizer ausdrücklich stipulirt. Bonaparte besuchte sie oft, wohnte den Lehrvorträgen bei und beschenkte sie. Neununddreissig ihrer Zöglinge nahmen an seiner ägyptischen Expedition theil, von denen acht blieben.

Der Nothstand Frankreich's während Bonaparte's Abwesenheit in Aegypten hatte auch auf die polytechnische Schule einen sehr nachtheiligen Einfluss. Bei seiner Rückkehr erhellte sich ihre Zukunft; mit ihm kamen Monge, Berthollet und der 18[r] Brumaire, und die Regierung bekam einen festen und sicheren Gang. Laplace, der Examinator in der Mathematik war, wozu später Legendre gewählt wurde, erhielt eine Zeit lang das Ministerium des Inneren, unter dem die Schule stand. Später wurden er und andere Lehrer der Schule, Monge, Berthollet, Lagrange, zu Senatoren erhoben, womit eine grosse Dotation verbunden war, in welcher Qualität sie nichts desto weniger ihren Unterricht wenigstens theilweise fortsetzten. Die drei Letzteren wurden später in den Grafenstand erhoben und konnten in ihrer angesehenen Stellung der Schule, an der sie gelehrt, desto kräftigeren Schutz verleihen.

Im Jahre 1805 erfolgten zwei grosse Maassregeln. Statt des Militärsoldes und anderer bisher bezogenen Emolumente musste, mit Ausnahme von etwa fünfzig Freistellen, jeder Schüler eine Pension von 800 Francs bezahlen, die unter der Restauration auf 1000 Francs erhöht wurde. Trotz dieser Bestimmungen hat sich die Zahl derjenigen, welche sich zur Aufnahme meldeten, eher vermehrt, als vermindert. Ferner wurden die Schüler sämmtlich casernirt und ganz auf militärischen Fuss gesetzt. Sie erhielten den Grad eines Sergeanten der Artillerie, den sie jetzt noch haben, wurden in den Erholungsstunden in militärischen Evolutionen geübt und bekamen eine Fahne mit der Inschrift: „Für das Vaterland, die Wissenschaften und den Ruhm (*pour la patrie, les sciences et la gloire*)“. Eine Uniform hatten sie schon früher erhalten.

Die unaufhörlichen Feldzüge Napoleon's entvölkerten auch die polytechnische Schule. Sie war nicht im Stande, seinen unausgesetzten Forderungen zu genügen, da er in manchem Jahre über hundert Artillerie- und Ingenieurofficiere verlangte. Oft mussten die zum Militärdienst bestimmten Schüler nach nur halb vollendetem Cursus zu den Kriegsdepots abgehen. Endlich erliess Napoleon den von der Nothwendigkeit dictirten Befehl, dass kein Schüler eher in einen Civildienst übergehen dürfe, ehe nicht die Bedürfnisse der Armee an Artillerie- und Ingenieurofficieren vollständig befriedigt wären, und bald darauf den noch härteren, der aber nur zwei Jahre lang zur Ausführung kam, dass Keiner in die Schule aufgenommen werden sollte, der nicht seiner körperlichen Beschaffenheit nach zum Militärdienst tauglich sei. Dies Alles konnte nicht verfehlen, sehr nachtheilig auf die Schüler zurückzuwirken, da sie unter allen Umständen einer Anstellung gewiss waren. Als das Waffenglück des Kaisers umschlug, und die verbündeten Heere über den Rhein gingen, baten die Schüler um die Erlaubniss, in Masse eintreten zu dürfen, um das Vaterland zu vertheidigen. Napoleon soll damals geantwortet haben, soweit sei es noch nicht mit ihm gekommen, dass er seine Henne tödten müsste, die ihm die Goldeier lege. Aber bald verlangte er selbst Schüler zu Gardeofficieren und liess sich nur mit Mühe davon abbringen, als man ihm vorstellte, die dreihundert Zöglinge der polytechnischen Schule könnten bei einem etwaigen Volksaufstande zum Schutze der Kaiserin und seines Sohnes dienen, wozu man um sechs Kanonen für sie bat. Napoleon befahl darauf die Bildung von zwölf Artilleriecompagnien; sechs sollten aus den Invaliden des Spitals, denen allen ein Arm oder ein Bein fehlte, drei aus den Studenten der Rechte und der Medicin und drei von den polytechnischen Schülern gebildet werden. Die Studenten zeigten sich aber so ungeschickt, dass man sie nach der ersten Revue entlassen musste. Die Zöglinge der polytechnischen Schule dagegen übten sich Tag und Nacht in der Bedienung der zwölf Geschütze, die auf dem Schulhofe aufgefahren wurden. Als die Gefahr näher kam, liessen sie die Invaliden bei den Positionsgeschützen an den Barrieren und bildeten sich zu einer mobilen Reserve von 28 Feuerschlünden, womit sie am 30ten März 1814 auf dem Wege nach Vincennes postirt waren und unter der Deckung einer kleinen Zahl Gendarmen die linke Flanke der Verbündeten beschossen, auch ein lebhaftes Scharmützel mit einigen Schwadronen Kosacken bestanden. Um elf Uhr Abends bekamen sie den Befehl, nach Fontainebleau abzumarschiren. Aber die Meisten von ihnen waren nach den Anstrengungen der vorhergehenden Tage zu erschöpft, um noch einen angestrengten Nachtmarsch auszuhalten, und zerstreuten sich in Paris. Nur ein Sechstel folgte der Bewegung der Garde nach Fontainebleau, von wo sie nach Orléans und dann nach Blois geschickt wurden. Auch in dieser drangvollen Zeit wachte die Direction der Schule sorgsam über ihrer Erhaltung. Die Schüler wurden ungesäumt wieder einberufen, und schon am 18ten April konnte mit mehr als zweihundert Schülern der regelmässige Cursus wieder eröffnet werden.

Der Kaiser Alexander, der schon früher, im Jahre 1809, mehrere ausgezeichnete Zöglinge der Schule in seine Dienste genommen und ihnen die ehrenvollsten Functionen übertragen hatte, bewies sich sehr gnädig gegen die Schule. Auch die Grossfürsten Constantin und Michael, sowie der Kaiser Nicolaus, beehrten sie mit ihrem Besuche. Nachdem die Ruhe der Schule, sowie Europa's, durch Napoleon's Rückkehr von Elba noch einmal gestört worden, Ludwig XVIII. sie bei seiner zweiten Rückkehr wegen eingerissener Insubordination aufzulösen für gut fand, um sie bald wieder neu zu organisiren, genoss sie das Glück einer ruhigen, ungestörten Fortentwickelung. Der Herzog von Angoulême wurde ihr Protector und hat sie bei ihr drohenden Gefahren stets in warmen Schutz genommen. Der Unterricht wurde immer mehr von den speciellen Anwendungen befreit und erhielt eine mehr wissenschaftliche Richtung. Man hatte schon in der letzten Zeit einige Kenntnisse im Lateinischen, das Uebersetzen eines leichten prosaischen Autors, gewöhnlich Cicero's *officia*, unter die Forderungen zur Aufnahme stellen können, was früher nicht möglich war, da in der Revolution jeder classische Unterricht aufgehört hatte. Napoleon hatte auch, wiewohl nicht ohne einigen Anstand, einen Cursus der Litteratur bewilligt, der jetzt grössere Ausdehnung erhielt.

Die Schule hatte sich schon die ausgezeichnetsten Talente herangezogen; ihre ehemaligen Zöglinge, Namen, die Jedermann kennt, Malus, Thénard, Gay-Lussac, Poisson, Poinsot, Dulong, Petit, Arago, Fresnel, Cauchy, Dumas, wurden nach und nach an ihr Lehrer. Es wurde von jeher darauf gehalten, dass die ausgezeichneteren Lehrer ihre Vorträge zum besseren Nutzen der Schüler drucken liessen, und so ist eine Reihe von Werken, wie Lagrange's Functionentheorie und Functionenrechnung, Berthollet's chemische Statik, Lanz und Bétancourt's Maschinenlehre, Puissant's Geodäsie, Poinsot's Statik, Thénard's Chemie, Laplace's Exposition du système du monde, Lacroix's, Francoeur's, Cauchy's Lehrbücher der Algebra und Infinitesimalrechnung, u. s. w. entstanden, welche uns das beste Urtheil über die Höhe, bis zu welcher der Unterricht in dieser Anstalt getrieben wurde, fällen lassen, und diese Lehrbücher haben zugleich die Früchte des dort gegebenen Unterrichts über ganz Europa verbreitet.

AN

FRIEDRICH WILHELM IV.

WIDMUNG DES ERSTEN BANDES DER OPUSCULA MATHEMATICA.

1846.

Allerdurchlauchtigster König,
Grossmächtigster König und Herr!

Eurer Königlichen Majestät gefeierter Urgrossoheim hat während seiner Regierung die Hauptstadt Preussens zu einem Mittelpunkt der mathematischen Welt gemacht. Sogleich nach seiner Thronbesteigung berief er die Heroen der Mathematik an die erneuerte Akademie der Wissenschaften; von Basel Johann Bernoulli nebst seinen drei Söhnen, Euler von Petersburg, später Lagrange von Turin. Die ersten Mathematiker ihrer Zeit müssten auch bei dem grössten Könige sein, lautete der Lagrange berufende Brief des Preussischen Ministers. Jene berühmte Mathematikerfamilie hielt das hohe Alter ihres Hauptes zurück. Euler hat in den zwanzig Jahren, in denen er der mathematischen Classe der Berliner Akademie als Director vorstand, die gesammte Mathematik umgestaltet. In anderen zwanzig Jahren erhob sein Nachfolger Lagrange die Wissenschaft der mathematischen Analysis durch reiche Entdeckungen und vollendete Form zur glänzendsten Höhe. Der tiefsinnige und vielseitige Lambert wurde eine Zierde unserer Akademie. Auch an der Universität in Halle folgte dem zurückgerufenen Wolff der berühmte Segner. Durch den Preussenkönig wurde Frankreich auf D'Alembert aufmerksam.

Aber der Aufschwung der mathematischen Wissenschaft ist damals noch bei uns ein vorübergehender gewesen. Sie war noch kein Lebensbaum geworden, der in dem Boden des Preussischen Volkes Wurzel geschlagen. Nach Friedrichs des Zweiten Tode wandte sich Lagrange nach Paris, wo er dem mit der Revolution hereinbrechenden Elend erlegen wäre, wenn nicht Eurer Königlichen Majestät Grossvater Majestät durch edelmüthige Unterstützung in der Ferne den Mathematikern ihren ersten Stern erhalten hätte.

Nach dem Vorübergange des Schreckens erhob die Mathematik in Frankreich rasch wieder ihr Haupt. Da es dort keine Schulen mehr gab, so traten die Mathematiker des ganzen Landes, Lehrer und Schüler, sechstausend an der Zahl, zusammen und beriethen, wie für die Zukunft der mathematische Unterricht einzurichten wäre. Die aus diesen Berathungen hervorgegangene Pariser polytechnische Schule hat dort wesentlich dazu beigetragen, die höheren mathematischen Kenntnisse in weiten Kreisen zu verbreiten. Napoleon stellte zuerst den Grundsatz auf, dass dem Genie in der Wissenschaft und Kunst eben die höheren Ehren und Belohnungen des Staates gebührten, welche den bei der Verwaltung, Rechtspflege und dem Kriegswesen betheiligten Dienern zu werden pflegen. Der ehemalige Director unserer Akademie wurde von ihm in den Grafenstand und zum Senator erhoben. Seinen greisen Vater in Turin beglückwünschte eine Deputation der Regierung im Namen der französischen Nation zu dem Besitz eines solchen Sohnes. Mit diesem glänzten dort fünf andere mathematische Namen ersten Ranges, und es schien Frankreich, wie in den Waffen, so auch in der Mathematik unüberwindlich.

Nachdem es nun aber auf dem Kriegsfelde glücklich besiegt worden, haben wir, wie in der Sage von der Hunnenschlacht die Schatten in den Lüften fortkämpften, in den Regionen des Gedankens weiter gekämpft, unterstützt von der heiligen Allianz mit dem Geiste, die Preussen geschlossen, und manchen glorreichen Sieg in den Wissenschaften erstritten. Und so rühmen wir uns, auch in der mathematischen Wissenschaft nicht mehr die Zweiten zu sein.

Seit dem Regierungsantritt des Zweiten Friedrichs ist das Jahrhundert abgerollt, und auf's Neue sehen wir hoch auf dem Gipfel seiner Zeit, als eine Leuchte Gottes, den König, und auf's Neue unter Seiner schirmenden Aegide Sein Preussenland einen bewunderten Mittelpunkt der wissenschaftlichen Welt. Aber es sind jetzt nicht mehr Fremde, welche kommen, um den Glanz ihres wissenschaftlichen Ruhmes in dem Glanze des Thrones zu spiegeln, und weiterziehen. Es sind die Kinder des eigenen Volkes; aus dem Osten, dem Westen, aus den Marken, aus allen Gauen des Reiches Eurer Majestät sind sie zusammengetreten, um den Dom der Wissenschaft aufzubauen und seinen hohen Chor immer höher zu wölben. Als sichtbares Zeichen allem Volke, dass die Ehre wissenschaftlichen Werkes solle hochgehalten werden, hat der Königliche Bauherr jene in ihrer Art einzige Ordensstiftung gestellt, welche zugleich ein Band um die Werkmeister aller Länder schlingt. In der Nähe Seines Thrones sehen wir freudig den weisen Altmeister, den vielgewanderten, in allen Zungen und Welttheilen gepriesenen, dessen Name das Symbol jeder Wissenschaftlichkeit ist.

An dem ruhmvollen Werke freute auch ich mich Theil zu haben, als mich eine unheilvolle Krankheit von der Arbeit hinwegzunehmen drohte. Eurer Königlichen Majestät fürsorgende Gnade hat zur Wiederherstellung meiner Gesundheit mir einen längeren Aufenthalt in Rom, die Zurückversetzung in meine Heimath gewährt, mir die Mittel zur Subsistenz gesichert, hat gewollt, dass ich in Musse die wiedergewonnenen, wenn auch erschütterten, Kräfte ganz meinem wissenschaftlichen Berufe zuwenden soll. Es hat mich gedrängt, ein Buch, zu dessen Anfang und Vollendung ich die Kraft allein durch diese Gnade Eurer Majestät gefunden habe, Eurer Königlichen Majestät als ein Zeichen meines innigen Dankgefühls zu Füssen zu legen. Aber ich habe gezweifelt, ob eine aus allen Theilen der Mathematik zusammengefügte Mosaikarbeit sich den Augen Eurer Majestät darstellen dürfte; ob ich nicht die Vollendung einer der von mir vorbereiteten, vielleicht minder unwerthen, Arbeiten abwarten sollte, welche in mehr künstlerischer Einheit einen Hauptzweig der Wissenschaft abschliessen. Eurer Königlichen Majestät dieses mein Werk, wie es ist, als Dankesopfer darzubringen, ermuthigte mich, wie ich gestehe, der Vorgang, dass sich auch Name und Bildniss Friedrichs des Zweiten vor der Sammlung mathematischer Abhandlungen Johann Bernoulli's findet. Und so habe ich es gewagt, mit dem erhabenen Namen Eurer Königlichen Majestät auch mein Buch zu zieren; das Bild ist dem Innersten meines Herzens eingeprägt.

In tiefster Unterwürfigkeit ersterbe ich

Grossmächtigster König und Herr
Eurer Königlichen Majestät

unterthänigster Diener

Berlin,
den 30. August 1846.

C. G. J. Jacobi,
Professor und Mitglied der Berliner
Akademie der Wissenschaften.

BRIEFE JACOBI'S AN BESSEL.

1.

Gauss hat in den Göttinger Anzeigen, wo er den Auszug seiner gelesenen Abhandlung giebt, den Satz bekannt gemacht:

„Es sei p eine Primzahl von der Form $8n+1$, und gleich e^2+f^2, wo e^2 das ungerade Quadrat, f^2 das gerade; geht f durch 8 auf, so ist 2 biquadratischer Rest; wo nicht, nicht.“

Sein Weg muss, nach dem Auszug zu urtheilen, äusserst schwierig sein, die aufgewandte Kraft ausserordentlich. Die Sätze über andere Zahlen, als 2, ob sie biquadratische Reste sind, sagt er, könne er nicht geben, ohne noch bei weitem grössere Zurüstungen und eine eigenthümliche Erweiterung der höheren Arithmetik; daher er den Satz über 2 vorauf genommen.

Ich bin im Besitz einer allgemeinen, leichten, directen Methode, zu den Fundamentaltheoremen über die Reste aller Potenzen zu gelangen. Als ich sie auf die biquadratischen Reste anwendete, fand ich, was folgt:

„Es sei p Primzahl von der Form $4n+1$ und gleich e^2+f^2, wo e^2 das ungerade, f^2 das gerade Quadrat. Zuvörderst sind alle Primzahlen, die Factoren von f sind und quadratische Reste von p, auch biquadratische; ferner alle Primzahlen von der Form $8n\pm 1$, die Factoren von e sind und quadratische Reste von p, auch biquadratische.

Um eine andere Primzahl q, die quadratischer Rest ist und nicht zu dieser Reihe gehört, zu untersuchen, ob sie auch biquadratischer Rest sei, habe ich folgende Regel. Es wird, da q quadratischer Rest von p, auch p quadratischer Rest von q sein (weil p von der Form $4n+1$). *Man setze also* $x^2 \equiv p$ (mod. q). e *(die Wurzel des ungeraden Quadrats)* $\equiv ax$ (mod. q). *Es wird* $2(1+a)$ *und* $2(1-a)$ *zugleich quadratischer Rest oder quadratischer Nicht-*

rest sein in Bezug auf q. Im ersten Falle ist q biquadratischer Rest, im anderen biquadratischer Nichtrest von p.

Als Beispiel finde ich, dass 3, 5, wenn sie quadratische Reste sind, auch biquadratische Reste sind, wenn f resp. durch 3, 5 aufgeht; 7, wenn entweder e oder f durch 7 aufgeht. Wo nicht, nicht.“

26. Oct. 26.

2.

Théorème.

Soit

$$\cos\varphi = \sqrt{\frac{-(x'-x'')(x'''-x^{\mathrm{IV}})}{(x'-x''')(x^{\mathrm{IV}}-x'')}} \cdot \frac{\dfrac{1}{x-x^{\mathrm{IV}}} - \dfrac{1}{x-x'} - \dfrac{1}{x-x''} + \dfrac{1}{x-x'''}}{\dfrac{1}{x-x^{\mathrm{IV}}} - \dfrac{1}{x-x'} + \dfrac{1}{x-x''} - \dfrac{1}{x-x'''}},$$

d'où suit

$$\sin\varphi = \sqrt{\frac{-(x'-x^{\mathrm{IV}})(x''-x''')}{(x'-x''')(x^{\mathrm{IV}}-x'')}} \cdot \frac{\dfrac{1}{x-x^{\mathrm{IV}}} - \dfrac{1}{x-x'''} - \dfrac{1}{x-x''} + \dfrac{1}{x-x'}}{\dfrac{1}{x-x^{\mathrm{IV}}} - \dfrac{1}{x-x'''} + \dfrac{1}{x-x''} - \dfrac{1}{x-x'}},$$

on aura

$$\frac{dx}{\sqrt{(x-x')(x-x'')(x-x''')(x-x^{\mathrm{IV}})}}$$

$$= \frac{d\varphi}{\sqrt{(x'+x''')(x''+x^{\mathrm{IV}}) - (x'+x'')(x'''+x^{\mathrm{IV}})\cos\varphi\cos\varphi - (x'+x^{\mathrm{IV}})(x''+x''')\sin\varphi\sin\varphi}}.$$

Koenigsberg, 1 Mars 27.

3.

Es sei $q = e^{-\frac{\pi K'}{K}}$, so wird

$$\sin\mathrm{am}(u,k)$$

$$= \frac{2\sqrt[4]{q}}{\sqrt{k}} \cdot \frac{\sin\frac{\pi u}{2K} - q^{1.2}\sin\frac{3\pi u}{2K} + q^{2.3}\sin\frac{5\pi u}{2K} - q^{3.4}\sin\frac{7\pi u}{2K} + q^{4.5}\sin\frac{9\pi u}{2K} - \cdots}{1 - 2q^{1.1}\cos\frac{\pi u}{K} + 2q^{2.2}\cos\frac{2\pi u}{K} - 2q^{3.3}\cos\frac{3\pi u}{K} + 2q^{4.4}\cos\frac{4\pi u}{K} - \cdots}.$$

Hieraus für $u = K$:

$$\sqrt{k} = 2\sqrt[4]{q} \cdot \frac{1 + q^2 + q^6 + q^{12} + q^{20} + q^{30} + q^{42} + \cdots}{1 + 2q + 2q^4 + 2q^9 + 2q^{16} + 2q^{25} + 2q^{36} + \cdots},$$

die beiden wichtigsten Formeln vielleicht für die Theorie.

März 1828.

$$K = \int_0^{\frac{\pi}{2}} \frac{d\varphi}{\sqrt{1 - k^2\sin^2\varphi}}, \quad K' = \int_0^{\frac{\pi}{2}} \frac{d\varphi}{\sqrt{1 - k'k'\sin^2\varphi}},$$

$$kk + k'k' = 1.$$

4.

Eine Lösung Ihrer Aufgabe, an welcher ich bei wiederholtem Nachdenken nach meiner Zurückkunft von Ihnen schon verzweifelt hatte, scheint mir, wie mir heute früh einfiel, in einer Abhandlung*) im Crelleschen Journal, Vol. II pag. 234, enthalten zu sein. Ihre Aufgabe nämlich, wenn ich nicht irre, lässt sich so aussprechen, dass man (um mich der dortigen Bezeichnung zu bedienen) einer Gleichung

$$(1) \quad \begin{aligned} 0 = a + a'\cos^2\psi + a''\sin^2\psi\cos^2\varphi + a'''\sin^2\psi\sin^2\varphi \\ + 2b'\cos\psi + 2b''\sin\psi\cos\varphi + 2b'''\sin\psi\sin\varphi \end{aligned}$$

zu genügen hat, indem man für $\cos\psi$, $\sin\psi\cos\varphi$, $\sin\psi\sin\varphi$ schickliche Functionen einer Variable t setzt. Nun habe ich in der genannten Abhandlung ge-

*) Siehe Bd. III p. 55 dieser Ausgabe.

zeigt, dass man die genannte Gleichung, oder eine allgemeinere $\varrho = 0$ (durch einen Druckfehler steht dort e statt ϱ, P statt η), aus welcher man unsere erhält, wenn $c' = c'' = c''' = 0$, durch Substitutionen von der Form

$$(2)\quad \begin{aligned} \cos\eta &= \frac{\alpha + \alpha'\cos\psi + \alpha''\sin\psi\cos\varphi + \alpha'''\sin\psi\sin\varphi}{\delta + \delta'\cos\psi + \delta''\sin\psi\cos\varphi + \delta'''\sin\psi\sin\varphi}, \\ \sin\eta\cos\vartheta &= \frac{\beta + \beta'\cos\psi + \beta''\sin\psi\cos\varphi + \beta'''\sin\psi\sin\varphi}{\delta + \delta'\cos\psi + \delta''\sin\psi\cos\varphi + \delta'''\sin\psi\sin\varphi}, \\ \sin\eta\sin\vartheta &= \frac{\gamma + \gamma'\cos\psi + \gamma''\sin\psi\cos\varphi + \gamma'''\sin\psi\sin\varphi}{\delta + \delta'\cos\psi + \delta''\sin\psi\cos\varphi + \delta'''\sin\psi\sin\varphi}, \end{aligned}$$

aus welchen umgekehrt (S. 240*))

$$(3)\quad \begin{aligned} \cos\psi &= \frac{-\delta' + \alpha'\cos\eta + \beta'\sin\eta\cos\vartheta + \gamma'\sin\eta\sin\vartheta}{\delta - \alpha\cos\eta - \beta\sin\eta\cos\vartheta - \gamma\sin\eta\sin\vartheta}, \\ \sin\psi\cos\varphi &= \frac{-\delta'' + \alpha''\cos\eta + \beta''\sin\eta\cos\vartheta + \gamma''\sin\eta\sin\vartheta}{\delta - \alpha\cos\eta - \beta\sin\eta\cos\vartheta - \gamma\sin\eta\sin\vartheta}, \\ \sin\psi\sin\varphi &= \frac{-\delta''' + \alpha'''\cos\eta + \beta'''\sin\eta\cos\vartheta + \gamma'''\sin\eta\sin\vartheta}{\delta - \alpha\cos\eta - \beta\sin\eta\cos\vartheta - \gamma\sin\eta\sin\vartheta}, \end{aligned}$$

in folgende einfachere Gleichung verwandeln kann:

$$(4)\quad 0 = G + G'\cos^2\eta + G''\sin^2\eta\cos^2\vartheta + G'''\sin^2\eta\sin^2\vartheta,$$

so dass die Aufgabe darauf zurückkommt, dieser Gleichung zu genügen, indem man für $\cos\eta$, $\sin\eta\cos\vartheta$, $\sin\eta\sin\vartheta$ schickliche Functionen von t setzt, woraus man dann durch die Gleichungen (3) sogleich die zu setzenden Werthe von $\cos\psi$, $\sin\psi\cos\varphi$, $\sin\psi\sin\varphi$ erhält. Die zuletzt genannte Aufgabe hat weiter keine Schwierigkeit, und kommt mit dem Fall überein, wo Kugel und Ellipsoid concentrisch sind.

In dem Vorstehenden sind G, $-G'$, $-G''$, $-G'''$ Wurzeln der biquadratischen Gleichung

$$(5)\quad \begin{aligned} 0 &= (a - x)(a' + x)(a'' + x)(a''' + x) \\ &\quad - b'b'(a'' + x)(a''' + x) - b''b''(a''' + x)(a' + x) - b'''b'''(a' + x)(a'' + x). \end{aligned}$$

Hat man diese gefunden, so findet man die 16 Coefficienten der Substitution durch blosses Ausziehen von Quadratwurzeln; S. 240**) stehen die Werthe der Quadrate dieser Coefficienten in der zweckmässigsten Form, die noch verein-

*) Siehe Bd. III p. 63 dieser Ausgabe.

**) Siehe Bd. III p. 64 dieser Ausgabe.

facht wird, wenn man für unseren Fall $c' = c'' = c''' = 0$ setzt. Auch alles Nöthige für die Zeichen der Quadratwurzeln findet sich bemerkt.

Der Gleichung (4) kann man auf mannigfaltige Art genügen. Setzt man zum Beispiel, um eine symmetrische Lösung zu erhalten,

$$(6)\qquad t = G''G'''\cos^2\eta + G'''G'\sin^2\eta\cos^2\vartheta + G'G''\sin^2\eta\sin^2\vartheta,$$

so wird

$$(7)\qquad \begin{aligned} \cos\eta &= \sqrt{\frac{t - G'(G + G'' + G''')}{(G' - G'')(G' - G''')}}, \\ \sin\eta\cos\vartheta &= \sqrt{\frac{t - G''(G + G''' + G')}{(G'' - G''')(G'' - G')}}, \\ \sin\eta\sin\vartheta &= \sqrt{\frac{t - G'''(G + G' + G'')}{(G''' - G')(G''' - G'')}}, \end{aligned}$$

welche Ausdrücke man nur in (3) zu substituiren braucht. So kommt die neue Variable, durch welche die Coordinaten der Schneidungspunkte ausgedrückt werden, in der That nur unter dem Quadratwurzelzeichen vor und zwar nur in der 1ten Potenz; und wenn die Auflösung einer biquadratischen Gleichung nicht vermieden werden konnte, so afficirt diese nur die Constanten der Rechnung, nicht die Form der Function.

Königsberg, den 7. October 1831.

5.

Sollte man wohl bei einer so gemeinen Sache, wie die Bewegung *eines* Punktes in einer Ebene, noch Neues bemerken können? Und doch glaube ich, dass das Folgende neu und merkwürdig ist.

Es gelte der Satz von der lebendigen Kraft, d. h. die Differentialgleichungen haben die Form

$$\frac{d^2x}{dt^2} = \frac{\partial U}{\partial x}, \quad \frac{d^2y}{dt^2} = \frac{\partial U}{\partial y},$$

woraus

$$\tfrac{1}{2}\left\{\left(\frac{dx}{dt}\right)^2 + \left(\frac{dy}{dt}\right)^2\right\} = U + h,$$

wo h eine willkürliche Constante. Ponamus, man habe noch ein Integral gefunden, in welchem t nicht explicite vorkommt,

$$\varphi\left(x,\, y,\, \frac{dx}{dt},\, \frac{dy}{dt}\right) = a,$$

so kann man $\frac{dx}{dt}$, $\frac{dy}{dt}$ durch x, y und die beiden willkürlichen Constanten h, a ausdrücken. Man erhält hieraus eine Differentialgleichung 1ter Ordnung zwischen x, y:

$$\frac{dy}{dx} = \psi(x, y).$$

Or je dis, dass man immer allgemein einen Multiplicator für diese Gleichung angeben kann, also die Gleichung immer auf Quadraturen zurückführen.

Hat man y durch x ausgedrückt, so muss man, um t zu finden, diesen Werth in den Werth von $\frac{dt}{dx}$ substituiren, und findet dann t durch eine Integration nach x. Man kann aber, ohne y durch x ausgedrückt zu haben, t allgemein durch eine Integration unmittelbar in x, y finden.

Nämlich: es seien

$$\frac{dx}{dt} = x', \qquad \frac{dy}{dt} = y'$$

die Werthe von $\frac{dx}{dt}$, $\frac{dy}{dt}$ in x, y, h, a, so sage und behaupte ich:

1) Der Ausdruck $x'dx + y'dy$ ist immer ein genaues Differential, und also auch seine Differentiale nach den Constanten h oder a genommen.

2) Von den beiden Gleichungen

$$b = \int\left(\frac{\partial x'}{\partial a}dx + \frac{\partial y'}{\partial a}dy\right),$$

$$t + \tau = \int\left(\frac{\partial x'}{\partial h}dx + \frac{\partial y'}{\partial h}dy\right),$$

wo die Ausdrücke rechter Hand Integrale genauer Differentiale sind, giebt die erste die gesuchte Gleichung zwischen x und y; die zweite den Ausdruck der Zeit in x, y (b, τ neue willkürliche Constanten).

. . . .

Königsberg, d. 24. Juni 1836.

6.

. . . .

„Wenn in einem Problem der Mechanik der Satz von der lebendigen Kraft gilt, und man kennt irgend 2 Integrale ausserdem, so kann man daraus immer nach einer festen Regel durch blosses Differentiiren ein 3tes ableiten."

Ich will ein freies System annehmen, obgleich dasselbe auch bei irgend welchen Verbindungen der Punkte gilt. Es seien, ausser dem Satze für die lebendige Kraft,

$$f = a, \quad \varphi = b$$

2 Integrale, wo a, b willkürliche Constanten sind, die in f und φ nicht vorkommen, so ist

$$\Sigma \frac{1}{m}\left\{\frac{\partial f}{\partial x}\frac{\partial \varphi}{\partial x'} - \frac{\partial f}{\partial x'}\frac{\partial \varphi}{\partial x} + \frac{\partial f}{\partial y}\frac{\partial \varphi}{\partial y'} - \frac{\partial f}{\partial y'}\frac{\partial \varphi}{\partial y} + \frac{\partial f}{\partial z}\frac{\partial \varphi}{\partial z'} - \frac{\partial f}{\partial z'}\frac{\partial \varphi}{\partial z}\right\} = c$$

das 3te Integral (x, y, z die rechtwinkeligen Coordinaten des Punktes mit der Masse m: x', y', z' die Differentiale $\frac{dx}{dt}$, $\frac{dy}{dt}$, $\frac{dz}{dt}$; f, φ enthalten t nicht explicite). Wie viel Integrale man auf diese Weise aus zweien findet, wenn man dieselbe Operation mit den neuen Integralen wiederholt, weiss ich noch nicht.

Als Beispiel sieht man hieraus, wie die beiden Gleichungen des Flächenprincips nothwendig die 3te mit sich führen müssen, was man wohl wusste, aber nicht als nothwendige rein analytische Folgerung.

. . . .

K., d. 28. Febr. 38.

7.

Ich habe vorgestern die geodätische Linie für ein *Ellipsoid mit drei ungleichen Achsen* auf Quadraturen zurückgeführt. Es sind die einfachsten Formeln von der Welt, Abelsche Integrale, die sich in die bekannten elliptischen verwandeln, wenn man 2 Achsen gleich setzt.

K., den 28. Dec. 38.

8.

Die Bemerkung, die ich Ihnen neulich machte, dass der Fall concentrischer Bahnen Erleichterungen darbietet, ist nicht ohne Interesse. Ich finde nämlich, wenn man kleine Grössen 2ter Ordnung vernachlässigt, für das Quadrat der gegenseitigen Distanz zweier Planeten $\varrho\varrho$ folgenden Ausdruck. Es seien

a, a' die halben grossen Achsen,

$\varDelta$ die Distanz der beiden Centra der Bahnen,

η, η' die Winkel, welche die beiden Apsidenlinien mit der Verbindungslinie der beiden Centra bilden,

ε, ε' die beiden excentrischen Anomalien,

ferner

$$\varepsilon + \eta = E, \quad \varepsilon' + \eta' = E',$$

so wird die gesuchte Grösse, bis auf die genannte Ordnung genau,

$$\varrho\varrho = a'a' - 2aa'\cos(E - E') + aa + 2\varDelta\{a'\cos E' - a\cos E\}.$$

Man sieht hieraus, dass die beiden Excentricitäten sich in die eine Grösse $\varDelta$ vereinigen. Die Convergenz der Entwickelung nach den Potenzen der Excentricitäten hängt von der Grösse von

$$\frac{2\varDelta a'}{(a'-a)^2}$$

ab, wenn man die einzelnen Terme betrachtet, denn sonst ist das Maximum des ganzen Ausdrucks

$$\frac{2\varDelta\{a'\cos E' - a\cos E\}}{a'a' - 2aa'\cos(E - E') + aa}$$

nur $\frac{2\varDelta}{a'-a}$. Was die neu eingeführten constanten Winkel η und η' betrifft, welche die Stelle der sonst vorkommenden Distanzen des gemeinschaftlichen Knotens von den Perihelien vertreten, so hat man den merkwürdigen, nicht vorauszusehenden Satz, dass die beiden constanten Winkel, welche zu ε und ε' zu addiren sind, um bloss Cosinus zu haben, so beschaffen sind, dass ihre Differenz nur um kleine Grössen der 2ten Ordnung (4' bei Jupiter und Saturn) von dem constanten Winkel verschieden ist, der zu $\varepsilon - \varepsilon'$ hinzukommt. Hierdurch werden die bei Laplace oft lästigen constanten Winkel zur Ordnung gerufen.

. . . .

2ter Weihnachtstag 40.

NEUE FORMELN JACOBI'S FÜR EINEN FALL DER ANWENDUNG DER METHODE DER KLEINSTEN QUADRATE.

Mitgetheilt von Bessel.

Schumacher Astronomische Nachrichten, Bd. 17 No. 404 p. 305—306.

Wenn *drei* unbekannte Grössen vorhanden, also die Gleichungen

$$(an) = (aa)x + (ab)y + (ac)z,$$
$$(bn) = (ab)x + (bb)y + (bc)z,$$
$$(cn) = (ac)x + (bc)y + (cc)z$$

aufzulösen, und auch die Gewichte X, Y, Z der daraus hervorgehenden Werthe von x, y, z zu bestimmen sind, so kann dieses nach folgenden Formeln geschehen:

$$r = \pm\sqrt{\pm(bc)(ac)(ab)}:$$

$$\alpha = \frac{r}{(bc)}, \qquad \beta = \frac{r}{(ac)}, \qquad \gamma = \frac{r}{(ab)},$$

$$A = (aa) \mp \alpha\alpha, \quad B = (bb) \mp \beta\beta, \quad C = (cc) \mp \gamma\gamma,$$

$$\alpha' = \frac{\alpha}{A}, \qquad \beta' = \frac{\beta}{B}, \qquad \gamma' = \frac{\gamma}{C};$$

$$R = 1 \pm (\alpha\alpha' + \beta\beta' + \gamma\gamma'):$$

$$a = \frac{(an)}{R}, \qquad b = \frac{(bn)}{R}, \qquad c = \frac{(cn)}{R};$$

$$\varrho = \alpha' a + \beta' b + \gamma' c:$$

$$x = \frac{(an)}{A} \mp \alpha'\varrho, \quad y = \frac{(bn)}{B} \mp \beta'\varrho, \quad z = \frac{(cn)}{C} \mp \gamma'\varrho;$$

$$X = \frac{RA}{R \mp \alpha\alpha'}, \qquad Y = \frac{RB}{R \mp \beta\beta'}, \qquad Z = \frac{RC}{R \mp \gamma\gamma'}.$$

Die Summe der Quadrate der übrig bleibenden Fehler kann nach der bekannten Formel

$$(nn_2) = (nn) - (an)x - (bn)y - (cn)z$$

berechnet werden, welche auch mit

$$(nn_2) = (nn) - \frac{(an)^2}{A} - \frac{(bn)^2}{B} - \frac{(cn)^2}{C} \pm \frac{\varrho\varrho}{R}$$

übereinstimmen muss. In allen diesen Formeln gilt entweder das obere oder das untere Zeichen, ersteres, wenn $(bc)(ac)(ab)$ positiv, letzteres, wenn dieses Product negativ ist.

Diese Formeln führen zu den Werthen von x, y, z und X, Y, Z durch eine Rechnung, die etwa so viele Arbeit kostet, als die Anwendung der bekannten, von Gauss in den allgemeinen Gebrauch gebrachten Formeln, deren Gang aber gänzlich verschieden von dem Gange ist, welchen diese vorschreiben: sie haben die Eigenthümlichkeit, *alle drei* unbekannten Grössen und die Gewichte ihrer Bestimmung durch ein ganz symmetrisches Verfahren zu ergeben. Sie erscheinen so merkwürdig, dass ich von meinem verehrten Freunde, Herrn Professor Jacobi, die Erlaubniss erbeten habe, sie den Lesern der Astronomischen Nachrichten mittheilen zu dürfen.*)

*) In den Astronomischen Nachrichten folgt ein von Bessel zu den Jacobischen Formeln berechnetes Zahlenbeispiel, welches hier nicht mit abgedruckt ist.

BRIEFE JACOBI'S AN GAUSS.

1.

Königsberg in Pr., 27. Oct. 1826.

Hochwohlgeborener Herr,
Hochgeehrtester Herr Hofrath,

Ew. Hochwohlgeboren bin ich so frei, einiges von Untersuchungen über die Reste der Potenzen mitzutheilen, welche ich vor Kurzem angestellt habe, da dieser Gegenstand sowohl durch sich selbst, als auch durch die Autorität Ihres Namens grosses Interesse erlangt hat.

Ich gerieth nämlich zufällig, als ich einige in Ihren Disquisitiones angestellte Betrachtungen verfolgte, auf eine einfache und directe Methode, die Fundamentaltheoreme über die Reste der Potenzen zu erforschen. Als ich dieses Gegenstandes gegen den Herrn Prof. Bessel erwähnte, gab er mir die interessante Notiz von dem Auszuge, den Ew. Hochwohlgeboren in den Göttinger Anzeigen von einer der Göttinger Societät über die biquadratischen Reste vorgelegten Abhandlung gegeben haben. Ich nahm daher Gelegenheit, meine Methode zu prüfen. Als ich sie, nachdem ich sie zuvor nur auf die Reste der 3ten und 5ten Potenzen angewendet hatte, nun auch auf die biquadratischen Reste anwandte, fand ich alsbald das von Ew. Hochwohlgeboren über die Zahl 2 gegebene Theorem. Allgemein aber fand ich, was folgt:

„Es sei p Primzahl von der Form $4n+1$, q Primzahl und quadratischer Rest von p, ferner

$$p = e^2 + f^2,$$

wo e das ungerade Quadrat bedeute. Es sind zwei Fälle zu unterscheiden:

I. *Es sei nicht zusammen p von der Form $8n+5$, q von der Form $4n-1$.*

Wenn q Theiler von f ist, so ist es biquadratischer Rest.

Wenn q Theiler von e ist, so ist es biquadratischer Rest, wenn es zugleich die Form $8n \pm 1$ hat; ist es Theiler von e von einer anderen Form, so ist es biquadratischer Nicht-Rest.

Ist q weder von e, noch von f Theiler, so setze man

$$x^2 \equiv p \pmod{q}$$

(was nach dem Fundamentaltheorem über quadratische Reste immer möglich).

$$e \equiv ax \pmod{q},$$

so wird zusammen $2(1+a)$ (wofür man auch $2(1-a)$ beliebig nehmen kann) quadratischer Rest von q und q biquadratischer Rest von p entweder sein, oder nicht sein.

II. *Ist zu gleicher Zeit p von der Form $8n+5$, q von der Form $4n-1$, so* findet gerade das Gegentheil statt.«

Wollten Ew. Hochwohlgeboren sich so weit herablassen, mir den Zusammenhang, in welchem die sonstigen in den Göttinger Anzeigen mitgetheilten, äusserst merkwürdigen Sätze mit den biquadratischen Resten stehen, mitzutheilen, so würde ich dies als Erlaubniss ansehen, Ew. Hochwohlgeboren mehreres von diesen Untersuchungen, welche in mehr als einer Beziehung sich an die berühmten Arbeiten von Ew. Hochwohlgeboren knüpfen, vorzulegen; auch dürfte aus etwaiger Vergleichung Vortheil für die Wissenschaft resultiren. Nur der Eifer für diese konnte einem unbekannten jungen Mann die Kühnheit einflössen, aus seinem Dunkel zu einem Mathematiker, der in solchem Ruhmesglanze dasteht, zu reden. Ich verbleibe ehrfurchtsvoll

Ew. Hochwohlgeboren

ergebenster

Dr. C. G. J. Jacobi,

Docent an der Königsberger Universität.

2.

Königsberg, 8. Febr. 27.

Hochwohlgeborener Herr,
Hochgeehrtester Herr Hofrath,

Die Güte, mit welcher Ew. Hochwohlgeboren die unbedeutenden arithmetischen Sätzchen, die ich mich Ihnen zu übersenden unterstand, aufgenommen haben, hätte mich schon längst verpflichten sollen, Ihnen für Ihr gütiges Schreiben zu danken; doch als ich von Ihrer gütigen Erlaubniss Gebrauch machen wollte, Ihnen mehreres von den von mir angestellten Untersuchungen mittheilen zu dürfen, fühlte ich deren Dürftigkeit so tief, dass ich dies unterlassen zu müssen glaubte. Erst als ich vor Kurzem nach längerer Unterbrechung zu diesem Gegenstande zurückkehrte, boten sich mir einige Sätze dar, welche mir nicht ganz unwürdig schienen, sich ihrem hohen Gönner vorzustellen. Die Betrachtungen, die ich angestellt hatte, sind folgende:

Ist p eine Primzahl, x primitive Wurzel der Gleichung

$$\frac{x^p-1}{x-1}=0$$

(man darf sich ja wohl dieses Ausdrucks bedienen), g primitive Wurzel der Congruenz

$$\frac{x^{p-1}-1}{x-1}\equiv 0 \pmod{p},$$

und setzt man $\xi(r)$, wo r primitive Wurzel der Gleichung

$$\frac{x^t-1}{x-1}=0,$$

l aber Factor von $p-1$, setzt man also

$$\xi(r) = x + rx^g + r^2x^{g^2} + \cdots + r^{p-2}x^{g^{p-2}},$$

so findet sich Folgendes:

I.
$$\frac{\xi(r)\xi(r^m)}{\xi(r^{m+1})}$$

ist eine ganzzahlige Function von r, d. h. ist gleich

$$A + A'r + A''r^2 + \cdots + A^{(l-1)}r^{l-1},$$

wo A, A', A'', ..., $A^{(l-1)}$ ganze Zahlen sind.

II.
$$\xi(r)\xi\left(\frac{1}{r}\right) = (-1)^{\frac{p-1}{l}} p.$$

Dieser Fundamentalsatz für die Theorie der Kreistheilung machte mir eine dunkele Andeutung zu den Disq. Ar. pag. 651*) klar.

III. Setzt man

$$\frac{\xi(r)\xi(r^m)}{\xi(r^{m+1})} = \psi(r),$$

so wird

$$\psi(r)\psi\left(\frac{1}{r}\right) = p.$$

Aus diesen 3 Sätzen folgt sogleich für $l = 2, 3, 4$:

I. Für $l = 2$, wo $r = \frac{1}{r}$:

$$\xi(r)\xi\left(\frac{1}{r}\right) = \{\xi(r)\}^2 = (-1)^{\frac{p-1}{2}} p,$$

$$\xi(r) = \sqrt{(-1)^{\frac{p-1}{2}} p}.$$

II. Für $l = 3$, $m = 1$:

$$\{\xi(r)\}^2 = \psi(r)\xi(r^2),$$
$$\{\xi(r)\}^3 = p\,\psi(r),$$

wo $\psi(r)$ von der Form $\frac{a+b\sqrt{-3}}{2}$ und $a^2 + 3b^2 = 4p$. Es lässt sich dann leicht weiter zeigen, dass $a-1$ und b durch 3 aufgehen müssen. Diese beiden Sätze stehen in den Disquisitiones.

III. Für $l = 4$, $m = 1$ wird

$$\{\xi(r)\}^2 = \psi(r)\xi(r^2) = \psi(r)\sqrt{p},$$

wo $\psi(r)$ die Form $a + b\sqrt{-1}$ hat, und $a^2 + b^2 = p$. b geht durch 2 auf

*) Disq. Arith. art. 360, IV: Gauss Werke, Bd. I p. 453—454.

und $a+1$ durch 4, was das Zeichen von a bestimmt; wie sich sonst leicht zeigen lässt.

Für höhere Zahlen als 4 wird die Sache weitläuftiger; dafür wird aber der Blick eröffnet in ein weites unausgebautes Feld der quadratischen Formen.

Um an einem Beispiel zu zeigen, welchen Vortheil man aus den 3 Fundamentalsätzen ziehen kann, setze ich $l = 7$. Hier wird, wenn ich

$$\xi(r)\xi(r^2) = \varphi(r)\xi(r^3)$$

setze,

$$\varphi(r) = \varphi(r^2) = \varphi(r^4);$$

es muss daher $\varphi(r)$ die Form haben

$$L + M\sqrt{-7},$$

wo

$$LL + 7MM = p.$$

Das Zeichen von L wird dadurch bestimmt, dass $L+1$ durch 7 aufgeht. Setzt man

$$\xi(r)\xi(r) = \psi(r)\xi(r^2),$$

so wird

$$\psi(r)\psi(r^2) = (L + M\sqrt{-7})\,\psi(r^3).$$

Aus diesem Satze und aus

$$\psi(r)\,\psi\left(\frac{1}{r}\right) = p$$

lässt sich $\psi(r)$ leicht durch Versuche bestimmen. Es lässt sich nämlich zeigen, dass, wenn man

$$A = 7\left(\frac{1+3\sqrt{-3}}{2}\right), \quad B = 7\left(\frac{1-3\sqrt{-3}}{2}\right)$$

setzt, $6\,\psi(r)$ die Form hat

$$a + b\sqrt{-7} + \sqrt[3]{A}\,\{7c + 7e\sqrt{-3} + \sqrt{-7}(d + f\sqrt{-3})\}$$
$$+ \sqrt[3]{B}\,\{7c - 7e\sqrt{-3} + \sqrt{-7}(d - f\sqrt{-3})\}.$$

Zwischen a, b, c, d, e, f lassen sich mehrere Gleichungen angeben, welche zur Bestimmung durch Versuche und Prüfung hinlänglich sind. Ich schreibe bloss diejenigen hin, welche zum Probiren am schicklichsten sind:

(1) $$28(c^2 + 3e^2) = \left(\frac{6L-a}{7}\right)^2 + 3(6M+b)\left(\frac{2M-b}{7}\right),$$

(2) $$28(d^2 + 3f^2) = (b + 6M)^2 + 3(2L + a)\left(\frac{6L-a}{7}\right),$$

(3) $$ab + 3(Lb - Ma) = 49(cd + 3ef).$$

Aus (1) und (2) folgt

$$(4)\qquad 36p = aa + 7bb + 98dd + 294ff + 686cc + 2058ee;$$

die grossen Zahlencoefficienten erleichtern sehr das Versuchen. Ausserdem ist

$$a \equiv 1, \qquad b \equiv 2M \pmod{7},$$
$$c + a \equiv 0, \quad b + d \equiv 0 \pmod{3},$$

wozu sich noch mehreres andere fügen lässt. Das Wichtigste ist aber, dass man die Reste von a und b, die sie, durch 49 dividirt, lassen, bestimmen kann, wenn man L und M kennt. Es findet sich nämlich

$$a \equiv 2(p - 2L - 6), \quad b \equiv -M(p + 2L - 1) \pmod{49}.$$

Da sich a und b also immer nur um 49 ändern können, so bringt dieses an $7b^2$ eine ungeheuere Aenderung hervor, von der Ordnung $16807(\Delta b)^2$, so dass hierdurch für nicht zu grosse p b und a unmittelbar fest bestimmt sind. Für grössere p lassen sich aber andere Hülfsquellen eröffnen, die ich hier übergehe. Ich füge den Anfang folgender Tafel hinzu:

p	L	M	a	b	c	d	e	f
29	−1	2	1	−3	−1	0	0	−1
43	6	1	1	−5	−1	2	0	−1
71	−8	1	15	−5	0	−1	−1	0
113	−1	4	−27	1	0	−1	1	2
127	−8	3	29	13	1	−4	0	1
197	13	2	−13	−3	−2	−3	−1	2
211	6	5	−55	17	1	4	0	1
239	−8	5	57	17	0	1	−1	2
281	13	4	57	1	0	−1	−1	4
			cet.			cet.		

welche mit leichter Mühe noch weiter fortgesetzt worden ist. Am vortheilhaftesten scheint, zuerst b, dann a zu bestimmen, worauf die Gleichungen (1), (2), (3) sogleich c, d, e, f geben. Auch findet man, wenn a und b bekannt sind, $\psi(r)$, $\psi(r^2)$, $\psi(r^4)$ als Wurzeln der kubischen Gleichung

$$x^3 - x^2\left(\frac{a + b\sqrt{-7}}{2}\right) + x(L + M\sqrt{-7})\left(\frac{a - b\sqrt{-7}}{2}\right) - p(L + M\sqrt{-7}) = 0.$$

$\psi\left(\frac{1}{r}\right)$, $\psi\left(\frac{1}{r^2}\right)$, $\psi\left(\frac{1}{r^4}\right)$ erhält man daraus, wenn man $\sqrt{-7}$ in $-\sqrt{-7}$ verwandelt. Doch genug hiervon; ich besorge schon, Sie zu sehr ermüdet zu haben.

Ich bemerke nur noch, dass man findet

$$\{\xi(r)\}^7 = p(L + M\sqrt{-7})^2 \psi(r^3)\{\psi(r)\}^2.$$

Indem man so statt $\{\xi(r)\}^7$ $\psi(r)$ sucht, hat man es mit viel kleineren Zahlen zu thun. Auch hat dies analytischen Vortheil, indem dies verhindert, in den Zeichen zu irren. Man findet nämlich, wenn man

$$L + M\sqrt{-7} = R$$

setzt,

$$\begin{aligned}
\{\xi(r)\}^2 &= \quad \psi(r)\, \xi(r^2),\\
\{\xi(r)\}^3 &= R\ \psi(r)\, \xi(r^3),\\
\{\xi(r)\}^4 &= R\ \psi(r)\ \psi(r^3)\, \xi(r^4),\\
\{\xi(r)\}^5 &= R^2 \psi(r)\ \psi(r^3)\, \xi(r^5),\\
\{\xi(r)\}^6 &= R^2 \{\psi(r)\}^2 \psi(r^3)\, \xi(r^6),
\end{aligned}$$

welche Formeln bei der Rechnung mit $\xi(r)$ grosse Vortheile haben. —

Aber ich habe in diesen Tagen eine directe Bestimmung für $\psi(r)$ für jedes l gefunden, welche, wenn gleich wohl weitläuftiger, als das Versuchen, doch wegen ihrer extremen Eleganz angeführt zu werden verdient. Es sei also

$$\frac{\xi(r)\xi(r^m)}{\xi(r^{m+1})} = \psi(r);$$

ferner setze man in Bezug auf den Modul l

$$m+1 \equiv a_1, \quad 2(m+1) \equiv a_2, \quad 3(m+1) \equiv a_3, \quad \ldots, \quad (l-1)(m+1) \equiv a_{l-1}\ ^{*)}.$$

Ferner bezeichne man der Kürze halber mit $\left(\frac{\alpha}{\beta}\right)$ den β^{ten} Binomialcoefficienten von α, oder

$$\frac{\alpha(\alpha-1)\ldots(\alpha-\beta+1)}{1.2\ldots\beta}.$$

Setzt man nun in $\psi(r)$ für r eine primitive Wurzel der Congruenz

$$\frac{x^l-1}{x-1} \equiv 0 \pmod{p},$$

so wird, wenn $p = ln+1$,

$$\psi(r) \equiv -\left(\frac{a_1 n}{n}\right),\ \psi(r^2) \equiv -\left(\frac{a_2 n}{2n}\right),\ \psi(r^3) \equiv -\left(\frac{a_3 n}{3n}\right),\ \ldots,\ \psi(r^{l-1}) \equiv -\left(\frac{a_{l-1} n}{(l-1)n}\right)$$

in Bezug auf den Modul p; woraus sich sogleich, wenn man nur eine Wurzel

*) Unter a_1, a_2, a_3 cet. werden ganze positive Zahlen verstanden, die kleiner als l sind. So oft $a_k < k$, wird $\psi(r^k) \equiv 0 \pmod{p}$; $m < l-1$.

der Congruenz

$$\frac{x^l-1}{x-1} \equiv 0 \pmod{p}$$

kennt, $\psi(r)$ finden lässt, wenn r im ersten Sinne genommen wird. Ew. Hochwohlgeboren bemerken sogleich, wie hierunter der Satz begriffen ist, den Sie in den Göttinger Anzeigen*) für $l = 4$ angekündigt haben. Für $l = 3$ und $l = 7$ sind demnach die entsprechenden folgende:

Wenn p Primzahl von der Form $3n+1$ und $4p = aa+27bb$, so ist a der kleinste Rest (zwischen $-\frac{1}{2}p$ und $+\frac{1}{2}p$) von

$$-\frac{(n+1)(n+2)\ldots 2n}{1.2\ldots n},$$

durch p dividirt. Dieser Rest wird, durch 3 dividirt, immer 1 übrig lassen.

Wenn p Primzahl von der Form $7n+1$ und gleich $aa+7bb$ gesetzt wird, so ist a der kleinste Rest von

$$+\frac{1}{2}\,\frac{(2n+1)(2n+2)\ldots 3n}{1.2\ldots n},$$

durch p dividirt. Dieser Rest wird, durch 7 dividirt, immer 1 übrig lassen. —

Vermittelst des Satzes

$$1.2.3\ldots(p-1) \equiv -1 \pmod{p}$$

lassen sich die Binomialcoefficienten auf verschiedene Art transformiren. Man findet so für $l = 7$, wenn man, wie oben,

$$\xi(r)\xi(r) = \psi(r)\xi(r^2)$$

setzt und in $\psi(r)$ statt r eine Wurzel der Congruenz

$$\frac{x^7-1}{x-1} \equiv 0 \pmod{p}$$

substituirt,

$$\psi(r) \equiv -\binom{2n}{n},\ \psi(r^2) \equiv -\binom{4n}{2n},\ \psi(r^3) \equiv -\binom{6n}{3n},\ \psi(r^4) \equiv \psi(r^5) \equiv \psi(r^6) \equiv 0 \pmod{p},$$

woraus a gleich wird dem kleinsten Rest von

$$-\binom{2n}{n}-\binom{4n}{2n}-\binom{6n}{3n},$$

durch p dividirt, und, wenn $-7 \equiv i^2 \pmod{p}$, b gleich dem kleinsten Rest von

$$-\frac{1}{i}\binom{2n}{n}-\frac{1}{i}\binom{4n}{2n}+\frac{1}{i}\binom{6n}{3n};$$

*) Gauss Werke. Bd. II p. 168.

und auf ähnliche Weise lassen sich dann auch c, d, e, f bestimmen, doch ist jedenfalls vortheilhafter, dies aus den gegebenen Gleichungen zu thun, welche dann wieder neue Sätze geben.

Die Theorie der Reste habe ich bis jetzt nur in dem Zusammenhange betrachtet, wie sie aus der Kreistheorie unmittelbar hervorgeht. Setzt man nämlich, wenn q eine Primzahl ist,

$$\{\xi(r)\}^q = \varphi(r)\xi(r^q),$$

wo $\varphi(r)$ eine ganzzahlige Function von r ist, so muss, wenn q Rest einer l^{ten} Potenz in Bezug auf den Modul p sein soll,

$$\varphi(r) \equiv 1 \pmod{q}$$

sein. Für $l = 2$, wo

$$r = \frac{1}{r} = -1, \quad \xi(r) = \sqrt{(-1)^{\frac{p-1}{2}} p}, \quad \{\xi(r)\}^q = (-1)^{\frac{p-1}{2}\frac{q-1}{2}} p^{\frac{q-1}{2}} \xi(r^q),$$

wird also die Bedingung, dass q quadratischer Rest von p sein soll, dass

$$(-1)^{\frac{p-1}{2}\frac{q-1}{2}} p^{\frac{q-1}{2}} \equiv 1 \pmod{q},$$

das Fundamentaltheorem für quadratische Reste. Ist q ebenfalls, wie p, von der Form $ln+1$, so werden die allgemeinen Sätze über die Reste eleganter. Setzt man nämlich

$$\{\xi(r)\}^l = \varphi(r)$$

und in $\varphi(r)$ statt r eine Wurzel der Congruenz

$$\frac{x^l-1}{x-1} \equiv 0 \pmod{q},$$

so wird q Rest der l^{ten} Potenz in Bezug auf p, wenn $\varphi(r)$ Rest der l^{ten} Potenz in Bezug auf q ist. Ist q nicht von der Form $ln+1$ und m die kleinste so beschaffene positive Zahl, dass $q+m$ durch l aufgeht, so lässt sich

$$x^{q+m} - 1 \equiv 0 \pmod{q}$$

immer in reelle rationale Factoren vom l^{ten} Grade in Bezug auf den Modul q auflösen, was auf die Betrachtung der irrationalen Wurzeln der Congruenzen führt, mit welchen in diesem Fall die Theorie der Reste zusammenhängt. So, wenn $l = 3$, $q = 3n-1$, geben die verschiedenen Arten, wie man der Congruenz

$$aa + 3bb \equiv 1 \pmod{q}$$

Genüge thut, die sämmtlichen Wurzeln der Congruenz

$$x^{q+1} \equiv 1 \pmod{q}$$

von der Form $a + b\sqrt{-3}$. So findet man für die kubischen Reste, dass, wenn p von der Form $3n+1$ und

$$4p = LL + 27MM,$$

2 und 3 kubische Reste sind, wenn M resp. durch 2 und 3 aufgeht; und wenn q eine andere Primzahl, wenn entweder L oder M durch q aufgeht. Ist q nicht 2, 3, 5, 7, so wird es auch kubischer Rest, wenn in Bezug auf den jedesmaligen Modul q eine der folgenden Bedingungen stattfindet:

11	13	17	19	23	29	31	37	
$L \equiv \pm 4M$	$L \equiv \pm M$	$L \equiv \pm 3M$	$L \equiv \pm 3M$	$L \equiv \pm 2M$	$L \equiv \pm 2M$	$L \equiv \pm 5M$	$L \equiv \pm 8M$	
		$L \equiv \pm 9M$	$L \equiv \pm 9M$	$L \equiv \pm 8M$	$L \equiv \pm M$	$L \equiv \pm 7M$	$L \equiv \pm 3M$	
				$L \equiv \pm 11M$	$L \equiv \pm 11M$	$L \equiv \pm 6M$	$L \equiv \pm 9M$	cet.
					$L \equiv \pm 13M$	$L \equiv \pm 11M$	$L \equiv \pm 7M$	
							$L \equiv \pm 12M$	

Ist q keine Primzahl, so muss man noch andere Sätze zu Hülfe nehmen, die sich auf die verschiedenen Klassen der Nichtreste beziehen und aus derselben Quelle abgeleitet werden können. Doch endlich genug. —

Ew. Hochwohlgeboren können sich denken, wie sehnsüchtig ich die erste Abhandlung über biquadratische Reste erwarte. Wenn Sie mir doch nur etwas von der noch allgemeineren Theorie und der eigenthümlichen Erweiterung der höheren Arithmetik schreiben wollten. Die Anwendung der höheren Arithmetik auf die Theilung der elliptischen Transcendenten ist in den Disquisitiones versprochen; o würde doch das Versprechen erfüllt!

Verzeihen Sie, hochgeehrtester Herr Hofrath, das Flüchtige und Schülerhafte der gemachten Mittheilung, und nehmen Sie die Versicherung der unbegrenzten Verehrung, mit der ich verbleibe

Ew. Hochwohlgeboren

ergebenster

C. G. J. Jacobi,
Docent an der Königsberger Universität.

3.

Hochwohlgeborener Herr,

insbesondere hochzuverehrender Herr Hofrath!

Mir von Ihnen auch nur einen halben grossen Dank zu verdienen, erlaube ich mir, Ihnen diese kurze Mittheilung zu machen. Sie wollen S. 31 Ihrer ersten biquadratischen Abhandlung*) wissen, welches Zeichen jedesmal in der Congruenz

$$2b \equiv \pm rr \pmod{p}$$

zu nehmen sei. Dafür habe ich, wenn p die Form $8n+5$ hat, folgende Antwort:

Es sei N die Zahl der reducirten quadratischen Formen der Theiler von

$$xx + pyy,$$

wie sie sich z. B. in der Legendreschen Tafel angegeben finden, so muss b mit solchem Zeichen genommen werden, dass

$$(-1)^{N+\frac{p+3}{8}}\,\frac{b}{2}$$

die Form $4m+1$ erhält. Ich nehme aus Legendre's Tafel und Ihrer Tafel

*) Gauss Werke, Bd. II p. 91. art. 23.

S. 32 die Werthe von N und $2b$ für die Werthe von p von der Form $8n+5$ unter 200:

p	$2b$	N	$(-1)^{N+\frac{p+3}{8}}\,\frac{b}{2}$
5	4	1	1
13	− 4	1	1
29	4	2	1
37	−12	1	−3
53	− 4	2	1
61	−12	2	−3
101	−20	4	5
109	20	2	5
149	−20	4	5
157	−12	2	−3
173	4	4	1
181	20	3	5
197	−28	3	−7

wodurch das Theorem bestätigt wird. Die Zahl N ist aber selbst für grössere Primzahlen leicht zu finden, und daher scheint für die Primzahlen von der Form $8n+5$ der Aufgabe Genüge geschehen.

Mit der aufrichtigsten Verehrung

Ihr ergebener

K., d. 31. Januar 1837. C. G. J. Jacobi.

Weber'n, wenn er sich noch meiner erinnert, bitte schönstens zu grüssen.

4.

Hochgeehrter Herr Hofrath!

Ich bin so frei, Ihnen anbei eine kurze Andeutung zu schicken, weshalb ich gewünscht, dass Lagrange für den Fall der gleichen Wurzeln in ein näheres Detail eingegangen wäre.

Mit der ausgezeichnetsten Hochachtung

Ihr ganz ergebenster

28. Sept. 39. C. G. J. Jacobi.

Um eine klare Vorstellung an einem bestimmten Falle zu gewinnen, will ich annehmen, die Position des Systems hänge von nur *zwei* Grössen ξ und ψ ab. Man hat dann S. 349 *)

$$(1) = S(a_1^2 + b_1^2 + c_1^2)m,$$
$$(2) = S(a_2^2 + b_2^2 + c_2^2)m,$$
$$(1, 2) = S(a_1 a_2 + b_1 b_2 + c_1 c_2)m$$

und S. 351 *) die Werthe von

$$[1], \quad [2], \quad [1, 2].$$

*) Lagrange, Mécanique analytique, 2e édition, T. I, Seconde Partie, Section VI, § I No. 2.

Andere Combinationen kommen in dem gedachten Falle nicht vor. Die Gleichungen S. 353 *) werden

$$0 = (1)\frac{d^2\xi}{dt^2} + (1,2)\frac{d^2\psi}{dt^2} + [1]\xi + [1,2]\psi,$$

$$0 = (2)\frac{d^2\psi}{dt^2} + (1,2)\frac{d^2\xi}{dt^2} + [2]\psi + [1,2]\xi.$$

Nach Lagrange hat man

$$\psi = f\xi$$

zu setzen und erhält dann

$$\frac{d^2\xi}{dt^2} + k\xi = 0,$$

wo

$$k = \frac{[1]+[1,2]f}{(1)+(1,2)f} = \frac{[2]f+[1,2]}{(2)f+(1,2)}.$$

Hieraus folgt

$$(1)k - [1] + \{(1,2)k - [1,2]\}f = 0,$$
$$(1,2)k - [1,2] + \{(2)k - [2]\}f = 0.$$

Es wird demnach die quadratische Gleichung, durch welche k bestimmt wird,

$$\{(1)k - [1]\}\{(2)k - [2]\} - \{(1,2)k - [1,2]\}^2 = 0,$$

oder, wenn man entwickelt,

$$\{(1)(2) - (1,2)^2\}k^2 - \{(1)[2] + [1](2) - 2(1,2)[1,2]\}k + [1][2] - [1,2]^2 = 0.$$

Damit diese Gleichung zwei gleiche Wurzeln habe, muss sein

$$0 = 4\{(1)(2) - (1,2)^2\}\{[1][2] - [1,2]^2\} - \{(1)[2] + [1](2) - 2(1,2)[1,2]\}^2.$$

Man sieht nicht sogleich, dass in dem von Lagrange behandelten mechanischen Problem, in welchem die hier vorkommenden Grössen die angegebene Bedeutung haben, diese eine Gleichung nothwendig in zwei zerfällt wegen der Realität der in mechanischen Problemen vorkommenden Grössen. Ich will dies daher durch die folgenden Betrachtungen zu beweisen suchen.

Zunächst bemerke ich, dass man statt ξ und ψ irgend zwei andere Grössen einführen kann, welche durch ξ und ψ lineär bestimmt sind, und welche umgekehrt ξ und ψ lineär bestimmen. Nach sehr bekannten Sätzen der Algebra kann dies immer so geschehen, dass (1, 2) verschwindet, während (1), (2)

*) Lagrange, Mécanique analytique, 2e édition, T. I, Seconde Partie, Section VI, § I No. 3.

immer positiv bleiben. Die quadratische Gleichung erhält dann zwei gleiche Wurzeln, wenn

$$0 = \{(1)[2]-[1](2)\}^2+4(1)(2)[1,2]^2.$$

Die beiden Theile rechts müssen besonders verschwinden, oder, da (1), (2) ihrer Natur nach immer positiv sind, muss sein

$$(1)[2]-[1](2)=0, \quad [1,2]=0.$$

Die beiden Differentialgleichungen sind dann

$$0=(1)\frac{d^2\xi}{dt^2}+[1]\xi, \quad 0=(2)\frac{d^2\psi}{dt^2}+[2]\psi.$$

Sie sind ganz unabhängig von einander, und ihr vollständiges Integral enthält nicht die Zeit als Potenz*). Niemals also wird in dem behandelten mechanischen Problem die Zeit als Potenz in den Formeln dadurch vorkommen, dass zwei Wurzeln gleich werden.

Die vollständige Erörterung dieses Gegenstandes ist nicht ohne Interesse.

27. Sept. 39. J.

---

*) Setzt man

$$\frac{[1]}{(1)}=\frac{[2]}{(2)}=k,$$

so wird

$$\xi = C\sin(\sqrt{k}\,t)+C'\cos(\sqrt{k}\,t); \quad \psi = D\sin(\sqrt{k}\,t)+D'\cos(\sqrt{k}\,t),$$

wo C, C', D, D' willkürliche Constanten sind. Ganz dieselbe Form müssen daher alle Ausdrücke

$$m\xi+n\psi, \quad m'\xi+n'\psi$$

erhalten, in welchen m, n, m', n' gegebene Constanten sind.

5.

Ew. Hochwohlgeboren

bin ich so frei einige die Methode der kleinsten Quadrate betreffende Sätze mitzutheilen, welche ich in diesen Tagen bemerkt habe. Sie beziehen sich auf die Zusammensetzung der Werthe der Unbekannten und ihrer Gewichte aus denen, welche die verschiedenen Combinationen der Beobachtungen ergeben, wenn man nur immer so viel nimmt, als unbekannte Grössen sind. Nennt man in diesem Falle R die Determinante, welche sich auf das jedesmalige System der Gleichungen

$$ax + by + cz + \cdots + l = 0$$

bezieht, und (x) den dieser Combination entsprechenden Werth von x, ferner (p) sein Gewicht, so wird

$$x = \frac{\Sigma RR(x)}{\Sigma RR}, \quad \frac{\varepsilon+1}{p} = \frac{\Sigma \frac{RR}{(p)}}{\Sigma RR},$$

wo ε der Ueberschuss der Zahl der Beobachtungen über die Zahl der unbekannten Grössen ist. Hiernach scheint es fast, als könnte man RR als das Gewicht der jedesmaligen Combination bezeichnen. Diese Formeln scheinen mir lehrreich, wenn auch nicht praktisch. Es versteht sich, dass das Zeichen Σ auf alle Combinationen, die es giebt, ausgedehnt werden muss.

Ich habe auch neulich einige von den Ihrigen verschiedene Gewichtsformeln bemerkt, welche nur solche Grössen als bekannt voraussetzen, die ohnedies nach Ihrer Methode zur Bestimmung der Unbekannten berechnet werden müssen. So braucht man, um den Logarithmen des Gewichts der vorletzten Unbekannten zu finden, keinen neuen Logarithmus aufzuschlagen, und auch die nächsten Gewichte findet man durch diese Formeln etwas leichter; für spätere scheinen mir Ihre Formeln vortheilhafter.

Mit innigster Verehrung

1. Juli 1840. C. G. J. Jacobi.

VERZEICHNISS DER VORLESUNGEN, WELCHE JACOBI AN DEN UNIVERSITÄTEN ZU BERLIN UND KÖNIGSBERG GEHALTEN HAT.

VERZEICHNISS DER VORLESUNGEN, WELCHE JACOBI AN DEN UNIVERSITÄTEN ZU BERLIN UND KÖNIGSBERG GEHALTEN HAT.

Mitgetheilt von L. Kronecker.

Kronecker Journal für die reine und angewandte Mathematik, Bd. 108 p. 332—334.

Vorlesungen in Berlin.

Wintersemester 1825/26.	Privatim:	Ueber die Anwendung der höheren Analysis auf die Theorie der Oberflächen und Curven doppelter Krümmung.
Sommersemester 1826.	Publice:	Die allgemeine Theorie der Gleichungen.
	Privatim:	Reine Analysis.

In den Verzeichnissen der angekündigten und gehaltenen Vorlesungen, welche in der Universitäts-Registratur aufbewahrt sind, ist die Colonne, welche die Anzahl der Zuhörer enthalten soll, bei allen diesen Jacobischen Vorlesungen nicht ausgefüllt. Daneben findet sich, und zwar auch schon in dem Verzeichnisse von 1825/6, der Vermerk, dass Jacobi nach Königsberg versetzt sei. Die Akten der Quästur reichen nur bis 1829 zurück. Es hat sich daher nicht aktenmässig feststellen lassen, ob Jacobi die Vorlesung im Winter 1825/6, welche in der Dirichletschen Gedächtnissrede ausdrücklich als wirklich gehalten erwähnt wird (Bd. I p. 6 dieser Ausgabe von Jacobi's Werken), zu Ende geführt, und ob er im Sommersemester 1826 überhaupt irgend eine Vorlesung gehalten hat.

Vorlesungen in Königsberg.

Wintersemester 1826/27.	Publice:	Analytische Uebungen.
	Privatim:	1. Trigonometrie. 2. Analytische Geometrie.
Sommersemester 1827.	Publice:	1. Variationsrechnung. 2. Theorie der krummen Oberflächen. 3. Elementargeometrie.
Wintersemester 1827/28.	Publice:	Kegelschnitte.
	Privatim:	Elementargeometrie.
Sommersemester 1828.	Publice:	Arithmetik.
Wintersemester 1828/29.	Publice:	Theorie der Kegelschnitte.

Sommersemester 1829.	Nicht gelesen.	
Wintersemester 1829/30.	Publice:	Anfangsgründe der Theorie der elliptischen Transcendenten.
	Privatim:	Theorie der Oberflächen der zweiten Ordnung.
Sommersemester 1830.	Publice:	Allgemeine Theorie der Oberflächen und Curven.
Wintersemester 1830/31.	Publice:	Kegelschnitte.
	Privatim:	Höhere Arithmetik.
Sommersemester 1831.	Publice:	Elliptische Transcendenten, achtstündig.
Wintersemester 1831/32.	Publice:	Auserlesene Kapitel des höheren Calculs.
	Privatim:	Theorie der Oberflächen zweiter Ordnung.
Sommersemester 1832.	Publice:	Oberflächen zweiter Ordnung.
	Privatim:	Allgemeine Theorie der Curven und Flächen.
Wintersemester 1832/33.	Publice:	Allgemeine Theorie der Oberflächen (Fortsetzung).
	Privatim:	Elliptische Transcendenten.
Sommersemester 1833.	Publice:	Variationsrechnung.
	Privatim:	Theorie der Oberflächen zweiter Ordnung.
Wintersemester 1833/34.	Privatim:	Theorie der Zahlen.
Sommersemester 1834.	Privatim:	Analytische Theorie der Wahrscheinlichkeit.
Wintersemester 1834/35.	Publice:	1. Theorie der partiellen Differentialgleichungen. 2. Wöchentliche Aufgaben im mathematischen Seminar.
	Privatim:	Theorie der Oberflächen und Linien doppelter Krümmung.
Sommersemester 1835.	Publice:	1. Variationsrechnung. 2. Mathematisch-physikalisches Seminar.
	Privatim:	Oberflächen zweiter Ordnung.
Wintersemester 1835/36.	Publice:	Uebungen des Seminars in der Mechanik.
	Privatim:	1. Integralrechnung. 2. Vorlesungen über die elliptischen Transcendenten.
	Hierbei findet sich der Vermerk: „Da die zehnstündigen Vorlesungen über die elliptischen Transcendenten die Kräfte der Zuhörer in hohem Grade in Anspruch nahmen, so hielt ich es für zweckmässig, die Uebungen des Seminars bereits Neujahr einzustellen. C. G. J. Jacobi."	
Sommersemester 1836.	Publice:	Mathematisches Seminar.
	Privatim:	Allgemeine Theorie der Oberflächen.
Wintersemester 1836/37.	Privatim:	Zahlentheorie.
Sommersemester 1837.	Publice:	Mathematisches Seminar.
	Hierbei findet sich der Vermerk: „Meine achtstündigen Privatvorlesungen über Variationsrechnung sind nicht zu Stande gekommen. C. G. J. Jacobi."	
Wintersemester 1837/38.	Publice:	Seminar.

	Privatim:	1. Variationsrechnung. 2. Mechanik.
Sommersemester 1838.	Publice:	Mathematisches Seminar.
	Privatim:	Anfangsgründe der analytischen Geometrie.
Wintersemester 1838/39.	Privatim:	1. Theorie der Oberflächen. 2. Anwendung der Differentialrechnung auf die Theorie der Reihen.
Sommersemester 1839.		Hier ist vermerkt: „Hat nicht gelesen, weil er verreist war.“
Wintersemester 1839/40.	Privatim:	Elliptische Transcendenten.
Sommersemester 1840.	Publice:	Mathematisches Seminar.
	Privatim:	Allgemeine Theorie der Oberflächen und doppelt gekrümmten Linien.
Wintersemester 1840/41.	Publice:	Mathematisches Seminar.
	Privatim:	Höhere Mathematik.
Sommersemester 1841.	Publice:	Mathematisches Seminar.
	Privatim:	Variationsrechnung.
Wintersemester 1841/42.	Publice:	1. Theorie der Differentialgleichungen. 2. Mathematisches Seminar.
	Privatim:	Theorie der Oberflächen und Curven.
Sommersemester 1842.	Publice:	1. Differentialgleichungen. 2. Seminar.
Wintersemester 1842/43.	Publice:	Mathematisches Seminar.
	Privatim:	Analytische Mechanik.

(In die Zeit vom Sommer 1843 bis zum Winter 1844/5 fällt Jacobi's Reise nach Italien.)

Vorlesungen in Berlin.

Sommersemester 1845.	Privatim:	1. Die Fundamente der Theorie der elliptischen Functionen. 28. April bis 15. August; 14 Zuhörer. 2. Algebra und Einleitung in die Analysis des Unendlichen, 3. Mai bis 14. August; 25 Zuhörer.
Wintersemester 1845/46.	Privatim:	Differential- und Integralrechnung, 30. October bis 16. März; 23 Zuhörer.
Sommersemester 1846.	Privatim:	Die allgemeine Theorie der Oberflächen und Linien doppelter Krümmung, 4. Mai bis 24. Juli; 12 Zuhörer.
Wintersemester 1846/47.	Privatim:	Die Theorie der Zahlen.
		Hierbei findet sich der Vermerk: „Ich habe meiner Gesundheit wegen die Vorlesung nicht gehalten. Jacobi.“
Sommersemester 1847.		Jacobi hat keine Vorlesung angekündigt und, nach den Akten der Quästur, auch keine Vorlesung gehalten.
Wintersemester 1847/48.		Jacobi hat keine Vorlesung angekündigt, aber, nach den Akten der Quästur, eine solche über analytische Mechanik vor 17 Zuhörern gehalten.

Sommersemester 1848.	Privatim:	Höhere Algebra, 10. Mai bis 11. August; 13 Zuhörer.
Wintersemester 1848/49.	Privatim:	Differentialrechnung mit verschiedenen Anwendungen, vom 30. October an; 7 Zuhörer. Hierbei findet sich der Vermerk: „Ich habe statt der angezeigten Vorlesung eine andere über elliptische Functionen gehalten. Jacobi."
Sommersemester 1849.	Privatim:	Variationsrechnung nebst Anwendung auf isoperimetrische Aufgaben, 30. April bis 8. August; 11 Zuhörer.
Wintersemester 1849/50.	Privatim:	Die allgemeine Theorie der Flächen und Curven doppelter Krümmung, 29. October bis 13. März; 11 Zuhörer.
Sommersemester 1850.	Privatim:	Zahlentheorie und ihre Anwendung auf die Kreistheilung, 30. April bis 14. August; 12 Zuhörer.
Wintersemester 1850/51.		Keine Vorlesung angekündigt.

(Jacobi starb am 18. Februar 1851.)

Die Akademie der Wissenschaften zu Berlin besitzt folgende Ausarbeitungen Jacobischer Vorlesungen:

Anfangsgründe der Theorie der elliptischen Transcendenten. Wintersemester 1829/30. Ausgearbeitet von Sanio.

Ueber die elliptischen Transcendenten. Wahrscheinlich Sommersemester 1831. Ausgearbeitet von Sanio.

Oberflächen zweiter Ordnung. Sommersemester 1835. Ausgearbeitet von Rosenhain.

Theorie der elliptischen Functionen. Wintersemester 1835/36. Ausgearbeitet von Rosenhain.
Eine Abschrift dieser Ausarbeitung Rosenhain's.

Dieselbe Vorlesung. Ausgearbeitet wahrscheinlich von Czwalina.

Allgemeine Theorie der krummen Linien und Oberflächen. Sommersemester 1836. Ausgearbeitet von Rosenhain.

Theorie der Zahlen. Wintersemester 1836/37. Ausgearbeitet von Rosenhain.

Transformation und Integration der Grundgleichungen der Dynamik. Wintersemester 1837/38. Ausgearbeitet von Rosenhain.
Eine Abschrift dieser Ausarbeitung Rosenhain's.

Variationsrechnung. Wintersemester 1837/38. Ausgearbeitet von Rosenhain.
Eine Abschrift dieser Ausarbeitung Rosenhain's.

Theorie der elliptischen Functionen. Wintersemester 1839/40. Ausgearbeitet von Borchardt.
Eine Abschrift dieser Ausarbeitung Borchardt's.

Dynamik. Wintersemester 1842/43. Ausgearbeitet von Borchardt.

Analytische Mechanik. Wintersemester 1847/48. Ausgearbeitet von Scheibner und Magener.

ANMERKUNGEN.

THÉORÈME DE GÉOMÉTRIE.

Im Crelleschen Journal, Bd. 6 S. 213, ist der Überschrift „*Théorème de Géométrie*“ hinzugefügt „*par un anonyme*“. Da sich in Jacobi's Nachlass ein von ihm geschriebenes Manuscript dieses Theorems vorfand, so ist es wohl zweifellos, dass das Theorem von Jacobi herrührt.

ZUR THEORIE DER CURVEN.

Die Vergleichung des noch vorhandenen Jacobischen Manuscriptes dieser Abhandlung mit dem Abdruck im Crelleschen Journal, Bd. 14, ergab einige kleine Abweichungen; zum Theil ist hier der Wortlaut des Manuscriptes wieder hergestellt.

S. 17—19. Abweichend vom Original ist an einigen Stellen der Factor ds hinzugefügt worden.

DEMONSTRATIO ET AMPLIFICATIO NOVA THEOREMATIS GAUSSIANI DE CURVATURA INTEGRA ETC.

Im 16. Bande des Crelleschen Journals steht im Titel und im Texte dieser Abhandlung stets *quadratura integra* statt *curvatura integra*, wobei sich Jacobi für diese Benennung ausdrücklich auf Gauss beruft. Dieser auf einem offenbaren Versehen beruhende Ausdruck *quadratura* ist daher überall durch *curvatura* ersetzt worden.

Bei der Abfassung dieser Abhandlung scheint, wie verschiedene Wendungen vermuthen lassen, Jacobi in dem Irrthum befangen gewesen zu sein, dass durch ein krummliniges Dreieck im Raume, bei welchem in jedem Eckpunkte die Krümmungshalbmesser der dort zusammenstossenden Curven gleichgerichtet sind, sich immer eine Fläche legen lasse, für welche die Seiten des krummlinigen Dreiecks kürzeste Linien sind. In der folgenden Abhandlung „*Ueber einige merkwürdige Curventheoreme*“ bemerkt dagegen Jacobi, wohl in Folge des inzwischen in No. 457 der Astronomischen Nachrichten erschienenen Clausenschen Aufsatzes, ausdrücklich, dass eine solche Fläche im Allgemeinen nicht existirt.

REGEL ZUR BESTIMMUNG DES INHALTS DER STERNPOLYGONE.

Diesem Bruchstücke aus den hinterlassenen Papieren Jacobi's hat der Herausgeber des Jacobischen Manuscriptes, Herr O. Hermes, im Borchardtschen Journal, Bd. 65 S. 174—176, einige Erläuterungen hinzugefügt.

GEOMETRISCHE THEOREME.

Im 73. Bande von Borchardt's Journal gehen S. 179 und S. 187—189 diesen beiden Bruchstücken aus den hinterlassenen Papieren Jacobi's Bemerkungen des Herausgebers derselben, Herrn O. Hermes, voraus.

S. 63, Z. 5. Zu dem Satze „Denkt man sich u. s. w.“ ist zu bemerken, dass in Jacobi's Vorstellung das zweite Ellipsoid mit der Focalellipse des ersten zusammenfällt, so dass man sich $p' = 0$ zu denken hat.

S. 66, Z. 5. An der Gleichung

$$p^2\mu = u^0 v^0 w^0 + 2(\sqrt{ik}\,.\,v^0 w^0 + \sqrt{kh}\,.\,w^0 u^0 + \sqrt{hi}\,.\,u^0 v^0) - (h\,u^{02} + i\,v^{02} + k\,w^{02})$$

scheint Jacobi besonderes Interesse genommen zu haben. Nicht allein hat er sie in diesem Bruchstücke selbst nochmals durch Zurückführung auf den Ptolemaeischen Lehrsatz bewiesen, sondern er hat auch noch nach anderen Beweisen für dieselbe gesucht. Mit ihr beschäftigt sich nämlich ein ziemlich verworrenes und flüchtig geschriebenes Manuscript, dessen Inhalt seiner Beschaffenheit nach von späterer Entstehung ist, als dieser letzte Abschnitt der *„Geometrischen Theoreme“*, wenigstens als der erste, die Ableitung des Ausdrucks für $p^2\mu$ enthaltende, Theil desselben. Das Manuscript nimmt den unbeschriebenen Raum der Vorderseite und die Rückseite eines Briefes von Eisenstein an Jacobi, datirt „Berlin, 21. 3. 45“, ein. Dasselbe trägt an der Spitze unter der Ueberschrift *„Curioser Satz“* eine Einkleidung der obigen Gleichung in Worte, wobei aber Jacobi seltsamer Weise das erste Glied der rechten Seite unberücksichtigt lässt. Dann folgen drei deutlich unterschiedene Gruppen von Formeln, welche sich als zu drei verschiedenen Versuchen gehörig erklären lassen, die Gleichung zu beweisen. Der erste dieser Versuche ist nicht beendigt, wohl aber lassen sich aus den Formeln der beiden anderen Gruppen zwei neue einfache Beweise der Gleichung gewinnen, deren Gang in möglichst engem Anschluss an die Formeln des Manuscriptes kurz angegeben werden möge, jedoch unter Anwendung der in den *„Geometrischen Theoremen“* gebrauchten Bezeichnungen, welche von denen des Manuscriptes mehrfach abweichen.

Beim ersten Beweise denke man sich auf der Kugel um O durch D^0, E^0, F^0 einen Punkt O', so dass der Radius OO' senkrecht zur Ebene DEF wird. Die Punkte D^0, E^0, F^0 verbinde man unter sich und mit O' durch Bogen grösster Kreise. Setzt man den Kugelradius p gleich der Einheit, so verwandelt sich die Gleichung in eine solche zwischen den sechs, die vier Punkte D^0, E^0, F^0, O' verbindenden, Bogen, welche, da es zwischen solchen sechs, vier Punkte einer Kugel verbindenden, Bogen nur die bekannte einzige Relation giebt, sich auf diese zurückführen lassen muss, was denn in der That durch die Formeln der zweiten Gruppe, wie folgt, bewirkt wird. Bezeichnet man die Bogen

$$E^0F^0,\quad F^0D^0,\quad D^0E^0;\qquad O'D^0,\quad O'E^0,\quad O'F^0$$

mit

$$\mathfrak{a},\quad \mathfrak{b},\quad \mathfrak{c};\qquad \mathfrak{h},\quad \mathfrak{i},\quad \mathfrak{k}$$

und (mit Jacobi) die Differenzen

$$1-\cos\mathfrak{a},\quad 1-\cos\mathfrak{b},\quad 1-\cos\mathfrak{c}$$

durch je einen Buchstaben

$$\mathfrak{A},\qquad \mathfrak{B},\qquad \mathfrak{C},$$

so erhält man für u, v, w die Ausdrücke

$$2\mathfrak{A}-(\cos\mathfrak{i}-\cos\mathfrak{k})^2,\quad 2\mathfrak{B}-(\cos\mathfrak{k}-\cos\mathfrak{h})^2,\quad 2\mathfrak{C}-(\cos\mathfrak{h}-\cos\mathfrak{i})^2,$$

und hieraus für μ oder μp^2, da $p = 1$ ist, den Ausdruck

$$\begin{aligned}8(\mathfrak{B}\mathfrak{C}+\mathfrak{C}\mathfrak{A}+\mathfrak{A}\mathfrak{B}) &- 4(\mathfrak{A}^2+\mathfrak{B}^2+\mathfrak{C}^2)\\ &- 8\mathfrak{A}(\cos\mathfrak{h}-\cos\mathfrak{i})(\cos\mathfrak{h}-\cos\mathfrak{k})\\ &- 8\mathfrak{B}(\cos\mathfrak{i}-\cos\mathfrak{k})(\cos\mathfrak{i}-\cos\mathfrak{h})\\ &- 8\mathfrak{C}(\cos\mathfrak{k}-\cos\mathfrak{h})(\cos\mathfrak{k}-\cos\mathfrak{i}).\end{aligned}$$

Die von $\mathfrak{A}$, $\mathfrak{B}$, $\mathfrak{C}$ freien Glieder müssen sich zerstören, wie leicht von vornherein zu erkennen ist. Andererseits erhält man, wenn man die rechte Seite der zu beweisenden Gleichung wieder in der früheren Gestalt (vgl. S. 65 Z. 2—3 des vorliegenden Bandes) schreibt und

$$2\mathfrak{A},\quad 2\mathfrak{B},\quad 2\mathfrak{C},\quad \cos\mathfrak{h},\quad \cos\mathfrak{i},\quad \cos\mathfrak{k}$$

an Stelle von

$$u^0,\quad v^0,\quad w^0,\quad \sqrt{h},\quad \sqrt{i},\quad \sqrt{k}$$

substituirt, den Ausdruck

$$\begin{gathered} 8(\mathfrak{A}+\cos\mathfrak{i}\cos\mathfrak{k})(\mathfrak{B}+\cos\mathfrak{k}\cos\mathfrak{h})(\mathfrak{C}+\cos\mathfrak{h}\cos\mathfrak{i}) \\ -4\cos^2\mathfrak{h}(\mathfrak{A}+\cos\mathfrak{i}\cos\mathfrak{k})^2-4\cos^2\mathfrak{i}(\mathfrak{B}+\cos\mathfrak{k}\cos\mathfrak{h})^2-4\cos^2\mathfrak{k}(\mathfrak{C}+\cos\mathfrak{h}\cos\mathfrak{i})^2 \\ +4\cos^2\mathfrak{h}\cos^2\mathfrak{i}\cos^2\mathfrak{k}. \end{gathered}$$

Diese beiden Ausdrücke reduciren sich auf einander vermöge der oben erwähnten Relation, wenn man derselben die (von Jacobi auf dem Blatte hingeschriebene) Form

$$\begin{gathered} (1-\cos^2\mathfrak{h})(1-\cos^2\mathfrak{i})(1-\cos^2\mathfrak{k}) \\ -\sin^2\mathfrak{h}(\cos\mathfrak{a}-\cos\mathfrak{i}\cos\mathfrak{k})^2-\sin^2\mathfrak{i}(\cos\mathfrak{b}-\cos\mathfrak{k}\cos\mathfrak{h})^2-\sin^2\mathfrak{k}(\cos\mathfrak{c}-\cos\mathfrak{h}\cos\mathfrak{i})^2 \\ +2(\cos\mathfrak{a}-\cos\mathfrak{i}\cos\mathfrak{k})(\cos\mathfrak{b}-\cos\mathfrak{k}\cos\mathfrak{h})(\cos\mathfrak{c}-\cos\mathfrak{h}\cos\mathfrak{i})=0 \end{gathered}$$

giebt. Die Reduction wird etwas vereinfacht, wenn man die linke Seite der Relation und den zweiten Ausdruck in Form symmetrischer Determinanten schreibt.

Bei dem anderen Beweise wird zunächst das Quadrat des Kugelradius p durch die Senkrechte, gefällt aus dem Mittelpunkte des dem Dreieck $D^0E^0F^0$ umschriebenen Kreises auf die Ebene des Dreiecks DEF, und durch den Inhalt dieses letzteren dargestellt; darauf werden das Quadrat jener Senkrechten und dasjenige des Dreiecks-Inhalts durch die sechs independenten Stücke u^0, v^0, w^0, h, i, k ausgedrückt, worauf sich dann die Gleichung durch Substitution dieser letzteren Ausdrücke ergiebt. Bezeichnet man nämlich mit H^0 das Quadrat der Senkrechten, so ergiebt die Gleichsetzung der beiden Ausdrücke für $\cos^2\lambda$

$$\frac{DEF^2}{D^0E^0F^{02}} \quad \text{und} \quad \frac{H^0}{p^2-r^{02}}$$

die Relation

$$DEF^2.p^2 = D^0E^0F^{02}.H^0 + DEF^2.r^{02},$$

oder, wenn man mit 16 und dann mit $16\,D^0E^0F^{02} = \mu^0$ multiplicirt und berücksichtigt, dass $\mu^0 r^{02} = u^0 v^0 w^0$ ist,

$$\mu^0\mu\, p^2 = \mu^{02}H^0 + u^0v^0w^0\mu.$$

Nun ergiebt der von Jacobi auf S. 66 des vorliegenden Bandes angewandte Satz vom Schwerpunkt

$$\mu^{02}H^0 = [u^0(v^0+w^0-u^0)\sqrt{h} + v^0(w^0+u^0-v^0)\sqrt{i} + w^0(u^0+v^0-w^0)\sqrt{k}]^2:$$

andererseits erhält man, wenn man in

$$\mu = 2(vw+wu+uv) - u^2 - v^2 - w^2$$

für u, v, w ihre Ausdrücke $u^0-(\sqrt{i}-\sqrt{k})^2$ u. s. w. substituirt, durch eine ähnliche Transformation, wie beim vorigen Beweise,

$$\mu = \mu^0 - 4[(\sqrt{h}-\sqrt{i})(\sqrt{h}-\sqrt{k})u^0 + (\sqrt{i}-\sqrt{k})(\sqrt{i}-\sqrt{h})v^0 + (\sqrt{k}-\sqrt{h})(\sqrt{k}-\sqrt{i})w^0].$$

Substituirt man die so gewonnenen Ausdrücke für $\mu^{02}H^0$ und μ in den Ausdruck für $\mu^0\mu\,p^2$ und ordnet nach Potenzen und Producten von $\sqrt{h}$, $\sqrt{i}$, $\sqrt{k}$, so geht die Gleichung nach Unterdrückung des gemeinsamen Factors μ^0 in die zu beweisende über.

Die Entzifferung des Jacobischen Manuscriptes, sowie die nähere Ausführung dieser beiden Beweise, ist Herrn Kortum zu verdanken.

GEOMETRISCHE CONSTRUCTION ZWEIER GEODÄTISCHEN FORMELN BESSEL'S.

Das Manuscript dieser kurzen Arbeit befand sich bei Jacobi's Briefen an Bessel in dem Bessel'schen Nachlass. Dieselbe bezieht sich auf eine umfangreiche Abhandlung Bessel's „*Ueber den Einfluss der Unregelmässigkeiten der Figur der Erde auf geodätische Arbeiten und ihre Vergleichung mit den astronomischen*

Bestimmungen" im 14. Bande von Schumacher's Astronomischen Nachrichten, No. 329—331. Jacobi beweist hier zwei Gleichungen (l. c. S. 277, Formel (7)) des theoretischen Theils der Bessel'schen Abhandlung mittelst einfacher infinitesimal-geometrischer Betrachtungen; Gleichungen, zu deren Herleitung Bessel ziemlich umfangreiche Rechnungen anwendet.

ÜBER DIE CURVE, WELCHE ALLE VON EINEM PUNKTE AUSGEHENDEN GEODÄTISCHEN LINIEN EINES ROTATIONSELLIPSOIDES BERÜHRT.

Das in dieser Abhandlung untersuchte Problem ist von Jacobi in seinen Vorlesungen über Dynamik (6. Vorlesung; S. 46—47 der als Supplementband zu Jacobi's Werken erschienenen zweiten Auflage) berührt. In der Einleitung der vorliegenden Abhandlung findet sich das dort über die kürzeste Linie auf der Kugel Gesagte fast wörtlich wieder. Aber das Resultat über die Enveloppe der von einem Punkte ausgehenden kürzesten Linien des Erdsphäroides ist in der Dynamik ohne Ableitung mitgetheilt, während in dem hier zum ersten Male veröffentlichten Manuscript diese Ableitung unter Voraussetzung kleiner Excentricitäten gegeben ist. Das Manuscript Jacobi's bricht mitten in der Entwickelung ab, ohne das Hauptresultat der Untersuchung zu ziehen. In Folge dessen wurde von dem Herausgeber des Manuscriptes, Herrn Wangerin, der Versuch gemacht, das Fehlende zu ergänzen. Dabei ergab sich nicht nur, wann jene geodätischen Linien aufhören, *relative* Minima zu sein, sondern auch, wann sie die Eigenschaft verlieren, *absolute* Minima darzustellen.

Es mag noch erwähnt werden, dass diese Ergänzung des Jacobischen Manuscriptes bereits im Herbst 1877 von Herrn Wangerin verfasst und damals Borchardt übergeben worden ist, also vor dem Erscheinen verschiedener neuerer Arbeiten, welche die Frage nach der Enveloppe der geodätischen Linien ohne die Voraussetzung einer kleinen Excentricität behandeln.

ÜBER EIN LEICHTES VERFAHREN, DIE IN DER THEORIE DER SÄCULARSTÖRUNGEN VORKOMMENDEN GLEICHUNGEN NUMERISCH AUFZULÖSEN.

S. 125. Die in der ersten Tabelle dieser Seite unter System I für $\log R_1$, $\log R_2$, ..., $\log R_6$ gegebenen Werthe weichen in den letzten Decimalstellen von den hierfür auf S. 124, Z. 8—10 v. u., gegebenen Werthen ab. Doch erschien es nicht zweckmässig, beim Neudruck eine Änderung an denselben vorzunehmen.

S. 133, Z. 19. Die hier beibehaltenen Werthe des Originaldrucks für δM_6^{V} im sechsten System sind durch folgende zu ersetzen:

☿	♀	♁	♂
$+0{,}0000370\,\mu$;	$+0{,}0000446\,\mu'$;	$+0{,}0000503\,\mu''$;	$-0{,}0000035\,\mu'''$;

♃	♄	♅
$-0{,}0000977\,\mu^{\text{IV}}$;	$-0{,}0000100\,\mu^{\text{V}}$;	$-0{,}0000028\,\mu^{\text{VI}}$.

S. 139, Z. 12 v. u. Im sechsten System sind bei $\frac{N_2^{\text{V}}}{N_6^{\text{V}}}$ die Coefficienten von μ', μ'' resp.

$$-1{,}0860, \qquad -0{,}4402$$

anstatt, wie sie hier entsprechend dem Originaldruck lauten,

$$+0{,}2553, \qquad -1{,}7815.$$

VERSUCH EINER BERECHNUNG DER GROSSEN UNGLEICHHEIT DES SATURNS NACH EINER STRENGEN ENTWICKELUNG.

Die numerischen Werthe sind beim Neudruck dieser Abhandlung, abgesehen von einigen offenbaren Versehen, unverändert beibehalten und nur in Bezug auf ihre gegenseitige Übereinstimmung geprüft worden. Dabei hat sich ausser mehrfachen kleinen Differenzen in den letzten Decimalstellen ein grösserer Unterschied zwischen den Werthen

$$B+\bar{B}+\gamma = 304^\circ\ 36'\ 9'',54$$

und

$$C+180^\circ = 304^\circ\ 32'\ 12'',44$$

ergeben, welche zu Folge der beiden Ausdrücke für ϱ_1 auf S. 146 und S. 162 einander gleich sein müssten.

S. 148, Z. 10 v. u. In den Astronomischen Nachrichten, Bd. 28 No. 653 S. 67—68, lautet der entsprechende Satz: „Wären also resp. $\varepsilon+B$, $\varepsilon'+\bar{B}$ die wahren Anomalien und die Excentricitäten β und β', so würden η und η' die excentrischen Anomalien sein". Da dies nicht correct ist, so musste in diesem Satze eine Aenderung vorgenommen werden.

ÜBER DIE ANNÄHERNDE BESTIMMUNG SEHR ENTFERNTER GLIEDER IN DER ENTWICKELUNG DER ELLIPTISCHEN COORDINATEN ETC.

Der Originaldruck dieser Abhandlung in Bd. 28 No. 665 der Astronomischen Nachrichten enthält am Schluss (S. 270) die Bemerkung: „Fortsetzung folgt". Anstatt eine Fortsetzung dieser Abhandlung zu geben, hat sich Jacobi wohl entschlossen, die Carlinische Arbeit (S. 189—245 des vorliegenden Bandes) zu übersetzen und die fehlerhaften Stellen derselben neu zu bearbeiten.

AUSZUG ZWEIER SCHREIBEN DES PROFESSOR C. G. J. JACOBI AN HERRN DIRECTOR P. A. HANSEN.

S. 263, Z. 9. Zu dieser Stelle fügt Crelle in seinem Journal, Bd. 42 S. 17, die folgende Anmerkung hinzu: „Bis hierher ist von dem leider so früh und schnell dahin geschiedenen Jacobi die Correctur des von ihm im Voraus für das Journal bestimmten Manuscriptes selbst besorgt worden. Die Correctur der hier folgenden Fortsetzung hat Herr Professor Lejeune Dirichlet mit dem Herausgeber gemeinschaftlich übernommen."

S. 272, Z. 2 v. u. Statt der Gleichung

$$r_1 = f+m+\int \cos i\, d\theta$$

steht im Original (Crelle's Journal, Bd. 42 S. 25) fälschlich

$$r_1 = f-m-\int \cos i\, d\theta.$$

In Folge dessen ist an mehreren Stellen des zweiten Briefes Jacobi's an Hansen das Wort „Abziehen" durch „Hinzufügen" ersetzt worden.

ÜBER DESCARTES LEBEN ETC.

Über dasselbe Thema hatte Jacobi bereits früher, am 27. October 1837, in einer öffentlichen Sitzung der physikalisch-ökonomischen Gesellschaft zu Königsberg einen Vortrag gehalten.

ÜBER DIE KENNTNISSE DES DIOPHANTUS VON DER ZUSAMMENSETZUNG DER ZAHLEN AUS ZWEI QUADRATEN ETC.

Wie Lejeune Dirichlet in seiner Gedächtnissrede auf Jacobi erwähnt (Bd. I S. 27 dieser Ausgabe von Jacobi's Werken), hat Jacobi bei seinem Aufenthalte in Rom im Winter 1843—44 die im Vatican aufbewahrten Handschriften des Diophant verglichen. Seine auf dreiunddreissig Octavblättern unter dem Titel „*Varianten der sechs im Vatican befindlichen Codices des Diophant*" zusammengestellten Resultate befinden sich jetzt in der Abtheilung für Handschriften der Königlichen Bibliothek zu Berlin. Ausserdem enthält die Handschriftenabtheilung auch noch ein Exemplar der Fermatschen Ausgabe des Diophant und der deutschen Uebersetzung des Diophant von Otto Schulz (Berlin 1822) mit handschriftlichen Randbemerkungen Jacobi's.

Da einzelne der im Originaldruck (Monatsbericht der Akademie der Wissenschaften zu Berlin, August 1847) gebrauchten griechischen Zahlzeichen durchaus ungebräuchlich sind, so war es beim Neudruck dieser Abhandlung erforderlich, einige rein formale Aenderungen vorzunehmen.

MITTHEILUNG ÜBER EINEN CODEX DER PTOLEMAEISCHEN OPTIK ETC.

Im Monatsberichte der Akademie der Wissenschaften zu Berlin, März 1850 S. 91, befindet sich die folgende, auf den von Jacobi erwähnten Codex der Ptolemaeischen Optik bezügliche, Mittheilung:

„Herr Pertz legte den in der letzten Gesammtsitzung erwähnten Codex der hiesigen Königlichen Bibliothek, welcher die lateinische Übersetzung von der arabischen Übersetzung der Optik des Ptolemaeus enthält, vor und fügte die Bemerkung hinzu, dass diese Handschrift nicht neuerdings in der Königlichen Bibliothek aufgefunden worden, sondern seit einundzwanzig Jahren in den Verzeichnissen richtig aufgeführt sei; eine chemische Behandlung der Schrift, welche sich seit einigen Jahrhunderten unverändert erhalten haben möge, würde erfolglos sein, da die Handschrift aus Papier bestehe, und erscheine die Schrift auch wohl ohne solche Hülfe lesbar."

ÜBER DIE PARISER POLYTECHNISCHE SCHULE.

Das Manuscript dieses in der physikalisch-ökonomischen Gesellschaft zu Königsberg gehaltenen Vortrags hat sich in Jacobi's Nachlass vorgefunden.

WIDMUNG DES ERSTEN BANDES DER OPUSCULA MATHEMATICA AN FRIEDRICH WILHELM IV.

Die hier abgedruckte Widmung ist dem ersten Bande der unter dem doppelten Titel „*Opuscula mathematica*" und „*Mathematische Werke*" in drei Bänden im Verlage von Georg Reimer in Berlin erschienenen Sammlung von Abhandlungen Jacobi's entnommen.

Der erste Band (1846) besteht aus den zuerst im 26., 27., 29., 30. und 32. Bande des Crelleschen Journals (Bd. I No 12—13; Bd. II No 8—9, 10—13; Bd. III No 17, 19; Bd. IV No 8, 14, 16; Bd. VI No 11—13, 23, 26; Bd. VII No 15 der vorliegenden Ausgabe von Jacobi's Werken) von Jacobi veröffentlichten Abhandlungen.

Der zweite Band (1851) erschien nach dem Tode Jacobi's mit einem Vorworte Lejeune Dirichlet's und enthält ausser den Abhandlungen Jacobi's aus dem 35., 36., 37., 39., 40. und 42. Bande des Crelleschen Journals (Bd. II No 14—21; Bd. III No 21—22; Bd. VI No. 14, 27—28; Bd. VII No 19—20 dieser Ausgabe) noch die Auszüge von vier Briefen Hermite's über Zahlentheorie (Crelle's Journal, Bd. 40 S. 261—278 und S. 279—315), von vier Briefen Rosenhain's über die hyperelliptischen Transcendenten (Crelle's Journal, Bd. 40 S. 319—360) und von einem Briefe Richelot's (Crelle's Journal, Bd. 42 S. 32—34), welche in die vorliegende Ausgabe nicht aufgenommen worden sind.

Der dritte Band (1871) wurde von Borchardt aus den in seinem Journal aus Jacobi's Nachlasse mitgetheilten Abhandlungen (Bd. II No 22—25; Bd. III No 24—25; Bd. V No 1—2; Bd. VI No 16—17, 29—30; Bd. VII No 9—10 der vorliegenden Ausgabe) und aus der hier nicht abgedruckten Abhandlung Luther's „*C. G. J. Jacobi's Ableitung der in seinem Aufsatze: „Solution nouvelle d'un problème fondamental de Géodésie" enthaltenen Formeln*" (Borchardt's Journal, Bd. 53 S. 342—365) zusammengestellt.

BRIEFE JACOBI'S AN BESSEL.

Die Mehrzahl der dreiundvierzig Briefe, welche Jacobi in den Jahren 1826—46 an Bessel gerichtet hat, und welche sich in dem Nachlasse Bessel's vorgefunden haben, bezieht sich auf persönliche Angelegenheiten oder ist nicht von hervorragendem wissenschaftlichen Werth; für den Abdruck sämmtlicher dreiundvierzig Briefe schien daher hier nicht der geeignete Ort zu sein. Nur acht derselben sind mit Fortlassung einiger unwesentlichen Sätze aufgenommen worden, besonders wegen des historischen Interesses, welches die in ihnen enthaltenen kurzen, genau datirten, Berichte Jacobi's über seine eigenen Arbeiten bieten.

S. 379—380. In dem ersten Briefe an Gauss (S. 391—392 des vorliegenden Bandes), der einen Tag später als dieser Brief an Bessel geschrieben ist, spricht Jacobi das Theorem über den biquadratischen Restcharakter einer ungeraden Primzahl präciser und vollständiger aus. Hiernach ist auch das am Schlusse dieses Briefes an Bessel über den biquadratischen Restcharakter von 3 und 7 Gesagte zu modificiren.

BRIEFE JACOBI'S AN GAUSS.

Mit Genehmigung der Königlichen Gesellschaft der Wissenschaften zu Göttingen werden hier fünf Briefe Jacobi's an Gauss, die sich in dem Nachlasse des letzteren vorgefunden haben, zum ersten Male veröffentlicht. In Jacobi's Nachlass hat sich dagegen kein Brief von Gauss vorgefunden.

S. 393—400. Der zweite Brief an Gauss, den Herr Stickelberger, ebenso wie die beiden anderen Briefe zahlentheoretischen Inhalts, sorgfältig revidirt hat, ist von Jacobi augenscheinlich ziemlich eilig geschrieben; der Ausdruck ist an mehreren Stellen nicht präcis, und ausserdem finden sich im Originale mehrere Schreib- und Rechenfehler, welche aber beim Abdruck verbessert worden sind. Die folgenden auf diesen Brief bezüglichen Anmerkungen, in denen auch die Abweichungen des Druckes vom Briefe Jacobi's angegeben sind, hatte Herr Stickelberger die Güte abzufassen.

Auf diesen Brief bezieht sich auch die Bemerkung Jacobi's: „Diese Sätze habe ich vor mehr als zehn Jahren Gauss mitgetheilt“ in der Abhandlung *„Über die Kreistheilung und ihre Anwendung auf Zahlentheorie“* (Bd. VI S. 255 dieser Ausgabe).

S. 395, Z. 3 v. u. Das erste Glied auf der rechten Seite lautet bei Jacobi $\left(\frac{6L-a}{3}\right)^2$ statt $\left(\frac{6L-a}{7}\right)^2$.

S. 396, Z. 9. Auf der rechten Seite der zweiten Congruenz hat Jacobi das Minuszeichen vor M fortgelassen.

S. 396, Z. 15—25. Im Originale steht für $p=71$ $L=-16$ statt $L=-8$. Ausserdem mussten noch die Vorzeichen von e für $p=71$, von d und e für $p=197$, von e für $p=211$, von d und e für $p=239$ geändert werden. Zur Prüfung dieser Tabelle sind vier von Jacobi nicht angeführte Gleichungen und ausserdem, nach Ersetzung von $\sqrt[3]{A}$ und $\sqrt[3]{B}$ durch ihre Ausdrücke in dritten und siebenten Einheitswurzeln, Jacobi's Congruenzen modulo p, d. h. die Kummerschen Primfactoren, benutzt worden.

Auf Jacobi's Briefe befindet sich neben der Tabelle die handschriftliche Bemerkung von Gauss:

$$\psi r = \Sigma r^{\alpha+\beta m},$$

wo

$$g^{\alpha} + g^{\beta} \equiv 1 \pmod{p}.$$

S. 398, Z. 11—14. Die hier mit a bezeichnete Zahl ist vorher mit $-L$ bezeichnet worden; weiterhin haben a und b wieder die frühere Bedeutung.

S. 398, Z. 5 v. u. Auf den rechten Seiten der Congruenzen für $\psi(r)$, $\psi(r^2)$, $\psi(r^3)$ fehlen bei Jacobi die Minuszeichen.

S. 399, Z. 8—3 v. u. Der hier von Jacobi ausgesprochene allgemeine Satz ist nicht richtig; der Herausgeber hat sich aber nicht für befugt gehalten, eine Aenderung vorzunehmen.

S. 400, Z. 11. Jacobi schreibt bei $q=31$ $L=\pm M$ statt $L=\pm 3M$. Siehe Bd. VI S. 236 dieser Ausgabe von Jacobi's Werken.

S. 401—402. Mit diesem Briefe Jacobi's vergleiche man den in Gauss Werken, Bd. II, Zweiter Abdruck, S. 516—518, mitgetheilten Brief von Gauss an Dirichlet vom 30. Mai 1828. Das dort von Gauss aufgestellte Kriterium ist von dem hier von Jacobi gegebenen nur formal verschieden. Man vergleiche ferner das Bruchstück VIII der Abhandlung *„De nexu inter multitudinem classium etc.“* nebst den darauf bezüglichen Bemerkungen des Herrn Dedekind (Gauss Werke, Bd. II S. 287 und S. 299—301).

S. 401, Z. 6 v. u. Jacobi's Erklärung der Zahl N ist nicht correct; N ist die halbe Anzahl der Legendreschen reducirten quadratischen Formen.

S. 402, Z. 3—16. Gauss hat auf dem Briefe Jacobi's neben der Tabelle die Formeln:

$$2N = N' + 1,$$

$$(-1)^{\frac{4N+p+3}{8}}, \quad (-1)^{\frac{4N'+p-1}{8}},$$

Disq. Ar. p. 521

und ausserdem, entsprechend den Zahlen N der Tabelle, die Zahlen:

$$N' = 1, 1, 3, 1, 3, 3, 7, 3, 7, 3, 7, 5, 5$$

hinzugefügt. Dem Citat *Disq. Ar.* p. 521 entspricht: Gauss Werke, Bd. I S. 366—368, art. 203.

Im Besitze der Gesellschaft der Wissenschaften zu Göttingen befindet sich ferner noch ein bisher nicht veröffentlichtes Schreiben Jacobi's vom 29. Juni 1840, in welchem er für die Ernennung zum auswärtigen Mitgliede an Stelle von Poisson seinen Dank ausspricht: unter Fortlassung des Anfangs- und des Schlusssatzes lautet dasselbe:

„In der That kann ich ein Recht zu einer solchen Auszeichnung nur in dem anhaltenden Bemühen erblicken, in den Geist der Schriften des ausserordentlichen Mannes einzudringen, welchen die Königliche Societät zur Zeit an ihrer Spitze sieht, und dessen wunderbarer Genius unwillkürlich an den des Archimedes erinnert. Denn wir finden in seinen Schriften bei Überlieferung des Vollgehaltes gleich tiefsinniger Entdeckungen auch die vollendete Form und ideale wissenschaftliche Strenge jenes Alten wieder, und wie dieser weit über alle praktischen Anwendungen, welche ihn in dem Munde des Alterthums zur Fabel werden liessen, den rein mathematischen Gedanken stellte, so hat auch Gauss bei aller Bewunderung, welche die grössere Menge der Vollendung seiner Praxis zollt, selber an sich immer nur den Maassstab der Tiefe seiner Gedanken gelegt."

VERZEICHNISS DER VORLESUNGEN, WELCHE JACOBI AN DEN UNIVERSITÄTEN ZU BERLIN UND KÖNIGSBERG GEHALTEN HAT.

Das Verzeichniss der Vorlesungen, welche Jacobi zu Berlin und Königsberg gehalten hat, ist der Abhandlung des Herrn Kronecker „*Über die Zeit und die Art der Entstehung der Jacobischen Thetaformeln*" (Kronecker's Journal, Bd. 108 S. 325—334) entnommen und mit Genehmigung des Herrn Kronecker hier abgedruckt worden.

Das hier auf S. 412 hinzugefügte Verzeichniss der Ausarbeitungen Jacobischer Vorlesungen, welche sich im Besitze der Akademie der Wissenschaften zu Berlin befinden, ist nach Mittheilungen des Herrn Kronecker (S. 331 der vorher citirten Abhandlung) und des Herrn Weierstrass (Sitzungsberichte der Akademie der Wissenschaften zu Berlin, Juli 1891 S. 879—880) zusammengestellt. Die von Sanio und Rosenhain ausgearbeiteten Hefte, aber nicht die ebenfalls angeführten Abschriften derselben, stammen aus dem Nachlasse Rosenhain's.

H.

Dieser Schlussband von Jacobi's Werken enthält die geometrischen und astronomischen Abhandlungen, ferner Abhandlungen verschiedenen, meist historischen Inhalts, und ausserdem Briefe Jacobi's an Bessel und Gauss. Als Anhang ist ein chronologisch geordnetes Verzeichniss sämmtlicher Abhandlungen Jacobi's beigefügt, welches Herr Hettner zusammengestellt hat.

Die in diesem Bande enthaltenen Abhandlungen, Briefe u. s. w. sind vor dem Drucke von den Herren Bruns (No 16—22, 26), Hettner (No 14, 23—25, 27—33, 35—37), Kortum (No 1—11, 13), E. Schering und Stickelberger (No 34), Tietjen (No 15), Wangerin (No. 12) revidirt worden, und jeder der genannten Herren hat auch eine Correctur der von ihm durchgesehenen Abhandlungen gelesen. Ausserdem war Herr Wangerin für den ganzen Band als Corrector thätig.

W.

Druckfehler im vierten Bande.

S. 38, Z. 14 v. o., lies $t+\tau = \int (\frac{\partial x'}{\partial h} dx + \frac{\partial y'}{\partial h} dy)$.

S. 154, Z. 13 v. u., lies ab statt ob.

S. 202, Z. 2 v. o., lies φ_i^0 statt φ_1^0 und statt φ_n^0.

S. 210, Z. 9 v. u., lies obtineri statt obineri.

S. 212, Z. 9 v. u., lies im Nenner der Formel a statt α.

S. 233, Z. 11 v. u., lies satisfacit statt satisfit.

S. 368, Z. 4 v. o., setze hinter Δ das Zeichen $=$.

S. 394, Z. 12 v. o., lies x_m statt x_n.

S. 400, Z. 5—6 v. o., lies (4) statt (5).

S. 400, Z. 9 v. o., füge hinter der zweiten Gleichung des Systems (5) hinzu: etc.

S. 456, Z. 14 v. o., lies das erste Mal Multiplicator statt Multiplicatore.

S. 460, Z. 1 v. o., lies completum statt cempletum.

S. 461, Z. 11 und Z. 14 v. o., lies α statt a.

Druckfehler im sechsten Bande.

S. 235, Z. 6 v. u., lies $\frac{L+3M\sqrt{-3}}{L-3M\sqrt{-3}}$ statt $\frac{L+M\sqrt{-3}}{L-M\sqrt{-3}}$.

S. 265. In der ersten Colonne ist $p = 197$, $a = 1$, $b = 14$ einzuschalten.

Berichtigung einer Stelle im sechsten Bande.

In der in der Anmerkung auf S. 260 des sechsten Bandes ohne Beweis angeführten, von Rosenhain gefundenen Gleichung, die hier unverändert nach den Originalen (Monatsbericht der Akademie der Wissenschaften zu Berlin, October 1837 S. 133; Crelle's Journal, Bd. 30 S. 170) abgedruckt worden ist, ist im Exponenten von α, wie Herr Stickelberger bemerkt hat, $-m$ statt m zu setzen. Die Gleichung muss also lauten:

$$F(\alpha)F(-\gamma) = \alpha^{-m}\,\frac{A+B\sqrt{-3}}{2}\,F(-\alpha\gamma).$$

Druckfehler im siebenten Bande.

S. 303, Z. 5 v. u., lies die planetarischen Störungen statt die planetarischen Winkel.

VERZEICHNISS
SÄMMTLICHER ABHANDLUNGEN C. G. J. JACOBI'S.

Verzeichniss sämmtlicher Abhandlungen C. G. J. Jacobi's.

Die Abhandlungen sind nach den Jahren ihrer ersten Veröffentlichung, die in demselben Jahre erschienenen nach den von Jacobi beigefügten Daten geordnet.

Von den aus Jacobi's Nachlass herausgegebenen Arbeiten sind die dreizehn zuletzt angeführten, sowie die Briefe Jacobi's an Bessel und Gauss, zum ersten Male in dieser Ausgabe von Jacobi's Werken veröffentlicht.

	Band	Seite
De singulari quadam duplicis integralis transformatione. Crelle's Journal, Bd. 2 p. 234—242	III.	55—66
Über die Integration der partiellen Differentialgleichungen erster Ordnung. Crelle's Journal, Bd. 2 p. 317—329	IV.	1—15
Über die Pfaffsche Methode, eine gewöhnliche lineare Differentialgleichung zwischen $2n$ Variabeln durch ein System von n Gleichungen zu integriren. Crelle's Journal, Bd. 2 p. 347—357	IV.	17—29
Über die Bestimmung der Rectascension und Declination eines Sterns aus den gemessenen Distanzen desselben von zwei bekannten Sternen. Crelle's Journal. Bd. 2 p. 345—346	VII.	91—93
Demonstratio theorematis ad theoriam functionum ellipticarum spectantis. Schumacher's Astronomische Nachrichten, Bd. 6 No. 127 p. 133—142	I.	37—48

1828.

	Band	Seite
Addition au Mémoire de M. Abel sur les fonctions elliptiques. Vol. II p. 101 du Journal de M. Crelle. Crelle's Journal, Bd. 3 p. 86	I.	241—243
Über die Anwendung der elliptischen Transcendenten auf ein bekanntes Problem der Elementar-Geometrie: „Die Relation zwischen der Distanz der Mittelpunkte und den Radien zweier Kreise zu finden, von denen der eine einem unregelmässigen Polygon eingeschrieben, der andere demselben umgeschrieben ist". Crelle's Journal. Bd. 3 p. 376—389; Französische Übersetzung: Journal de Liouville, T. 10 p. 435—444. 1845	I.	277—293
Note sur la décomposition d'un nombre donné en quatre carrés. Crelle's Journal. Bd. 3 p. 191	I.	245—247
Notices sur les fonctions elliptiques. Crelle's Journal, Bd. 3 p. 192—195. 303—310, 403—404 (Fortsetzung 1829)	I.	249—265
Beantwortung der Aufgabe S. 212 des 3ten Bandes des Crelleschen Journals: „Kann $a^{\mu-1}-1$, wenn μ eine Primzahl und a eine ganze Zahl und kleiner als μ und grösser als 1 ist, durch $\mu\mu$ theilbar sein?" Crelle's Journal, Bd. 3 p. 301—302	VI.	238—239

1829.

	Band	Seite
Suite des notices sur les fonctions elliptiques. Crelle's Journal. Bd. 4 p. 185—193	I.	266—275
Fundamenta nova theoriae functionum ellipticarum. Regiomonti 1829	I.	49—239
De functionibus ellipticis commentatio prima. Crelle's Journal. Bd. 4 p. 371—390	I.	295—318
Exercitatio algebraica circa discerptionem singularem fractionum, quae plures variabiles involvunt. Crelle's Journal, Bd. 5 p. 344—364	III.	67—90

1830.

	Band	Seite
Problèmes d'analyse. Crelle's Journal. Bd. 6 p. 212	VI.	183
Théorème de géométrie. Crelle's Journal. Bd. 6 p. 213	VII.	6

	Band	Seite
De resolutione aequationum per series infinitas. Crelle's Journal, Bd. 6 p. 257—286	VI.	26—61
De functionibus ellipticis commentatio altera. Crelle's Journal, Bd. 6 p. 397—403	I.	319—326

1831.

Note sur une nouvelle application de l'analyse des fonctions elliptiques à l'algèbre. Crelle's Journal, Bd. 7 p. 41—43	I.	327—331

1832.

De transformatione integralis duplicis indefiniti

$$\int \frac{d\varphi\, d\psi}{A+B\cos\varphi+C\sin\varphi+(A'+B'\cos\varphi+C'\sin\varphi)\cos\psi+(A''+B''\cos\varphi+C''\sin\varphi)\sin\psi}$$

in formam simpliciorem

$$\int \frac{d\eta\, d\vartheta}{G-G'\cos\eta\cos\vartheta-G''\sin\eta\sin\vartheta}.$$

Crelle's Journal. Bd. 8 p. 253—279, 321—357. Ein Theil dieser Abhandlung erschien auch unter dem Titel: „Commentatio de transformatione integralis duplicis etc., quam auctoritate a. ordinis philosophorum pro loco in eo rite obtinendo D. VII Julii MDCCCXXXII publice defendet C. G. J. Jacobi. Regiomonti"	III.	91—158
Anzeige von Legendre: „Théorie des fonctions elliptiques, troisième supplément". Crelle's Journal. Bd. 8 p. 413—417	I.	373—382
De theoremate Abeliano observatio. Crelle's Journal, Bd. 9 p. 99	II.	1—4
Considerationes generales de transcendentibus Abelianis. Crelle's Journal, Bd. 9 p. 394—403	II.	5—16
Observatio arithmetica de numero classium divisorum quadraticorum formae $yy+Azz$, designante A numerum primum formae $4n+3$. Crelle's Journal, Bd. 9 p. 189—192	VI.	240—244

1833.

De transformatione et determinatione integralium duplicium commentatio tertia. Crelle's Journal. Bd. 10 p. 101—128	III.	159—189

Bemerkung zu der Abhandlung des Herrn Prof. Scherk: „Über die Integration der Gleichung

$$\frac{d^n y}{dx^n} = (\alpha+\beta x)y."$$

Crelle's Journal, Bd. 10 p. 279	IV.	31—34

	Band	Seite

1834.

Demonstratio formulae

$$\int_0^1 u^{a-1}(1-u)^{b-1}du = \frac{\int_0^\infty e^{-x}x^{a-1}dx \int_0^\infty e^{-x}x^{b-1}dx}{\int_0^\infty e^{-x}x^{a+b-1}dx} = \frac{\Gamma(a)\Gamma(b)}{\Gamma(a+b)}.$$

	Band	Seite
Crelle's Journal, Bd. 11 p. 307	VI.	62—63
De binis quibuslibet functionibus homogeneis secundi ordinis per substitutiones lineares in alias binas transformandis, quae solis quadratis variabilium constant; una cum variis theorematis de transformatione et determinatione integralium multiplicium. Crelle's Journal, Bd. 12 p. 1—69	III.	191—268
Auszug eines Schreibens von C. G. J. Jacobi an J. Steiner. Crelle's Journal, Bd. 12 p. 137—140; Französische Übersetzung: Journal de Liouville, T. 11 p. 237—240, 1846	VII.	7—10
De compositione numerorum e quatuor quadratis. Crelle's Journal, Bd. 12 p. 167—172	VI.	245—251
De usu legitimo formulae summatoriae Maclaurinianae. Crelle's Journal, Bd. 12 p. 263—272	VI.	64—75
De fractione continua, in quam integrale $\int_x^\infty e^{-xx}dx$ evolvere licet. Crelle's Journal, Bd. 12 p. 346—347	VI.	76—78
Über die Figur des Gleichgewichts. Poggendorff's Annalen, Bd. 33 p. 229—233	II.	17—22

1835.

	Band	Seite
De functionibus duarum variabilium quadrupliciter periodicis, quibus theoria transcendentium Abelianarum innititur. Crelle's Journal, Bd. 13 p. 55—78	II.	23—50
Dato systemate n aequationum linearium inter n incognitas, valores incognitarum per integralia definita $(n-1)$-tuplicia exhibentur. Crelle's Journal, Bd. 14 p. 51—55	VI.	79—85
Observatiunculae ad theoriam aequationum pertinentes. Crelle's Journal, Bd. 13 p. 340—352. (Vergl. die Anmerkung in Bd. V p. 515)	III.	269—284
Zur Theorie der Curven. Crelle's Journal, Bd. 14 p. 56—63	VII.	11—19
De usu theoriae integralium ellipticorum et integralium Abelianorum in analysi Diophantea. Crelle's Journal, Bd. 13 p. 353—355	II.	51—55
Über den Steinerschen Satz von den Primzahlen im 13ten Bande des Crelleschen Journals. Crelle's Journal, Bd. 14 p. 64—65; Französische Übersetzung: Nouvelles Annales de Mathématiques, T. 7 p. 268—269, 1848	VI.	252—253

Band Seite

Theoremata nova algebraica circa systema duarum aequationum inter duas variabiles propositarum. Crelle's Journal, Bd. 14 p. 281—288; Französische Übersetzung: Nouvelles Annales de Mathématiques, T. 7 p. 118—126, 1848 . . . . III. 285—294

1836.

Formula transformationis integralium definitorum. Crelle's Journal, Bd. 15 p. 1—26 . . . . VI. 86—118

De eliminatione variabilis e duabus aequationibus algebraicis. Crelle's Journal, Bd. 15 p. 101—124; Französische Übersetzung von §. 1—12 dieser Abhandlung: Nouvelles Annales de Mathématiques, T. 7 p. 158—171, 287—294, 1848 . . . . III. 295—320

De integralibus quibusdam duplicibus, quae post transformationem variabilium in eandem formam redeunt. Crelle's Journal, Bd. 15 p. 193—198 . . . . III. 321—328

Formulae novae in theoria transcendentium ellipticarum fundamentales. Crelle's Journal, Bd. 15 p. 199—204 . . . . I. 333—341

De evolutione expressionis $(l+2l'\cos\varphi+2l''\cos\varphi')^{-n}$ in seriem infinitam secundum cosinus multiplorum utriusque anguli φ, φ' procedentem. Crelle's Journal, Bd. 15 p. 205—228 . . . . VI. 119—147

De relationibus, quae locum habere debent inter puncta intersectionis duarum curvarum vel trium superficierum algebraicarum dati ordinis, simul cum enodatione paradoxi algebraici. Crelle's Journal, Bd. 15 p. 285—308 . . . . III. 329—354

Observationes geometricae. Crelle's Journal, Bd. 15 p. 309—312 . . . VII. 20—23

Über ein neues Integral für den Fall der drei Körper, wenn die Bahn des störenden Planeten kreisförmig angenommen und die Masse des gestörten vernachlässigt wird. Auszug aus einem Schreiben an die Akademie der Wissenschaften zu Berlin. Monatsbericht, Juli 1836 p. 59—60. Vergl. die Anmerkung zu p. 38 in Bd. IV p. 540.

Sur le mouvement d'un point et sur un cas particulier du problème des trois corps. Lettre adressée à l'Académie des Sciences de Paris. Comptes rendus, T. 3 p. 59—61 . . . . IV. 35—38

Intégration d'une classe de fonctions différentielles. Extrait d'une lettre adressée à l'Académie des Sciences de Paris. Comptes rendus, T. 3 p. 536. Vergl. die Anmerkung zu der Abhandlung: „Zur Theorie der Variationsrechnung etc." in Bd. IV p. 540.

Vorläufige Anzeige über die Resultate der Untersuchungen zur Vervollständigung der Variationsrechnung, sowie über die Integration der Differentialgleichungen der analytischen Mechanik. Monatsbericht der Akademie der Wissenschaften zu Berlin, December 1836 p. 115—119. Vergl. die Anmerkung zu der Abhandlung: „Zur Theorie der Variationsrechnung etc." in Bd. IV p. 540.

	Band	Seite
1837.		
Demonstratio et amplificatio nova theorematis Gaussiani de curvatura integra trianguli in data superficie e lineis brevissimis formati. Crelle's Journal. Bd. 16 p. 344—350	VII.	26—33
Nota de erroribus quibusdam geometricis, qui in Theoria functionum leguntur. Crelle's Journal, Bd. 16 p. 342—343	VII.	24—25
Zur Theorie der Variationsrechnung und der Differentialgleichungen. Crelle's Journal, Bd. 17 p. 68—82: Französische Übersetzung: Journal de Liouville, T. 3 p. 44—59, 1838	IV.	39—55
Über die Reduction der Integration der partiellen Differentialgleichungen erster Ordnung zwischen irgend einer Zahl Variabeln auf die Integration eines einzigen Systemes gewöhnlicher Differentialgleichungen. Crelle's Journal, Bd. 17 p. 97—162: Französische Übersetzung: Journal de Liouville, T. 3 p. 60—96, 161—201, 1838	IV.	57—127
Note sur l'intégration des équations différentielles de la dynamique. Comptes rendus de l'Académie des Sciences de Paris, T. 5 p. 61—67	IV.	129—136
Über die Kreistheilung und ihre Anwendung auf die Zahlentheorie. Auszug eines Schreibens an die Akademie der Wissenschaften zu Berlin. Monatsbericht, October 1837 p. 127—136; Crelle's Journal, Bd. 30 p. 166—182; Französische Übersetzung: Nouvelles Annales de Mathématiques, T. 15 p. 337—352, 1856. (Vergl. die Anmerkung in Bd. VII p. 421)	VI.	254—274
1838.		
Neues Theorem der analytischen Mechanik. Monatsbericht der Akademie der Wissenschaften zu Berlin, December 1838 p. 178—182; Crelle's Journal, Bd. 30 p. 117—120	IV.	137—142
1839.		
Canon arithmeticus sive tabulae, quibus exhibentur pro singulis numeris primis vel primorum potestatibus infra 1000 numeri ad datos indices et indices ad datos numeros pertinentes. Berolini 1839. In Jacobi's Gesammelten Werken nicht abgedruckt.		
Note von der geodätischen Linie auf einem Ellipsoid und den verschiedenen Anwendungen einer merkwürdigen analytischen Substitution. Gelesen in der Akademie der Wissenschaften zu Berlin am 18. April 1839. Monatsbericht, April 1839 p. 62—66; Crelle's Journal, Bd. 19 p. 309—313; Französische Übersetzung: Journal de Liouville, T. 6 p. 267—272, 1841	II.	57—63
Über die complexen Primzahlen, welche in der Theorie der Reste der 5ten, 8ten und 12ten Potenzen zu betrachten sind. Gelesen in der Akademie der Wissenschaften zu Berlin am 16. Mai 1839. Monatsbericht, Mai		

	Band	Seite
1839 p. 86—91; Crelle's Journal, Bd. 19 p. 314—318; Französische Übersetzung: Journal de Liouville, T. 8 p. 268—272, 1843	VI.	275—280

1840.

Elementarer Beweis einer merkwürdigen analytischen Formel, nebst einigen aus ihr folgenden Zahlensätzen. Crelle's Journal, Bd. 21 p. 13—32; Französische Übersetzung: Journal de Liouville, T. 7 p. 85—109, 1842	VI.	281—302
Neue Formeln Jacobi's für einen Fall der Anwendung der Methode der kleinsten Quadrate. Mitgetheilt von Bessel. Schumacher's Astronomische Nachrichten, Bd. 17 No 404 p. 305—306	VII.	387—388
Sur un théorème de Poisson. Lettre adressée à M. le Président de l'Académie des Sciences de Paris. Comptes rendus, T. 11 p. 529—530; Journal de Liouville, T. 5 p. 350—351, 1840	IV.	143—146

1841.

De formatione et proprietatibus determinantium. Crelle's Journal, Bd. 22 p. 285—318	III.	355—392
De determinantibus functionalibus. Crelle's Journal, Bd. 22 p. 319—359. (Vergl. die Anmerkung in Bd. IV p. 541)	III.	393—438
De functionibus alternantibus earumque divisione per productum e differentiis elementorum conflatum. Crelle's Journal, Bd. 22 p. 360—371.	III.	439—452
Zur combinatorischen Analysis. Crelle's Journal. Bd. 22 p. 372—374 . .	III.	453—457

1842.

Dilucidationes de aequationum differentialium vulgarium systematis earumque connexione cum aequationibus differentialibus partialibus linearibus primi ordinis. Crelle's Journal. Bd. 23 p. 1—104 . . . . . IV. 147—255

De integratione aequationis differentialis

$$(A+A'x+A''y)(xdy-ydx)-(B+B'x+B''y)dy$$
$$+(C+C'x+C''y)dx = 0.$$

Crelle's Journal, Bd. 24 p. 1—4 . . . . IV. 257—262

De motu puncti singularis. Crelle's Journal. Bd. 24 p. 5—27 . . . . IV. 263—288

Demonstratio nova theorematis Abeliani. Crelle's Journal, Bd. 24 p. 28—35. II. 65—74

Sur un nouveau principe général de la mécanique analytique. Comptes rendus de l'Académie des Sciences de Paris. T. 15 p. 202—205 . . IV. 289—294

On a new general principle of analytical mechanics. Reports of the twelfth meeting of the British Association for the advancement of science, held at Manchester in June 1842: Transactions of the Sections p. 2—4. Diese Note stimmt im Wesentlichen mit der vorhergehenden überein.

Sur l'élimination des noeuds dans le problème des trois corps. Comptes rendus de l'Académie des Sciences de Paris, T. 15 p. 236—255;

	Band	Seite
Schumacher's Astronomische Nachrichten, Bd. 20 No. 462 p. 81—98; Crelle's Journal, Bd. 26 p. 115—131; Journal de Liouville, T. 9 p. 313—333, 1844	IV.	295—314
Zusatz zu der Abhandlung: „Sur l'élimination des noeuds dans le problème des trois corps“. Schumacher's Astronomische Nachrichten, Bd. 20 No. 462 p. 99—102	IV.	315—316
Über einige merkwürdige Curventheoreme. Schumacher's Astronomische Nachrichten, Bd. 20 No. 463 p. 115—120	VII.	34—39

1843.

	Band	Seite
Bericht über neue Entwickelungen in der Störungsrechnung. Auszug aus einem in der Akademie der Wissenschaften zu Berlin am 9. Februar 1843 gelesenen Schreiben. Monatsbericht, Februar 1843 p. 50—53 .	VII.	94—96
Note sur les fonctions Abéliennes, lue le 29 mai 1843. Bulletin de la classe physico-mathématique de l'Académie des Sciences de St. Pétersbourg, T. 2 No. 7 p. 96; Crelle's Journal, Bd. 30 p. 183—184	II.	83—86
Extrait d'une lettre de M. Jacobi à M. Hermite. Journal de Liouville, T. 8 p. 505—506, 1843. Der Auszug dieses Briefes stimmt im Wesentlichen mit der vorhergehenden Note überein.		
Über die Entwickelung des Ausdrucks $(aa - 2aa'[\cos\omega\cos\varphi + \sin\omega\sin\varphi\cos(\vartheta - \vartheta')] + a'a')^{-\frac{1}{2}}$. Crelle's Journal, Bd. 26 p. 81—87	VI.	148—155
Über die zur numerischen Berechnung der elliptischen Functionen zweckmässigsten Formeln. Crelle's Journal, Bd. 26 p. 93—114, unter dem Titel: „Zur Theorie der elliptischen Functionen“	I.	343—368

1844.

	Band	Seite
Theoria novi multiplicatoris systemati aequationum differentialium vulgarium applicandi. Pars I. Crelle's Journal, Bd. 27 p. 199—268.	IV.	317—394
Sopra le funzioni di Laplace, che risultano dallo sviluppo dell'espressione $(a^2 - 2aa'[\cos\omega\cos\varphi + \operatorname{sen}\omega\operatorname{sen}\varphi\cos(\vartheta - \vartheta')] + a'^2)^{-\frac{1}{2}}$. Giornale Arcadico, T. 98 p. 59—66; Französische Übersetzung: Journal de Liouville, T. 10 p. 229—232, 1845. Vergl. die Anmerkung zu der Abhandlung: „Über die Entwickelung des Ausdrucks etc.“ in Bd. VI p. 427.		
Sulla condizione di uguaglianza di due radici dell'equazione cubica, dalla quale dipendono gli assi principali di una superficie del second'ordine. Giornale Arcadico, T. 99 p. 3—11; Crelle's Journal, Bd. 30 p. 46—50.	III.	459—465
Sul principio dell'ultimo moltiplicatore, e suo uso come nuovo principio generale di meccanica. Giornale Arcadico, T. 99 p. 129—146; Französische Übersetzung: Journal de Liouville, T. 10 p. 337—346, 1845. (Eine kurze Mittheilung über dieses Princip findet sich auch in den:		

Band Seite

Atti della quinta unione degli scienziati italiani tenuta in Lucca nel Settembre del 1843, p. 475) . . . . IV. 511—522

Über die Ordnung eines Systems von Differentialgleichungen. Gelesen in der Akademie der Wissenschaften zu Berlin am 15. Juli 1844, aber nicht veröffentlicht. Vergl. die nachgelassene Abhandlung: „De investigando ordine systematis aequationum differentialium vulgarium cujuscunque" in Bd. V p. 191—216.

1845.

Nouveau principe de la dynamique. Bulletin de la classe physico-mathématique de l'Académie des Sciences de St. Pétersbourg, T. 3 No. 3 p. 33—37. Vergl. die Bemerkung zu der Abhandlung: „Theoria novi multiplicatoris etc." in Bd. IV p. 541.

Über eine neue Auflösungsart der bei der Methode der kleinsten Quadrate vorkommenden linearen Gleichungen. Schumacher's Astronomische Nachrichten, Bd. 22 No. 523 p. 297—306 . . . . III. 467—478

Theoria novi multiplicatoris systemati aequationum differentialium vulgarium applicandi. Pars II. Crelle's Journal, Bd. 29 p. 213—279, 333—376 . . . . IV. 395—509

1846.

Extraits de deux lettres de Ch. Hermite à Jacobi et d'une lettre de Jacobi adressée à Hermite. Crelle's Journal, Bd. 32 p. 277—299, 176—181; Journal de Liouville, T. 11 p. 97—103, 1846. . . . . II. 87—120

Über ein leichtes Verfahren, die in der Theorie der Säcularstörungen vorkommenden Gleichungen numerisch aufzulösen. Crelle's Journal, Bd. 30 p. 51—94 . . . . VII. 97—144

Über die Additionstheoreme der Abelschen Integrale zweiter und dritter Gattung. Crelle's Journal, Bd. 30 p. 121—126 . . . . II. 75—82

Über die Darstellung einer Reihe gegebener Werthe durch eine gebrochene rationale Function. Crelle's Journal, Bd. 30 p. 127—156. . . . . III. 479—511

Über einige die elliptischen Functionen betreffenden Formeln. Crelle's Journal, Bd. 30 p. 269—270 . . . . I. 369—372

Über Descartes Leben und seine Methode, die Vernunft richtig zu leiten und die Wahrheit in den Wissenschaften zu suchen. Eine Vorlesung, gehalten am 3. Januar 1846 im Vereine für wissenschaftliche Vorträge in der Berliner Singakademie. Berlin 1846, W. Adolf und Comp. Französische Übersetzung: Journal de Liouville, T. 12 p. 97—116, 1847. . . . . VII. 309—327

Über die Zerfällung ganzer Zahlen in vier complexe Factoren. Gelesen in der Akademie der Wissenschaften zu Berlin am 5. Januar 1846, aber nicht veröffentlicht.

1847.

Band Seite

Über die Geschichte des Princips der kleinsten Action. Gelesen in der Akademie der Wissenschaften zu Berlin am 15. Juli 1847, aber nicht veröffentlicht.

Über die Kenntnisse des Diophantus von der Zusammensetzung der Zahlen aus zwei Quadraten nebst Emendation der Stelle Probl. Arith. V. 12. Gelesen in der Akademie der Wissenschaften zu Berlin am 5. August 1847. Monatsbericht, August 1847 p. 265—278 . . . . VII. 332—344

Notiz über A. *Göpel*. Crelle's Journal, Bd. 35 p. 313—317; Französische Übersetzung: Journal de Liouville, T. 15 p. 357—362, 1850. Vergl. die nachgelassene Abhandlung: „Zur Geschichte der elliptischen und Abelschen Transcendenten" (Bd. II p. 515—521) . . . . II. 145—152

1848.

Über die unmittelbare Verification einer Fundamentalformel der Theorie der elliptischen Functionen. Gelesen in der Akademie der Wissenschaften zu Berlin am 10. Juni 1847 unter dem Titel: „Über einen elementaren Beweis einer Fundamentalformel der elliptischen Functionen". Crelle's Journal, Bd. 36 p. 75—80 . . . . II. 153—160

Über eine particuläre Lösung der partiellen Differentialgleichung

$$\frac{\partial^2 V}{\partial x^2}+\frac{\partial^2 V}{\partial y^2}+\frac{\partial^2 V}{\partial z^2}=0.$$

Crelle's Journal, Bd. 36 p. 113—134 . . . . II. 191—216

De seriebus ac differentiis observatiunculae. Crelle's Journal, Bd. 36 p. 135—142 . . . . VI. 174—182

Über die partielle Differentialgleichung, welcher die Zähler und Nenner der elliptischen Functionen Genüge leisten. Crelle's Journal, Bd. 36 p. 81—88 II. 161—170

Über die Differentialgleichung, welcher die Reihen

$$1\pm 2q+2q^4\pm 2q^9+\cdots,\quad 2\sqrt[4]{q}+2\sqrt[4]{q^9}+2\sqrt[4]{q^{25}}+\cdots$$

Genüge leisten. Crelle's Journal, Bd. 36 p. 97—112; Französische Übersetzung: Journal de Liouville, T. 14 p. 181—200, 1849. . . . II. 171—190

Über unendliche Reihen, deren Exponenten zugleich in zwei verschiedenen quadratischen Formen enthalten sind. Crelle's Journal, Bd. 37 p. 61—94. 221—254 . . . . II. 217—288

Auszug eines Schreibens von Jacobi an Schumacher. Schumacher's Astronomische Nachrichten, Bd. 28 No. 651 p. 43—46 . . . . VII. 345

Über die Reduction der quadratischen Formen auf die kleinste Anzahl Glieder. Auszug aus einer in der Akademie der Wissenschaften zu Berlin am 9. November 1848 unter dem Titel: „Über quadratische Formen und hyperelliptische Functionen" gelesenen Abhandlung. Monatsbericht, November 1848 p. 414—417; Crelle's Journal, Bd. 39 p. 290—292; Französische Übersetzung: Journal de Liouville, T. 13 p. 412—414, 1848 . . . . VI. 318—321

	Band	Seite
Beweis des Satzes, dass eine Curve n^{ten} Grades im Allgemeinen $\frac{1}{2}n(n-2)(n^2-9)$ Doppeltangenten hat. Gelesen in der Akademie der Wissenschaften zu Berlin am 13. Juni 1850. Crelle's Journal, Bd. 40 p. 237—260 .	III.	517—542
Zur Theorie der Doppeltangenten und Wendepunkte algebraischer Curven. Auszug dreier Schreiben von Herrn Prof. Hesse und eines Schreibens an Herrn Prof. Hesse. Crelle's Journal, Bd. 40 p. 260, 316—318. .	III.	543—548
Über ein neu aufgefundenes Manuscript von Leibniz, nebst Bemerkungen über die Schrift: „Opusculum de praxi numerorum, quod Algorismum vocant". Gelesen in der Akademie der Wissenschaften zu Berlin am 11. November 1850. Monatsbericht, November 1850 p. 426—428 . .	VII.	352—354
Über die Zusammensetzung der Zahlen durch Potenzen. Gelesen in der Akademie der Wissenschaften zu Berlin am 9. December 1850, aber nicht veröffentlicht.		

1851.

Über die Zusammensetzung der Zahlen aus ganzen positiven Cuben; nebst einer Tabelle für die kleinste Cubenzahl, aus welcher jede Zahl bis 12000 zusammengesetzt werden kann. Gelesen in der Akademie der Wissenschaften zu Berlin am 9. December 1847. Crelle's Journal, Bd. 42 p. 41—69	VI.	322—354
Auszug eines Schreibens des Herrn Director P. A. Hansen an Herrn Professor C. G. J. Jacobi und zweier Schreiben des Professor C. G. J. Jacobi an Herrn Director P. A. Hansen. Crelle's Journal, Bd. 42 p. 1—31 .	VII.	246—279
Auszug eines Schreibens von C. G. J. Jacobi an E. Heine. Crelle's Journal Bd. 42 p. 35—40	II.	353—360

NACHLASS.

Correspondance mathématique entre Legendre et Jacobi. Publiée par C. W. Borchardt. Borchardt's Journal, Bd. 80 p. 205—279; Jacobi's Briefe an Legendre sind zuerst in den: Annales de l'École Normale, T. 6 p. 127—175, 1869 veröffentlicht worden	I.	385—461
Über die Substitution $(ax^2+2bx+c)y^2+2(a'x^2+2b'x+c')y+a''x^2+2b''x+c''=0$ und über die Reduction der Abelschen Integrale erster Ordnung in die Normalform. Mitgetheilt durch F. Richelot. Borchardt's Journal, Bd. 55 p. 1—14	II.	363—379
Darstellung der elliptischen Functionen durch Potenzreihen. Mitgetheilt durch C. W. Borchardt. Borchardt's Journal, Bd. 54 p. 82—97 . .	II.	381—398

www.ingramcontent.com/pod-product-compliance
Lightning Source LLC
Chambersburg PA
CBHW060530220326
41599CB00022B/3483